H.-P. Willumeit

Modelle und Modellierungsverfahren in der Fahrzeugdynamik

Modelle und Modellierungsverfahren in der Fahrzeugdynamik

Von Prof. Dr.-Ing. Hans-Peter Willumeit
Technische Universität Berlin
Unter Mitwirkung von
Prof. Dr.-Ing. Bo Yong Park
University of Inchon

Springer Fachmedien Wiesbaden GmbH 1998

Prof. Dr.-Ing. Hans-Peter Willumeit

Geboren 1937 in Berlin. Von 1956 bis 1964 Studium des theoretischen Maschinenbaus an der Technischen Universität Berlin. 1964 wiss. Mitarbeiter am Heinrich-Hertz-Institut, Berlin, von 1964 bis 1969 wiss. Assistent am Lehrstuhl für Kraftfahrwesen (Prof. Dr. Ernst Fiala) der Technischen Universität Berlin. Promotion 1969, 1969 bis 1970 Leiter einer Forschergruppe am Institut für Kraftfahrzeuge der TU Berlin. Von 1970 bis 1973 Leiter der Forschungsabteilung Fahrzeugtechnik der Volkswagen AG (Wolfsburg). 1973 Professor für Kraftfahrwesen an der Technischen Universität Berlin. Seit 1976 gleichzeitig Leiter des „Ingenieurbüro Fahrzeugtechnik IBF", Berlin; 1983 Gastdozentur am Wuhan Institute of Technology, Wuhan, VR China; 1987 Gastdozentur an der University of Roorkee, Indien, sowie am Beijing Institute of Technology (BIT) und an der Qinghua University, Beijing, VR China; 1991 Gastdozentur an der Jilin University of Technology, Changchun, am Beijing Institute of Technology, an der Qinghua University Beijing und an der Jiaotong University, Shanghai, VR China; 1993 Ordinarius für Kraftfahrwesen an der Technischen Universität Berlin und Mitbegründer sowie stellvertr. Sprecher des interdisziplinären Forschungszentrums für Mensch-Maschine-Systeme der Technischen Universität Berlin. 1997 Gastdozentur am Beijing Institute of Technology und an der Jilin University of Technology, Changchun, VR China.

Prof. Dr.-Ing. Bo Yong Park

Geboren 1947 in Seoul/Korea. Von 1978 bis 1983 Studium der Schwingungstechnik und 1986 Promotion an der Technischen Universität Berlin. Von 1973 bis 1978 Entwicklungsingenieur am Korea Institute of Science and Technology (KIST) und von 1987 bis 1988 Hauptabteilungsleiter Schwingungstechnik bei Kia Motors Co. Seit 1988 Professor, Department of Mechanical Engineering, an der University of Inchon, Korea.

Die Deutsche Bibliothek – CIP-Einheitsaufnahme

Willumeit, Hans-Peter:
Modelle und Modellierungsverfahren in der Fahrzeugdynamik / von
Hans-Peter Willumeit.
ISBN 978-3-663-12248-7 ISBN 978-3-663-12247-0 (eBook)
DOI 10.1007/978-3-663-12247-0

Ursprünglich erschienen bei B.G. Teubner, Stuttgart Leipzig 1998

Für Irmhild

Vorwort

Dieses Buch wendet sich an Studierende der Fachrichtung Kraftfahrzeugtechnik, aber auch Angewandten Mechanik und Systemtheorie. Es werden nicht nur die konventionellen Dynamik-Grundlagen vermittelt, sondern auch moderne Verfahren und Beschreibungsmethoden zur Verbindung mit den sich stark entwickelnden Reglerkonzepten im Fahrwerkbereich.

Daher entstanden die Kapitel 1 bis 7 auch aus meinen Vorlesungen "Fahrzeugdynamik" und z.T. aus den "Ausgewählten Kapiteln der Fahrzeugdynamik" und das Kapitel 8 aus der Vorlesung von Prof. Dr.-Ing. Bo Yong Park an der Incheon University, Korea (promovierter Wissenschaftler der Technischen Universität Berlin) über "Torsionsschwingungen im Antriebsstrang", welche auf den Vorlesungen der Professoren H. Pfützner und R. Markert "Mechanische Schwingungslehre und Maschienendynamik II" der Technischen Universität Berlin aufbaut.

Angesprochen werden die methodischen, mathematischen Grundlagen der physikalischen Fahrzeugdynamik-Modelle mit der in der Regelungstechnik bzw. Systemtheorie gebräuchlichen Schreibweise sowie die mathematischen Grundlagen der stochastischen Anregungen, wie sie bei Straßenunebenheiten aber auch bei Seitenwind z.B. auftreten. Zu den methodisch ausgerichteten Kapiteln zählt auch ein Einblick in die Grundlagen der Systemtheorie. In weiteren Kapiteln werden die prinzipiellen Eigenschaften des gesamten Fahrzeugs in vertikaler Richtung, Quer- und Längsrichtung beschrieben. Dem Reifen als komplexes Bauteil für die Übertragung von Kräften in allen drei Richtungen ist ein eigenes Kapitel gewidmet und es wird ein einfaches Modell zur Erklärung der in der Reifenaufstandsfläche entstehenden Druck- und Schubspannungen unter Einschluß der Reibungstheorie visko-elastischer Stoffe vorgestellt. Auch die dynamischen Eigenschaften des Reifens bei zeitlich veränderlichen Anregungen sowie bei Selbsterregung (Shimmy-Effekt) werden behandelt.

Wegen der zunehmenden Bedeutung an Reglern für aktive Fahrwerke oder Lenkreglern für Allradlenkungen wird die Methodik des Fuzzy-Control behandelt und an den Beispielen eines aktiven Fahrwerks und eines Lenkreglers die eleganten Fähigkeiten dieser Methodik gerade für nichtlineare Systeme demonstriert. Gleichzeitig gehört zu dieser Methodik ein Optimierungsverfahren, das in Form der Evolutionstrategie ebenfalls an einem Beispiel dargestellt wird.

In dem abschließenden Kapitel werden Drehschwingungsprobleme im Antriebsstrang mit Hilfe diskreter Modelle behandelt. Es werden Berechnungen der Massenkräfte und -momente sowie der Massenausgleich bei verschiedenen Motortypen vorgestellt. Abschließend wird in diesem Kapitel eine Einführung in die grundlegende Problematik von im Antriebsstrang eingebauten Gelenkwellen gegeben. Beispiele zeigen ihre Anwendung.

Leider konnte aus Zeitmangel aber auch aus dem Grund heraus, das Buch nicht zu überladen, die Darstellung der zur Theorie der Dynamik gehörenden experimentellen Verifikation der berechneten Ergebnisse hierin nicht mehr untergebracht werden. Ebenso müßte die Interaktion zwischen den technischen, dynamischen Eigenschaften des Fahrzeugs mit dem menschlichen Fahrzeugführer als regulierender Komponente des Gesamtsystems Fahrzeug-Fahrer behandelt werden. Auch dieses ist unterblieben, da der Umfang des beabsichtigten Buches dies nicht zugelassen hat.

Mein besonderer Dank für die Mithilfe an dem Zustandekommen dieses Buches gilt einerseits meinem studentischen Mitarbeiter, Herrn cand.-ing. Raphael Jung, der mir bei der Erstellung des Textes und vieler Graphiken sehr behilflich war und darüberhinaus mit kritischen Bemerkungen aus der Sicht eines Studenten die Darstellung des Inhalts mit beeinflußte. Andererseits habe ich vor allem inhaltliche Unterstützung von meiner wissenschaftlichen Mitarbeiterin Frau Dipl.-Ing. Marita Irmscher und meinem Mitarbeiter Herrn Dr.-Ing. Thomas Jürgensohn erhalten. Meinem Freund und Kollegen, Herrn Prof. Dr.-Ing. B.Y. Park und seinen Mitarbeitern O.B Kwon, Y.S. Kwon, J.H. Sim und J.B. Park gilt nicht zuletzt mein besonderer Dank für die Erarbeitung des Drehschwingungskapitels, und meinem Mitarbeiter Herrn Dipl.-Ing. Boris Buschardt für dessen textliche Überarbeitung.

Berlin, im Mai 1998 Hans-Peter Willumeit

Inhalt

1 **Dynamik diskreter Systeme**	11
1.1 Einleitung	11
1.1.1 Modellbildung, Abgrenzung kontinuierlich - diskret-finit	11
1.1.2 Prinzipe zum Aufstellen der Differentialgleichungen	11
1.1.3 Lösen der Differentialgleichungen	12
1.2.1 Homogene Lösung (Eigenschwingung)	14
1.2.2 Erzwungene Schwingung	17
1.2.3 Behandlung im Zeitbereich	32
1.3.1 Aufstellen der DGL eines ungedämpften Systems	32
1.3.1.1 Eigenschwingung	33
1.3.1.2 Modale Entkopplung	34
1.3.2 Frequenzgangbestimmung mit Hilfe der Modaltransformation	35
1.3.3 Modale Entkopplung des schwach gedämpften Systems	38
1.3.4 Modale Entkopplung des stark gedämpften Systems	40
1.3.5 Zusammenfassung	41
1.4 Regelungstechnische Betrachtung der Dynamik komplexer Systeme	41
1.4.1 Zustandsraumdarstellung	42
1.5 Strukturdynamische Übersicht	47
1.6 Literatur	50
2 **Regellose Schwingungen**	51
2.1 Grundlagen	51
2.1.1 Verteilungsdichte- und Verteilungsfunktion	51
2.1.2 Gauß-verteilte Prozesse	52
2.1.3 Ermittlung der spektralen Leistungsdichte aus der Zeitfunktion	53
2.2 Spektrale Leistungsdichte von Straßenunebenheiten	55
2.3 Berechnungsbeispiele	60
2.4 Systemtheoretische Grundlagen	62
2.5. Literatur	66
3 **Vertikaldynamik**	67
3.1. Das 1/4 Fahrzeugmodell mit Fußpunkt-Anregung	67
3.1.1 Eigenschwingung	68
3.1.2 Erzwungene Schwingung im Frequenzbereich	71
3.2 Anregung der Fahrzeug-Vertikalmodelle durch stochastische Signale	80
3.2.1 Beispiele am eindimensionalen Fahrzeug-Vertikalmodell	81
3.3 Bauelemente der Vertikaldynamik	89
3.3.1 Feder	89
3.3.1.1. Blattfedern	89
3.3.1.2 Schraubenfedern	90
3.3.1.2.1 Dynamische Eigenschaften der Schraubenfeder	91
3.3.1.3 Drehstabfedern	94
3.3.1.4 Gasfedern	95
3.3.1.4.1 Kolben-Zylinder Gasfeder	95
3.3.1.4.2 Hydropneumatische Feder	98
3.3.2 Dämpfer	98
3.3.2.1 Dynamische Eigenschaften des Dämpfers	100
3.3.3 Schwingmetalle	104
3.3.3.1 Metall-Gummi-Elemente	104

3.3.3.2 Dynamik der Schwingmetalle 104
3.3.4 Reifen (Tragfähigkeit) 107
3.3.4.1 Tragfähigkeit und Federrate 107
Einfluß der Fahrgeschwindigkeit auf die Federrate 110
3.3.4.2 Temperaturgrenze und thermische Probleme am Reifen 110
3.4. Weitere einfache, lineare Modelle zur Vertikaldynamik 112
3.4.1 Das zweidimensionale Hub- und Nickmodell 112
3.4.2 Dreidimensionales Vertikalmodell für Hub, Nicken und Wanken 118
3.5 Literatur 127

4 Längsdynamik 129
4.1 Bedarf: Bewegungsgleichungen der Längsdynamik 129
4.2 Fahrwiderstände 131
4.2.1 Rollwiderstände 131
4.2.2 Steigungswiderstand 141
4.2.3 Luftwiderstand (Aerodynamik) 142
4.2.3.1 Druckwiderstand 143
4.2.3.2 Oberflächenwiderstand (Reibungswiderstand) 143
4.2.3.3 Innerer Widerstand 143
4.2.3.4 Induzierter Widerstand 143
4.2.3.5 Seitliche Anströmung 143
4.2.3.6 Auftrieb 144
4.2.4 Beschleunigungswiderstand 145
4.3 Fahrgrenzen 147
4.3.1 Vertikallasten 147
4.3.2. Kraftschlußbeanspruchung Treiben: Vorder- und Hinterachsantrieb 149
4.3.3. Kraftschlußbeanspruchung Treiben: Allradantrieb 155
4.3.4 Kraftschlußbeanspruchung beim Bremsen 158
4.3.5 Ideale Bremskraftverteilung 162
4.4 Tangentialkraftdiagramm 164
4.4.1 Tangentialkraftdiagramm der Antriebskraftverteilung 167
4.4.2 Tangentialkraftdiagramm der Bremskraftverteilung 173
4.4.2.1 Einfluß von Motorbremsmoment und Kennwertschwankungen 176
4.4.3 Vereinfachte Stabilitätsbetrachtung 178
4.4.3.1 Bremsen, Vorderräder blockiert 178
4.4.3.2 Bremsen, Hinterräder blockiert 179
4.4.3.3 Antreiben, durchdrehende Vorderräder 180
4.4.3.4 Antreiben, durchdrehende Hinterräder 180
4.5 Das Bremsen (energetische Zusammenhänge) 180
4.5.1 Bremsleistungen 181
4.5.1.1 Abbremsung d. Fahrz. i. d. Ebene (Verzögerungsbremsung) 181
4.5.1.2 Beharrungsbremsung bei Gefälle: v = konstant 182
4.5.2 Bremsmomente, Umfangskräfte am Rad 183
4.5.3 Beharrungsbremsung 185
4.6 Transiente Zustandsänderungen beim Abbremsen und Beschleunigen 186
4.6.1 Aufstellen der Bewegungsgleichungen 187
Kräfte- und Momentengleichgewicht an den Komponenten: 188
4.6.1.1 Kinematische Beziehungen 189
4.6.1.2 Bewegungsgln. mit Koppelung d. kinematischen Bedingungen 191
4.6.1.3 Radlasten 192
4.6.1.4 Radumfangskräfte 192
4.6.1.5 Bewegungsgleichungen für Nick- und Vertikalbewegungen 192

4.6.1.6 Radlasten im symmetrischen Fall 193
4.6.1.7 Radumfangskräft im symmetrischen Fall 193
4.6.2 Anwendungsbeispiel 195
4.6.2.1 Graphische Darstellung der Zeitverläufe 195
4.7 Literatur 200

5 **Querdynamik, Einspurmodell** 202
5.1 Bewegungsgleichungen der Querdynamik 202
5.2 Lösung der homogenen Differentialgleichung 207
5.3 Lösung der inhomogenen Differentialgleichung 209
5.3.1 Graphische Darstellungen der Übertragungsfunktionen, Stoß- und Sprungantworten 210
5.4 Fahrverhalten 217
5.4.1 Stationäre Kreisfahrt 217
5.5 Spezielle Einflüsse auf das Fahrverhalten 224
5.5.1 Nichtlinearitäten 224
5.5.1.1 Seitenkraftbeiwerte 224
5.5.1.2 Lenkelastizitäten 226
5.5.1.3 Einfl. d. Umfangskräfte a. d. Seitenkräfte und das Lenkmoment 228
5.5.1.4 Einfluß von Kreiselmomenten 229
5.5.1.5 Elastizitäten und Kinematiken in der Radführung 229
5.5.1.6 Roll-Lenken 231
5.6. Literatur 232

6 **Reifen** 233
6.1 Aufbau des Reifens 233
6.2 Gummireibung 235
6.3 Das Reifen-Borstenmodell 238
6.3.1 Das Reifen-Borstenmodell (Längsrichtung) 238
6.3.2 Das Reifen-Borstenmodell (Querrichtung) 243
6.4 Reale Eigenschaften des Reifens 247
6.4.1 Stationäre Eigenschaften des Reifens in Längsrichtung Das getriebene bzw. gebremste Rad 247
6.4.2 Stationäre Eigenschaften des Reifens in Querrichtung 252
6.4.2.1 Stationäre Eigenschaften bei Schräglauf 252
6.4.2.2 Stationäre Eigenschaften bei Radsturz 258
6.4.2.3 Einfluß nasser Fahrbahn auf das Schräglaufverhalten 260
6.4.3 Das getriebene bzw. gebremste Rad unter Schräglauf (stationär) 263
6.5 Darst. des dyn. und stat. Reifenverhaltens mittels Beschreibungsgleichungen 266
6.5.1 Dyn. Eigenschaften des Reifens bei zeitlich veränderlichem Schräglauf 267
6.5.2 Stationäre Eigenschaften von Reifen 270
6.6 Ein spezielles Problem der Fahrzeugdynamik: Lenkungsflattern 273
6.7 Literatur 278

7 **Fuzzy - Controlling** 280
7.1 Einführung 280
7.1.1 Mathematischer Hintergrund der Fuzzy-Logic 280
7.1.2 Der Fuzzy - Regler und seine mathematischen Bausteine 281
7.2 Querdynamisches Anwendungsbeispiel 286
7.2.1 Fahrdynamischer Hintergrund 286
7.2.2 Regleraufbau zur Konstanthaltung des Lenkgradienten 288
7.2.3 Struktur des Regelkreises 289

7.2.4 Linguistische Variablen der Eingangs- und Ausgangsgrößen 290
7.2.5 Ergebnisse der Simulation 293
7.2.6 Ergebnis und Ausblick der Fuzzy - Regelung 295
7.3. Evolutionsstrategische Optimierung 295
7.3.1 Grundlagen 296
7.3.1.1 Variation der Variablen 296
7.3.1.2 Auswahl der Variationsparameter 297
7.3.2 Anwendungsbeispiele 298
7.3.2.1 Der Wankregler 299
7.3.2.2 Der Dämpfungsregler 301
7.3.3 Ausblick 304
7.4 Literatur 305

8 Dynamik des Antriebstrangs 308
8.1 Torsionsschwingungen des Antriestrangs 310
8.1.1 Anregungungen 310
8.1.2 Diskrete Modelle 313
8.1.2.1 Modellierung des Übersetzungsgetriebes 313
8.1.2.2 Modellierung des Kurbeltriebs 315
8.1.3 Berechnung der Eigenschwingungen 319
8.1.3.1 Das Verfahren von Holzer-Tolle 321
8.1.3.2 Übertragungsmatrizen 323
8.1.4 Reduktion der Freiheitsgrade des diskreten Modells 334
8.1.4.1 Reduktion auf ein Modell mit einem Freiheitsgrad 335
8.1.4.2 Das Verfahren von Klöckner 337
8.1.5 Dämpfungen 341
8.1.6 Abhilfemaßnahmen zur Reduzierung der Torsionsschwingungen 345
8.1.6.1 Torsionsschwingungstilger/-dämpfer 345
8.1.6.2 Fliehkraftpendel 355
8.2 Massenausgleich an der Kurbelwelle 360
8.2.1 Massenkräfte und -momente der Einzylindermaschine 361
8.2.1.1 Massenkräfte 363
8.2.1.2 Umlaufmoment 365
8.2.1.3 Massenausgleich der Einzylindermaschine 368
8.2.2 Massenkräfte und -momente der Mehrzylinder-Reihenmotoren 371
8.2.3 Massenkräfte und -momente der V-Motoren 376
8.3 Antriebstränge mit eingebauten Gelenkwellen 381
8.3.1 Kinematik des Kreuzgelenkgetriebes 381
8.3.2 Torsionsschwingungsgleichungen 386
8.4 Literatur 397

Sachverzeichnis 399

1 Dynamik diskreter Systeme

1.1 Einleitung

1.1.1 Modellbildung, Abgrenzung kontinuierlich - diskret-finit

Das reale Schwingungssystem 'Kraftfahrzeug' ist ein kontinuierliches System, es schwingen räumlich ausgedehnte Bauteile mit einer unendlichen Zahl von Freiheitsgraden.

Für Kontinua sind Lösungen jedoch nur bei besonders einfachen geometrischen Formen (Balken, Platten) vorhanden. Daher wird für die Berechnung das Kontinuum in ein diskretes Modell mit konzentrierten Parametern abgebildet, das aus starren Blöcken mit Massen und Trägheitsmomenten, verbunden über Federn und Dämpfer, aufgebaut ist. Dies führt somit zu einer Reduktion der Freiheitsgrade. Das reale System wird zu einem Ersatzsystem idealisiert (häufig nur Symbolskizze) und durch die Eigenschaften seiner Elemente beschrieben. Damit wird es einer Berechnung zugänglich. Das Ziel der Berechnung ist die Untersuchung des Eigenschwingverhaltens und der erzwungenen Schwingung.

Bestimmung der konzentrierten Parameter wie folgt:

- 'klassischer Weg': Vermessen von Bauteilen, Bestimmen der Kenndaten (wie Masse, Trägheitsmomente, Steifigkeit, Dämpfung).
- 'Parameter-Identifikation': Vermessen des Gesamtsystems und Bestimmen der gesuchten Parameter durch mathematische Verfahren (Ausgleichsrechnung), Anwendung z.B. Modalanalyse.

Eine Zwischenstellung von diskretem Modell und Kontinuum nimmt die Finite-Element-Methode (FEM) ein, bei der sehr fein diskretisiert wird und die Elemente durch Ansatzfunktionen z.B. der Balken- und Plattentheorie beschrieben werden. Infolge der feinen Diskretisierung ist der Rechenaufwand sehr groß. Eine analytische Lösung ist so gut wie unmöglich. Dies erfordert leistungsstarke Rechner.

Wir beschäftigen uns zunächst mit dem klassischen Weg der Mechanik, bei dem das reale Verhalten einer Struktur durch Bewegungsdifferentialgleichungen modelliert wird.

1.1.2 Prinzipe zum Aufstellen der Differentialgleichungen

Bei komplizierten mechanischen Systemen kann das Aufstellen der Bewegungsgleichungen mit dem Newtonschen Prinzip schwierig sein. In diesen Fällen werden zum systematischen Aufstellen andere Prinzipe verwendet.

Newtonsches Prinzip

Das Newtonsche Prinzip besagt, daß die Trägheitskräfte eines Körpers (Punktmasse) mit den angreifenden Kräften im Gleichgewicht stehen, bzw. die Trägheitsmomente mit den angreifenden Momenten. Mathematisch formuliert, ist das der Schwerpunktsatz:

$$m\,\ddot{y} = \sum_{i=1}^{n} F_i \tag{1.1.1}$$

und der Drallsatz

$$\Theta \cdot \ddot{\varphi} = \sum_{i=1} M_i \quad . \tag{1.1.2}$$

Das Newtonsche Prinzip wird nach dem Freischneiden für die einzelnen Massen angewendet.

Prinzip von d'Alembert

Es entspricht dem Newtonschen Prinzip; allerdings werden die negativen Trägheitskräfte und -momente auf den rechten Seiten der Gleichungen angetragen, quasi als auf den Körper einwirkend. Die Trägheitskräfte werden wie statische Kräfte behandelt.

Prinzip der virtuellen Arbeiten

Mit den d'Alembertschen Trägheitskräften wird das kinetische Problem als statisches Problem in Form einer Kraftgleichung formuliert. Werden an den Kraftangriffspunkten virtuelle Verrückungen aufgebracht, so leisten die Kräfte eine virtuelle Arbeit. Das System ist im Gleichgewicht, wenn die virtuelle Arbeit zu Null wird:

$$\delta W = \sum_i F_i \cdot \delta s_i = 0 \quad . \tag{1.1.3}$$

Allgemein können an die Stelle der Kräfte auch Momente und an die Stelle der Verrückungen auch Verdrehungen treten. Die virtuellen Verrückungen müssen geometrisch möglich sein. Von Vorteil ist, daß Reaktionskräfte bei starrer Verbindung verschiedener Körper (Massen) nicht berücksichtigt werden müssen, da sie keine virtuelle Arbeit leisten. Freischneiden ist somit unnötig.

Lagrangesche Vorschrift

Die Bewegungsdifferentialgleichungen lassen sich auch nach folgender Vorschrift aufstellen

$$\frac{d}{dt}\left(\frac{\partial L}{\partial \dot{q}_k}\right) - \frac{\partial L}{\partial q_k} = \sum_i F_i \frac{\partial s_i}{\partial q_i} \quad , \tag{1.1.4}$$

wobei L für die Lagrangesche Funktion steht: $L = T - U$, mit kinetischer Energie T und potentieller Energie U. Die q_k sind die Freiheitsgrade des Systems. Der Term auf der rechten Seite enthält die Kräfte F_i , die kein Potential besitzen (nicht konservativ, z.B. Dämpferkräfte) , sowie die Verschiebungen s_i ihrer Angriffspunkte. Für konservative Systeme verschwindet dieser Term.

Als ergänzende Fachliteratur sei hier z. B. Gasch/Knothe 1987 und Ostermeyer 1993/95 empfohlen. Man sollte sich eine Übersicht verschaffen, auf welchen Grundgedanken die Prinzipe beruhen, wo sie angewendet werden können und was sie leisten können.

1.1.3 Lösen der Differentialgleichungen

Sind die Differentialgleichungen einmal aufgestellt, kann man sich ihrer Lösung annehmen. Für unsere Behandlung werden folgende Vereinfachungen getroffen:

- lineare DGL (homogen/inhomogen; es gilt das Superpositionsgesetz)
- Modell mit konzentrierten Parametern
- Parameter sind zeitlich unveränderlich (zeitinvariantes System).

Je nach Aufgabenstellung können folgende schwingungstechnische Begriffe angesprochen sein:

- Eigenschwingverhalten (Eigenfrequenz, Dämpfungsmaß, ungedämpfter/gedämpfter Fall)
- Fremderregung (Resonanzfrequenz, Frequenzgang (Amplituden- und Phasengang)) .

Typischerweise werden die Differentialgleichungen so geschrieben, daß auf der linken Seite die Ausgangsgrößen und auf der rechten Seite die Eingangs- oder Anregungsgrößen des Systems stehen.

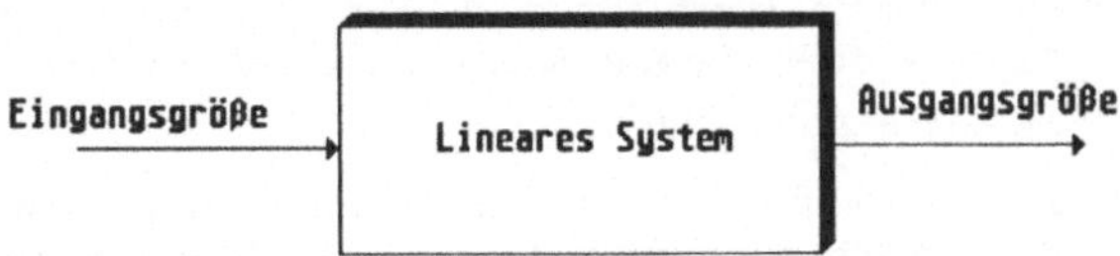

Bild 1.1: Lineares System mit Eingangs- und Ausgangsgröße

Zu Beginn sollen 1-Freiheitsgrad-Systeme besprochen werden, da an ihnen das Verhalten linearer Systeme erläutert werden kann. Außerdem lassen sich auch komplizierte Strukturen mit vielen Freiheitsgraden durch modale Zerlegung auf 1-Freiheitsgrad-Systeme zurückführen.

Anschließend soll an 2- und Mehr-Freiheitsgrad-Systemen die prinzipielle Vorgehensweise in Matrixschreibweise dargestellt werden.

1.2 Systeme mit einem Freiheitsgrad

Einfache mechanische Schwinger lassen sich in die Typen Längsschwinger, Biegeschwinger und Drehschwinger einteilen. Die Bewegungs-Differentialgleichungen lassen sich nach den Prinzipen in Abschnitt 1.1.2 aufstellen.

Die Bewegungsgleichungen für das in Bild 1.2.1 dargestellte System lauten je nach Anregungsart (Hinweis: Man formuliert die Gleichung immer derart, daß auf der rechten Seite der Gleichung die Anregungsfunktion F(t) steht):

a) Weganregung durch x(t) am Fußpunkt (dies ist ein einfaches Beispiel für ein Fahrzeug mit der Masse m, der Federsteifigkeit k und einem viskosen Dämpfer mit der zur Bewegungsgeschwindigkeit proportionalen Dämpfung r):

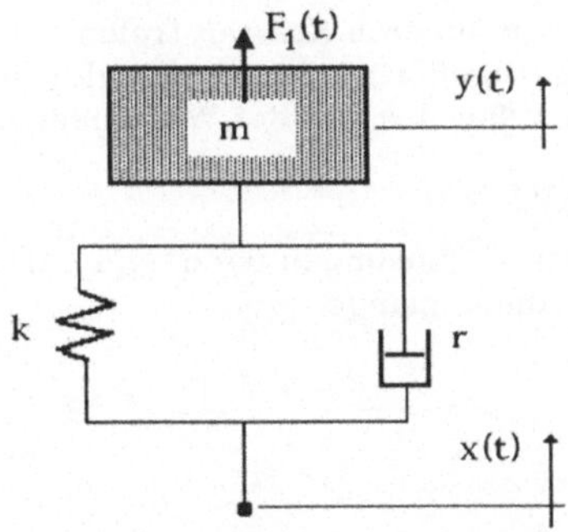

Bild 1.2.1: Schwinger mit einem Freiheitsgrad

$$m\ddot{y}(t) + r\,[\dot{y}(t) - \dot{x}(t)] + k\,[y(t) - x(t)] = 0 \qquad (1.2.1)$$

bzw. $$m\ddot{y}(t) + r\,\dot{y}(t) + ky(t) = r\dot{x}(t) + kx(t) = F(t)\,. \qquad (1.2.1a)$$

F(t) ist die allgemeine Anregungsfunktion.

b) Kraftanregung durch eine Kraft F_1 (t), die auf die Masse m einwirkt. Der Fußpunkt x(t) soll sich hierbei nicht bewegen. Dies ist ein Beispiel für ein Schwingungsfundament, auf dem ein Gerät mit zeitlich veränderlicher Anregungskraft montiert ist. Dies kann ein Verbrennungsmotor sein. Dieses Beispiel kann auch grob die Verhältnisse eines mit seinen freien Massenkräften die Karosserie anregenden Motors beschreiben.

$$m\ddot{y}(t) + r\,\dot{y}(t) + k\,y(t) = F_1(t) = F(t) \tag{1.2.1b}$$

c) Beschleunigungsanregung am Fußpunkt mit $\ddot{x}$ (t). Dies ist eigentlich dieselbe Anregung wie oben unter a) (also Weganregung); denn mit der Weganregung x(t) am Fußpunkt ist immer auch gleichzeitig eine Geschwindigkeit $\dot{x}$ (t) und eine Beschleunigung $\ddot{x}$(t) verbunden.

Formuliert man die Gl. (1.2.1) um, und zwar durch Ergänzung mit $-m\ddot{x}(t)$, so erhält man:

$$m\,[\ddot{y}(t) - \ddot{x}(t)] + r\,[\dot{y}(t) - \dot{x}(t)] + k\,[y(t) - x(t)] = -m\ddot{x}(t) = F(t) \tag{1.2.1c}$$

und mit z(t) = [y(t)-x(t)] wieder denselben Typ von Differentialgleichung wie unter a) und b) :

$$m\ddot{z}(t) + r\,\dot{z}(t) + k\,z(t) = F(t)\,. \tag{1.2.2}$$

Die Formulierung Gl. 1.2.1c zeigt nun auf der linken Seite [y(t) - x(t)] als Ausgangsgröße und auf der rechten Seite $-m\ddot{x}$ (t)als Eingangsgröße. Dies ist die Beschreibung für einen Beschleunigungssensor, dessen Ausgangsgröße die Differenzbewegung zwischen Gehäuse und schwingender Masse m ist.

Die Differentialgleichung hat die allgemeine Lösung

$$y(t) = y_h(t) + y_p(t) \tag{1.2.3}$$

mit $y_h(t)$ als der homogenen Lösung (für F(t) = 0 bzw. x(t) = 0) und $y_p(t)$ als der partikulären Lösung, die von der Anregung F(t) abhängig ist.

1.2.1 Homogene Lösung (Eigenschwingung)

Ein schwingungsfähiges System, das sich zum Zeitnullpunkt nicht in seiner Ruhelage befindet, bewegt sich mit der von äußeren Kräften freien Schwingung $y_h(t)$, die man auch Eigenschwingung nennt. Die zugehörige Bewegungsgleichung ist durch die homogene Differentialgleichung gegeben. Für den Fall der Weg- oder Kraftanregung lautet sie:

$$m\,\ddot{y}(t) + r\,\dot{y}(t) + k\,y(t) = 0\,. \tag{1.2.4}$$

Da die Exponentialfunktionen $e^{\lambda t}$ Lösungen derartiger Differentialgleichungen sind und mit Hilfe der Eulerschen Zusammenhänge

$$\sin\gamma = \frac{e^{j\gamma} - e^{-j\gamma}}{2j}\;;\; \cos\gamma = \frac{e^{j\gamma} + e^{-j\gamma}}{2} \tag{1.2.5}$$

bzw. $e^{\pm j\gamma} = \cos\gamma \pm j\sin\gamma$

auch die harmonischen Funktionen, folgt mit dem allgemeinen Exponentialansatz

$$y(t) = y_h(t) = y_o\,e^{\lambda t} \tag{1.2.6}$$

in die homogene Differentialgleichung (Gl. (1.2.4)) eingesetzt

$$(\,m\lambda^2 + r\lambda + k\,)\;y_o\,e^{\lambda t} = 0 \tag{1.2.7}$$

bzw. für $y_o \neq 0$ und $e^{\lambda t} \neq 0$ die *charakteristischen Gleichung*:

$$\lambda^2 + \frac{r}{m}\lambda + \frac{k}{m} = 0\,. \tag{1.2.8}$$

Als Lösung dieser quadratischen Gleichung ergeben sich die *Eigenwerte* λ

$$\lambda_{1,2} = -\frac{r}{2m} \pm \sqrt{\left(\frac{r}{2m}\right)^2 - \frac{k}{m}} \tag{1.2.9}$$

Führt man folgende Abbkürzungen

$$r/m = 2\,D\,\omega_o \text{ und } k/m = \omega_o^2 \tag{1.2.10}$$

ein, so wird

$$\lambda_{1,2} = -D\omega_o \pm \omega_o\sqrt{D^2 - 1} \tag{1.2.9a}$$

Dieses wird das *Lehrsche Dämpfungsmaß* genannt. Setzt man diese Eigenwerte wieder in den Lösungsansatz (Gl. (1.2.6)) ein, so erhält man zunächst für $D \geq 1$ reelle Eigenwerte und mit

$$y_h(t) = y_{01}\, e^{\lambda_1 t} + y_{02}\, e^{\lambda_2 t} \tag{1.2.11}$$

$$y_h(t) = y_{01}\, e^{(-D\omega_o + \omega_o\sqrt{D^2-1})\,t} + y_{02}\, e^{(-D\omega_o - \omega_o\sqrt{D^2-1})\,t} \tag{1.2.12}$$

Dies ist eine e-Funktion, die mit größer werdender Zeit gegen Null strebt. Die Konstanten y_{01} und y_{02} werden von den Anfangsbedingungen $y_h(t{=}0) = y_{h0}$ und $\dot{y}_h(t{=}0) = \dot{y}_{h0}$ bestimmt.

Erst für den Fall, daß $D < 1$ ist, werden die Eigenwerte konjugiert-komplex oder rein imaginär, wenn keine Dämpfung vorhanden ist. In dem Bereich $0 < D < 1$ ergeben sich die für stabile Schwingungen interessanten Verhältnisse mit den Exponenten

$$\lambda_{1,2} = -D\omega_o \pm j\omega_o\sqrt{1 - D^2} \tag{1.2.13}$$

Die Lösung der homogenen Differentialgleichung lautet dann in komplexer Schreibweise

$$y_h(t) = e^{-D\omega_o t}\left[\, y_{01}\, e^{+j\omega_o\sqrt{1-D^2}\,t} + y_{02}\, e^{-j\omega_o\sqrt{1-D^2}\,t}\right], \tag{1.2.14}$$

wobei y_{01} und y_{02} komplex – und zwar konjugiert-komplex – sind. Mit Hilfe der Eulerschen Gleichungen (Gl. (1.2.5)) sowie der o.g. Tatsache, daß Real- und Imaginärteil Lösungen sind, wird

$$y_h(t) = e^{-D\omega_o t}\left[(y_{01} + y_{02})\cos(\omega_o\sqrt{1-D^2}\,)t + j\,(y_{01} - y_{02})\sin(\omega_o\sqrt{1-D^2}\,)t\right]. \tag{1.2.14a}$$

Die Lösung setzt sich also aus zwei harmonischen Anteilen zusammen, die beide die gleiche Frequenz $\bar{\omega}$, die sogenannte *gedämpfte Eigenfrequenz*, besitzen.

$$\bar{\omega} = \omega_o\sqrt{1 - D^2}$$

Mit $-D\omega_o = \alpha$ erhält man

$$y_h(t) = e^{\alpha t}\left[y_{01}\, e^{j\bar{\omega}t} + y_{02}\, e^{-j\bar{\omega}t}\right] \tag{1.2.14b}$$

oder wieder mit Hilfe der Eulerschen Gleichungen (Gl. (1.2.5))

$$y_h(t) = e^{\alpha t}\,[\,c\,\sin(\,\bar{\omega}t + \varphi)] \tag{1.2.14c}$$

Die harmonischen Funktionen werden jeweils mit der über der Zeit abklingenden Zeit-

funktion $\exp(-D\omega_o t)$ multipliziert. Auch hier bestimmen die Anfangswerte die Konstanten y_{01} und y_{02}. Für den Fall verschwindender Dämpfung (D=0) wird die gedämpfte Eigenfrequenz $\bar{\omega}$ gleich der *ungedämpften Eigenfrequenz* ω_o.
Beispielhaft ergeben sich y_{01} und y_{02} aus Gl. (1.2.11) mit $y_h(t=0) = y_{ho}$ und $\dot{y}_h(t=0) = \dot{y}_{ho}$

$$y_{ho} = y_{01} \cdot 1 + y_{02} \cdot 1$$
$$\dot{y}_{ho} = y_{01}(\alpha + j\bar{\omega}) + y_{02}(\alpha - j\bar{\omega}) \; .$$

Dämpfungsgrad	Eigenwerte		Bewegung	Zeitverlauf für	Stabilität
	Realteil α	Imaginärteil $j\omega$		$y_{h0} = 0, \dot{y}_{h0} \neq 0$	
$D>1$	α_1, α_2 negativ		monotones Abklingen (Kriechen)	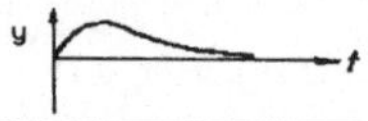	stabil
$D=1$	$\alpha_1 = \alpha_2$ negativ	0	monotones Abklingen (Kriechen)	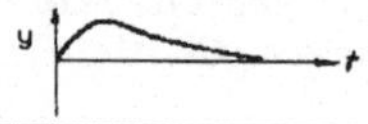	stabil
$0<D<1$	α negativ	$\pm j\omega$ vorhanden	gedämpfte Schwingung	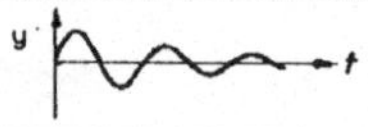	stabil
$D=0$	0	$\pm j\omega_0$ vorhanden	ungedämpfte Schwingung	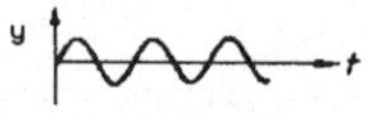	grenzstabil
$-1<D<0$	α positiv	$\pm j\omega$ vorhanden	angefachte Schwingung	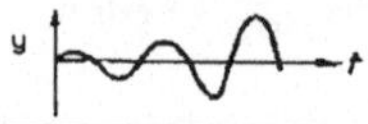	oszillatorisch instabil
$D=-1$	$\alpha_1 = \alpha_2$ positiv	0	monotones Aufklingen	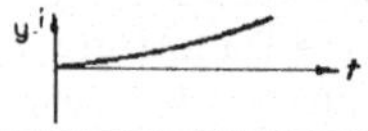	monoton instabil (Divergenz)
$D<-1$	$\alpha_1\ \alpha_2$ positiv	0	monotones Aufklingen		monoton instabil (Divergenz)

Bild 1.2.2: Eigenwerte und Zeitverlauf bei verschiedenem Dämpfungsgrad (nach: Gasch/Knothe Strukturdynamik, Bd.1, S.25)

Wenden wir zur Lösung dieses einfachen linearen Gleichungssystems die Cramersche Regel an, obwohl sich diese erst bei der Lösung komplexerer Gleichungssysteme als vorteilhaft erweist, so erhält man

$$\begin{vmatrix} 1 & 1 \\ \alpha+j\bar{\omega} & \alpha-j\bar{\omega} \end{vmatrix} = \mathrm{Det} \; ; \quad \begin{vmatrix} y_{ho} & 1 \\ \dot{y}_{ho} & \alpha-j\bar{\omega} \end{vmatrix} = \mathrm{Det}_1 \; ; \quad \begin{vmatrix} 1 & y_{ho} \\ \alpha+j\bar{\omega} & \dot{y}_{ho} \end{vmatrix} = \mathrm{Det}_2 \; .$$

Man erhält nun die y_{01} und y_{02} aus

$$y_{01} = \frac{\mathrm{Det}_1}{\mathrm{Det}} \quad \text{und} \quad y_{02} = \frac{\mathrm{Det}_2}{\mathrm{Det}}$$

und eingesetzt zu

$$y_{01} = \frac{\dot{y}_{ho} - y_{ho}(\alpha - j\bar{\omega})}{2j\bar{\omega}} \quad \text{und} \quad y_{02} = -\frac{\dot{y}_{ho} - y_{ho}(\alpha + j\bar{\omega})}{2j\bar{\omega}} \; ,$$

also

$$(y_{01} + y_{02}) = y_{ho} \quad \text{und} \quad (y_{01} - y_{02}) = -j\,\frac{\dot{y}_{ho} - y_{ho}\alpha}{\bar{\omega}} \; .$$

Die Konstante c und die Phasenverschiebung φ ergeben sich nach gleicher Methode aus den Anfangsbedingungen.

Für den Fall negativen Dämpfungsmaßes $D < 0$ nehmen die Exponentialfunktionen mit der Zeit zu. Nach einer anfänglichen Störung bewegt sich also die Masse m in einer harmonischen Sinus-Bewegung mit der Amplitude c - um eine Phasenverschiebung φ gegen den Nullpunkt versetzt - und überlagert von einer je nach Dämpfungsmaß (positiver oder negativer Wert von α) auf- oder abklingenden e-Funktion. Wegen der konjugiert-komplexen Eigenwerte λ ($\lambda_2 = \lambda_1^*$) sind auch die Konstanten y_{01} und y_{02} zueinander konjugiert-komplex ($y_{02} = y_{01}^*$). Das zeitliche Verhalten eines Schwingers mit einem Freiheitsgrad mit den Anfangswerten $y_{h0} = 0$ und $\dot{y}_{h0} \neq 0$ in Abhängigkeit von D zeigt Bild 1.2.2 .

Zum Abschluß dieses Kapitels sei darauf hingewiesen, daß die Eigenwerte völlig unabhängig von der Art der Anregung sind, also damit auch Eigenfrequenz und Dämpfung von der Anregungsart unabhängige Systemeigenschaften darstellen.

1.2.2 Erzwungene Schwingung

a) Partikuläre Lösung im Zeitbereich

Bei der erzwungenen Schwingung wird der Bewegungsablauf $y_p(t)$ durch die Erregung $x(t)$ bestimmt; es wird also nach der partikulären Lösung $y_p(t)$ der inhomogenen Differentialgleichung gesucht, bzw. nach der Antwort des Systems auf die Anregung $x(t)$.

Die Anregung des Systems kann *deterministisch* oder *stochastisch* erfolgen. Die deterministischen Anregungen lassen sich in harmonische, *periodische* und *transiente* Funktionen einteilen. Die Betrachtung stochastischer Vorgänge geschieht in der Regel im Frequenzbereich; deterministische Vorgänge lassen sich sowohl im Frequenzbereich als auch im Zeitbereich betrachten. In diesem Kapitel betrachten wir nur deterministische Schwingungen als Anregungssignal.

Die allgemeine Lösung der Differentialgleichung (Gl. (1.2.2)), d.h. die Antwort des Systems auf die Anregung, setzt sich aus der *Eigenbewegung*, die als Lösung aus der *homogenen Differentialgleichung* folgt, und der erzwungenen Bewegung, die als partikuläre Lösung der *inhomogenen Differentialgleichung* für einen bestimmten Anregungsfall berechnet wird, additiv zusammen. Eigenbewegung und *erzwungene Bewegung* lassen sich nur bei linearen Systemen in dieser Weise superponieren.

Als Beispiel einer partikulären Lösung sei hier das System bei Anregung mit einer *Sprungfunktion* zum Zeitpunkt $t = 0$ gewählt ($x(t) = x_o\sigma(t)$). Die Bewegungsgleichung lautete für das System nach Bild 1.2.1 (Gl. (1.2.1 a))

$$m\ddot{y}(t) + r\dot{y}(t) + ky(t) = r\dot{x}(t) + k\,x(t) = F(t)$$

mit $x(t \leq 0) = 0$ und $\dot{x}(t \leq 0) = 0$ sowie $x(t>0) = x_o$ und $\dot{x}(t>0) = 0$ .Wählt man zur Lösung der DGL eine Funktion, die der Anregung

$$y_p(t>0) = x_o$$

entspricht, so ist dies bereits die partikuläre Lösung.

Die *allgemeine Lösung* bei linearen Systemen, also die Superposition von homogener und partikulärer Lösung, ist dann

$$y_{allg}(t) = y_h(t) + y_p(t) = y_{01}\, e^{\lambda_1 t} + y_{02}\, e^{\lambda_2 t} + x_o .$$

Achtung: y_{01} und y_{02} müssen für die allgemeine Lösung neu bestimmt werden; es dürfen auf gar keinen Fall $y_{01,02}$ der rein homogenen Lösung verwendet werden. Den Zeitverlauf der Anregung und der Antwort zeigt Bild 1.2.3 für $y(0) = 0$; $\dot{y}(0) = 0$.

b) Partikuläre Lösung im Frequenzbereich

Als Anregung wählen wir eine harmonische Funktion, da diese den einfachsten Fall einer allgemeinen periodischen Anregung darstellt. Jede beliebige periodische Funktion läßt sich bekanntlich als Superposition von einzelnen harmonischen Funktionen (*Fourier-Reihe*, s. Gl. (1.2.40)) beschreiben. Nach dem für lineare Systeme gültigen Superpositionsgesetz setzt sich dann auch die gesamte partikuläre Lösung aus der Superposition aller Teillösungen für die einzelnen harmonischen Bestandteile der beliebigen periodischen Anregungsfunktion (Fourier-Reihe) zusammen.

Der gewählte Zeitnullpunkt soll nicht mit dem einer Sinus- oder Cosinusfunktion zusammenfallen; also läßt sich schreiben:

$$x(t) = x_0 \cos(\omega t + \psi) = x_{0c} \cos \omega t + x_{0s} \sin \omega t \,. \qquad (1.2.15)$$

Hierin sind x_{0c} und x_{0s} die Amplituden des Cosinus - bzw. Sinusterms.

Aus den *Additionstheoremen der Winkelfunktionen* ergibt sich

$$x_0 = \sqrt{x_{0s}^2 + x_{0c}^2} \quad ; \quad \psi = -\arctan \frac{x_{0s}}{x_{0c}} \,.$$

Für die partikuläre Lösung wählt man ebenfalls einen Lösungsansatz, der der Art der Anregung auf der rechten Seite der Differentialgleichung entsprechen muß - das System - antwortet also mit derselben Frequenz, mit der es angeregt wird, und erzeugt eine systemtypische Phasenverschiebung φ zwischen Anregung und Antwort (reale Systeme können nur mit einer per Definition negativen Phasenverschiebung antworten, was einem zeitlichen Nacheilen der Antwort entspricht):

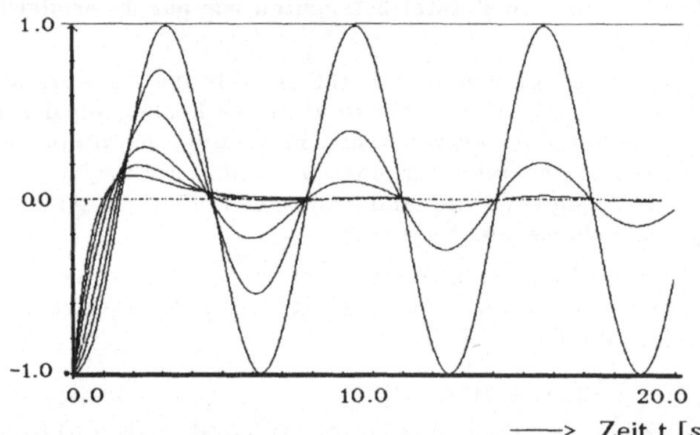

Bild 1.2.3: Zeitverlauf des Ausschwingverhaltens eines 1-Masse Systems mit D=0.0; 0.1 ; 0.25 ; 0.5 ; 0.75 ; 1.0 und ω_0 = 1 und x_0 = -1

$$y_p(t) = y_{pc} \cos(\omega t + \varphi) + y_{ps} \sin(\omega t + \varphi)$$

$$y_p(t) = (y_{pc} \cos\varphi + y_{ps} \sin\varphi) \cos \omega t + (y_{ps} \cos\varphi - y_{pc} \sin\varphi) \sin \omega t \,. \qquad (1.2.16)$$

y_{ps} und y_{pc} sind die Antwortamplituden auf den Sinus- und Cosinusterm der Anregung. Mit diesem partikulären Lösungsansatz geht man in die Differentialgleichung 1.2.1 hinein und erhält aus den Systemkonstanten k, r und m sowie den Anregungsamplituden x_{0s} und x_{0c} die Größen y_{ps}, y_{pc} und φ. Diese Berechnung ist recht umständlich.

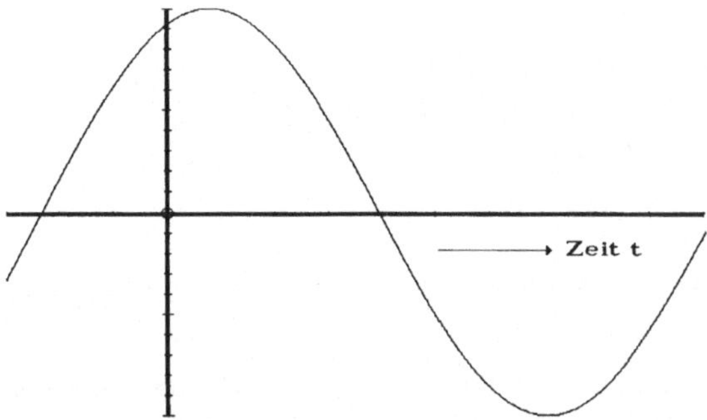

Bild 1.2.4: Harmonische Anregungsfunktion

Harmonische Anregung in komplexer Schreibweise

Die harmonischen Funktionen lassen sich - wie schon oben gezeigt - mit Hilfe der Eulerschen Gleichungen (Gl. (1.2.5)) auch in komplexer Schreibweise darstellen, so daß z.B. eine harmonische Anregung mit der Anregungsfrequenz ω

$$x(t) = x_0 \cos(\omega t + \psi) = x_{0c} \cos \omega t + x_{0s} \sin \omega t \tag{1.2.17}$$

in komplexer Schreibweise auch zu schreiben ist

$$x(t) = x_{0c} \frac{e^{j\omega t} + e^{-j\omega t}}{2} - x_{0s}\, j \frac{e^{j\omega t} + e^{-j\omega t}}{2}$$

$$\begin{aligned} x(t) &= \left(\frac{x_{0c} - jx_{0s}}{2}\right) e^{j\omega t} + \left(\frac{x_{oc} + jx_{0s}}{2}\right) e^{-j\omega t} \\ &= \hat{x}_{01}\, e^{j\omega t} + \hat{x}_{02}\, e^{-j\omega t} \\ &= \left|\hat{x}_{01}\right| e^{j\psi}\, e^{j\omega t} + \left|\hat{x}_{02}\right| e^{-j\psi} e^{-j\omega t} \quad ; \text{ mit } \hat{x}_{01}(j\omega) = \hat{x}_{02}(-j\omega) = \hat{x}_{02}^{*}\,. \end{aligned} \tag{1.2.17a}$$

Der Lösungsansatz wird nun entsprechend zur Anregung gewählt zu

$$y_p(t) = \hat{y}_{p1}\, e^{j\omega t} + \hat{y}_{p2}\, e^{-j\omega t} \quad . \tag{1.2.18}$$

Dieser Ansatz, in die DGL (1.2.1) eingesetzt, führt mit

$$\left.\begin{aligned} \dot{x}(t) &= j\omega\, \hat{x}_{01}\, e^{j\omega t} - j\omega\, \hat{x}_{02}\, e^{-j\omega t} \\ \text{und} \quad \dot{y}_p(t) &= j\omega\, \hat{y}_{p1}\, e^{j\omega t} - j\omega\, \hat{y}_{p2}\, e^{-j\omega t} \\ \text{sowie} \quad \ddot{y}_p(t) &= -\omega^2\, \hat{y}_{p1}\, e^{j\omega t} - \omega^2\, \hat{y}_{p2}\, e^{-j\omega t} \end{aligned}\right\} \tag{1.2.19}$$

zu

$$\left.\begin{aligned} & e^{j\omega t} \{ -m\omega^2 + k + j\omega r \}\, \hat{y}_{p1} \\ & + e^{-j\omega t} \{ -m\omega^2 + k - j\omega r \}\, \hat{y}_{p2} \end{aligned}\right\} = \left\{\begin{aligned} & e^{j\omega t} \{ k + j\omega r \}\, \hat{x}_{01} \\ & + e^{-j\omega t} \{ k - j\omega r \}\, \hat{x}_{02} \end{aligned}\right. \tag{1.2.20}$$

Ein Koeffizientenvergleich für $e^{j\omega t}$ und $e^{-j\omega t}$ liefert:

$$\hat{y}_{p1} \{-m\omega^2 + k + j\omega r\} = \hat{x}_{01} \{ k + j\omega r \} \tag{1.2.21}$$

und $\hat{y}_{p2} \{ -m\omega^2 + k - j\omega r \} = \hat{x}_{02} \{ k - j\omega r \}$,

woraus sich zwei komplexe *Frequenzgänge* ergeben

$$\left.\begin{aligned} H_1(j\omega) &= \frac{\hat{y}_{p1}}{\hat{x}_{01}} = \frac{k + j\omega r}{k - m\omega^2 + j\omega r} \\ \text{und}\quad H_2(j\omega) &= \frac{\hat{y}_{p2}}{\hat{x}_{02}} = \frac{-k + j\omega r}{-k + m\omega^2 + j\omega r} = \frac{k - j\omega r}{k - m\omega^2 - j\omega r} = H_1(-j\omega) = H_1^*, \end{aligned}\right\} \tag{1.2.22}$$

also der konjugiert-komplexe Frequenzgang von $H_1(j\omega)$. Die Superposition mit Hilfe beider Frequenzgänge liefert die gesuchte partikuläre Lösung

$$y_p(t) = H_1(j\omega)\, \hat{x}_{01}\, e^{j\omega t} + H_2(j\omega)\, \hat{x}_{02}\, e^{-j\omega t} . \tag{1.2.23}$$

Obwohl $H_1(j\omega)$, $H_2(j\omega)$, $\hat{x}_{01}$ und $\hat{x}_{02}$ komplexe Funktionen sind, sind sie jedoch jeweils konjugiert-komplex zueinander. Die Multiplikation mit $e^{j\omega t}$ bzw. $e^{-j\omega t}$ und Summation erzeugen aber reelle Funktionen. So erhält man durch Umformung in *Polarkoordinaten*

$$y_p(t) = |H_1|\, |\hat{x}_{01}|\, e^{j(\psi+\varphi+\omega t)} + |H_2|\, |\hat{x}_{02}|\, e^{-j(\psi+\varphi+\omega t} \tag{1.2.24}$$

mit $|H_1| = |H_2| = |H|$ und $|\hat{x}_{01}| = |\hat{x}_{02}| = |\hat{x}_0|$. Also ist

$$y_p(t) = |H|\, |\hat{x}_0| \left(e^{j(\psi+\varphi+\omega t)} + e^{-j(\psi+\varphi+\omega t)} \right) = |\hat{y}_{p0}|\, e^{j\psi} e^{j\omega t} + |\hat{y}_{p0}|\, e^{-j\psi}\, e^{-j\omega t}$$

$$y_p(t) = 2\, \mathrm{Re} \left(|H|\, |\hat{x}_0|\, e^{j(\psi+\varphi+\omega t)} \right) . \tag{1.2.25}$$

In der *Gaußschen Zahlenebene* stellt sich diese Lösung wie in Bild 1.2.5 gezeigt dar:

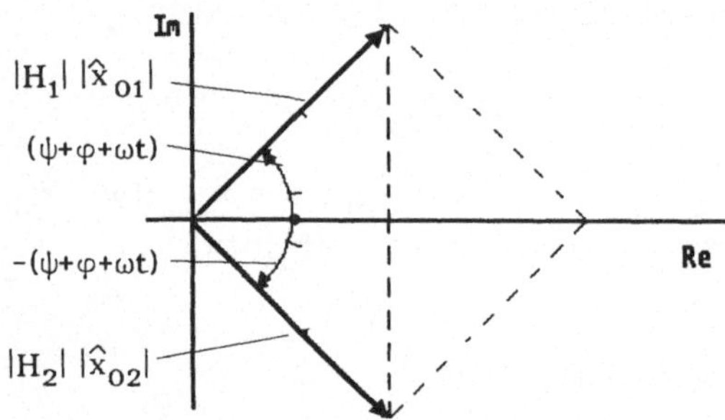

Bild 1.2.5: Darstellung der komplexen Amplituden in der komplexen Zahlenebene

In der Ingenieurspraxis reicht die Berechnung von $H_1(j\omega)$ aus, d.h. der zweite Teil aus Gl. (1.2.24) wird nicht berücksichtigt, da man lediglich an $|H| = |H_1| = |H_2|$ bzw. der Phase φ interessiert ist und nicht an der partikulären Lösung $y_p(t)$ im Zeitbereich, von der man ohnehin weiß, daß es eine harmonische Lösung oder eine Superposition aus harmonischen Gliedern ist.

Fazit:
Setzt man als allgemeine Anregungsfunktion $x(t) = \hat{x}_0\, e^{j\omega t}$ und wählt als Lösungsfunktion $y_p(t) = \hat{y}_{p0}\, e^{j\omega t}$, setzt beide Funktionen mit ihren Ableitungen in die DGL ein, so

erhält man sofort den *Frequenzgang* bzw. die *Übertragungsfunktion*

$$H(j\omega) = \frac{\hat{y}_{p0}}{\hat{x}_0} = \frac{k + j\omega r}{k - m\omega^2 + j\omega r} \quad . \tag{1.2.26}$$

Die Anregung nach (Gl. (1.2.17)) stellt in der komplexen Gaußschen Ebene den Realteil eines mit der Frequenz ω rotierenden Vektors der Länge $|\hat{x}_0/2|$ dar, der zum Zeitnullpunkt den beliebigen Winkel ψ zur reellen Achse hat (infolge der beliebigen Wahl des Zeitnullpunkts). Eine Zeit- bzw. Phasenverschiebung ψ zum Zeitnullpunkt wirkt sich also derart aus, daß die Anregungsamplitude komplex wird.

Ein lineares System, um welches es sich nach der (Gl. (1.2.2)) handelt, antwortet auf eine harmonische Erregung ebenfalls mit einer harmonischen Funktion $y_p(t)$, die dieselbe Frequenz ω wie die Anregung hat. Der Quotient aus Antwort- zu Anregungsamplitude, also der Frequenzgang (Übertragungsfunktion),

$$\frac{\hat{y}_{p0}}{\hat{x}} = H(j\omega) = \frac{(k + j\omega r)}{(k - \omega^2 m) + j\omega r} = \mathrm{Re}\{H\} + j\,\mathrm{Im}\{H\} = |H(j\omega)|\, e^{j\varphi} \tag{1.2.27}$$

ist eine komplexe Funktion, deren Nennerpolynom mit der charakteristischen Gleichung der homogenen Differentialgleichung identisch ist. Sind μ_i die *Nullstellen des Zählerpolynoms* und λ_i die *Nullstellen des Nennerpolynoms* (identisch mit den Eigenwerten der homogenen Differentialgleichung), so erhält man mit Hilfe der Vietaschen Wurzelsätze in unserem Fall

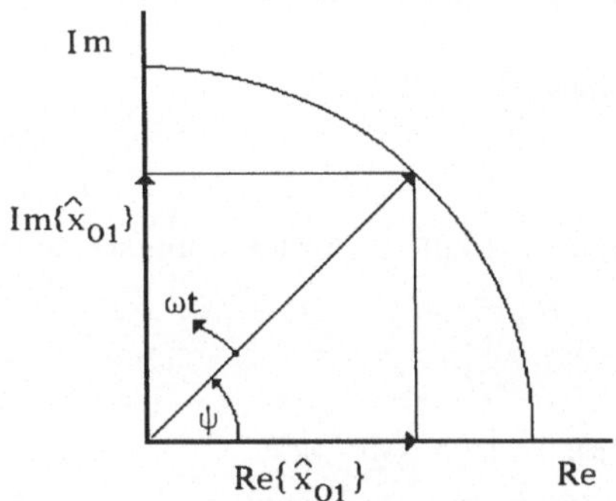

Bild 1.2.6: Darstellung der komplexen Anregungsfunktion

$$H(j\omega) = \frac{r}{m} \frac{(j\omega - \mu)}{(j\omega - \lambda_1)(j\omega - \lambda_2)} \tag{1.2.26a}$$

mit $\mu = -\omega_0/2D$ der Nullstelle des Zählers und $\lambda_{1,2}$ den Eigenwerten der homogenen Differentialgleichung (Gl. (1.2.9)) bzw. des Systems.

Aus dem Frequenzgang kann allgemein das von der Anregungsfrequenz ω abhängige Verhältnis der Antwort- zu Anregungsamplituden, der *Amplitudengang*, gewonnen werden. Es lautet der

Amplitudengang $$|H(j\omega)| = \sqrt{\mathrm{Re}^2\{H\} + \mathrm{Im}^2\{H\}} = \left|\frac{\hat{y}_{p0}}{\hat{x}_0}\right| \; . \tag{1.2.28}$$

Die ebenfalls von der Anregungsfrequenz ω abhängige Phasenverschiebung φ (*Phasengang)* zwischen Antwort und Anregung lautet

Phasengang: $$\varphi(\omega) = \arctan \frac{\mathrm{Im}\{H\}}{\mathrm{Re}\{H\}} \tag{1.2.29}$$

Zur einfachen Berechnung geht man von der Gl. (1.2.25) aus und benutzt die Abkürzungen aus Gl. (1.2.10). Weiterhin wird das dimensionslose Frequenzverhältnis $\eta = \omega/\omega_0$ eingeführt. Damit erhält Gl. (1.2.25) die Form:

$$H(j\omega) = \frac{1 + j\,2D\eta}{(1-\eta^2) + j\,2D\eta} = \frac{(a + jb)}{(c + jd)} \quad . \tag{1.2.26b}$$

Durch Erweiterung der Gleichung mit dem konjugiert-komplexen Nenner (c - jd) ergibt sich

$$H(j\omega) = \frac{(ac + bd) + j(bc - ad)}{c^2 + d^2}\,, \text{ woraus sich}$$

$$|H(j\omega)| = \sqrt{\frac{a^2+b^2}{c^2+d^2}} \quad \text{und}$$

$$\varphi(\omega) = \arctan\left\{\frac{bc - ad}{ac + bd}\right\} \text{ ergeben,}$$

so daß sich Amplituden- und Phasengang leicht ermitteln lassen. Für unseren Anwendungsfall lauten der Amplituden- und der Phasengang:

$$\left|H(j\omega)\right| = \sqrt{\frac{1 + 4D^2\eta^2}{(1 - \eta^2)^2 + 4D^2\eta^2}} \tag{1.2.30}$$

$$\varphi(\omega) = \arctan\left\{-\frac{2D\eta^3}{1 - \eta^2(1 - 4D^2)}\right\} \quad . \tag{1.2.31}$$

Der Frequenzgang besteht grundsätzlich aus dem Zähler- und dem Nennerpolynom, so daß man auch schreiben kann

$$H(j\omega) = H_z(j\omega) / H_n(j\omega) = H_1(j\omega) \cdot H_2(j\omega)$$

mit: $H_1(j\omega) = H_z(j\omega) = |H_1|\, e^{j\varphi_1}$

und $H_2(j\omega) = 1/H_n(j\omega) = |H_2|\, e^{j\varphi_2}$.

Logarithmiert man nun die Gl. (1.2.27), so erhält man die in der Regelungstechnik übliche Schreibweise:

$$\log\left\{\frac{\hat{y}_{p0}}{\hat{x}_0}\right\} = \log\left\{H(j\omega)\right\} = \log\left\{|H(j\omega)|\, e^{j\varphi}\right\}$$

$$= \log|H_1(j\omega)| + \log|H_2(j\omega)| + j\,(\varphi_1+\varphi_2)\log e \ .$$

Da nun die Funktionen $|H_1(j\omega)|$ und $|H_2(j\omega)|$ Polynome von ω sind, also in den Frequenzbereichen zwischen den Nullstellen bzw. den Polen des Quotienten (= Nullstellen des Nenners) die Form

$$|H_1| = k_N\,\omega^N \text{ , bzw } |H_2| = k_M\,\omega^M$$

haben und durch das Logarithmieren jeweils eine Gleichung einer Geraden entsteht, deren Steigung N bzw. M beträgt

$$\log|H_1| = \log k_N + N \log\omega \ ,$$

setzen sich die Amplitudengänge bei doppelt logarithmischer Auftragung, also $\log|H|$ über $\log\omega$, aus Geradenstücken zusammen, deren Steigung in dB/Dekade (Dekade ist die Verzehnfachung hier der Frequenz) angegeben wird. Die Frequenzen, an denen Steigungsänderungen auftreten, sind die Nullstellen des jeweiligen Zähler- oder Nennerpolynoms. Je nach Grad des Polynoms im Zähler bzw. Nenner treten die Steigungsänderungen in diskreten Werten von ±20dB/Dekade auf (der Leser mache sich dieses anhand der weiter unten gegebenen Definition des dB-Maßes klar). Ebenso erfahren die Phasengänge im Bereich der *Null- und Polstellen* einen diskreten Zuwachs von $\pm 90^0$.

In unserem Beispiel (Gl. (1.2.26 b)) lauten die Funktionen

$$H_1(j\omega) = 1 + j2D\eta \text{ und } H_2(j\omega) = 1/\,[(1-\eta^2) + j2D\eta]\ .$$

Im Bild 1.2.7 sind die Amplituden- und Phasengänge von H_1 und H_2 graphisch dargestellt.

Die logarithmisch geteilte Ordinatenachse im Maßstab dB ergibt sich aus der Definition: dB = 20 log |H|, z.B. |H| = 1 führt zu 0 dB. In Bild 1.2.8 sind Amplituden- und Phasengang des gesamten Frequenzgangs H(jω) für einen weg-erregten 1-Masse-Schwinger dargestellt.

Diese Darstellungsart des Frequenzganges, bestehend aus
- Amplitudengang mit doppelt-logarithmisch geteilten Achsen über der Frequenz und
- Phasengang über der Frequenz, wird *Bode-Diagramm* genannt.

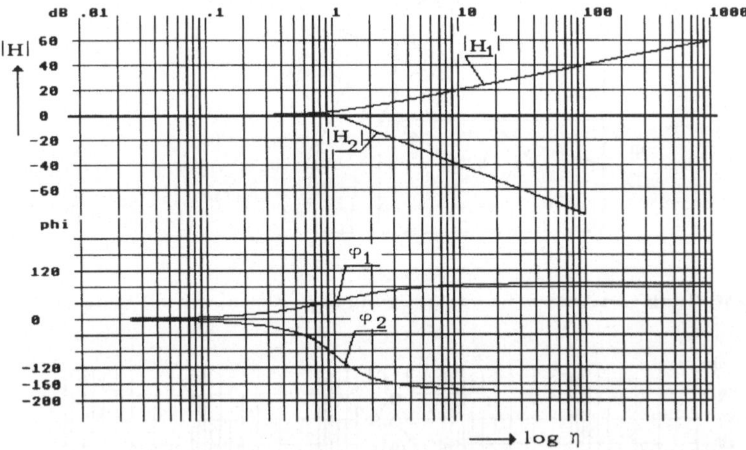

Bild 1.2.7: Amplituden- und Phasengang (Bodediagramm) der Funktionen H_1 und H_2 für D=0.5

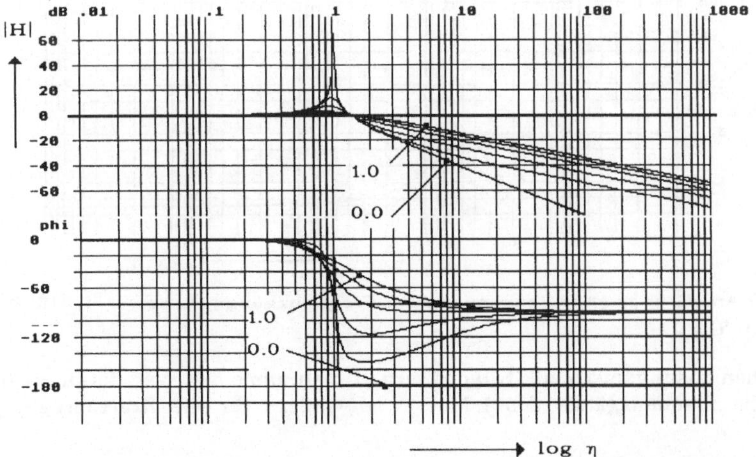

Bild 1.2.8: Amplituden- und Phasengang (Bodediagramm) des Frequenzgangs H(jω) des weg-erregten 1-Masse-Schwingers für D = 0.0 ; 0.1 ; 0.25 ; 0.5 ; 0.75 ; 1.0 (Gl.1.2.26b)

Die partikuläre Lösung lautet nun:

$$\begin{aligned} y_p(t) &= 2|H(j\omega)|\, x_0 \cos(\omega t + \psi + \varphi) \\ &= 2|H(j\omega)|\, x_0 \operatorname{Re}\left\{e^{j(\omega t+\psi+\varphi)}\right\}. \end{aligned} \tag{1.2.32}$$

Die Zusammenhänge in der Gaußschen Ebene zeigt Bild 1.2.9. Die allgemeine Bewegung erhält man nun durch Überlagerung der Eigenbewegung $y_h(t)$ mit den Anfangsbedingungen und der erzwungenen Bewegung $y_p(t)$. Bei gedämpften Systemen "stirbt" die Eigenbewegung infolge der Dämpfung ab.

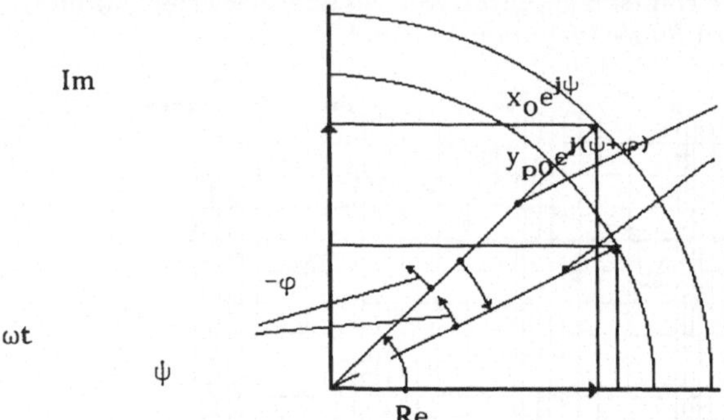

Bild 1.2.9: Darstellung von Antwort und Anregung in der komplexen Ebene

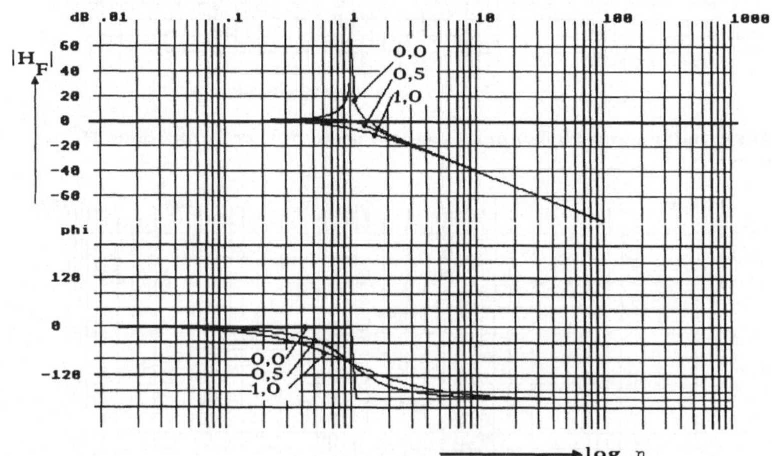

Bild 1.2.10: Amplituden- und Phasengang des Frequenzgangs H_F sowie $H_{\ddot{x}}$ fürD = 0.0 ; 0.5 ; 1.0

Der gleichen Lösungsmethodik folgend, erhält man, ohne den Weg detailiert hier vorzuführen, die Frequenzgänge des 1-Masse-Schwingers für die Kraftanregung (Diff.Gl. (1.2.1b))

$$\frac{\hat{y}_{p0}}{\hat{F}_0} = \frac{1}{(k - \omega^2 m) + j\omega r} = \frac{1}{\omega_0^2 m} \cdot \frac{1}{(1 - \eta^2) + j\, 2D\eta} = V_1 H_F \tag{1.2.33}$$

und die Beschleunigungsanregung (Diff.Gl. (1 .2.1 c)).

$$\frac{\hat{z}_{p0}}{\hat{\ddot{x}}_0} = \frac{-1}{\left(\frac{k}{m} - \omega^2\right) + j\omega\frac{r}{m}} = \left(-\frac{1}{\omega_0^2}\right) \cdot \frac{1}{(1 - \eta^2) + j\,2D\eta} = V_2\, H_{\ddot{x}} \;. \tag{1.2.34}$$

Es sei hier angemerkt, daß der Frequenzgang prinzipiell aus einem dimensionsbehafteten Verstärkungsfaktor und einem dimensionslosen Quotienten $H(j\omega)$ besteht, welcher im Zähler ein komplexes Polynom - abhängig von der Art der Anregung auf das dynamische System - und im Nenner ebenfalls ein komplexes Polynom enthält, welches ausschließlich von den Systemeigenschaften (aus der *Eigenwertgleichung*) bestimmt wird, also die systemimmanenten Eigenwerte bzw. Eigenfrequenzen und Dämpfungen enthält.

Weitere Frequenzgänge

Bisher hatten wir lediglich die absolute Bewegung y der Masse m bei Kraft- und Fußpunkterregung betrachtet und die Differenzbewegung (y - x) = z bei Beschleunigungsanregung. Will man nun weitere Größen berechnen, die für eine gegebene Aufgabenstellung interessant sind, so muß man von der jeweiligen Differentialgleichung und deren Lösung, je nach Anregungsart, ausgehen.

Es könnte z.B. bei der Fußpunktanregung von Interesse sein, wie die Differenzbewegung (y - x) oder die Federkraft oder die Dämpferkraft oder die Kraft am Fußpunkt aussehen. Um diese Fragen zu beantworten, kann - wenn man den erneuten Weg zum Lösen der entsprechenden Differentialgleichung vermeiden will - vom Frequenzgang (Gl. (1.2.26 b)) ausgegangen werden.

a) Interessiert z.B. der Frequenzgang bei Fußpunktanregung des *Differenzweges* (y-x) relativ zu x, so läßt sich hierfür der komplexe Quotient

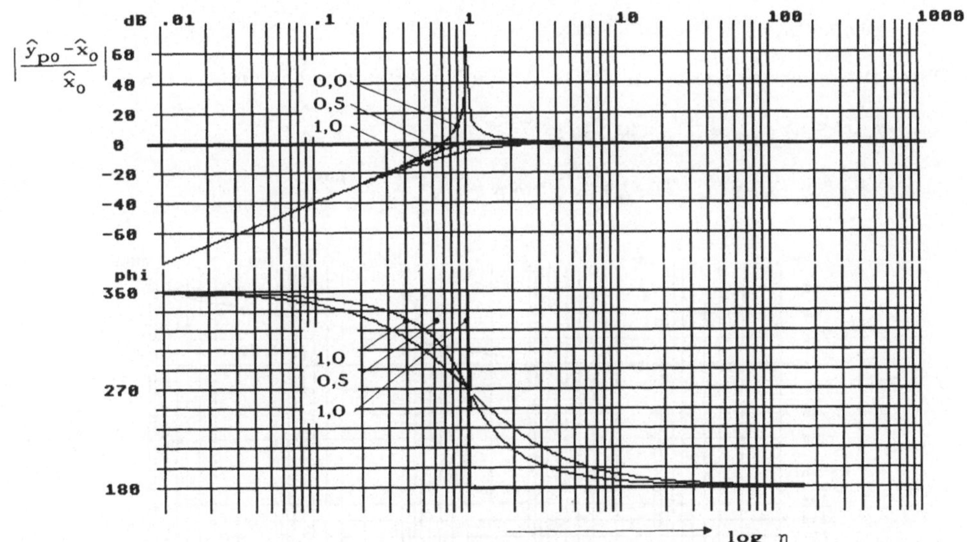

Bild 1.2.11: Amplituden und Phasengang des Differenzweges (y-x) zum Anregungsweg x nach Gleichung (1.2.35) für D = 0.0; 0.5; 1.0

$$\frac{\hat{y}_{p0} - \hat{x}_0}{\hat{x}_0} = \frac{\hat{y}_{p0}}{\hat{x}_0} - 1 \tag{1.2.35}$$

finden. Gl. (1.2.26 b), entsprechend umgeformt, liefert

$$\frac{\hat{y}_{p0}}{\hat{x}_0} - 1 = \frac{1 + j\,2D\eta - (1 - \eta^2 + j\,2D\eta)}{1 - \eta^2 + j\,2D\eta} = \frac{\eta^2}{1 - \eta^2 + j\,2D\eta} \tag{1.2.35a}$$

als Lösung des Problems.

b) Der Frequenzgang der in der Feder auftretenden Kraft F_k relativ zu x, dem Anregungsweg, ergibt sich aus der *Federkraft* k(y - x), also

$$\frac{\hat{F}_{k0}}{\hat{x}_0} = \frac{k\,(\hat{y}_{p0} - \hat{x}_0)}{\hat{x}_0} = k\,\frac{\hat{y}_{p0} - \hat{x}_0}{\hat{x}_0} . \tag{1.2.36}$$

Der Frequenzgang ist bis auf den Faktor der Federsteifigkeit k identisch mit dem Frequenzgang des Differenzweges (y - x) (s. unter a).

c) Der Frequenzgang der vom *Dämpfer* erzeugten Kraft F_r relativ zum Anregungsweg x ergibt sich aus der Definition für die Dämpferkraft $F_r = r\,(\dot{y} - \dot{x})$, also

$$\frac{\hat{F}_{r0}}{\hat{x}_0} = \frac{r\,(\hat{\dot{y}}_{p0} - \hat{\dot{x}}_0)}{\hat{x}_0} . \tag{1.2.37}$$

Gleichung (1.2.17 a) und (1.2.18) zeigen, daß für die allgemeine Anregung

$$x(t) = x_0 e^{j\omega t} + \hat{x}_0^* e^{-j\omega t}$$

die Bewegung der Masse

$$y(t) = \hat{y}_{p0}\, e^{j\omega t} + \hat{y}_{p0}^*\, e^{-j\omega t} \text{ ist.}$$

Durch Differentiation ergeben sich leicht die Bewegungsgeschwindigkeiten

$$\dot{y}_p(t) = j\omega\, \hat{y}_{p0}\, e^{j\omega t} - j\omega\, \hat{y}_{p0}^*\, e^{-j\omega t} = \hat{\dot{y}}_{p0}\, e^{j\omega t} + \hat{\dot{y}}_{p0}^*\, e^{-j\omega t}$$

$$\dot{x}(t) = j\omega\, \hat{x}_0\, e^{j\omega t} - j\omega\, \hat{x}_0^*\, e^{-j\omega t} = \hat{\dot{x}}_0\, e^{j\omega t} + \hat{\dot{x}}_0^*\, e^{-j\omega t} .$$

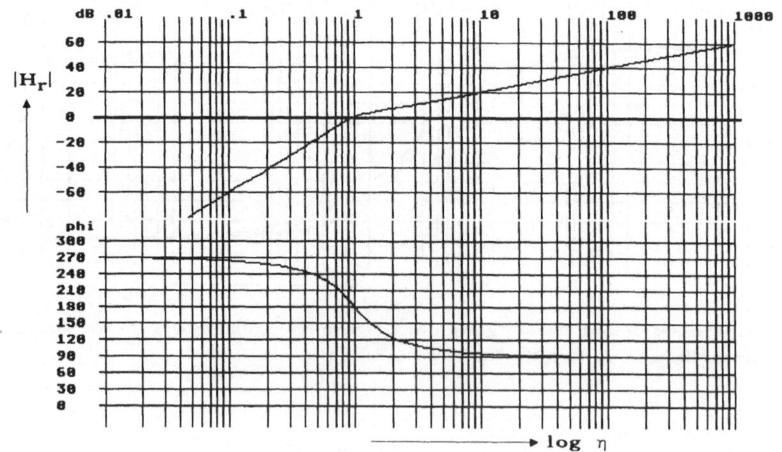

Bild 1.2.12: Amplituden- und Phasengang der Dämpferkraft F_r zum Anregungsweg x für D = 0.5

Anmerkung: Im folgenden wird der konjugiert-komplexe Teil nicht mehr hingeschrieben, da — wie oben gezeigt - zur Berechnung des Frequenzgangs lediglich mit dem ersten Term gerechnet werden kann. Der konjugiert-komplexe Term liefert lediglich den konjugiert-komplexen Frequenzgang. Dies in Gl. (1.2.37) eingesetzt, liefert

$$\frac{\hat{F}_{r0}}{\hat{x}_0}(j\omega) = r\,\frac{j\omega\,(\hat{y}_{p0} - \hat{x}_0)}{\hat{x}_0} = \omega_o\, r\,\frac{j\eta^3}{1-\eta^2+j\,2D\eta} = V\cdot H_r\,(j\omega) \qquad (1.2.38)$$

d) Die Kraft am Fußpunkt, die sich aus Dämpfer- und Federkraft zusammensetzt, ist

$$F_{ges} = F_k + F_r\,.$$

Aus Gl. (1.2.36) und Gl. (1.2.38) erhält man

$$\frac{\hat{F}_{ges}}{\hat{x}_0}(j\omega) = \frac{\hat{F}_{k0}}{\hat{x}_0} + \frac{\hat{F}_{r0}}{\hat{x}_0} = k\,\frac{\eta^2}{1-\eta^2+j\,2D\eta} + \omega_o r\,\frac{j\,\eta^3}{1-\eta^2+j\,2D\eta}$$

$$= \frac{k\eta^2 + j\,\omega_o\, r\,\eta^3}{1-\eta^2+j\,2D\eta} = k\,\frac{\eta^2 + j\,2D\eta^3}{1-\eta^2+j\,2D\eta} = k\,\frac{\eta^2\,(1+j2D\eta)}{1-\eta^2+j\,2D\eta} \qquad (1.2.39)$$

$= k\cdot H_{ges}$; k: dimensionsbehaftete Konstante

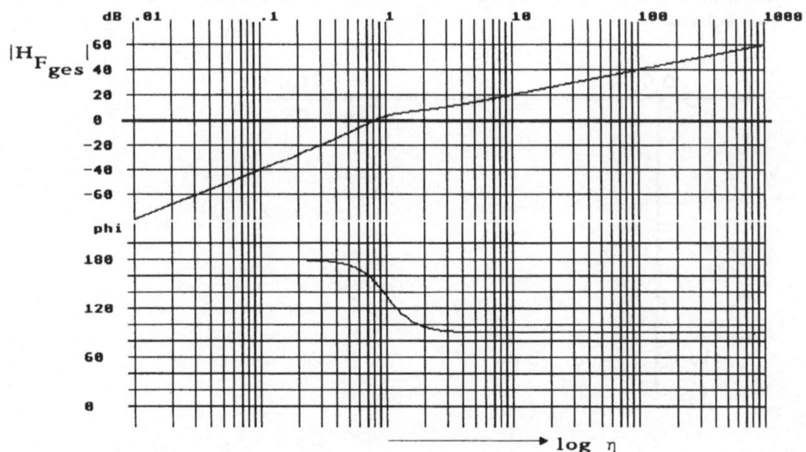

Bild 1.2.13: Amplituden- und Phasengang der gesamten Kraft F_{ges} am Fußpunkt zum Anregungsweg x für D = 0.5

Weitere graphische Darstellungen

Die bisherigen Ergebnisse werden üblicherweise mit den folgenden Graphiken dargestellt:

1. *Bodediagramm*

Die Eigenschaften dieses Diagramms zur Darstellung von Amplituden- und Phasen- gang sind oben schon erklärt worden.

2. *Nyquist-Diagramm (Ortskurve)*

Neben dieser Darstellung existiert die Wiedergabe von Amplitudenverhältnis und Phasenverschiebungen mit der Anregungsfrequenz als Parameter in der komplexen Zahlenebene in einem Bild . Hierin wird für eine bestimmte Frequenz ω das Amplitudenverhältnis, bzw. $|H|$ als Radiusvektor unter dem zu der Frequenz ω gehörenden Phasenwinkel φ eingetragen. Die Verbindungskurve aller Vektorenspitzen für $0 \leq \omega \leq \infty$ ergibt die Ortskurve. Das ganze Bild wird Nyquist-Diagramm genannt.

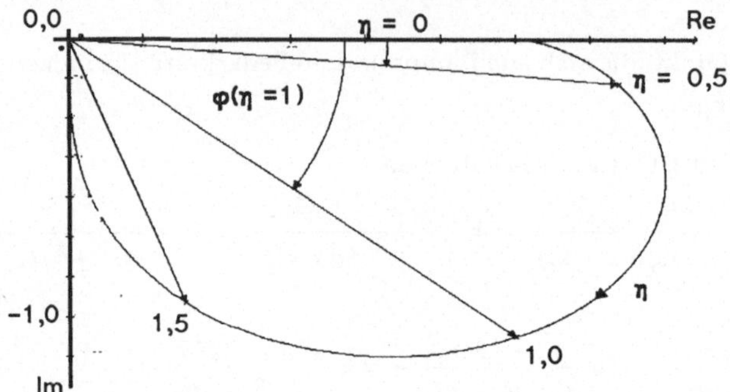

Bild 1.2.14: Ortskurve von H(jω) des "weg-erregten" 1-Masse Schwingers für D = 0.5 nach Gl. 1 .2.26. (Die Ortskurve für H(-jω) ist achsensymmetrisch zur Re-Achse)

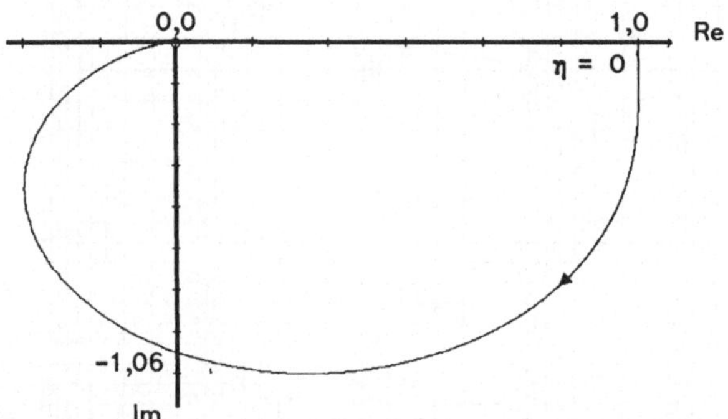

Bild 1.2.15: Ortskurve H_F (jω) des Kraft- sowie $H_{\ddot{x}}$ des "beschleunigungs-erregten" 1-Masse Schwingers für D = 0.5

Diese Darstellungsart wird in der Regelungstechnik benutzt, um Fragen der Stabilität eines Systems daran zu klären. Dies wird später für uns interessant, wenn z.B. über das Regel-System Fahrer-Fahrzeug zu sprechen und zu erklären ist, unter welchen Bedingungen der Fahrer das Fahrzeug noch stabil führen kann.

3. *Pol- Nullstellen-Diagramm*

Die allgemein komplexen Nullstellen des Zählers und des Nenners (Polstellen) des Frequenzgangs (Gl. (1.2.26 a)) bestimmen vollständig das dynamische Verhalten (bis auf eine konstante Verstärkung) eines schwingungsfähigen Systems. Die Differentialgleichung, z.B. Gl. (1.2.1 a), oder der komplexe Frequenzgang Gl. (1.2.26) oder die komplexen Werte der Pol- und Nullstellen in Gl. (1.2.26 a) beschreiben jeweils vollständig für sich alleine das dynamische Verhalten eines Systems. Die Lage der komplexen Pol- und Nullstellen wird ebenfalls in der Gaußschen Zahlenebene angegeben. Die Eigenwerte eines Systems sind identisch mit den Polstellen des Frequenzgangs bzw. mit den Nullstellen seines Nennerpolynoms. Da der Realteil der Eigenwerte λ_i der Dämpfung und der Imaginärteil der gedämpften Eigenfrequenz proportional sind, läßt sich aus der Lage dieser Polstellen in der Gaußschen Ebene sofort auf beide Eigenschaften schließen.

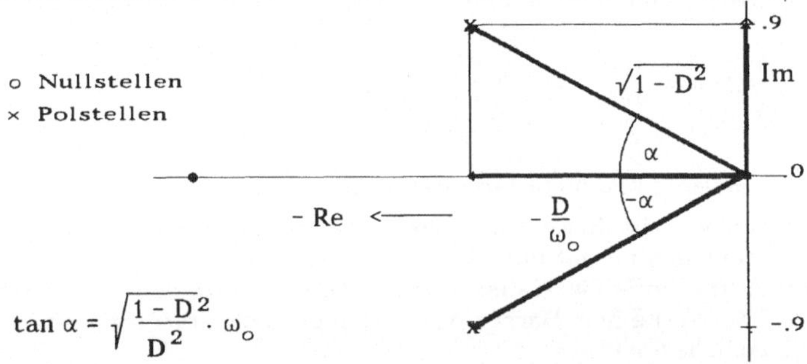

Bild 1.2.16: Lage der Pol- und Nullstellen für den "weg-erregten" 1-Masse Schwinger, D = 0.5

Insbesondere erkennt man aus der Veränderung des Realteils, unter welchen Bedingungen das System instabil werden kann (Dämpfung tendiert gegen Null, d.h. Realteil tendiert aus negativen Werten kommend gegen Null). Ein Anwendungsbeispiel hierfür ist das später noch zu behandelnde Querdynamik-Modell des Fahrzeugs, da die Gier-Dämpfung des Fahrzeugs von der gefahrenen Geschwindigkeit stark abhängt.

Allgemeine, harmonische Anregung

Allgemein läßt sich jede periodische Funktion mit Hilfe der Fourier-Zerlegung als Überlagerung von einzelnen Harmonischen darstellen. Dadurch gelingt die Transformation vom Zeit- in den Frequenzbereich und zurück.

Es sei $x(t) = x(t+kT)$, eine periodische Funktion mit derPeriodendauer $T = 2\pi/\omega_0$.

Die Anregung sieht in der *Fourier-Reihen-Darstellung* dann wie folgt aus:

$$x(t) = a_o + \sum_{k=1}^{\infty} [\, a_k \cos(k\omega_o t) + b_k \sin(k\omega_o t) \,] \,. \tag{1.2.40}$$

Die *Fourier-Koeffizienten* ermittelt man nach:

$$a_o = \frac{1}{T} \int_{-T/2}^{T/2} x(t)\,dt \text{ , arithmetischer Mittelwert}$$

$$\left. \begin{aligned} a_k &= \frac{2}{T} \int_{-T/2}^{T/2} x(t) \cos(k\omega_o t)\,dt \\ b_k &= \frac{2}{T} \int_{-T/2}^{T/2} x(t) \sin(k\omega_o t)\,dt \quad ;\ k = 1,2,3,\ldots,\infty \ , \end{aligned} \right\} \tag{1.2.41}$$

mit ω_o: Kreisfrequenz der Grundperiode. Die Cosinus- und Sinusanteile zusammengefaßt ergeben

$$x(t) = a_o + \sum_{k=1}^{\infty} |c_k| \cos(k\omega_o t - \beta_k) \ , \tag{1.2.42}$$

mit $|c_k| = \sqrt{a_k^2 + b_k^2}$ und $\beta_k = \arctan(b_k/a_k)$ (1.2.43)

Die Werte $|c_k|$ und β_k über der Frequenz ergeben das *Amplitudenspektrum* bzw. das *Phasenspektrum*.

Wieder mit Hilfe der Eulerschen Formeln (Gl. (1.2.5)) läßt sich die Fourier-Reihe in komplexer Gestalt darstellen. Diese Form der Fourier-Reihe ist in vielen Fällen zur Berechnung günstiger, besonders wenn sich die Funktion x(t) aus der Exponentialfunktion zusammensetzt.

$$x(t) = \sum_{k=-\infty}^{+\infty} c_k\, e^{jk\omega_o t} \quad \text{mit} \quad c_k = \frac{1}{T}\int_{-T/2}^{+T/2} x(t)\, e^{-jk\omega_o t}\, dt \tag{1.2.40a}$$

Allgemeine, transiente und nichtperiodische Anregung

Diese Anregung ist nicht periodisch. Sie wirkt nur kurzzeitig und verschwindet dann. Betrachtet man dies als Schwingung mit unendlicher Periodendauer $T \to \infty$, so gelingt über die Bildung des *Fourier-Integrals* die Transformation vom Zeit- in den Frequenzbereich. Im Unterschied zur Fourier-Reihen-Darstellung ergeben sich statt diskret besetzter Spektren nun kontinuierliche Spektren.

Den Übergang zum Fourier-Integral kann man aus der Fourier-Reihe entwickeln, wenn die Periodendauer T gegen $\pm\infty$ geht. Aus der komplexen Darstellung der Fourier-Reihe

$$x(t) = \sum_{k=-\infty}^{+\infty} \left[\frac{1}{T}\int_{-T/2}^{+T/2} x(t)\, e^{-jk\omega_o t}\, dt \right] e^{jk\omega_o t}$$

wird mit $T \to \infty$

$$\omega_o = \frac{2\pi}{T} \to d\omega \quad \text{bzw. aus} \quad \frac{1}{T} \to \frac{d\omega}{2\pi},$$

aus $k\,\omega_o \to \omega$ und aus $\Sigma \to \int$.

Mit diesen Beziehungen erhält man das Fourier-Integral

$$x(t) = \frac{1}{2\pi}\int_{\omega=-\infty}^{\omega=+\infty} \Big(\int_{t=-\infty}^{t=+\infty} x(t)\, e^{-j\omega t}\, dt \Big)\, e^{j\omega t}\, d\omega, \tag{1.2.44}$$

dessen inneres und äußeres Integral die Transformationsregeln der *Fourier-Transformation* enthalten:

$$X(j\omega) = \int_{t=-\infty}^{t=+\infty} x(t)\, e^{-j\omega t} dt = \boldsymbol{F}\{\, x(t)\,\} \tag{1.2.45}$$

und $$x(t) = \frac{1}{2\pi}\int_{\omega=-0}^{\omega=+\infty} X(j\omega)\, e^{j\omega t}\, d\omega = \boldsymbol{F}^{-1}\{\, X(j\omega)\,\}\ . \tag{1.2.46}$$

Die Operation nach Gl. (1.2.43) wird *Fourier-Transformation* und $X(j\omega)$ die Fourier-Transformierte von x(t) genannt, während die Operation nach Gl. (1.2.46) die *Fourier-Rücktransformation* oder die *inverse Fourier-Transformation* genannt wird.

Grundvoraussetzung zum Durchführen dieser Transformation ist, daß die Funktion x(t) absolut integrierbar ist, d.h. der Wert des inneren Integrals muß beschränkt bleiben:

$$\int_{t=-\infty}^{t=+\infty} |x(t)|\, dt < \infty \quad .$$

Dies ist in der Praxis jedoch oft nicht gewährt, weshalb man dann die Laplace-Transformation anwenden muß.

Die Systemantwort wird wie folgt ermittelt:

1. Erregerfunktion x(t) vom Zeit- in Frequenzbereich transformieren,
2. mechanisches System (diskret): Frequenzgang H(jω) bestimmen,
3. Bestimmen der *Fourier-Transformierten* der Systemantwort Y(jω) aus Frequenzgang H(jω) und Fourier-Transformierter der Erregung X(jω).
4. evtl. Rücktransformation, jedoch nicht unbedingt, da die nach Fourier zerlegte Systemantwort leichter interpretiert werden kann.

$$Y(j\omega) = H(j\omega)\; X(j\omega) \tag{1.2.47}$$

mit $$Y(j\omega) = \mathcal{F}\{y(t)\} = \int_{t=0}^{\infty} y(t)\, e^{-j\omega t}\, dt \tag{1.2.48}$$

und $$X(j\omega) = \mathcal{F}\{x(t)\} = \int_{t=0}^{\infty} x(t)\, e^{-j\omega t}\, dt \tag{1.2.49}$$

Lösung der Differentialgleichung mit Hilfe der Laplace-Transformation

Falls bei der Fourier-Transformation infolge unbeschränkter Funktionen uneigentliche Integrale entstehen, kann die Laplace-Transformation angewendet werden. Die Laplace-Transformation läßt sich u.a. elegant zum Lösen linearer, gewöhnlicher Differentialgleichungs-Systeme einsetzen, wobei die Anfangswertprobleme mitgelöst werden. Die gesuchte spezielle Lösung erhält man also direkt unter Einschluß der Anfangswerte.

Die Konvergenz der bei der Fourier-Transformation auftretenden Integrale der Funktion $x(t)\cdot e^{-j\omega t}$ wird dadurch gewährleistet, daß man nur den Zeitbereich von $t \geq 0$ betrachtet und den Ausdruck $e^{-j\omega t}$ ersetzt durch:

$$e^{-(\delta + j\omega)t} = e^{-pt} \quad \text{mit } \delta > 0\ . \tag{1.2.50}$$

Durch die Multiplikation des Fourier-Integranden mit $e^{-\delta t}$ wird dieser zur Konvergenz gegen Null gezwungen. Die *Laplace-Transformierte* von x(t) lautet dann

$$X(p) = \int_{t=0}^{\infty} x(t)\, e^{-pt}\, dt = \mathcal{L}\{x(t)\}, \tag{1.2.51}$$

die auch wieder rücktransformiert werden kann durch

$$x(t) = \frac{1}{2\pi} \int_{p=0}^{\infty} X(p)\, e^{pt}\, d\omega = \mathcal{L}^{-1}\{X(p)\}\ . \tag{1.2.52}$$

Durch die folgende Eigenschaft der Laplace-Transformation

$$\mathcal{L}\left\{\frac{dy}{dt}\right\} = p\,Y(p) - y(+0) \tag{1.2.53}$$

bzw. $$\mathcal{L}\left\{\frac{d^2y}{dt^2}\right\} = p\big(p\,Y(p) - y(+0)\big) - \dot{y}(+0) = p^2\,Y(p) - \dot{y}(+0) - p\cdot y(+0)$$

lassen sich Differentialgleichungen transformieren. Man gelangt dadurch auf sehr kurzem Weg zur *Übertragungsfunktion* H(p). Der Wert y(+ 0) ist der Anfangswert des System-Zustands.

Setzt man diesen Anfangswert auf Null, so ergibt sich die komplexe Übertragungsfunktion des Systems H(p):

$$H(p) = \frac{Y(p)}{X(p)}, \quad \text{dies entspricht:} \quad \frac{\text{Ausgangsamplitude}}{\text{Eingangsamplitude}}\ . \tag{1.2.54}$$

Wählen wir wieder unser schon oben besprochenes Beispiel eines 1-Masse Schwingers und dessen Differentialgleichung (Gl. (1.2.2)), so erhält man sofort durch Anwendung von Gl.(1.2.46) und Nullsetzen der Anfangswerte

$$p^2\, m\, Y(p) + p\, r\, Y(p) + k\, Y(p) = p\, r\, X(p) + k\, X(p)\,. \tag{1.2.55}$$

Die Differentialgleichung ist somit in eine algebraische Gleichung umgewandelt. Hieraus folgt die Übertragungsfunktion H(p)

$$H(p) = \frac{k + p\, r}{p^2 m + p\, r\; + k} \tag{1.2.56}$$

Für den Sonderfall $p = j\omega$ wird $H(p) \equiv F(j\omega)$, also gleich dem Frequenzgang (siehe Gl. (1.2.26)). Die Laplace-Transformierten und -Rücktransformierten vieler Zeit-Funktionen lassen sich aus Tabellen ablesen.

1.2.3 Behandlung im Zeitbereich

Die bisher angeführten Zusammenhänge gelten alle nur für lineare Differentialgleichungen. Bei nichtlinearen Bewegungsgleichungen, wie sie bei der Modellierung von Kraftfahrzeugen und deren Komponenten häufig auftreten, kann das Systemverhalten nicht mehr geschlossen dargestellt werden, sondern muß durch numerische Integration der Bewegungsgleichungen im Zeitbereich mit Hilfe von Digitalrechnern ermittelt werden. Hierfür können bei einfachen Systemen die Integrationsformalismen von Hand geschrieben werden; bei komplexen Systemen mit vielen Freiheitsgraden muß auf fertige, im Handel erhältliche, Computer-Software zurückgegriffen werden. Meist kann zwischen mehreren implementierten Verfahren gewählt werden, wobei der Anwender aufgrund seiner Erfahrung über spezifische Vor- und Nachteile entscheiden muß.

Auch mit Analogrechnern, bei denen ein mechanisches System durch elektrische Korrespondenzen dargestellt wird, können auch nichtlineare Differentialgleichungen im Zeitbereich gelöst werden. Solche *Analogrechner* findet man auch heute noch, jedoch verbunden mit Digitalrechnern zu *Hybridrechnern*, u.a. bei der Simulation der fahrdynamischen Eigenschaften von Kraftfahrzeugen bei sogenannten *Fahrsimulatoren*. Diese Analogrechner haben neben der vorteilhaften Eigenschaft beim *Lösen nichtlinearer Probleme* den Vorteil gegenüber Digitalrechnern, daß sie die Integrationen zeitlich parallel durchführen und somit äußerst schnell sind, was gerade für die *Echtzeitsimulation* von großer Bedeutung ist.

1.3 Systeme mit 2 oder mehr Freiheitsgraden

1.3.1 Aufstellen der DGL eines ungedämpften Systems

Im folgenden soll anhand eines 2-Massen-Schwingers die prinzipielle Vorgehensweise für *Systeme mit n Freiheitsgraden* beim Aufstellen und Lösen der Differentialgleichungen gezeigt werden.

Die Bewegungsgleichungen für das im Bild 1.3.1 dargestellte 2-Massen-Modell lauten:

$$\left.\begin{aligned} m\, \ddot{y}_1 + 2k\, y_1 - k\, y_2 &= 0 \\ m\, \ddot{y}_2 + 2k\, y_2 - k\, y_1 &= 0 \end{aligned}\right\} \tag{1.3.1}$$

$$\begin{bmatrix} m & 0 \\ 0 & m \end{bmatrix} \begin{Bmatrix} \ddot{y}_1 \\ \ddot{y}_2 \end{Bmatrix} + \begin{bmatrix} 2k & -k \\ -k & 2k \end{bmatrix} \begin{Bmatrix} y_1 \\ y_2 \end{Bmatrix} = \begin{Bmatrix} 0 \\ 0 \end{Bmatrix} \tag{1.3.2}$$

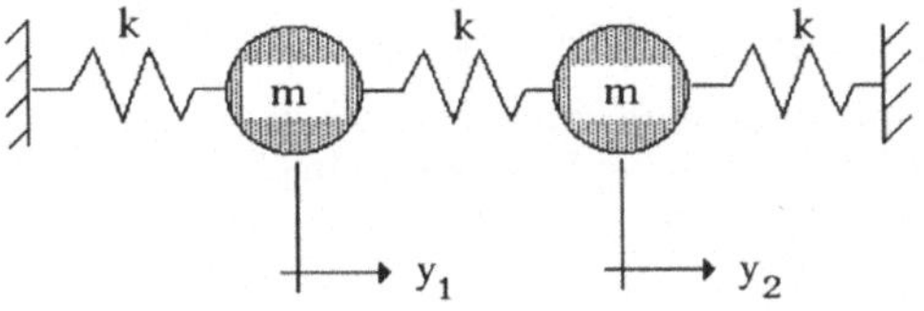

Bild 1.3.1: Beispiel eines 2-Massen-Schwingers (ohne Dämpfung)

bzw. $$\mathbf{M}\,\ddot{z} + \mathbf{K}\,z = 0 \tag{1.3.3}$$

mit **M** als *Massenmatrix*, **K** als *Steifigkeitsmatrix* und $z^T = \{y_1 , y_2\}$ als Bewegungsvektor. (In den folgenden Kapiteln symbolisieren große, fette Buchstaben Matrizen und kleine, nicht fett geschriebene Buchstaben Vektoren).

1.3.1.1 Eigenschwingung

Interessiert man sich nur für die Eigenschwingungen, z.B. um *Resonanzen* mit bestimmten Erregern wie Motor oder Radunwuchten usw. zu vermeiden, so muß das gekoppelte Differentialgleichungssystem (Gl. (1.3.3)) gelöst werden, das in dieser Schreibweise stark der eines Systems mit nur einem Freiheitsgrad ähnelt. Zur Lösung verhilft uns wieder der $e^{\lambda t}$-Ansatz, diesmal jedoch als Vektor angesetzt. Mit dem $e^{\lambda t}$-Ansatz wird das gekoppelte Differentialgleichungssystem (1.3.3) wiederum in ein System algebraischer Gleichungen überführt, für dessen Lösung die Determinante verschwinden muß:

$$\left.\begin{aligned} z &= z^o e^{\lambda t} \\ \dot{z} &= \lambda\, z^o e^{\lambda t} \\ \ddot{z} &= \lambda^2 z^o e^{\lambda t} \end{aligned}\right\} \tag{1.3.4}$$

$$(\lambda^2 \mathbf{M} + \mathbf{K})\, z = 0 \quad , \tag{1.3.5}$$

$$\det \left| \lambda^2 \mathbf{M} + \mathbf{K} \right| = 0$$

$$\det \left| \lambda^2 \begin{bmatrix} m & 0 \\ 0 & m \end{bmatrix} + \begin{bmatrix} 2k & -k \\ -k & 2k \end{bmatrix} \right| = 0$$

$$\det \begin{vmatrix} \lambda^2 m + 2k & -k \\ -k & \lambda^2 m + 2k \end{vmatrix} = 0 \ . \tag{1.3.6}$$

Die Lösung dieser Determinante ist die sogenannte charakteristische Gleichung, aus der sich die Eigenwerte λ berechnen lassen

$$\lambda^4 a_1 + \lambda^2 a_2 + a_3 = 0,$$

mit $a_1 = m^2$; $a_2 = 4km$; $a_3 = 4k^2$.

Es ergeben sich also 2n Eigenwerte für ein System mit n-Freiheitsgraden. Diese 2n Eigenwerte sind rein imaginär, da im benutzten Beispiel keine Dämpfung vorhanden ist. Sie unterscheiden sich jedoch paarweise nur im Vorzeichen:

$$\lambda_1 = j\omega_1 \text{ und } \lambda_3 = -j\omega_1 \qquad \text{mit } \omega_1 = \sqrt{\frac{k}{m}} \tag{1.3.7}$$

$$\lambda_2 = j\omega_2 \quad \text{und} \quad \lambda_4 = -j\omega_2 \qquad \text{mit } \omega_2 = \sqrt{\frac{3k}{m}} \; .$$

Die Größen ω_1 und ω_2 nennt man auch *Eigenkreisfrequenzen.* Ihre Anzahl ist identisch mit den n-Freiheitsgraden. Setzt man die Eigenwerte in Gl. (1.3.5) ein, so erhält man

$$(\lambda_i^2 \mathbf{M} + \mathbf{K})\, z = 0 \; ; \; i = 1 \dots 4 \; , \tag{1.3.8}$$

bzw. für $\lambda = \lambda_1$ und $\lambda = \lambda_2$

$$\left.\begin{aligned} (\lambda_1^2 m + 2k)\, \hat{y}_1 - k\, \hat{y}_2 &= 0 \\ (\lambda_2^2 m + 2k)\, \hat{y}_1 - k\, \hat{y}_2 &= 0 \end{aligned}\right\} \tag{1.3.9}$$

Die Werte für $\hat{y}_1$ und $\hat{y}_2$ sind hierin beliebig. Normiert man einen von beiden auf den jeweils anderen, so erhält man die *Eigenformen*

$$\left(\frac{(\lambda_1^2 m + 2k)}{k} \right) \hat{y}_1 - \hat{y}_2 = 0 \; ; \qquad \text{für } \lambda = \lambda_1 \, . \tag{1.3.10}$$

Mit $\hat{y}_2 = 1$ gesetzt erhält man den reellen *Eigenvektor* z_1

$$z_1^o = \begin{Bmatrix} \dfrac{(\lambda_1^2 m + 2k)}{k} \\ 1 \end{Bmatrix} = \begin{Bmatrix} 1 \\ 1 \end{Bmatrix} = \begin{Bmatrix} \hat{y}_1 \\ \hat{y}_2 \end{Bmatrix} ; \; \text{für } \lambda = \lambda_1 \tag{1.3.11}$$

$$z_2^o = \begin{Bmatrix} \dfrac{(\lambda_2^2 m + 2k)}{k} \\ 1 \end{Bmatrix} = \begin{Bmatrix} -1 \\ 1 \end{Bmatrix} = \begin{Bmatrix} \hat{y}_1 \\ \hat{y}_2 \end{Bmatrix} \quad \text{für } \lambda = \lambda_2 \, , \tag{1.3.11}$$

d.h. bei Schwingungen mit der ersten Eigenfrequenz bewegen sich beide Massen mit derselben Amplitude in dieselbe Richtung, bei der zweiten Eigenfrequenz schwingen sie mit derselben Amplitude gegeneinander. Über die absolute Größe der Amplituden kann keine Aussage gemacht werden, da die Gln. (1.3.9) nicht eindeutig lösbar sind. Verfährt man ebenso mit den restlichen beiden Eigenwerten, die jeweils konjugiert zu den ersten beiden sind, so erkennt man $z_3^o = z_1^o$ und $z_4^o = z_2^o$.

Die Matrix - spaltenweise gebildet aus den Eigenvektoren - nennt man *Modalmatrix*:

$$\mathbf{\Phi} = \left[\{z_1^o\} \,\middle|\, \{z_2^o\} \right] = \left[\begin{array}{c|c} 1 & -1 \\ 1 & 1 \end{array} \right] \tag{1.3.12}$$

Die allgemeine Lösung des homogenen Gleichungssystems lautet dann:

$$z(t) = \sum_{i=1}^{n} z_i^o \, q_i e^{\lambda_i t} \tag{1.3.13}$$

mit q_i als einer beliebigen Variablen, die bei der willkürlichen Normierung mit eingeführt werden kann

$$z(t) = \mathbf{\Phi}\, q(t) \tag{1.3.14}$$

1.3.1.2 Modale Entkopplung

Das gekoppelte Differentialgleichungssystem (Gl. (1.3.3)) läßt sich durch geeignete Transformation in ein entkoppeltes System überführen. Ein solches System läge dann vor, wenn die Massen- und Steifigkeits-Matrix nur eine diagonale Besetzung aufwiesen.

Um diese Transformation zu erreichen, nutzt man die Orthogonalitäts-Eigenschaften der Eigenvektoren aus.

Die Lösung (Gl. (1.3.14)) in das gekoppelte System der Differentialgleichungen (Gl. (1.3.3)) eingesetzt, führt zu:

$$\mathbf{M}\,\mathbf{\Phi}\,\ddot{q} + \mathbf{K}\mathbf{\Phi}\,q = 0\ . \tag{1.3.15}$$

Multipliziert man diese Gleichung von links mit der transponierten Modalmatrix $\mathbf{\Phi}^T$, so erhält man:

$$\mathbf{\Phi}^T\mathbf{M}\,\mathbf{\Phi}\,\ddot{q} + \mathbf{\Phi}^T\mathbf{K}\,\mathbf{\Phi}\,q = 0 \tag{1.3.16}$$

bzw. $$\mathbf{M}_{gen}\,\ddot{q} + \mathbf{K}_{gen}\,q = 0 \tag{1.3.17}$$

mit $\mathbf{M}_{gen} = \mathbf{\Phi}^T\mathbf{M}\,\mathbf{\Phi}$ als diagonaler, *generalisierter Massenmatrix* und

$\mathbf{K}_{gen} = \mathbf{\Phi}^T\mathbf{K}\,\mathbf{\Phi}$ als diagonaler, *generalisierter Steifigkeitsmatrix*.

In unserem Anwendungsbeispiel wird:

$$\mathbf{M}_{gen} = \mathbf{\Phi}^T\mathbf{M}\,\mathbf{\Phi} = \begin{bmatrix}1 & 1\\ -1 & 1\end{bmatrix}\begin{bmatrix}m & 0\\ 0 & m\end{bmatrix}\begin{bmatrix}1 & -1\\ 1 & 1\end{bmatrix} = \begin{bmatrix}1 & -1\\ 1 & 1\end{bmatrix}\begin{bmatrix}m & -m\\ m & m\end{bmatrix}$$

$$= \begin{bmatrix}2m & 0\\ 0 & 2m\end{bmatrix} = 2m\begin{bmatrix}1 & 0\\ 0 & 1\end{bmatrix} = \begin{bmatrix}\diagdown & & \\ & m_{gen} & \\ & & \diagdown\end{bmatrix} \tag{1.3.18}$$

$$\mathbf{K}_{gen} = \mathbf{\Phi}^T\mathbf{K}\,\mathbf{\Phi} = \begin{bmatrix}1 & 1\\ -1 & 1\end{bmatrix}\begin{bmatrix}2k & -k\\ -k & 2k\end{bmatrix}\begin{bmatrix}1 & -1\\ 1 & 1\end{bmatrix} = \begin{bmatrix}1 & 1\\ 1 & -1\end{bmatrix}\begin{bmatrix}k & 3k\\ k & -3k\end{bmatrix}$$

$$= \begin{bmatrix}2k & 0\\ 0 & 6k\end{bmatrix} = 2k\begin{bmatrix}1 & 0\\ 0 & 3\end{bmatrix} = \begin{bmatrix}\diagdown & & \\ & k_{gen} & \\ & & \diagdown\end{bmatrix}. \tag{1.3.19}$$

Hierdurch ist das gekoppelte Zweimassenmodell nach Bild (1.3.1) mit den physikalischen Parametern m und k sowie den Bewegungsgrößen y_1 und y_2 auf das folgende entkoppelte System umgeformt worden:

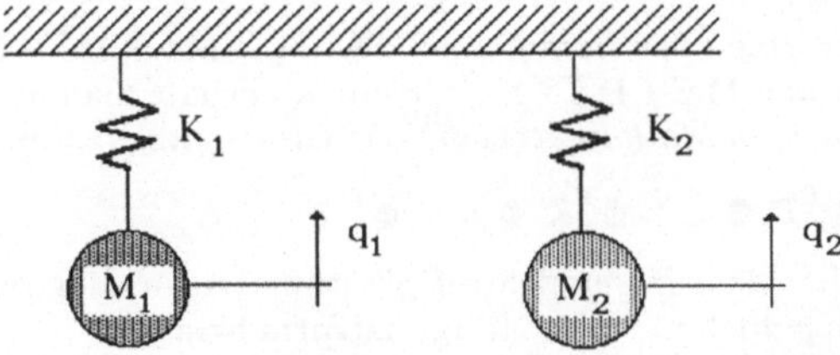

Bild 1.3.2: Modales Modell der elastomechanischen Struktur nach Bild 1.3.1

1.3.2 Frequenzgangbestimmung mit Hilfe der Modaltransformation

Wählen wir für die Behandlung wieder das Modell aus Abschnitt 1.3.1, diesmal nur mit einem viskosen Dämpfer versehen, so lauten die Bewegungsgleichungen:

$$\begin{bmatrix}m & 0\\ 0 & m\end{bmatrix}\begin{Bmatrix}\ddot{y}_1\\ \ddot{y}_2\end{Bmatrix} + \begin{bmatrix}r & -r\\ -r & r\end{bmatrix}\begin{Bmatrix}\dot{y}_1\\ \dot{y}_2\end{Bmatrix} + \begin{bmatrix}2k & -k\\ -k & 2k\end{bmatrix}\begin{Bmatrix}y_1\\ y_2\end{Bmatrix} = \begin{Bmatrix}F_1\\ F_2\end{Bmatrix} \tag{1.3.20}$$

bzw. $\mathbf{M}\,\ddot{z} + \mathbf{D}\,\dot{z} + \mathbf{K}\,z = F$

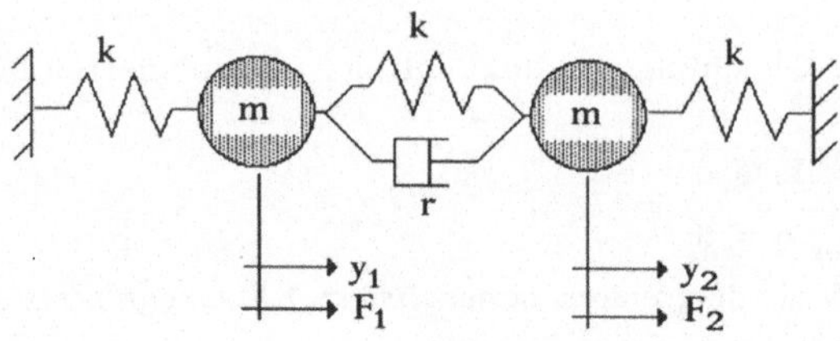

Bild 1.3.3: Beispiel eines 2-Massen-Schwingers (mit Dämpfung)

Hierin ist **M** die Massenmatrix, **D** die *Dämpfungsmatrix*, **K** die Steifigkeitsmatrix und $z = \{y_1, y_2\}^T$ der Bewegungsvektor.

Mit dem Lösungsansatz $z = z^o e^{\lambda t}$ für den homogenen Teil der Differentialgleichung erhält man wieder die 2n Eigenwerte $\lambda_i(i=1...2n)$ für ein System mit n Freiheitsgraden, mit denen die Eigenvektoren und schließlich die Modalmatrix Φ gebildet werden kann (s. Ab-

$$\mathbf{\Phi} = \begin{bmatrix} 1 & -1 \\ 1 & 1 \end{bmatrix}, \quad \mathbf{\Phi}^T = \begin{bmatrix} 1 & 1 \\ -1 & 1 \end{bmatrix} \qquad (1.3.21)$$

Erweitert man wieder die Modalmatrix $\mathbf{\Phi}$, in der spaltenweise die Eigenvektoren stehen, durch den beliebigen Vektor q, was wegen der beliebigen Normierung der Eigenvektoren erlaubt ist, so erhält man die allgemeine Lösung des homogenen Gleichungssystems in der Form

$$z(t) = \mathbf{\Phi}\, q(t) \qquad (1.3.22)$$

bzw.

$$\begin{Bmatrix} y_1 \\ y_2 \end{Bmatrix} = \begin{bmatrix} 1 & -1 \\ 1 & 1 \end{bmatrix} \begin{Bmatrix} q_1 \\ q_2 \end{Bmatrix}. \qquad (1.3.23)$$

Führt man diese Eigenformen des homogenen Systems $\mathbf{M}\,\ddot{z} + \mathbf{D}\,\dot{z} + \mathbf{K}\,z = 0$ in die inhomogene Differentialgleichung $\mathbf{M}\,\ddot{z} + \mathbf{D}\,\dot{z} + \mathbf{K}\,z = P$ ein, so erhält man nach Multiplikation von links mit der *transponierten Modalmatrix* $\mathbf{\Phi}^T$ das Gleichungssystem:

$$\mathbf{\Phi}^T\mathbf{M}\,\mathbf{\Phi}\,\ddot{q} + \mathbf{\Phi}^T\mathbf{D}\,\mathbf{\Phi}\,\dot{q} + \mathbf{\Phi}^T\mathbf{K}\,\mathbf{\Phi}\,q = \mathbf{\Phi}^T\,F\,. \qquad (1.3.24)$$

Hierin werden zwar die Massen- und Steifigkeitsmatrizen diagonal besetzt, die Dämpfungsmatrix läßt sich jedoch nicht auf Diagonalform bringen.

$$\mathbf{\Phi}^T\,\mathbf{M}\,\mathbf{\Phi} = \begin{bmatrix} 1 & 1 \\ -1 & 1 \end{bmatrix} \begin{bmatrix} m & 0 \\ 0 & m \end{bmatrix} \begin{bmatrix} 1 & -1 \\ 1 & 1 \end{bmatrix} = \begin{bmatrix} 1 & 1 \\ 1 & -1 \end{bmatrix} \begin{bmatrix} m & m \\ m & -m \end{bmatrix} = \begin{bmatrix} 2m & 0 \\ 0 & 2m \end{bmatrix}$$

$$= 2m \begin{bmatrix} 1 & 0 \\ 0 & 1 \end{bmatrix} = \mathbf{M}_{hh} = \begin{bmatrix} \diagdown m_{gen} \diagdown \end{bmatrix} \qquad (1.3.25)$$

und

$$\mathbf{\Phi}^T\,\mathbf{K}\,\mathbf{\Phi} = \begin{bmatrix} 1 & 1 \\ -1 & 1 \end{bmatrix} \begin{bmatrix} 2k & -k \\ -k & 2k \end{bmatrix} \begin{bmatrix} 1 & -1 \\ 1 & 1 \end{bmatrix} = \begin{bmatrix} 1 & 1 \\ -1 & 1 \end{bmatrix} \begin{bmatrix} k & -3k \\ k & 3k \end{bmatrix} = \begin{bmatrix} 2k & 0 \\ 0 & 6k \end{bmatrix}$$

$$= 2k \begin{bmatrix} 1 & 0 \\ 0 & 3 \end{bmatrix} = \mathbf{K}_{hh} = \begin{bmatrix} \diagdown k_{gen} \diagdown \end{bmatrix} \qquad (1.3.26)$$

Als Kontrollrechnung, ob durch die Einführung der Eigenwerte in die Ausgangsdifferentialgleichung die Eigenwerte des ungedämpften, konservativen Systems unverändert bleiben, gilt mit $q = q^o e^{\lambda t}$

$$\left(\lambda^2 \mathbf{M_{hh}} + \mathbf{K_{hh}}\right) q = 0 \,.$$

Diese Gleichung wird erfüllt, wenn die Determinante verschwindet:

$$\begin{vmatrix} \lambda^2\, 2m + 2k & 0 \\ 0 & \lambda^2\, 2m + 6k \end{vmatrix} = 0 \,.$$

Hieraus ergeben sich die Eigenwerte des ungedämpften Systems:

$$\lambda^4 m^2 + 4km\lambda^2 + 3k^2 = 0$$

$$\lambda_{1,-1} = \pm j\sqrt{\frac{k}{m}} \,, \quad \lambda_{2,-2} = \pm j\sqrt{3\frac{k}{m}} \,,$$

die mit den Ergebnissen aus Abschnitt 1.3.1.1 übereinstimmen.

Die Einführung der Eigenformen in die inhomogene Differentialgleichung und anschließende Multiplikation von links mit der transponierten Modalmatrix führt auch auf die generalisierte Dämpfungsmatrix und die generalisierte Anregung:

$$\boldsymbol{\Phi}^T \mathbf{D}\, \boldsymbol{\Phi} = \begin{bmatrix} 1 & 1 \\ -1 & 1 \end{bmatrix} \begin{bmatrix} r & -r \\ -r & r \end{bmatrix} \begin{bmatrix} 1 & -1 \\ 1 & 1 \end{bmatrix} = \begin{bmatrix} 1 & 1 \\ -1 & 1 \end{bmatrix} \begin{bmatrix} 0 & -2r \\ 0 & 2r \end{bmatrix}$$

$$= \begin{bmatrix} 0 & 0 \\ 0 & 4r \end{bmatrix} = \mathbf{D_{hh}} \tag{1.3.27}$$

$$\boldsymbol{\Phi}^T F = \begin{bmatrix} 1 & 1 \\ -1 & 1 \end{bmatrix} \begin{Bmatrix} F_1 \\ F_2 \end{Bmatrix} = \begin{Bmatrix} F_1 + F_2 \\ -F_1 + F_2 \end{Bmatrix} = F_h \,, \tag{1.3.28}$$

so daß die Bewegungsgleichungen im *Modalraum* nun lauten:

$$\mathbf{M_{hh}}\, \ddot{q} + \mathbf{D_{hh}}\, \dot{q} + \mathbf{K_{hh}}\, q = F_h \,. \tag{1.3.29}$$

Der Lösungsansatz $q = \hat{q}\, e^{j\omega t}$ und $F_h = \hat{F}_h e^{j\omega t}$ führt jetzt zu

$$\left[-\omega^2\, 2m \begin{bmatrix} 1 & 0 \\ 0 & 1 \end{bmatrix} + j\omega 4r \begin{bmatrix} 0 & 0 \\ 0 & 1 \end{bmatrix} + 2k \begin{bmatrix} 1 & 0 \\ 0 & 3 \end{bmatrix} \right] \begin{Bmatrix} \hat{q}_1 \\ \hat{q}_2 \end{Bmatrix} = \begin{Bmatrix} \hat{F}_{h,1} \\ \hat{F}_{h,2} \end{Bmatrix}$$

$$\left[\begin{bmatrix} -\omega^2\, 2m & 0 \\ 0 & -\omega^2\, 2m \end{bmatrix} + \begin{bmatrix} 0 & 0 \\ 0 & j4\omega r \end{bmatrix} \begin{bmatrix} 2k & 0 \\ 0 & 6k \end{bmatrix} \right] \begin{Bmatrix} \hat{q}_1 \\ \hat{q}_2 \end{Bmatrix} = \begin{Bmatrix} \hat{F}_{h,1} \\ \hat{F}_{h,2} \end{Bmatrix} \,. \tag{1.3.30}$$

Die komplexen *modalen Amplituden* $\hat{q}_i$ lassen sich hieraus leicht bestimmen zu:

$$\left.\begin{aligned} \hat{q}_1 &= \frac{\hat{F}_{h\,1}}{-\omega^2\, 2m + 2k} = \frac{\hat{F}_1 + \hat{F}_2}{-\omega^2\, 2m + 2k} \\ \hat{q}_2 &= \frac{\hat{F}_{h,2}}{-\omega^2\, 2m + j4\omega r + 6k} = \frac{-\hat{F}_1 + \hat{F}_2}{\omega^2\, 2m + j4\omega r + 6k} \end{aligned}\right\} \tag{1.3.31}$$

Zur Rücktransformation in den physikalischen Raum setzt man die komplexen Amplituden wieder in den modalen Ansatz (Gl. (1.3.14)) ein und erhält die Antwort des Gesamtsystems:

$$\begin{Bmatrix} \hat{y}_1 \\ \hat{y}_2 \end{Bmatrix} = \begin{bmatrix} 1 & -1 \\ 1 & 1 \end{bmatrix} \begin{Bmatrix} \hat{q}_1 \\ \hat{q}_2 \end{Bmatrix} = \begin{Bmatrix} \hat{q}_1 - \hat{q}_2 \\ \hat{q}_1 \;\; \hat{q}_2 \end{Bmatrix} \,. \tag{1.3.32}$$

Die Bewegungen y_1 der einen Masse bzw. y_2 der anderen Masse auf die Anregungen P_1 und P_2 lauten also

$$\left.\begin{aligned}\hat{y}_1 &= \frac{\hat{F}_1 + \hat{F}_2}{-\omega^2 2m + 2k} + \frac{\hat{F}_1 - \hat{F}_2}{-\omega^2 2m + j4\omega r + 6k}\\ \hat{y}_2 &= \frac{\hat{F}_1 + \hat{F}_2}{-\omega^2 2m + 2k} - \frac{\hat{F}_1 - \hat{F}_2}{-\omega^2 2m + j4\omega r + 6k},\end{aligned}\right\} \qquad (1.3.33)$$

die - auf einen gemeinsamen Nenner gebracht - auch lauten

$$\hat{y}_1 = \frac{(\hat{F}_1 + \hat{F}_2)(-\omega^2 2m + j4\omega r + 6k) + (\hat{F}_1 - \hat{F}_2)(-\omega^2 2m + 2k)}{(-\omega^2 2m + 2k)(\omega^2 2m + j4\omega r + 6k)}$$

$$\hat{y}_1 = \frac{-\hat{F}_1 \omega^2 m + (\hat{F}_1 + \hat{F}_2)(j\omega r + k) + \hat{F}_1 k}{\omega^4 m^2 - j2\omega^3 r m - 4\omega^2 m k + j2\omega r k + 3k^2} \qquad (1.3.34)$$

und

$$\hat{y}_2 = \frac{-\hat{F}_2 \omega^2 m + (\hat{F}_1 + \hat{F}_2)(j\omega r + k) + \hat{F}_2 k}{\omega^4 m^2 - j2\omega^3 r m - 4\omega^2 m k + j2\omega r k + 3k^2}\,. \qquad (1.3.34)$$

Somit hat man, falls die Systemantwort auch noch auf die Anregung $\hat{F}_1$ oder $\hat{F}_2$ normiert wird, die Übertragungsfunktion erhalten.

1.3.3 Modale Entkopplung des schwach gedämpften Systems

Für ein Schwingungssystem von n Freiheitsgraden gilt, daß sich seine Bewegung aus den Bewegungen von n Schwingern mit je einem Freiheitsgrad zusammensetzt. Dies bedeutet aber nicht, daß von vornherein die n Massen sich in einem entkoppelten Zustand zueinander befinden. Wie am Beispiel im Abschnitt 1.3.1.2 gezeigt wurde, läßt sich ein gekoppeltes, ungedämpftes System durch modale Transformation in ein entkoppeltes System überführen. Dies hat den Vorteil, daß das System leicht berechenbar und zudem die Interpretation der Ergebnisse erleichtert wird. Typisch für solche Systeme ist, daß man rein imaginäre Eigenwerte und rein reelle Eigenvektoren erhält. In der Praxis existieren solche Systeme jedoch nicht, da in irgendeiner Form jedes System Elemente enthält, die Energie dissipieren, d.h. dem Schwingungssystem Energie entziehen.

Wie wir an dem Beispiel in Abschnitt 1.3.1.2 gesehen haben, führt die Anwesenheit einer viskosen Dämpfung bei der modalen Transformation nicht zu einer generalisierten Dämpfungsmatrix, die ausschließlich nur auf der Hauptdiagonalen besetzt ist. Die Voraussetzung für eine Entkopplung dieses gekoppelten Systems ist damit nicht erfüllt. Um nun schwach gedämpfte Systeme doch modal entkoppeln zu können, bedient man sich eines Tricks. Man behauptet nämlich, daß die schwach vorhandene, viskose Dämpfung mit der Masse oder/und der Steifigkeit des Systems in irgendeiner Art verknüpft ist. Hierfür wählt man den Ansatz der *proportionalen Dämpfung*

$$\mathbf{D} = k_M \cdot \mathbf{M} + k_k \cdot \mathbf{K}\,. \qquad (1.3.35)$$

Hierin sind k_m und k_s die Proportionalitätsfaktoren zur Masse bzw. Steifigkeit. Führt man diesen Ansatz in die Differentialgleichungen 1.3.20 ein und zugleich auch den modalen Ansatz $z(t) = \mathbf{\Phi}\, q(t)$, d.h. die Eigenformen des ungedämpften Systems müssen aus einer Vorabrechnung – der sog. *Eigenwert-Analyse* – ermittelt sein, wie sie in Abschnitt 1.3.1.2 durchgeführt wurde , so erhält man

$$\mathbf{M}\,\boldsymbol{\Phi}\,\ddot{q} + \mathbf{D}\,\boldsymbol{\Phi}\,\dot{q} + \mathbf{K}\,\boldsymbol{\Phi}\,q = F\,,$$

und nach Multiplikation von links mit der transponierten Modalmatrix $\boldsymbol{\Phi}^T$

$$\boldsymbol{\Phi}^T\,\mathbf{M}\,\boldsymbol{\Phi}\,\ddot{q} + \boldsymbol{\Phi}^T\mathbf{D}\,\boldsymbol{\Phi}\,\dot{q} + \boldsymbol{\Phi}^T\mathbf{K}\,\boldsymbol{\Phi}\,q = \boldsymbol{\Phi}^T\,F$$

führt dies zu

$$\mathbf{M}_{hh}\ddot{q} + \mathbf{D}_{hh}\dot{q} + \mathbf{K}_{hh}q = F_h\,. \tag{1.3.36}$$

Hierin sind nun die generalisierte Massenmatrix $\mathbf{M}_{hh}$, die generalisierte Dämpfungsmatrix $\mathbf{D}_{hh}$ und die generalisierte Steifigkeitsmatrix $\mathbf{K}_{hh}$ Diagonalmatrizen. Für jeden Eigenwert λ_i hat man somit eine Bewegungsdifferentialgleichung eines Systems mit einem Freiheitsgrad erhalten

$$m_{gen,i}\,\ddot{q} + r_{gen,i}\,\dot{q} + k_{gen,i}\,q = F_{h,i}\,, \tag{1.3.37}$$

welches integriert und zur Schwingungsantwort des Gesamtsystems zusammengesetzt werden kann.

$$z(t) = \sum_{i=1}^{n} z_i^o\,q_i(t) = \left[z_1^o,\ldots,z_n^o\right]\begin{Bmatrix} q_1(t) \\ \ldots \\ q_n(t) \end{Bmatrix} = \boldsymbol{\Phi}\cdot q(t) \tag{1.3.38}$$

Bei der Wahl der Proportionalitätsfaktoren k_m und k_s ist jedoch darauf zu achten, daß bei reiner masseproportionaler Dämpfung (k_s= 0) das Dämpfungsmaß mit der Ordnung der Eigenwerte sinkt, während bei reiner steifigkeitsproportionaler Dämpfung (k_m= 0) das Dämpfungsmaß für alle Eigenformen gleich bleibt.

Die Vorgehensweise der modalen Entkopplung eines *schwach gedämpften Systems* hat bei solchen Strukturen große Vorteile, die eine große Zahl von Freiheitsgraden aufweisen, z.B. bei der Beschreibung von Karosserien mit Hilfe der Methode der finiten Elemente. Für eine Karosserie, die mit ca. 60.000 bis 100.000 Elementen beschrieben wird und demnach eine Anzahl n an Freiheitsgraden von n= 60.000 bis 100.000 besitzt, erhält man aus der Eigenwertanalyse eine quadratische Modalmatrix der Größe 2n. Würde man mit dieser riesigen Matrix die Modaltransformation durchführen, wäre ein enormer Rechenaufwand damit verbunden. Den Karosserie-Entwickler interessieren jedoch nur die niedrigsten paar hundert Eigenwerte. Reduziert man nun die Modalmatrix auf ein Maß, welches etwa der Anzahl der interessierenden Eigenschwingungsformen entspricht, ist der Rechenaufwand für die Modaltransformation drastisch reduziert.

Sytem	**Differentialgleichung**	**Eigenwerte λ_i**	**Eigenvektoren**
ungedämpft	$\mathbf{M}\,\ddot{z} + \mathbf{K}\,z = F$	$\pm j\omega$	reell
proportional gedämpft	$\mathbf{M}\,\ddot{z} + \mathbf{D}\,\dot{z} + \mathbf{K}\,z = F$ $\mathbf{D} = k_M\mathbf{M} + k_k\mathbf{K}$	$\alpha \pm j\omega$	reell
stark gedämpft	$\mathbf{M}\,\ddot{z} + \mathbf{D}\,\dot{z} + \mathbf{K}\,z = F$	$\alpha \pm j\omega$	imaginär

Bild 1.3.4: Art der Differentialgleichungen, der Eigenwerte und Eigenvektoren

1.3.4 Modale Entkopplung des stark gedämpften Systems

Geht man allgemein von den Bewegungsgleichungen (1.3.20) aus

$$\mathbf{M}\,\ddot{z} + \mathbf{D}\,\dot{z} + \mathbf{K}\,z = F\ ,$$

so führt das zu den in der Tabelle (Bild 1.3.4) dargestellten Zusammenhängen.Der Produktansatz mit der Modalmatrix $\mathbf{\Phi}$ des ungedämpften Systems führt, wie oben beschrieben, nur bei der proportionalen Dämpfung auf eine Entkopplung des Systems.

Versucht man nun das stark gedämpfte System aus n gekoppelten Differentialgleichungen 2. Ordnung in 2n gekoppelte Differentialgleichungen 1. Ordnung dadurch umzuwandeln, daß man die Geschwindigkeit $\dot{z}$ als eigenständige Unbekannte auffaßt, kann man die Gl. (1.3.20) in die Form bringen:

$$\begin{bmatrix} \mathbf{D} & \mathbf{K} \\ \mathbf{K} & \mathbf{0} \end{bmatrix} \begin{Bmatrix} \dot{y} \\ y \end{Bmatrix} - \begin{bmatrix} -\mathbf{M} & \mathbf{0} \\ \mathbf{0} & \mathbf{K} \end{bmatrix} \begin{Bmatrix} \ddot{y} \\ \dot{y} \end{Bmatrix} = \begin{Bmatrix} F \\ 0 \end{Bmatrix}, \qquad (1.3.39)$$

worin in der 2. Zeile lediglich $\mathbf{K}\,\dot{y} - \mathbf{K}\,\dot{y} = 0$ steht. In abgekürzter Schreibweise lautet Gl. (1.3.39) :

$$\mathbf{A}\,\mathbf{s} - \mathbf{B}\,\dot{\mathbf{s}} = \mathbf{g}\ . \qquad (1.3.40)$$

Für die Matrizen **A** und **B** gilt Symmetrie: $\mathbf{A} = \mathbf{A}^T$, $\mathbf{B} = \mathbf{B}^T$.

Für die Lösung des homogenen Gleichungssystems führt man den bekannten $e^{\lambda t}$-Ansatz ein, woraus sich die allgemeine Eigenwertaufgabe ergibt:

$$(\mathbf{A} - \lambda\,\mathbf{B})\,\mathbf{s} = 0\ . \qquad (1.3.41)$$

Bei der Lösung ergeben sich sowohl komplexe Eigenwerte λ_i als auch komplexe Eigenvektoren s_i , die paarweise konjugiert-komplex sind.

Der Zusammenhang zwischen den Eigenvektoren 2. Ordnung s_i und 1. Ordnung y_i mit der Modalmatrix **S** ist wie folgt:

$$\mathbf{S} = \left[s_1, s_2, \ldots s_{2n} \right] = \begin{bmatrix} \lambda_1 y_1 & \ldots & \lambda_{2n} y_{2n} \\ y_1 & \ldots & y_{2n} \end{bmatrix}.$$

Versucht man nun wieder das System dadurch zu entkoppeln, daß man die Schwingungsantwort aus den einzelnen Eigenvektoren in Form des Produktansatzes

$$s = s_1\,q_1 + s_2\,q_2 + \ldots\, s_{2n}\,q_{2n} = \mathbf{S}\,q \qquad (1.3.42)$$

überlagert, so folgt nach Multiplikation von links mit der transponierten Modalmatrix $\mathbf{S}^T$ für das System:

$$(\mathbf{S}^T\mathbf{A}\,\mathbf{S})\,\dot{q} - (\mathbf{S}^T\mathbf{B}\,\mathbf{S})\,q = \mathbf{S}^T g \qquad (1.3.43)$$

mit $(\mathbf{S}^T\mathbf{A}\,\mathbf{S}) = \mathbf{A}_{gen}$ und $(\mathbf{S}^T\,\mathbf{B}\,\mathbf{S}) = \mathbf{B}_{gen}$ als Diagonalmatrizen.

Das Differentialgleichungssystem ist somit entkoppelt und kann zeilenweise einzeln gelöst werden.

1.3.5 Zusammenfassung

Kontinuierliche Strukturen wie das Kraftfahrzeug müssen zur Berechnung in ein Modell abgebildet werden. Bei diskreten Modellen wird dies mit wenigen Parametern (Feder, Dämpfer, Massen) verwirklicht. Für das Aufstellen der Differentialgleichungen können die verschiedenen Prinzipe der Mechanik angewendet werden. Durch schematischen Einsatz der Matrixdarstellung lassen sich Bezüge zwischen dem Lösungsweg für Systeme mit einem Freiheitsgrad und Systemen mit n Freiheitsgraden herstellen. Dabei können Systeme mit n Freiheitsgraden entweder gekoppelt oder modal behandelt werden, wobei letztere Darstellung für die Interpretation handlicher ist.

Die Lösung der Differentialgleichungen kann entweder durch Integration direkt im Zeitbereich erfolgen oder im Frequenzbereich, wobei eine Transformation notwendig wird.

Hinweis:

Es sei darauf hingewiesen, daß die Amplitudengänge allein nichts darüber aussagen, wie groß die jeweiligen Amplituden am betrachteten Ausgang sind. Sie geben nur das Verhältnis von Anregungs- zu Ausgangsamplitude wieder. Um die tatsächlichen Amplituden am Ausgang berechnen zu können, muß zunächst die Anregung durch die Straße, die bekanntlich keine harmonische Anregung darstellt, beschrieben werden können, was in einem späteren Kapitel formuliert wird.

1.4 Regelungstechnische Betrachtung der Dynamik komplexer Systeme

In der Technik werden häufig die physikalischen Modelle mit Hilfe idealer Systemkomponenten aufgestellt; z. B. werden reale Federn als sogenannte ideale Federn (masselos, mit linearer Federkennlinie) und dissipative Komponenten als ideale Dämpfer (geschwindigkeitsproportionale Kraft, masselos, ohne Reibung) modelliert. Führen die Bewegungsgleichungen zu Nichtlinearitäten, so wird z. B. ihr Gültigkeitsbereich durch die Annahme kleiner Zustandsänderungen beschränkt und dadurch vielfach Linearität der Bewegungen erreicht. Dieses sehr häufig anzutreffende Ziel, das reale, nichtlineare Problem durch ein lineares Modell zu beschreiben, liegt darin begründet, daß bis auf wenige Ausnahmen nur lineare Systeme geschlossen lösbar sind. Die Bewegungsgleichungen nichtlinearer Systeme dagegen lassen sich nur durch Integration lösen. Allgemeine Aussagen über den Einfluß irgendwelcher Systemkomponenten auf das allgemeine Verhalten sind nur selten möglich.

Die *Regelungstheorie* liefert daher auch für solche linearen Systeme, die darüber hinaus in ihrem Komponentenverhalten zeitlich unveränderlich sein sollen, ein umfangreiches Methodeninventar zur Betrachtung der Systemzusammenhänge.

Die im Kapitel 1.2 beschriebene Anwendung der Laplace-Transformation auf die Bewegungsgleichungen überführt diese in algebraische Gleichungen und stellt gleichzeitig eine Transformation aus dem in der Regel vorliegenden Zeitbereich in den Laplace-Bereich dar.Bei komplexen, dynamischen Systemen führt dies zu strukturell recht unübersichtlichen Beziehungen, so daß die Anschaulichkeit leicht verlorengeht.

Ein grundsätzliches Problem ist es auch, die Parameter in komplexen Systemen zu bestimmen. Häufig liegen dem physikalischen Modell auch mehr Parameter zugrunde als Parameter in den Bewegungsgleichungen vorhanden sind. Dies führt generell zur Frage der *Parameteridentifikation*. Hier sei lediglich auf Spezialliteratur verwiesen (z.B. Isermann, '91).

Für ein komplexes System ist es sinnvoll, möglichst "lange" auf der Ebene der physikalischen Parameter zu bleiben und eine "*innere Struktur*" des Systems zu ermitteln. Die Beschreibung des komplexen Systems setzt sich dann aus vielen einfachen, physikalisch begründeten Teilgleichungen zusammen. Das Systemverhalten kann auf diese Weise viel detaillierter beschrieben werden als durch eine einfache Übertragungsfunktion. Hierzu muß dann von der direkten Anwendung der Laplace-Transformation und Ermittlung der Übertragungsfunktionen Abstand genommen werden, d. h. auch von der einfachen Eingangs- Ausgangsbeziehung (siehe Bild 1.1).

Der Übergang zu mehr strukturierten, physikalischen Modellen erfolgt mit Hilfe gekoppelter, einfacher Differentialgleichungen niedriger Ordnung über sogenannte *Zustandsgrößen*, die direkt aus der physikalischen Modellbildung ableitbar sind. Zustandsgrößen sind in der Mechanik prinzipiell die Variablen in den Lagrangeschen Bewegungsgleichungen, also Variable, die mit der kinetischen und potentiellen Energie eines Systems verknüpft sind (Wege bzw. Winkel und translatorische bzw. rotatorische Geschwindigkeiten). Benutzt man die Lagrangeschen Bewegungsgleichungen oder das Newtonsche Prinzip zum Aufstellen der Bewegungsgleichungen, so entstehen für komplexe physikalische Systeme gekoppelte Differentialgleichungen zweiter Ordnung infolge der Massenkräfte und -momente, die als Variable lediglich die o.g. Zustandsgrößen und ihre zeitlichen Ableitungen enthalten. Die im weiteren mit x bezeichneten Zustandsgrößen beschreiben den inneren Zustand des Systems. Eingang und Ausgang werden im folgenden mit u bzw. y bezeichnet, wegen der in der Regelungstechnik üblichen Nomenklatur.

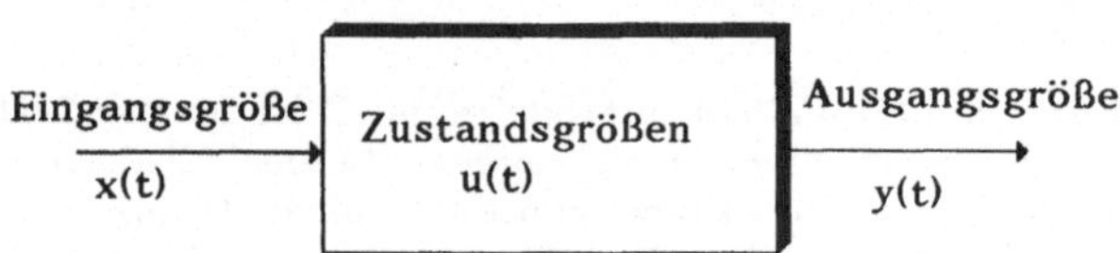

Bild 1.4.1 : Beispiel für ein Eingrößen-Eingangs- und Eingrößen-Ausgangs-System

1.4.1 Zustandsraumdarstellung

Die Beschreibung von Systemen über die Zustandsgrößen ist i. a. mit einer größeren Anzahl von Parametern verbunden, da neben dem Eingangs—Ausgangs—Verhalten zusätzlich die innere Struktur abgebildet wird. Für manche Anwendungen, z. B. bei einer algorithmisierten Berechnung des Systemverhaltens oder bei rein numerischen Lösungsverfahren, ist es sinnvoll, eine Übertragungsfunktion in eine Zustandsraumdarstellung zu überführen. Da die wirkliche Struktur des Systems bei alleiniger Kenntnis der Übertragungsfunktion nicht bekannt ist, muß eine fiktive erzeugt werden. Dafür gibt es eine Reihe von Methoden. Sehr einfach ist die Überführung in sogenannte *Standardformen*, da sich diese aus den Parametern der Übertragungsfunktion ohne Zwischenschritte direkt angeben lassen.

Als Beispiel diene der 1-Masse-Schwinger nach Gleichung (1.2.1 b) (Kap. 1.2).

Durch Division mit der Masse m entsteht

$$\ddot{y}(t) + \frac{r}{m}\cdot\dot{y}(t) + \frac{k}{m}\cdot y(t) = \frac{1}{m}\cdot F(t) = \frac{1}{m}\cdot u(t) \tag{1.4.1}$$

mit

y(t) und deren zeitl. Ableitungen: Ausgangsgrößen

u(t) und deren zeitl. Ableitungen: Anregungsfunktion $\hat{=}$ Eingangsgröße .

Wählt man

$$x_1(t)=y(t)$$

und eine zweite Zustandsgröße

$$x_2= \dot{y}(t) = \dot{x}_1$$

und setzt diese Größen in die Differentialgleichung ein, so erhält man das gekoppelte Differentialgleichungssystem

$$\begin{aligned} \dot{x}_1 &= x_2 \\ \dot{x}_2 &= -\frac{r}{m}\cdot x_2 - \frac{k}{m}\cdot x_1 + \frac{1}{m}\cdot u \end{aligned} \tag{1.4.2}$$

und $\quad y = [1 \quad 0] \begin{Bmatrix} x_1 \\ x_2 \end{Bmatrix}$.

In Matrizenschreibweise ergibt sich

$$\begin{Bmatrix} \dot{x}_1 \\ \dot{x}_2 \end{Bmatrix} = \begin{bmatrix} 0 & 1 \\ -\frac{k}{m} & -\frac{r}{m} \end{bmatrix} \begin{Bmatrix} x_1 \\ x_2 \end{Bmatrix} + \begin{Bmatrix} 0 \\ \frac{1}{m} \end{Bmatrix} \cdot u \tag{1.4.3}$$

bzw.

$$\left.\begin{aligned} \dot{\mathbf{x}} &= \mathbf{A}\,\mathbf{x} + \mathbf{b}\,u \\ y &= \mathbf{c}^T\,\mathbf{x} \end{aligned}\right\} \tag{1.4.4}$$

mit den Anfangsbedingungen $\mathbf{x}^T(0) = \{x_1(0) \quad x_2(0)\} = \mathbf{x}_0^T$.

Dies ist die Zustandsraumdarstellung des vorliegenden Problems mit

$\mathbf{x}$: *Zustandsvektor* $\quad \mathbf{x}^T = \{x_1 \quad x_2\}$

$\mathbf{A}$: *Systemmatrix* $\quad \mathbf{A} = \begin{bmatrix} 0 & 1 \\ -\frac{k}{m} & -\frac{r}{m} \end{bmatrix}$

u: *Eingangsgröße* (1.4.5)

$\mathbf{b}$: *Eingangsvektor* $\quad \mathbf{b}^T = \{0 \quad \frac{1}{m}\}$

$\mathbf{c}$: *Meßvektor* $\quad \mathbf{c}^T = \{1 \quad 0\}$

Die Systemmatrix $\mathbf{A}$ enthält alle Systemparameter. Für den nicht angeregten Fall ($u(t)\equiv 0$) beschreibt $\dot{\mathbf{x}} = \mathbf{A}\,\mathbf{x}$ mit den Anfangsbedingungen $\mathbf{x}(0) = \mathbf{x}_0$ das Eigenschwingverhalten des Systems. Darüber hinaus ist in der Systemmatrix das ***Stabilitätsverhalten*** vollständig beschrieben.

Die Zustandsgleichung 1.4.3 läßt sich als Strukturbild einfach darstellen (Bild 1.4.2). Ebenso läßt sich einfach ein Signalflußplan der allgemeinen *Zustandsgleichung* (Gl. (1.4.4)) aufstellen (Bild 1.4.3).

Wäre die Bewegungsgleichung mit weiteren Zustandsgrößen als im verwendeten Beispiel gegeben, so lautet sie

$$\frac{d^{(n)}y}{dt^n} + a_{n-1}\frac{d^{(n-1)}y}{dt^{n-1}} + \cdots + a_1\dot{y} + a_0 y = b_0 u \ . \tag{1.4.6}$$

Löst man diese Gleichung nach der höchsten Ableitung der Zustandsgröße y auf

$$\frac{d^{(n)}y}{dt^n} = b_0 u - \left(a_{n-1}\frac{d^{(n-1)}y}{dt^{n-1}} + \cdots + a_1\dot{y} + a_0 y \right) \tag{1.4.7}$$

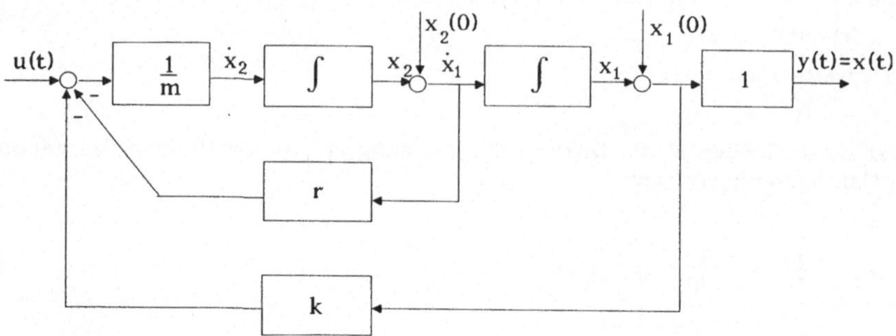

Bild 1.4.2 : Strukturbild (Blockschaltbild) der Zustandsgleichung des krafterregten 1-Masse-Schwingers; Ausgang: Absolutweg der Masse m

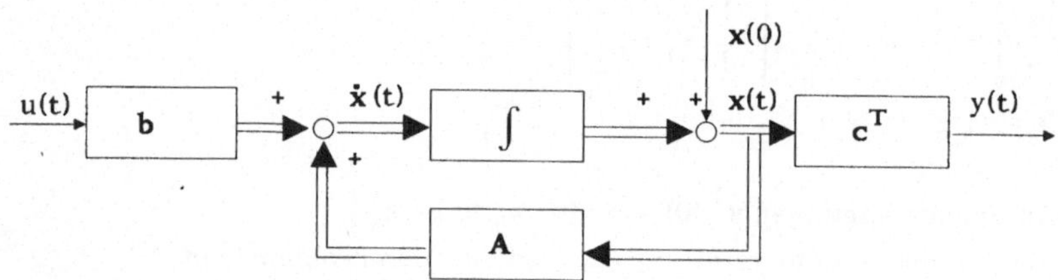

Bild 1.4.3: Signalflußplan eines linearen Systems

und definiert neue Zustandsgrößen

$$\begin{aligned}
\dot{x}_1 &= x_2 \\
\dot{x}_2 &= x_3 \\
&\vdots \\
\dot{x}_n &= b_0\, u - a_0\, x_1 - a_1\, x_2 - \cdots - a_{n-1}\, x_n \\
y &= b_0\, x_1 ,
\end{aligned} \tag{1.4.8}$$

so erhält man wieder die Zustandsgleichung (Gl. (1.4.4))

$$\dot{\mathbf{x}} = \mathbf{A}\,\mathbf{x} + \mathbf{b}\,u \qquad \mathbf{x}(0) = \mathbf{x}_0$$

$$y = \mathbf{c}^T \mathbf{x} \text{ mit}$$

$$\mathbf{A} = \begin{bmatrix} 0 & 1 & 0 & 0 & \dots & 0 \\ 0 & 0 & 1 & 0 & \dots & 0 \\ 0 & 0 & 0 & 1 & \dots & 0 \\ \vdots & & & & & \\ -a_0 & -a_1 & -a_2 & -a_3 & \cdots & -a_{n-1} \end{bmatrix} \qquad \mathbf{b} = \begin{bmatrix} 0 \\ 0 \\ 0 \\ \vdots \\ b_0 \end{bmatrix}$$

$$\mathbf{c}^T = \{\, b_0 \;\; 0 \;\; 0 \cdots 0 \,\}.$$

Man erkennt, daß sich alle Parameter der DGL ($a_0, \dots, a_{n-1}, b_0$) in einfacher Weise in den Systemmatrizen **A**, **b** und **c** wiederfinden.

Die Struktur der Matrix **A** wird als *Regelungsnormalform* oder *Frobenius-Form* bezeichnet, die prinzipiell in der letzten Zeile die negativen Koeffizienten des homogenen Teils (linke Seite) der Differentialgleichung normiert auf $a_n = 1$ bzw. des charakteristischen Polynoms $N(s) = a_0 + a_1 s + a_2 s^2 + \cdots + s^n$ enthält.

Zur Lösung dieser Zustandsgleichung wird die Laplace-Transformation angewendet.

$$L\{\dot{\mathbf{x}}\} = L\{\mathbf{A}\,\mathbf{x} + \mathbf{b}\,u\}$$

$$L\{y\} = L\{\mathbf{c}^T\mathbf{x}\}$$

liefert

$$\begin{aligned} s\mathbf{X}(s) - x(0) &= \mathbf{A}\,\mathbf{X}(s) + \mathbf{b}\,U(s) \\ Y(s) &= \mathbf{c}^T\,\mathbf{X}(s) \quad . \end{aligned} \tag{1.4.9}$$

Einfaches Umsortieren der oberen Gleichung führt zu

$$(s\mathbf{E} - \mathbf{A})\,\mathbf{X}(s) = \mathbf{x}(0) + \mathbf{b}\,U(s) \qquad \mathbf{E}\text{: Einheitsmatrix}$$

bzw.

$$\mathbf{X}(s) = (s\mathbf{E} - \mathbf{A})^{-1}\,\mathbf{x}(0) + (s\mathbf{E} - \mathbf{A})^{-1}\,\mathbf{b}\,U(s) \tag{1.4.10}$$

und eingesetzt in die untere Gleichung

$$Y(s) = \mathbf{c}^T\,(s\mathbf{E} - \mathbf{A})^{-1}\,\mathbf{x}(0) + \mathbf{c}^T\,(s\mathbf{E} - \mathbf{A})^{-1}\,\mathbf{b}\,U(s)\ . \tag{1.4.11}$$

Dies ist die vollständige Lösung der Differentialgleichung 1.4.7 im Laplace-Bereich. Der erste Term auf der rechten Seite stellt die homogene Lösung und der zweite Term die partikuläre Lösung der Differentialgleichung dar. Durch inverse Laplace-Transformation, d. h. durch Rücktransformation in den Zeitbereich erhält man den zeitlichen Verlauf y(t) und zwar aus dem ersten Term die Eigenbewegung unter Berücksichtigung der Anfangsbedingungen und aus dem zweiten Term die Bewegung unter dem Einfluß der Anregung u(t).

Der Ausdruck $(s\mathbf{E} - \mathbf{A})^{-1} = \mathbf{\Phi}(s)$ ist die Laplace-Transformierte der Übergangsmatrix $\mathbf{\Phi}(t)$ (siehe Kap.1 .3), auch *Transitions-* oder *Fundamentalmatrix* genannt. Die Inverse einer Matrix **M** berechnet sich aus

$$\mathbf{M}^{-1} = \frac{\mathrm{adj}(\mathbf{M})^T}{|\mathbf{M}|}\ ,$$

wobei $|\mathbf{M}|$ die Determinate von **M** und $\mathrm{adj}(\mathbf{M})^T$ die transponierte der Adjunkten von **M** ist. Die *Adjunkte* entsteht durch $\mathrm{adj}(\mathbf{M}) = (-1)^{i+k} \cdot \mathbf{D}$. Die Elemente d_{ik} der Matrix **D** sind die Unterdeterminante von m_{ik}, den Elementen der Matrix **M.** Die Unterdeterminante entsteht also durch die restlichen Elemente von **M**, wenn die Elemente der i-ten Zeile und der k-ten Spalte gestrichen werden. Es sei hier darauf hingewiesen, daß in der praktischen Anwendung am Großrechner oder PC für diese Operation geeignete Software zur Verfügung steht und numerisch mit anderen Formalismen ermittelt wird.

Als Beispiel diene eine 2×2 Matrix:

$$\mathbf{M} = \begin{bmatrix} a_{11} & a_{12} \\ a_{21} & a_{22} \end{bmatrix} \ ; \quad \mathrm{adj}(\mathbf{M}) = \begin{bmatrix} a_{22} & -a_{21} \\ -a_{12} & a_{11} \end{bmatrix} \ ; \quad \mathrm{adj}(\mathbf{M})^T = \begin{bmatrix} a_{22} & -a_{12} \\ -a_{21} & a_{11} \end{bmatrix} \ ;$$

$$\mathbf{M}^{-1} = \frac{\begin{bmatrix} a_{22} & -a_{12} \\ -a_{21} & a_{11} \end{bmatrix}}{a_{11}a_{22} - a_{12}a_{21}}\ .$$

Kehren wir zu unserem Beispiel des 1-Masse-Schwingers zurück, um die Lösung der Differentialgleichung 1.4.1 mit den Bezeichnungen aus Gl. (1.4.5) zu beschreiben. Die Fundamentalmatrix $\mathbf{\Phi}(s)$ erhält dann die Form

$$\mathbf{\Phi}(s) = (s\mathbf{E} - \mathbf{A})^{-1} = \frac{\begin{bmatrix} s + \frac{r}{m} & 1 \\ -\frac{k}{m} & s \end{bmatrix}}{s^2 + \frac{r}{m}s + \frac{k}{m}}\ .$$

Wählt man Anregung u(t) = σ(t), die Sprungfunktion, deren Laplace-Transformierte $L\{u(t)\}= 1/s$ lautet, und als Anfangsbedingung $\mathbf{x}(0)=\mathbf{0}$, so liefern Gl. (1.4.10) und (1.4.11)

$$\mathbf{X}(s) = \mathbf{\Phi}(s)\begin{Bmatrix} 0 \\ \frac{1}{m} \end{Bmatrix} \cdot \frac{1}{s} = \frac{\begin{bmatrix} \frac{1}{m} \\ \frac{s}{m} \end{bmatrix} \cdot \frac{1}{s}}{s^2 + \frac{r}{m}s + \frac{k}{m}}$$

$$Y(s) = [\,1 \;\; 0\,] \cdot \mathbf{X}(s) = \frac{1}{m} \cdot \frac{1}{s} \cdot \frac{1}{s^2 + \frac{r}{m}s + \frac{k}{m}} \,. \tag{1.4.12}$$

Die Rücktransformation in den Zeitbereich leistet man dann unter Zuhilfenahme einschlägiger Literatur (z. B. Bronstein, S. 637 ff). Mit Hilfe der dort aufgeführten Korrespondenz kann die Lösung angegeben werden.

$$\frac{K}{s((s+\beta)^2+\alpha^2)} \longrightarrow \frac{K}{\alpha^2+\beta^2}\left[1 - e^{-\beta t}\,(\cos \alpha t + \frac{\beta}{\alpha} \sin \alpha t)\right]$$

Mit $\beta^2 + \alpha^2 = \frac{k}{m}$; $2 \cdot \beta = \frac{r}{m}$ ergibt sich

$$\beta = \frac{r}{2m} \,; \qquad \alpha = \sqrt{\frac{k}{m} - \left(\frac{r}{2m}\right)^2} \qquad ; \qquad k = \frac{1}{m}$$

und weiter

$$y(t) = \frac{1}{k} \cdot \left[\,1 - e^{-\frac{r}{2m} \cdot t} \cdot (\,\cos \alpha t + \frac{\beta}{\alpha} \sin \alpha t\,)\,\right] .$$

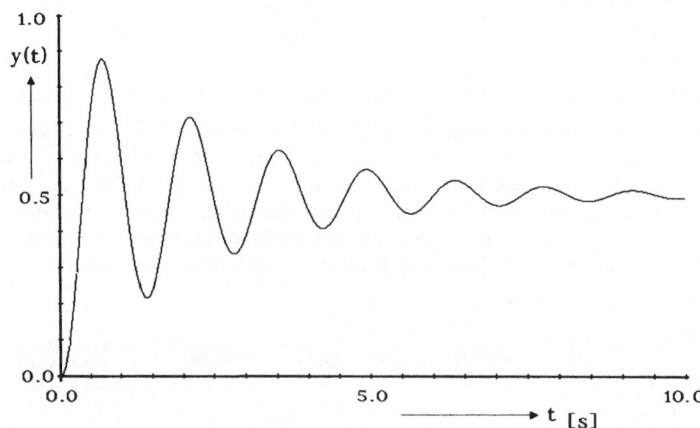

Bild 1.4.4: Beispielhafter, möglicher Zeitverlauf y(t) nach Gl. 1.4.12 mitangenommenen Daten

Liegt nun nicht der Fall nach Gleichung (1.4.6) mit nur u(t) als Anregung auf der rechten Seite vor, sondern treten noch Ableitungen von u(t) auf

$$\frac{d^{(n)}y}{dt^n} + a_{n-1}\frac{d^{(n-1)}y}{dt^{n-1}} + \cdots + a_1\dot{y} + a_0 y = b_0 u + b_1 \dot{u} + \ldots + b_n \frac{d^{(n)}u}{dt^n} \,, \tag{1.4.13}$$

und wählt man bei der Regelungsnormalform die erste Zustandsgröße x_1 derart, daß

$$y = b_0 x_1 + b_1 \dot{x}_1 + \cdots + b_n \frac{d^{(n)}x_1}{dt^n}$$

gilt, so ergibt sich wiederum die gleiche Struktur der Matrix **A**

Das zugehörige Blockschaltbild zeigt Bild 1.4.5.

Der Signalflußplan nach Bild 1.4.3 bleibt unverändert hierfür gültig, wenngleich die Matrizeninhalte sich verändert haben.

Neben der hier vorgestellten Regelungsnormalform gibt es weitere Normalformen, wie Beobachternormalform, Diagonalform etc. (vergl. Unbehauen, 1993/1994).

$$\mathbf{A} = \begin{bmatrix} 0 & 1 & 0 & 0 & \dots & 0 \\ 0 & 0 & 1 & 0 & \dots & 0 \\ 0 & 0 & 0 & 1 & \dots & 0 \\ \vdots & & & & & \\ 0 & 0 & 0 & 0 & \dots & 0 \\ -a_0 & -a_1 & -a_2 & -a_3 & \dots & -a_{n-1} \end{bmatrix} \qquad \mathbf{b} = \begin{bmatrix} 0 \\ 0 \\ 0 \\ \vdots \\ 0 \\ b_0 \end{bmatrix}$$

$$\mathbf{C} = \mathbf{c}^T = [\,(b_0 - b_n a_0) \;\; (b_1 - b_n a_1) \;\cdots\; (b_{n-1} - b_n a_{n-1})\,]\,.$$

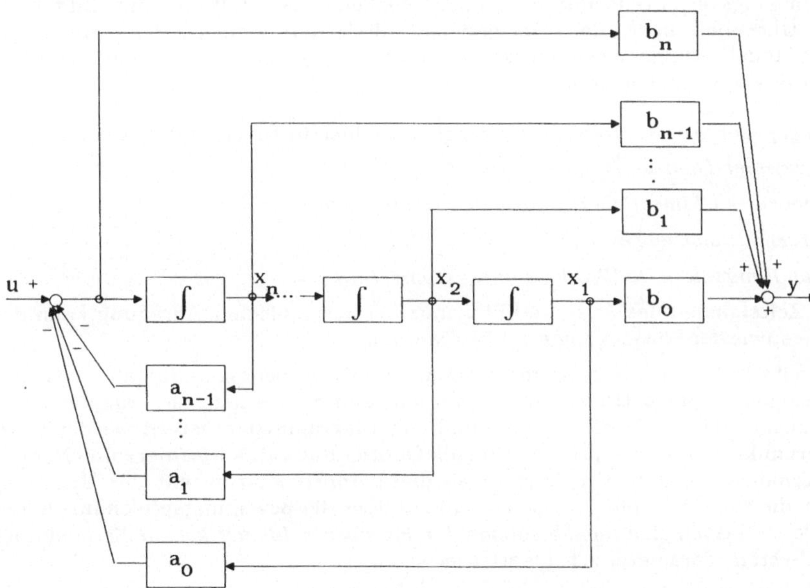

Bild 1.4.5: Blockschaltbild zur Regelungsnormalform

1.5 Strukturdynamische Übersicht

Bei der Behandlung der verschiedenen Beschreibungsmöglichkeiten dynamischer Systeme verliert man sich schnell im Dickicht der Formeln und somit den Überblick über den eingeschlagenen Weg zum Ziel. Aus diesem Grund soll hier ein methodischer Überblick dieses verhindern helfen.

Gegenstand unseres Interesses ist jeweils ein mehr oder weniger komplexes, dynamisches System mit mehreren Eingangs- und Ausgangsgrößen. Dieses System muß kein mechanisches sein; es kann z. B. auch ein elektrisches oder auch ein ökonomisches System sein. Das Interesse an diesem System resultiert aus verschiedenen Fragestellungen.

1. Man möchte wissen, wie das System mit seinen Ausgangsgrößen reagiert, wenn sich die Eingangsgrößen in irgendeiner Art verändern. Bei dieser Fragestellung interessieren nicht die inneren Zusammenhänge oder die inneren Regeln, nach denen die Veränderungen zwischen Aus- und Eingang ablaufen. Vielmehr kann das Ziel sein, lediglich irgendein passendes Abbildungsgesetz zu finden, welches die Aus-Eingangsbeziehungen zufriedenstellend erfüllt. Dieses Gesetz nennt man generell auch ein Modell. Als eine mögliche Bedingung könnte zusätzlich gelten, daß man das Abbildungsgesetz im Rechner mit minimalem Zeitaufwand ablaufen lassen kann. Typische Beispiele sind hierfür die Simulation von Reifeneigenschaften in einem Rechenprogramm für Fahrdynamikberechnungen oder gar die Simulation des gesamten Fahrzeugverhaltens in einem in real-time arbeitenden Fahr- oder Flugsimulator. Das Ziel ist hierbei, nicht zu klären, warum ein bestimmtes Aus-Eingangsverhalten in der Realität auftritt, sondern z. B. allein die Darstellung dieses Aus-Eingangsverhaltens mit minimalem Rechen- oder Zeitaufwand. Bild 1.5.1 zeigt einen Überblick über die verschiedenen Modellierungsmethoden. Ausgangspunkt dieser Modellierungsmethoden ist die durch ein Experiment bekanntgewordene Reaktion des Systemausgangs auf eine Anregung.

Abbildungsgesetze bzw. Modellierungsmethoden hierfür findet man mit Hilfe

a) der *Fuzzy-Set Theorie,*

b) der Theorie der *künstlichen neuronalen Netze (KNN),*

c) der *Informationstheorie,*

d) der *Handlungsmodelle (Produktionssysteme)* usw.

Aus den Zeitsignalen des Aus- und Eingangs bei harmonischer Anregung kann der Amplituden- sowie der Phasengang ermittelt werden.

Andererseits kann bei Anregung mit schmal- oder breitbandigen Signalen das Aus- und Eingangssignal Laplace-transformiert werden, und man erhält die komplexe Übertragungsfunktion, die als Ortskurve oder im Bode-Diagramm dargestellt werden kann. Diese wiederum kann durch Approximation als Quotient aus einem Zähler- und Nennerpolynom angenähert werden. Vergleicht man diese Approximation mit der Übertragungsfunktion, die aus einem physikalischen Modell über die Bewegungsgleichungen hergeleitet wurde, so lassen sich mit Methoden der *Parameter-Identifikation* die noch nicht bekannten System-Parameter z.T. identifizieren.

2. Der zweite Bereich an Fragen orientiert sich an den inneren Zusammenhängen in einem System. Hierzu werden die bekannten physikalischen Gesetze eingesetzt. Die Modellierung des dynamischen Systems geschieht hier also auf der Basis dieser Naturgesetze. Handelt es sich um ein mechanisches System, welches Gegenstand der späteren Betrachtungen sein wird, so kann die direkte Abbildung mit Hilfe physikalischer Gesetze u.U. wegen der geometrischen Ausprägung zu äußerst diffizilen Beschreibungen führen. Beispiele findet man hierfür in der Abbildung (Modellierung) von komplexen Gebilden wie Karosserie, Flugzeugzellen oder -tragflügeln, Weltraumstationen, Zeltdächern z. B. über großen Stadien usw. , die ein großes Kontinuum darstellen. Diese Systeme lassen sich nur selten mit einer geschlossenen Beschreibungsmethode (z. B. Schalentheorie) modellieren. Daher zerlegt man - bevor für diese Anwendungsfälle eine physikalische Abbildung vorgenommen wird - diese Strukturen in eine Vielzahl endlicher Elemente von mög-

lichst einfacher Gestalt und verknüpft diese mit den bekannten Kraft- und Wegkopplungen. Dies führt zur Methode der Finiten Elemente. Aufgrund der feinen Diskretisierung liefert die Methode der finiten Elemente sehr exakte Werte für die Eigenfrequenzen und die Eigenformen des Systems.

Ist von vornherein das System derart strukturiert, daß es leicht in eine Anzahl diskreter Massen aufgeteilt werden kann, die über irgendwelche Kraft- und Weggesetze miteinander verknüpft sind, so modelliert man mit Methoden für *Mehrkörpersysteme* (*MKS*, im englischen Sprachgebrauch *multi-body-systems MBS* genannt). Dies bedeutet zunächst das Aufstellen der Bewegungsgleichungen. Enthalten diese Bewegungsgleichungen Nichtlinearitäten, so muß entschieden werden, ob eine Linearisierung vertretbar ist. Ist diese ausgeschlossen, können die nichtlinearen Bewegungsgleichungen nur im Zeitbereich integriert werden oder unter Verwendung bestimmter Näherungsverfahren (harmonische Balance, Störungsrechnung) untersucht werden. Gelingt eine Linearisierung, was in der Regel eine Einschränkung des Modells beinhaltet, werden die Bewegungsgleichungen entweder über entsprechende Lösungsansätze oder über die Laplace-Transformation ineine Übertragungsfunktion gewandelt. Aus dieser lassen sich nach Einsetzen der durch Messen zu ermittelnden Werte für Massen, Steifigkeiten und Dämpfungskonstanten die Eigenwerte ermitteln. Die gröbere Diskretisierung bei Mehrkörper-systemen bedingt dabei, daß nur die niedrigeren Eigenfrequenzen gut angenähert werden. Ebenso läßt sich die Übertragungsfunktion mit den bekannten Werten für Massen, Steifigkeiten und Dämpfungskonstanten auch als Bode-Diagramm, Orts-kurve oder in Form von Zahlenwerten für die Pol- und Nullstellen darstel-

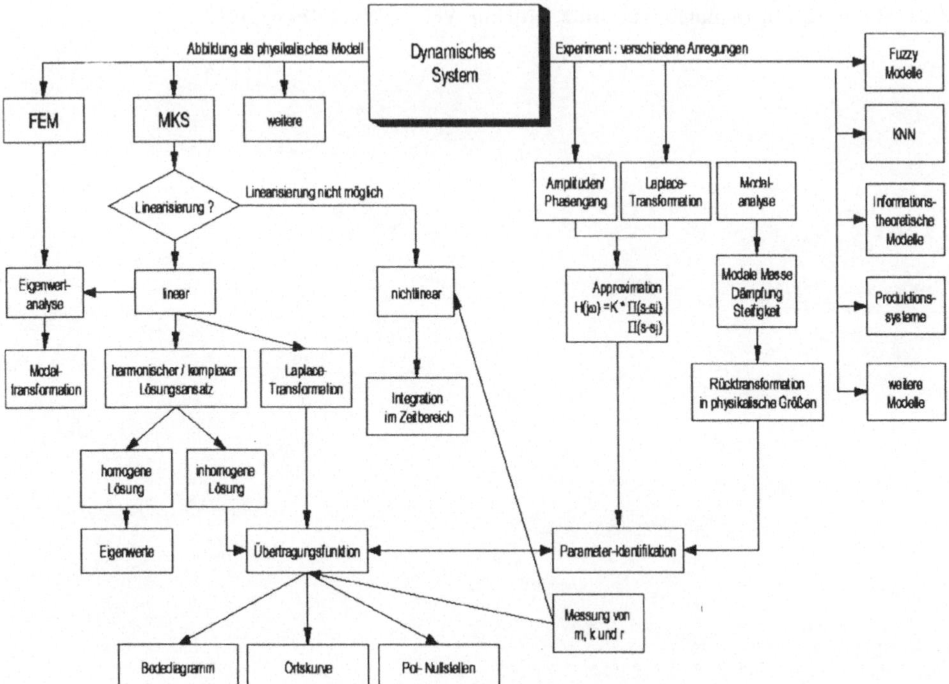

Bild 1.5.1: Mögliche Lösungswege zur Behandlung dynamischer Systeme

len. Es sei hier darauf hingewiesen, daß die letztgenannten Darstellungen den linearisierten Bewegungsgleichungen äquivalent sind, da man die Bewegungsgleichungen vollständig aus der Übertragungsfunktion wieder erzeugen kann.

1.6 Literatur

Bronstein, I.N. und K.A. Semendjajew: Taschenbuch der Mathematik, B.G. Teubner Verlagsgesellschaft Stuttgart, Leipzig, 25. Aufl., 1991.

Gasch, R. und Knothe, K.: Strukturdynamik Bd.1 , Diskrete Systeme. Springer-Verlag, Berlin-Heidelberg-New York, 1987.

Isermann, R.: Identifikation dynamischer Systeme, Band 1 und 2, Springer Verlag Berlin, 1991.

Klotter, K.: Technische Schwingungslehre Bd.1, Einfache Schwinger. Springer-Verlag, Berlin-Heidelberg-New York, 1978.

Krämer, E.: Maschinendynamik. Springer-Verlag, Berlin-Heidelberg-New York, 1984.

Ostermeyer, G.P. Vorlesungsskript zu Mechanik I bis III. Techn. Univ. Berlin, 1993/95.

Unbehauen, H.: Regelungstechnik I bis III, Friedr. Vieweg & Sohn Verlagsgesellschaft mbH., Braunschweig/Wiesbaden, 1993/1994.

Willumeit, H.-P.: Vorlesungsskripte "Fahrzeugdynamik" und "Ausgewählte Kapitel der Fahrzeugdynamik". Techn. Univ. Berlin, 1994 und 1992.

Woschni, E.-G.: Informationstechnik. Hüthig-Verlag Heidelberg, 1988.

2 Regellose Schwingungen

Allgemein lassen sich Schwingungen folgendermaßen einteilen:

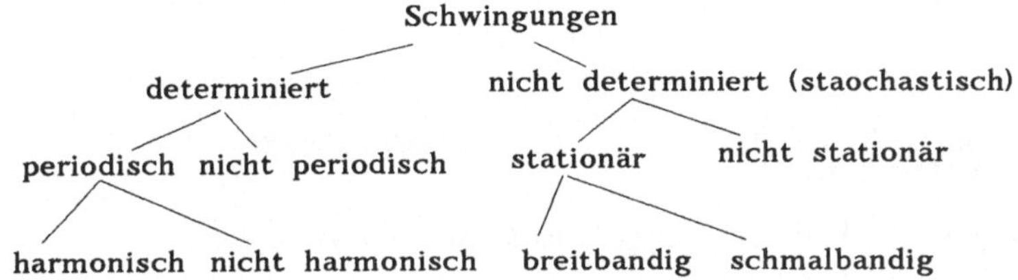

Die stochastischen, stationären Schwingungen sind in der Fahrzeugtechnik von großer Bedeutung, da diese den Straßenunebenheiten (auch den Windstörungen) entsprechen.

2.1 Grundlagen

2.1.1 Verteilungsdichte- und Verteilungsfunktion

Aussagen über die Amplituden einer stationären, stochastischen Funktion können mittels einer *Verteilungsfunktion P (x)* und einer *Verteilungsdichtefunktion* p (x) gemacht werden.

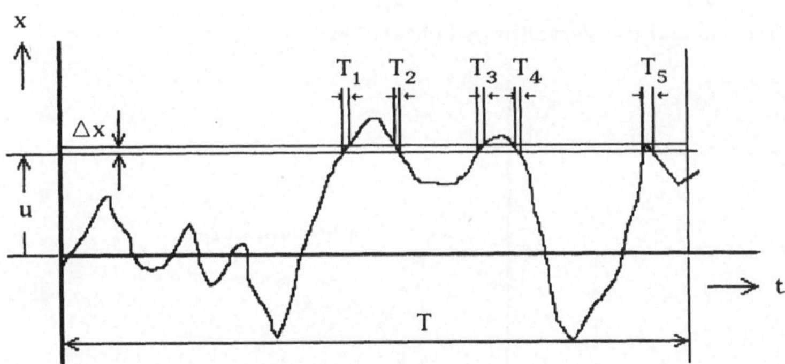

Bild 2.1.1: Amplitudenfenster zur Ermittlung der Auftrittswahrscheinlichkeit

Die *Wahrscheinlichkeit* W dafür, daß sich die Funktion x(t) im Bereich ($u < x(t) < u + \Delta x$) aufhält, ist

$$W\{u < x(t) < u + \Delta x\} = \lim_{T \to \infty} \frac{T_1 + T_2 + \ldots + T_n}{T} \,. \tag{2.1.1}$$

Bezieht man diesen Wert der Wahrscheinlichkeit W auf das Intervall Δx, so erhält man die Verteilungsdichtefunktion

$$p_x(u) = \lim_{\Delta x \to 0} \frac{W\{u < x(t) < u + \Delta x\}}{\Delta x} \,. \tag{2.1.2}$$

2.1.2 Gauß-verteilte Prozesse

Ist der stochastische Prozeß stationär, d.h. ändern sich seine Mittelwerte nicht und gehorcht die Verteilungsdichtefunktion dem Gesetz

$$p(u) = \frac{1}{\sqrt{2\pi} \cdot \sigma_x} \cdot e^{-\frac{(u-\overline{x})^2}{2\sigma_x^2}} \tag{2.1.3}$$

mit $$\overline{x} = \lim_{T \to \infty} \frac{1}{T} \int_0^T x(t)\,dt \quad \textit{(linearer Mittelwert)} \tag{2.1.4}$$

$$\overline{x^2} = \lim_{T \to \infty} \frac{1}{T} \int_0^T x^2(t)\,dt = x_{eff}^2 \quad \textit{(quadr. Mittelwert, Effektivwert)} \tag{2.1.5}$$

$$\sigma_x^2 = \overline{(x-\overline{x})^2} = \overline{x^2} - \overline{x}^2 \quad \textit{(Varianz)} \tag{2.1.6}$$

$$\sigma_x \quad \textit{(Streuung)} ,$$

so nennt man die Amplituden dieses Prozesses "gaußisch oder *norma*l verteilt" oder kurz: Der Prozeß ist ein Gauß-Prozeß.

Tabellarisch ist die normierte Darstellung der Gauß-Verteilung als *Standard-Normal-Verteilung* in Tabellenwerken mit der sogenannten *Z-Transformation* mit $\sigma_x = 1$ und $\overline{x} = 0$ zu finden entsprechend der Gleichung

$$\varphi(z) = \frac{1}{\sqrt{2\pi}} \cdot e^{-\frac{z^2}{2}} \quad \text{mit } z = \frac{u-\overline{x}}{\sigma_x} . \tag{2.1.7}$$

Bild 2.1.2 zeigt den Verlauf der Verteilungsdichtefunktion:

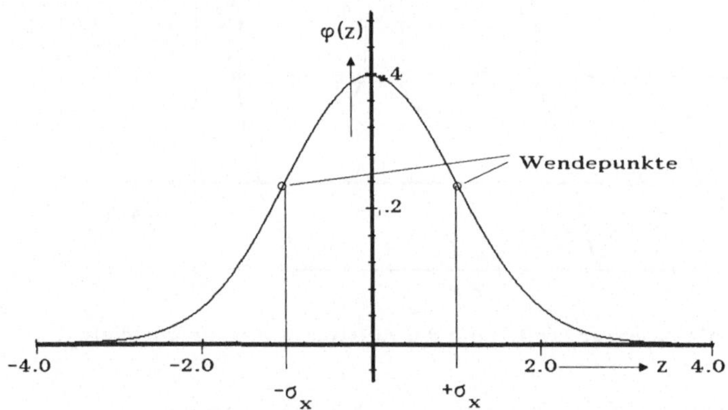

Bild 2.1.2: Verlauf der Verteilungsdichtefunktion eines Gauß-Prozesses

Die Wendepunkte der Verteilungsdichtefunktion liegen immer an der Stelle $z=\pm\sigma_x$. Das bestimmte Integral über die Verteilungsdichtefunktion

$$P(x) = \int_{-\infty}^{x} p(\xi)\,d\xi \tag{2.1.8}$$

wird *Verteilungsfunktion* genannt und ist in Bild 2.1.3 dargestellt.

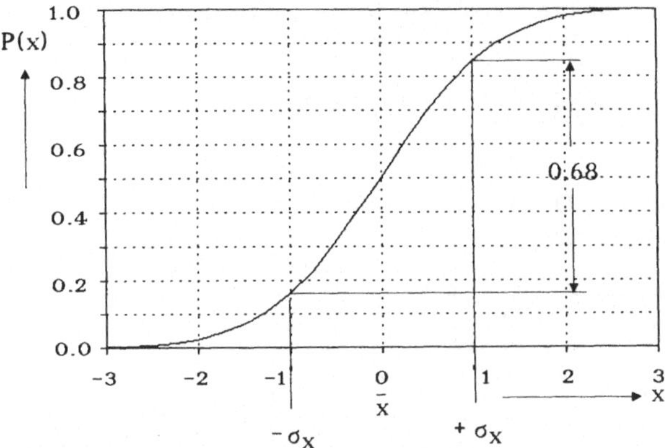

Bild 2.1.3: Verlauf der Verteilungsfunktion für s_x=1 und $\bar{x}$ =0

Interessiert nun die Wahrscheinlichkeit dafür, daß eine Amplitude im Bereich $u_1 < x(t) < u_2$ mit $u_2 > u_1$ liegt, so errechnet sich dies aus

$$P(u_2) - P(u_1) = \int_{-\infty}^{u_2} p_x(\xi)\, d\xi - \int_{-\infty}^{u_1} p_x(\xi)\, d\xi = \int_{u_1}^{u_2} p_x(\xi)\, d\xi \,. \qquad (2.1.9)$$

Für spezielle Werte z.B. $u_{2,1} = \pm\sigma_x$, $u_{2,1} = \pm 2 \cdot \sigma_x$, $u_{2,1} = \pm 3 \cdot \sigma_x$, $u_{2,1} = \pm 4 \cdot \sigma_x$ erhält man bei Gauß-Prozessen die folgenden Wahrscheinlichkeiten:

$$P\{-\sigma_x < x(t) < +\sigma_x\} = 68{,}226\ \%$$

$$\left.\begin{aligned} P\{-2\sigma_x < x(t) < +2\sigma_x\} &= 95{,}44\ \% \\ P\{-3\sigma_x < x(t) < +3\sigma_x\} &= 99{,}7\ \% \end{aligned}\right\} \qquad (2.1.10)$$

$$P\{-4\sigma_x < x(t) < +4\sigma_x\} = 99{,}994\ \% \,.$$

2.1.3 Ermittlung der spektralen Leistungsdichte aus der Zeitfunktion

Die Eigenschaften der stochastischen, stationären Schwingungen werden im Frequenzbereich durch die spektrale Leistungsdichte deutlich.

Faßt man die Varianz σ_x^2 als *Leistung* des gesamten Prozesses auf, so kann man sich die Ermittlung der spektralen Leistungsdichte folgendermaßen vorstellen:

Die Funktion x (t) wird durch ein Bandpaßfilter mit der Mittenfrequenz f und der Bandbreite Δf geschickt und anschließend quadriert. Dann wird dieses quadrierte und gefilterte Signal gemittelt. Man erhält die Teilleistung des durch das Filter gelangten Originalsignals $\overline{\Delta x_F^2}$. Teilt man diese Teilleistung durch die Bandbreite des Filters Δf, so erhält man die spektrale Leistungsdichte (genau: *spektrale Autoleistungsdichte*)

$$G_{xx}(f) = \lim_{\Delta f \to 0} \lim_{T \to \infty} \frac{1}{\Delta f} \frac{1}{T} \int_0^T x_F^2 \ (t, f, \Delta f) \ dt \ . \tag{2.1.11}$$

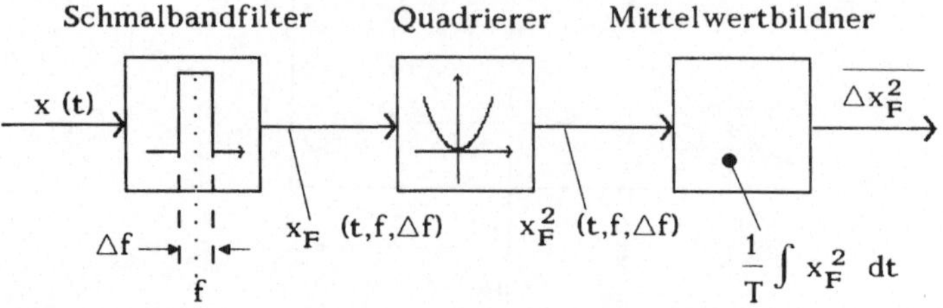

Bild 2.1.4: Ermittlung einer Teilleistung $\overline{\Delta x_F^2}$ aus dem Signal x(t)

In anderer Schreibweise lautet die Autoleistungsdichte (mit Gl. (2.1.6)):

$$G_{xx}(f) = \lim_{\substack{\Delta T \to \infty \\ \Delta f \to 0}} \frac{\overline{\Delta x_F^2}}{\Delta f} = \frac{d\, x_{eff}^2}{df} \left(= \frac{d\, \sigma_x^2}{df} \text{ für } \bar{x} = 0 \right) . \tag{2.1.12}$$

Die spektrale Leistungsdichte stellt also die auf die *Bandbreite* Δf bezogene *Teilleistung des Signals* dar.

Umgekehrt erhält man die Gesamtleistung - also den quadratischen Mittelwert bzw. die Varianz für $\bar{x} = 0$ - auch durch Integration der spektralen Leistungsdichte im Frequenzbereich

mit $$x_{eff}^2 = \sigma_x^2 = \int_0^\infty G_{xx}(f) \, df \ . \tag{2.1.13}$$

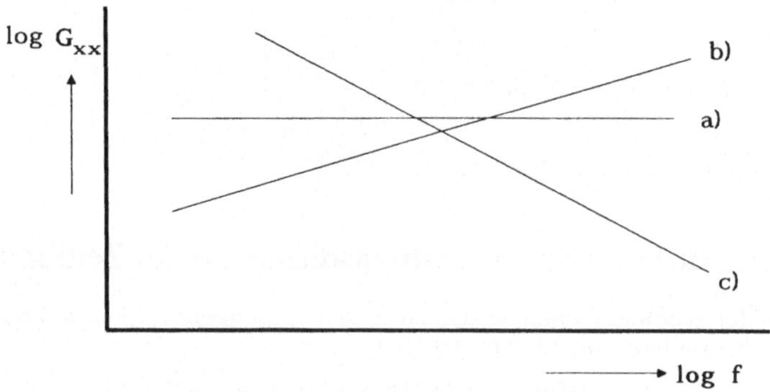

Bild 2.1.5: Verlauf der Leistungsdichten für weißes, rosa und blaues Rauschen

Beispiele:

a) *Weißes Rauschen*: Gxx (f) = const.

b) *Blaues Rauschen*: Gxx (f) steigt mit f

c) *Rotes (rosa) Rauschen*: Gxx (f) fällt mit f

In der Realität existieren natürlich nur frequenzband-begrenzte Rauschsignale, da andernfalls die Leistung der Prozesse (entspricht dem Integral über die Leistungsdichte im Frequenzbereich) gegen unendlich gehen müßte.

2.2 Spektrale Leistungsdichte von Straßenunebenheiten

Wenn z (t) die von einem Meßfahrzeug aufgenommene Straßenunebenheit in vertikaler Richtung ist, haben wir mit der obengenannten Definition die von der Frequenz abhängige spektrale Leistungsdichte der Straßenunebenheit.

Werden anstelle der Unebenheit (als Wegsignal) die *Unebenheitsgeschwindigkeit* oder die Unebenheitsbeschleunigung als zeitabhängige Größen gemessen, so lassen sich ebenso ihre spektralen Leistungsdichten ermitteln.

Die spektrale Leistungsdichte der Unebenheitsgeschwindigkeit lautet:

$$G_{\dot z \dot z}(f) = \frac{d\dot z^2_{eff}}{df} \quad \text{mit } \dot z(t) = \frac{dz}{dt} \tag{2.2.1}$$

und die spektrale Leistungsdichte der Unebenheitsbeschleunigung lautet:

$$G_{\ddot z \ddot z}(f) = \frac{d\ddot z^2_{eff}}{df} \quad \text{mit } \ddot z(t) = \frac{d^2 z}{dt^2} \; . \tag{2.2.2}$$

Das mit der Fahrgeschwindigkeit v sich bewegende Meßfahrzeug liefert die Umrechnung von Frequenz in Wellenlänge λ

$$\lambda = \frac{v}{f} \quad \frac{df}{d\lambda} = \frac{-v}{\lambda^2} \; .$$

Man erhält nach der oben angegebenen Definitionsgleichung auch eine spektrale Leistungsdichte, die von der Wellenlänge λ abhängig ist.

$$\left.\begin{aligned} G_{zz}(\lambda) &= \frac{dz^2_{eff}}{d\lambda} \\ G_{\dot z \dot z}(\lambda) &= \frac{d\dot z^2_{eff}}{d\lambda} \\ G_{\ddot z \ddot z}(\lambda) &= \frac{d\ddot z^2_{eff}}{d\lambda} \; . \end{aligned}\right\} \tag{2.2.3}$$

Diese sind jedoch nach Größe und Verlauf nicht mit der spektralen Leistungsdichte, die von der Frequenz abhängig ist, identisch. Es gilt die Umrechnung:

$$\left.\begin{aligned} G_{zz}(\lambda) &= \frac{dz^2_{eff}}{d\lambda} \cdot \frac{df}{df} = \frac{dz^2_{eff}}{df} \cdot \frac{df}{d\lambda} = G_{zz}(f) \left| -\frac{v}{\lambda^2} \right| \\ \text{oder} \quad G_{zz}(f) &= \frac{dz^2_{eff}}{df} \cdot \frac{d\lambda}{d\lambda} = \frac{dz^2_{eff}}{d\lambda} \cdot \frac{d\lambda}{df} = G_{zz}(\lambda) \left| -\frac{v}{f^2} \right| \; . \end{aligned}\right\} \tag{2.2.4}$$

Da wegen $\lambda = v/f$ die Wellenlänge λ mit steigender Frequenz kleiner wird, erscheint bei der Umrechnung das negative Vorzeichen von $df/d\lambda$. Die Leistung bzw. die spektrale Leistungsdichte wird aber immer nur als positive Größe verstanden; deshalb wird $|-v/\lambda^2|$ gesetzt.

Ebenso erfolgt die Umrechnung für die spektrale Leistungsdichte der *Unebenheitsgeschwindigkeit bzw. -beschleunigung*:

$$G_{\dot{z}\dot{z}}(\lambda) = \frac{d\dot{z}^2_{eff}}{d\lambda} \cdot \frac{df}{df} = G_{\dot{z}\dot{z}}(f) \left| -\frac{v}{\lambda^2} \right|$$

$$G_{\dot{z}\dot{z}}(\lambda) = \frac{d\dot{z}^2_{eff}}{d\lambda} \frac{dz^2_{eff}}{dz^2_{eff}} = G_{zz}(\lambda) \frac{d\dot{z}^2_{eff}}{dz^2_{eff}} = G_{zz}(\lambda)\,\omega^2 = G_{zz}(\lambda)\, 4\pi^2 f^2 \tag{2.2.5}$$

mit $\frac{d\dot{z}_{eff}^2}{dz_{eff}^2} = \left(\frac{\dot{z}_{eff}}{z_{eff}} \right)^2 = \omega^2$.

Dieser Zusammenhang ergibt sich mit Bild 2.1.3. Durch die Filterwirkung des Bandpaßfilters mit der Bandbreite Δf wird aus dem *Breitbandrauschen* ein *Schmalbandrauschen*. Geht, wie bei der Definition der Leistungsdichte (Gl. (2.1.12)) gefordert, die Bandbreite Δf in die infinitesimal kleine Bandbreite df über, so wird aus dem Schmalbandrauschen ein *quasiharmonisches Signal* mit der Frequenz f, der Mittenfrequenz des Filters. Dieses kann dann auch geschrieben werden als $z(t)=z_0 \sin\omega t$ bzw. dessen zeitliche Ableitung $\dot{z}(t)=z_0\omega \cos\omega t$. Mit Gl (2.1.5) wird deren quadratischer Mittelwert

$$d\,z^2_{eff} = z_0^2 \lim_{T\to\infty} \frac{1}{T} \int_0^\infty \sin^2\omega t\, dt$$

und $$d\,\dot{z}^2_{eff} = z_0^2\,\omega^2 \lim_{T\to\infty} \frac{1}{T} \int_0^\infty \cos^2\omega t\, dt \quad .$$

Der Quotient wird, da die Integrale gleiche Werte liefern,

$$\frac{d\,\dot{z}^2_{eff}}{d\,z^2_{eff}} = \frac{z_0^2\,\omega^2}{z_0^2} = \omega^2 \quad .$$

Mit den gleichen Umformungen erhält man:

$$G_{\ddot{z}\ddot{z}}(\lambda) = G_{zz}(\lambda)\,\omega^4 = G_{zz}(\lambda)\, 16\,\pi^4 f^4$$

und $$G_{\ddot{z}\ddot{z}}(f) = G_{zz}(\lambda)\,\omega^4 \left| -\frac{v}{f^2} \right| = 16\,\pi^4\, v\, f^2\, G_{zz}(\lambda)\, . \tag{2.2.6}$$

Durch die Umkehrung der Definitionsgleichung für die spektrale Leistungsdichte als Differentialgleichung in eine Integralgleichung erhält man innerhalb gewünschter Grenzen

$$\overline{z^2} = \int_0^\infty G_{zz}(\lambda)\, d\lambda = z^2_{eff} \tag{2.2.7}$$

als Gesamteffektivwert bzw. quadratischen Mittelwert

und $$\Delta\,\overline{z^2} = \int_{\lambda_1}^{\lambda_2} G_{zz}(\lambda)\, d\lambda = \Delta z^2_{eff} \quad \text{als Teileffektivwert .} \tag{2.2.8}$$

Da eine Gauß-Verteilung zugrunde gelegt ist, kann nun über die Wahrscheinlichkeit des

Auftretens bestimmter Amplituden eine Feststellung getroffen werden.

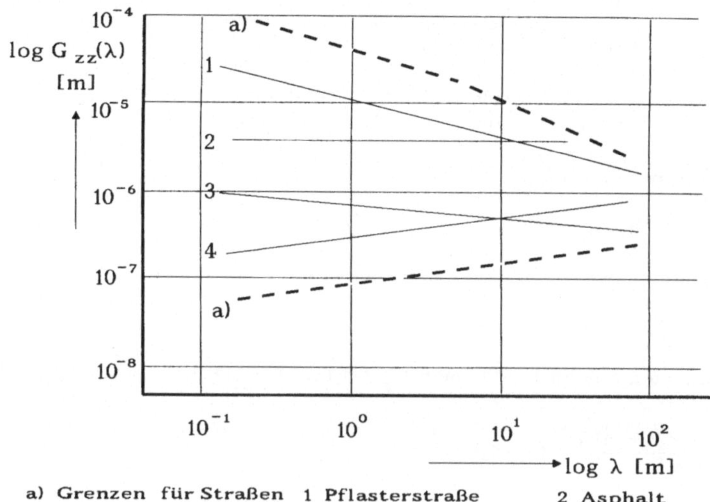

Bild 2.2.1: Gemessene, spektrale Leistungsdichten von verschiedenen Straßen über der Wellenlänge l

Da in der doppelt logarithmischen Auftragung die spektralen Leistungsdichten als Geraden erscheinen, also die Geradengleichung

$$\log G_{zz}(\lambda) = a \cdot \log \frac{\lambda}{\lambda_0} + b$$

haben, ist

$$G_{zz}(\lambda) = G_{zz}(\lambda_0) \cdot \left(\frac{\lambda}{\lambda_0}\right)^a \quad \text{mit} \quad \log G_{zz}(\lambda_0) = b\,,$$

wobei a die Steigung ist und Werte $\gtrless 0$ annehmen kann. $\lambda_0 = 1$ m kann als Bezugswert für $G_{zz}(\lambda_0)$ gewählt werden.

Bei Braun (1969) findet man auch als Variable der spektralen Leistungsdichte - anstelle der hier benutzten Wellenlänge λ bzw. der Kreisfrequenz ω - die sogenannte *Kreisfrequenz des Weges* Ω. Diese ist folgendermaßen erklärbar:

Ein Meß-Fahrzeug, welches mit der Geschwindigkeit v über eine sinusförmige Straßenoberfläche fährt, registriert diese harmonischen Unebenheiten - in komplexer Schreibweise beschrieben - mit

$$z(t) = \hat{z}_0\, e^{j\omega t}\,.$$

Der vom Fahrzeug zurückgelegte Weg s ist

$$s = v \cdot t\,.$$

Für die Kreisfrequenz ω kann mit der Wellenlänge λ auch geschrieben werden

$$\omega = 2\pi \cdot f = 2\pi \cdot \frac{v}{\lambda}\,, \text{ so daß}$$

$$z(t) = \hat{z}_0\, e^{j\omega t} = \hat{z}_0\, e^{j2\pi\frac{v}{\lambda}\frac{1}{v}\cdot s} = \hat{z}_0\, e^{j\frac{2\pi}{\lambda}\cdot s} \quad \text{wird}$$

mit $\Omega = \frac{2\pi}{\lambda}$ als *Kreisfrequenz des Weges.*

Die spektrale Unebenheitsdichte von Straßen - unabhängig von der gefahrenen Geschwindigkeit beim Abtasten - wird dann, wie oben gezeigt, in der Form angegeben:

$$G_{zz}(\Omega) = G_{z0}(\Omega_0)\cdot\left(\frac{\Omega}{\Omega_0}\right)^{-w} \tag{2.2.9}$$

mit $\Omega_0 = 1 \rightarrow \lambda_0 = 2\pi;\ f_0 = v/2\pi$, (2.2.10)

wobei die o.g. Definition der spektralen Leistungsdichte in der Form

$$G_{zz}(\Omega) = \frac{d\sigma_z^2}{d\Omega} = \frac{d\,z_{eff}^2}{d\,\Omega} \quad \text{mit} \quad \overline{z} = 0 \tag{2.2.11}$$

benutzt wird. Zwischen beiden Funktionen $G_{zz}(f)$ und $G_{zz}(\Omega)$ existiert dann folgender Zusammenhang:

$$G_{zz}(f) = \frac{d\,z_{eff}^2}{d\,\Omega}\cdot\frac{d\Omega}{df} = G_{zz}(\Omega)\cdot\frac{2\pi}{v}\ . \tag{2.2.12}$$

Ersetzt man in Gl. (2.2.12) $G_{zz}(\Omega)$ durch Gl. (2.2.9) , so erhält man

$$G_{zz}(f) = G_{z0}(\Omega_0)\cdot\left(\frac{\Omega}{\Omega_0}\right)^{-w}\frac{2\pi}{v} = G_{z0}(\Omega_0)\cdot\frac{2\pi}{v}\cdot\left(\frac{f}{f_0}\right)^{-w}$$

$$G_{zz}(f) = G_{z0}(f_0)\cdot\left(\frac{f}{f_0}\right)^{-w} \tag{2.2.13}$$

mit $G_{z0}(\Omega_0) = G_{z0}(f_0)\cdot\frac{v}{2\pi}$. (2.2.14)

Logarithmiert man die Gleichungen (2.2.9) und (2.2.13), so erhält man

$$\log G_{zz}(\Omega) = -w\,\log\left(\frac{\Omega}{\Omega_0}\right) + \log G_{z0}(\Omega_0) \tag{2.2.15}$$

und $\log G_{zz}(f) = -w\,\log\left(\frac{f}{f_0}\right) + \log G_{z0}(f_0)$, (2.2.16)

Gleichungen, die in doppelt logarithmischer Darstellung jeweils Geraden ergeben. Die Steigung (-w) – auch Welligkeit genannt – ist bei beiden Leistungsdichten gleich; nur der Anfangswert $G_{z0}(\Omega_0)$ muß nach Gleichung (2.2.14) aus dem Wert $G_{z0}(f_0)$, der in den Spektren abgegriffen werden kann, umgerechnet werden. Da in Gleichung (2.2.14) jedoch die Fahrgeschwindigkeit als freier Parameter steht, muß hierfür eine Annahme getroffen werden, für welche Geschwindigkeit die Spektren gelten.

Die Tabelle (Bild 2.2.2) liefert als Beispiel für drei verschiedene Stärken des Anregungssignals die Umrechnung für die Welligkeit (-w) und den Anfangswert GzO(WO) .

Sollen die Werte auf andere Fahrgeschwindigkeiten v umgerechnet werden, so bleibt die Welligkeit (-w) erhalten und GzO(WO) muß nach dem folgenden Zusammenhang umgerechnet werden:

$$G_{z0}(\Omega_0)_v = G_{z0}(f_0)_{v = 10\ m/s} \cdot \frac{v_{10}}{2\pi} \cdot \left(\frac{v}{v_{10}}\right)^{-w+1}$$

$$G_{z0}(\Omega_0)_v = G_{z0}(f_0)_{v = 10\ m/s} \cdot 159{,}15 \left(\frac{v}{v_{10}}\right)^{-w+1} [cm^3] \; . \qquad (2.2.17)$$

	Mittelwert bei		v = 10 m/s		v = 20 m/s	
Anregung	Welligkeit w	$G_{z0}(f_0)$ $[cm^2 s]$	$G_{z0}(\Omega_0)$ $[cm^3]$	Bewertung	$G_{z0}(\Omega_0)$ $[cm^3]$	Bewertung
I	1,5	1,00	159	sehr schlecht	112	sehr schlecht
II	1,5	0,395	62,8	schlecht	44,4	schlecht
III	1,5	0,2018	32,1	mittel	22,7	mittel

Bild 2.2.2: Umrechnungstabelle verschiedener Straßentypen

Fahrbahnbauart	Fahrbahnzustand	Mittelwerte w	$G_{z0}(\Omega_0)$ $[cm^3]$
Zementbeton			
	sehr gut	2,29	0,6
	gut	1.97	4,5
	mittel	1,97	8,7
	schlecht	1,72	56
Asphaltbeton			
	sehr gut	2,20	1,3
	gut	2,18	6,0
	mittel	2,18	22
Macadam			
	gut	2,26	9
	mittel	2,26	21
	schlecht	2,15	43
	sehr schlecht	2,15	158
Pflaster			
	gut	1,75	14
	mittel	1,75	23
	schlecht	1,81	36
	sehr schlecht	1,81	323
unbefestigte Fahrbahnen	gut	2,25	32
	mittel	2,25	155
	schlecht	2,14	602
	sehr schlecht	2,14	16300

Bild 2.2.3: Mittelwerte zur Beschreibung von Unebenheitsspektren verschiedener Fahrbahnbauarten und Oberflächenzustände ($\Omega_0 = 1\ m^{-1}$) (nach Braun, 1969)

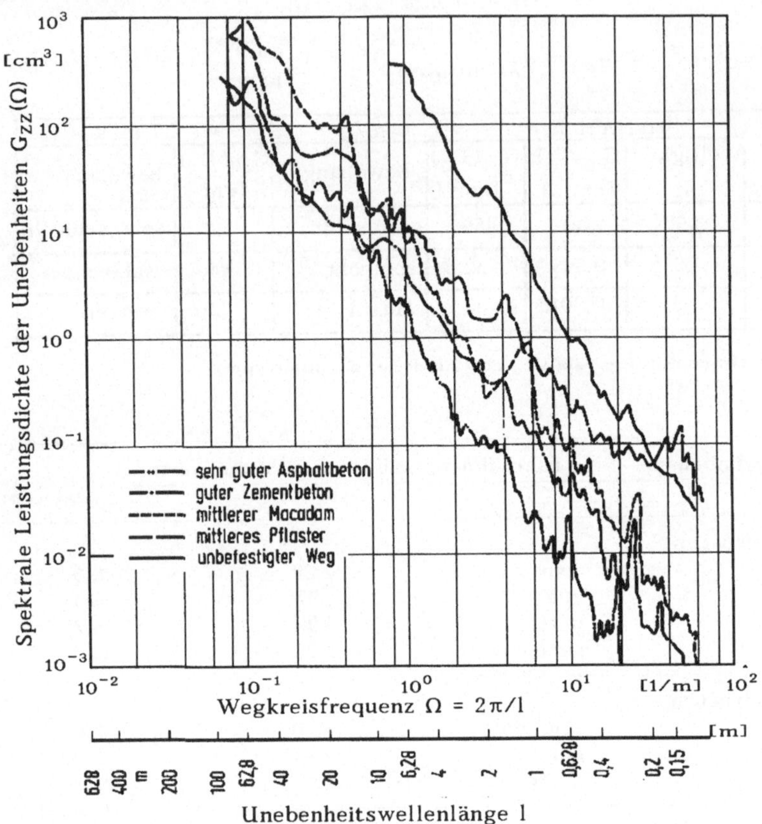

Bild 2.2.4: Spektrale Leistungsdichte der Unebenheiten $G_{zz}(\Omega)$ über der Kreisfrequenz des Weges Ω (nach Braun, 1969)

2.3 Berechnungsbeispiele

1.Beispiel: Betrachtet wird eine Asphalt-Straße mit $G_{zz}(\lambda) = \text{const.} = 10^{-6}$ m (s. Bild 2.1.5) .

Frage: Wie groß ist Δz_{eff} a) für $0{,}5 \le \lambda \le 50$ m und b) für $0 \le \lambda \le 100$ m ?

$$\Delta z_{eff} = \sqrt{\int_{\lambda_1}^{\lambda_2} G_{zz}(\lambda)\, d\lambda}$$

a) $\Delta_1 z_{eff} = \sqrt{10^{-6}(\lambda_2 - \lambda_1)} = \sqrt{10^{-6} \cdot 49{,}5} = 7{,}05 \cdot 10^{-3}\ \text{m} \approx 7\ \text{mm} = \sigma_{1z}$

b) $\Delta_2 z_{eff} = \sqrt{10^{-6} \cdot 100} = 10^{-2}\ \text{m} = 10\ \text{mm} = \sigma_{2z}$

Aus der Gauß-Verteilung folgt, daß die Amplituden von z z.B. mit der Wahrscheinlichkeit von 99,7 % innerhalb des Bereiches von $\pm 3\,\sigma_z = \pm 3\, z_{eff}$ liegen (siehe Gl. (2.1.10)):

$$P\{-3\,\sigma_z \le z \le +3\,\sigma_z\} = 99{,}7\ \%\ .$$

Für den Fall b) liegen die Amplituden der Wellenlängen zwischen $\lambda = 0$ und $\lambda = 100$ m mit 99,7 %iger Wahrscheinlichkeit innerhalb von ± 30 mm ($3\,\sigma_{2z} = 30$ mm).

Mit 0,3 % Wahrscheinlichkeit treten also Amplituden von mehr als ±30 mm im Fall b) auf.

Analog dazu lassen sich Aussagen über 68-, 95- und 99,994 %ige Wahrscheinlichkeiten machen.

Für Fall a) gilt analog:

P = 68% für x (t) < ± 7mm; P = 95% für x (t) < ±14mm; P = 99,7% für x (t) < ± 21mm.

2. Beispiel: Ein ungefedertes Fahrzeug fährt mit einer Geschwindigkeit von a) 15 m/s und b) 1 m/s über eine Asphaltstraße mit $G_{zz}(\lambda) = \text{const.} = 10^{-6}$ m. Wie groß sind die vertikalen Beschleunigungen ?

$$0{,}5 \le \lambda \le 50 \text{ m}$$

$$\Delta\ddot{z}_{eff} = \sqrt{\int G_{\ddot{z}\ddot{z}}(f)\, df} = \sqrt{16\,\pi^4\, v\, G_{zz}(\lambda) \int f^2\, df}$$

$$= \sqrt{16\,\pi^4\, v\, G_{zz}(\lambda)\, \frac{1}{3}\,(f_2^3 - f_1^3)}$$

a) Mit $f = \dfrac{v}{\lambda}$ ergeben sich die Frequenzgrenzen für v = 15 m/s

$$0{,}3 \le f \le 30 \text{ Hz}$$

$$\Delta\ddot{z}_{eff} = \sqrt{16\,\pi^4 \cdot 15 \cdot 10^{-6}\, \frac{1}{3}\,(27 \cdot 10^3 - 27 \cdot 10^{-3})} = \sqrt{216} = 14{,}6 \text{ m/s}^2\ .$$

Das Fahrzeug wird mit mehr als 1g = 9,81 m/s² vertikal beschleunigt, hebt also zeitweise von der Straße ab. Die Räder verlieren den Kontakt zur Fahrbahn.

b) Aus v = 1 m/s ergeben sich die Frequenzgrenzen

$$0{,}02 \le f \le 2 \text{ Hz}$$

$$\Delta\ddot{z}_{eff} \approx \sqrt{16\,\pi^4 \cdot 1 \cdot 10^{-6}\, \frac{8}{3}} = 6{,}5 \cdot 10^{-2} \text{ m/s}^2 \approx 6{,}5 \cdot 10^{-3}\ g\ .$$

Mit 99,7 % Wahrscheinlichkeit liegen also die Spitzenwerte der Beschleunigung innerhalb von $19{,}5 \cdot 10^{-3}$ g. Die Räder behalten Fahrbahnkontakt.

2.4 Systemtheoretische Grundlagen

Bei der Modellierung, ebenso jedoch auch für die Identifikation dynamischer Systeme, werden aus Gründen der einfachen mathematischen Behandlungsweise sowie auch zum besseren Verständnis der in einem System wirkenden Zusammenhänge lineare physikalische Modelle aufgestellt. Das Aufstellen dieser Modelle wurde bereits in Kapitel 1 behandelt. Ebenso wurden dort auch bereits Kennfunktionen und Darstellungsweisen dieser Modelle beschrieben.

Zum Umgang mit diesen Modellen gehört auch die Kenntnis des dynamischen Verhaltens der Modelle unter Einschluß charakteristischer Anregungsarten. Typischerweise wird von harmonischen Anregungsfunktionen ausgegangen, die in der Natur aber fast nicht anzutreffen sind. Vielmehr kommen in der Realität regellose Signale (Rauschsignale), Sprung-, Rampen- und Stoßfunktionen oder Gemische dieser Funktionen vor.

Sofern die angewendeten Modelle der dynamischen Prozesse linear sind, lassen sich letztere zusammen mit den Anregungsfunktionen sehr gut im Frequenzbereich behandeln. Ein Vorteil bei der linearen Modellierung ist u.a. die Gültigkeit des *Superpositionsgesetzes*. Dies bedeutet, daß bei Anregung eines linearen Systems mit einem Gemisch aus harmonischen Funktionen unterschiedlicher Frequenzen und Amplituden und stochastischen (regellosen) Signalen die System-Antwort wiederum ein Gemisch derjenigen Antworten ist, die sich bei Anregung allein durch einen Teil der Signale einstellt und zwar in der Form der linearen Überlagerung. Letztendlich ist dies eine Summation der einzelnen Antwortsignale im Zeitbereich.

Im Kapitel 1.2 wurde bereits die allgemeine, transiente und nichtperiodische Anregung besprochen. Sie diente dort der Lösung einer linearen, inhomogenen Differentialgleichung, wie man sie als Bewegungsgleichung eines 1-Masse-Schwingers findet, der durch ein transientes und nichtperiodisches Signal angeregt wird. Mit Hilfe der dort erklärten Fourier- bzw. Laplace-Transformation ist es leicht möglich, den Frequenzgang $H(j\omega)$ bzw. die *Übertragungsfunktion* $H(p)$ des dynamischen Systems zu finden. Zwischen den Fourier- bzw. Laplace-transformierten Ausgangs- und Eingangsgrößen eines Systems stellt der Frequenzgang bzw. die Übertragungsfunktion die Proportionalitätsfunktion dar. Der dort gefundene Zusammenhang ist in Bild 2.4.1 dargestellt.

Der mathematische Zusammenhang lautet (s.Kap. 1.2)

$$Y(j\omega) = H(j\omega) \cdot X(j\omega) \tag{2.4.1}$$

für die Fourier-Transformierten und sehr ähnlich für die Laplace-Transformierten

$$Y(p) = H(p) \cdot X(p) . \tag{2.4.1 a}$$

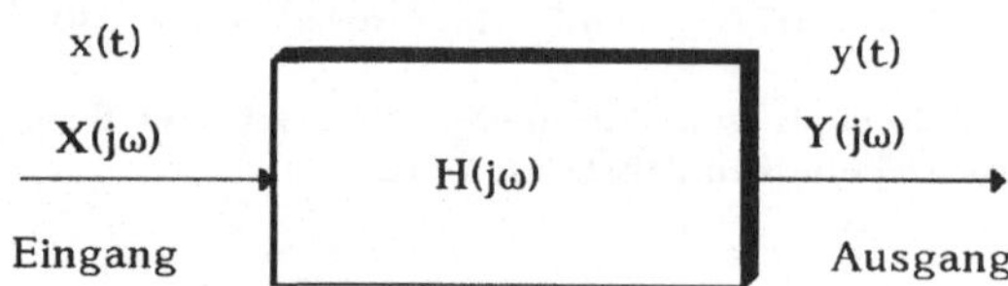

Bild 2.4.1: Lineares System mit Eingangs- und Ausgangsgröße

Für die Beschreibung der Straßenunebenheiten wurde der Begriff der spektralen Leistungsdichte (s.Kapitel 2.1. als spektrale Autoleistungsdichte) eingeführt. Im weiteren soll nun ohne mathematisch exakten Beweis

a) der Zusammenhang dieser Autoleistungsdichte mit der Fourier-Transformierten aufgezeigt werden. Und da wir bei der Anregung eines Zweispurfahrzeuges nicht nur die Autoleistungsdichte einer Fahrspur, sondern zweier Fahrspuren haben, soll auch

b) der Zusammenhang zweier stochastischer Signale untersucht werden.

Zunächst zu Thema a)
Eine am Systemeingang oder -ausgang anfallende Leistung dP innerhalb eines Frequenzintervalles $d\omega$ ist

$$dP = S(\omega)\, d\omega \,. \tag{2.4.2}$$

Hierbei ist $S(\omega)$ die zweiseitige spektrale Leistungsdichte. Die spektrale Leistungsdichte $S(\omega)$ ist eine reelle Funktion der Frequenz und enthält keine Phaseninformationen wie die spektrale Amplitudendichte bzw. Fourier-Transformierte eines Signals. Zwischen Leistungsdichte und Amplitudendichte (Fourier-Transformierte) besteht jedoch ein Zusammenhang.

Bildet man einen Ausdruck, der der Energie eines Signals x(t) proportional ist

$$W = \int_{-\infty}^{+\infty} x^2(t)\, dt = \int_{-\infty}^{+\infty} x(t) \cdot x(t)\, dt \tag{2.4.3}$$

$$W = \int_{-\infty}^{+\infty} \left(x(t) \cdot \frac{1}{2\pi} \int_{-\infty}^{+\infty} X(j\omega) \cdot e^{j\omega t}\, d\omega \right) dt \;, \tag{2.4.4}$$

und vertauscht die Integrationsreihenfolge

$$W = \int_{-\infty}^{+\infty} \left(X(j\omega) \cdot \frac{1}{2\pi} \int_{-\infty}^{+\infty} x(t) \cdot e^{j\omega t}\, dt \right) d\omega \;, \tag{2.4.5}$$

so liefert das innere Integral die konjugiert-komplexe Fourier-Transformierte von x(t), also

$$W = \frac{1}{2\pi} \int_{-\infty}^{+\infty} X(j\omega) \cdot X(-j\omega)\, d\omega \;. \tag{2.4.6}$$

Die mittlere Leistung in einem Zeitintervall -T bis +T , dessen Grenzen nach $\pm\infty$ gehen, erhält man mit Gl.(2.4.4) aus

$$P = \lim_{T\to\infty} \left(\frac{W}{2T} \right) = \lim_{T\to\infty} \frac{1}{2T} \cdot \int_{-T}^{+T} x^2(t)\, dt \tag{2.4.7}$$

und mit Gl. (2.4.6)

$$P = \frac{1}{2\pi} \int_{-T}^{+T} \lim_{T\to\infty} \frac{|X(j\omega)|^2}{2T}\, d\omega \;. \tag{2.4.8}$$

Die Integration von Gl. (2.4.2) liefert

$$P = \int_{-\infty}^{+\infty} S(\omega)\, d\omega \quad . \tag{2.4.9}$$

Aus dem Vergleich von Gl. (2.4.8) und Gl. (2.4.9) erhält man die zweiseitige, spektrale Autoleistungsdichte

$$S_{xx}(\omega) = \frac{1}{2\pi} \lim_{T\to\infty} \frac{|X(j\omega)|^2}{2T} = \frac{1}{2\pi} \lim_{T\to\infty} \frac{X(j\omega)\cdot X(-j\omega)}{2T} \quad . \tag{2.4.10}$$

Führt man die Integrationen im Frequenzbereich nicht von $-\infty$ bis $+\infty$ und ebenso die im Zeitbereich nicht von $-\infty$ bis $+\infty$ durch, sondern lediglich im halben Bereich, also jeweils von 0 bis $+\infty$, so erhält man die im weiteren und auch schon im Kapitel 2.1 benutzte, sogenannte *einseitige, spektrale Autoleistungsdichte* $G_{xx}(\omega)$. Beide sind bis auf einen konstanten Faktor dem Produkt $X(j\omega)\cdot X(-j\omega)$ des Signals $x(t)$ proportional.

Erweitert man nun den in Gl. (2.4.1) gezeigten Zusammenhang zwischen Ausgangs- und Eingangssignal mit $X(-j\omega)$

$$Y(j\omega)\cdot X(-j\omega) = H(j\omega)\cdot X(j\omega)\cdot X(-j\omega) \; , \tag{2.4.11}$$

so steht auf der rechten Seite die spektrale Autoleistungsdichte

$$H(j\omega)\cdot G_{xx}(\omega) \sim H(j\omega)\cdot X(j\omega)\cdot X(-j\omega)$$

und der Ausdruck auf der linken Seite wird als *spektrale Kreuzleistungsdichte*

$$Y(j\omega)\cdot X(-j\omega) \sim G_{xy}(j\omega) \quad \text{bezeichnet,}$$

also
$$\frac{G_{xy}(j\omega)}{G_{xx}(\omega)} = H(j\omega) \; . \tag{2.4.12}$$

Andererseits liefert Quadrieren der Gl. (2.4.1)

$$G_{yy}(\omega) = |H(j\omega)|^2 \cdot G_{xx}(\omega) \; . \tag{2.4.13}$$

Das Quadrat des Amplitudengangs ist also die Proportionalitätsfunktion zwischen den Aus- und Eingangsleistungsdichten eines linearen Systems.

Nun zu Frage b)

nach dem Zusammenhang bzw. der statistischen Verwandtschaft zweier stochastischer Signale. Diese beiden Signale können nun verschieden entstanden sein. Man denke daran, daß diese beiden Signale das Eingangs- und das Ausgangssignal eines linearen, dynamischen Systems repräsentieren, bei dem z. B. auf den Ausgang zusätzlich eine Rauschquelle (Störquelle) einwirkt. Dann besteht das Ausgangssignal aus einem Störsignalanteil und einem Teil, der vom ungestörten Ausgang des Systems herrührt. Hierbei könnte die Frage auftauchen, in welchem Verhältnis die Leistung des ungestörten Signalausgangs zur Leistung der Störquelle steht.

Andererseits könnten die beiden betrachteten Signalquellen auch die Straßenunebenheiten der rechten und linken Fahrspur sein. Dann stellt sich die Frage, in welcher Beziehung diese beiden regellosen Signale zueinander stehen. Dies ist speziell das Problem in Kapitel 3.4 bei der Mehrspuranregung eines Fahrzeugs.

Ohne auf die mathematische Herleitung einzugehen, die in der einschlägigen Spezialliteratur über Systemdynamik nachzulesen ist [Isermann, 1991; Unbehauen, 1993; Woschni,

1988], sei hier lediglich die Definition der *Kohärenzfunktion* $\gamma^2(\omega)$ hingeschrieben, die den statistischen Verwandtschaftsgrad zweier regelloser Signale x(t) und y(t) beschreibt

$$\gamma^2(\omega) = \frac{|G_{xy}(j\omega)|^2}{G_{xx}(\omega) \cdot G_{yy}(\omega)} . \tag{2.4.14}$$

Diese Kohärenzfunktion $\gamma^2(\omega)$ ist der quadrierte Betrag der Kreuzleistungsdichte, bezogen auf das Produkt der Autoleistungsdichten der beiden Quellen.

Diese Kohärenzfunktion nimmt nur Werte zwischen "0" und "1" an, je nachdem wie stark die beiden Quellen statistisch miteinander verwandt sind. $\gamma^2(\omega) = 0$ ergibt sich für zwei Quellen, die absolut unkorreliert sind, d. h. keine statistische Verwandtschaft besitzen, und $\gamma^2(\omega) = 1$ ergibt sich für zwei Signale, die aus derselben Quelle stammen. Sie müssen dabei aber nicht gleich sein. Dies ist der Fall im oben schon erwähnten Beispiel, wenn die beiden Signale das Eingangs- und Ausgangssignal eines linearen, dynamischen Systems darstellen, auf welches allerdings keine weiteren Störungen einwirken dürfen.

Mit der Definition für die Kohärenzfunktion Gl. (2.4.14) kann die oben gestellte Frage nach dem Leistungsverhältnis vom ungestörten Ausgang zur Störleistung wie folgt berechnet werden :

$$\frac{G_{yy}(\omega)}{G_{RR}(\omega)} = \frac{\gamma^2(\omega)}{1 - \gamma^2(\omega)} ,$$

wenn G_{RR} die Leistungsdichte der Rauschquelle und G_{yy} die Leistungsdichte des ungestörten Ausgangssignals sind.

Straßenunebenheiten mit ihren beiden Fahrspuren stellen nun zwei Signale dar, die in verschiedenen Wellenlängen- oder Frequenzbereichen unterschiedliche statistische Verwandtschaft besitzen, obwohl ihre Autoleistungsdichten gleich sind. Im langwelligen Bereich z. B. von mehreren hundert Metern Wellenlänge, wenn eine Straße über einen Hügel führt, werden sich die rechte und die linke Fahrspur statistisch nicht unterscheiden, d. h., geht es auf der rechten Seite nach oben, geschieht dies auch auf der linken Spur. Die Änderungstendenz ist also gleich.

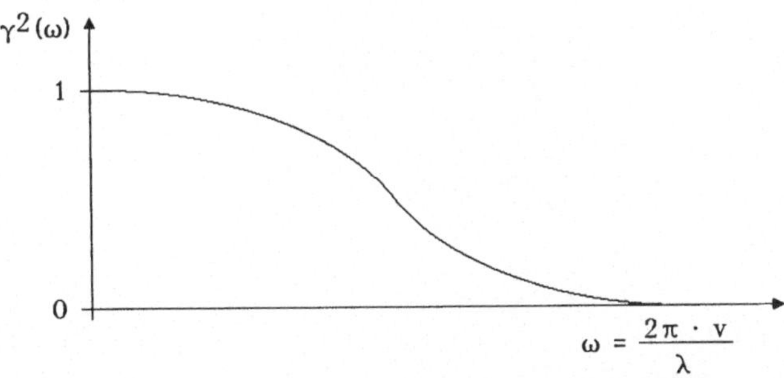

Bild 2.4.2: Verlauf der Kohärenzfunktion zwischen rechter und linker Fahrspur einer Straße

In diesem Frequenzbereich wird $\gamma^2(\omega) = 1$ sein. Anders sieht das bei kurzwelligen Straßenunebenheiten aus. Hier wird eine Höhenänderung der linken Fahrspur nach keinem Gesetz den Änderungen der rechten Fahrspur folgen. Sie sind statistisch unabhängig voneinander und die Kohärenzfunktion wird $\gamma^2(\omega) = 0$. Im dazwischen liegenden Frequenzbereich gibt es einen kontinuierlichen Übergang der Kohärenzfunktion von "0" zu

"1", d. h. mit größer werdender Frequenz der betrachteten Unebenheiten steigt die statistische Verwandtschaft. Bild 2.4.2 zeigt einen möglichen Verlauf dieser Kohärenzfunktion bei Straßenunebenheiten.

Für verschiedene Straßenarten (z. B. Kopfsteinpflaster, Asphalt oder Asphalt-Beton) ist natürlich der Verlauf der Kohärenzfunktion unterschiedlich, im Prinzip aber einander ähnlich.

2.5 Literatur

Braun, H.: Deutsche Kraftfahrt Forschung (DKF), Heft 186, 1966

Braun, H.: Untersuchung von Fahrbahnunebenheiten und Anwendung der Ergebnisse. Diss. Techn. Univ. Braunschweig 1969.

Isermann, R.: Identifikation dynamischer Systeme, Band I und II, Springer-Verlag, Berlin, 1991

Schlitt, H.: Systemtheorie für regellose Vorgänge. Springer-Verlag, Berlin/ Göttingen/ Heidelberg, 1960.

Unbehauen, H.: Regelungstechnik I bis III, F.Vieweg & Sohn Verlagsges. m.b.H., Braunschweig/ Wiesbaden, 1993/1994

Wong, E. und Hajek, B.: Stochastic Processes in Engineering Systems. Springer-Verlag, New York/ Berlin/ Heidelberg/ Tokyo, 1971, 1985.

Woschni, E.-G.: Informationstechnik, Hüthig-Verlag, Heidelberg, 3.Auflage 1988.

3 Vertikaldynamik

Nachdem schon im ersten Kapitel das einfachste Modell für das vertikal schwingende Fahrzeug in allen Details der Berechnungs- und Darstellungsvarianten behandelt worden ist, sollen in diesem Kapitel einfache Schwingungsmodelle angesprochen werden, welche die Bewegungen des Fahrzeugs in vertikaler Richtung annähernd beschreiben können. Verwendet werden für die Modellierung ideale, d. h. lineare, masselose Federn und lineare, der Deformationsgeschwindigkeit proportionale, Dämpferelemente, die keinen Unterschied in der *Zug*- und *Druckstufe* aufweisen und keine Reibungskräfte produzieren. Hiermit erhält man ein lineares Schwingungssystem, welches sich geschlossen lösen läßt. Ohne diese Idealisierungen der Bauteileigenschaften erhielte man ein hochgradig nichtlineares Schwingungssystem, welches sich dann nur noch numerisch lösen ließe.

In einem weiteren Kapitel 3.3. werden dann die realen Bauelemente erklärt, die für die Schwingungsbewegung des Fahrzeugs verantwortlich sind.

Schließlich wird in Kapitel 3.4. ein ebenes, lineares Fahrzeugmodell an Vorder- und Hinterrad durch ein stochastisches Signal aus Straßenunebenheiten vertikal angeregt, welches am Fahrzeug zu Hub- und Nickbewegungen führt. Mit einem weiteren, stark vereinfachten Aufbaumodell werden darüber hinaus durch stochastische Straßenanregung in zwei Fahrspuren zusätzlich Wankbewegungen des Aufbaus errechnet.

3.1 Das 1/4 Fahrzeugmodell mit Fußpunkt-Anregung

Nun wählen wir ein Beispiel, welches ein stark vereinfachtes Abbild eines sich vertikal bewegenden Fahrzeugs darstellt (Bild 3.1.1). Wir vernachlässigen zunächst, daß ein Fahrzeug in der Regel auf mindestens vier Rädern steht und betrachten das Fahrzeug als nur zu rein vertikalen Bewegungen fähig; es gibt also keinen *Roll- und Wankfreiheitsgrad.* Dann können wir die vier parallel arbeitenden Radaufhängungen auch zu einem System zusammenfassen, das m_2 als 1/4 der *Aufbaumasse* trägt und lediglich die *Aufbaufeder* mit der Steifigkeit k_2 , den der Bewegungsgeschwindigkeit proportionalen *Dämpfer* mit der Dämpfungskonstante r, die Radmasse m_1 und die Reifenfeder k_1 enthält. Eine *Dämpfung im Reifen* vernachlässigen wir wegen zu geringer Bedeutung (s. Kap. 6).

Die Bewegungsgleichungen für das im Bild 3.1.1 dargestellte 2-Massen-Modell lauten

$$\left.\begin{aligned} & m_1 \ddot{z}_1 + r\,\dot{z}_1 - r\,\dot{z}_2 + k_2 z_1 - k_2 z_2 + k_1 z_1 = k_1 z_0 \\ & m_2 \ddot{z}_2 + r\,\dot{z}_2 - r\,\dot{z}_1 + k_2 z_2 - k_2 z_1 = 0 \end{aligned}\right\} \qquad (3.1.1)$$

und umgeformt in Matrix-Schreibweise

$$\begin{bmatrix} m_1 & 0 \\ 0 & m_2 \end{bmatrix} \begin{Bmatrix} \ddot{z}_1 \\ \ddot{z}_2 \end{Bmatrix} + \begin{bmatrix} r & -r \\ -r & r \end{bmatrix} \begin{Bmatrix} \dot{z}_1 \\ \dot{z}_2 \end{Bmatrix} + \begin{bmatrix} k_1+k_2 & -k_2 \\ -k_2 & k_2 \end{bmatrix} \begin{Bmatrix} z_1 \\ z_2 \end{Bmatrix} = \begin{Bmatrix} P_1 \\ 0 \end{Bmatrix} \qquad (3.1.2)$$

mit $P_1 = k_1\, z_0$

bzw. $\mathbf{M}\,\ddot{y} + \mathbf{D}\,\dot{y} + \mathbf{K}\,y = P$ (3.1.3)

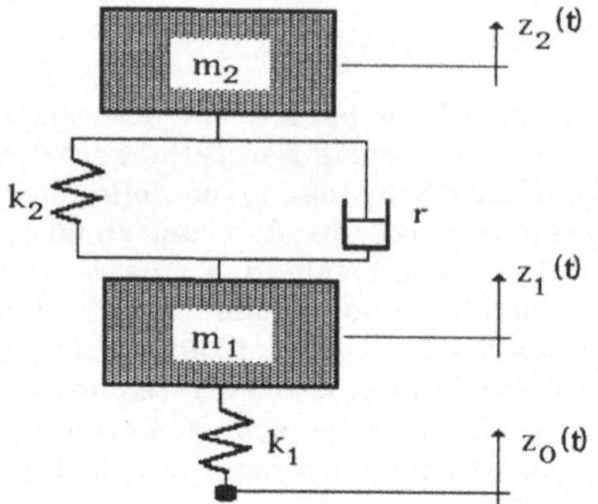

Bild 3.1.1: Beispiel eines 1/4 Fahrzeug Modells (vertikal) für Aufbau-Rad-Straße

mit **M** als Massenmatrix, **D** als Dämpfungsmatrix, **K** als Steifigkeitsmatrix, {P} als Anregungsvektor und $y = \{z_1, z_2\}^T$ als Bewegungsvektor.

3.1.1 Eigenschwingung

Die *Eigenschwingungen* werden wie in Kap. 1.3.1.1 mit einem $e^{\lambda t}$-Ansatz aus dem homogenen System der gekoppelten Differentialgleichungen gewonnen:

$$\mathbf{M}\,\ddot{y} + \mathbf{D}\,\dot{y} + \mathbf{K}\,y = 0 \tag{3.1.4}$$

Dies führt zu dem Eigenwertproblem

$$[\,\lambda^2\mathbf{M} + \lambda\mathbf{D} + \mathbf{K}\,]\;y = 0 \tag{3.1.5}$$

für dessen Lösung die Determinante verschwinden muß:

$$\det = |\,\lambda^2\mathbf{M} + \lambda\mathbf{D} + \mathbf{K}\,| = 0$$

$$\left|\lambda^2\begin{bmatrix} m_1 & 0 \\ 0 & m_2 \end{bmatrix} + \lambda\begin{bmatrix} r & -r \\ -r & r \end{bmatrix} + \begin{bmatrix} k_1+k_2 & -k_2 \\ -k_2 & k_2 \end{bmatrix}\right| = 0$$

$$\left|\begin{array}{c|c} \lambda^2 m_1 + \lambda r + (k_1+k_2) & -\lambda r - k_2 \\ \hline -\lambda r - k_2 & \lambda^2 m_2 + \lambda r + k_2 \end{array}\right| = 0. \tag{3.1.6}$$

Als Lösung für die Eigenwerte λ erhält man:

$$a_1\,\lambda^4 + a_2\,\lambda^3 + a_3\lambda^2 + a_4\lambda + a_5 = 0\;, \tag{3.1.7}$$

also wiederum 2n Eigenwerte für ein System mit n-Freiheitsgraden. Diese 4 Eigenwerte sind jedoch - im Gegensatz zum ungedämpften System - jeweils paarweise konjugiert-komplex zueinander:

$$\left.\begin{array}{l}\lambda_1 \text{ und } \lambda_3 = \lambda_1^* \\ \lambda_2 \text{ und } \lambda_4 = \lambda_2^*\end{array}\right\} \qquad (3.1.8)$$

und haben die Form: $\lambda_i = \alpha_i + j\omega_{0i}$. (3.1.9)

Die Gleichung (3.1.7) ist geschlossen nicht mehr lösbar, sondern nur noch numerisch.

Um dennoch für unser gewähltes Beispiel eine Abschätzung der Eigenwerte vornehmen zu können, vernachlässigen wir einmal die Dämpfung ($r = 0$) . Damit verschwinden die Koeffizienten a_2 und a_4 in Gl. (3.1.7) ($a_2 = a_4 = 0$) .

Die Lösung der Eigenwertgleichung vereinfacht sich dann zu

$$\lambda_{1...4} = \pm\sqrt{-\frac{1}{2}\frac{a_3}{a_1} \pm\sqrt{\frac{1}{4}\left(\frac{a_3}{a_1}\right)^2 - \frac{a_5}{a_1}}} .$$

Um die Differentialgleichung überhaupt lösen zu können, nutzen wir die Kenntnis der Proportionalität der Argumente der Wurzel zur ungedämpften Eigenfrequenz eines Systems (s. Gl. (1.2.13)) für D=0), und schätzen die beiden wesentlichen Eigenfrequenzen ab. Ein Eigenwert, die *Eigenfrequenz des Aufbaus*, wird im wesentlichen durch Aufbaumasse m_2 und Aufbaufeder k_2 bestimmt, also

$$\xi_1^2 = \frac{k_2}{m_2} ,$$

und ein weiterer, die *Radeigenfrequenz*, bei der die *Radmasse* m_1 gegen *Reifen-* und *Aufbaufeder* schwingt, wird im wesentlichen durch

$$\xi_2^2 = \frac{k_1 + k_2}{m_1}$$

bestimmt. Die Gl. (3.1.7) läßt sich mit diesen gewählten Abkürzungen lösen:

$$\lambda_{1...4} = \pm\sqrt{-\frac{1}{2}(\xi_1^2 + \xi_2^2) \pm\sqrt{\frac{1}{4}(\xi_1^2 + \xi_2^2)^2 - (\xi_2^2 - \frac{m_2}{m_1}\xi_1)\ \xi_1^2}} .$$

Wählt man als Zahlenwerte grob für $\xi_1 = 2\pi \cdot 1{,}1\ [s^{-1}]$ und $\xi_2 = 2\pi \cdot 10\ [s^{-1}]$ (*Aufbaueigenfrequenz* bei ca. 1,1 Hz und *Radeigenfrequenz* bei ca. 10 Hz) und das Massenverhältnis $m_2/m_1 = 250/20 = 12{,}5$, so erhält man:

$$\lambda_1 = j \cdot 2\pi \cdot 1{,}01 \ ; \ \lambda_3 = -\lambda_1$$

$$\lambda_2 = j \cdot 2\pi \cdot 10{,}00 \ ; \ \lambda_4 = -\lambda_2 .$$

Durch Einsetzen der Eigenwerte in Gl. (3.1.5) erhält man

$$[\lambda_i^2 \mathbf{M} + \lambda_i \mathbf{D} + \mathbf{K}]\ y = 0 \ ; \qquad i = 1 ... 4 \qquad (3.1.10)$$

bzw. für $\lambda = \lambda_1$ und $\lambda = \lambda_2$

$$\left.\begin{array}{l}(\lambda_1^2 m_1 + \lambda_1 r + (k_1 + k_2))\hat{z}_1 - (\lambda_1 r + k_2)\hat{z}_2 = 0 \\ (\lambda_2^2 m_1 + \lambda_2 r + (k_1 + k_2))\hat{z}_1 - (\lambda_2 r + k_2)\hat{z}_2 = 0 .\end{array}\right\} \qquad (3.1.11)$$

Die in Gl. (3.1.11) auftretenden Werte $\hat{z}_1$ und $\hat{z}_2$ sind wie im ungedämpften System beliebig. Normiert man einen von beiden auf den anderen, so erhält man:

$$\left(\frac{(\lambda_1^2 m_1 + \lambda_1 r + (k_1+k_2))}{-(\lambda_1 r + k_2)} \right) \hat{z}_1 + \hat{z}_2 = 0 \text{ für } \lambda = \lambda_1 . \tag{3.1.12}$$

Mit $\hat{z}_2 = 1$ gesetzt erhält man den *Eigenvektor* y_1

$$\{y_1\} = \left\{ \begin{matrix} \dfrac{(\lambda_1^2 m_1 + \lambda_1 r + (k_1 + k_2))}{-(\lambda_1 r + k_2)} \\ 1 \end{matrix} \right\} = \left\{ \begin{matrix} \hat{z}_1 \\ \hat{z}_2 \end{matrix} \right\} \text{ für } \lambda = \lambda_1 , \tag{3.1.13}$$

so daß die allgemeine Lösung des homogenen Gleichungssystems (3.1.4)

$$y(t) = \sum_{i=1}^{4} y_i q_i e^{\lambda_i t} \tag{3.1.14}$$

lautet mit q_i als einer beliebigen Variablen, die bei der willkürlichen Normierung mit eingeführt wurde.

Da die Eigenwerte λ_3 und λ_4 die konjugiert-komplexen Werte von λ_1 und λ_2 sind, werden auch die Eigenvektoren y_3 und y_4 konjugiert-komplex zu y_1 und y_2 :

$$y(t) = \sum_{i=1}^{2} \left(y_i q_i e^{j\omega_{0i} t} + y_i^* q_i^* e^{j\omega_{0i} t} \right) e^{\alpha_i t}$$

$$y(t) = 2 e^{\alpha_i t} \operatorname{Re} \sum_{i=1}^{2} \left(y_i q_i e^{j\omega_{0i} t} \right). \tag{3.1.15}$$

Die freien Variablen q_i werden nun durch die Anfangswerte bestimmt:

$$y(0) = y_0 \text{ und } \dot{y}(0) = \dot{y}_0 \tag{3.1.16}$$

die in Gl.(3.1.15) eingesetzt werden. Differenzieren von Gl. (3.1.14) führt zu:

$$\dot{y}(t) = \sum_{i=1}^{2n} y_i q_i \lambda_i e^{\lambda_i t} ,$$

so daß der allgemeine Schwingungszustand in der Form dargestellt werden kann:

$$\begin{Bmatrix} \dot{y} \\ y \end{Bmatrix} = \begin{bmatrix} \lambda_i y_i^T \\ y_i^T \end{bmatrix} \begin{bmatrix} \diagdown & & \\ & e^{\lambda t} & \\ & & \diagdown \end{bmatrix} \begin{Bmatrix} q_i \end{Bmatrix} \tag{3.1.17}$$

mit $\mathbf{R} = \begin{bmatrix} \lambda_i y_i^T \\ y_i^T \end{bmatrix}$ als Modalmatrix. (3.1.18)

Die Anfangsbedingungen verändern Gl. (3.1.17) in:

$$\begin{Bmatrix} \dot{y}_0 \\ y_0 \end{Bmatrix} = \mathbf{R} \begin{Bmatrix} q_i \end{Bmatrix} ,$$

so daß durch Inversion der Matrix $\mathbf{R}$ die q_i ermittelt und nach Einsetzen in Gl. (3.1.17) die vollständige Lösung der homogenen Gleichung (3.1.4) geschrieben werden kann:

$$\begin{Bmatrix} \dot{y} \\ y \end{Bmatrix} = \mathbf{R} \begin{bmatrix} \diagdown & & \\ & e^{\lambda t} & \\ & & \diagdown \end{bmatrix} \mathbf{R}^{-1} \begin{Bmatrix} \dot{y}_0 \\ y_0 \end{Bmatrix} \tag{3.1.19}$$

mit $\mathbf{R} \begin{bmatrix} \diagdown & & \\ & e^{\lambda t} & \\ & & \diagdown \end{bmatrix} \mathbf{R}^{-1} = \mathbf{U}(t)$ (3.1.20) als *Fundamentalmatrix*, die die *Systemantwort* auf eine Anfangsauslenkung beschreibt. Gelingt eine durchgängige Normierung der eben durchgeführten Rechnung, so ist eine Implementierung in ein Coputersystem leicht möglich.

3.1.2 Erzwungene Schwingung im Frequenzbereich

Frequenzgang, Übertragungsfunktion

Analog zum Schwinger mit einem Freiheitsgrad lassen sich die komplexen Übertragungsfunktionen (*Frequenzgänge*) als Verhältnis von komplexer Systemantwort zur komplexen Erregung definieren.

Mit diesem Ansatz lautet die Gl. (3.1.1) in ausgeschriebener Form :

$$\left.\begin{aligned} &(-\omega^2 m_1 + j\omega r + (k_1+k_2))\,\hat{z}_1 + (-j\omega r - k_2)\,\hat{z}_2 = k_1 \hat{z}_0 \\ &(-j\omega r - k_2)\,\hat{z}_1 + (-\omega^2 m_2 + j\omega r + k_2)\,\hat{z}_2 = 0. \end{aligned}\right\} \tag{3.1.21}$$

Dieses Gleichungssystem kann mit der Cramerschen Regel gelöst werden. Man erhält die Übertragungsfunktionen zu

$$H_i(j\omega) = \frac{D_i}{D} = \frac{\hat{z}_i}{\hat{z}_0} \;;\; i=1...n \;(n\text{: Anzahl der Freiheitsgrade}) \tag{3.1.22}$$

mit

$$D = \begin{vmatrix} (-\omega^2 m_1 + j\omega r + (k_1+k_2)) & (-j\omega r - k_2) \\ (-j\omega r - k_2) & (-\omega^2 m_2 + j\omega r + k_2) \end{vmatrix} \tag{3.1.23}$$

$$D_1 = \begin{vmatrix} k_1 & (-j\omega r - k_2) \\ 0 & (-\omega^2 m_2 + j\omega r + k_2) \end{vmatrix} \tag{3.1.24}$$

$$D_2 = \begin{vmatrix} (-\omega^2 m_1 + j\omega r + (k_1+k_2)) & k_1 \\ (-j\omega r - k_2) & 0 \end{vmatrix} . \tag{3.1.25}$$

In ausgeschriebener Form lauten die Freqenzgänge:

$$H_1(j\omega) = -\frac{k_1}{m_1} \cdot (\text{Klammer 1}) = \frac{\hat{z}_1}{\hat{z}} \tag{3.1.26}$$

$$(\text{Klammer 1}) = \left\{ \frac{\omega^2 - j\omega \frac{r}{m_2} - \frac{k_2}{m_2}}{\omega^4 - j\omega^3 \frac{r(m_1+m_2)}{m_1 m_2} - \omega^2 \frac{m_1 k_2 + m_2(k_1+k_2)}{m_1 m_2} + j\omega \frac{r k_1}{m_1 m_2} + \frac{k_1 k_2}{m_1 m_2}} \right\}$$

und

$$H_2(j\omega) = \frac{k_1}{m_1} \cdot (\text{Klammer 2}) = \frac{\hat{z}_2}{\hat{z}_0} \tag{3.1.27}$$

$$(\text{Klammer 2}) = \left\{ \frac{j\omega \frac{r}{m_2} + \frac{k_2}{m_2}}{\omega^4 - j\omega^3 \frac{r(m_1+m_2)}{m_1 m_2} - \omega^2 \frac{m_1 k_2 + m_2(k_1+k_2)}{m_1 m_2} + j\omega \frac{r k_1}{m_1 m_2} + \frac{k_1 k_2}{m_1 m_2}} \right\}$$

Diese Übertragungsfunktionen enthalten vor dem Klammerausdruck die Verstärkung und im Zähler wie im Nenner ein Polynom in ω. Die komplexen Nullstellen des Nennerpolynoms, welches für alle Übertragungsfunktionen eines Systems identisch ist, sind die Nullstellen der Determinante Gl. (3.1.2) bzw. Gl. (3.1.6); also sind sie auch die Eigenwerte des homogenen Gleichungssystems und beschreiben vollständig die Systemeigenschaften. Diese Nullstellen sind gleichzeitig die Pole der Übertragungsfunktionen. Die Zählerpolynome sind für jede Übertragungsfunktion eines Systems verschieden und hängen von der Art des Anregungsvektors ab. Die komplexen Nullstellen des Zählerpolynoms sind auch gleichzeitig die Nullstellen der Übertragungsfunktion. Die Pol- und Nullstellen der komplexen Übertragungsfunktion repräsentieren gleichzeitig die Eckfrequenzen $H_1(j\omega)$ und $H_2(j\omega)$ im Bodediagramm (vergl. Bild 1.2.7).

In anderer Schreibweise lassen sich die Übertragungsfunktionen auch schreiben als

$$H_i = V_i \frac{(j\omega - \varkappa_{i1})(j\omega - \varkappa_{i2})}{(j\omega - \lambda_1)(j\omega - \lambda_2)(j\omega - \lambda_3)(j\omega - \lambda_4)} = V_i \frac{\prod_{m=1}^{n} (j\omega - \varkappa_{im})}{\prod_{k=1}^{2n} (j\omega - \lambda_k)} \quad (i = 1..\,.n) \qquad (3.1.28)$$

mit V als Verstärkung, $\varkappa_{im}$ als den komplexen Nullstellen und λ_k als den komplexen Polstellen der Übertragungsfunktionen eines Systems mit n-Freiheitsgraden.

Diese Beschreibung eines Systems in Form von komplexen Übertragungsfunktionen im Frequenzbereich enthält vollständig alle System- und Anregungseigenschaften. Aus ihr sind durch Betragsbildung die Amplitudengänge bzw. aus dem Quotienten aus Imaginär- und Realteil die Phasengänge zwischen Anregung und den Systemantworten zu gewinnen. Diese Beschreibungsart wird hauptsächlich von der Regelungstheorie zur Systembeschreibung benutzt.

Die Vorgehensweise beim Schwinger mit n-Freiheitsgraden entspricht also der beim Schwinger mit einem Freiheitsgrad. Genauso wie bei der harmonischen Erregung läßt sich auch die Lösung für die allgemeine periodische und transiente Erregung aus der Behandlung des Schwingers mit einem Freiheitsgrad herleiten, wenn man die entsprechenden Größen als Vektoren und Matrizen definiert.

Wählt man wieder für unser einfaches Modell eines rein vertikal schwingenden Fahrzeugs nach Bild 3.1.1 die folgenden Werte

$$\xi_1^2 = \frac{k_2}{m_2} = (2\pi \cdot 1{,}1)^2 \; [s^{-2}] \; ; \; \xi_2^2 = \frac{k_1 + k_2}{m_1} = (2\pi \cdot 10)^2 \; [s^{-2}]$$

$$\frac{m_2}{m_1} = \frac{250}{20} = 12{,}5$$

und das *Lehr'sche Dämpfungsmaß* $D = \frac{1}{2} \frac{r}{m_2} \frac{1}{\xi_1} = 0{,}3$ bzw. $0{,}5$,

so ergeben sich die in den folgenden Bildern dargestellten Amplituden- und Phasengänge in Bodedarstellung und als Ortskurve (Nyquist-Diagramm) .

Außer dem absoluten *Aufbauweg* relativ zum Straßenanregungsweg interessieren für später noch durchzurechnende Anwendungsbeispiele die absolute *Aufbaubeschleunigung*

$\hat{\ddot{z}}_2$ relativ zum Anregungsweg als Maß für den *Fahrkomfort*

$$\frac{\hat{\ddot{z}}_2}{\hat{z}_0}(j\omega) = -\,\omega^2\,\frac{\hat{z}_2}{\hat{z}_0}\ , \tag{3.1.29}$$

der *Differenzweg Aufbau minus Achse* relativ zum Anregungsweg als Maß für den *Federweg des Rades* im Radhaus oder als Maß für die *Federkräfte*

$$\frac{\hat{z}_2 - \hat{z}_1}{\hat{z}_0}(j\omega)\ , \tag{3.1.30}$$

weiterhin der Differenzweg Achse minus Straße relativ zum Anregungsweg als Maß für *Radlastschwankungen* und *Straßenbeanspruchung*

$$\frac{\hat{z}_1 - \hat{z}_0}{\hat{z}_0}(j\omega) \tag{3.1.31}$$

und schließlich der Differenzweg Aufbau minus Straße relativ zum Anregungsweg als Maß für die *Bodenfreiheit*

$$\frac{\hat{z}_2 - \hat{z}_0}{\hat{z}_0}(j\omega)\,. \tag{3.1.32}$$

Diese Frequenzgänge lassen sich aus den beiden Frequenzgängen Gl. (3.1.26) und (3.1.27) ermitteln.

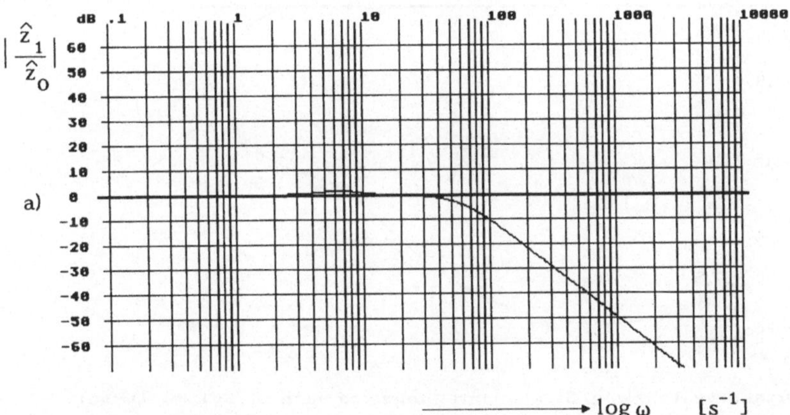

Bild 3.1.2 a: Amplitudengang Achsweg/Straßenanregung nach Gl. (3.1.26) (D=0,5)

Im *Amplitudengang* (Bild 3.1.2 a) erkennt man deutlich, daß im sehr niedrigen Frequenzbereich Achs- und Straßenanregungsweg identisch sind (0 db). Die ergibt sich in Gl. (3.1.26) aus der Identität der beiden ω freien Terme im Zähler und Nenner. Oberhalb der *Achseigenfrequenz* schluckt der Reifen die Unebenheitsamplituden zunehmend mit der Frequenz. Die Phase in Bild 3.1.2 b beginnt für $\omega \to 0$ bei 0°, da die Vorzeichen der von ω freien Terme in Gl. (3.1.26) zusammen positiv sind. Bei hohen Frequenzen $(\omega \to \infty)$ verbleibt in Gl. (3.1.26) lediglich der Ausdruck $(-k_1/m_1)\cdot(\omega^2/\omega^4) = (-k_1/m_1)\cdot 1/\omega^2$, was wegen des negativen Vorzeichens eine Phasenverschiebung von -180° bewirkt. Zusammen ergeben Amplituden- und Phasengang in der komplexen Ebene die Ortskurve (Bild 3.1.2.c).

b)

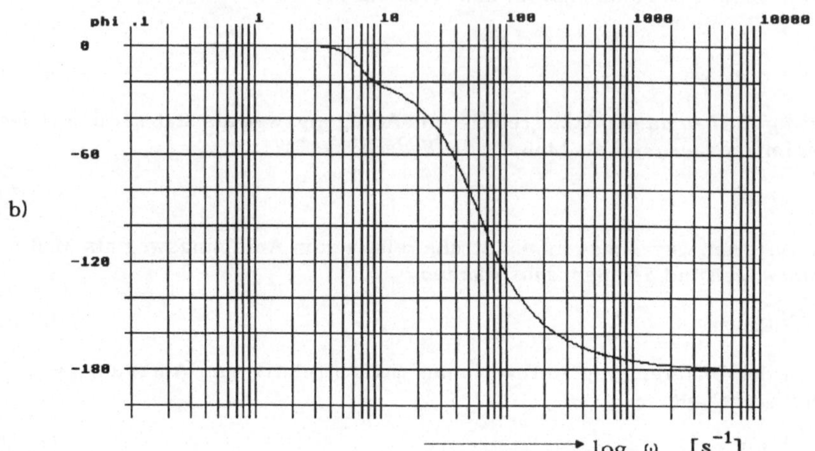

Bild 3.1.2 b: Phasengang Achsweg/Straßenanregung nach Gl. (3.1.26) (D=0,5)

c)

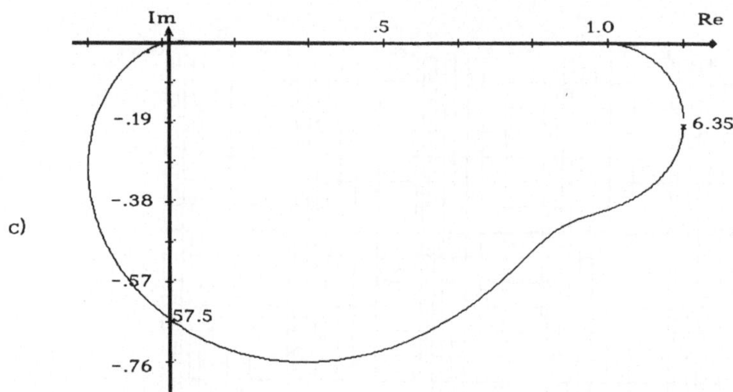

Bild 3.1.2 c: Ortskurve Achsweg/Straßenanregungsweg nach Gl. (3.1.26) (D=0,5)

Der Aufbauweg relativ zum Straßenanregungsweg ist bei niedriegen Frequenzen 1 (bzw. 0 db). Bei sehr hohen Frequenzen fällt der Amplitudengang mit $1/\omega^3$ bzw. mit -60dB/Dekade und tendiert gegen Null, d. h. der Aufbauweg bleibt in Ruhe. Er schwebt gleichsam über die Straßenunebenheiten. Die Aufbaubewegung wird im wesentlichen durch die Vorgänge unterhalb der *Aufbau-Eigenfrequenz* bestimmt. Beim realen Fahrzeug werden bei höheren Anregungsfrequenzen die hier nicht mitmodellierten Eigenfrequenzen des Aufbaus und weiterer Fahrzeugkomponenten angeregt. Die Phase (Bild 3.1.3 b) beginnt wegen der positiven Vorzeichens der von ω freien Terme in Gl. (3.1.27) bei 0^0 und strebt für hohe Frequenzen gegen $j\cdot(k_1/m_1)/\omega^3$, also gegen -270^0.

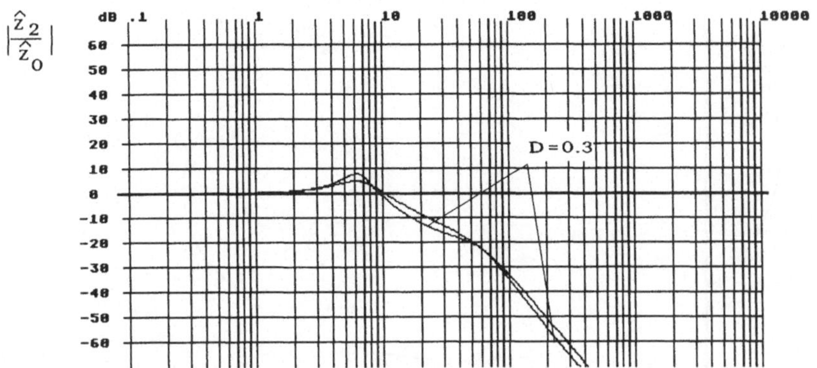

Bild 3.1.3 a: Amplitudengang Aufbauweg/Straßenanregungsweg über Anregungsfrequenz D = 0,3 und 0,5

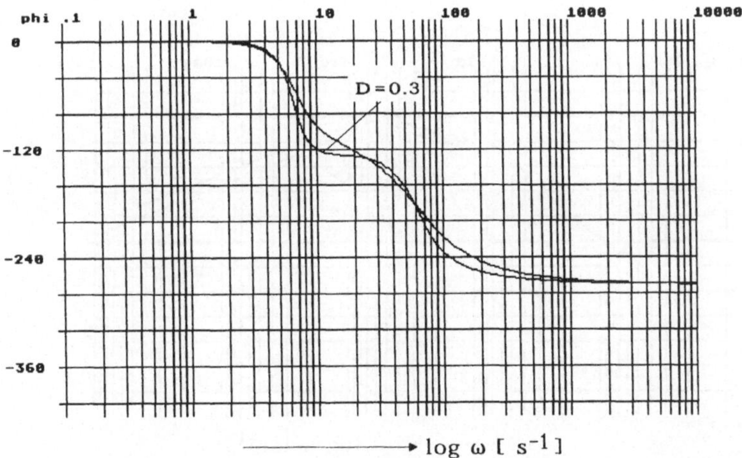

Bild 3.1.3 b: Phasengang Aufbauweg/Straßenanregungsweg über Anregungsfrequenz nach Gl. (3.1.27), D = 0,3 und 0,5

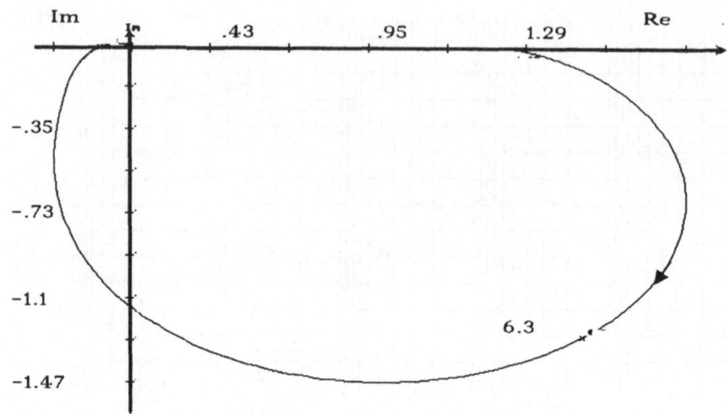

Bild 3.1.3 c: Ortskurve Aufbauweg/Straßenanregungsweg nach Gl. (3.1.27)

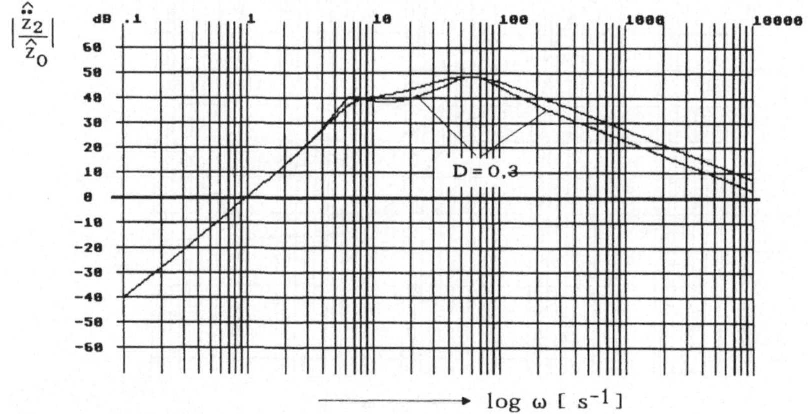

Bild 3.1.4: Amplitudengang der Aufbaubeschleunigung zum Anregungsweg nach Gl. (3.1.29) für D = 0,3 und 0,5

Der Amplitudengang der Aufbaubeschleunigung (Bild 3.1.4) entsteht aus dem Amplitudengang nach Bild 3.1.2 a lediglich durch Multiplikation mit ω^2; er steigt also bei niedrigen Frequenzen mit 40dB/Dekade und fällt bei hohen Frequenzen mit -20dB/Dekade und fällt auf den Wert Null ab.

Die Aufbau-Beschleunigung wird also im wesentlichen durch die Vorgänge zwischen der Aufbau- und Rad-Eigenfrequenz bestimmt.

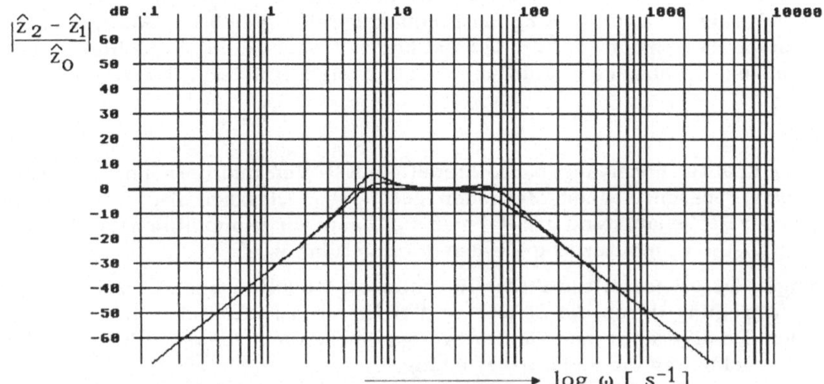

Bild 3.1.5: Amplitudengang Differenzweg Aufbau minus Achse (Aufbaufederweg) nach Gl. (3.1.30) für D = 0,3 und 0,5

Der Amplitudengang des Federwegs (Bild 3.1.5) ergibt sich im wesentlichen aus der Differenz der Zählerpolynome in den Gln. (3.1.26) und (3.1.27). Der ω freie Term entfällt, so daß bei niedrigen Frequenzen der Amplitudengang mit ω^2 (40dB/Dekade) steigt und bei hohen Frequenzen mit $1/\omega^2$ fällt. Das ganze Geschehen wird durch den Frequenzbereich zwischen Aufbau- und Rad-Eigenfreuquenz bestimmt.

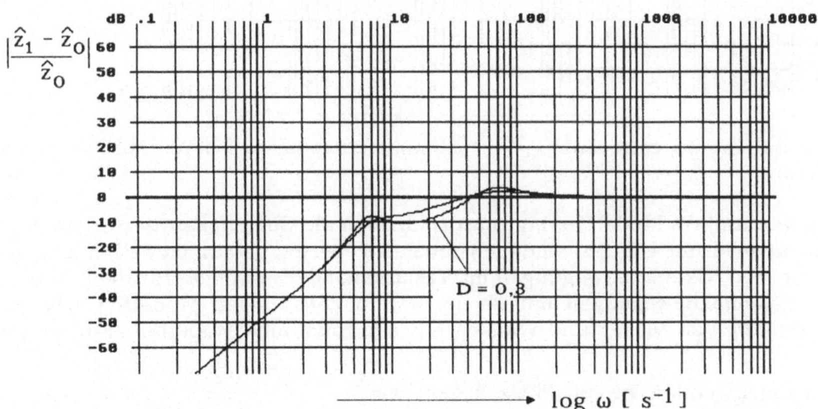

Bild 3.1.6: Amplitudengang Differenzweg Achse minus Straße nach Gl. (3.1.32) für D = 0,3 und 0,5

Der dynamische Federweg des Rades (Bild 3.1.6) wird durch das hochfrequente Geschehen oberhalb der Rad-Eigenfrequenz bestimmt. Das Reifen "schluckt" also diese hochfrequenten Anregungen. Die Radachse bleibt in diesem Frequenzbereich in Ruhe.

Der dynamisch veränderliche Abstand Fahrzeugaufbau zur Straße (Bild 3.1.7) ist im unteren Frequenzbereich sehr klein und im hohen Frequenzbereich gleich der Anregungsunebenheit. Da auch die Radachse nach Bild 3.1.6 bei hohen Frequenzen in Ruhe bleibt, wird bei diesen Frequenzen offenbar keine Aufbaubewegung angeregt (vergl. hierzu auch Bild 3.1.3 a).

Weitere Modelle

Will man nun der Realität näher angepaßte Modelle aufstellen und berechnen, so kann dies nach den bisher beschriebenen Methoden geschehen. Dies sei hier jedoch nicht durchgeführt, da der Rechenaufwand den Rahmen sprengen würde und üblicherweise dies mit Hilfe von geeigneten Computerprogrammen durchgeführt wird.

Als Hinweis mögen die dargestellten Bilder für einfache Modelle eines Fahrzeugs unter Einschluß einer Anregung durch die Straße an Vorder- und Hinterachse bzw. in zwei Fahrspuren dienen. Damit erhöht man die Bewegungsdimensionen von der reinen vertikalen Bewegung zur Nickbewegung und Rollbewegung.

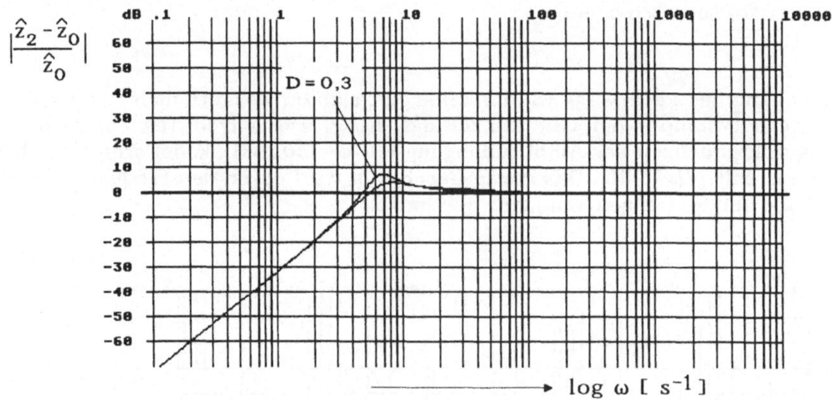

Bild 3.1.7: Amplitudengang Differenzweg Aufbau minus Straße nach Gl. (3.1.31) für D =0,3 und 0,5

Mit der Komplexität eines Modells steigt natürlich auch die Genauigkeit der Ergebnisse. Entweder kommt man mit ebenen, eindimensionalen Federungsersatzmodellen aus, sofern nur die reinen vertikalen Bewegungen interessieren, oder man muß für die Einbeziehung der Fahrzeugnickbewegungen mit ebenen zweidimensionalen Modellen arbeiten. Für die Einbeziehung von Nicken und Wanken müssen räumliche Modelle herangezogen werden.

Die typischen Eigenfrequenzen von Pkws liegen bei:

Fahrzeugaufbau:

Vertikale Eigenbewegung	1 - 1.6 Hz
Drehschwingung 1. Ordnung	15 - 30 Hz
Biegeschwingung 1. Ordnung	20 - 30 Hz

Achsen und Räder:

Vertikale Eigenbewegung	0 - 15 Hz
"*Achstrampeln*"(gegensinnige Einfederung)	6 - 14 Hz
Elastisch gelagerte Achsträger (Fahrschemel)	12 - 20 Hz

Motor 6 - 15 Hz
Aufbauteile (Stoßfänger, Kardanwellenlager, Auspuff,
Kotflügel, Rückspiegel, Batterie,...) 20 - 50 Hz
Über 50 Hz liegen die Eigenfrequenzen von Karosserieschwingungen höherer Ordnung.

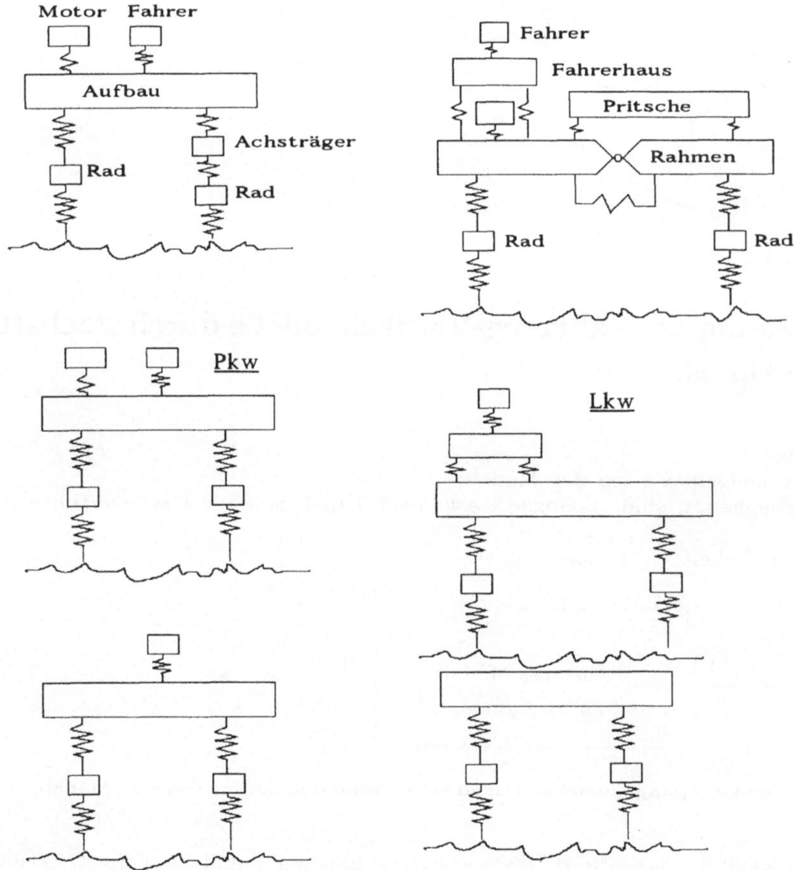

Bild 3.1.8: Zweidimensionale Ersatzsysteme für Fahrzeuge

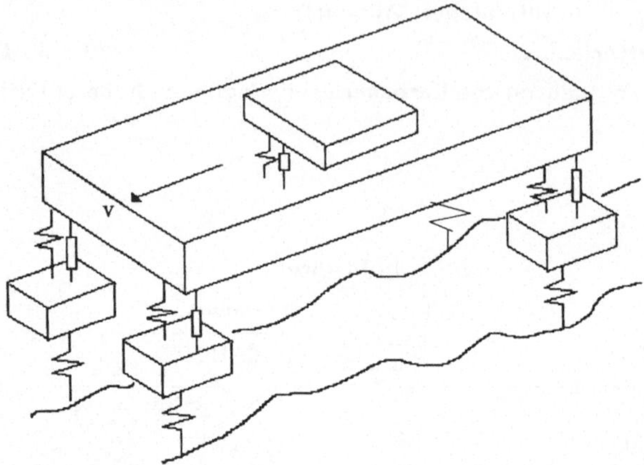

Bild 3.1.9: Räumliches, dreidimensionales Ersatzsystem für ein Fahrzeug

3.2 Anregung der Fahrzeug-Vertikalmodelle durch stochastische Signale

Voraussetzungen:
1. lineare Systemeigenschaften des Modells
2. Straßenunebenheiten sind stationär (*ergodisch*) und besitzen Gauß-verteilte Amplituden.
3. Fahrgeschwindigkeit v = konst.

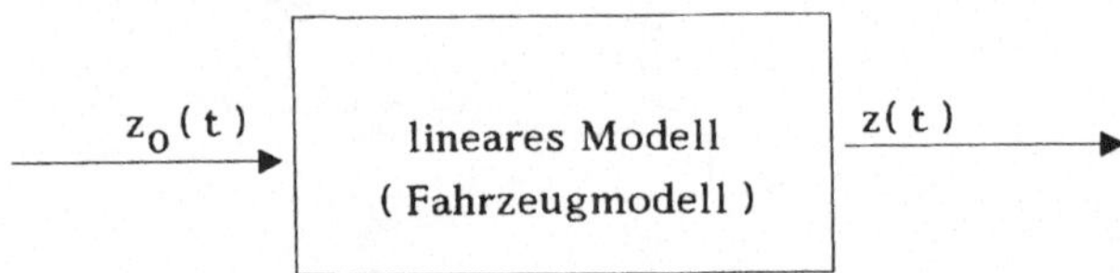

Bild 3.2.1: Ein- und Ausgangsbeziehungen an einem linearen, zeitinvarianten Modell

Wie schon in Kapitel 1 ausgeführt, lassen sich die Eingangs- und Ausgangsfunktion in komplexer Schreibweise hinschreiben.

Ist $z_0(t) = \hat{a}_1\, e^{j\omega t}$,

so ist $z(t) = \hat{a}_2^* \cdot e^{j(\omega t+\varphi)} = \hat{a}_2^* \cdot e^{j\varphi} \cdot e^{j\omega t} = \hat{a}_2 \cdot e^{j\omega t}$

und man nennt, wie ebenfalls in Kapitel 1 ausgeführt, $\frac{\hat{a}_2}{\hat{a}_1} = H(j\omega)$ Frequenzgang oder Übertragungsfunktion, welche Amplituden- und Phasengang enthält. Zur weiteren Berechnung benötigen wir nur noch den Amplitudengang

$$\left|\frac{\hat{a}_2}{\hat{a}_1}\right| = \left|H(j\omega)\right| .$$

Ist $z_0(t)$ ein regelloses, stationäres Signal mit der spektralen Leistungsdichte G_{z0z0}, so ist der Ausgang $z(t)$ ebenfalls regellos, und er besitzt die spektrale Leistungsdichte G_{zz} (siehe Bild 3.2.1)

$$G_{z0z0}(f) = \frac{dz^2_{0\,eff}}{df} \quad \text{und}$$

$$G_{zz}(f) = \frac{d\,z^2_{eff}}{df} = \frac{d\,z^2_{eff}}{df} \cdot \frac{d\,z^2_{0\,eff}}{d\,z^2_{0eff}} = G_{z0z0}(f)\,\frac{d\,z^2_{eff}}{d\,z^2_{0\,eff}}$$

$$= G_{z0z0}(f)\left(\frac{dz_{\,eff}}{dz_{0eff}}\right)^2$$

$$= |H(j\omega)|^2 \cdot G_{z0z0}(f) . \qquad (3.2.1)$$

Die Leistungsdichte am Ausgang ist nach Gl. (3.2.1) die mit dem quadrierten Amplitudengang multiplizierte Leistungsdichte des Eingangs.

Hinweis: dz_{0eff}^2 und dz^2_{eff} sind die Teilleistungen der mit der Frequenz f und der Bandbreite $\Delta f \to 0$ gefilterten Signale, also quasi harmonische Signale.

In den folgenden Beispielen wird die Doppelindizierung der Auto-Leistungsdichte - wie in Kapitel 2 eingeführt - durch die einfache Indizierung aus Gründen der einfachen Schreibweise ersetzt.

3.2.1 Beispiele am eindimensionalen Fahrzeug-Vertikalmodell

1. Beispiel: Gesucht ist die spektrale *Leistungsdichte der Fahrzeugaufbaubeschleunigung* $G_{\ddot{z}2}$ bei gegebener spektraler Leistungsdichte der Beschleunigung der Straßenunebenheiten $G_{\ddot{z}0}$.

Nach der Definition aus Kapitel 2 und dem Fahrzeugmodell nach Bild 3.1.1 ist die spektrale Leistungsdichte der Aufbaubeschleunigung

$$G_{\ddot{z}_2} = \lim_{\Delta f \to 0} \lim_{T \to \infty} \frac{1}{\Delta f} \frac{1}{T} \int_0^T \ddot{z}^2_{2F}(t, f, \Delta f)\,dt$$

$$= \frac{d\ddot{z}^2_{2\,eff}}{df} = \frac{d\ddot{z}^2_{2\,eff}}{df} \cdot \frac{d\ddot{z}^2_{0eff}}{d\ddot{z}^2_{0\,eff}}$$

$$= \frac{d\ddot{z}^2_{2\,eff}}{d\ddot{z}^2_{0\,eff}} \cdot \frac{d\ddot{z}^2_{0\,eff}}{df}$$

$$G_{\ddot{z}_2} = \left|\frac{\hat{\ddot{z}}_2}{\hat{\ddot{z}}_0}\right|^2 \cdot G_{\ddot{z}_0}(f) = \left|\frac{\hat{z}_2}{\hat{z}_0}\right|^2 \cdot G_{\ddot{z}_0}(f) . \qquad (3.2.2)$$

Hierbei ist

$$G_{\ddot{z}_0}(f) = 16\,\pi^4 \cdot v \cdot f^2 \cdot G_{z_0}(\lambda).$$

Der Gesamteffektivwert der Aufbaubeschleunigung ergibt sich aus:

$$\ddot{z}_{2\,eff} = \sqrt{\int_0^\infty G_{\ddot{z}_2}(f)\,df} \; .$$

Die Integration kann in überschlägiger Weise mit Hilfe des folgenden Bildes in drei Frequenzbereichen verdeutlicht werden (Bild 3.2.2):

$$\ddot{z}_{2\,eff}^{2} = \int_{0}^{\infty} G_{\ddot{z}_2}(f)\,df = \int_{0}^{\infty}\left[\left|\frac{\hat{z}_2}{\hat{z}_0}\right|^2 16\,\pi^4\cdot v\cdot f^2\cdot G_{z_0}(\lambda)\right]df\,. \qquad (3.2.3)$$

Wählt man beispielsweise eine Asphaltstraße mit $G_{z_0}(\lambda) = 10^{-6}$ [m] und eine Fahrzeuggeschwindigkeit mit v = 20 [m/s],so wird $16\,\pi^4\cdot v\cdot G^0_{z_0} = 0{,}031$.

Integriert man die Leistungsdichte $G_{\ddot{z}_2}$ in den drei Frequenzbereichen [0 - 1] Hz, [1 - 10] Hz und [10 - ∞] Hz (s. Bild 3.2.2), so erhält man

$$\ddot{z}_{2\,eff}^{2} = 0{,}031\left[\int_{0}^{1} f^2\,df + \int_{1}^{10} df + \int_{10}^{\infty}\frac{10^4}{f^4}\,df\right]$$

$$= 0{,}031\left[0{,}333 + 9 + 3{,}33\right] = 0{,}393\ m^2/s^4$$

$$\ddot{z}_{2\,eff} = \sqrt{0{,}39} = 0{,}627\ m/s^2\,.$$

Die Konstanten in den beiden letzten Integralen ergeben sich einfach daraus, daß die Konstante im 2. Integral bei 1 Hz denselben Wert wie die quadratische Funktion im 1. Integral bei 1 Hz annehmen muß und die Konstante im 3. Integral die Funktion K/f^4 bei 10 Hz auf den Wert des 2. Integranden ebenfalls bei 10 Hz bringen muß (an den Integrationsgrenzen 1 und 10 Hz dürfen keine Sprünge auftreten).

Aus dem Leistungsdichteverlauf $G_{\ddot{z}_2}$ in Bild 3.2.2 erkennt man auch, daß der größte Anteil der Aufbaubeschleunigung $\ddot{z}_2$ im Frequenzbereich [1 - 10] Hz entsteht.

Die Wahrscheinlichkeit dafür, daß

$$\left|\ddot{z}_2(t)\right| < n\cdot\ddot{z}_{2\,eff} \quad \text{ist, zu:}$$

$$W\{-n\cdot\ddot{z}_{2\,eff} < \ddot{z}_2(t) < n\cdot\ddot{z}_{2\,eff}\} = \begin{cases} 0{,}68 & \text{für } n = 1 \\ 0{,}95 & \text{für } n = 2 \\ 0{,}997 & \text{für } n = 3 \\ 0{,}99994 & \text{für } n = 4\,. \end{cases}$$

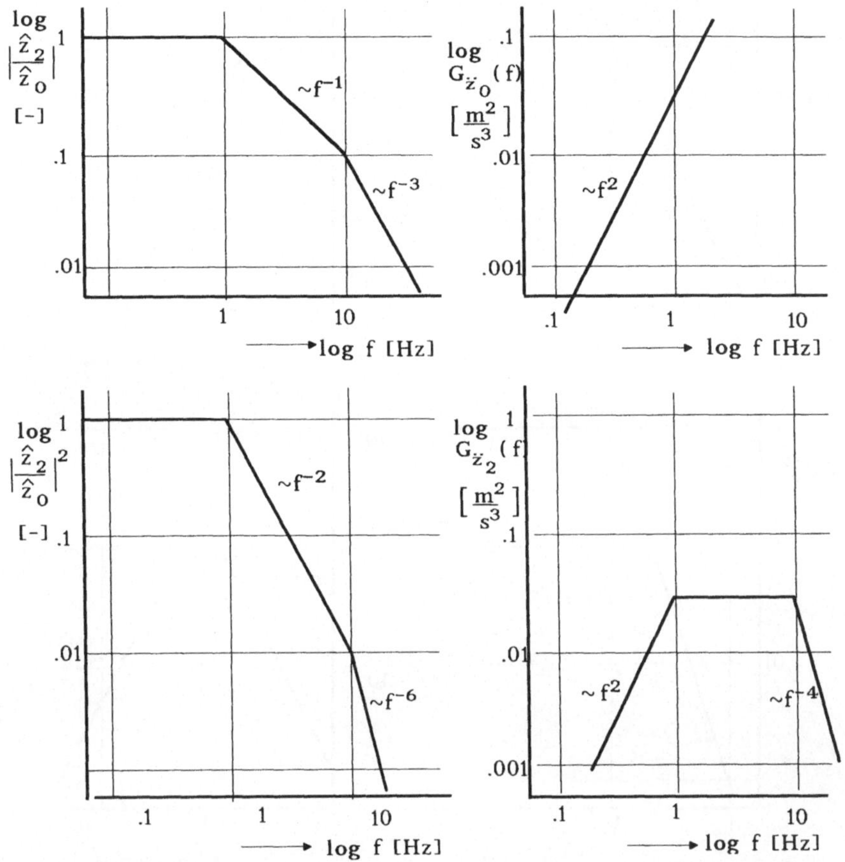

Bild 3.2.2: Schematische Amplitudengang- und Leistungsdichteverläufe nach Gl. (3.2.3)

2. Beispiel:
Spektrale *Leistungsdichte des Bodenabstandes* (siehe Bild 3.2.3):
Die spektrale Leistungsdichte des Bodenabstandes wird definiert als

$$G_\Delta(f) = \frac{d(z_2 - z_0)^2_{eff}}{df} = \frac{dz^2_{0\,eff}}{dz^2_{0\,eff}} \cdot \frac{d(z_2 - z_0)^2_{eff}}{df}$$

$$G_\Delta(f) = \left| \frac{\hat{z}_2 - \hat{z}_0}{\hat{z}_0} \right|^2 G_{z_0}(f) \text{ mit } G_{z_0}(f) = G_{z_0}(\lambda) \cdot \frac{v}{f^2} \tag{3.2.4}$$

$$G_\Delta(f) = \left| \frac{\hat{z}_2 - \hat{z}_0}{\hat{z}_0} \right|^2 \cdot \frac{v}{f^2} \cdot G_{z_0}(\lambda) .$$

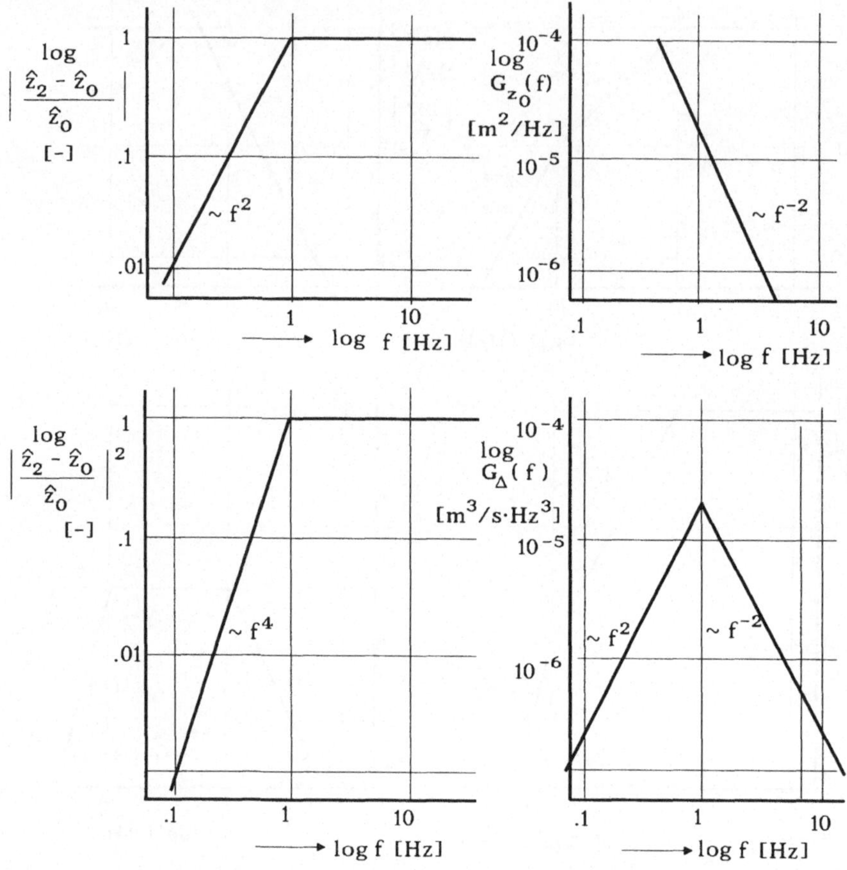

Bild 3.2.3: Schematische Amplitudengang- und Leistungsdichteverläufe nach Gl.(3.2.4)

Mit $G_{z0}(\lambda) = 10^{-6}$ m und v = 20 m/s wird

$$(z_2 - z_0)^2_{eff} = 2\cdot 10^{-5}\,[\int_0^1 f^2 df + \int_1^\infty \frac{1}{f^2}\,df] = 2{,}66\cdot 10^{-5}\ [m^2]$$

$$(z_2 - z_0)_{eff} = 0{,}0052\ [m] \mathrel{\hat{=}} 0{,}52\ [cm]\ .$$

Die Berechnung der Konstanten in den Integralen erfolgt wie im ersten Beispiel.

3.Beispiel:
Spektrale *Leistungsdichte der Federkraftschwankung* (Aufbaufeder) (siehe Bild 3.2.4)

Definition:

$$G_{F_F}(f) = \frac{dF^2_{F\,eff}}{df} = k_2^2 \cdot \frac{d(z_2 - z_1)^2_{eff}}{df} \cdot \frac{dz^2_{0\,eff}}{dz^2_{0\,eff}}$$

$$= k_2^2 \cdot \left| \frac{\hat{z}_2 - \hat{z}_1}{\hat{z}_0} \right|^2 \cdot G_{z_0}(f) \qquad (3.2.5)$$

Die gesamte Federkraft ist:

$$F_F = F_F(t) + F_{F0} \text{ mit } F_{F0} = m \cdot g\,.$$

Mit $k_2 = 1{,}2 \cdot 10^4$ [N/m] und $G_{z_0}(\lambda) = 10^{-6}$ [m] sowie v = 20 [m/s] wird

$$F^2_{F\,eff} = \int_0^\infty \left[k_2^2 \left| \frac{\hat{z}_2 - \hat{z}_1}{\hat{z}_0} \right|^2 \frac{v}{f^2} G_{z0}(\lambda) \right] df$$

$$F^2_{F\,eff} = k_2^2\, v\, G_{z0}(\lambda) \int_0^\infty \left| \frac{\hat{z}_2 - \hat{z}_1}{\hat{z}_0} \right|^2 \frac{1}{f^2}\, df$$

$$= 28{,}8 \cdot 10^2 \left[\int_0^1 f^2 df + \int_1^{10} \frac{df}{f^2} + \int_{10}^\infty \frac{10^4}{f^6}\, df \right]$$

$$F^2_{F\,eff} = 28{,}8 \cdot 10^2 \cdot 1{,}253 = 36{,}086 \cdot 10^2\ [N^2]$$

$$F_{F\,eff} \approx 60{,}07\ [N]\,.$$

Auch hier erfolgt die Bestimmung der Konstanten in den Integralen der Methode, wie sie im ersten Beispiel beschrieben wurde.

4. Beispiel:
Spektrale *Leistungsdichte der Dämpferkraftschwankungen* (siehe Bild 3.2.5) Die Dämpferkraft ist $F_D = r(\dot{z}_2 - \dot{z}_1)$, ihre Leistungsdichte

$$G_{F_D}(f) = \frac{d\,F^2_{D\,eff}}{df} = r^2 \frac{d(\dot{z}_2 - \dot{z}_1)^2_{eff}}{df} = r^2 \frac{d\,\dot{z}_0{}^2_{eff}}{df} \cdot \frac{d(\dot{z}_2 - \dot{z}_1)^2_{eff}}{d\,\dot{z}_0{}^2_{eff}}$$

$$= r^2 \left| \frac{\hat{z}_2 - \hat{z}_1}{\hat{z}_0} \right|^2 \cdot G_{\dot{z}_0}(f) = 4\pi^2 v r^2 \left| \frac{\hat{z}_2 - \hat{z}_1}{\hat{z}_0} \right|^2 \cdot G_{z_0}(\lambda)\,. \qquad (3.2.6)$$

Für v = 20 [m/s] ; $r = 1{,}7 \cdot 10^3$ [Ns/m] und $G_{z_0}(\lambda) = 10^{-6}$ [m] folgt

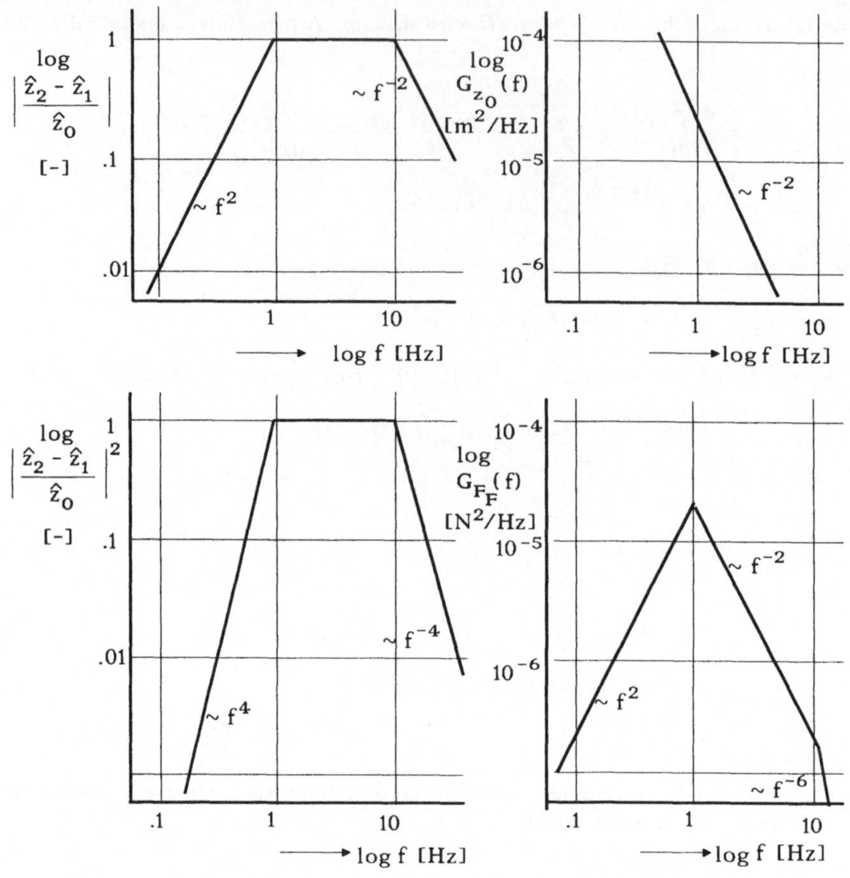

Bild 3.2.4: Schematische Amplitudengang- und Leistungsdichteverläufe für Gl. (3.2.5)

$$F_{Deff}^2 = \int_0^\infty G_{F_D}(f)\,df = 2281\left[\int_0^1 f^4\,df + \int_1^{10} df + \int_{10}^\infty \frac{10^4}{f^4}\,df\right]$$

$$= 2{,}859 \cdot 10^4\ [N^2]$$

$$F_{Deff} \approx 169{,}1\ \ [N]\,.$$

Für Normalverteilung gilt dann mit 99,7 % Wahrscheinlichkeit

$$-507\ [N] < F_D < 507\ [N].$$

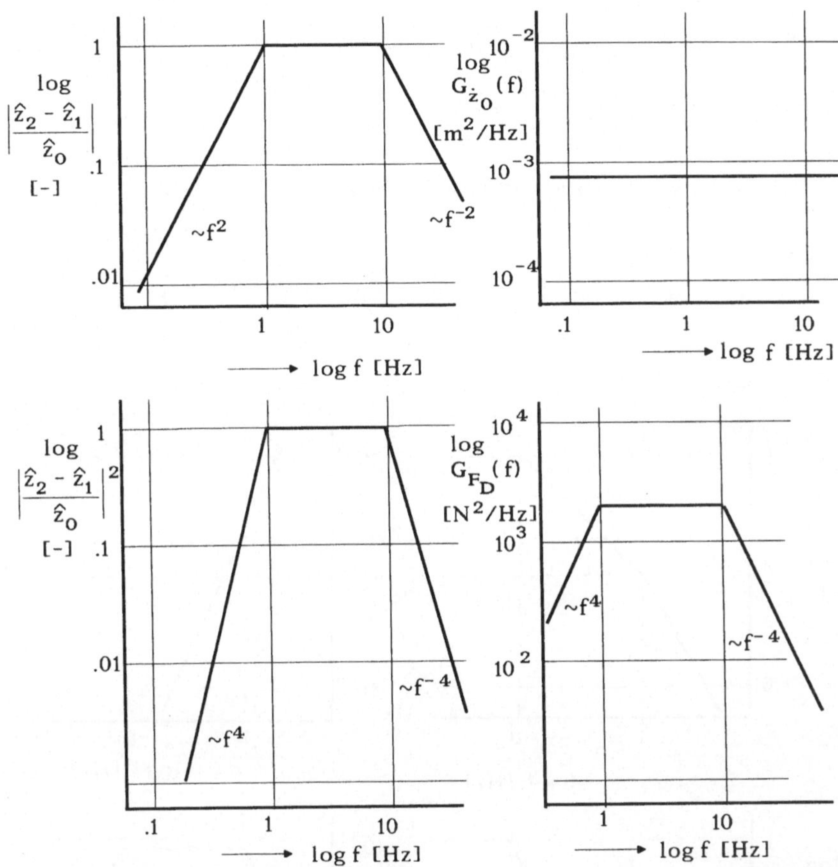

Bild 3.2.5: Schematische Amplitudengang- und Leistungsdichteverläufe nach Gl. (3.2.6)

5. Beispiel:

Spektrale *Leistungsdichte der Radlastschwankungen* (Einzelradaufhängung, s. Bild 3.1.1 und 3.2.6).

Die Radlastschwankung ist $F_R = k_1 (z_1 - z_0)$, ihre Leistungsdichte

$$G_{F_R}(f) = k_1^2 \, \frac{d\,(z_1 - z_0)^2_{eff}}{df} = k_1^2 \left| \frac{\hat z_1 - \hat z_0}{\hat z_0} \right|^2 \cdot G_{z_0}(f)$$

$$= k_1^2 \cdot v \cdot f^{-2} \left| \frac{\hat z_1 - \hat z_0}{\hat z_0} \right|^2 \cdot G_{z_0}(\lambda) \qquad (3.2.7)$$

$$F^2_{Reff} = \int_0^\infty G_{F_R}(f)\, df$$

$$F_{R\,eff}^2 = \int_0^\infty k_1^2 \left| \frac{\hat{z}_1 - \hat{z}_0}{\hat{z}_0} \right|^2 G_{z_0}(f)\, df$$

$$F_{R\,eff}^2 = k_1^2\, v\, G_{z_0}(\lambda) \int_0^\infty \left| \frac{\hat{z}_1 - \hat{z}_0}{\hat{z}_0} \right|^2 \frac{1}{f^2}\, df\,.$$

Mit $k_1 = 6{,}7 \cdot 10^4$ [N/m] und $v = 20$ [m/s] sowie $G_{z_0}(\lambda) = 10^{-6}$ [m] wird

$$F_{R\,eff}^2 = 8{,}98 \cdot 10^2 \left[\int_0^1 f^2\, df + \int_1^{10} df + \int_{10}^\infty 10^2 f^{-2}\, df \right]$$

$F_{R\,eff} = 131{,}76$ [N] .

Die Radlastschwankung steigt mit $\sqrt{v}$.

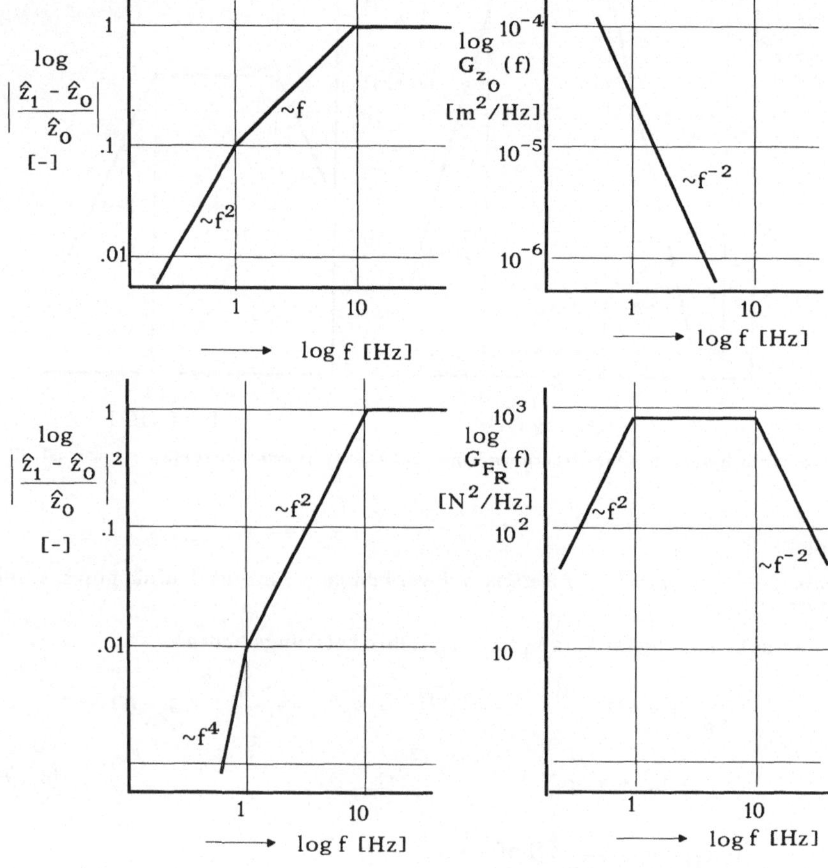

Bild 3.2.6: Schematische Amplituden- und Leistungsdichteverläufe für Gl.(3.2.7)

3.3 Bauelemente der Vertikaldynamik

Die Fahrbahnen für Kraftfahrzeuge sind mehr oder weniger uneben. Diese Unebenheiten verursachen beim Befahren Vertikalbewegungen von Fahrzeugen und Insassen. Die Federung hat die Aufgabe, diese Bewegungen zu reduzieren.

Als maßgebliche Faktoren dafür gelten:
a) Federungskomfort für Insassen
b) Beanspruchung des Ladegutes
c) Radlastschwankungen (dynamische Radlast), von denen Kraftschluß, d.h. aktive Sicherheit, und Fahrbahnbeanspruchung abhängen.

Die für diese Aufgaben im Kraftfahrzeug verwendeten Bauelemente werden im folgenden Kapitel behandelt.

3.3.1 Feder

Als Federn werden in heutigen Pkw Blattfedern, Schraubenfedern, Gummifedern, Luftfedern und Drehstäbe verwendet.

3.3.1.1 Blattfedern

Diese Federungsart findet hauptsächlich in Lkw und in geringerem Maße bei Kleinwagen Verwendung. Sie hat den Vorteil, daß sie nicht nur Kräfte in allen Richtungen übertragen kann, sondern auch Anfahr- und Bremsmomente (an starren Hinterachsen dient sie häufig als einzige Längsführung der Achse). Hinzu kommen günstige Krafteinleitung in Rahmen oder Aufbau und die Möglichkeit, die Federkennlinie progressiv auszubilden. Nachteile sind die hohe und sich zeitlich ändernde Reibung zwischen den übereinander liegenden Blättern und die verringerte Dauerhaltbarkeit durch Kerbwirkung, verursacht durch Scheuerstellen. Abhilfe schaffen hier Kunststoff-Zwischenlagen. Die Reibung, deren Ausmaß hauptsächlich von der Lagenzahl abhängt, hat eine Reibungs-Dämpfung, die nicht proportional der Deformationsgeschwindigkeit ist, zur Folge, so daß die Lagenzahl möglichst gering sein sollte. Bild 3.3.1 zeigt den prinzipiellen Aufbau einer Blattfeder.

Um bei gleichbleibender Breite B einheitliche Biegespannungen in allen Querschnitten zu bekommen, ist bei dieser ein parabelförmiges Auswalzen beider Seiten erforderlich. Die Gleichung zur Berechnung der Blattdicke h_0 in der Einspannung lautet:

$$h_0 = \sqrt{\frac{6 \cdot F_{max} \cdot g_1 \cdot g_2}{\sigma_{b\,zul\,0} \cdot B \cdot (g_1 + g_2)}} \qquad g_1 = l_1 - \frac{e}{4} \; ; \quad g_2 = l_2 - \frac{e}{4} \quad . \tag{3.3.1}$$

Die Dicke h_x an einer beliebigen Stelle im Abstand x_1 ist dann:

$$h_{x1} = h_0 \cdot \sqrt{\frac{x_1}{g_1}} \tag{3.3.2}$$

Die statische *Federrate* ergibt sich zu:

$$c_v = \frac{E \cdot B \cdot h_0^3 \cdot (g_1 + g_2)}{8 \cdot g_1^2 \cdot g_2^2 \cdot K} \tag{3.3.3}$$

mit K = Formfaktor (ca. 0.9).

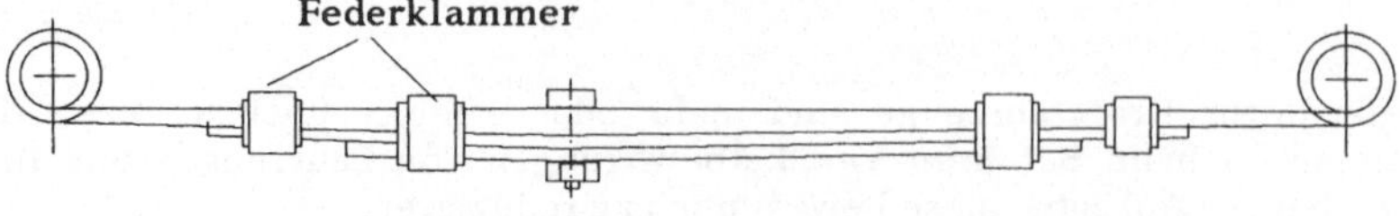

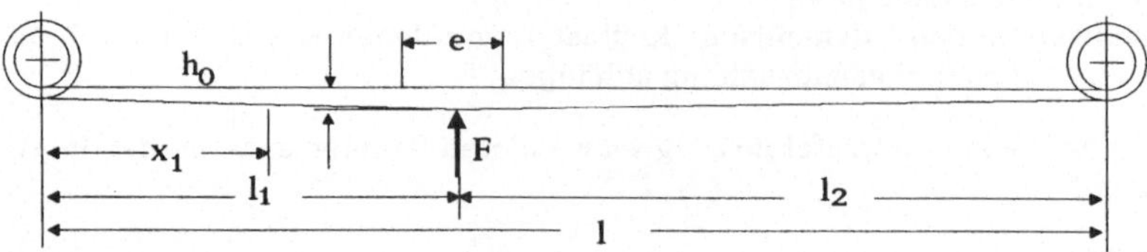

Bild 3.3.1: Blattfeder - Skizze

Für Berechnungen im höheren Frequenzbereich (ab Frequenzen leicht unterhalb der 1. Biege-Eigenfrequenz) muß die reale, massebehaftete Feder auch als Biegebalken modelliert werden z.B. mit Hilfe der Kontinuumstheorie für Balken oder der Methode der finiten Elemente (je nach Bauform liegt die 1. Biegeeigenfrequenz im Bereich 40-60 Hz).

Da bei einem Federbruch - z.B. an der Vorderachse - die Fahrstabilität nicht mehr gewährleistet wäre (bei einer Starrachse wandert diese an der Bruchseite nach hinten oder vorne, so daß die Räder über das Lenkgestänge einseitig einschlagen), muß an den Vorderfedern eine Bruchsicherung vorgesehen werden.

3.3.1.2 Schraubenfedern

Schraubenfedern sind "aufgewickelte" *Drehstäbe*, also *Torsionsfedern*. Auch diese können als progressive Schraubenfeder ausgebildet werden, und zwar

- durch Wickeln mit unterschiedlicher Steigung, so daß beim Einfedern einzelne Windungen schon "auf Block" gehen, während die restlichen Windungen weiterhin deformierbar sind,
- durch Verwendung unterschiedlicher Wickeldurchmesser und
- (selten benutzt) durch Verwendung eines konisch sich verjüngenden Drahtes.

Bei Federn mit veränderlichem Wickeldurchmesser ergibt sich der Vorteil einer geringeren Blocklänge, da die Windungen nicht mehr aufeinander zu liegen kommen müssen. Generell besteht die Möglichkeit, innerhalb der Windungen einen Schwingungsdämpfer (früher *Stoßdämpfer* bezeichnet), Anschlag oder das Führungsrohr des Federbeins unterzubringen. Wichtig ist die Ausbildung der Federenden; können diese sich an der Auflagefläche während der Fahrt verdrehen, entstehen unangenehme Geräusche. Bild 3.3.2 zeigt die Ausführung einer Schraubenfeder in einem Mc-Pherson Federbein.

Ebenso wie bei der Biegefeder (Blattfeder) besitzt die reale, massebehaftete Schraubenfeder Kontinuumseigenschaften, d.h. bei Berechnungen im höheren Frequenzbereich (1. Torsions-Eigenfrequenz liegt etwa bei 50-70 Hz bei Pkw-Federn) muß diese Feder mit ihren Kontinuums-Eigenschaften modelliert werden (Modellierung als massebehafteter Torsionsbalken).

3.3.1.2.1 Dynamische Eigenschaften der Schraubenfeder

Bei dynamischen Systembetrachtungen wird in der Regel die Feder als ideale Feder modelliert. In der Realität ist die Schraubenfeder jedoch ein aufgewickelter Torsionsstab mit kontinuierlich verteilter Steifigkeit und Masse. Die Materialdämpfung ist in der Regel vernachlässigbar klein.

Die Masse der Feder ist jedoch eine Eigenschaft, die nicht immer vernachlässigbar ist, denn diese Masse kombiniert mit Steifigkeit führt zu Eigenschwingungen. Theoretisch besitzt dieser Torsionsstab unendlich viele Eigenfrequenzen, wie jedes Kontinuum.

Wird ein dynamisches System, welches eine Feder enthält, nun für einen Frequenzbereich unterhalb der niedrigsten Eigenfrequenz der Feder modelliert, kann die Feder als masselos angesehen werden. Soll dagegen das System auch in einem Frequenzbereich Aussagen liefern, in dem einige Eigenfrequenzen der Feder liegen, müssen deren dynamische Eigenschaften mit modelliert werden, da die Eigenschwingungen der Feder selbst zum gesamten dynamischen Systemverhalten beitragen.

Eine Untersuchung zum Schwingungsverhalten einer Pkw-Aufbaufeder könnte folgendermaßen durchgeführt werden. Man verbindet zwei Massen m_1 und m_2 mit der zu untersuchenden Feder, hängt das ganze System horizontal an zwei sehr weichen Gummiseilen auf und läßt auf eine Masse eine Anregungskraft $F_1(t)$ wirken (s. Bild 3.3.3). Gemessen werden die Kraft $F_1(t)$ und die beiden Beschleunigungen $\ddot{y}_1$ und $\ddot{y}_2$.

Wäre die zu untersuchende Feder eine ideale, masselose Feder mit der Steifigkeit k, so ergäben sich die folgenden beiden Bewegungsgleichungen:

$$\begin{aligned} m_1 \ddot{y}_1 + k(y_1 - y_2) &= F_1(t) \\ m_2 \ddot{y}_2 + k(y_2 - y_1) &= 0 \,. \end{aligned} \qquad (3.3.4)$$

Die Laplace-Transformation beider Gleichungen liefert

$$\begin{aligned} (m_1 p^2 + k) Y_1 - k Y_2 &= F_1(p) \\ (m_2 p^2 + k) Y_2 - k Y_1 &= 0 \,. \end{aligned} \qquad (3.3.5)$$

Aus diesen beiden Gleichungssystemen lassen sich durch einfache Umformung die beiden Übertragungsfunktionen Beschleunigung zur Anregungskraft

$$H_1 = \frac{Y_1 p^2}{F_1} = \frac{m_2 p^2 + k}{m_1 m_2 p^2 + k(m_1 + m_2)} = \frac{p^2 + \frac{k}{m_2}}{m_1 (p^2 + \frac{k}{m_1} + \frac{k}{m_2})} \qquad (3.3.6)$$

und $$H_2 = \frac{Y_2 p^2}{F_1} = \frac{k}{m_1 m_2 p^2 + k(m_1 + m_2)} = \frac{\frac{k}{m_2}}{m_1 (p^2 + \frac{k}{m_1} + \frac{k}{m_2})} \qquad (3.3.7)$$

ermitteln. $H_2(p)$ ist die in Kap. 1 schon mehrfach diskutierte Übertragungsfunktion eines krafterregten 1-Masse-Schwingers, mit einer Eckfrequenz bei

$$\omega_1^2 = k\left(\frac{1}{m_1} + \frac{1}{m_2}\right) \qquad (3.3.8)$$

bzw. den beiden Eigenwerten

$$p_{1,2}^2 = - k\left(\frac{1}{m_1} + \frac{1}{m_2}\right). \qquad (3.3.9)$$

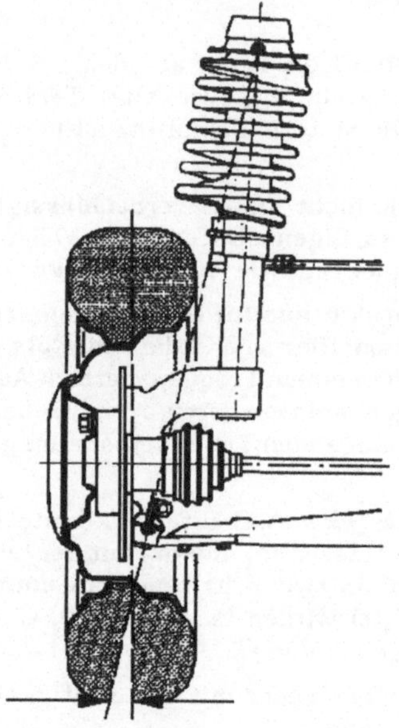

Vorderachse mit negativem Lenkrollhalbmesser R_o = -18 mm und fast senkrecht stehenden Dämpfern. Die Feder ist schräg stehend angeordnet, um die Klemmkräfte zwischen Kolbenstange und -führung abzubauen.

Bild 3.3.2: Vorderachse mit negativen Lenkrollhalbmesser (nach Reimpell, 1983)

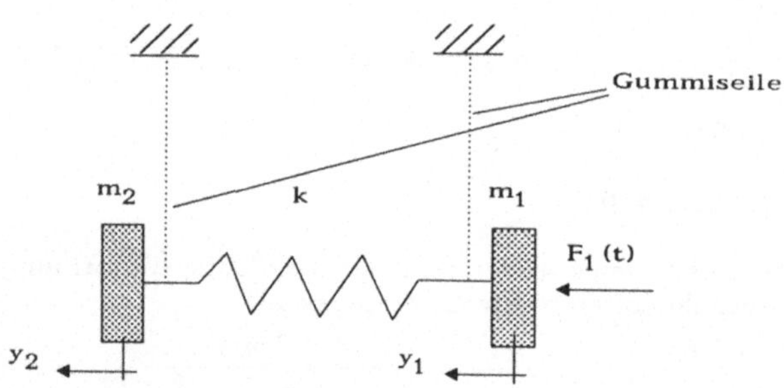

Bild 3.3.3: Versuchsaufbau zur Untersuchung der dynamischen Eigenschaften einer Feder

Bis zu dieser Eigenfrequenz ist der Phasenwinkel 0°; in der Eigenfrequenz springt er auf -180°.

$H_1(p)$ hat das gleiche Nennerpolynom wie $H_2(p)$ aber zusätzlich eine doppelte Nullstelle im Zähler mit der Eckfrequenz $\omega_2^2 = k/m_2$. Bis zur Frequenz ω_2 tritt im Zähler keine Phasenverschiebung auf, und oberhalb dieser Frequenz liegt sie bei $+180^o$. Da $\omega_2 < \omega_1$ ist, wird die Phasenverschiebung von $H_2(p)$ bis $\omega = \omega_2$ Null sein, für Anregungsfrequenzen $\omega_2 < \omega < \omega_1$ bei $+ 180^o$ liegen und ab $\omega = \omega_1$ wieder Null sein, da die Phasenverschiebungen von Zähler und Nenner sich gegenseitig aufheben.

Bild 3.3.4 zeigt die rechnerischen Bodediagramme beider Übertragungsfunktionen für $\omega_1 = 49\ [s^{-1}]$ und $\omega_2 = 36\ [s^{-1}]$ sowie $m_1 = 1.8$ [kg]; $m_2 = 1{,}53$ [kg]; $k = 1990$ [N/m].

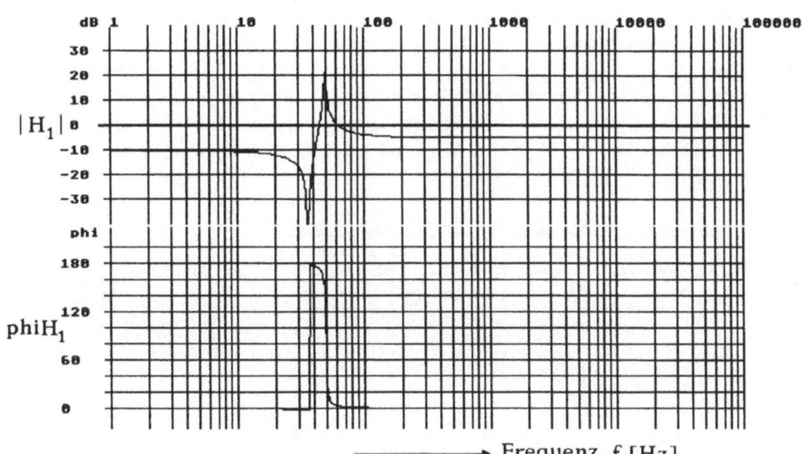

Bild 3.3.4a: Bode-Diagramm der rechnerischen Übertragungsfunktionen $H_1(f)$ des Feder-Masse-Systems nach Bild 3.3.3 (hier mit schwacher Dämpfung dargestellt)

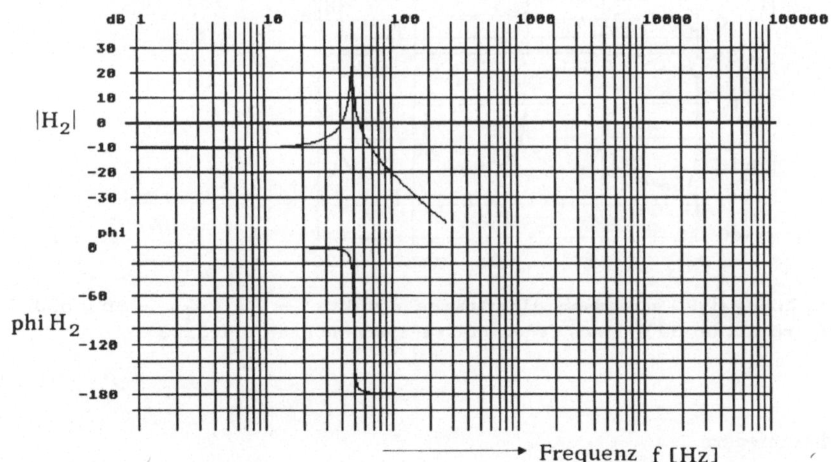

Bild 3.3.4b: Bode-Diagramm der rechnerischen Übertragungsfunktionen $H_2(f)$ des Feder-Masse-Systems nach Bild 3.3.3 (hier mit schwacher Dämpfung dargestellt)

Zhang (1991) hat in seiner Dissertation u.a. auch Federn untersucht, deren Übertragungsfunktionen im Bild 3.3.5 dargestellt sind.

Der Vergleich der rechnerischen (Bild 3.3.4) und gemessenen Übertragungsfunktionen

(Bild 3.3.5) zeigt deutlich, daß das Verhalten der realen Feder bis etwa 40 Hz dem der idealen Feder entspricht, darüber hinaus zeigt die reale Feder Resonanzstellen, die nicht mehr dem Verhalten der idealen Feder erklärt werden. Interessiert man sich nun auch in diesem Frequenzbereich oder einem höheren für die Auswirkungen der Feder auf ein System, so muß diese entsprechend dem realen Verhalten modelliert werden. Zhang hat in seiner Dissertation vorgeschlagen, ein Modal-Modell zu verwenden, dessen Modalparameter (Modal-Masse, Modal-Steifigkeit und Modal-Dämpfung) jeweils für jede Eigenschwingung entweder mit Hilfe der Methode der Finiten-Elemente oder mit Hilfe der experimentellen Modalanalyse berechnet bzw. identifiziert werden können (vergl. Willumeit (1991) oder MSC/NASTRAN User's Manual, Vers. 64 oder CAE International User Manual for Modal Analysis 9.0).

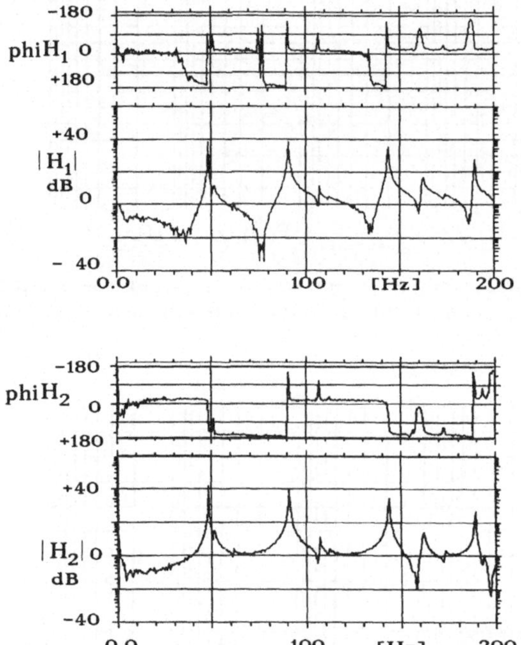

Bild 3.3.5: Von Zhang (1991) gemessene Übertragungsfunktionen H_1 (links im Bild) und H_2 (rechts im Bild) eines Feder-Masse-Systems nach Bild 3.3.3

3.3.1.3 Drehstabfedern

Drehstab- oder Torsionsstabfedern werden ebenfalls zur Federung von Pkws und Transportern eingesetzt. Problematisch ist die zur Erzielung geeigneter Federsteifigkeiten notwendige Baulänge. Diese macht bei Quereinbau eine Verwendung von Stabbündeln (gleiche Federsteifigkeit bei kürzerer Länge) oder ein Versetzen bzw. Verschränken der Federstäbe notwendig. Bild 3.3.6 zeigt eine Skizze der Verwendung einer Drehstabfeder bei einer Längslenkerachse.

Bei der Festigkeitsberechnung ist zu beachten, daß der Drehstab nicht nur auf Torsion, sondern auch auf Biegung infolge der Radlast F_p und der Stützlasten A und B je nach geometrischer Lage (a, b) belastet wird.

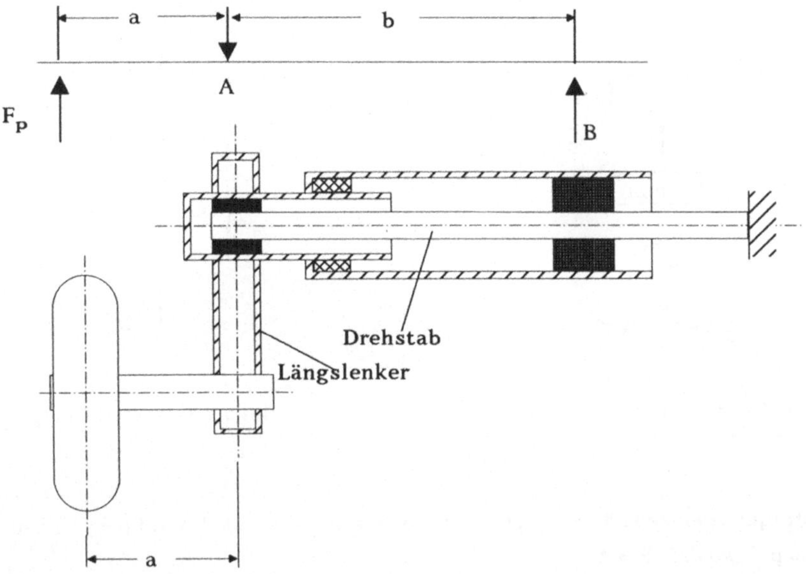

Bild 3.3.6: Drehstabfeder in einer Längslenkerachse

3.3.1.4 Gasfedern

Bei den bisher betrachteten Federn war das federnde Medium fest; die Federarbeit wurde durch eine Formänderung aufgenommen. Bei den in diesem Abschnitt betrachteten Federn ist das federnde Medium gasförmig; die Federarbeit wird durch eine Volumen- und Druckänderung aufgenommen.

3.3.1.4.1 Kolben-Zylinder Gasfeder

Diese Federungsart stellt den einfachsten Typ der Gasfederung dar, siehe Bild 3.3.7.

Die bei dynamischer Belastung auftretende, adiabate Zustandsänderung ist:

$$p \cdot V^n = \text{konst.}$$

$$dp\, V^n + n \cdot p \cdot V^{n-1}\, dV = 0$$

$$\frac{dp}{dV} = -n \frac{p}{V}\,.$$

mit V = Arbeitsvolumen
n = Polytropen- Exponent
p = Gasdruck
p_a = Atmosphärendruck

Damit ergibt sich die Federkonstante zu:

$$k = -\frac{dF}{dz} = -\frac{A \cdot dp}{d\,\frac{V}{A}} = \frac{n \cdot p \cdot A^2}{V}\,. \qquad A = \text{Kolbenfläche} \tag{3.3.10}$$

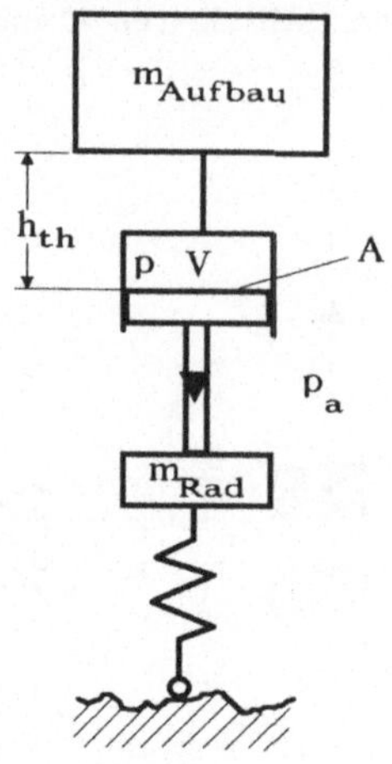

Bild 3.3.7: 1/4 Fahrzeug-Modell mit Kolben-Zylinder-Gasfeder

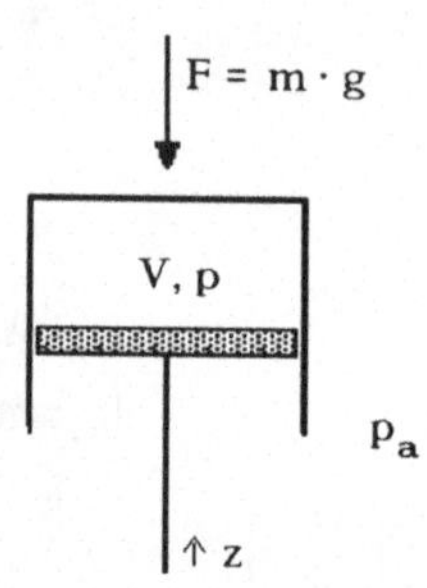

Bild 3.3.8: Gasfedermodell

Die Eigenfrequenz eines Feder-Masse-Systems (s.Bild 3.3.7) mit $F \approx A\,(p - p_a) = m \cdot g$ und für $p \gg p_a$, so daß $F \approx A \cdot p$ ist,

wird
$$\omega_0{}^2 = \frac{k}{m} = \frac{A^2 \cdot n \cdot p \cdot g}{V \cdot F}$$
$$= \frac{A \cdot n \cdot g}{V}\,. \tag{3.3.11}$$

Bei Beladung $m_1=\Delta m+m$ und dabei auftretender, isothermer Zustandsänderung im Gas steigt der Innnendruck auf p_1, so daß die Eigenfrequenz sich dann ändert:

$$\omega_1^2 = \frac{A\,n\,g}{V_1} = \frac{A\,n\,g\,(\frac{\Delta m}{A}\,g + p)}{p\,V} = \omega_0^2\,(\frac{\Delta m}{m} + 1) \tag{3.3.12}$$

mit $p_1 = \frac{\Delta m\,g}{A} + p_0$ und $V_1 = \frac{p\,V}{p_1}$,

d.h. sie nimmt mit der Beladung zu, im Gegensatz zur Eigenfrequenz eines Feder-Masse-Systems mit einer Stahlfeder:

$$\omega_1^2 = \frac{k_{Stahl}}{m + \Delta m}\,. \tag{3.3.13}$$

Sollen niedrige Eigenfrequenzen erzielt werden, so ist eine *Niveauregulierung* erforderlich. Dies geschieht entweder durch:

a) Zugabe von Gas (Luft), um nach Beladung ungeänderte Kolbenposition zu erreichen, oder durch

b) Zwischenschalteneines *hydraulischen Stößels* (*hydropneumatische Federung*).

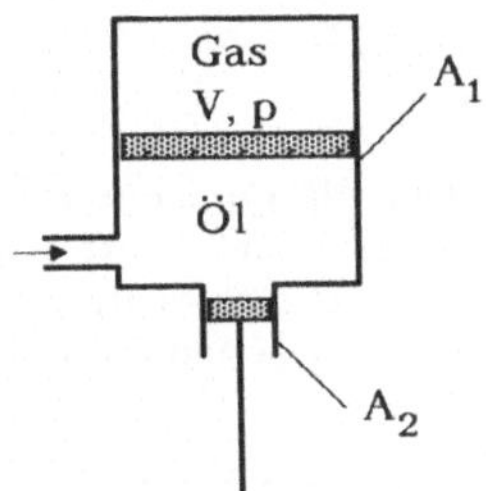

Bild 3.3.9: Gasfeder mit hydraulischem Stößel

zu a) Die Einfederung durch Zuladung wird durch Zugabe von Gas wieder kompensiert, bis das ursprüngliche Volumen V bzw. die ursprüngliche Einfederung wieder erreicht ist. Dies soll isotherm vor sich gehen.

Bei Zuladung entsteht Druckerhöhung: $\Delta p \cdot A = \Delta m \cdot g$.

Anschließend wird bei konstantem Druck $p_1 = p + \Delta p$ das Gasvolumen durch Ergänzung wieder auf V gebracht.

Bei Belastung ändert sich die Federkonstante in

$$k_1 = \frac{A^2 \cdot n \cdot p_1}{V} \tag{3.3.14}$$

und die Eigenfrequenz ändert sich in

$$\omega_1^2 = \frac{k_1}{m + \Delta m} = \frac{A \cdot n \cdot g}{V} \; . \tag{3.3.15}$$

Sie ist bei dieser Maßnahme beladungsunabhängig.

zu b) Die "Verlängerung" des hydraulischen Stößels zum Zweck der Niveauregulierung beeinflußt weder Gasdruck noch Gasvolumen, damit also auch nicht die Eigenfrequenz.

Vorteil: Mit dem hydraulischen Stößel läßt sich gleichzeitig ein Schwingungsdämpfer kombinieren.

Gasfeder mit Rollbalg:

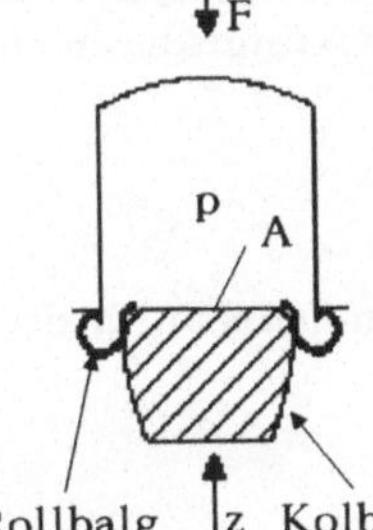

Beim Rollbalg ist die wirksame Fläche von der Stellung des Kolbens abhängig.

$$F = p \cdot A(z)$$
$$dF = p \cdot dA + A \cdot dp \, .$$

Die Federkonstante $k = -\frac{dF}{dz} = -\left(p \frac{\partial A}{\partial z} + A \frac{\partial p}{\partial z}\right)$ (3.3.16)
ist über die Kolbenkontur in weiten Grenzen variabel und damit auch die beladungsabhängige Eigenfrequenz.

Bild 3.3.10: Gasfeder mit querschnittsvariablem Kolben (Rollbalg)

Im Arbeitspunkt soll $dA/dz \approx 0$ sein, damit ebenso wie bei der reinen Gasfeder eine Unabhängigkeit der Eigenfrequenz von der Zuladung entsteht.

Diese Ausführungsform wird häufig bei Nutzfahrzeugen (u.a. bei Bussen) angewendet.

3.3.1.4.2 Hydropneumatische Feder

Citroën entwickelte dieses Federungssystem als *Luftfederung* mit zwischengeschalteter Ölsäule (siehe Bild 3.3.9 und 3.3.11). Die eingeleitete Kraft wird hierbei über die Ölsäule auf das Gas übertragen. Die Niveauregelung, wie sie bei allen Luftfederungen möglich ist, erfolgt hier über eine Änderung der Ölmenge zwischen Membran und Kolben.

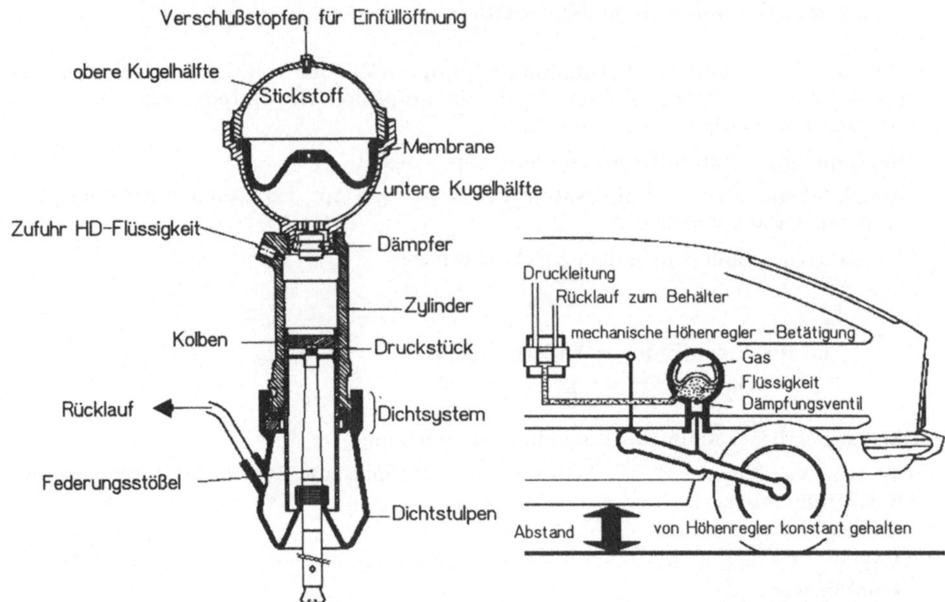

Bild 3.3.11: Hydropneumatisches Federbein von Citroën (nach Reimpell, 1982). Federelement von Citroën mit eingebauten Dämpfungsventilen. Die Dämpfungsarbeit übernimmt die sich über der Membran befindliche Stickstofffüllung.Die Federelemente stützen sich an denLenkern ab. Die Regulierung erfolgt durch an die Achsen gekoppelte Ventile.

3.3.2 Dämpfer

Die heute eingesetzten *Schwingungsdämpfer* arbeiten nahezu ausnahmslos auf hydraulischer Basis. Die Dämpferkraft F_D folgt dabei der Beziehung:

$$F_D = r \cdot \dot{z}_{rel}^{\,n} , \qquad \text{mit } r = \text{Dämpfungskonstante} \quad .$$

Die möglichen Auslegungsfälle zeigt Bild 3.3.12. Üblich ist ein Dämpfungsexponent von $n \cong 1$. Damit vereinfacht sich der Ausdruck für die Dämpferkraft zu:

$$F_D = r \cdot \dot{z}_{rel} \; . \tag{3.3.17}$$

Die Dämpfungskonstante wird für die Druck- und Zugstufe unterschiedlich gewählt:

$$r_{Zug} = (2 \dots 4) \cdot r_{Druck}$$

Für ausgeführte PKW- Dämpfer gilt für r bei Zug: 8 000 ... 12 000 Ns/m
und bei Druck: 2 000 ... 4 000 Ns/m.

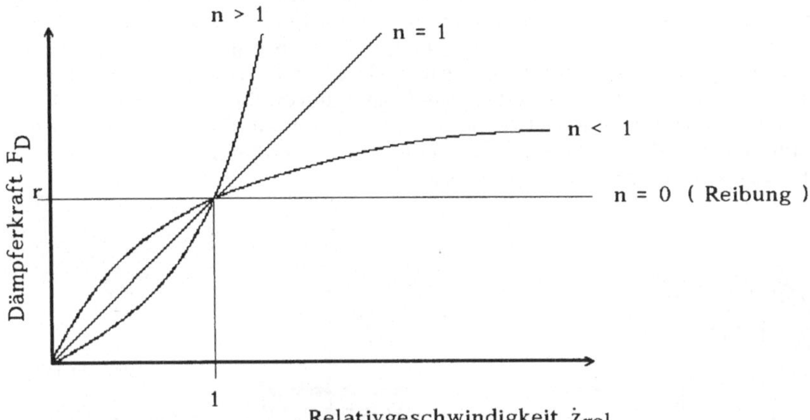

Bild 3.3.12: Dämpfungskraft in Abhängigkeit von der Relativgeschwindigkeit bei verschiedenen Dämpfungsexponenten

Von den verschiedenen Bauarten ist heute nur noch die Ausführung als hydraulischer *Teleskop-Dämpfer* in *Einrohr-* (nach "de Carbon") oder *Zweirohrbauart* üblich. Bei beiden Dämpferarten bewegt sich unter Überwindung des Strömungswiderstandes ein mit Drosselelementen versehener Kolben in einem flüssigkeitsgefüllten Zylinder. Die aufgenommene mechanische Arbeit wird dabei in Wärme umgewandelt.

Beim Einrohrdämpfer wird die von der Kolbenstange verdrängte Flüssigkeit durch Verschieben eines gasdruckbelasteten Kolbens aufgenommen. Der Druck (30 - 60 bar) auf der Flüssigkeit verhindert *Kavitation* und damit *Verschäumen* bei hoher Kolbengeschwindigkeit.

Von Vorteil sind hierbei die gute Wärmeabfuhr und die flexible Einbaulage.

Der Hauptnachteil des Einrohrdämpfers besteht darin, daß die Herstellung wegen der notwendigen Fertigungspräzision teuer und seine Lebensdauer wegen der kritischen Kolbenstangendichtung u.U. beschränkt ist.

Beim Zweirohrdämpfer wird das von der Kolbenstange verdrängte Flüssigkeitsvolumen über das *Bodenventil* und den Mantelraum zwischen Innen- und Außenrohr ausgeglichen. Im nicht bewegten Zustand ist der Flüssigkeitsdruck gleich dem Umgebungsdruck.

Den Vorteilen des Zweirohrdämpfers hinsichtlich des Preises und der Lebensdauer stehen als Nachteile die Neigung zur Blasenbildung, die ungünstige Wärmeabfuhr, der relativ große Durchmesser und der im allgemeinen nur senkrecht oder leicht geneigt mögliche Einbau gegenüber.

In den überwiegenden Teil der Kraftfahrzeuge werden gegenwärtig Zweirohrdämpfer eingebaut.

3.3.2.1 Dynamische Eigenschaften des Dämpfers

Das reale Verhalten eines *Schwingungsdämpfers* "richtig" zu modellieren, ist nicht ganz trivial, da die ausgeführten *Dämpfer* in der Zug- und Druckstufe, d.h. beim Auseinanderziehen und Zusammendrücken, unterschiedliche Kräfte für jeweils gleiche Deformationsgeschwindigkeit erfordern (*Hysterese*). Hinzu kommt die nicht zu vernachlässigende Reibung zwischen Kolben und Zylinder und vor allem zwischen Kolbenstange und Dichtungsring. Weiterhin neigen manche Dämpferausführungen zur Kavitation. Diese Erscheinung stellt sich ein, wenn im Unterdruckteil des Zylinders der Druck unter den Siededruck der Hydraulikflüssigkeit fällt und diese durch Sieden Gasblasen bildet, die nur sehr langsam durch Kondensation wieder verschwinden. Die Flüssigkeit wird "verschäumt" und liefert beim Durchströmen der Drosselöffnungen geringere Druckverluste. Die Dämpfungswirkung nimmt hierdurch stark ab.

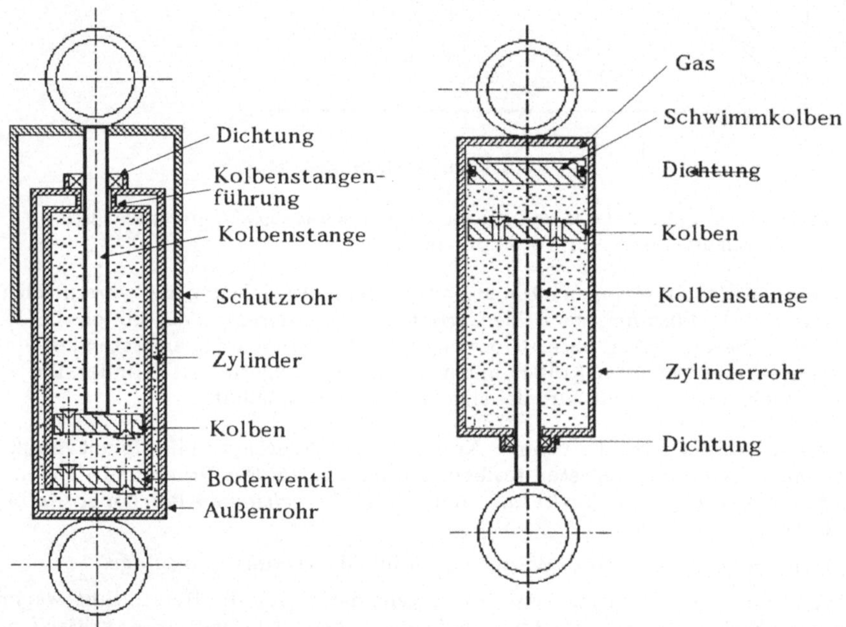

Bild 3.3.13: Hydraulische Schwingungsdämpfer in Einrohr- (rechts) und Zweirohrbauart (links)

Bei hohen Anregungsfrequenzen zeigt darüber hinaus der Dämpfer geringere Dämpfungskonstanten. Da es hier nicht darum geht, die inneren, komplizierten Dämpfungsmechanismen detailliert physikalisch zu modellieren (z.B. mit Hilfe der Hydrodynamik, Navier-Stokes; vergl. auch Segel (1982)), sondern dessen globale äußere Dämpfungswirkungen, also seine globalen dynamischen Eigenschaften in einem breiten Frequenzspektrum zu modellieren, soll das reale Verhalten in einem Experiment zunächst dargestellt werden.

In einem Versuch nach Bild 3.3.14 wird ein Dämpfer an der Kolbenstange über einen elektrodynamischen Schwingungserreger krafterregt. Dabei werden Beschleunigungen an der

Kolbenstange und dem Zylinder sowie die Anregungskraft gemessen.

Bild 3.3.15 zeigt die Übertragungsfunktion von Beschleunigung an der Kolbenstange zur Erregerkraft und Bild (3.3.16) die Übertragungsfunktion zwischen Gehäusebeschleunigung und Erregerkraft.

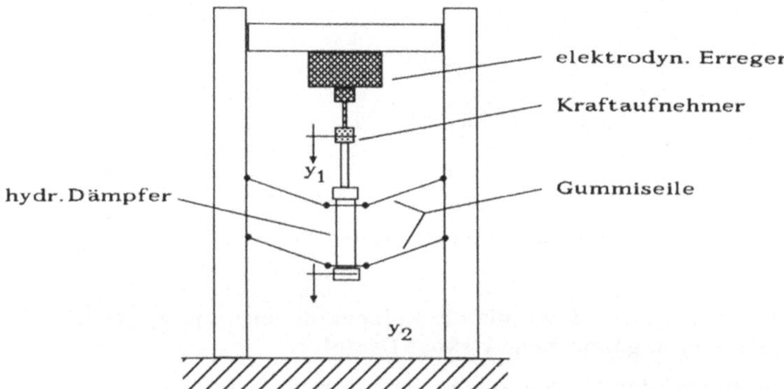

Bild 3.3.14: Schematischer Versuchsaufbau für die Dämpferuntersuchung (nach Zhang, 1991)

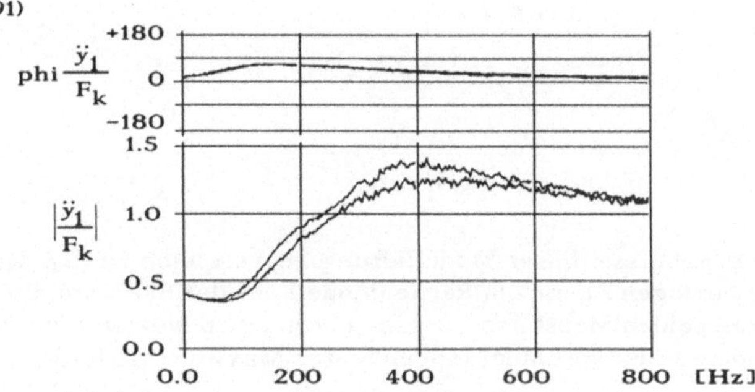

Bild 3.3.15: Übertragungsfunktion Kolbenstangenbeschleunigung zur Erregerkraft (nach Zhang, 1991)

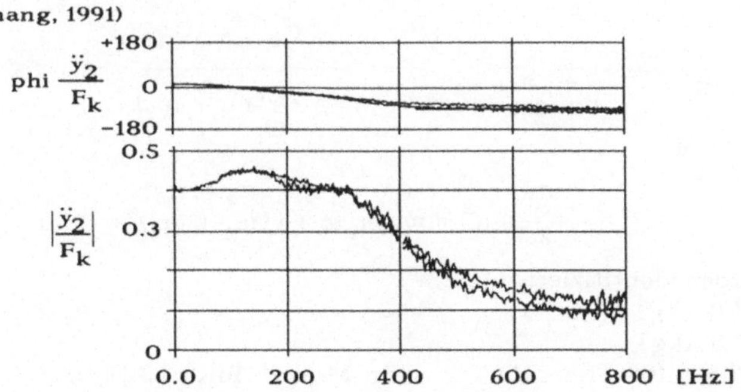

Bild 3.3.16: Übertragungsfunktion Zylinderbeschleunigung zur Erregerkraft (nach Zhang, 1991)

Modelliert man die Dynamik des im Versuchsaufbau (Bild 3.3.14) gezeigten Systems, so müßte für einen idealen Dämpfer das Ersatzbild 3.3.17a) gelten.

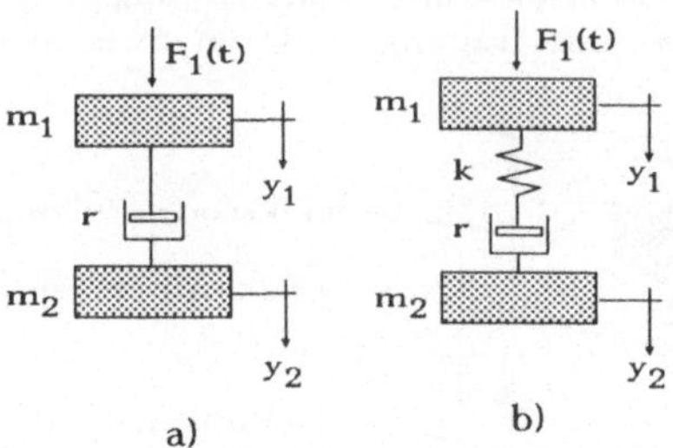

Bild 3.3.17: Modell für einen a) idealen und einen b) "realen" Schwingungsdämpfer

Zwischen den beiden Massen m_1 und m_2, die die Kolbenstangen- und die Zylindermasse darstellen, liegt der als ideal angenommene viskose Dämpfer.

Die Übertragungsfunktionen der Beschleunigungen $\ddot{y}_1$ und $\ddot{y}_2$ relativ zur Anregungskraft F_1 lauten dann

$$H_1(p) = \frac{Y_1\, p^2}{F_1} = \frac{m_2\, p + r}{m_1 m_2\, p + r\,(m_1 + m_2)} \tag{3.3.18}$$

und

$$H_2(p) = \frac{Y_2\, p^2}{F_1} = \frac{r}{m_1 m_2\, p + r\,(m_1 + m_2)} \;. \tag{3.3.19}$$

Bild 3.3.18 zeigt die Ergebnisse dieser Modellierung im Vergleich zu den Messungen. Die auftretenden Fehler bewogen Zhang ein Rechenmodell auf der Basis von Bild 3.3.17 b aufzustellen, welches die beiden Massen m_1 und m_2 durch einen idealen Dämpfer und eine in Reihe geschaltete ideale Feder verbindet (sogenanntes Maxwell-Modell).

Die beiden Übertragungsfunktionen der Beschleunigung $\ddot{y}_1$ und $\ddot{y}_2$ relativ zur Anregungskraft F_1 lauten nach Laplace-Transformation hierfür

$$H_1(p) = \frac{Y_1\, p^2}{F_1} = \frac{r\,\frac{m_2}{k}\, p^2 + m_2\, p + r}{r\,\frac{m_1\, m_2}{k}\, p^2 + m_1\, m_2\, p + r(m_1 + m_2)} \tag{3.3.20}$$

und

$$H_2(p) = \frac{Y_2\, p^2}{F_1} = \frac{r}{r\,\frac{m_1\, m_2}{k}\, p^2 + m_1\, m_2\, p + r(m_1 + m_2)} \;. \tag{3.3.21}$$

Als Parameter wurden identifiziert

$m_1 = 1{,}0$ [kg]		
$m_2 = 1{,}5$ [kg]		
$r = 2{,}6 \cdot 10^3$ [Ns/m]	für Modell Bild 3.3.17 a)	
$k_{(dyn)} = 4{,}5 \cdot 10^6$ [N/m]	für Modell Bild 3.3.17 b)	
$r_{(dyn)} = 1{,}2 \cdot 10^3$ [Ns/m]	" " b) .	

Die Ergebnisse dieser Modellierungen sind als Amplituden- und Phasengang im Bild 3.3.18 vergleichend dargestellt.

Vergleicht man die Übertragungsfunktionen beider Modelle, so erkennt man, daß die Einführung der Feder für H_2 einen deutlich steileren Abfall in Richtung "realerem" Verhalten gebracht hat. Der modellierte Dämpfer, bestehend aus einer Hintereinanderschaltung von idealem Dämpfer und idealer Feder, kommt dem frequenzabhängigen Verhalten des realen Dämpfers deutlich näher. Die Modellierung nach Bild 3.3.17 b) ist noch nicht sehr zufriedenstellend im Detail. Berücksichtigt man jedoch den extrem großen Frequenzbereich für Modellierung und Messung, so scheint das Modell bereits besser akzeptabel.

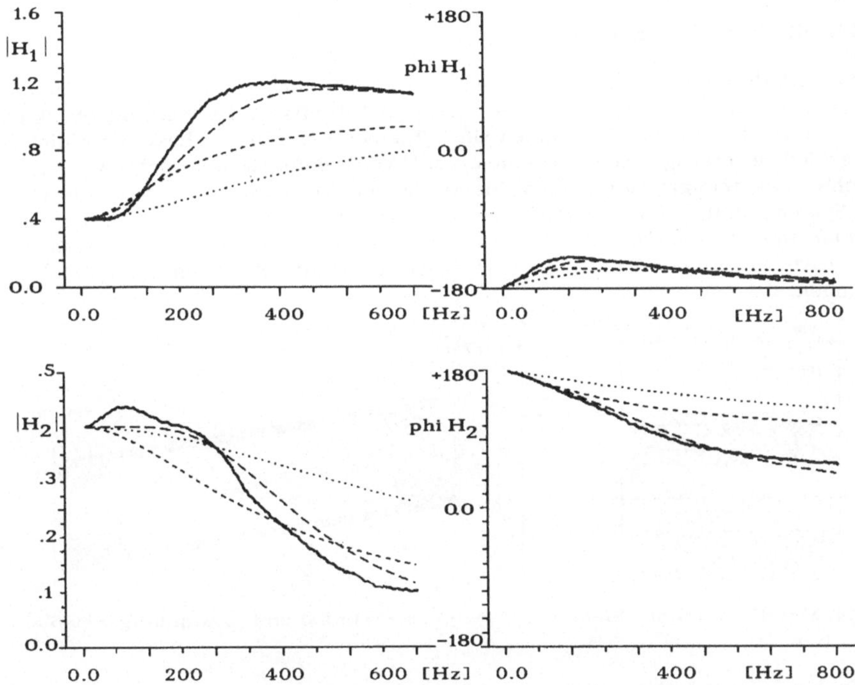

(— gemessen; – – mit dynamischer Dämpfung und zusätzlicher Feder; - - mit dynamischer Dämpfung; ···· mit statischem Dämpfungswert)

Bild 3.3.18: Gemessener und gerechneter Amplituden- und Phasengang für einen hydraulischen Schwingungsdämpfer (nach Zhang, 1991)

Die oben angesprochene Reibung ist mit diesem Modell nicht modelliert. Diese spielt bei höheren Frequenzen auch eine zu vernachlässigende Rolle, da die Anregungsenergie in diesem Frequenzbereich so groß ist, daß ein "Festsetzen" des Dämpfers hier nicht auftritt. Dies ist aber bei niedrigen Frequenzen der Fall und führt immer zu einer Reduktion eines Freiheitsgrades im jeweiligen dynamischen System. Bei Kraftfahrzeugen macht sich dieser Einfluß dadurch bemerkbar, daß die Aufbaubewegungen bei Fahrt über relativ ebene Straßenoberflächen deutlich größer sind als bei einer Fahrt über schlechtere Straßenoberflächen. Im ersteren Fall blockiert der festsitzende Dämpfer die ganze elastische

Radaufhängung, so daß der Fahrzeugaufbau lediglich durch die Reifenfeder abgestützt wird.

Ein sehr interessantes Modellierungsverfahren hat Kölsch (1994) in seiner Dissertation mit Hilfe des Lagrangeschen Multiplikators aufgestellt. Er rechnet in seiner Dissertation eine McPherson-Radaufhängung mit Reibung im Dämpfer und in den Lenkerlagern durch.

3.3.3 Schwingmetalle

Schwingmetalle sind Elemente zur Schwingungsisolation an vielfältigen Einsatzorten z. B. Motor- und Getriebeaufhängung, Lagerstellen von Lenkern und Stabilisatoren.

3.3.3.1 Metall-Gummi-Elemente

Bild 3.3.19 zeigt den Aufbau und die Anwendung solcher Elemente. Es handelt sich hierbei um Elemente, die eine innere und eine äußere Metallhülse aufweisen, die durch eine Elastomerschicht festhaftend verbunden sind . Elemente dieser Art besitzen radial und axial verschiedene Steifigkeiten. Sie können auf Verdrehung beansprucht werden und kardanische Auslenkungen aufnehmen. Sie vermeiden *Körperschallübertragung* innerhalb des Systems und gleichen Fertigungstoleranzen anderer Bauteile durch die elastische *Gummi-Metallverbindung* aus. Diese Buchsen besitzen unterschiedliche Steifigkeiten z.B.: "hart" in radialer Richtung, "mittelhart" in axialer Richtung und "weich" für Verdrehungen.

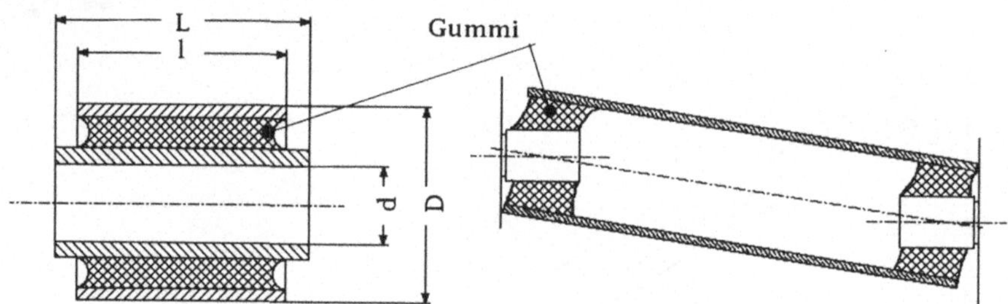

Bild 3.3.19: Metall - Gummi - Elemente Prinzipskizze (links) und Anwendungsbeispiel (rechts)

3.3.3.2 Dynamik der Schwingmetalle

Man benutzt diese Elemente (auch als "*rubber-mount*" bezeichnet) für die elastischen Verbindungen zur Reduzierung des Körperschalls z.B. bei der Motor- und Getriebeaufhängung ebenso wie in den Gelenken der Radaufhängungen (Lenker-Karosserie und in den Befestigungsstellen Feder-Karosserie und Dämpfer-Karosserie, Lagerung von *Torsions-Stabilisatoren* und *Zugstreben* usw.). Durch Freiheit in der Formgebung entstehen in weiten Grenzen variierende Steifigkeiten in allen 6 Freiheitsgraden. Hinzu kommt die Möglichkeit, durch die Gummimischung Einfluß auf die Materialsteifigkeit zu nehmen.

Diese Bauelemente sind im niedrigen Frequenzbereich rein elastisch, wirken also wie eine Feder. Ihre Federkennlinie ist stark nichtlinear, was zur Folge hat, daß sich ihre Steifigkeit mit der statischen Vorlast stark ändert. Im höheren Frequenzbereich treten jedoch die viskosen Eigenschaften des Gummis zusätzlich in Erscheinung, d.h. die Deformationsarbeit wird z.T. durch Materialdämpfung in Wärme umgewandelt. Diese Materialdämpfung ist jedoch nicht allein der Deformationsgeschwindigkeit proportional.

In den letzten Jahren haben sich eine Reihe von Autoren der Messung und Beschreibung von Gummilagern gewidmet (Kessler (1983); Wick (1986); David et al. (1987); Helber et al. (1989); Haupt (1976); Völckers (1978); Battermann et al. (1982); Kümmlee (1985); Zamow et al. (1988)).

Zwei Meßmethoden sind im wesentlichen zu unterscheiden:

a) Die Probe wird in einem sehr steifen Rahmen eingespannt (und vorgespannt, s. Bild 3.3.20a) und durch einen elektrodynamischen Erreger im Frequenzbereich bis zu einigen hundert Hertz angeregt. Erregerkraft und Deformationsweg werden gemessen. Ihr Quotient wird als dynamische Steifigkeit und die auftretende Phasenverschiebung zwischen Kraft- und Wegamplituden als Verlustwinkel bezeichnet.

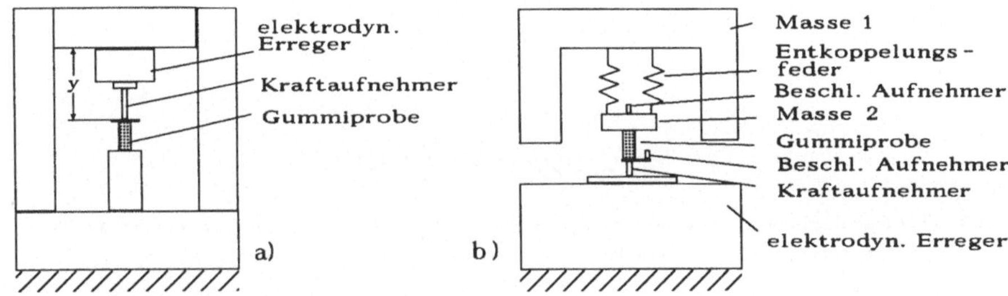

Bild 3.3.20: Schematische Prüfstandsaufbauten zur Untersuchung von Gummilagern

b) Die zweite Methode benutzt ein 2-Massen-Feder System (s. Bild 3.3.20b), dessen Eigenfrequenz bezüglich der Masse 1 sehr tief abgestimmt ist. Die Masse 1 dient als statische Vorlast. Gemessen werden die Anregungskraft und zwei Beschleunigungen, aus welchen die dynamische Steifigkeit des Gummilagers identifiziert werden kann. Der Bereich der Anregungsfrequenzen reicht bis zu einigen Kilohertz.

Experimentell mehrachsige Vorlasten aufzubringen und mehrachsig anzuregen, ist äußerst schwierig.

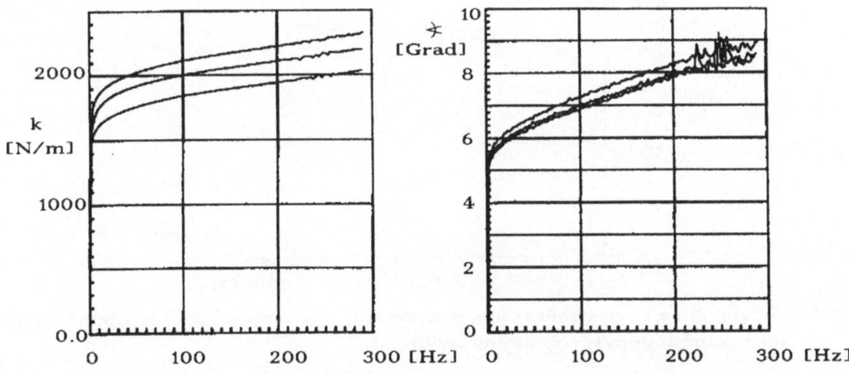

Bild 3.3.21: Verlauf von Steifigkeit (k) und Phase m eines Gummilagers über der Frequenz bei drei verschiedenen Radlasten

Bild 3.3.21 zeigt einen typischen Verlauf von Steifigkeit und *Verlustwinkel* (Phase) einer

Gummilagerung zwischen Dämpfer-Kolbenstange und Karosserie bei 0,1 mm Anregung und drei verschiedenen Vorlasten.

Kessler (1983) und Zamow et al. (1988) haben gezeigt, daß dieses typische Verhalten der Gummilager durch Parallelschalten von Maxwell- und Voigt-Kelvin-Modellen modelliert werden kann (*Maxwell-Modell*: Hintereinandergeschaltete, ideale Feder und idealer Dämpfer. *Voigt-Kelvin-Modell*: Parallelgeschaltete, ideale Feder und idealer Dämpfer). Diese Kombination wird als *rheologisches Gummilager-Modell* (mindestens 4 Parameter) bezeichnet.

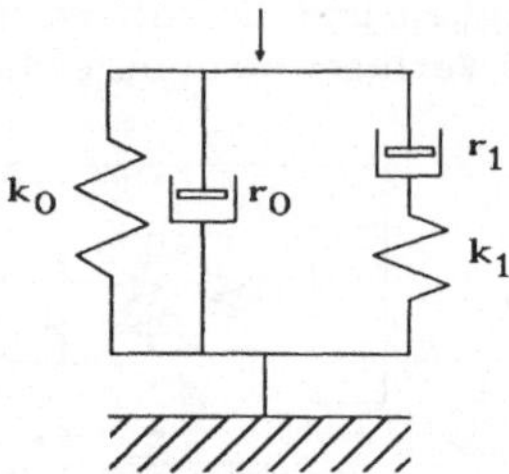

Bild 3.3.22: Parallelschaltung von Voigt-Kelvin-Modell (links) und Maxwell-Modell (rechts) zu einem rheolinearen Gummilager-Modell

Die *dynamische Steifigkeit* eines solchen Modells ist

$$k_{dyn} = \left[k_0 + k_1 - \frac{k_1}{1 + (\frac{r_1}{k_1})^2 \omega^2} \right] + j\omega\left[r_0 + \frac{r_1}{1 + (\frac{r_1}{k_1})^2 \omega^2} \right] . \qquad (3.3.22)$$

Durch diese Beschreibung bleibt das Modell linear. Bild 3.3.23 zeigt den von Zhang (1991) ermittelten rechnerischen Verlauf der dynamischen Steifigkeit im Vergleich zu Meßergebnissen nach Bild 3.3.21. Die Parameter lauten:

$$k_0 = 1{,}8 \cdot 10^6 \text{ [N/m]} \qquad k_1 = 4{,}0 \cdot 10^5 \text{ [N/m]}$$
$$r_0 = 1{,}7 \cdot 10^2 \text{ [Ns/m]} \qquad r_1 = 1{,}5 \cdot 10^3 \text{ [Ns/m]} .$$

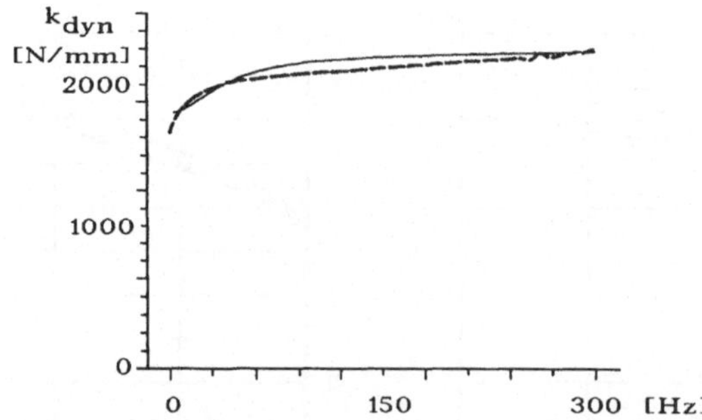

Bild 3.3.23: Vergleich von errechneter mit gemessener, dynamischer Steifigkeit k_{dyn} eines Gummilagers (nach Zhang, 1991)

Zur Verbesserung des Modells wäre es denkbar, weitere Maxwell-Modelle hinzuzufügen; jedoch wird es dann immer schwieriger, die Modellparameter zu identifizieren. Verbesserungen in der Phasendrehung lassen sich auch durch Hinzufügen eines Coulombschen Reibers erzielen. Hierdurch wird jedoch das ganze Modell nichtlinear.

3.3.4 Reifen (Tragfähigkeit)

In diesem Kapitel werden die Eigenschaften des Reifens zusammengefaßt, die sich auf die Vertikaldynamik auswirken. Die Quereigenschaften des Reifens werden in Kap. 6 behandelt.

Infolge der Reifenfederung entsteht mit der Rad- bzw. Achsmasse ein schwingungsfähiges Teilsystem.

Die Federkennlinie des Reifens beeinflußt die Rad- bzw. Achseigenfrequenz und wirkt sich somit auch auf die dynamische Radlast aus.

3.3.4.1 Tragfähigkeit und Federrate

Die *Tragfähigkeit des Reifens* setzt sich zusammen aus:

1. Tragfähigkeit des Reifenmaterials (Gummi und Gewebe)
   - 1.1. Tragkraft des drucklosen Reifens (Form)
   - 1.2. *Formhaltekraft* der Preßluft, die die Wandungen versteift und damit eine höhere Kraftaufnahme ermöglicht (*Ovalisiersteifigkeit*)
2. Tragkraft der Preßluft
   - 2.1. Anteil des Reifeninnendrucks p_i und Latschfläche A
   - 2.2. Anteil, der sich aus der Luftdruckerhöhung beim Einsinken des Reifens ergibt.

Tragkraft: $F_P = p_i \cdot A$ (entspricht IV, dem größten Anteil in Bild 3.3.24). Die Änderung von F_P mit der Einfederung z ergibt sich zu:

$$\frac{dF_P}{dz} = p_i \cdot \frac{dA}{dz} + A \cdot \frac{dp_i}{dz} .$$

Die Luftdruckerhöhung kann als klein vernachlässigt werden:

$$\frac{dp_i}{dz} \approx 0 \quad \text{(entspricht III in Bild 3.3.24)}.$$

Daraus folgt:

$$\frac{dF_P}{dz} = p_i \cdot \frac{dA}{dz} \quad \text{(entspricht II in Bild 3.3.24)}.$$

Die Aufstandsbreite ändert sich während der Eindrückung nur sehr gering, die Einfederung führt daher nur zur Änderung der Länge der Aufstandsfläche.

Die Tragfähigkeit läßt sich in eine materialabhängige und eine vom Reifeninnendruck abhängige Komponente aufteilen:

$$F_P = F_{P0} + F_{Pi}(p_i).$$

F_{P0} ist interpretierbar als Tragfähigkeit aus einem nicht beeinflußbaren *Ruhedruck* p_0 ; diese Größe ist von der Reifenkonstruktion abhängig.

$$p = p_0 + p_i ,$$

so daß

$$F_P = (p_0 + p_i) \cdot A = F_{P0} + F_{Pi}(p_i) \quad \text{(entspricht I und IV in Bild 3.3.24)} .$$

Die Tragfähigkeit ist begrenzt durch:

- Festigkeit des Reifenmaterials, welches den Innendruck aufnehmen muß,
- Temperaturfestigkeit der Gummimischung und des Gewebes.

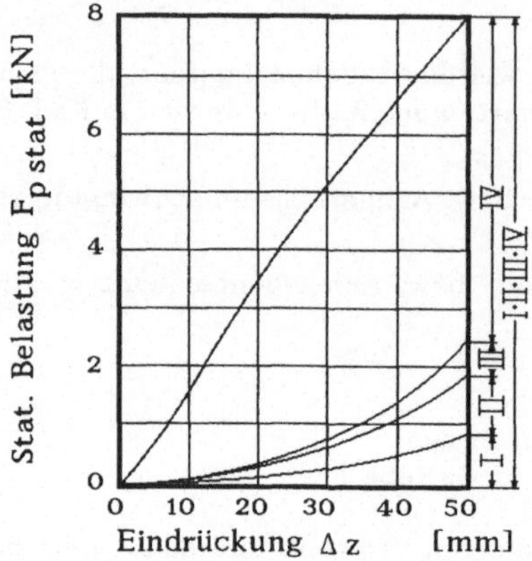

I : Tragkraft des luftleeren Reifens
II : Rundhaltekraft der Preßluft
III : Kompressionsanteil der Preßluft
IV : Tragkraft der Preßluft

Bild 3.3.24: Zusammenhang zwischen Tragkraft und Reifeneinfederung (nach G. Weber, 1954)

Es kann infolge von thermischer Belastung und Fabrikationsfehlern zu Ablösungen der *Lauffläche* (*Protektor*) vom Unterbau (*Karkasse*) kommen. Weiterhin kann sich Gummi bei hohen Temperaturen durch den Innendruck p_i zwischen den Fäden durchdrücken. Die Grenztemperatur für die Reifenfestigkeit im Innern liegt bei ca. 150 °C (*Vulkanisiertemperatur*).

Die *statische Reifen-Federrate* k_1 (auch Federsteife und bei linearer Kennlinie Federkonstante) ist der Quotient aus Radlaständerung und Änderung der Reifeneinfederung.

$$k_1 = \frac{\Delta F_P}{\Delta z}$$

Die Federrate k_1 geht maßgeblich in die Größen der Fahrzeugvertikaldynamik ein. Auswirkungen für den Fall, daß k_1 steigt, sind:

- Achseigenfrequenz steigt
- dynamische Radlastschwankungen, Straßenbeanspruchung steigen
- Fahrwerkbeanspruchung steigt
- Fahrkomfort sinkt.

Die Federrate wird beeinflußt von:

- Reifeninnendruck p_i,
- Querschnittsverhältnis
- *Reifenbauart*,
- Profil
- Fahrgeschwindigkeit.

Für ein Fahrzeuggewicht von ca. 1200 kg ergeben sich folgende Werte:

$k_1 = 167$ N/mm $k_1 = 10 \cdot c_{Aufbau}$.

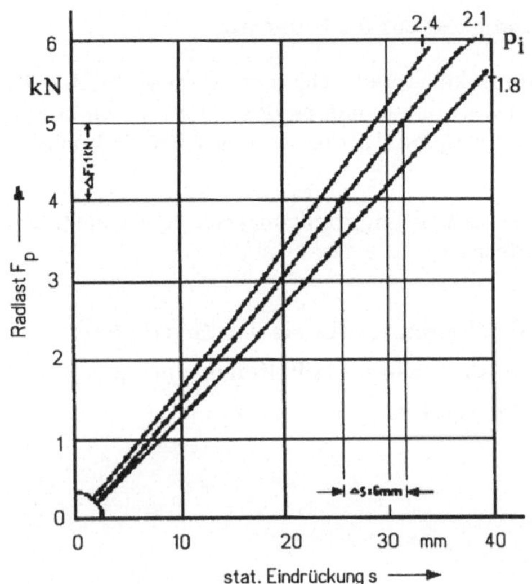

Bild 3.3.25: Abhängigkeit der Radlast von der Eindrückung (Federrate), (nach Reimpell, 1982)

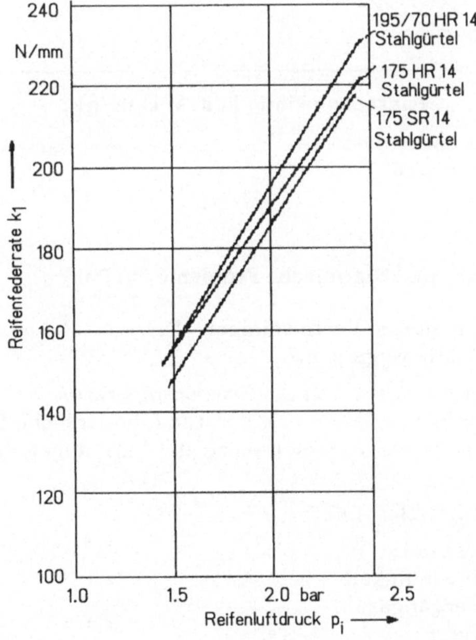

Bild 3.3.26: Abhängigkeit der Federrate vom Reifeninnendruck (nach Reimpell, 1983)

Einfluß der Fahrgeschwindigkeit auf die Federrate

Die mit der Fahrgeschwindigkeit quadratisch steigenden Fliehkräfte führen je nach Bauart der Karkasse zum Aufstellen (Zunahme des Außendurchmessers) und damit zu steileren bzw. flacheren Seitenwänden. Infolgedessen wird die Formhaltekraft erhöht.

Je dehnbarer die Karkasse in Umfangsrichtung ist, desto größer ist der Einfluß der Geschwindigkeit auf die Federrate.

Fazit:

-Der *Stahlgürtel* macht den Reifen steifer als der *Textilgürtel*.

-*Niederquerschnittsreifen* sind steifer als Reifen mit normalem Querschnitt.

Die tatsächliche Federrate ergibt sich zu $k = k_f \cdot k_1$.

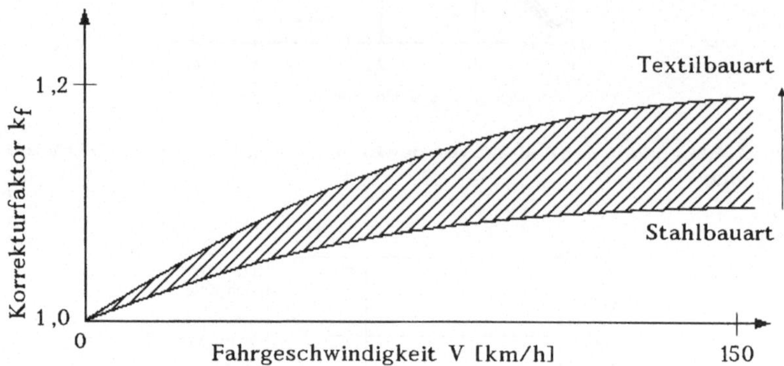

Bild 3.3.27: Abhängigkeit des Korrekturfaktors k_f der Reifenfederrate von der Fahrgeschwindigkeit

3.3.4.2 Temperaturgrenze und thermische Probleme am Reifen

Der Reifen erwärmt sich durch Verformungen. Diese Verformungen entstehen durch Längs-, Quer- und Vertikalbewegungen.

Einschätzung der Einflußparameter auf die *Reifentemperatur*:
Bei geradeaus rollendem Rad ist der Rollwiderstand die Ursache für die Erwärmung, die Rollwiderstandsleistung ist die vom Reifen an die Luft abgegebene Wärmemenge pro Zeiteinheit.

$$F_{WR} \cdot v = \alpha_T \cdot A_K \cdot \Delta T \quad \text{mit}$$

F_{WR} : Rollwiderstand
v : Fahrgeschwindigkeit
α_T : Wärmeübergangszahl
A_K : Kühlfläche
ΔT : Temperaturdifferenz Reifen - Luft

Mit dem *Rollwiderstand*, welcher erst später in Kap. 4.2.1 genauer beschrieben wird (der Leser gestatte mir hier diesen "Vorgriff" auf Gl. (4.2.5)), und halbsinusförmiger, radialer

Eindrückung über der "Latschlänge"

$$F_{WR} = \frac{\pi \cdot r \cdot \omega \cdot \Delta z^2}{2\,l} \qquad \text{(dies ist die später hergeleitete Gl. (4.2.5))}$$

und $k = \frac{dF_P}{dz} = \frac{F_P}{z}$ mit
z: Reifeneinfederung
k: Federrate des Reifens
$r\omega$: Gummidämpfung
l: Latschlänge

wird $$\Delta T = \frac{\pi}{2} \cdot \frac{z}{l} \cdot \frac{1}{\alpha_T \cdot A_K} \cdot \frac{r\omega \cdot F_P}{k} \cdot v \quad .$$

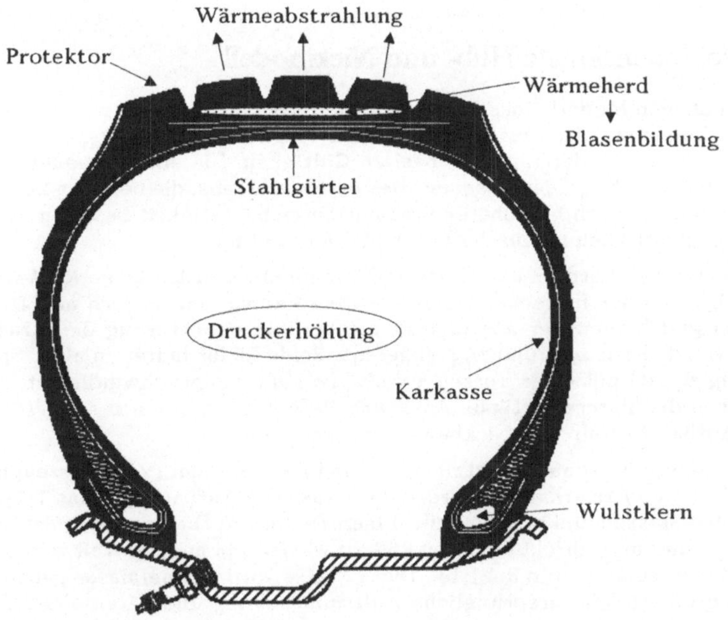

Bild 3.3.28: Reifenschema im Schnitt

Bei konstanter Fahrgeschwindigkeit v, z/l = konst. und $\alpha_T \cdot A_K$ = konst. gilt:

$$\Delta T \sim \frac{r\omega \cdot F_P}{k} \quad .$$

Fazit:
Hochgeschwindigkeitsreifen erfordern
- geringe Gummidämpfung $r\omega$
- hohe Federkonstante (hoher Innendruck) oder
- geringe Eindrückung F_P/k (Bauart).

Die Wärme durch Rollwiderstand entsteht im Innern des Reifengummis. Wegen der schlechten Wärmeleitfähigkeit des Gummis (0.25 kcal/mh C) entstehen "*Wärmenester*", die dann zum sogenannten "*Hitzetod*" führen. Als Folge kommt es zu partiellen Ablösungen zwischen Karkasse und Protektor (Blasen).

Wärme durch starke Reibung in der Aufstandsfläche (Bremsen mit blockierten Rädern, sehr scharfe Kurvenfahrt) führt zur Erwärmung der Lauffläche → kein Hitzetod, dafür aber Abrieb.

3.4 Weitere einfache, lineare Modelle zur Vertikaldynamik

Im folgenden sollen einige einfache Beispiele von Fahrzeugmodellen besprochen werden, die durch eine gegebene Straße an Vorder- und Hinterachse sowie durch linke und rechte Fahrspur zu Bewegungen angeregt werden.

3.4.1 Das zweidimensionale Hub- und Nickmodell

Es wird von dem ebenen Modell eines Fahrzeugs (Bild 3.4.1 a) ausgegangen. Der Aufbau wird als starrer Träger mit der Masse m_a und dem Trägheitsmoment Θ_{ay} im Schwerpunkt modelliert. Diese Modellannahme besitzt Gültigkeit für einen Frequenzbereich deutlich unterhalb der 1. *Biegeeigenfrequenz des realen Aufbaus*, die bei etwa 20 - 30 Hz auftritt. Soll das Modell auch im höheren Frequenzbereich Gültigkeit besitzen, muß der Aufbau mit seinen elastischen Eigenschaften modelliert werden.

Bei der Modellierung der Vorder- und Hinterradaufhängung werden keine *Radkinematiken* berücksichtigt und der Einfachheit halber sollen Radmassen, Federn und Dämpfer vorne und hinten gleich sein. Der jeweilige Reifen berührt punktförmig die Straße und wird von dieser vertikal mit z_{0v} und z_{0h} angeregt. Beide Räder laufen in einer Spur, so daß die Anregung $z_{0v}(t)$ mit einer *Totzeit* $\tau = l/v$ (v: Fahrzeuggeschwindigkeit, l: Achsabstand) versehen die hintere vertikale Anregung liefert als $z_{0h}(t + \tau) = z_{0v}(t)$. Hierdurch wird der Aufbau zu Hub- und Nickbewegungen angeregt.

Um eine für die spätere Berechnung nützliche Ähnlichkeit mit dem 1/4–Fahrzeugmodell aus Kapitel 3. (Bild 3.1.1) zu erhalten, werden die Masse des Aufbaus und das Trägheitsmoment in einzelne Massenpunkte aufgeteilt. Einen Teil der Aufbaumasse findet man als Punktmassen m_{av} und m_{ah} direkt über den Rädern wieder, ein anderer Teil verbleibt als Punktmasse im Schwerpunkt (Bild 3.4.1 b) . Diese Masse wird *Koppelmasse* genannt. Bei dieser Aufteilung müssen die ursprüngliche Aufbaumasse m_a und deren *Trägheitsmoment* Θ_{ay} erhalten bleiben. Es gilt:

$$\left.\begin{aligned} m_a &= m_{av} + m_{ah} + m_k \\ \Theta_{ay} &= m_{av} \cdot a^2 + m_{ah} \cdot b^2 = m_a \cdot i^2 \\ g\,(m_{av} \cdot a - m_{ah} \cdot b) &= 0\,, \end{aligned}\right\} \qquad (3.4.1)$$

mit i : *Trägheitsradius.*

Aus den drei Gleichungen lassen sich die drei Unbekannten m_{av} , m_{ah} und m_k bestimmen:

$$\left.\begin{aligned} m_{av} &= m_a \cdot \frac{i^2}{a \cdot l} \\ m_{ah} &= m_a \cdot \frac{i^2}{b \cdot l} \end{aligned}\right\} \qquad (3.4.2)$$

$$m_k = m_a \cdot \left(1 - \frac{i^2}{a \cdot b}\right).$$

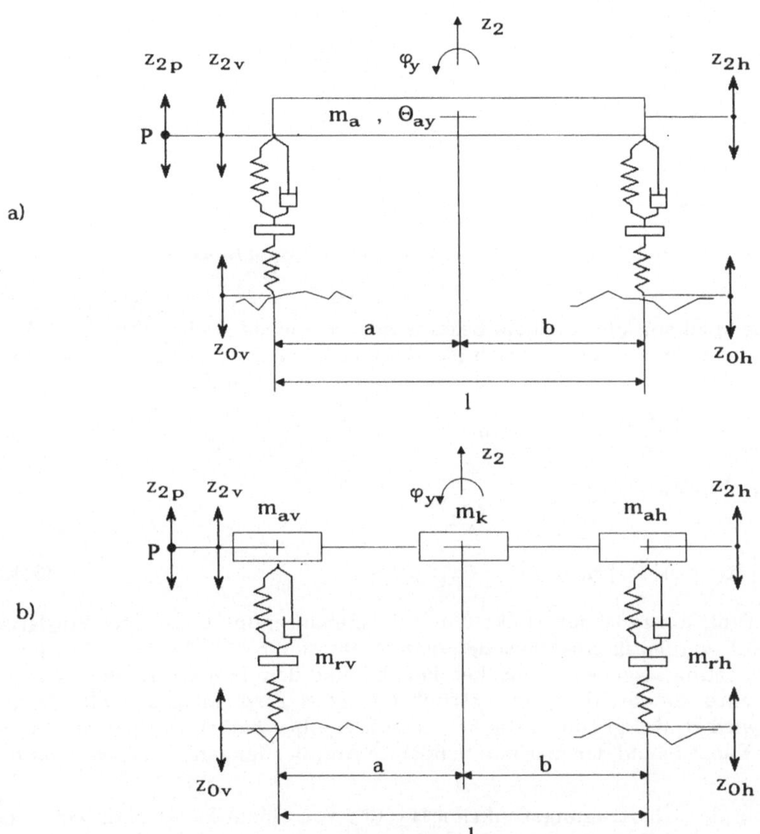

Bild 3.4.1 a und b: Zweidimensionales Hub- und Nickmodell mit Koppelmasse

Aus der letzten der drei Gleichungen (3.4.2) geht hervor, daß diese Koppelmasse m_k für $i^2 \geq a \cdot b$ verschwindet bzw. negativ werden kann. Für den Fall verschwindender Koppelmasse ($m_k = 0$) werden die Bewegungsgleichungen für Hub- und *Nickbewegungen* entkoppelt, d. h. eine vertikale Anregung allein an Vorder- oder Hinterachse führt zu keiner Bewegung an der jeweils anderen Achse.

Daher gehen wir bei den weiteren Berechnungen von $m_k = 0$ aus, um die Methodik klarer und den Rechenaufwand gering zu halten. Zumindest für Pkw ist darüber hinaus diese Einschränkung auch in der Realität erfüllt (Bild 3.4.1 c).

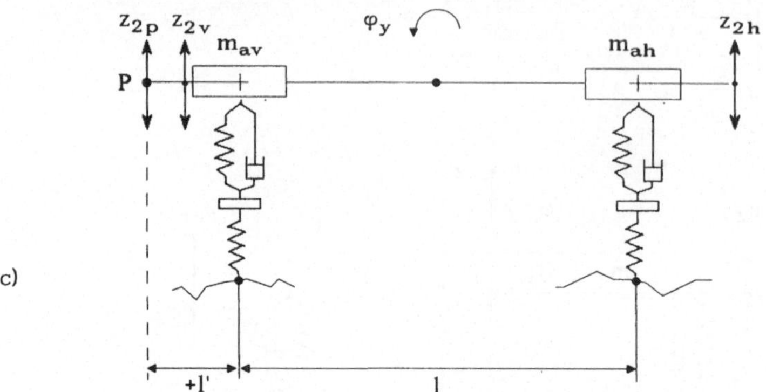

Bild 3.4.1 c: Zweidimensionales Hub- und Nickmodell ohne Koppelmasse

Im betrachteten Beispiel soll die vertikale Beschleunigung eines beliebigen Punktes P am Fahrzeugaufbau berechnet werden, der sich im Abstand l' vor der Vorderachse befindet. Die spektrale Autoleistungsdichte dieser Beschleunigung ist (s.Kap.3.2):

$$G_{\ddot{z}_{2p}} = \frac{d\ddot{z}_{2p}}{d\omega} = \left| \frac{\hat{z}_{2p}}{\hat{z}_0} \right|^2 \cdot G_{\ddot{z}_0}(\omega)$$

$$G_{\ddot{z}_{2p}} = \left| \frac{\hat{z}_{2p}}{\hat{z}_{2v}} \right|^2 \cdot \left| \frac{\hat{z}_{2v}}{\hat{z}_0} \right|^2 \cdot G_{\ddot{z}_0}(\omega)$$

$$= \left| H_{2z}(j\omega) \right|^2 \cdot \left| H_1(j\omega) \right|^2 \cdot G_{\ddot{z}_0}(\omega) \quad . \tag{3.4.3}$$

Die Übertragungsfunktion zwischen Punkt P und Straßenanregung unter dem Vorderrad kann also aufgeteilt werden in eine zwischen dem Punkt senkrecht über dem Vorderrad und der Straßenanregung sowie eine zwischen Punkt P und dem Punkt über dem Vorderrad. Die erstgenannte ist die Übertragungsfunktion eines Zwei-Massen-Feder-Dämpfer-Systems. Sie wird $H_1(j\omega)$ genannt. Die zweite soll $H_{2z}(j\omega)$ heißen. $H_1(j\omega)$ ist uns bereits bekannt aus Kap.3.1, und der hier nun benötigte Amplitudengang $|H_1(j\omega)|$ aus Bild 3.1.3 a.

Für die Berechnung der Übertragungsfunktion $H_{2z}(j\omega)$ von einem Punkt senkrecht über dem Vorderrad zu einem beliebigen Punkt P am Fahrzeugaufbau muß berücksichtigt werden, daß sich die Bewegung an einem beliebigen Punkt aus der Anregung an Vorder- und Hinterrad zusammensetzt.

Die geometrische Überlagerung liefert:

$$z_{2p}(t) = z_{2v}(t) + [\, z_{2v}(t) - z_{2h}(t) \,] \cdot \frac{l'}{l} \quad . \tag{3.4.4}$$

Die Bewegung der Aufbaumasse über dem Hinterrad wird zeitverzögert mit $\tau = l/v$ (v: Fahrzeuggeschwindigkeit, l: Radstand) gegenüber der Bewegung über dem Vorderrad von der Straße angeregt (gleiche Dynamik ist für Hinter- und Vorderradaufhängung vorausgesetzt):

$$z_{2h}(t) = z_{2v}(t - \tau) \quad .$$

Damit ist die Aufbaubewegung des Punktes P:

$$z_{2p}(t) = z_{2v}(t) + [\, z_{2v}(t) - z_{2v}(t-\tau)\,] \cdot \frac{l'}{l} \qquad (3.4.5)$$

Diese Gleichung hat mit dem Lösungsansatz $z_{2v}(t) = \hat{Z}_{2v}\, e^{j\omega t}$ die Lösung:

$$\frac{\hat{z}_{2p}}{\hat{z}_{2v}}(j\omega) = 1 + [\, 1 - e^{-j\omega\tau}] \cdot \frac{l'}{l} = H_{2z}(j\omega) \qquad (3.4.6)$$

und stellt die gesuchte Übertragungsfunktion $H_{2z}(j\omega)$ dar. Sie ist von der Lage l' des Punktes P abhängig.

Liegt der Punkt P über der Vorderachse ($l'/l = 0$) , so wird $|\, H_{2z}(j\omega)\, | = 1$.
Für $l'/l = -1$, d. h. P liegt über der Hinterachse, wird

$$H_{2z}(j\omega) = e^{-j\omega\tau} \text{ bzw. } |\, H_{2z}(j\omega)| = 1 \,.$$

Dies bedeutet, daß die Amplitude genauso hoch wie oberhalb der Vorderachse ist, jedoch mit der Verzögerung $\tau = l/v$ auftritt.

Für $l'/l = -0.5$, d. h. P liegt genau zwischen den beiden Achsen, wird

$$H_{2z}(j\omega) = 0.5\ (\, 1 + e^{-j\omega\tau}\,),$$

und $|\, H_{2z}(j\omega)\, |$ verhält sich wie z. B. in Bild 3.4.2 gezeigt.

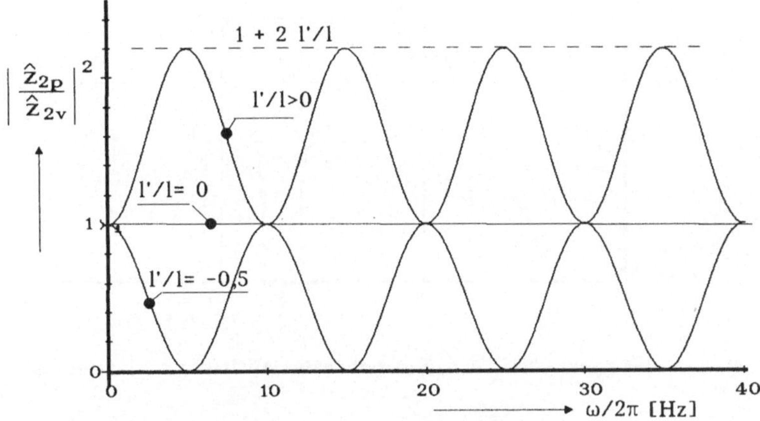

Bild 3.4.2: Verlauf von $|H_{2z}(j\omega)|$ über der Anregungsfrequenz bei v = 20 [m/s]; l = 2,0 [m]

Somit liegen die beiden Übertragungsfunkionen $H_1(j\omega)$ und $H_{2z}(j\omega)$ vor und die Autoleistungsdichte der vertikalen Beschleunigung eines Punktes P am Aufbau kann für eine bestimmte Straße errechnet werden.

Berechnung des Effektivwertes bzw. der spektralen Leistungsdichte von Aufbaubewegungen z_2 bzw. φ_y am ebenen Modell

Die spektrale Leistungsdichte der Aufbaubeschleunigung $G_{\ddot{z}_{2p}}$ eines Punktes P ist (s. Gl. (3.4.3)):

$$G_{\ddot{z}_{2p}}(\omega) = \left|H_1(j\omega)\right|^2 \cdot \left|\, H_{2z}(j\omega)\, \right|^2 \cdot G_{\ddot{z}_0}(\omega)$$

$$G_{\ddot{z}_{2p}}(\omega) = \left|H_1(j\omega)\right|^2 \cdot \left|H_{2z}(j\omega)\right|^2 \cdot \omega^2 \cdot 2\pi \cdot v \cdot G_{zo}(\lambda)\,.$$

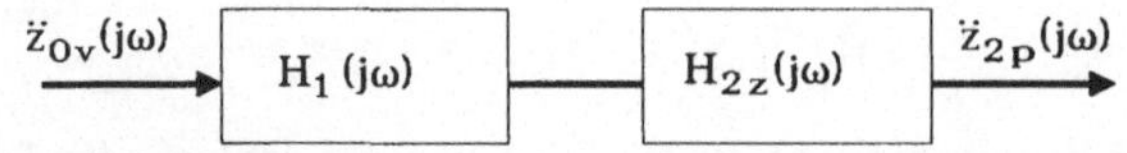

$\ddot{z}_{0v}(j\omega)$ → $H_1(j\omega)$ → $H_{2z}(j\omega)$ → $\ddot{z}_{2p}(j\omega)$

Bild 3.4.3: Blockschaltbild für das Hubmodell

Der Effektivwert von $\ddot{z}_{2p}$ ist dann

$$\ddot{z}^2_{2peff} = \int_0^\infty G_{\ddot{z}_{2p}}(\omega) \cdot d\omega\,. \tag{3.4.7}$$

Die Leistungsdichte $G_{\ddot{z}_{2p}}$ des Punktes P ergibt sich als Produkt der Quadrate der Beträge der Übertragungsfunktionen $\frac{\hat{z}_{2P}}{\hat{z}_{2v}}$ und H_1 sowie der Anregungsleistungsdichte $G_{\ddot{z}0}$.

Das eindimensionale Modell nach Kap. 3.1 zeigt im Vergleich zum ebenen, zweidimensionalen folgendes:

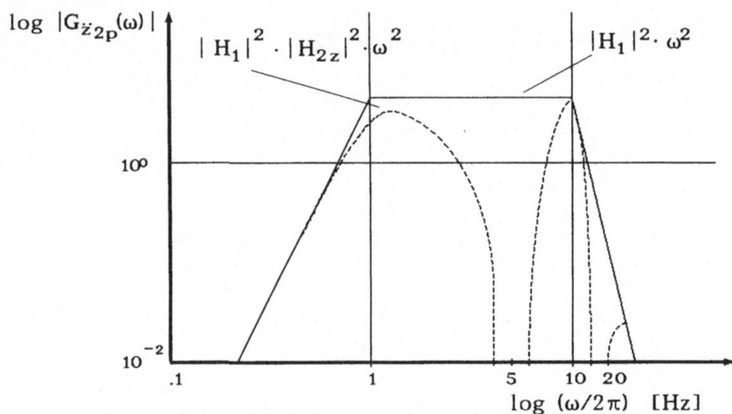

Bild 3.4.4: Verlauf der spektralen Leistungsdichte der Aufbaubeschleunigung

Die spektrale Leistungsdichte $G_{\ddot{z}_2}$ ist nur durch die spektrale Leistungsdichte der Unebenheitsanregung $G_{\ddot{z}_0}$ von der Fahrgeschwindigkeit v abhängig. Daher wird dort

$$\ddot{z}_{2eff} \sim \sqrt{v}\,. \tag{3.4.8}$$

Im ebenen Modell erscheint die Fahrgeschwindigkeit zusätzlich in der Übertragungsfunktion. Bei gleichen Schwingungseigenschaften der Modelle ist die Aufbaubeschleunigung im ebenen Modell in der Radaufstandsmitte kleiner als beim eindimensionalen Modell. Sie steigt aber stärker als mit $\sqrt{v}$.

Erst im zweidimensionalen Modell entsteht eine Abhängigkeit der Aufbaubeschleunigung vom Radstand l. Mit steigendem Radstand sinkt die Aufbaubeschleunigung.

Nickwinkel

Die spektrale Leistungsdichte der *Nickwinkelbeschleunigung* ist methodisch ebenfalls wie die Vertikalbeschleunigung zu berechnen.

Aus Bild 3.4.1 gilt für den Nickwinkel:

$$l \cdot \varphi_y(t) = z_{2v}(t) - z_{2h}(t) .$$

Mit $z_{2h}(t) = z_{2v}(t - \tau)$ und $z_{2v}(t) = \hat{z}_{2v} \cdot e^{j\omega t}$, $\tau = l/v$,
ergibt sich die Übertragungsfunktion

$$\frac{\hat{\varphi}_y}{\hat{z}_{2v}} = \frac{1}{l}\left(1 - e^{-j\omega\tau}\right) = H_{2\varphi}(j\omega)$$

bzw.
$$\frac{\hat{\varphi}_y}{\hat{z}_{0v}} = H_1(j\omega) \cdot H_{2\varphi}(j\omega) . \qquad (3.4.9)$$

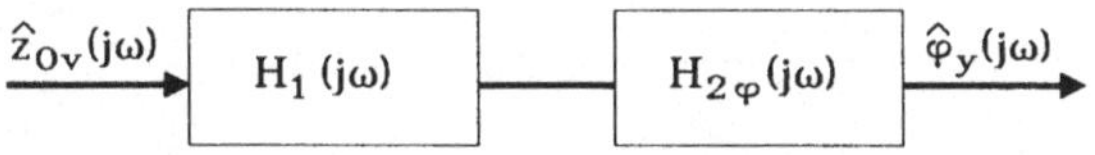

$\hat{z}_{0v}(j\omega)$ → [$H_1(j\omega)$] — [$H_{2\varphi}(j\omega)$] → $\hat{\varphi}_y(j\omega)$

Bild 3.4.5: Blockschaltbild für das Nickmodell

Die Autoleistungsdichte der Nickwinkelbeschleunigung ist dann

$$G_{\ddot{\varphi}_y}(\omega) = \frac{d\ddot{\varphi}_{y\,eff}}{d\omega} = \frac{d\ddot{\varphi}_{y\,eff}}{d\ddot{z}_{0eff}} \cdot \frac{d\ddot{z}_{0eff}}{d\omega} = \left|\frac{\hat{\varphi}_y}{\hat{z}_0}\right|^2 \cdot G_{\ddot{z}_0}(\omega) \qquad (3.4.10)$$

$$G_{\ddot{\varphi}_y}(\omega) = \left|\frac{\hat{\varphi}_y}{\hat{z}_{2v}}\right|^2 \cdot \left|\frac{\hat{z}_{2v}}{\hat{z}_0}\right|^2 \cdot G_{\ddot{z}_0}(\omega) = \left|H_{2\varphi}\right|^2 \cdot \left|H_1\right|^2 \cdot G_{\ddot{z}_0}(\omega)$$

$$G_{\ddot{\varphi}_y}(\omega) = \frac{1}{l^2} \cdot \left|1 - e^{(-j\omega\tau)}\right|^2 \cdot \left|\frac{\hat{z}_{2v}}{\hat{z}_0}\right|^2 \cdot G_{\ddot{z}_0}(\omega)$$

$$= \frac{2}{l^2} \cdot \left(1 - \cos(\omega\tau)\right) \cdot \left|H_1(j\omega)\right|^2 \cdot G_{\ddot{z}_0}(\omega) ,$$

so daß die Gesamtvarianz errechnet werden kann aus:

$$\ddot{\varphi}^2_{y\,eff} = \int_0^\infty G_{\ddot{\varphi}_y}(\omega)\, d\omega = \sigma^2_{\ddot{\varphi}} . \qquad (3.4.11)$$

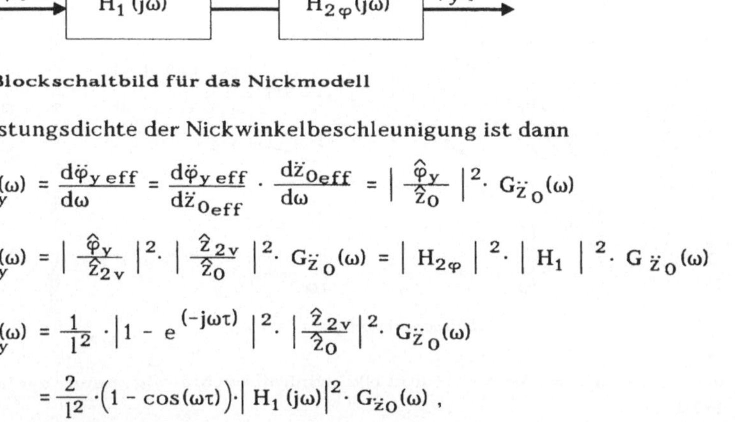

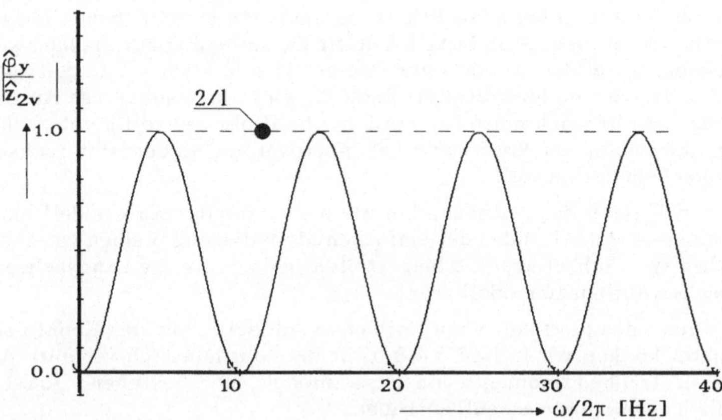

Bild 3.4.6: Verlauf des Nickwinkel-Amplitudengangs über der Anregungsfrequenz bei v = 20 [m/s]; l = 2,0 [m]

Die Nickwinkelbeschleunigung ist unabhängig vom Ort P ; ihr Effektivwert steigt mit der Fahrgeschwindigkeit v an und fällt mit größerem Radstand l.

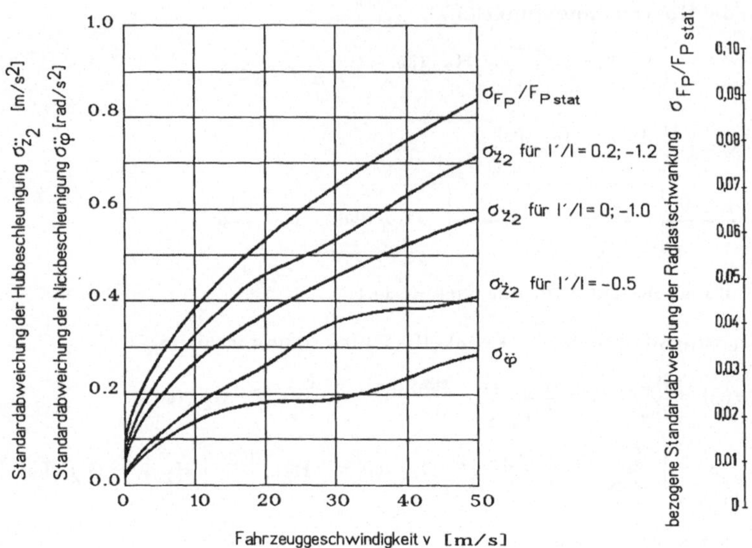

Bild 3.4.7: Effektivwerte der Vertikal- und Nickwinkelbeschleunigungen (nach Mitschke, 1972)

3.4.2 Dreidimensionales Vertikalmodell für Hub, Nicken und Wanken

Will man nun zusätzlich zu den Betrachtungen im letzten Kapitel auch die 2-Spur-Anregung in der Modellierung berücksichtigen, so muß eine entsprechende Modellerweiterung vorgenommen werden. Grundsätzlich stellt die Anregung durch eine zweite Spur ein neues Anregungssignal dar, welches nur eine gewisse Ähnlichkeit zu den Signalen in der einen bisher betrachteten Spur besitzt. Dadurch wird ein Wanken des Aufbaus erzeugt. Die Anregungsamplituden können für Vorder- und Hinterrad völlig unterschiedlich sein; z. B. derart, daß sich an der Vorderachse ein positiver und an der Hinterachse ein negativer Wankwinkel einstellen soll.

Dies führt zur Torsion des Aufbaus, den wir bisher für das Nickmodell als völlig steif annehmen konnten. Aus Gründen der einfachen Modellierung bleiben wir dabei, einen um die Querachse (y - Achse) absolut biegesteifen, jedoch um die Längsachse (x - Achse) torsionsweichen Aufbau zu modellieren.

Bild 3.4.8. a zeigt den physikalischen Aufbau des Modells. Mit den Kenntnissen aus dem letzten Kapitel können wir in Bild 3.4.8 b für die kontinuierlich verteilte Aufbaumasse m_a und deren Trägheitsmomente ein Ersatzmodell, nur bestehend aus Punktmassen (einschließlich der Koppelmassen), aufbauen.

Die *Koppelmassen* lassen sich, wie im letzten Kapitel gezeigt, bestimmen und ebenso die Teilmassen m_{avl}, m_{avr}, m_{ahl} und m_{ahr}.

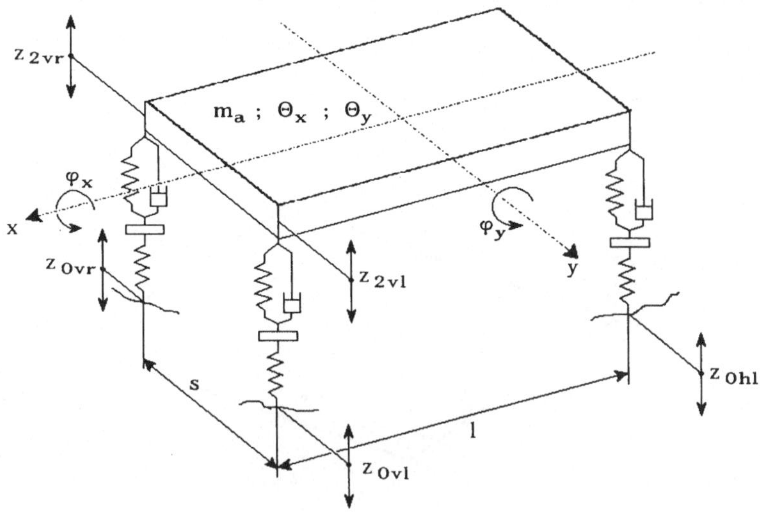

Bild 3.4.8 a: Dreidimensionales Vertikalmodell

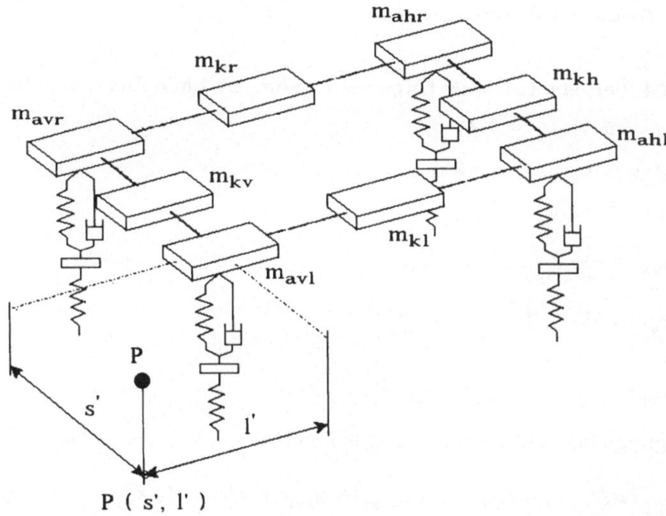

Bild 3.4.8 b: Modell der Teilmassenverteilung

Ebenso wie im letzten Kapitel setzen wir aus Gründen der klareren und einfacheren Modellierung die Koppelmassen zu Null. Die Dynamik aller Radaufhängungen wird ebenfalls als gleich angesetzt.

Unsere Behandlung soll nun wieder den Bewegungen des Punktes P gelten, der sich im

Abstand l' vor der Vorderachse und im Abstand s' links neben dem linken vorderen Rad befindet.

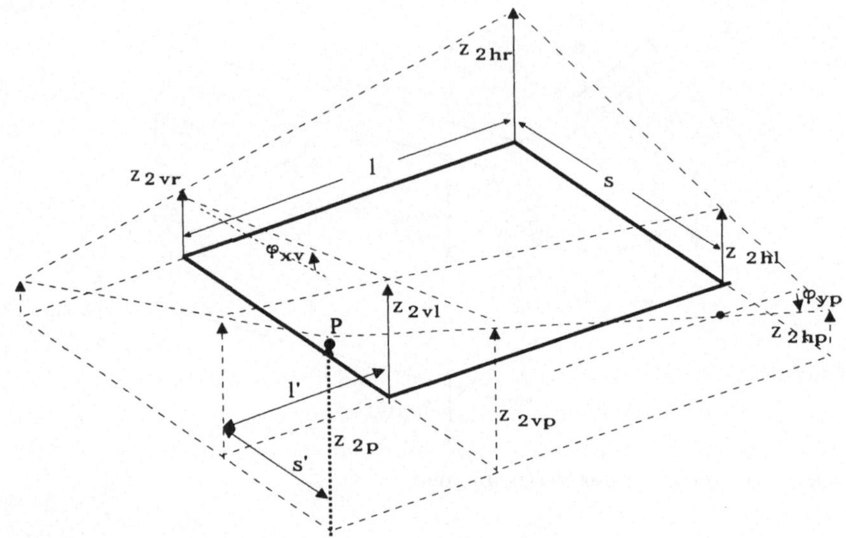

Bild 3.4.9: Tordierter Fahrzeugrahmen

Aus Bild 3.4.9 ergeben sich die folgenden, geometrischen Zusammenhänge:

$$\begin{aligned} z_{2p} &= \varphi_{yp} \cdot l' + z_{2vp} \\ z_{2vp} &= \varphi_{xv} \cdot s' + z_{2vl} \\ z_{2hp} &= \varphi_{xh} \cdot s' + z_{2hl} \\ \varphi_{xv} &= \frac{1}{s} \cdot \left(z_{2vl} - z_{2vr}\right) \\ \varphi_{yp} &= \frac{1}{l} \cdot \left(z_{2vp} - z_{2hp}\right) \\ \varphi_{xh} &= \frac{1}{s} \cdot \left(z_{2hl} - z_{2hr}\right) . \end{aligned} \tag{3.4.12}$$

Die Bewegung eines beliebigen Punktes P in Höhe des Aufbaus ist

$$z_{2p} = \varphi_{yp} \cdot l' + \left(\varphi_{xv} \cdot s' + z_{2vl}\right) = \varphi_{yp} \cdot l' + \left[\frac{1}{s} \cdot \left(z_{2vl} - z_{2vr}\right) \cdot s' + z_{2vl}\right]$$

mit $\left[\;....\; \right] \cong I$

$$z_{2p} = \frac{1}{l} \cdot \left(z_{2vp} - z_{2hp}\right) \cdot l' + \left[I \right]$$

$$z_{2p} = \frac{l'}{l} \cdot \left[\left(\varphi_{xv} \cdot s' + z_{2vl}\right) - \left(\varphi_{xh} \cdot s' + z_{2hl}\right)\right] + \left[I \right]$$

$$z_{2p} = \frac{l'}{l} \cdot \left[\frac{s'}{s} \cdot \left(z_{2vl} - z_{2vr} \right) + z_{2vl} - \frac{s'}{s} \cdot \left(z_{2hl} - z_{2hr} \right) - z_{2hl} \right] + \left[\text{I} \right].$$

Die Bewegungen in Höhe des Aufbaus oberhalb der Räder sind

$$\begin{aligned} z_{2hl}(t) &= z_{2vl}(t - \tau) \\ z_{2hr}(t) &= z_{2vr}(t - \tau) . \end{aligned} \qquad (3.4.13)$$

Die vertikale, zeitliche Bewegung des Punktes P ist dann:

$$\begin{aligned} z_{2p}(t) = \frac{l'}{l} \cdot \Big[\frac{s'}{s} \cdot \left(z_{2vl}(t) - z_{2vr}(t) \right) + z_{2vl}(t) - \frac{s'}{s} \cdot \left(z_{2vl}(t - \tau) - z_{2vr}(t - \tau) \right) \\ - z_{2vl}(t - \tau) \Big] + \frac{s'}{s} \cdot \left(z_{2vl}(t) - z_{2vr}(t) \right) + z_{2vl}(t) \end{aligned}$$

$$\begin{aligned} z_{2p}(t) = \frac{l'}{l} \cdot \left(z_{2vl}(t) - z_{2vl}(t - \tau) \right) + \frac{s'}{s} \cdot \left(z_{2vl}(t) - z_{2vr}(t) \right) + \frac{l'}{l} \cdot \frac{s'}{s} \\ \cdot \Big[\left(z_{2vl}(t) - z_{2vr}(t) \right) - \left(z_{2vl}(t - \tau) - z_{2vr}(t - \tau) \right) \Big] + z_{2vl}(t) . \end{aligned} \qquad (3.4.14)$$

Mit dem Lösungsansatz:

$$\begin{aligned} z_{2p}(t) &= \hat{z}_{2p}\, e^{j\omega t} \\ z_{2vl}(t) &= \hat{z}_{2vl}\, e^{j\omega t} \\ z_{2vr}(t) &= \hat{z}_{2vr}\, e^{j\omega t} \end{aligned} \qquad (3.4.15)$$

erhält man die "charakteristische Gleichung"

$$\begin{aligned} \hat{z}_{2p} &= \hat{z}_{2vl} \left[\left(1 + \frac{l'}{l} - \frac{l'}{l}\, e^{-j\omega\tau} \right) + \frac{s'}{s} \cdot \left[\left(1 + \frac{l'}{l} - \frac{l'}{l}\, e^{-j\omega\tau} \right) \right] - \hat{z}_{2vr}\, \frac{s'}{s} \right. \\ &\quad \cdot \left(1 + \frac{l'}{l} - \frac{l'}{l}\, e^{-j\omega\tau} \right) \\ &= \hat{z}_{2vl} \left[\left(1 + \frac{l'}{l}(1 - e^{-j\omega\tau}) \right) + \frac{s'}{s} \cdot \left(1 + \frac{l'}{l}(1 - e^{-j\omega\tau}) \right) \right] - \hat{z}_{2vr} \cdot \frac{s'}{s} \\ &\quad \cdot \left(1 + \frac{l'}{l}(1 - e^{-j\omega t}) \right) . \end{aligned} \qquad (3.4.16)$$

Der Klammerausdruck $H_{2z} = \left(1 + \frac{l'}{l}(1 - e^{-j\omega\tau}) \right) = 1 + l' \cdot H_{2\varphi}$ ist bereits aus Kap. 3.4.1 bekannt, so daß man auch schreiben kann:

$$\hat{z}_{2p} = H_{2z} \cdot \left(1 + \frac{s'}{s} \right) \cdot \hat{z}_{2vl} + H_{2z} \cdot \left(- \frac{s'}{s} \right) \cdot \hat{z}_{2vr} .$$

Faßt man die folgenden Ausdrücke auch als Übertragungsfunktionen auf

$$H_3(j\omega) = \left(1 + \frac{s'}{s} \right) \quad \text{bzw.} \quad H_4(j\omega) = - \frac{s'}{s} \quad \text{, so folgt}$$

$$\hat{z}_{2p} = H_3(j\omega) \cdot H_{2z}(j\omega) \cdot \hat{z}_{2vl} + H_4(j\omega) \cdot H_{2z}(j\omega) \cdot \hat{z}_{2vr} . \qquad (3.4.17)$$

Zwischen Fahrbahn und Aufbau gilt

$$\hat{z}_{2vl} = H_1(j\omega) \cdot \hat{z}_0$$

$$\hat{z}_{2vr} = H_1(j\omega) \cdot \hat{z}_{0r} .$$

Also ist

$$\hat{z}_{2p} = H_1(j\omega) \cdot H_{2z}(j\omega) \cdot H_3(j\omega) \cdot \hat{z}_{0l} + H_1(j\omega) \cdot H_{2z}(j\omega) \cdot H_4(j\omega) \cdot \hat{z}_{0r} . \qquad (3.4.18)$$

Die Übertragungsfunktion $H_1(j\omega)$ gilt für die Übertragung der Bewegungen von der Straße in den Aufbau auf der Basis des 1/4 - Fahrzeugmodells; die Übertragungsfunktion $H_2(j\omega)$ stellt das Nickmodell dar, während die Übertragungsfunktionen $H_3(j\omega)$ und $H_4(j\omega)$ die Übertragung der Bewegung von der linken bzw. rechten Fahrzeugaufbauseite zum Punkt P repräsentieren.

Das zugehörige Signalfluß- bzw. Blockschaltbild zeigt Bild 3.4.10.

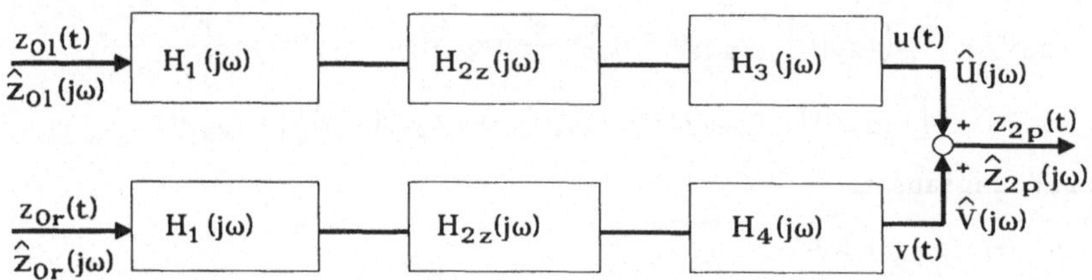

Bild 3.4.10: Blockschaltbild für das Nick- und Wankmodell

Beide Fahrspuren $z_{0l}(t)$ und $z_{0r}(t)$ stellen die Erregerquellen dar. Sie sind teilweise miteinander korreliert.

Wir fassen nun die Übertragungsfunktionen der linken und der rechten Seite zusammen zu:

$$H_l(j\omega) = H_1(j\omega) \cdot H_{2z}(j\omega) \cdot H_3(j\omega)$$

$$H_r(j\omega) = H_1(j\omega) \cdot H_{2z}(j\omega) \cdot H_4(j\omega)$$

und wenden uns der Summation beider Anregungen zu.

Beschreibt man zunächst die Zeitfunktionen durch ihre Fourier-Transformierten, so gilt für die Bewegung des allgemeinen Punktes P

$$\hat{z}_{2p}(j\omega) = U(j\omega) + V(j\omega) . \qquad (3.4.19)$$

Die gesuchte Autoleistungsdichte von $Z_{2p}(j\omega)$ ist dann:

$$G_{zpzp}(\omega) = \hat{z}_{2p}(j\omega) \cdot \hat{z}_{2p}(-j\omega) = Z \cdot Z^* . \qquad (3.4.20)$$

Der Stern [*] bei Z^* bedeutet, daß es sich um die konjugiert-komplexe Funktion von Z handelt, also

$$G_{zpzp}(\omega) = (U + V) \cdot (U^* + V^*) . \qquad (3.4.21)$$

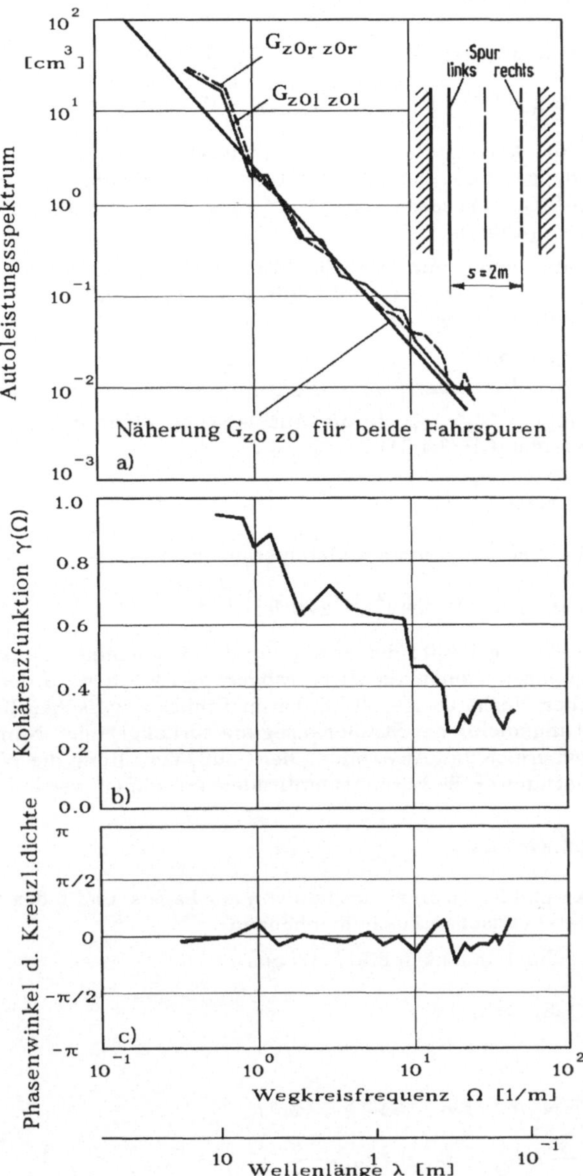

Bild 3.4.11: Zweispurige Unebenheitsmessung (nach Mitschke, 1972)

U und V ergeben sich aus

$$U(j\omega) = H_1(j\omega) \cdot \hat{z}_{0l}(j\omega)$$

$$V(j\omega) = H_r(j\omega) \cdot \hat{z}_{0r}(j\omega) .$$

Nach einigen Umformungen erhält man

$$G_{zpzp}(\omega) = G_{uu} + G_{vv} + H_l \cdot H_r^* \cdot G_{z0lz0r} + H_l^* \cdot H_r \cdot G_{z0rz0l} , \tag{3.4.22}$$

wobei $G_{uu} = U \cdot U^*$ die Autoleistungsdichte der Funktion $U(j\omega)$ und $G_{z0l\,z0r} = \hat{Z}_{0l} \cdot \hat{Z}^*_{0r}$ die Kreuzleistungsdichte aus $\hat{z}_{0l}$ und $\hat{z}_{0r}$ ist. Diese Zusammenhänge ergeben sich aus der *Systemtheorie regelloser Prozesse* (*Theory of random processes*). Hierzu sei die einschlägige Literatur empfohlen.

Straßenvermessungen zeigen nun, daß die Phase bzw. der Imaginärteil der Kreuzleistungsdichte G_{z0lz0r} verschwindet (siehe Bild 3.4.11 c, unten). Unter Hinzuziehen der Definition für die *Kohärenzfunktion*

$$\gamma^2 = \frac{|G_{z0lz0r}|^2}{G_{z0l\,z0l} \cdot G_{z0r\,z0r}} , \quad \text{wobei} \quad 0 \le \gamma^2 \le 1 , \tag{3.4.23}$$

wird nun mit $G_{z0lz0l} = G_{z0rz0r}$, da die Autoleistungsdichten beider Fahrspuren als gleich angesehen werden (Gl. (3.4.24)):

$$G_{zpzp}(\omega) = G_{z0lz0l} \left[|H_l|^2 + |H_r|^2 + (H_l \cdot H_r^* + H_l^* \cdot H_r)\, \gamma \right] \tag{3.4.24}$$

und nach Ausmultiplizieren des runden Klammerausdrucks

$$G_{zpzp}(\omega) = G_{z0lz0l} \cdot |H_1(j\omega)|^2 \cdot |H_{2z}(j\omega)|^2 \cdot [1 + 2(1-\gamma) \cdot (1 + s'/s)\; s'/s] \tag{3.4.25}$$

Damit ist die Autoleistungsdichte der Bewegung des allgemeinen Punktes P auf die bekannten Übertragungsfunktionen, die *Zeitverzögerung* zwischen Vorder- und Hinterachse, die geometrischen Verhältnisse, die Kohärenzfunktion zwischen beiden Fahrspuren sowie die Autoleistungsdichte der Straßenanregung zurückgeführt. Nun kann durch Integration im Frequenzbereich und Anwendung der Gauß-Verteilung die Wahrscheinlichkeit des Auftretens bestimmter Bewegungsamplituden errechnet werden (siehe Kapitel 2, "Stochastik").

Berechnung des Nickwinkels

Die Größe des Nick- und Rollwinkels ist nun von der Lage s' und l' des Punktes P abhängig und folgt aus geometrischen Zusammenhängen.

Der *Nickwinkel* errechnet sich nach Bild 3.4.9 aus

$$\varphi_{yp} = \frac{1}{l}\left(z_{2pv} - z_{2ph} \right)$$

$$\varphi_{yp} = \frac{1}{l} \cdot \left(\varphi_{xv} \cdot s' + z_{2vl} - \varphi_{xh} \cdot s' - z_{2hl} \right)$$

$$= \frac{1}{l} \cdot \left[\frac{s'}{s} \cdot \left(z_{2vl} - z_{2vr} \right) + z_{2vl} - \frac{s'}{s} \cdot \left(z_{2hl} - z_{2hr} \right) - z_{2hl} \right] . \tag{3.4.26}$$

Auch hier gilt der bekannte Zusammenhang

$$z_{2hl}(t) = z_{2vl}(t - \tau)$$

$$z_{2hr}(t) = z_{2vr}(t - \tau) ,$$

so daß der Nickwinkel am Punkt P ist:

$$\varphi_{yp}(t) = \frac{1}{l}\cdot\left[\frac{s'}{s}\cdot\left(z_{2vl}(t) - z_{2vr}(t)\right) + z_{2vl}(t) - \frac{s'}{s}\cdot\left(z_{2vl}(t-\tau) - z_{2vr}(t-\tau)\right) - z_{2vl}(t-\tau)\right]. \tag{3.4.27}$$

Mit den bekannten Lösungsansätzen

$$\varphi_{yp}(t) = \hat{\varphi}_{yp}\, e^{j\omega t}$$
$$z_{2vl}(t) = \hat{z}_{2vl}\, e^{j\omega t}$$
$$z_{2vr}(t) = \hat{z}_{2vr}\, e^{j\omega t}$$

kann geschrieben werden:

$$\begin{aligned}
\hat{\varphi}_{yp} &= \hat{z}_{2vl}\left[\frac{1}{l}\left(\frac{s'}{s} + 1 - \frac{s'}{s}\cdot e^{-j\omega\tau} - e^{-j\omega\tau}\right)\right] - \hat{z}_{2vr}\cdot\left[\frac{1}{l}\cdot\frac{s'}{s} - \frac{1}{l}\cdot\frac{s'}{s}\cdot e^{-j\omega\tau}\right] \\
&= \hat{z}_{2vl}\cdot\frac{1}{l}\cdot\left[\left(1+\frac{s'}{s}\right) - e^{-j\omega\tau}\cdot\left(1+\frac{s'}{s}\right)\right] - \hat{z}_{2vr}\cdot\frac{1}{l}\cdot\frac{s'}{s}\left(1 - e^{-j\omega\tau}\right) \\
&= \hat{z}_{2vl}\cdot\left(1+\frac{s'}{s}\right)\frac{1}{l}\left(1 - e^{-j\omega\tau}\right) - \hat{z}_{2vr}\cdot\frac{s'}{s}\cdot\frac{1}{l}\left(1 - e^{-j\omega\tau}\right) \\
&= \hat{z}_{2vl}\cdot H_3(j\omega)\cdot H_{2\varphi}(j\omega) + \hat{z}_{2vr}\cdot H_4(j\omega)\cdot H_{2\varphi}(j\omega) \\
&= H_1(j\omega)\cdot H_3(j\omega)\cdot H_{2\varphi}(j\omega)\cdot\hat{z}_{0l} + H_1(j\omega)\cdot H_4(j\omega)\cdot H_{2\varphi}(j\omega)\cdot\hat{z}_{0r}.
\end{aligned} \tag{3.4.28}$$

Das dazugehörige Blockschaltbild zeigt Bild 3.4.12 .

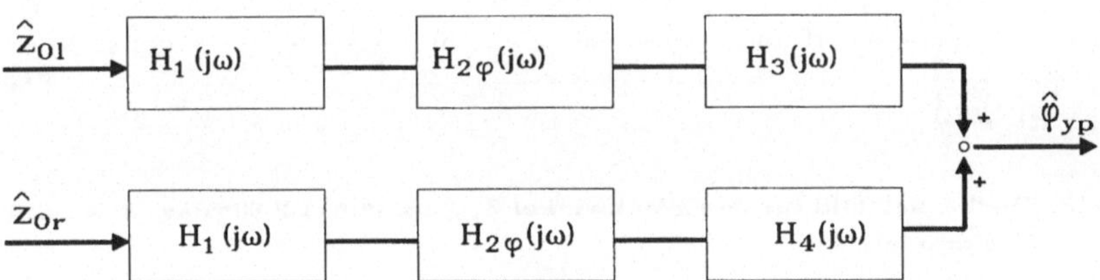

Bild 3.4.12: Blockschaltbild für den Nickwinkel φ_{yp} am Punkt P für das Nick- und Wankmodell

Dies ist die gleiche Struktur wie in Bild 3.4.10; lediglich anstelle der Übertragungsfunktion H_{2z} ist $H_{2\varphi}$ getreten, so daß wir gleich die Lösung für die Autoleistungsdichtefunktion $G_{\varphi yp\,\varphi yp}(\omega)$ hinschreiben können

$$G_{\varphi yp \varphi yp}(\omega) = G_{z0lz0l}\cdot |H_1(j\omega)|^2 \cdot |H_{2\varphi}(j\omega)|^2 \cdot \left[1 + 2(1-\gamma)\cdot\left(1+\frac{s'}{s}\right)\cdot\frac{s'}{s}\right]. \tag{3.4.29}$$

Die *Varianz des Nickwinkels* am Punkt P ist dann bekanntlich

$$\sigma^2_{\varphi yp} = \int_0^\infty G_{\varphi yp\,\varphi yp}(\omega)d\omega . \tag{3.4.30}$$

Berechnung des Wankwinkels

$$\varphi_{xp}(t) = \varphi_{xv}(t) + \frac{l'}{l}\left(\varphi_{xv}(t) - \varphi_{xh}(t)\right).$$

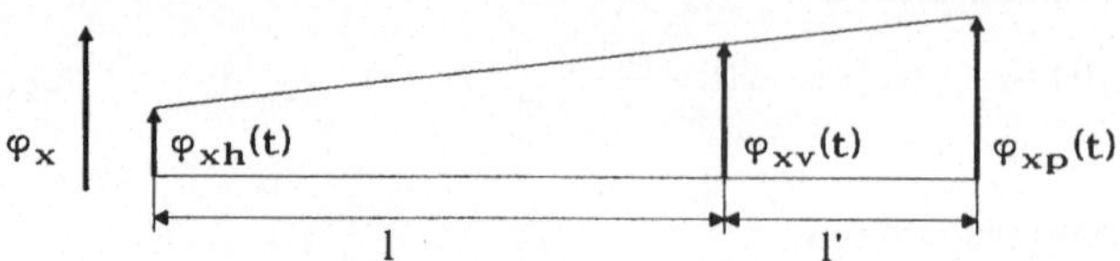

Aus den geometrischen Zusammenhängen ermittelt man ebenso den Wankwinkel am Punkt P aus der linearen Extrapolation der Wankwinkel oberhalb der Vorder- und Hinterachse:

Bezogen auf die Wegamplituden des Aufbaus oberhalb der Räder wird

$$\varphi_{xp}(t) = \frac{1}{s}\left(z_{2vl}(t) - z_{2vr}(t)\right)\cdot\left(1 + \frac{l'}{l}\right) - \frac{l'}{l}\cdot\frac{1}{s}\left(z_{2hl}(t) - z_{2hr}(t)\right) \tag{3.4.31}$$

und unter Berücksichtigung der Totzeit zwischen Vorder- und Hinterachse

$$\varphi_{xp}(t) = z_{2vl}(t)\,\frac{1}{s}\left[1 + \frac{l'}{l}\left(1 - e^{-j\omega\tau}\right)\right] - z_{2vr}(t)\,\frac{1}{s}\left[1 + \frac{l'}{l}\left(1 - e^{-j\omega\tau}\right)\right] \tag{3.4.32}$$

$$= \frac{1}{s}\left[1 + \frac{l'}{l}\left(1 - e^{-j\omega\tau}\right)\right]\cdot\left(z_{2vl}(t) - z_{2vr}(t)\right) = \frac{1}{s}\cdot H_{2z}(j\omega)\cdot\left(z_{2vl}(t) - z_{2vr}(t)\right).$$

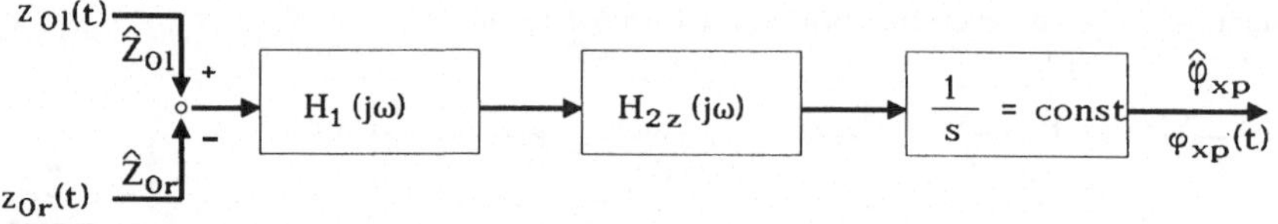

Bild 3.4.13: Blockschaltbild für den Wankwinkel φ_{xp} am Punkt P für das Nick- und Wankmodell

Der eckige Klammerausdruck ist bekanntlich die Übertragungsfunktion $H_{2z}(j\omega)$ aus Kap. 3.4.1 (Gl. (3.4.6)).

1/s ist eine geometrische Konstante. Das Blockschaltbild für den Wankwinkel nach Gl. (3.4.32) zeigt Bild 3.4.13. Die Anregungen $z_{2vl}(t)$ und $z_{2vr}(t)$ sind hierbei auf die Anregungen $z_{0l}(t)$ und $z_{0r}(t)$ zurückgeführt.

Zur Berechnung der Autoleistungsdichtefunktion $G_{\varphi xp\,\varphi xp}(\omega)$ muß zunächst die Leistungsdichte $G_\Delta(\omega)$ am Ausgang des Summationspunktes bestimmt werden:

$$G_\Delta(\omega) = \left(\hat{Z}_{0l} - \hat{Z}_{0r}\right)\cdot\left(\hat{Z}_{0l}^* - \hat{Z}_{0r}^*\right) \quad \text{oder anders geschrieben}$$

$$= \left(\hat{Z}_{0l}(j\omega) - \hat{Z}_{0r}(j\omega)\right)\cdot\left(\hat{Z}_{0l}(-j\omega) - \hat{Z}_{0r}(-j\omega)\right) .$$

Ausmultiplizieren der Klammerausdrücke liefert

$$G_\Delta(\omega) = \hat{Z}_{0l}\cdot\hat{Z}_{0l}^* + \hat{Z}_{0r}\cdot\hat{Z}_{0r}^* + \hat{Z}_{0l}\cdot\hat{Z}_{0r}^* - \hat{Z}_{0r}\cdot\hat{Z}_{0l}^* . \tag{3.4.33}$$

Die beiden ersten Terme sind die Autoleistungsdichten der vertikalen Unebenheiten in der linken bzw. rechten Fahrspur, die als einander gleich anzusehen sind:

$$G_{z0lz0l}(\omega) = G_{z0rz0r}(\omega) .$$

Die beiden letzten Terme der Gleichung (3.4.33) sind die Kreuzleistungsdichten von der rechten zur linken Fahrspur und umgekehrt. Die Kreuzleistungsdichte spiegelt generell die statistische Verwandtschaft zweier Signale im Frequenzbereich wieder. Diese Verwandtschaft ist natürlich für unsere beiden betrachteten Fahrspuren jeweils gleich, so daß diese Differenz der beiden Terme Null wird.

Somit wird die *Leistungsdichte* für den Wankwinkel

$$G_{\varphi xp\,\varphi xp}(\omega) = 2\, G_{z0\,z0}(\omega) \cdot \frac{1}{s^2} \left|H_1(j\omega)\right|^2 \cdot \left|H_{2z}(j\omega)\right|^2 , \qquad (3.4.34)$$

und die Varianz des Wankwinkels ist dann

$$\sigma_{\varphi xp}{}^2 = \int_0^{\infty} G_{\varphi xp\,\varphi xp}(\omega)\, d\omega . \qquad (3.4.35)$$

Für den Ort $l' = 0$ des Punktes P (hier wird $|H_{2z}(j\omega)| = 1$) verhält sich der Wankwinkel wie die Vertikalbewegung des Aufbaus über dem linken Vorderrad. Dasselbe gilt für den Ort $l' = -l$:

Hierbei wird wegen $|H_{2z}(j\omega)| = |e^{-j\omega\tau}| = 1$ die Größe des Wankwinkels gleich der am Ort $l' = 0$; er tritt gegenüber diesem jedoch um die Totzeit τ im Zeitbereich bzw. um den Phasenwinkel $\omega\tau$ verschoben auf.

3.5 Literatur

Battermann, W. und R. Köhler: Elastomere Federung, Elastische Lagerungen. Verlag von Wilhelm Ernst & Sohn, Berlin-München-Düsseldorf, 1982.

Carl Freudenberg-Megalastik: Standard-Bauelemente für die Schwingungsdämpfung.

David, E., Helber, R. und H. Rees: Methode zur Ermittlung der Übertragungseigenschaften von Gummimetallteilen im akustischen Frequenzbereich. Automobiltechnische Zeitschrift (ATZ) 89, Nr. 6, Franckh'sche Verlagshandlung, Stuttgart, 1987.

Haupt, P.: Möglichkeiten zur Beschreibung von Dämpfungseigenschaften. VDI-Berichte, Nr. 320, VDI-Verlag, Düsseldorf, 1976.

Helber, R. und F. Doncker: Methode zur Ermittlung der komplexen Steifigkeit von Gummimetallteilen im Frequenzbereich von 3 Hz bis 2 kHz. Automobiltechnische Zeitschrift (ATZ) 91, Nr. 7/8, Franckh'sche Verlagshandlung, Stuttgart, 1989.

Kessler, J.: Erfassung dynamischer Kennwerte von Gummi-Metall-Elementen und anderen elastischen Elementen. Haus der Technik e.V. Tagung, 1983.

Köhler, H.: BMW-Telelever; Entwicklung einer alternativen Vorderradführung für Motorräder. VDI-Berichte 1025, S. 423-440, VDI-Verlag Düsseldorf, 1993.

KONI Sportstoßdämpferprogramm, 1985.

Kölsch, D.: Die Behandlung Coulombscher Reibung in der Kraftfahrzeugsimulation. Dissertation Techn. Univ. Berlin, 1994.

Kümmlee, H.: Ein Verfahren zur Vorhersage des nichtlinearen Steifigkeits- und Dämpfungsverhaltens sowie der Erwärmung drehelastischer Gummikupplungen bei stationärem Betrieb. VDI-Fortschritt Berichte, Reihe 1, Nr. 136, VDI-Verlag, Düsseldorf, 1985.

Mitschke, M.: Dynamik der Kraftfahrzeuge. Springer-Verlag Berlin, Heidelberg, New York, 1972.

MSC/NASTRAN User's Manual, Vers. 64 oder CAE International User Manual for Modal Analysis 9.0).

Reimpell, J.: Fahrwerktechnik: Federung, Fahrwerkmechanik. Vogel-Verlag Würzburg, 2. Aufl. Nachdruck 1983.

Reimpell, J.: Fahrwerktechnik 1. Vogel-Verlag Würzburg, 5. Aufl. 1982.

Segel, L., Lang, H.H.: The mechanics of automotive hydraulic dampers at high stroking frequencies. Proc. of 7th IAVSD Symposium (ed. by A.H. Wickens), pp. 194-214, Swets & Zeitlinger B.V.-Lisse (NL), 1982.

Völckers, J.: Berechnung eines Gummimetall-Lagers mit Struckturelementen. VDI-Berichte, Nr. 320, VDI-Verlag Düsseldorf, 1978.

Weber, G.: Theorie des Reifens. Automobiltechnische Zeitschrift (ATZ) 56, S. 325 ff., Franckh'sche Verlagshandlung Stuttgart, 1954.

Wick, A.: Ermittlung dynamischer Kennwerte an Gummi-Metall-Elementen. Automobiltechnische Zeitschrift (ATZ) 88, Nr. 4, Franckh'sche Verlagshandlung Stuttgart, 1986.

Willumeit, H.-P.: (Editor): Computergestützte Berechnungsverfahren in der Fahrzeugdynamik. VDI-Verlag Düsseldorf, 1991.

Willumeit, H.-P.: Nick- und Hubbewegungen, Radlasten und Umfangskräfte beim Abbremsen eines Motorrades. VDI-Berichte 1159, S. 103-119. VDI-Verlag Düsseldorf, 1994 und in: VDI-FVT Jahrbuch 1995, Fahrzeug- und Verkehrstechnik, S.262-278, (Herausg.: VDI-FVT), VDI-Verlag Düsseldorf, 1995.

Zamow, J. und L. Witte: Fahrzeugsimulation unter Verwendung des Starrkörperprogramms ADAMS. VDI-Berichte, Nr. 699, VDI-Verlag Düsseldorf, 1988.

Zhang, T.: Höherfrequente Übertragungseigenschaften der Kraftfahrzeug-Fahrwerksysteme. Diss. Techn. Univ. Berlin, 1991.

4 Längsdynamik

Im ersten Kapitel 4.1 wird zunächst der Bedarf eines Fahrzeuges für Bewegungen in Fahrzeuglängsrichtung geklärt. Aus diesem Grund werden die Bewegungsgleichungen in Längsrichtung des Fahrzeuges aufgestellt, die den Zusammenhang zwischen Bedarf und Angebot herstellen. Es wird diejenige *Zugkraft* ermittelt, die notwendig ist, um die Fahrwiderstände zu überwinden. Zur Angebotsseite (Kap. 2.5) gehört der gesamte Antriebsstrang: Motor, Wandler, Reifen und Bremse. Die Betrachtung des Reifens wird zurückgestellt und erst in Kapitel 6 durchgeführt, da gerade die Bewegung und die Kraftübertragung des Reifens in Längs-und Querrichtung sich schwer voneinander trennen lassen, so daß eine zusammenfassende Betrachtung in Kapitel 6 durchgeführt wird.

4.1 Bedarf: Bewegungsgleichungen der Längsdynamik

Es werden die Bewegungsgleichungen für ein eindimensionales (ebenes), zweiachsiges Fahrzeug aufgestellt. Das Fahrzeug wird nach den bekannten Prinzipien der Mechanik freigeschnitten. Es können nun die Bewegungsgleichungen (Schwerpunktsatz und Drallsatz) für die drei Teilsysteme Fahrzeugaufbau, Vorderachse und Hinterachse aufgestellt werden (s. Bild 4.1.1) .

Fahrzeugaufbau:

$$\begin{aligned} m_A \cdot \ddot{x}_A &= F_{XV} + F_{XH} - F_{WL} - F_{GA} \cdot \sin\gamma_{St} \\ m_A \cdot \ddot{z}_A &= F_{ZV} + F_{ZH} + F_A - F_{GA} \cdot \cos\gamma_{St} = 0 \\ \Theta_A \cdot \ddot{\varphi}_A &= F_{ZH}\, b - (M_V + M_H) - F_{ZV}\, a - (h_A - s)(F_{XV} + F_{XH}) + M_{WA} = 0 \end{aligned} \tag{4.1.1}$$

Vorderrad:

$$\begin{aligned} m_{RV} \cdot \ddot{x}_V &= F_{UV} - F_{XV} - F_{GV} \cdot \sin\gamma_{St} \\ m_{RV} \cdot \ddot{z}_V &= F_{PV} - F_{ZV} - F_{GV} \cdot \cos\gamma_{St} = 0 \\ \Theta_V \cdot \ddot{\varphi}_V &= M_V - F_{UV} \cdot s - M_{PV} \end{aligned} \tag{4.1.2}$$

Hinterrad:

$$\begin{aligned} m_{RH} \cdot \ddot{x}_H &= F_{UH} - F_{XH} - F_{GH} \cdot \sin\gamma_{St} \\ m_{RH} \cdot \ddot{z}_H &= F_{PH} - F_{ZH} - F_{GH} \cdot \cos\gamma_{St} = 0 \\ \Theta_H \cdot \ddot{\varphi}_H &= M_H - F_{UH} \cdot s - M_{PH} \end{aligned} \tag{4.1.3}$$

Dabei setzt sich die Gesamtmasse bzw. das Gesamtgewicht zusammen aus:

$$m = m_A + m_{RV} + m_{RH}$$

$$F_G = F_{GA} + F_{GV} + F_{GH} = m \cdot g\,.$$

Es gilt: $\ddot{x}_A = \ddot{x}_V = \ddot{x}_H = \ddot{x}$

$$\boxed{F_{UV} + F_{UH} = F_G \cdot \ddot{x}/g + F_G \cdot \sin\gamma_{St} + F_{WL}\,.} \tag{4.1.4}$$

Fazit:

Die Summe der *Umfangskräfte* an Vorder- und Hinterrädern setzt sich aus folgenden drei Anteilen zusammen:

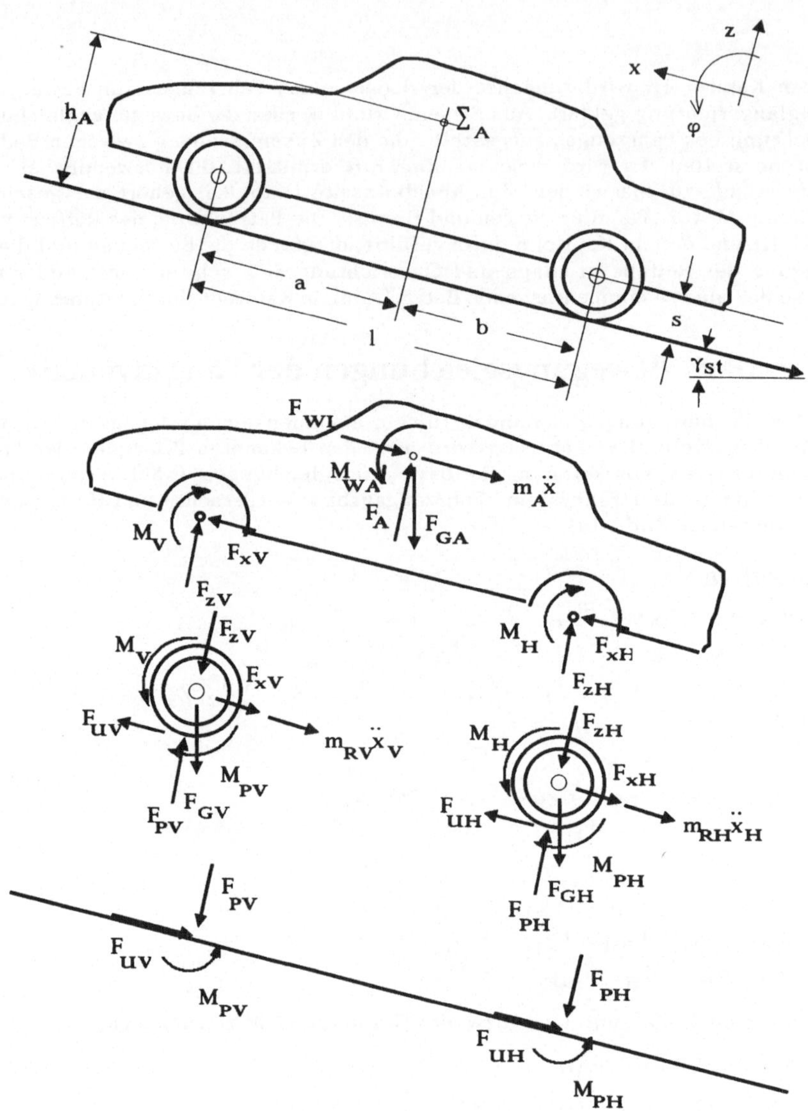

Bild 4.1.1: Ersatzmodelle für die Längsbewegung des Fahrzeugs

$F_G \cdot \ddot{x}/g$:	Anteil aus dem *Beschleunigungswiderstand*
$F_G \cdot \sin \gamma_{St}$:	*Steigungswiderstand*
F_{WL} :	*Luftwiderstand*

Um in der *Latschfläche* positive Umfangskräfte zu erhalten, muß die *Antriebskraft*, hervorgerufen durch das *Motorantriebsmoment*, größer als der *Radwiderstand* sein.

Aus Gl. (4.1.2) und (4.1.3) folgt:

$$\Theta_V \cdot \ddot{\varphi}_V + \Theta_H \cdot \ddot{\varphi}_H = M_V + M_H - (F_{UV} + F_{UH})\, s - M_{PV} - M_{PH}$$

mit: $\varphi_V = \varphi_H$; $\dot{v} = r_{dyn} \cdot \ddot{\varphi} = \ddot{x} \rightarrow \ddot{\varphi} = \ddot{x}/r_{dyn}$

$$M_{PV} + M_{PH} = F_{WR} \cdot s$$

$$\boxed{\frac{M_V + M_H}{s} = F_{UV} + F_{UH} + F_{WR} + \frac{(\Theta_V + \Theta_H) \cdot \ddot{x}}{r_{dyn} \cdot s}}$$

und mit

$$\left[F_G \frac{\ddot{x}}{g} + F_G \cdot \sin \gamma_{St} + F_{WL}\right] = F_{UV} + F_{UH}$$

folgt

$$\boxed{\frac{M_V + M_H}{s} = \left[F_G \frac{\ddot{x}}{g} + F_G \cdot \sin \gamma_{St} + F_{WL}\right] + F_{WR} + \frac{(\Theta_V + \Theta_H) \cdot \ddot{x}}{r_{dyn} \cdot s}\ .} \tag{4.1.5}$$

Die Summe der Antriebsmomente (bezogen auf den Abstand s) enthält nun im Gegensatz zu der Summe der Umfangskräfte alle Fahrwiderstände:

$F_G \dfrac{\ddot{x}}{g} + \dfrac{(\Theta_V + \Theta_H) \cdot \ddot{x}}{r_{dyn} \cdot s}$: gesamter *Beschleunigungswiderstand*,

$F_G \cdot \sin \gamma_{St}$: *Steigungswiderstand*,

F_{WL} : *Luftwiderstand*,

F_{WR} : *Rollwiderstand*,

deren Ursachen in den folgenden Kapiteln beschrieben werden.

4.2 Fahrwiderstände

Die idealisierten Angriffspunkte der *Fahrwiderstände* wurden schon im letzten Kapitel aufgezeigt. Nun geht es darum, die Fahrwiderstände zu unterscheiden und genauer zu definieren.

4.2.1 Rollwiderstände

Die Widerstände des luftbereiften Reifens haben drei Ursachen:

- Anteil des Reifens
- Anteil der Fahrbahn
- Anteil des Schräglaufs .

Anteil des Rollwiderstands durch den Reifen (*Walkwiderstand*):

Bild 4.2.1 zeigt die Kräfte an Fahrzeug, Rad und Fahrbahn allgemein und die sich einstellende *Druckverteilung* für ein treibendes Rad.

Da die Druckverteilung in der Aufstandsfläche infolge von Hystereseerscheinungen nicht symmetrisch ist, ist im vorderen Teil eine größere Pressung möglich. Daraus ergibt sich das Moment M_P.

$F_G = m_R \cdot g$ F_P = Vertikallast (Anteil des Fahrzeuggewichts)

m_R = Radmasse Θ_R = Trägheitsmoment des Rades mit Bremsen

Am rollenden Rad ergeben sich folgende Bewegungsgleichungen

(ebene Fahrbahn):

$$m_R \cdot \ddot{x} = 0 = F_U - F_X$$
$$m_R \cdot \ddot{z} = 0 = F_P - (F_Z + F_G) \tag{4.2.1}$$
$$\Theta_R \cdot \ddot{\varphi} = 0 = M - F_U \cdot s - M_P$$

s = Abstand Achse-Fahrbahn, der mit der Geschwindigkeit wächst.

Ist das Antriebsmoment M = 0 , so folgt:

$F_X = F_U$ $M = 0 = F_U \cdot s + M_P$

Rollwiderstand: $F_{WR} = -F_U = M_P / s$. (4.2.2)

Der Rollwiderstand ist abhängig von der Radlast F_P

$$F_{WR} = f_R \cdot F_P \tag{4.2.3}$$

f_R : *Rollwiderstandsbeiwert.*

Das Integral über die vertikalen Druckspannungen ist F_P. Diese Kraft greift am Flächenschwerpunkt der *Druckspannungen* im Abstand "e" vor der Mitte des Reifens an (s. Bild 4.2.1) . Durch Verschieben dieser Kraft in die Reifenmitte entsteht das Versatzmoment M_P, also mit $M_P = F_P \cdot e$ wird

$$F_{WR} = M_P / s = F_P \cdot e / s \tag{4.2.4}$$

bzw. $f_r = e / s$.

Ein Teil des Rollwiderstands kann durch *Deformationsverluste* im Reifen erklärt werden (s. Bild 4.2.2) , ein weiterer Teil entsteht durch *Schlupfvorgänge* in der Reifenaufstandsfläche. Nimmt man an, daß bei radialer Deformation in der *Seitenwand* kontinuierlich verteilte Feder- und Dämpferelemente verformt werden, ergibt sich der Rollwiderstand als die Arbeit - bezogen auf den zurückgelegten Weg - als Formänderungsarbeit. Diese wird letztlich in Wärme umgesetzt.

$$F_{WR} = A / l$$

mit der Teilarbeit am Element $dA = F_D \cdot dz$

z = Eindrückung des Reifens im Latsch

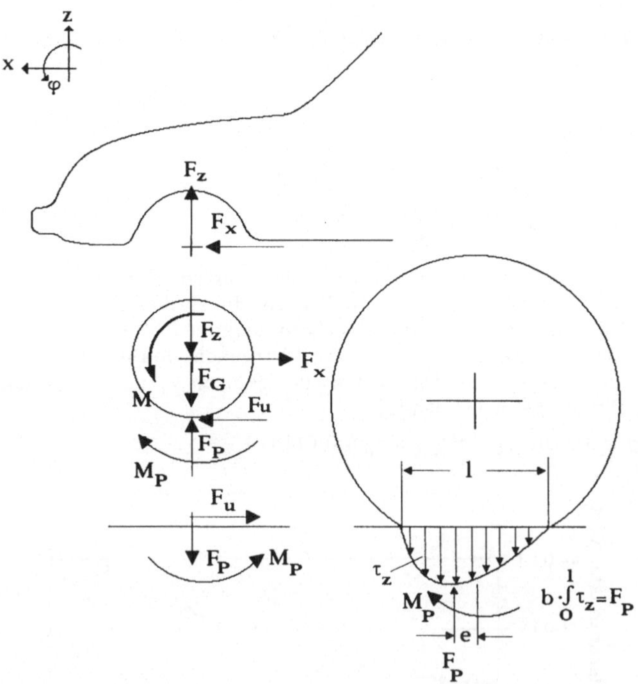

Bild 4.2.1: Kräfte und Momente am rollenden Rad

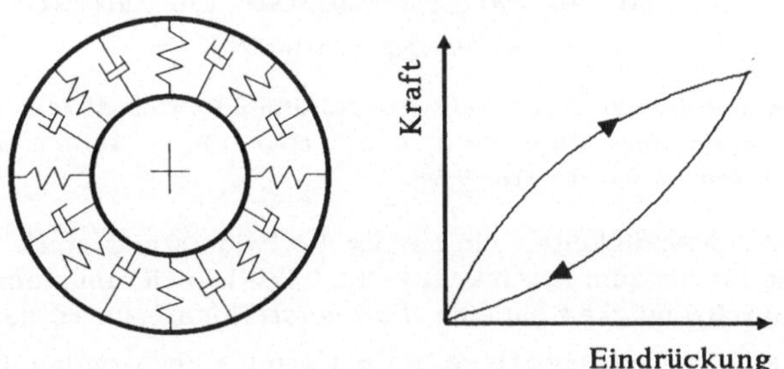

Bild 4.2.2: Ersatzbild des Reifens für radiale Eindrückung

Setzt man die Dämpferkraft F_D in Abhängigkeit von der Deformationsgeschwindigkeit, so folgt

$F_D = r \cdot dz/dt$ mit r = Proportionalitätsfaktor

$$dA = r \cdot dz \cdot dz/dt = k \left(\frac{dz}{dt}\right)^2 dt$$

$$A = r \int_0^{1/v} \left(\frac{dz}{dt}\right)^2 dt \, .$$

l/v ist die Zeiteinheit, in der ein Reifenteilchen in der Aufstandsfläche verbleibt.

Annahme: Der Deformationsverlauf soll über die Länge der Aufstandsfläche halbsinusförmig sein.

$$z\,(t) = \Delta z \cdot \sin \omega t \quad \omega = \pi \cdot v/l$$

$$A = r \cdot \omega \cdot \Delta z^2 \int_0^{\pi} \cos^2 \omega t \; d(\omega t) = r \cdot \omega \cdot \Delta z^2 \cdot \frac{\pi}{2}$$

$$F_{WR} = A/l = r\omega \cdot \frac{\Delta z^2}{l} \cdot \frac{\pi}{2} \tag{4.2.5}$$

mit $r\omega$ als "Dämpfungswert". Die Dämpfung hängt nur von der an der Deformation beteiligten Gummimenge ab; daher haben Radialreifen, durch ihre dünneren Seitenwände, einen geringeren Rollwiderstand. Versuche zeigen, daß der Rollwiderstand in größeren Geschwindigkeitsbereichen unabhängig von der Fahrgeschwindigkeit ist, d.h. dieser Anteil des Rollwiderstands ist bei kleinen Geschwindigkeiten vernachlässigbar und tritt erst bei höheren Geschwindigkeiten zutage.

Als Überschlagswert gilt: $f_R = F_{WR} / F_P = 0{,}014$ [-] .

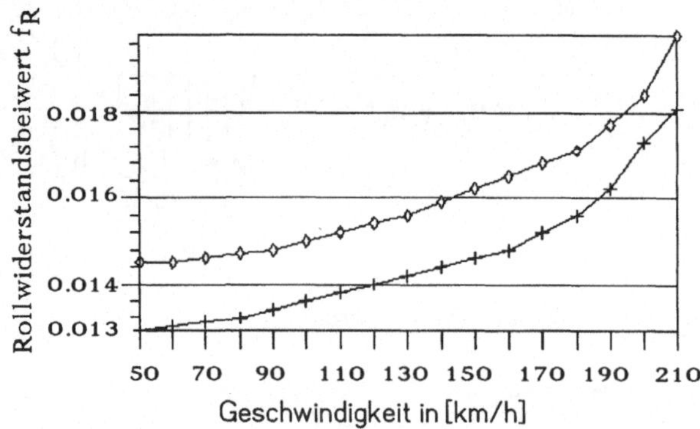

Bild 4.2.3: Gemessene Rollwiderstandsbeiwerte für einen Reifen 185/60 R 14 TL zwei verschiedener Hersteller mit p_i = 2,2 [bar] , F_P = 3650 [N], (nach TÜV Bayern - Reifentest-Center 1995)

Bei höheren Fahrgeschwindigkeiten nimmt der Rollwiderstand stark zu und führt zu starker Erwärmung bis hin zum Festigkeitsverlust (Vulkanisierungstemperatur etwa 150 °C). Eine höhere Geschwindigkeit hat eine "*Rollwulstbildung*" zur Folge.

Es handelt sich hierbei um eine sichtbare, wellenförmige Verformung des Reifens hinter der Aufstandsfläche (stehende Welle) ; diese ist durch das Feder-Dämpfermodell des Reifens nicht beschreibbar. Sie entsteht durch die Massenkräfte des im Bereich der Aufstandsfläche deformierten Reifens. Hinter der Mitte der Aufstandsfläche können die Reifenelemente nicht schnell genug der Straßenkontur folgen (die Federkräfte sind kleiner als die Massen- und Dämpferkräfte) . Folge ist eine starke Abnahme der vertikalen Druckkräfte in diesem Bereich der Aufstandsfläche (was zu einer deutlichen Erhöhung des Rollwiderstands-Moments führt) . Hinter dem Auslaufpunkt aus der Kontaktzone bewegen sich die Reifenelemente infolge der Massenträgheit radial über die statische Kontur des Reifens hinaus. Ein gedämpfter Schwingungsvorgang setzt ein und bildet die "Rollwulst". Durch die Verlustarbeit im Gummi führt diese Verformung zu starker Erwärmung und schließlich zur Zerstörung des Reifens.

Mit zunehmendem Reifeninnendruck nimmt die maximale Verformung in der Aufstandsfläche ab, zugleich damit auch der Rollwiderstand. Bild 4.2.4 zeigt diese Abhängigkeit.

Bei geringerem Luftdruck wird das Feder-Dämpfersystem stärker zusammengedrückt, d.h., es entsteht mehr Dämpfung, mehr Verlust und daraus folgend ein höherer Widerstand.

Bild 4.2.5 zeigt die Abhängigkeit des Rollwiderstandes von der Radlast. Eine höhere Radlast führt zu einer stärkeren Eindrückung, wodurch der Rollwiderstand steigt. Ist der Innendruck größer, fällt der Einfluß der Radlast.

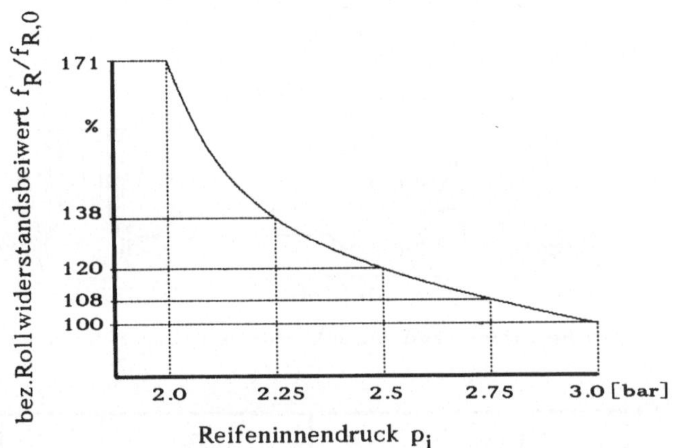

Bild 4.2.4: Änderung des Rollwiderstandsbeiwerts mit dem Reifenluftdruck (nach Weber, G., 1954)

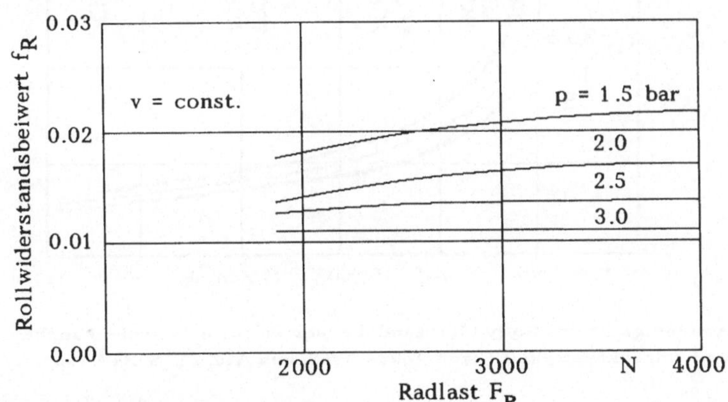

Bild 4.2.5: Beispiel für Rollwiderstandsbeiwert f_R in Abhängigkeit von der Radlast F_P und dem Luftdruck p_i

Anteil des Rollwiderstands durch *plastische Fahrbahn*:

Wird ein belastetes Rad auf einer plastischen Fahrbahn bewegt (Erde, Lehm, Gras, Schnee) , so muß die Deformationsarbeit für die plastische Fahrbahn geleistet werden. Dies läßt sich als zusätzlicher Rollwiderstand auffassen.

Außerdem kommen zu dieser Arbeit noch die Anteile der Reibarbeit zwischen den Seitenwänden des Reifens und der Spurrille im Boden (*Spurrillenreibung*), Bild4.2.6.

Der zusätzliche Rollwiderstandsbeiwert bei plastischer Fahrbahn ist abhängig von der *Bodendruckfestigkeit* σ_{Boden}, siehe Bild 4.2.7.

$$f_{R\,plast} = f(\sigma_{Boden})$$

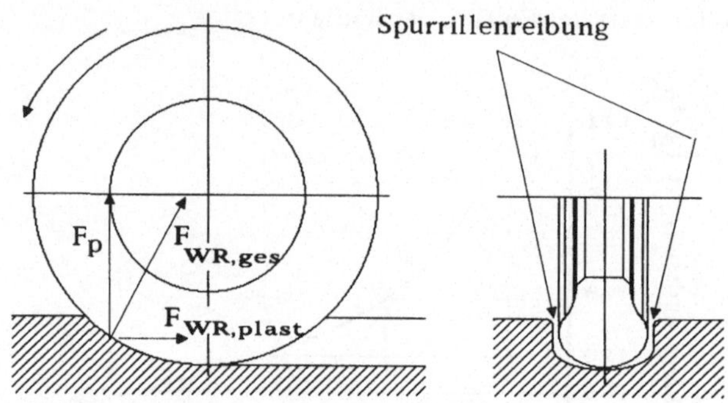

Bild 4.2.6: Zusätzlicher Rollwiderstand durch Verformung der Fahrbahn und Spurillenreibung

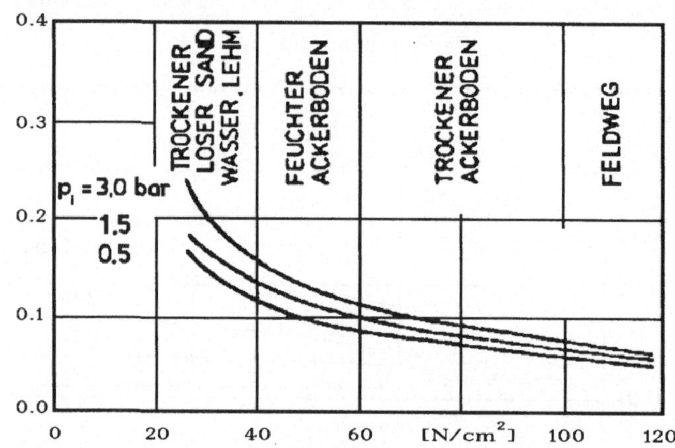

Bild 4.2.7: Abhängigkeit des Rollwiderstandsbeiwertes für plastische Fahrbahn von der Bodendruckfestigkeit (nach Rokas, 1963, aus ATZ 71 , S. 343, 1969)

Anteil des Rollwiderstands durch nasse Fahrbahn (*Schwallwiderstand*):

Ein auf nasser Fahrbahn rollendes Rad muß den Wasserfilm durchdringen, um Kontakt zur Fahrbahn zu erhalten. Dieser Durchdringungswiderstand ist stark von der Wasserhöhe h und der Reifenbreite b abhängig.

Die "*Dreizonentheorie*", Bild 4.2.8, unterscheidet in der Aufstandsfläche die Annäherungszone, die Übergangszone und die Kontaktzone.

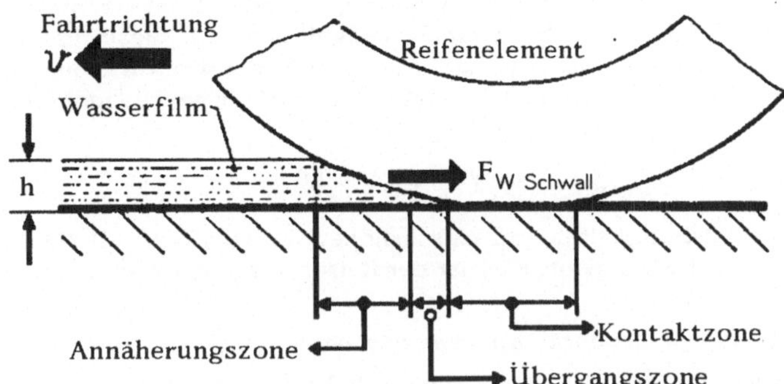

Bild 4.2.8: Berührungszonen eines Reifens auf nasser Fahrbahn (nach Gnörich, Uniroyal AG)

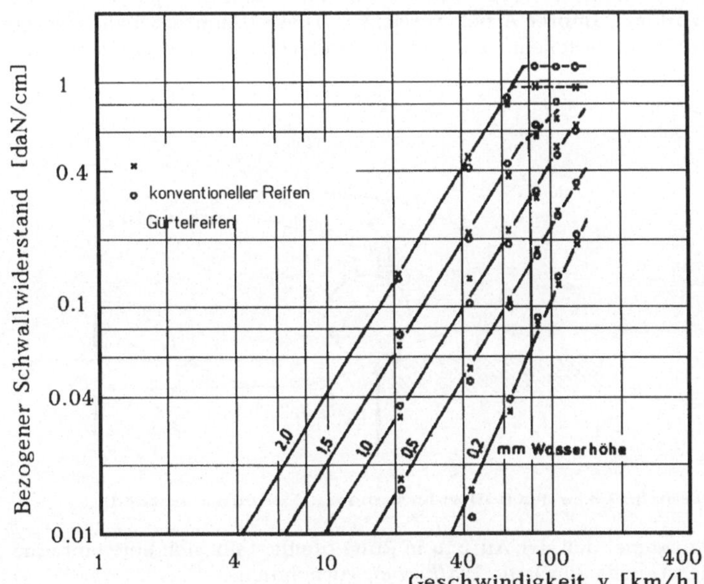

Bild 4.2.9: Auf die Reifenbreite b bezogener Schwallwiderstand in Abhängigkeit von der Fahrgeschwindigkeit v bei verschiedenen Wasserhöhen (nach Gengenbach, 1967)

- Im Einlaufbereich ist der Reifen noch unverformt.
- In der Übergangszone plattet sich der Reifen durch den Staudruck des Wassers ab.
- In der Kontaktzone besteht fester Kontakt zur Übertragung von Umfangs- und Seitenkräften.

Theoretisch ist

$$F_{W\ Schwall} = (h \cdot b) \cdot (\rho \cdot v^2 / 2) \qquad (4.2.6)$$

$$F_{W\ Schwall} = \text{Fläche} \cdot \text{Staudruck} .$$

Durch den ***Staudruck*** auf den Reifen vor der eigentlichen Kontaktzone zum Verdrängen des Wassers wird der Reifen hydrodynamisch angehoben, d.h. dieser Einlaufbereich übernimmt einen Teil der Radlast, was zur Verkürzung der Kontaktzone führt. Bild 4.2.9 stellt den Schwallwiderstand in Abhängigkeit von der Fahrgeschwindigkeit dar.

Der Staudruck ist theoretisch $\sim v^2$.

Tatsächlich gilt: $F_{W\ Schwall} \sim b \cdot v^n$ mit $n \sim 1.6$. (4.2.7)

Bei größeren Geschwindigkeiten und Wasserhöhen wird der Schwallwiderstand unabhängig von der Fahrgeschwindigkeit. Hier ist der Reifen aufgeschwommen (*Aquaplaning*).

Anteil des Rollwiderstands durch *unebene Fahrbahn*:

Beim Rollen eines Rades über eine unebene Fahrbahn bewegt sich dieses relativ zum Fahrzeugaufbau.

Der in der Regel vorhandene Aufbaudämpfer verursacht zeitlich zusammen mit den Unebenheiten nicht um den Wert Null schwankende Kräfte F_U und F_Z. Durch Ein- bzw. Ausfedern wird im Dämpfer Arbeit verrichtet. Diese Dämpferarbeit, bezogen auf den zurückgelegten Weg, erscheint als ein Rollwiderstand *(Wellenwiderstand)*, siehe Bild 4.2.10.

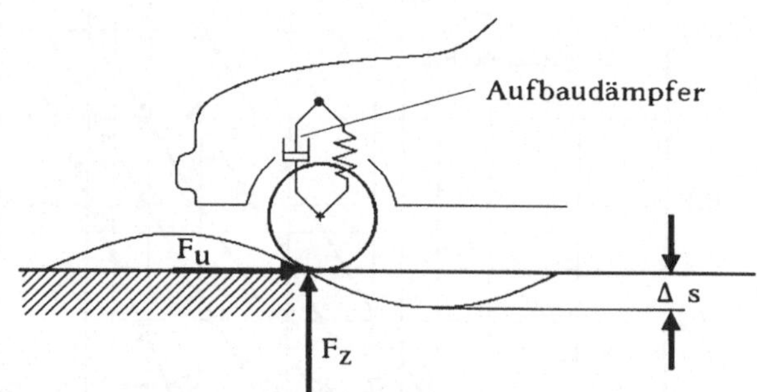

Bild 4.2.10: Prinzipskizze des Rollwiderstandes (Wellenwiderstand)

Unter der Annahme, daß der Aufbau in Ruhe bleibt, läßt sich eine einfache Abschätzung des Rollwiderstandes durch die *Walkarbeit* vornehmen:

$$\begin{aligned} F_{WR\ Welle} &= A/l = k_D \cdot \frac{\pi}{2} \cdot \frac{\Delta s^2}{l} \cdot \omega \quad \text{mit} \quad \omega = \pi \cdot v / l \\ &= k_D \cdot \frac{\pi^2}{2} \cdot \left(\frac{\Delta s}{l}\right)^2 \cdot v . \end{aligned} \tag{4.2.8}$$

Beispiel:

$k_D = 1000$ [Ns/m] $\Delta s = 2{,}5$ [mm] $l = 0{,}3$ [m] $v = 15$ [m/s]

$\rightarrow F_{WR\ Welle} \approx 10^3 \cdot 10 / 2 \cdot (0{,}0025 / 0{,}3)^2 \cdot 15 \approx 5$ [N]

Für Überschlagsrechnungen gelten etwa folgende Werte:

Straßenausführung	$f_{R\ \text{Walk, Welle, Plast}}$
neuwertiger, fester Asphalt, Beton, Kleinpflaster	0,01 - 0,02
gewalzter, fester Schotter ausgefahrener, welliger Asphalt	0,02 - 0,03
geteerter, ausgefahrener, welliger Schotter	0,03 - 0,04
sehr gute Erdwege	0,045
Erdwege	0,05 - 0,15
Sand	0,15 - 0,3

Anteil des Rollwiderstands durch *Schräglauf* des Reifens:

Stimmen Radebene und Bewegungsrichtung des Rades nicht mehr überein, so befindet es sich im sogenannten Schräglauf. Der zwischen *Radebene* und Bewegungsrichtung aufgespannte Winkel heißt Schräglaufwinkel, siehe Bild 4.2.11 .

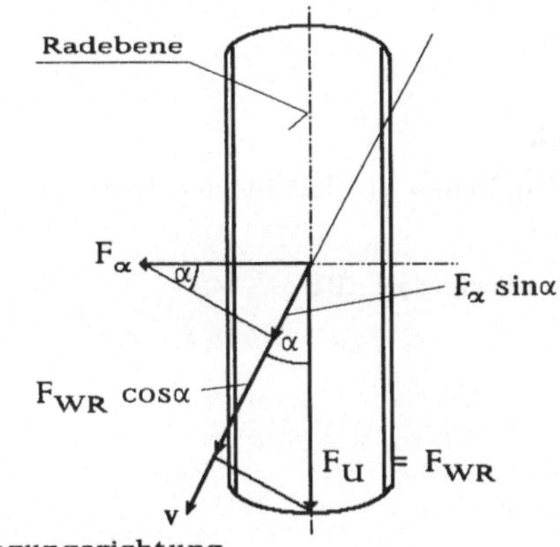

Bild 4.2.11: Das Rad unter Schräglauf

Der Rollwiderstand in Bewegungsrichtung setzt sich aus einem Anteil der beim Schräglauf entstehenden Seitenkraft F_α und einem Anteil des Rollwiderstandes der Bewegung in der Radebene $F_{WR} = F_U$ zusammen.

Der Rollwiderstand bei Schräglauf ist:

$$F_{WR\,\alpha} = F_{WR} \cdot \cos\alpha + F_\alpha \cdot \sin\alpha\ . \qquad (4.2.9)$$

Zwischen *Seitenkraft* F_α und *Schräglaufwinkel* α besteht generell folgender Zusammenhang, Bild 4.2.12:

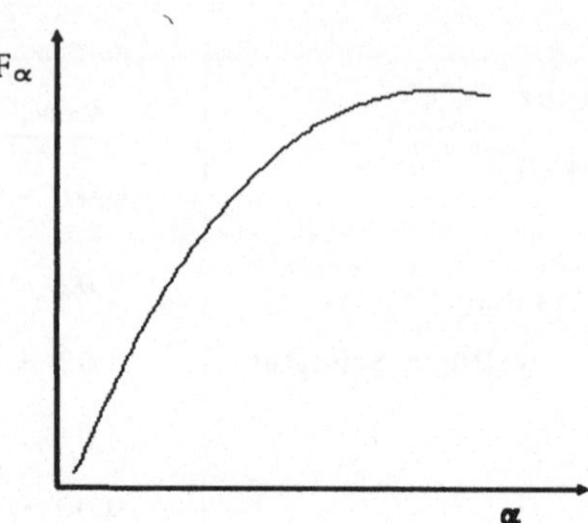

Bild 4.2.12: Seitenkraft über dem Schräglaufwinkel

Für kleine Schräglaufwinkel (α klein) existiert ein linearer Zusammenhang.

$$F_\alpha = k_\alpha \cdot \alpha \quad \text{mit } k_\alpha = \textit{Seitenkraftbeiwert} \text{ (N/rad)}$$

Dieser Zusammenhang besteht bis etwa 5 °.

$$F_{WR\,\alpha} = F_{WR} \cdot \cos\alpha + k_\alpha \cdot \alpha \cdot \sin\alpha \tag{4.2.10}$$

Linearisierung für kleine Winkel ($\sin\alpha \approx \alpha$; $\cos\alpha \approx 1$) liefert:

$$F_{WR\,\alpha} = F_{WR} + k_\alpha \cdot \alpha^2. \tag{4.2.11}$$

Schräglaufwinkel entstehen durch:

- Geometrische Einstellung in den Vorderrädern = *Vorspurwinkel*, etwa 0.5 °
- Seitliche Belastung des Rades
- Bei Kurvenfahrt durch Zentripetalkräfte
- Bei schräger Fahrbahn
- Durch Seitenwind .

Bei Kurvenfahrt:

Die Fliehkraft ist: $F_Y = \frac{m \cdot v^2}{R} = F_\alpha$, womit sich der Gesamtrollwiderstand errechnet zu

$$F_{WR\,\alpha} \approx F_{WR} + k_\alpha \cdot \frac{F_\alpha^2}{k_\alpha^2} = F_{WR} + \frac{m^2 \cdot v^4}{k_\alpha \cdot R^2} \quad . \tag{4.2.12}$$

Die *Rollwiderstandsleistung* ist dann:

$$P_{R\,\alpha} = F_{WR\,\alpha} \cdot v = F_{WR} \cdot v + \frac{m^2 \cdot v^5}{k_\alpha \cdot R^2} \quad . \tag{4.2.13}$$

Beispiel:

$\alpha = 1\,° = 1/57$ [rad]

$k_\alpha = 800$ [N/ °] $\approx 45\,836$ [N/rad]

$F_P \approx 2\,500$ [N]

$F_{WR\,\alpha} = f_R \cdot F_P + k_\alpha \cdot \alpha^2$

$= 37{,}5 + 14{,}1 = 51{,}6$ [N] .

4.2.2 Steigungswiderstand

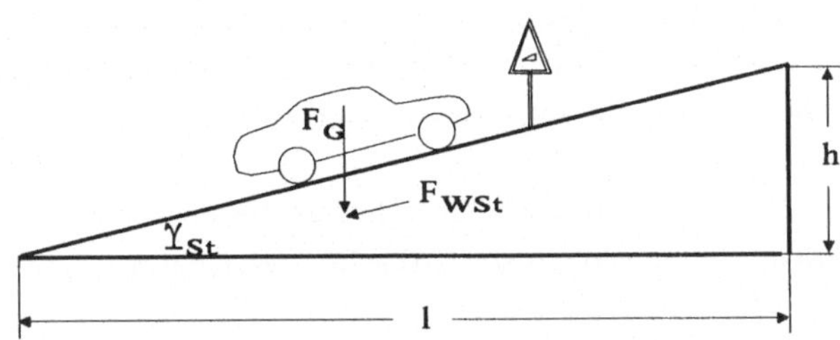

Bild 4.2.13: Fahrzeug auf einer Steigung

Die *Steigung* "q" ist entsprechend Bild 4.2.13 $q = \tan \gamma_{St}$. Diese Steigung wird auf den Straßenschildern in % angegeben; (100% ≡ 45^0). Steigung/Gefälle ist die Höhenänderung in Meter bezogen auf 100 m horizontaler Strecke.

$$\tan \gamma_{St} = \sin \gamma_{St} \,/\, \cos \gamma_{St} = h/l \tag{4.2.14}$$

Für kleine Winkel gilt: $\sin \gamma_{St} \approx \tan \gamma_{St}$. Also ist der *Steigungwiderstand* bei kleinen Steigungen

$$F_{WSt} = F_G \cdot \sin \gamma_{St} \approx F_G \cdot q \,. \tag{4.2.15}$$

Der durch die Linearisierung entstehende Fehler beträgt bei $10^o \rightarrow 1$ %, bei $30^o \rightarrow 15$ % . Die zulässigen Richtwerte im Straßenbau regeln spezielle Richtlinien (z. B. RAL Richtlinie zur Anlage von Landstraßen).

Es gilt:

Autobahn	$q_{max} = 4 - 6{,}5\%$
Bundesstraße, Landstraße	$q_{max} = 4 - 12\ \%$
Kreisstraße, Stadtstraße	$q_{max} = 2 - 12\ \%$.

Beispiel:

1) $F_G = 12000$ [N] $q = 0{,}18$

$F_{WSt} = F_G \cdot \sin \alpha \approx F_G \cdot q = 2160$ [N]

$F_{WSt} \gg F_{WR}$

2) $F_G = 12000$ [N] $q = 0{,}02$

$F_{WSt} = 240$ [N]

$F_{WSt} \approx F_{WR}$

Maximale Steigungen im Alpengebiet erreichen Werte von 26%.

4.2.3 Luftwiderstand (Aerodynamik)

Kraftfahrzeugaerodynamik ist ein eigenes, intensiv untersuchtes Gebiet. Hier werden lediglich einige grundlegende Begriffe erläutert. Zur Vertiefung der Kenntnisse sei Spezialliteratur empfohlen (z. B. Hucho, W.-H.,1994).

Faßt man das Fahrzeug als umströmten Körper auf, so gelten die Gesetze der Aerodynamik. Demnach ist der Widerstand eines Körpers in turbulenter Strömung abhängig von:

- Quadrat der effektiven Anströmungsgeschwindigkeit v^2
- Luftdichte ρ
- angeströmter Fläche A (Projektionsfläche in Bewegungsrichtung)
- Form des Körpers c_W (dimensionsloser *Luftwiderstandsbeiwert*)

$$F_{WL} = c_W \cdot A \cdot \rho \cdot v^2 / 2 \quad , \tag{4.2.16}$$

wobei $\rho \cdot v^2/2$ der *Staudruck* ist.

Bei Fahrt eines Fahrzeuges in bewegter Luft ist der Vektor der Anströmgeschwindigkeit

$\vec{v} = \vec{v}_{FZ} + \vec{v}_{Wind}$

$\vec{v} = \vec{v}_{res}$ (resultierende Anströmgeschwindigkeit).

Der Luftwiderstand setzt sich zusammen aus:

-*Druckwiderstand* -*induziertem Widerstand*	50-90 %
-*Oberflächenwiderstand*	3-30 %
-*innerem Widerstand*	2-11 %.

In Bild 4.2.14 ist die Entwicklung von c_W-Wert und *Stirnfläche* für heutige und zukünftige Fahrzeuge dargestellt.

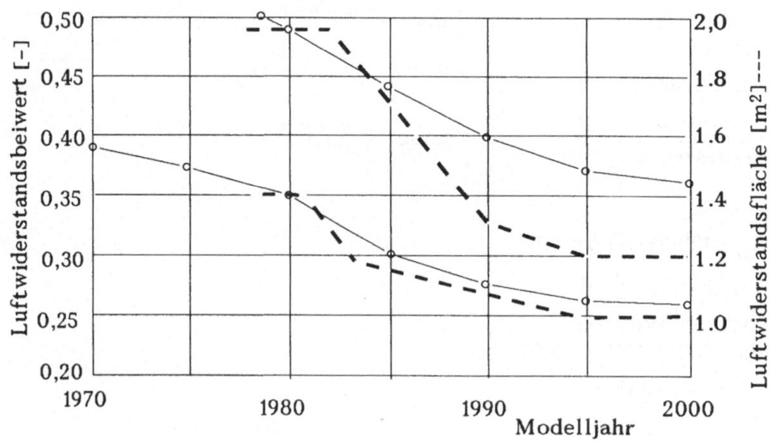

Bild 4.2.14: Streubereich der Veränderungen des Luftwiderstandsbeiwerts c_W über der Modellentwicklung Pkw (nach Hucho, 1981 und 1994)

Beispiel:

$c_w = 0{,}30 \quad \rho = 1{,}25$ [kg/m^3]

$v = 120$ [km/h] $\hat{=}$ 33.3 [m/s] $A = 1{,}2$ [m^2]

→ $F_{WL} = 249{,}5$ [N] .

4.2.3.1 Druckwiderstand

Der Druckwiderstand ist die resultierende Kraft aller Normalkräfte auf der Oberfläche. Er tritt nur bei verlustbehafteter Strömung auf.

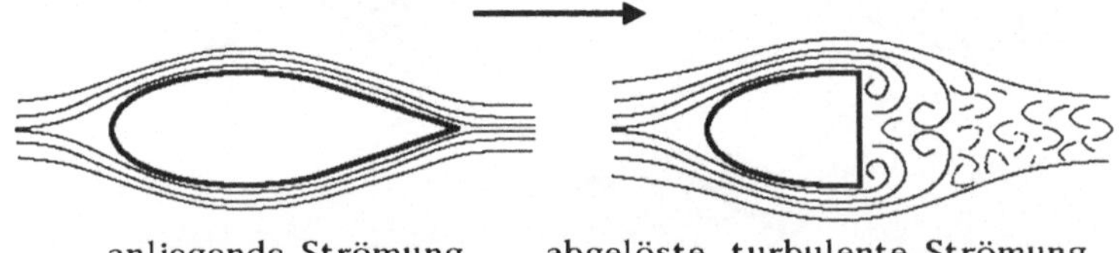

Bild 4.2.15: Einfluß der Körperform auf die Strömungsverhältnisse

Wichtig ist in diesem Zusammenhang auch das Verhältnis von Abreißquerschnitt zu Querschnittsfläche. Laminare Umströmung herrscht solange, wie Drucksteigerung bzw. Geschwindigkeitserhöhung möglich ist; danach tritt turbulente Strömung auf.

4.2.3.2 Oberflächenwiderstand (Reibungswiderstand)

Bei einem angeströmten Fahrzeug entsteht eine turbulente Grenzschicht an der Oberfläche, wohingegen die laminare Grenzschicht sehr kurz ist und im allgemeinen 20-30 cm beträgt (Motorhaube, Dach).

Der Oberflächenwiderstand kommt in erster Linie bei längeren Fahrzeugen zum Tragen (Bus).

4.2.3.3 Innerer Widerstand

Der innere Widerstand entsteht durch die Durchströmung des Fahrzeuges (Kühler, Motorraum, Innenraum) bzw. durch den Impulsverlust der Strömung.

4.2.3.4 Induzierter Widerstand

Druckunterschiede am Heck können je nach Heckform zu zwei Längswirbeln führen (s. Bild 4.2.16).

4.2.3.5 Seitliche Anströmung

Infolge der zur Fahrzeuglängsachse schrägen Anströmungsrichtung werden nicht nur Kräfte in Längsrichtung auf das Fahrzeug ausgeübt (F_{WL}), sondern auch quer zur Fahrzeuglängsachse.

Diese führen zu einer Rollbewegung und zugleich zu einer Querbewegung und Gierbewe-

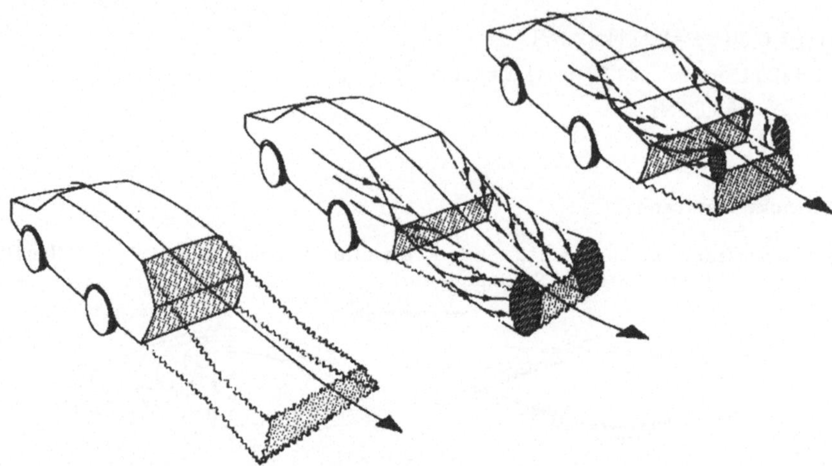

Bild 4.2.16: Einfluß der Heckform auf Strömungsturbulenzen (nach Hucho, 1981)

gung des Fahrzeugs. Die Stärke und Richtung dieser Bewegungen ist abhängig von der Formgebung. Es ist sowohl die Form des gesamten Fahrzeugs (Druckpunkt) als auch die Gestaltung der Bug- und Heckpartie (*Strömungsabriß*) von Bedeutung. Die seitlichen Bewegungen als Abweichung eines Sollkurses unter Seitenwindbedingungen auf der Straße können nicht aus den Windkanalmessungen errechnet werden. Windkanalmessungen werden prinzipiell bei stationärer Anströmung durchgeführt, während Seitenwindbedingungen auf der Straße prinzipiell instationär sind. Wegen der dabei auftretenden starken Veränderlichkeit in bezug auf Windgeschwindigkeit und Windrichtung kann sich keine stationäre Umströmung des Karosseriekörpers einstellen.

Generell sei an dieser Stelle vermerkt, daß die *Seitenwindempfindlichkeit* eines Fahrzeugs nicht nur von seiner Aerodynamik, sondern auch vom Eigenlenkverhalten durch die Radführung und vom Lenkverhalten über die Lenkung abhängig ist. Letzteres ist dadurch begründet, daß bei einer Kursabweichung der Fahrer über visuelle Wahrnehmung, aber auch über die kinästhetische (z. B. Querbeschleunigung) und die haptische (z. B. Lenkmoment am Lenkrad) Wahrnehmung auf die Kursabweichung durch Lenken reagiert (Willumeit et al., 1991).

4.2.3.6 Auftrieb

Ebenso wie der Tragflügel eines Flugzeugs unterliegt die Kfz-Karosserie unterschiedlichen Umströmungsgeschwindigkeiten. Hieraus resultieren Drücke, die senkrecht auf die jeweilige Karosserie-Oberfläche wirken. Infolge der Unsymmetrien der Karosserie in vertikaler Richtung existiert eine andere Geschwindigkeit und somit auch eine andere Druckverteilung an der Ober- und -Unterseite der Karosserie. Das Flächenintegral über alle Drücke in ihren Vertikalkomponenten ist die Auftriebskraft F_A, deren Angriffspunkt (*Druckpunkt*) je nach Form der Karosserie an unterschiedlichen Stellen längs der Karosserie liegen kann. F_A wird im Windkanal gemessen, und zwar als Radlast- bzw. Achslaständerung, woraus sich auch der Angriffspunkt von F_A ermitteln läßt. Zur einfachen Anwendung des Auftriebs wird die Kraft in zwei Teilkräfte F_{AV} und F_{AH} aufgeteilt, die man sich jeweils als Einzelkraft auf die Karosserie oberhalb der Vorder- bzw. der Hinterachse angreifend vorstellt. Die aus dem Auftrieb sich einstellende Achslastveränderung beeinflußt wiederum die Reifenkräfte (übertragbare Umfangs- und Seitenkräfte sowie Rollwiderstand).

Die Auftriebskraft F_A an einem umströmten Körper (also auch Karosserie) ist dem Quadrat der Anströmgeschwindigkeit v proportional.

$$F_A = c_A \cdot A \cdot \rho v^2 / 2 \tag{4.2.17}$$

c_A: *Auftriebsbeiwert*
A : Größte Querschnittsfläche der Karosserie
ρ : *Luftdichte*
v : Anströmgeschwindigkeit

Bezieht man die Auftriebskraft jeweils auf Vorder- und Hinterachse, so ergibt sich entsprechend ein Auftriebsbeiwert für die Vorderachse c_{AV} und für die Hinterachse c_{AH}.

Dementsprechend stellt sich auch ein Auftriebsmoment ein:

$$M_{WA} = c_M \cdot l \cdot A \cdot \rho v^2 / 2 \tag{4.2.18}$$

l: Radstand .

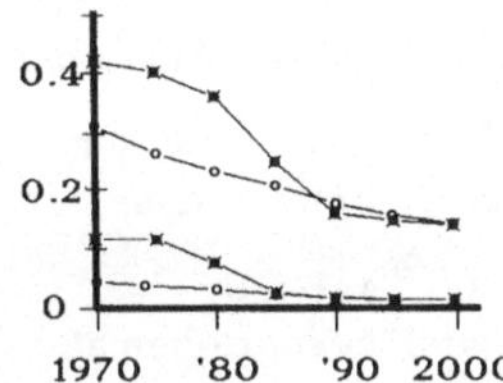

Bild 4.2.17: Geschichtliche Entwicklung der Auftriebsbeiwerte Pkw (nach Hucho, 1994) c_{AH} ×—× c_{AV} o—o

4.2.4 Beschleunigungswiderstand

Der Beschleunigungswiderstand ist definiert als

$$F_{WB} = \ddot{x} \left[\frac{F_G}{g} + \frac{\Theta_V}{s \cdot r_{dyn,V}} + \frac{\Theta_H}{s \cdot r_{dyn,H}} \right] . \tag{4.2.19}$$

Θ_V und Θ_H sind definiert als die Trägheitsmomente der Vorder- bzw. Hinterräder. Exakt sind darin alle mit den Rädern gekoppelten Massen wie Reifen, *Bremstrommel*, Gelenkwellen, Getrieberäder, Motorschwungrad, Triebwerksteile etc. enthalten (Bild 4.2.18).

Zwischen Ein- und Ausgang des *Schaltgetriebes* liegt die *Übersetzung* i_G und entsprechend am Differentialgetriebe i_H, so daß

$$\varphi_T = i_H \cdot \varphi_R$$
$$\varphi_M = i_G \cdot \varphi_T = i_G \cdot i_H \cdot \varphi_R . \tag{4.2.20}$$

An diesem Beispiel des hinterradgetriebenen Fahrzeugs müssen also die Anteile des gesamten Antriebstrangs als Beschleunigungswiderstand berücksichtigt werden durch:

$$\Theta_M \cdot \ddot{\varphi}_M + \Theta_{Antrieb} \cdot \ddot{\varphi}_T + \Theta_R \cdot \ddot{\varphi}_R . \tag{4.2.21}$$

Bezieht man alle Trägheitsmomente auf das Rad mit seiner Winkelbewegung φ_R, so gilt nach dem Energiesatz z. B. für den Antriebsstrang:

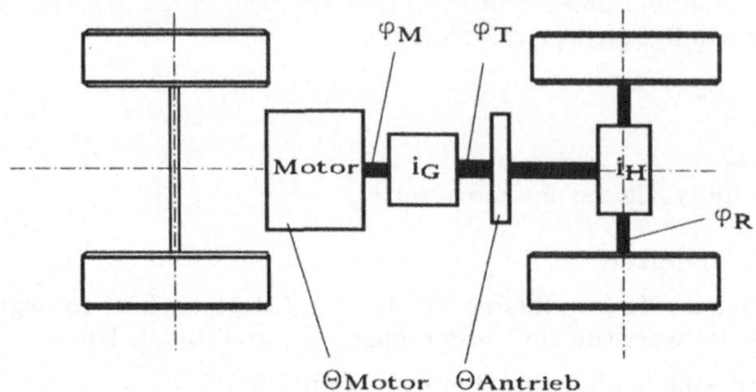

Bild 4.2.18: Antriebsstrang eines hinterachsgetriebenen Fahrzeugs

$$(1/2)\,\Theta'_{Antrieb}\cdot\dot{\varphi}_R^{\,2} = (1/2)\,\Theta_{Antrieb}\cdot\dot{\varphi}_T^{\,2} = (1/2)\,\Theta_{Antrieb}\cdot i^2_H\cdot\dot{\varphi}_R^{\,2}$$

$$\Theta'_{Antrieb} = i^2_H\cdot\Theta_{Antrieb}\,. \qquad (4.2.22)$$

Die Summe der Beschleunigungsglieder des gesamten Antriebstrangs lautet dann:

$$\Theta_{ges}\cdot\ddot{\varphi}_R = \left(\Theta_R + i^2_H\cdot\Theta_{Antrieb} + i^2_H\cdot i^2_G\cdot\Theta_M\right)\ddot{\varphi}_R \qquad (4.2.23)$$

und das Gesamtträgheitsmoment für die getriebene Achse:

$$\Theta_{H\,ges} = \left(\Theta_R + i^2_H\cdot i^2_G\cdot\Theta_M + i^2_H\cdot\Theta_{Antrieb}\right). \qquad (4.2.24)$$

Der Beschleunigungswiderstand wird oft auch beschrieben als

$$F_{WB} = \lambda\cdot F_G\cdot\frac{\ddot{x}}{g}\,. \qquad (4.2.25)$$

Somit wäre

$$\lambda\cdot F_G = F_G + \frac{\Theta_V\cdot g}{s\cdot r_{dyn\,V}} + \frac{\Theta_{H\,ges}\cdot g}{s\cdot r_{dyn\,H}}\,. \qquad (4.2.26)$$

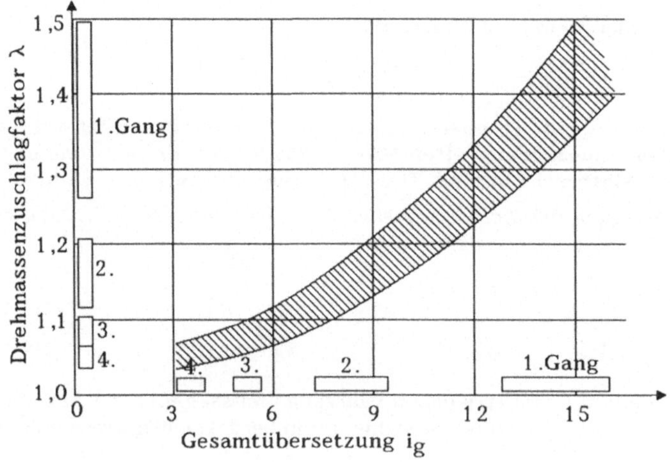

Bild 4.2.19: Streubereiche der Übersetzungen von Kennungswandlern und Drehmassenzuschlagsfaktoren bei PKW (nach Mitschke, Dynamik d. KFZ, 1988)

Werden vereinfachend Schlupf, *dynamischer Halbmesser* vorn und hinten sowie Achsabstand zur Straße als etwa gleich groß angesetzt, vereinfacht sich:

$$\lambda \approx 1 + \frac{\Theta_V + \Theta_{Hges}}{r^2 \cdot m} = 1 + \frac{m_{red}}{m} \quad . \tag{4.2.27}$$

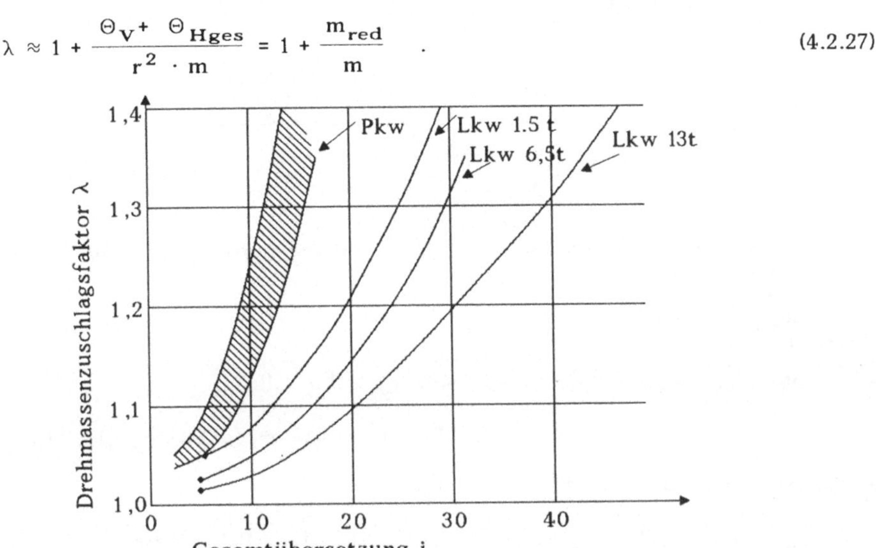

Bild 4.2.20: Streubereiche der Übersetzungen von Kennungswandlern und Drehmassenfaktoren für verschiedene Fahrzeugtypen (nach Mitschke, 1988)

4.3 Fahrgrenzen

In diesem Kapitel sollen die Fahrgrenzen bezüglich Treiben und Bremsen definiert werden. Ausgangspunkt sind die Bewegungsgleichungen der Längsdynamik.

4.3.1 Vertikallasten

Zunächst wird statt der Einzelschwerpunkte S_A, S_V und S_H der Gesamtschwerpunkt S eingeführt (s. hierzu auch Bild 4.1.1).

$$\begin{aligned}
F_G &= F_{GA} + F_{GV} + F_{GH} \\
F_G \cdot h &= F_{GA} \cdot h_A + (F_{GV} + F_{GH})\, s \\
F_G \cdot b &= F_{GV} \cdot l + F_{GA} \cdot b' \\
F_G \cdot a &= F_{GH} \cdot l + F_{GA} \cdot a'
\end{aligned} \tag{4.3.1}$$

Die Vertikallasten berechnen sich für Vorder- und Hinterachse getrennt aus Gleichung (4.1.2) bzw. (4.1.3) der Bewegungsgleichungen. Der Zusammenhang zwischen Vorder- und Hinterachse ist durch die Bewegungsgleichungen des Fahrzeugaufbaus gegeben:

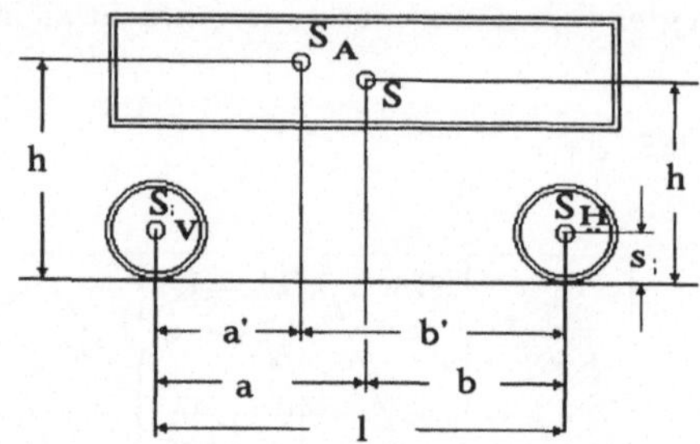

Bild 4.3.1: Lage der Schwerpunkte der Achsen und des Aufbaus sowie des Gesamtfahrzeugs

$$m_{RV} \cdot \ddot{z}_V = F_{PV} - F_{ZV} - F_{GV} \cdot \cos\gamma_{St} = 0$$

$$m_A \cdot \ddot{z}_A = F_{ZV} + F_{ZH} - F_{GA} \cdot \cos\gamma_{St} + F_A = 0$$

$$\Theta_A \cdot \ddot{\varphi}_A = -(M_V + M_H) - F_{ZV}\, a' + F_{ZH}\, b' - (h_A - s)(F_{XV} + F_{XH}) + M_{WA} = 0$$

Daraus wird die vordere Vertikallast berechnet:

$$F_{PV} = \left\{F_G\left(\frac{b}{l}\cdot\cos\gamma_{St} - \frac{h}{l}\cdot\sin\gamma_{St}\right)\right\} - \left\{F_A\frac{b'}{l} - \frac{M_{WA}}{l} + F_{WL}\frac{h_A}{l}\right\} - \left\{\left(\frac{F_G}{g}\cdot\frac{h}{l} + \frac{\Theta_V}{r_{dynV}\cdot l} + \frac{\Theta_H}{r_{dynH}\cdot l}\right)\ddot{x}\right\} - \left\{\frac{s}{l}F_{WR}\right\}. \tag{4.3.2}$$

Die einzelnen Anteile werden wie folgt bezeichnet:

$\left\{F_G\left(\frac{b}{l}\cdot\cos\gamma_{St} - \frac{h}{l}\cdot\sin\gamma_{St}\right)\right\} = F_{PV\,stat}$: statischer Anteil der *Vorderachslast*

$\left\{F_A\frac{b'}{l} - \frac{M_{WA}}{l} + F_{WL}\frac{h_A}{l}\right\} = F_{AV}$: Auftrieb durch Windkräfte an der Vorderachse

$\left\{\left(\frac{F_G}{g}\cdot\frac{h}{l} + \frac{\Theta_V}{r_{dynV}\cdot l} + \frac{\Theta_H}{r_{dynH}\cdot l}\right)\ddot{x}\right\}$: dynamischer Anteil der Vorderachslast durch Fahrzeugbeschleunigung

$\left\{\frac{s}{l}F_{WR}\right\}$: Anteil der Vorderachslast durch Rollwiderstand .

Aus dem Zusammenhang, daß

$$F_{PV} + F_{PH} + F_A = F_G \cdot \cos\gamma_{St}$$

sein muß, ergibt sich nun bei bekannter vorderer Achslast F_{PV} auch die hintere Achslast

$$F_{PH} = \left\{ F_G \left(\frac{a}{l} \cdot \cos \gamma_{St} + \frac{h}{l} \cdot \sin \gamma_{St} \right) \right\} - F_{AH} + \left\{ \left(\frac{F_G}{g} \cdot \frac{h}{l} + \frac{\Theta_V}{r_{dynV} \cdot l} + \frac{\Theta_H}{r_{dynH} \cdot l} \right) \ddot{x} \right\} + \left\{ \frac{s}{l} F_{WR} \right\}. \quad (4.3.3)$$

Fazit:

- Die beiden *Achslasten* enthalten jeweils einen statischen Anteil. Dieser wird um den jeweiligen Auftriebsanteil der Achse verringert.
- Der Beschleunigungsanteil führt bei positiver Beschleunigung zur Entlastung der Vorderachse und zur Belastung der Hinterachse.
- Der Rollwiderstandsanteil entlastet die Vorderachse und belastet die Hinterachse.
- Eine positive Steigung belastet die Hinterachse und entlastet die Vorderachse.

In Analogie zum Luftwiderstand schreibt man (s. Kap. 4.2.3)

$$F_{AV} = \left\{ F_A \frac{b'}{l} - \frac{M_{WA}}{l} + F_{WL} \frac{h_A}{l} \right\} = c_{AV} \left[A \cdot \left(\frac{\rho}{2} v_{res}^2 \right) \right]$$

$$F_{AH} = c_{AH} \left[A \cdot \left(\frac{\rho}{2} v_{res}^2 \right) \right] . \quad (4.3.4)$$

4.3.2 Kraftschlußbeanspruchung Treiben: Vorder- und Hinterachsantrieb

Die Summe der Antriebsmomente an Vorder- und Hinterachse zusammen mit den eingeführten Fahrwiderständen ist bezogen auf den Abstand s Radmitte - Fahrbahn:

$$\frac{M_V + M_H}{s} = F_G \cdot \frac{\ddot{x}}{g} + \frac{(\Theta_V + \Theta_H)\ddot{x}}{r_{dyn} \cdot s} + F_G \cdot \sin \gamma_{St} + F_{WR} + F_{WL}$$

$$\frac{M_V + M_H}{s} = F_G \cdot \left(\lambda \cdot \frac{\ddot{x}}{g} + \sin \gamma_{St} + f_R \right) + c_W \cdot A \cdot \rho \cdot \frac{v^2}{2} = \frac{M_R}{s} .$$

Mit dem auf die Vorder- bzw. Hinterachse angewendeten Drallsatz $\Theta \cdot \ddot{\varphi} = \Sigma M$ (Gleichung (4.1.2) und (4.1.3)):

$$\Theta_V \cdot \ddot{\varphi}_V = M_V - F_{UV} \cdot s - M_{PV} \ (M_{PV} = F_{WRV} \cdot s)$$

$$\Theta_H \cdot \ddot{\varphi}_H = M_H - F_{UH} \cdot s - M_{PH} \ (M_{PH} = F_{WRH} \cdot s)$$

$M_{PV,H}$: Rollwiderstandsmoment vorn/hinten

$F_{WRV,H}$: Rollwiderstandskraft vorn/hinten

lassen sich die Umfangskräfte F_{UV} oder F_{UH} bestimmen. Für V-Rad Antrieb gilt: $M_H = 0$; $M_V = M_R$. Für H-Rad Antrieb gilt: $M_V = 0$; $M_H = M_R$.

Allgemein ist:

$$F_{UV} = \frac{M_V}{s} - F_{WRV} - \frac{\Theta_V \cdot \ddot{\varphi}_V}{s}$$

$$F_{UH} = \frac{M_H}{s} - F_{WRH} - \frac{\Theta_H \cdot \ddot{\varphi}_H}{s},$$

wobei F_{WRH} der *Rollwiderstand* der H-Achse ist, analog zu F_{WRV}.
Zusätzlich gilt der Zusammenhang zwischen den Umfangskräften und den Fahrwiderständen (Gleichung (4.1.4))

$$F_{UV} + F_{UH} = F_G \cdot \frac{\ddot{x}}{g} + F_{WST} + F_{WL} \cdot \qquad (4.3.5)$$

<u>Vorderachsantrieb</u>

$M_H = 0;\ M_V = M_R$

Die Umfangskraft an der H-Achse ist:

$$F_{UH} = -F_{WRH} - \frac{\Theta_H \cdot \ddot{\varphi}_H}{s} = -F_{WRH} - \frac{\Theta_H \cdot \ddot{x}}{s \cdot r_{dyn\ H}}.$$

Die Umfangskraft an der V-Achse dagegen ist:

$$F_{UV} = F_G \cdot \frac{\ddot{x}}{g} + F_{WST} + F_{WL} + F_{WRH} + \frac{\Theta_H \cdot \ddot{\varphi}_H}{s}$$

$$\boxed{F_{UV} = \left(\frac{F_G}{g} + \frac{\Theta_H}{s \cdot r_{dyn\ H}}\right) \ddot{x} + F_{WSt} + F_{WRH} + c_W \cdot A \cdot \rho \cdot \frac{v_{res}^2}{2}}. \qquad (4.3.6)$$

Die Umfangskraft an der Vorderachse bei Vorderachsantrieb muß den translatorischen Anteil des Beschleunigungswiderstandes des Fahrzeuges incl. des Anteils durch das Trägheitsmoment der Hinterachse, weiterhin Luftwiderstand, Steigungswiderstand und den Rollwiderstand der Hinterachse decken.

<u>Hinterachsantrieb</u>

$M_V = 0;\ M_H = M_R$

Die Umfangskraft an der V-Achse ist:

$$F_{UV} = -F_{WRV} - \frac{\Theta_V \cdot \ddot{x}}{s \cdot r_{dyn\ V}}$$

und die Umfangskraft an der H-Achse beträgt:

$$\boxed{F_{UH} = \left(\frac{F_G}{g} + \frac{\Theta_V}{s \cdot r_{dyn\ V}}\right) \ddot{x} + F_{WST} + F_{WRV} + c_W \cdot A \cdot \rho \cdot \frac{v^2_{res}}{2}}. \qquad (4.3.7)$$

Die Umfangskräfte der treibenden Achse müssen <u>*nicht*</u> die rotatorischen Anteile des Beschleunigungswiderstandes und des Rollwiderstandes der treibenden Achse decken.

Die Kraftschlußbeanspruchung einer Achse ist:

$$\text{V-Achse: } f_V = \frac{F_{UV}}{F_{PV}}; \quad \text{H-Achse: } f_H = \frac{F_{UH}}{F_{PH}}.$$

Aus den Gleichungen (4.3.2), (4.3.3) und (4.3.6), (4.3.7) errechnet man:

Vorderachsantrieb

V-Achse:

$$f_V = \frac{F_{UV}}{F_{PV}} = \frac{\left(\frac{F_G}{g} + \frac{\Theta_H}{s \cdot r_{dynH}}\right)\ddot{x} + F_{WST} + F_{WRH} + c_W \cdot A \cdot \rho \cdot \frac{v_{res}^2}{2}}{F_{PVstat} - F_{AV} - \left(\frac{F_G}{g} \cdot \frac{h}{l} + \frac{\Theta_V}{r_{dynV} \cdot l} + \frac{\Theta_H}{r_{dynH} \cdot l}\right)\ddot{x} - \frac{s}{l} F_{WR}} \tag{4.3.8}$$

H-Achse:

$$f_H = \frac{F_{UH}}{F_{PH}} = \frac{- F_{WRH} - \frac{\Theta_H \cdot \ddot{x}}{s \cdot r_{dynH}}}{F_{PHstat} - F_{AH} + \left(\frac{F_G}{g} \cdot \frac{h}{l} + \frac{\Theta_V}{r_{dynV} \cdot l} + \frac{\Theta_H}{r_{dyn\,H} \cdot l}\right)\ddot{x} + \frac{s}{l} F_{WR}}$$

Fazit:

- Die Kraftschlußbeanspruchung der geschleppten Achse ist sehr viel kleiner als diejenige der treibenden Achse und wird nur durch den anteiligen Rollwiderstand sowie den rotatorischen Beschleunigungswiderstandsanteil der geschleppten Achse bestimmt.
- Die Kraftschlußbeanspruchung der treibenden Achse kann durch die statische Achslast beeinflußt werden: f wird kleiner für steigende F_P
- Bei beschleunigter Fahrt ist die Kraftschlußbeanspruchung der treibenden Achse bei Vorderachsantrieb größer als bei Hinterachsantrieb, da translatorischer und rotatorischer Anteil der Beschleunigung die V-Achse entlasten bzw. die Hinterachse belasten.
- Die Kraftschlußbeanspruchung der treibenden Achse ist umso geringer, je dichter der Gesamtschwerpunkt des Fahrzeugs über der treibenden Achse liegt.
- Die Kraftschlußbeanspruchung der treibenden Achse ist umso geringer, je niedriger der aerodynamische Auftrieb an der treibenden Achse ist.

Hinterachsantrieb

V-Achse:

$$f_V = \frac{F_{UV}}{F_{PV}} = \frac{-F_{WRV} - \dfrac{\Theta_V \cdot \ddot{x}}{s \cdot r_{dyn}}}{F_{PVstat} - F_{AV} - \left(\dfrac{F_G}{g} \cdot \dfrac{h}{l} + \dfrac{\Theta_V}{r_{dynV} \cdot l} + \dfrac{\Theta_H}{r_{dynH} \cdot l}\right)\ddot{x} - \dfrac{s}{l} F_{WR}} \tag{4.3.9}$$

H-Achse:

$$f_H = \frac{F_{UH}}{F_{PH}} = \frac{\left(\dfrac{F_G}{g} + \dfrac{\Theta_V}{s \cdot r_{dynV}}\right)\ddot{x} + F_{WST} + F_{WRV} + c_W \cdot A \cdot \rho \cdot \dfrac{v_{res}^2}{2}}{F_{PH\,stat} - F_{AH} + \left(\dfrac{F_G}{g} \cdot \dfrac{h}{l} + \dfrac{\Theta_V}{r_{dynV} \cdot l} + \dfrac{\Theta_H}{r_{dynH} \cdot l}\right)\ddot{x} + \dfrac{s}{l} F_{WR}}.$$

Diskussion ausgewählter Fälle:

a) Unbeschleunigte Fahrt in der Ebene

Beschleunigungsanteile = 0; Steigungsanteile = 0

V-Achsantrieb:

$$f_V = \frac{F_{WRH} + c_W \cdot A \cdot \rho \cdot \dfrac{v_{res}^2}{2}}{F_G \cdot \dfrac{b}{l} - F_{AV} - \dfrac{s}{l} F_{WR}} = \frac{F_{WRH} + c_W \cdot A \cdot \rho \cdot \dfrac{v_{res}^2}{2}}{F_G \cdot \dfrac{b}{l} - c_{AV} \cdot A \cdot \rho \cdot \dfrac{v_{res}^2}{2} - \dfrac{s}{l} F_{WR}}$$

H-Achsantrieb:

$$f_H = \frac{F_{WRV} + c_W \cdot A \cdot \rho \cdot \dfrac{v_{res}^2}{2}}{F_G \cdot \dfrac{a}{l} - c_{AH} \cdot A \cdot \rho \cdot \dfrac{v_{res}^2}{2} + \dfrac{s}{l} F_{WR}} \tag{4.3.11}$$

Z. B. Fahrzeug:

$F_G = 1\,000$ daN	$c_{AV} = 0{,}06$
$f_R = 0{,}017$	$c_{AH} = 0{,}13$
$c_W = 0{,}46$	$a/l = b/l = 0{,}5$
$A = 1{,}7\ m^2$	$s/l = 0{,}3/2{,}5 = 0{,}12$
$\rho = 0{,}125\ daN \cdot s^2/m^4$	$h/l = 0{,}6/2{,}5 = 0{,}24$

Bei Vorderachsantrieb:

$$f_V = \frac{8{,}5 + 43{,}99}{500 - 5{,}74 - 2{,}04} = 0{,}107 \text{ bei } v = 30\ m/s$$

$$f_V = \frac{8{,}5 + 175{,}95}{500 - 22{,}95 - 2{,}04} = 0{,}39 \text{ bei } v = 60\ m/s$$

Bei Hinterachsantrieb:

$$f_H = \frac{8{,}5 + 43{,}99}{500 - 12{,}43 + 2{,}04} = 0{,}107 \text{ bei } v = 30 \text{ m/s}$$

$$f_H = \frac{8{,}5 + 175{,}95}{500 - 49{,}72 + 2{,}04} = 0{,}408 \text{ bei } v = 60 \text{ m/s}$$

Würde durch formgeberische Gestaltung zu erreichen sein, daß $c_{AH} = -0{,}13$, so wäre:

$f_H = 0{,}102$ bei $v = 30$ m/s

$f_H = 0{,}33$ bei $v = 60$ m/s .

Fazit:

- Der Einfluß des Rollwiderstands bei v » 100 km/h ist klein gegenüber dem Luftwiderstand in bezug auf die Umfangskraft.
- Der Anteil des Rollwiderstands in der Achslast kann in jedem Fall vernachlässigt werden.
- Bei unbeschleunigter Fahrt tritt kein nennenswerter Unterschied zwischen Vorderachs- und Hinterachsantrieb bei der Kraftschlußbeanspruchung auf.
- Ist durch formgeberische Maßnahmen ein Abtrieb an der H-Achse erreichbar (z.B. Spoiler), so sinkt die Kraftschlußbeanspruchung deutlich. Die Änderung (Erhöhung) des Rollwiderstands ist hierbei vernachlässigbar.

b) Unbeschleunigte Steigungsfahrt bei kleinen Fahrgeschwindigkeiten

Vorderachsantrieb:

$$f_V \approx \frac{F_{WST} + F_{WRH}}{F_{PVstat}} = \frac{F_G \cdot \sin\gamma_{St} + \frac{F_G \cdot f_R}{2}}{F_G \frac{(b \cdot \cos\gamma_{St} - h \cdot \sin\gamma_{St})}{l}} \tag{4.3.12}$$

Hinterachsantrieb:

$$f_H \approx \frac{F_G \cdot \sin\gamma_{St} + \frac{F_G \cdot f_R}{2}}{F_G \frac{(a \cdot \cos\gamma_{St} + h \cdot \sin\gamma_{St})}{l}} = \frac{\sin\gamma_{St} + f_R / 2}{\frac{a \cos\gamma_{St} + h \cdot \sin\gamma_{St}}{l}} \tag{4.3.13}$$

f_V und f_H sind also unabhängig vom Fahrzeuggewicht F_G.

Z.B. Fahrzeug (Daten s.o.) :q = 0,2 (20%) ; $\gamma_{St} = 11{,}31\,°$

$h/l = 0{,}6/2{,}5 = 0{,}24$

$$f_V \approx \frac{0{,}196 + 0{,}009}{0{,}49 - 0{,}047} = 0{,}462$$

$$f_H \approx \frac{0{,}196 + 0{,}009}{0{,}49 + 0{,}047} = 0{,}382$$

Fazit:

- Bei gleicher Schwerpunktslage ist bei Steigungsfahrt die Kraftschlußbeanspruchung des Hinterachsantriebs niedriger als die des Vorderachsantriebs (Winterfahrt !) .
- Die Rollwiderstände sind vernachlässigbar.

c) <u>Beschleunigte Fahrt in der Ebene bei niedrigen Geschwindigkeiten</u>

<u>Vorderachsantrieb:</u>

$$f_V = \frac{\left(\frac{F_G}{g} + \frac{\Theta_H}{s \cdot r_{dynH}}\right)\ddot{x} + F_{WRH}}{F_{PVstat} - \left(\frac{F_G}{g}\cdot\frac{h}{l} + \frac{\Theta_V}{r_{dynV}\cdot l} + \frac{\Theta_H}{r_{dynH}\cdot l}\right)\ddot{x}} \tag{4.3.14}$$

Bei Vernachlässigung der rotatorischen Trägheiten der geschleppten Achse und des Rollwiderstands ist

$$f_V \approx \frac{\frac{F_G\cdot\ddot{x}}{g}}{F_G\cdot\frac{b}{l} - \left(\frac{F_G}{g}\cdot\frac{h}{l} + \frac{\Theta_V}{r_{dynV}\cdot l}\right)\ddot{x}} \quad . \tag{4.3.15}$$

Mit $\lambda \cdot F_G = F_G + \frac{\Theta_V \cdot g}{r_{dynV}\cdot s} + \frac{\Theta_H \cdot g}{r_{dynH}\cdot s}$

folgt $$f_V \approx \frac{\frac{\ddot{x}}{g}}{\frac{b}{l} - \frac{\ddot{x}}{g}\left(\frac{h}{l} + \frac{s}{l}(\lambda - 1)\right)} \quad . \tag{4.3.15a}$$

Bei beliebig großem f steigt $\frac{\ddot{x}}{g}$ nicht über

$$\frac{\ddot{x}}{g} = \frac{b}{h + s\cdot(\lambda - 1)} \quad .$$

Bei $f \to \infty$ ist $\frac{\ddot{x}}{g} = 1.5 \ldots 3.0$ bei Pkw. Also selbst bei unendlich großem Reibwert kann keine größere Beschleunigung erreicht werden!

<u>Hinterachsantrieb:</u>

$$f_H \approx \frac{\frac{F_G\cdot\ddot{x}}{g}}{F_G\cdot\frac{a}{l} + \left(\frac{F_G}{g}\cdot\frac{h}{l} + \frac{\Theta_V}{r_{dynV}\cdot l}\right)\ddot{x}} \quad . \tag{4.3.16}$$

$$f_H \approx \frac{\frac{\ddot{x}}{g}}{\frac{a}{l} + \frac{\ddot{x}}{g}\left(\frac{h}{l} + \frac{s}{l}(\lambda - 1)\right)} \quad . \tag{4.3.16a}$$

Z.B. Fahrzeug (Daten s.o.):

1. Gang: $\lambda = 1{,}4$; $\frac{\ddot{x}}{g} = 0{,}1$ bzw. $0{,}3$

$$f_V = \begin{cases} 0{,}725 & \text{für } \ddot{x}/g = 0{,}3 \\ 0{,}212 & \text{für } \ddot{x}/g = 0{,}1 \end{cases} \qquad \frac{f_{VO,3}}{f_{VO,1}} = 3{,}42$$

$$f_H = \begin{cases} 0{,}511 & \text{für } \ddot{x}/g = 0{,}3 \\ 0{,}189 & \text{für } \ddot{x}/g = 0{,}1 \end{cases} \qquad \frac{f_{HO,3}}{f_{HO,1}} = 2{,}70$$

Fazit:

- Bei gleicher Beschleunigung des Fahrzeugs liegt die Kraftschlußbeanspruchung des Vorderachsantriebs über der des Hinterachsantriebs.
- Die Kraftschlußbeanspruchung steigt bei Vorderachsantrieben überproportional mit der Beschleunigung (progressiv),
- bei Hinterachsantrieben unterproportional mit der Beschleunigung (degressiv).

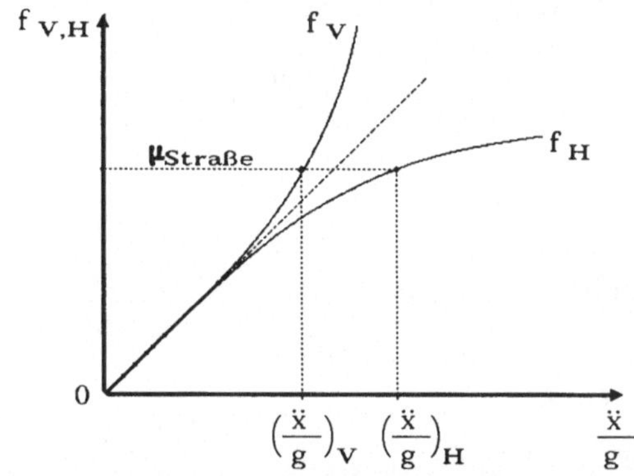

Bild 4.3.2: Kraftschlußbeanspruchung beim Beschleunigen

4.3.3 Kraftschlußbeanspruchung Treiben: Allradantrieb

Entsprechend der Ableitung in Kapitel 4.2. muß das Antriebsmoment

$$M_R = M_V + M_H$$

die Summe aller Widerstände decken:

$$M_R = M_V + M_H = s \cdot \left[F_{WB} + F_{WL} + F_{WSt} + F_{WR} \right].$$

Bei einem Allradantrieb werden die Räder der Vorder- und Hinterachse gleichzeitig getrieben und beide Achsen sollen in einem festen Übersetzungsverhältnis zueinander stehen (keine Viscose-Kupplung).

$$M_H = i \cdot M_R \; ; M_V = (1 - i) \cdot M_R \tag{4.3.17}$$

Mit den Gleichungen für die Umfangskräfte (Gl. (4.3.6) und (4.3.7))

$$F_{UV} = \frac{M_V}{s} - F_{WRV} - \frac{\Theta_V \cdot \ddot{x}}{s \cdot r_{dynV}}$$

$$F_{UH} = \frac{M_H}{s} - F_{WRH} - \frac{\Theta_H \cdot \ddot{x}}{s \cdot r_{dynH}}$$

und den Gleichungen für die Achslasten (Gl. (4.3.2) und (4.3.3))

$$F_{PV} = F_{PVstat} - F_{AV} - F_{BV} - \frac{s}{l} \cdot F_{WR}$$

$$F_{PH} = F_{PHstat} - F_{AH} + F_{BH} + \frac{s}{l} \cdot F_{WR}$$

ergeben sich mit Vernachlässigung der Rollwiderstände auf die Achslasten die Kraftschlußbeanspruchungen an V-und H-Achse.

Kraftschlußbeanspruchung bei Allradantrieb:

$$f_V = \frac{F_{UV}}{F_{PV}} = \frac{(1-i)(F_{WB}+F_{WL}+F_{WST}+F_{WR}) - \frac{\Theta_V \cdot \ddot{x}}{s \cdot r_{dynV}} - F_{WR}}{F_{PVstat} - F_{AV} - \left(\frac{F_G}{g} \cdot \frac{h}{l} + \frac{\Theta_V}{r_{dynV} \cdot l} + \frac{\Theta_H}{r_{dynH} \cdot l}\right)\ddot{x}} \qquad (4.3.18)$$

$$f_H = \frac{F_{UH}}{F_{PH}} = \frac{i \cdot (F_{WB}+F_{WL}+F_{WST}+F_{WR}) - \frac{\Theta_H \cdot \ddot{x}}{s \cdot r_{dynH}} - F_{WRH}}{F_{PHstat} - F_{AH} + \left(\frac{F_G}{g} \cdot \frac{h}{l} + \frac{\Theta_V}{r_{dynV} \cdot l} + \frac{\Theta_H}{r_{dynH} \cdot l}\right)\ddot{x}} . \qquad (4.3.19)$$

Beispiele:

a) Unbeschleunigte Fahrt in der Ebene:

$$f_V = \frac{(1-i) \cdot (F_{WR}+F_{WL}) - F_{WRV}}{F_{PVstat} - F_{AV}}$$

$$f_H = \frac{i \cdot (F_{WR}+F_{WL}) - F_{WRH}}{F_{PHstat} - F_{AH}} .$$

b) Bei idealer Kraftschlußbeanspruchung, wobei $f_V = f_H$ ist, und kleinen Fahrgeschwindigkeiten (Geländefahrt) mit $F_{AH} = F_{AV} = F_{WL} \approx 0$ ist die notwendige Übersetzung:

$$i = \frac{F_{WRH}}{F_{WR}} \qquad \text{in der Ebene}$$

$$i = \frac{f_{RH} \cdot F_{PH}}{f_R \cdot F_G} \approx \frac{a}{l} + \lambda \frac{\ddot{x}}{g} \quad ; \quad i = \frac{a}{l} \quad \text{für } \ddot{x} = 0 .$$

Bei $\ddot{x} = 0$ und $F_{AH} = F_{AV} = F_{WL} \approx 0$ sowie $q \neq 0$ (mit Steigung bis 30% → $\sin\alpha \approx \tan\alpha$) ist die <u>ideale Übersetzung</u>:

$$i_{ideal} = \frac{(f_{RH}+q) \cdot F_{PHstat}}{(f_R+q) \cdot F_G} \approx \frac{F_{PHstat}}{F_G} = \frac{a}{l} \quad (\text{für } f_{RH} \approx f_R) .$$

Fazit:

- Das Übersetzungsverhältnis i bei unbeschleunigter Fahrt und gleicher Kraftschlußbeanspruchung an V- und H-Achse ist gleich dem Verhältnis von Hinterachslast zu Gesamtgewicht.
- Für Steigungen größer als 30%, bei denen $\sin\alpha \neq \tan\alpha$ ist, wird:

$$i = \frac{a}{l} + \frac{h}{l} \cdot \tan\alpha = \frac{a}{l} + \frac{h}{l} \cdot q .$$

c) Unbeschleunigte Fahrt ohne Steigung, hohe Geschwindigkeit:

$$F_{WST} \approx F_{WR} = 0; \; f_V = f_H$$

Erforderlich ist:

$$i = \frac{M_H}{M_R} = \frac{F_{PHstat} - F_{AH}}{F_G - (F_{AV} + F_{AH})} = \frac{F_G \cdot \frac{a}{l} - c_{AH} \cdot A \cdot \frac{\rho}{2} \cdot v_{res}^2}{F_G - (c_{AV} + c_{AH}) \cdot A \cdot \frac{\rho}{2} \cdot v_{res}^2} .$$

Fazit:

- Das Übersetzungsverhältnis zum Erreichen idealer Kraftschlußbeanspruchung (d.h. optimale Ausnutzung der übertragbaren Kräfte) ist abhängig von der jeweiligen Einsatzart des Fahrzeugs.
- Unter der Voraussetzung, daß ein Getriebe vorhanden ist, mit dessen Hilfe sich das jeweilige Übersetzungsverhältnis i einstellen ließe, um $f_V = f_H = \mu$ zu gewährleisten, gilt für die Kraftschlußbeanspruchung:

$$f_{id\ Allrad} = \frac{\Sigma \text{ Horizontalkräfte (x- Richtung)}}{\Sigma \text{ Vertikalkräfte (z- Richtung)}}$$

$$f_{id\ Allrad} = \frac{F_G \frac{\ddot{x}}{g} + F_G \cdot \sin\alpha + c_W \cdot A \cdot \frac{\rho}{2} \cdot v_{res}^2}{F_G \cdot \cos\alpha - F_A} . \qquad (4.3.20)$$

Beispiele:

Steigungsfahrt bei kleinen Geschwindigkeiten ohne Beschleunigung

$$f_{id\ Allrad} = \frac{\sin\alpha}{\cos\alpha} = \tan\alpha = q .$$

Beschleunigte Fahrt in der Ebene bei kleinen Geschwindigkeiten

$$f_{id\ Allrad} = \frac{\ddot{x}}{g} .$$

Hohe Geschwindigkeiten in der Ebene, ohne Beschleunigung

$$f_{id\ Allrad} = \frac{c_W \cdot A \cdot \frac{\rho}{2} \cdot v_{res}^2}{F_G - (c_{AV} + c_{AH}) \cdot A \cdot \frac{\rho}{2} \cdot v_{res}^2} .$$

Zusammenfassung der Beispiele

Fahrzeugdaten:	$F_G = 1\,000$ daN	$a/l = b/l = 0,5$	$c_W = 0,46$
$A = 1,7\ m^2$	$h/l = 0,6/2,5 = 0,24$		$c_{AV} = 0,06$
$\rho = 1,25\ Ns^2/m^4$	$s/l = 0,3/2,5 = 0,12$		$c_{AH} = 0,13$
$f_R = 0,017$			

Fahrzustand		Kraftschlußbeanspruchung			
		V- Antrieb f_V	H- Antrieb f_H		Allrad f
			$+ c_{AH}$	$- c_{AH}$	
Unbeschl. Fahrt in der Ebene*	v = 30 m/s	0,106	0,107	0,102	0,0448
	v = 60 m/s	0,39	0,408	0,33	0,189
Unbeschl. Fahrt kleine Geschw.**	q = 0,20	0,462	0,382		0,20 } ≘ q
	q = 0,30	0,720	0,539		0,30
Beschl. Fahrt kleine Geschw. in der Ebene***	$\ddot{x}/g = 0,1$	0,212	0,189		0,10 } ≘ $\frac{\ddot{x}}{g}$
	$\ddot{x}/g = 0,3$	0,725	0,511		0,30

* Hinten größere f-Werte, da $c_{AV} < c_{AH}$
** f-Werte für Allrad entsprechen der Steigung
*** f-Werte für Allrad entsprechen der Beschleunigung

4.3.4 Kraftschlußbeanspruchung beim Bremsen

Die Verzögerung des Fahrzeugs als Folge der Fahrwiderstände und der Bremsmomente an den Achsen (Rädern) ergibt sich nach Kapitel 4.1 bzw. 4.2 aus:

$$-\frac{\ddot{x}}{g} = \frac{1}{\lambda} \cdot \left(-\frac{M_R}{s \cdot F_G} + q + f_R + \frac{c_W \cdot A \cdot \rho}{F_G \cdot 2} \cdot v_{res}^2 \right)$$

wobei $M_R = M_V + M_H < 0$.

Die für den Kraftschluß wichtigen Bremsumfangskräfte ergeben sich aus (siehe Kapitel 4.3.2 "Treiben"):

$$-F_{UV} = -\frac{M_V}{s} + F_{WRV} + \frac{\Theta_V \cdot \ddot{\varphi}_V}{s}$$

$$-F_{UH} = -\frac{M_H}{s} + F_{WRH} + \frac{\Theta_H \cdot \ddot{\varphi}_H}{s} .$$

Deren Summe ergibt:

$$-F_{UV} - F_{UH} = -\frac{\ddot{x}}{g} F_G - F_{WST} - F_{WL} \tag{4.3.21}$$

$$-F_{UV} - F_{UH} = -F_G \cdot \left(\frac{\ddot{x}}{g} + q \right) - c_W \cdot A \cdot \frac{\rho}{2} \cdot v_{res}^2 .$$

Zur vereinfachten Betrachtung werden weiterhin vernachlässigt:
- Roll- und Luftwiderstände
- Steigungswiderstand
- rotatorische Massen .

Damit vereinfachen sich die Beziehungen zu

$$\boxed{- F_{UV} - F_{UH} = - F_G \cdot \frac{\ddot{x}}{g}} \quad ; \quad - \frac{\ddot{x}}{g} = a_q \qquad (4.3.22)$$

mit a_q = Abbremsung .

Häufig findet man in der Literatur anstelle $-\ddot{x}/g$ auch die Abkürzung a_q. Die für die Kraftschlußbeanspruchung wichtigen Achslasten sind bei Vernachlässigung des Auftriebs an den Achsen:

$$F_{PV} = F_{PVstat} + F_G \cdot \frac{h}{l} \cdot a_q \qquad (4.3.23)$$

$$F_{PH} = F_{PHstat} - F_G \cdot \frac{h}{l} \cdot a_q \ . \qquad (4.3.24)$$

Die Kraftschlußbeanspruchung ergibt sich zu:

$$f_V = \frac{- F_{UV}}{F_{PV}} = \frac{\frac{- M_V}{s}}{F_{PVstat} + F_G \cdot \frac{h}{l} \cdot a_q} \qquad (4.3.25)$$

$$f_H = \frac{- F_{UH}}{F_{PH}} = \frac{\frac{- M_H}{s}}{F_{PHstat} - F_G \cdot \frac{h}{l} \cdot a_q} \ . \qquad (4.3.26)$$

Für gleich große Bremsmomente vorn und hinten ergeben sich also die in Bild 4.3.3 gezeigten sehr unterschiedlichen Kraftschlußbeanspruchungen. Damit diese bei höheren Abbremsungen jedoch nicht zu weit auseinander liegen, wird für gleiche Abbremsung a_q das Bremsmoment der Vorderachse $-M_V$ größer als das der Hinterachse $-M_H$ eingestellt, um annähernd gleiche Kraftschlußbeanspruchungen zu erreichen (z.B. durch Verwendung von Bremsen unterschiedlicher Bauformen bei Trommelbremsen, unterschiedlicher Bremszylinderdurchmesser bei Scheibenbremsen oder auch durch Druckbegrenzer, Druckminderer mit und ohne Umschaltpunkt, der von dem Bremsdruck, der Verzögerung des Fahrzeugs oder von seiner Beladung abhängig gemacht wird, usw.). Über die Bremsenausführungen möge man sich über die einschlägige Fachliteratur oder Informationsmaterial der Bremsenhersteller weiter informieren.

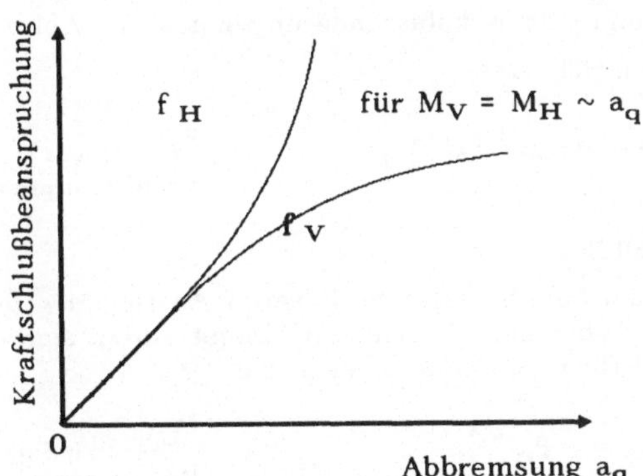

Bild 4.3.3: Kraftschlußbeanspruchungen beim Bremsen

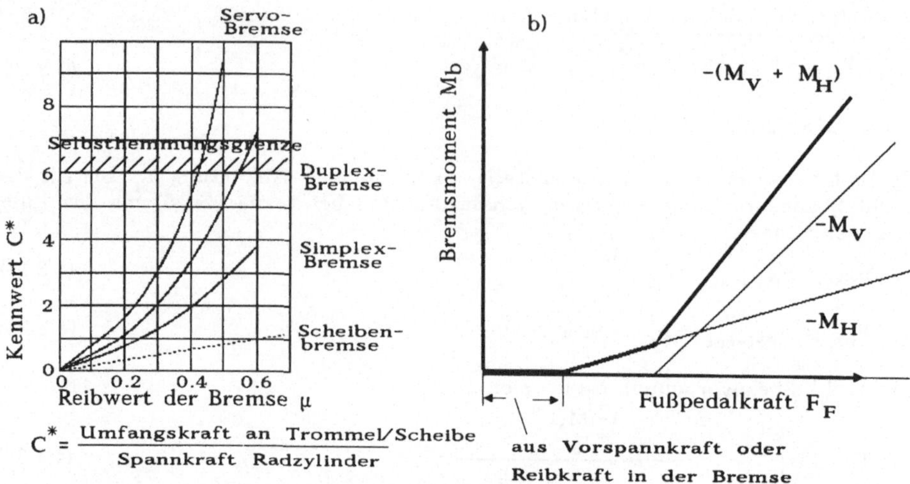

Bild 4.3.4: a) Kennwert als Funktion des Reibwertes μ für Trommel- und Scheibenbremse und b) Bremsmoment M_b über der Fußpedalkraft F_F

Bild 4.3.4 b zeigt eine Bremsmomentenaufteilung, die zu einem gleichmäßigeren Verschleiß an Bremsbelägen und Reifen führen soll. Bei den sehr häufigen, geringen Abbremsungen soll zunächst nur die Hinterachse gebremst werden. Dies ist aber sehr kritisch zu betrachten bei niedrigen Reibwerten, da hier ein Überbremsen der Hinterachse und ein instabiler Fahrzustand des Fahrzeugs auftreten könnte. Neben dieser Ausführung sind aber auch Bremsenansprechausführungen denkbar, die nach Überwindung des ersten Totweges zum Überwinden des Spiels einen leichten, sprungartigen Einsatz der Bremsmomente erzeugen, um eine besser wahrnehmbare Bremswirkung bei Bremsbeginn dem Fahrer zu vermitteln.

In einem weiteren Beispiel soll aber auf solche Spezialitäten verzichtet werden. Wir wollen uns dem Problem widmen, welchen Einfluß die Wahl der Bremsmomentenaufteilung auf die Kraftschlußbeanspruchung bei unterschiedlichen Abbremsungen ausübt.

Beispiel:

Für ein Fahrzeug mit F_G = 1 000 daN ; l = 2,5 m; a = b = 1,25 m; h = 0,6 m können wir uns - wie im Bild 4.3.5 gezeigt - die Achslaständerungen über der Abbremsung auftragen

Die Radlasten ergeben sich aus:

$$F_{PV,\,H} = F_{PV,\,Hstat} \pm F_G \cdot \left(\frac{h}{l}\right) \cdot a_q \qquad F_{PV,\,Hstat} = 500 \text{ daN}$$

(fahrzeugspezifisch)

(s. ① und ② im Bild) ,

Wir wählen nun einen beliebigen, aber linearen Anstieg der Bremsmomente aus dem Koordinatenursprung über der Abbremsung. Damit sollen sich die im Bild 4.3.5 dargestellten Verhältnisse für F_{UV} und F_{UH} ergeben:

$$- F_{UV} - F_{UH} = - F_G \cdot \frac{\ddot{x}}{g} \qquad \frac{F_{UV}}{F_{UH}} \text{ wird gewählt}$$

(bremsenspezifisch)

(s. ③ im Bild) .

Aus der Division von Umfangskraft und Rad- bzw. Achslast folgen bestimmte Werte der Kraftschlußbeanspruchung für Vorder- und Hinterachse bei verschiedenen Abbremsungen, die die beiden schrafierten Flächen umfassen:

$$f_{V,H} = \frac{F_{U\,V,H}}{F_{P\,V,H}} \quad \text{(s. ④ im Bild)} .$$

Bei geringen Verzögerungen ist durch die Wahl der Bremsmomentenaufteilung die Kraftschlußbeanspruchung der Vorderachse höher als die der Hinterachse. Für einen bestimmten Verzögerungswert besitzen beide Achsen dieselbe Kraftschlußbeanspruchung (*ideale Abbremsung* tritt auf). Bei höheren Abbremsungen erreicht die Hinterachse eine höhere Kraftschlußbeanspruchung. Der Punkt der "idealen Abbremsung" kann also durch die Wahl der Bremsumfangskräfte bzw. der Bremsmomente beeinflußt werden.

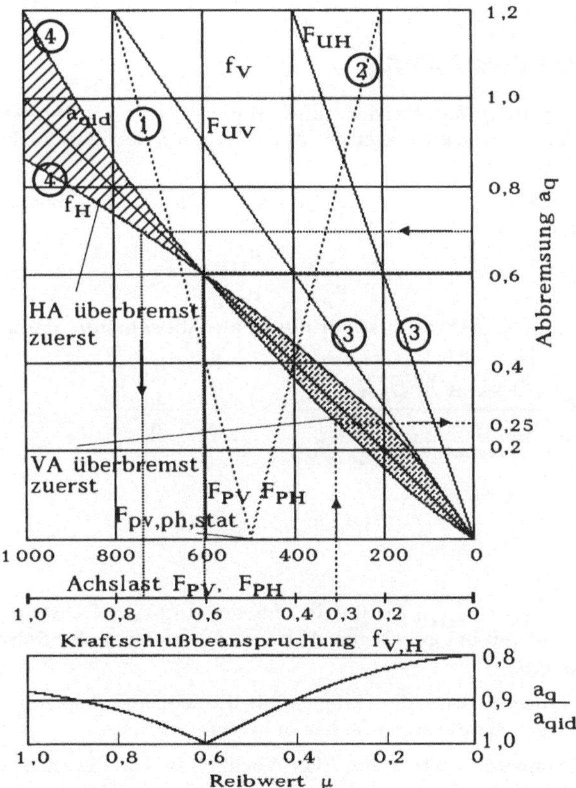

Bild 4.3.5: Abbremsung a_q über Kraftschlußbeanspruchung $f_{V,H}$

Nimmt man an, daß bei Erreichen der Blockiergrenze an einer Achse (Straßenreibwert ist gleich dem Kraftschlußbeanspruchungswert) nicht noch stärker gebremst wird, ist bis auf den Punkt der "idealen Abbremsung" die tatsächlich erreichte Abbremsung kleiner als für den Zustand $f_V = f_H$. Dies zeigt der untere Teil des Bildes 4.3.5.

Sobald eine Achse blockiert ist, gilt $\frac{a_q}{a_{q\,ideal}} < 1$.

- Das Beispiel zeigt, daß bei linearer Kennung der Bremsmomente nur bei einer bestimmten Abbremsung die Kraftschlußbeanspruchungen $f_V = f_H$ zu erreichen sind.
- Gleichzeitig liefert diese Abbremsung bei $f_V = f_H$ die maximal mögliche Abbremsung im Verhältnis zu $a_{q\ ideal}$:

$$-\left(\frac{M_V}{s} + \frac{M_H}{s}\right) = f \cdot F_G = a_{q\ ideal} \cdot F_G \ . \tag{4.3.27}$$

- Bei kleineren bzw. größeren Abbremsungen blockieren zuerst die Räder der Vorder- bzw. Hinterachse, so daß aus Stabilitätsgründen oder zur Aufrechterhaltung der Lenkbarkeit des Fahrzeugs nur eine kleinere Abbremsung als die ideale Abbremsung erreicht wird.
- Beim gewählten Beispielfahrzeug würde bei einer Straße mit $\mu = 0{,}3$ beim Bremsen die Vorderachse zuerst blockieren und dabei eine Abbremsung von nur $a_q = 0{,}25$ erreicht werden.

4.3.5 Ideale Bremskraftverteilung

Die *ideale Bremskraftverteilung* auf Vorder- und Hinterachse bei allen Abbremsungen dient der Erzielung kürzester *Bremswege* sowie der Erhaltung der Lenkbarkeit und Fahrstabilität bis zum Blockierbeginn.

Die ideale Bremskraftverteilung ist erreicht für gleiche Kraftschlußbeanspruchung an Vorder- und Hinterachse

$$f_V = f_H = \mu \ , \qquad \text{d. h.} \quad \frac{F_{UV}}{F_{PV}} = \frac{F_{UH}}{F_{PH}} \ . \tag{4.3.28}$$

Das Verhältnis der Bremsumfangskräfte ist für die ideale Abbremsung dann:

$$\left(\frac{F_{UV}}{F_{UH}}\right)_{ideal} = \frac{F_{PVstat} + F_G \cdot \frac{h}{l} \cdot a_q}{F_{PHstat} - F_G \cdot \frac{h}{l} \cdot a_q} = \frac{\frac{b}{l} + \frac{h}{l} \cdot a_q}{\frac{a}{l} - \frac{h}{l} \cdot a_q}$$

$$\left(\frac{F_{UV}}{F_{UH}}\right)_{ideal} = \frac{b + h \cdot a_q}{a - h \cdot a_q} = f\ (a_q) \ . \tag{4.3.29}$$

Fazit:

- Das Verhältnis (F_{UV} / F_{UH}) für ideale Abbremsung $f_V = f_H$ ist unabhängig von F_G Gesamtgewicht und bei gegebener Abbremsung nur von der Schwerpunktlage a/l und h/l abhängig.
- Bei gegebener fester Schwerpunktlage muß die Vorderachse mit zunehmender Abbremsung stärker als die Hinterachse gebremst werden.
- Die ideale Abbremsung liefert nur das Verhältnis von Bremsumfangskräften vorn und hinten.
- Nach freier Wahl des Verlaufs einer Bremsumfangskraft mit der Fußkraft ergibt sich der Verlauf der zweiten Bremsumfangskraft aus $(F_{UV} / F_{UH})_{ideal}$.

Wählt man z.B. einen linearen Anstieg von F_{UH} mit der *Pedalkraft*, so muß F_{UV} mit der Pedalkraft *progressiv* ansteigen. Umgekehrt muß bei linearem Anstieg von F_{UV} mit der Pedalkraft die Umfangskraft F_{UV} degressiv steigen. Entsprechend ist der Verlauf der gesamten Umfangskräfte $F_{UV} + F_{UH}$ auch progressiv oder degressiv zunehmend. Hierdurch kann die Empfindlichkeit der Abbremsung bei niedriger oder hoher Pedalkraft verändert werden.

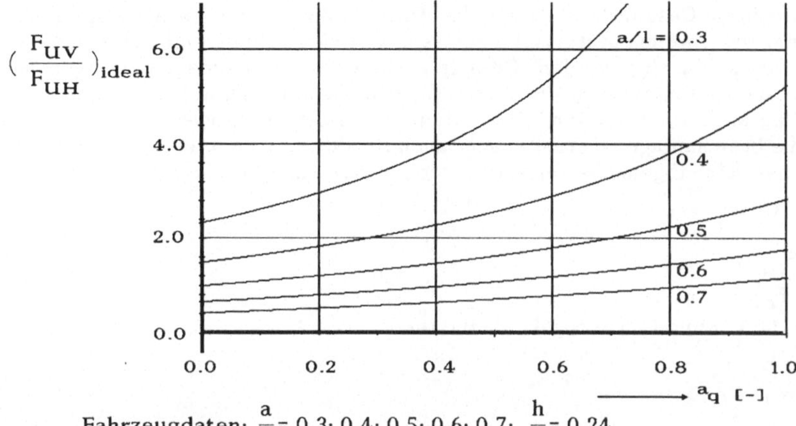

Bild 4.3.6: $(F_{UV}/F_{UH})_{ideal}$ über der Abbremsung a_q

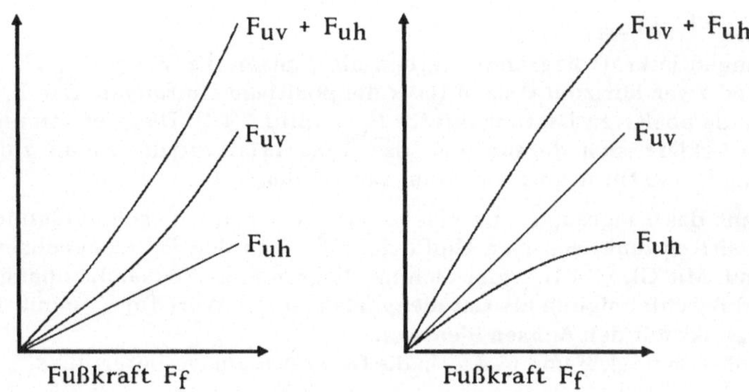

Bild 4.3.7: Empfindlichkeit der Abbremsung bei progressiv oder degressiv zunehmenden Umfangskräften

4.4 Tangentialkraftdiagramm

Zu einer vereinfachten Gesamtdarstellung der Umfangskräfte und Kraftschlußbeanspruchung gelangt man, wenn rotatorische Massen, Rollwiderstände und Luftkräfte sowie Steigungen vernachlässigt werden. Gelingt es nun, die Zusammenhänge zwischen Umfangskräften, Beschleunigungen, Kraftschlußbeanspruchungen und Fahrzeugparametern in einem Diagramm darzustellen, so erhält man ein sehr potentes Instrument zur Auslegung für die Bremsanlage einerseits, aber auch für die Antriebskraftverteilung. Das Diagramm, welches diese Eigenschaften erfüllt, nennt man Tangentialkraftdiagramm.

Es gilt nach Gl. (4.1.4)

$$\frac{F_{UV}}{F_G} + \frac{F_{UH}}{F_G} = \frac{\ddot{x}}{g} \qquad (4.4.1)$$

und nach den Gl. (4.3.2) und (4.3.3) für die Radlasten:

$$F_{PV} = \left(\frac{b}{l} - \frac{h}{l} \cdot \frac{\ddot{x}}{g}\right) \cdot F_G \qquad (4.4.2)$$

$$F_{PH} = \left(\frac{a}{l} + \frac{h}{l} \cdot \frac{\ddot{x}}{g}\right) \cdot F_G \; ; \qquad (4.4.3)$$

weiterhin gilt für die Kraftschlußbeanspruchungen:

$$F_{UV} = f_V \cdot F_{PV} \qquad (4.4.4)$$

$$F_{UH} = f_H \cdot F_{PH} \quad . \qquad (4.4.5)$$

Für das Tangentialkraftdiagramm werden als Achsen die Werte F_{UV}/F_G und F_{UH}/F_G benutzt , und zwar horizontal nach links die positiven Umfangskräfte F_{UV} und vertikal nach unten die positiven Umfangskräfte F_{UH} (Bild 4.4.1). Diese etwas unkonventionelle Auftragung erklärt sich daraus, daß das Tangentialkraftdiagramm zunächst für den Bremszustand, also für negative Umfangskräfte dargestellt wurde.

Somit spannt das Diagramm eine Fläche auf, in der alle Beschleunigungszustände, die sich aus positiven und negativen Umfangskräften an den Fahrzeugachsen ergeben, darstellbar sind. Mit Gl. (4.4.1) ergibt sich im Diagramm der Zusammenhang von Umfangskräften und Beschleunigung als Geraden; dabei ist der Wert für $\ddot{x}/g$ mit dem Zahlenwert am Schnittpunkt mit den Achsen identisch.
Setzt man die Gln. (4.4.3) und (4.4.2) in die Gl. (4.4.1) ein, so liefert dies

$$\boxed{f_V \cdot \left(1 - \frac{a}{l} - \frac{h}{l} \cdot \frac{\ddot{x}}{g}\right) + f_H \cdot \left(\frac{a}{l} + \frac{h}{l} \cdot \frac{\ddot{x}}{g}\right) = \frac{\ddot{x}}{g}} \qquad (4.4.6)$$

bzw. $$f_V \cdot \frac{F_{PV}}{F_G} + f_H \cdot \frac{F_{PH}}{F_G} = \frac{\ddot{x}}{g} \; .$$

Diese Gleichung stellt alle Fahrzustände eines konkreten Fahrzeugs dar, charakterisiert durch seine Schwerpunktkoordinaten a und h sowie durch den Radstand l, welches z.B. auch gleichzeitig vorne treibt und hinten bremst.

- Die Kurven konstanter *Abbremsung* bzw. konstanten Antreibens ergeben sich aus $(F_{UV} / F_G) + (F_{UH} / F_G) = -a_q$ (z.B. als 45 ° - Geraden bei gleicher Achsenteilung).

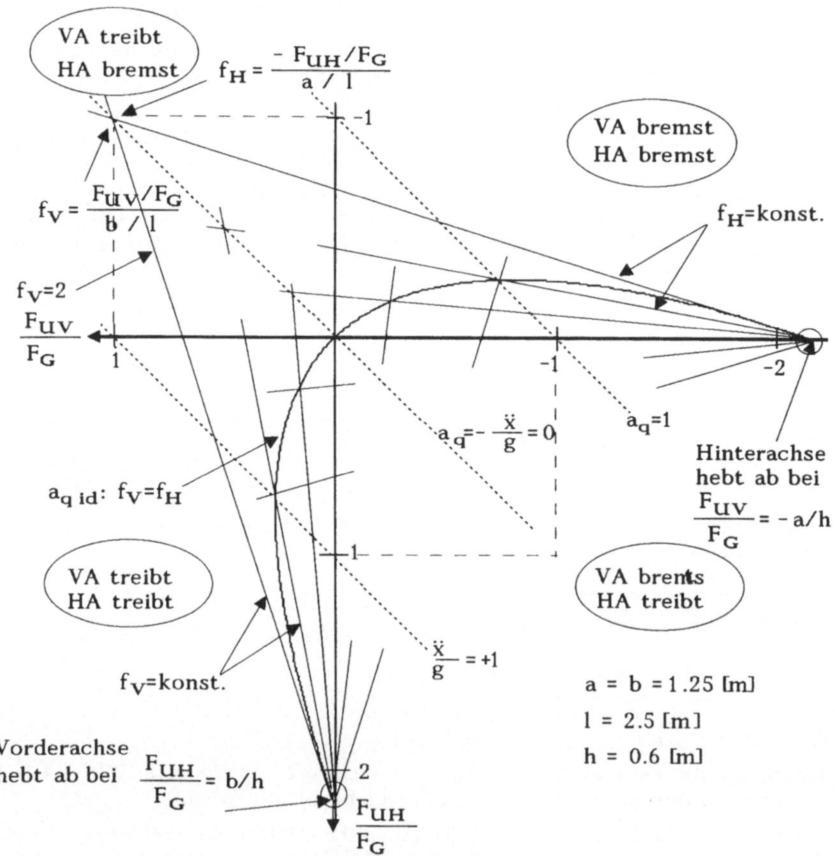

Bild 4.4.1: Aufbau des Tangentialkraftdiagramms

- Verzögert oder beschleunigt ein Fahrzeug derart, daß eine Achse gerade abhebt $F_{PH} = 0$ bzw. $F_{PV} = 0$, so ist in diesem Zustand die übertragbare Umfangskraft Null. Beim Beschleunigen wird die Umfangskraft vorn Null für $\ddot{x}/g = (1-a)/h = b/h$, d. h. wenn der Klammerausdruck in Gl. (4.4.2) Null wird. Beim Abbremsen kann das Fahrzeug derart verzögert werden, daß die Radlast hinten $F_{PH} = 0$ wird und damit auch $F_{UH} = 0$. Dies geschieht bei $\ddot{x}/g = -a/h$, d. h. wenn der Klammerausdruck in Gl. (4.4.3) Null wird. Für diesen Fahrzustand ist natürlich ein beliebig hoher Haftwert der Straße vorausgesetzt.
- Die Orte konstanter Kraftschlußbeanspruchung f_V = konst. sind Geraden und haben als gemeinsamen geometrischen Ort $F_{UH}/F_G = b/h$, da hier die Vorderachse abzuheben beginnt und $F_{UV} = 0$ sich einstellt, unabhängig von der Größe von f_V. Außerdem kann man für diese Geraden einen 2. geometrischen Ort auf der Geraden $\ddot{x}/g = 0$ durch den Ursprung ($a_q = 0$) finden. Hier gilt $f_V = (F_{UV}/F_G)/(b/l)$. Entsprechend gilt für die Geraden f_H = konst. der gemeinsame Ort für alle f_H : $F_{UV}/F_G = -a/h$, da bei dieser Abbremsung die Hinterachse abzuheben beginnt und alle f_H zu $F_{UH} = 0$ führen. Ebenso kann man für diese Geraden einen 2. geometrischen Ort auf

der Geraden ($a_q = 0$) durch den Ursprung finden. Hier gilt $f_H = (F_{UH}/F_G)/(a/l)$.

Damit sind alle Größen bekannt, die zur Beurteilung der "äußeren Parameter" des dynamischen Verhaltens eines Fahrzeugs bei geradliniger Bewegung benötigt werden.

- Die geometrischen Orte für den Zustand der idealen Abbremsung bzw. des idealen Antreibens ($f_V = f_H$), was auch der Zustand der idealen Kraftschlußbeanspruchung ist, ergeben sich als Verbindungslinie der Kreuzungspunkte der Geraden $f_V = f_H$. Es ist eine nach rechts unten geöffnete Parabel, die durch den Koordinatenursprung und die beiden Punkte geht, für die jeweils die Achslast einer Achse Null wird. Die Umfangskräfte bei diesem Zustand lassen sich leicht aus den Gleichungen (4.4.1) bis (4.4.5) ermitteln:

$$F_{UV} = \frac{\ddot{x}}{g} \cdot \left(1 - \frac{a}{l} - \frac{h}{l} \cdot \frac{\ddot{x}}{g} \right) \cdot F_G = f(\ddot{x}^2)$$

$$F_{UH} = \frac{\ddot{x}}{g} \cdot \left(\frac{a}{l} + \frac{h}{l} \cdot \frac{\ddot{x}}{g} \right) \cdot F_G = f(\ddot{x}^2) . \qquad (4.4.7)$$

Formt man die obere Gleichung (4.4.7) in eine quadratische Gleichung für $\ddot{x}/g$ um, so liefert diese die Lösungen

$$\frac{\ddot{x}}{g} = \pm \sqrt{\left(\frac{b}{2h}\right)^2 \frac{F_{UV}}{F_G} \cdot \frac{l}{h}} + \frac{b}{2h} .$$

Diese Lösung in Gl. (4.4.1) eingesetzt liefert

$$\frac{F_{UH}}{F_G} = \pm \sqrt{\left(\frac{b}{2h}\right)^2 \frac{F_{UV}}{F_G} \cdot \frac{l}{h}} + \frac{b}{2h} - \frac{F_{UV}}{F_G} \qquad (4.4.7a)$$

Diese Gleichung ist die Parabel der *idealen Umfangskraftverteilung* (s. Bild 4.4.1), die nur durch die Schwerpunktparameter $b = (l - a)$ und h beeinflußt wird.

Diese Funktionen 2. Ordnung in $\ddot{x}$ (Gl. (4.4.7)) haben ihre Nullpunkte bei $\ddot{x}/g = 0$ und die Funktion F_{UV} bei $\ddot{x}/g = b/h$, während die Funktion F_{UH} bei $\ddot{x}/g = -a/h$ ihre zweite Nullstelle hat. Dies sind die schon oben beschriebenen Zustände des Achsabhebens. Die Maxima von F_{UV} und F_{UH} für diesen Zustand der idealen Kraftschlußbeanspruchung ergeben sich aus der Nullstelle der Ableitung dieser beiden Funktionen nach $\ddot{x}/g$.

Maxima:

$$\frac{d F_{UV}}{d(\ddot{x}/g)} = 0 \quad \rightarrow \quad \frac{F_{UVmax}}{F_G} = \frac{b^2}{4 \cdot h \cdot l} \quad \text{bei} \quad \frac{\ddot{x}}{g} = \frac{b}{2h} ;$$

$$\frac{d F_{UH}}{d(\ddot{x}/g)} = 0 \quad \rightarrow \quad \frac{F_{UHmax}}{F_G} = - \frac{a^2}{4 \cdot h \cdot l} \quad \text{bei} \quad \frac{\ddot{x}}{g} = \frac{-a}{2h} ;$$

Den Verlauf von F_{UV} und F_{UH} über der Fahrzeugbeschleunigung zeigt Bild 4.4.2:

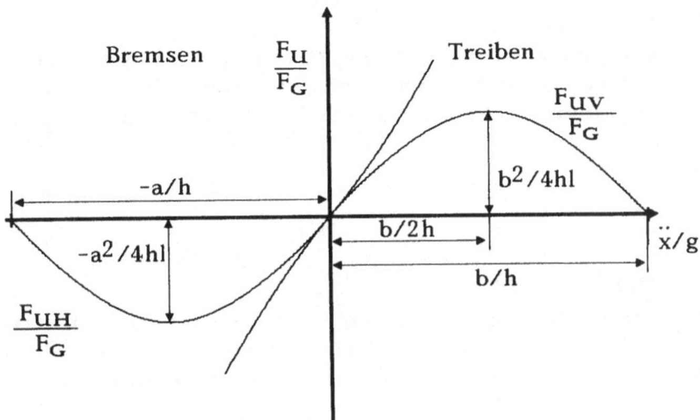

Bild 4.4.2: Umfangskräfte am Fahrzeug über der Beschleunigung

4.4.1 Tangentialkraftdiagramm der Antriebskraftverteilung

Die Beurteilung der Antriebskraftverteilung wird im 3. Quadranten durchgeführt. Zur besseren Darstellung wird dieser vergrößert dargestellt (Bild 4.4.3).

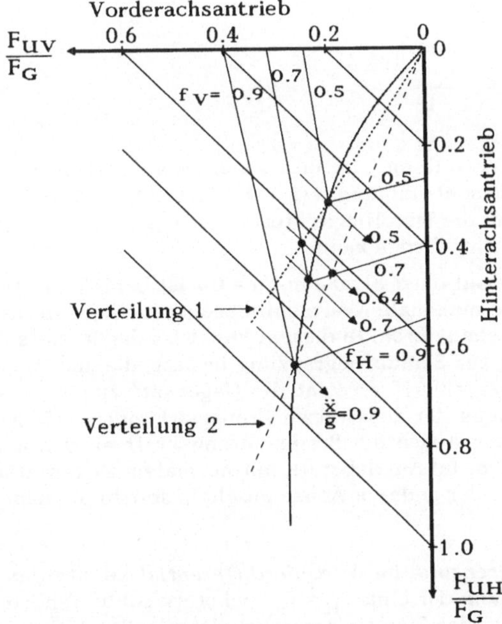

Bild 4.4.3: Antriebskraftverteilung im Tangentialkraftdiagramm

Fahrzeug mit Hinterachsantrieb:

Die installierte Antriebskraftverteilung bewegt sich nur entlang der Ordinate. Die maximal mögliche Beschleunigung des hinterachsgetriebenen Fahrzeugs ergibt sich als Schnitt der Ordinate mit der Geraden der Kraftschlußbeanspruchung $f_H = \mu$:

$$\frac{\ddot{x}}{g} = \frac{\mu \cdot \frac{a}{l}}{1 - \mu \cdot \frac{h}{l}}$$

μ: Reibwert der Paarung Straße/Reifen.

Fahrzeug mit Vorderachsantrieb:

Analog zum Hinterachsantrieb bewegt sich die installierte Antriebskraftverteilung entlang der Abszisse. Die maximal mögliche Beschleunigung ergibt sich als Schnitt der Abszisse mit der Geraden konstanter Kraftschlußbeanspruchung $f_V = \mu$:

$$\frac{\ddot{x}}{g} = \frac{\mu \cdot \frac{b}{l}}{1 + \mu \cdot \frac{h}{l}} .$$

Fahrzeug mit Allradantrieb

Die Steigung der Geraden der installierten Antriebskraftverteilung richtet sich nach dem im Differential des Verteilergetriebes gewählten Übersetzungsverhältnis:

$$M_H = i \cdot M_R$$

$$M_V = (1 - i) \cdot M_R$$

$$\left(\frac{F_{UH}}{F_G} \Big/ \frac{F_{UV}}{F_G} \right) = \frac{i}{(1 - i)} .$$

Die Antriebskraftverteilung (Verteilung 2 im Bild 4.4.3) ist so ausgelegt, daß bei $\mu = 0.9$ ($f_V = f_H = \mu$) die maximale Beschleunigung $\ddot{x}/g = 0{,}9$ erreicht wird. Bei der Auslegung wurde davon ausgegangen, daß die installierte Motorleistung so hoch ist, daß diese Beschleunigung tatsächlich erreicht werden kann.

Beim Fahren dieses Fahrzeugs auf einer Straße mit $\mu = 0{,}7$ ist beim Schnittpunkt der Antriebsgeraden mit $f_H = 0{,}7$ die maximale Kraftschlußbeanspruchung an der Hinterachse erreicht. Die Antriebsräder drehen durch. In diesem Punkt ist damit, falls das Verteilerdifferential keine Einrichtung zur Schlupfbegrenzung besitzt, die maximale Beschleunigung auf dieser Straße mit $\ddot{x}/g = 0{,}645$ erreicht. Im Gegensatz zum Bremsfall, bei dem keine gegenseitige Beeinflussung der achsweisen Bremswirkungen auftritt und deshalb auch bei blockiertem Rad einer Achse die Bremsumfangskraft an den anderen Rädern noch gesteigert werden kann, ist im Antriebsfall, mit normalem Differential, keine Steigerung des Antriebsmomentes der anderen Achse möglich, sobald die Räder einer Achse durchdrehen.

Ein Fahrzeug mit *Schlupfbegrenzung* im *Verteilerdifferential* könnte das Antriebsmoment an der Vorderachse entlang der Linie $f_H = 0{,}7$ bei stark schlupfenden Hinterrädern bis zum Schnitt mit der Kurve der idealen Antriebskraftverteilung steigern und damit $\ddot{x}/g = 0{,}7$ erreichen. Da in der Praxis die stark schlupfenden Hinterräder keine bzw. nur sehr geringe Seitenführungskräfte aufnehmen, wird das Fahrzeug instabil.

Aus den genannten Gründen wird der Anteil der Umfangskraft an den Rädern der Hinterachse durch ein kleineres Übersetzungsverhältnis i kleiner gewählt (Verteilung 1 im Bild 4.4.3). Bei dieser Auslegung drehen bei einer Straße mit μ = 0,7 zuerst die Vorderräder bei Erreichen des Schnittpunktes der Antriebsgeraden mit f_V = 0,7 durch. Ein Verteilerdifferential mit Schlupfbegrenzung läßt das Antriebsmoment an den Rädern der Hinterachse steigen bis zum Schnittpunkt der Geraden f_V = 0,7 mit der Kurve der "idealen Antriebskraftverteilung".

Bei schlechteren Straßenverhältnissen als μ = 0,5 drehen bei der Verteilung 1 die Hinterräder jedoch immer noch zuerst durch (instabiles Fahrzeug !). Dies wird durch eine Verteilung der Antriebskräfte vermieden, die im Koordinatenursprung tangential an der Ideal- Verteilung liegt.

<u>Tangentialkraftdiagramme für allradgetriebene Fahrzeuge</u>

a) Der Audi Quattro - ein Pkw mit permanentem Allradantrieb

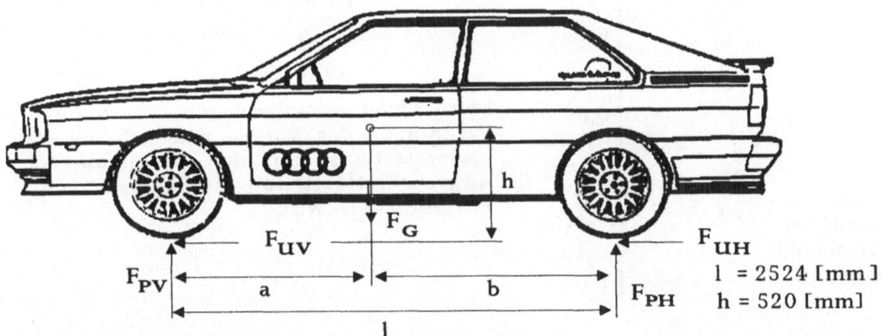

Bild 4.4.4 a: Geometrische Daten des AUDI-Quattro

Die idealen Kurven der Antriebs- bzw. Bremskraftverteilung sind im Bild 4.4.4 b für drei verschiedene Schwerpunktlagen bei gleicher Schwerpunkthöhe h dargestellt.

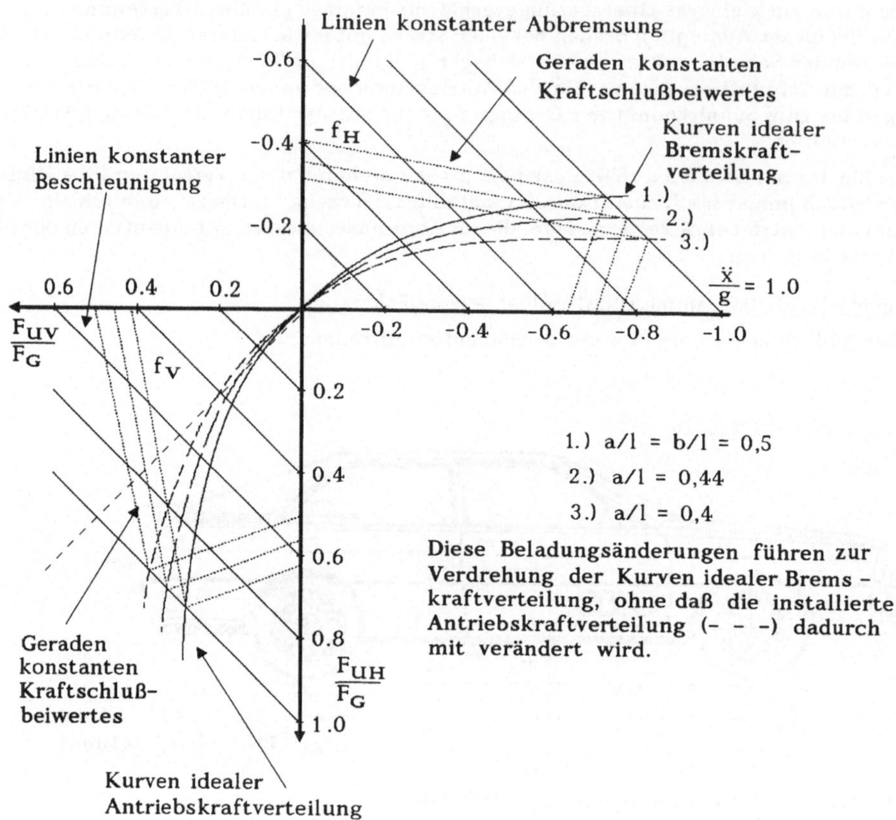

Bild 4.4.4 b: Tangentialkraftdiagramm des Audi-Quattro

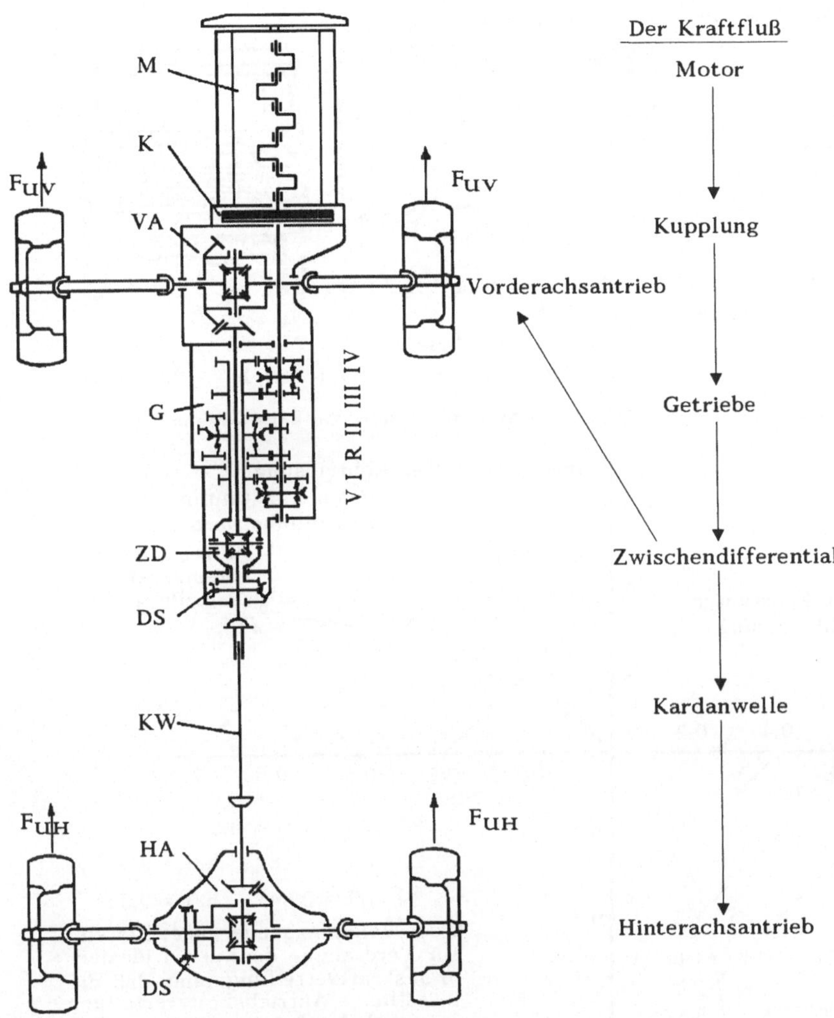

Kupplung : Einscheiben-Trockenkupplung
ZW-Differential: sperrbares, getriebeintegriertes Differential
VA-Differential: nicht sperrbares, getriebeintegriertes Differential
HA-Differential: sperrbares Differential
Eine Zu- oder Abschaltung des Vierradantriebes ist nicht vorgesehen.

Bild 4.4.5: Prinzipielles Schema des Triebstranges des Audi Quattro

b) Der Mercedes-Benz-Geländewagen Typ 280 GE

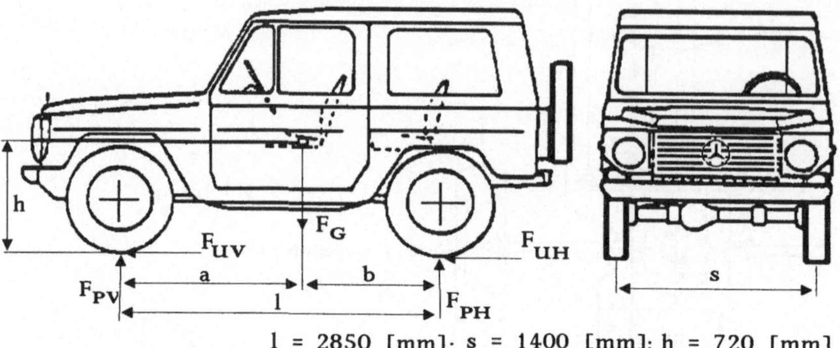

Bild 4.4.6a: Geometrische Daten des Mercedes-Benz-Geländewagens

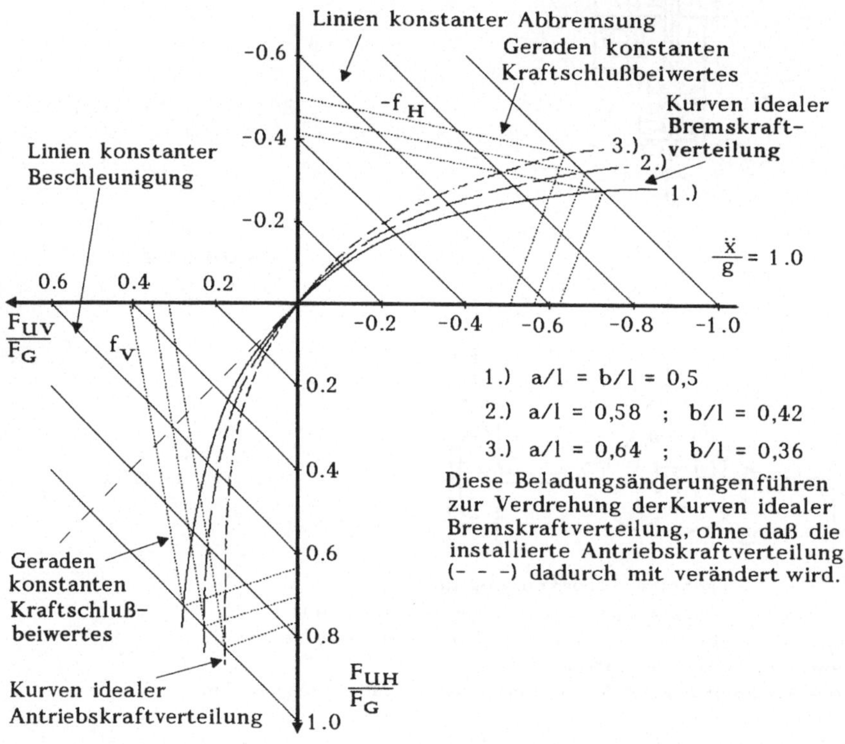

Bild 4.4.6b: Tangentialkraftdiagramm d. Mercedes-Benz-Geländewagens

Die idealen Kurven der Antriebs- bzw. Bremskraftverteilung sind im Diagramm für drei verschiedene Schwerpunktlagen bei gleicher Schwerpunkthöhe h dargestellt.

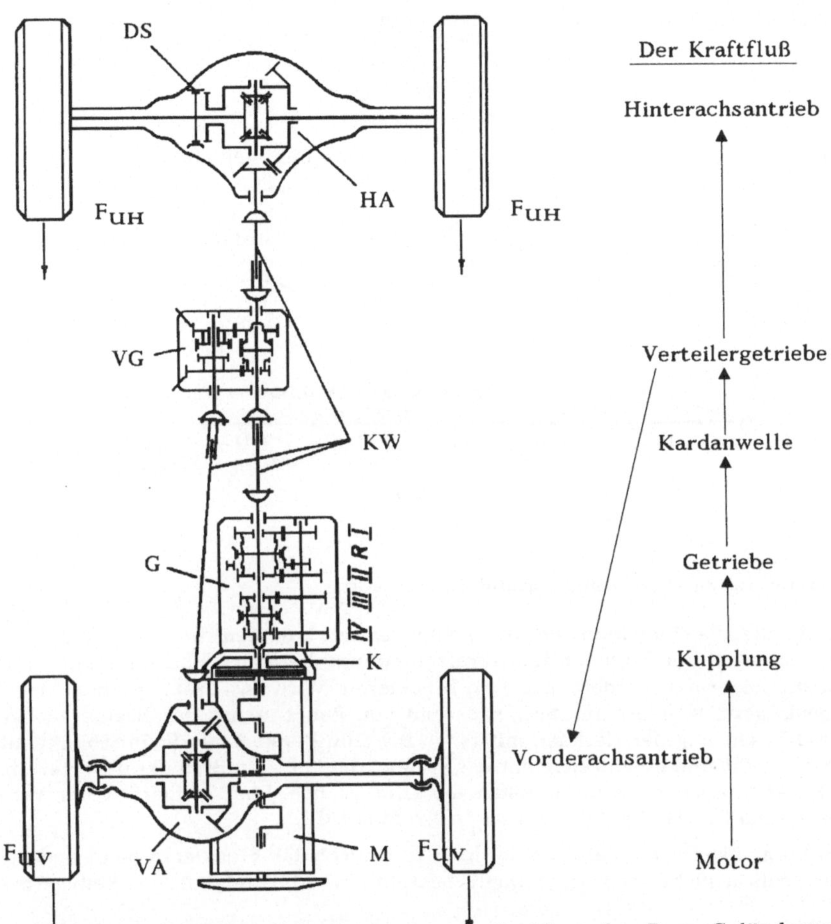

Bild 4.4.7: Prinzipielles Schema des Triebstranges des Mercedes-Benz-Geländewagens

Kupplung : Einscheiben-Trockenkupplung
Verteilergetriebe : 2-Wellen-Getriebe, mech.VA-Zuschaltung, syn. Geländegang
VA-Differential : wahlweise sperrbares Differential
HA-Differential : ständig sperrbares Differential.

4.4.2 Tangentialkraftdiagramm der Bremskraftverteilung

Die Beurteilung der installierten Bremskraftverteilung wird im 1. Quadranten des Tangentialkraftdiagramms durchgeführt.

Üblicherweise legt man die Festabstimmung der Bremskraftverteilung so aus, daß die Parabel der "idealen Bremskraftverteilung" im Abbremsbereich zwischen a_q = 0,9 bis a_q = 1,0 geschnitten wird.

Die Parabel trennt die Bereiche, bei denen zuerst die Räder der Hinterachse (oberhalb der Parabel $f_H > f_V$) bzw. die der Vorderachse (unterhalb der Parabel $f_H < f_V$) bei voller Ausnutzung des Kraftschlußbeiwertes blockieren.

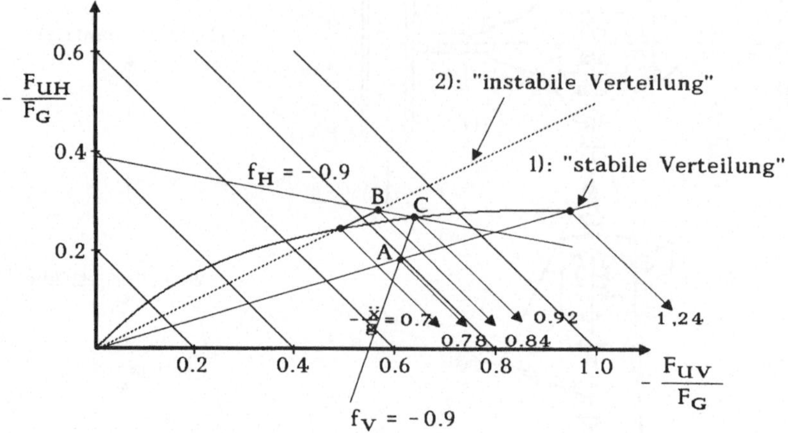

Bild 4.4.8: Bremskraftverteilung - stabil und instabil

Bei einer Straße, die einen Reibwert von $\mu = 0{,}9$ besitzt, kommen für das Fahrzeug mit der Festabstimmung 1) der Bremsumfangskraftaufteilung bei einer Vollbremsung im Punkt A zuerst die Räder der Vorderachse zum Blockieren. Wird das Bremsmoment der Räder weiter gesteigert, wandert der Bremszustand von Punkt A mit der Bremsverzögerung von $a_q = 0{,}78$ entlang der Geraden mit $f_V = -0{,}9$ zum Punkt C als Schnittpunkt mit der Geraden $f_H = -0{,}9$ und gleichzeitig mit der Parabel der "idealen Bremskraftverteilung". In diesem Punkt blockieren auch die Räder der Hinterachse. Eine Steigerung der Verzögerung von A nach C tritt ebenfalls auf ($a_q = 0{,}9$; Punkt C).

Voraussetzung hierfür ist, daß sich der Reibwert durch das Blockieren nicht ändert. Dies ist in der Realität nicht der Fall; vielmehr besteht eine Abhängigkeit des Reibwertes vom Schlupf.

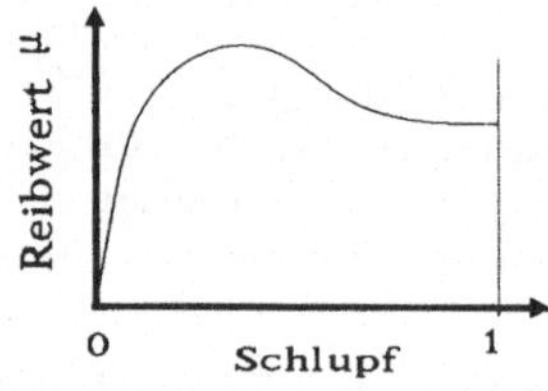

Bild 4.4.9: Schematische Darstellung des Reibwertes über dem Schlupf

Betrachtet man die Bremsumfangskraftaufteilung mit der Festabstimmung 2), so erreicht bei einer Straße mit dem Reibwert $\mu = 0{,}9$ das Fahrzeug im Punkt B den Blokkierzustand der Hinterräder ($f_H = -0{,}9$; $a_q = 0{,}84$). Das Fahrzeug wird instabil. Bei weiterer Steigerung des Bremsmomentes bewegt sich der Bremszustand des Fahrzeugs entlang der Geraden f_H = -0,9 zum Schnittpunkt mit der Geraden f_V = -0,9 und gleichzeitig mit der Parabel.

Ausfall der Bremskraft

Bei *Bremskraftausfall* einer Achse wandert der Bremszustand des Fahrzeugs entlang der Abszisse (bei Ausfall der Hinterachsbremskraft; Fahrzeug bleibt stabil), und es kommt beim Erreichen von $f_V = \mu$ (Kraftschlußbeanspruchung der Vorderräder = Reibwert) zum Blockieren an der Vorderachse. Beim Ausfall der Vorderachsbremskraft wandert der Bremszustand entlang der Ordinate, und es kommen bei Erreichen von $f_H = \mu$ die Räder der Hinterachse zum Blockieren (*instabiler Fahrzustand*).

Maximale Verzögerung bei Ausfall von F_{UV}:

$$-\frac{\ddot{x}}{g} = \frac{\mu \cdot \frac{a}{l}}{1 + \mu \cdot \frac{h}{l}} \qquad \mu > 0$$

z.B. μ = 0,7:

$$\frac{\ddot{x}}{g} = -\frac{0{,}7 \cdot 0{,}5}{1 + 0{,}7 \cdot 0{,}24} = -0{,}30.$$

Bei Ausfall von F_{UH}:

$$-\frac{\ddot{x}}{g} = \frac{\mu \cdot \frac{b}{l}}{1 - \mu \cdot \frac{h}{l}} \qquad \mu > 0$$

z.B. μ = 0,7:

$$\frac{\ddot{x}}{g} = -\frac{0{,}7 \cdot 0{,}5}{1 - 0{,}7 \cdot 0{,}24} = -0{,}42\,.$$

Berechnung der *Bremswege*:

Allgemein gilt für den zurückgelegten Weg eines sich translatorisch mit der Geschwindigkeit v bewegenden Körpers

$$s = \int_0^T v\,dt \qquad \text{mit } v = v_0 - \ddot{x} \cdot t$$

v_0 : Geschwindigkeit bei Bremsbeginn

t = 0 : Bremsbeginn.

Dies ergibt:

$$s = \int_0^T (v_0 - \ddot{x} \cdot t)\,dt.$$

Ist die Verzögerung $\ddot{x}$ während des Bremsvorgangs konstant, so ist der Bremsweg

$$s = v_0 \cdot T - \frac{T^2}{2} \cdot \ddot{x}\,.$$

Ist v = 0 erreicht, so liefert dies die Bremsdauer $T = \frac{v_0}{\ddot{x}}$.

Nach Einsetzen in den Bremsweg erhält man

$$s = \frac{1}{2} \cdot \frac{v_0^2}{x}\,.$$

1) Der *minimale Bremsweg* s_{min} aus einer Anfangsgeschwindigkeit von $v_0 = 15$ m/s für ein Fahrzeug mit

$$a = b \quad , \quad l = 2{,}5 \text{ m} \quad , \quad h = 0{,}6 \text{ m}$$

z. B. für $f_V = f_H = \mu = \frac{\ddot{x}}{g} = 0{,}7$

ist $\quad s_{min} = \frac{1 \cdot 15^2}{2 \cdot 7} = 16{,}07 \text{ m}$.

2 *) Bei Ausfall von F_{UV} wird der Bremsweg

$$s_2 = \frac{1 \cdot 15^2}{2 \cdot 3{,}0} = 37{,}5 \text{ m} = 2{,}33 \cdot s_{min} \; .$$

3 *) Bei Ausfall von F_{UH} wird der Bremsweg

$$s_3 = \frac{1 \cdot 15^2}{2 \cdot 4{,}2} = 26{,}8 \text{ m} = 1{,}67 \cdot s_{min} \; .$$

*) Die Verzögerungen liefert z. B. das Tangentialkraftdiagramm (Bild 4.4.8) an den Schnittpunkten $f_H = 0{,}7$ mit der Ordinatenachse bzw. $f_V = 0{,}7$ an der Abszissenachse.

4.4.2.1 Einfluß von Motorbremsmoment und Kennwertschwankungen

Die Einflüsse von Motorbremsmoment und von *Kennwertschwankungen der Bremsen* sollen anhand einer Bremsanlage diskutiert werden, die eine achslastabhängige Steuerung der Bremsdrücke enthält.
Die installierte Bremskraftverteilung ist nach den eingezeichneten Vorschriften richtig ausgelegt, da die Mindestabbremsung bis f = 0,8 überschritten wird und andererseits genügender Sicherheitsabstand zur Stabilitätsgrenze ("ideale Bremsumfangskraftverteilung"; $f_V = f_H$) besteht.

Die Darstellung der Bremsumfangskräfte ändert sich, wenn bei einem Schaltgetriebe-Antrieb nicht ausgekuppelt wird, bzw., wenn ein automatisches Getriebe vorliegt. Da das Motorbremsmoment – von der Motordrehzahl und vom Gang (Übersetzung) abhängig – unterschiedlich stark auf die Räder der Antriebsachse wirkt, kann nur eine qualitative Darstellung gegeben werden (die Größe des *Motorbremsmomentes* nimmt mit zunehmender Verzögerung ab, da die rotatorischen Massen mit abgebremst werden müssen).

Durch die Wirkung des Motorbremsmomentes und der *rotatorischen Massen* bei einem hinterachsgetriebenen Fahrzeug tritt eine Verschiebung der Bremsumfangskraftverteilung in Richtung Instabilität ein.

Insbesondere bei kleinen *Kraftschlußbeiwerten* (Schnee, Eis, ...) kann ein Überbremsen der Räder der Hinterachse unvermeidbar sein (instabiler Fahrzustand !).

Kennwertschwankungen in den Bremsen können ebenfalls die Bremskraftverteilung beeinflussen. Änderungen des Kennwertes (c* s. Bild 4.3.3) einer Bremse können ihre Ursachen im Auswechseln der Bremsbeläge haben (andere Belagart, eingelaufene und nicht nachgedrehte Trommeln, neue Bremsklötze bei alten, eingelaufenen Bremsscheiben) oder auch in der zunehmenden Temperatur der Beläge (fading = Kennwertabnahme). Treten die Kennwertänderungen an Vorder- und Hinterachse gleichzeitig und in der gleichen Höhe auf, hat dies keinen Einfluß auf die Bremskraftverteilung. Kennwertabnahmen an der Vorderachse verschieben die Bremskraftverteilung in Richtung "instabil", ebenso eine Zunahme des Kennwertes an der Hinterachse.

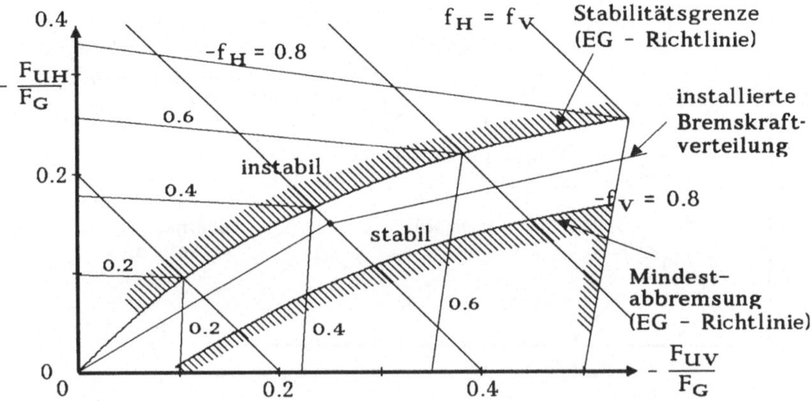

Bild 4.4.10: Installierte Bremskraftverteilung mit Bremskraftminderer

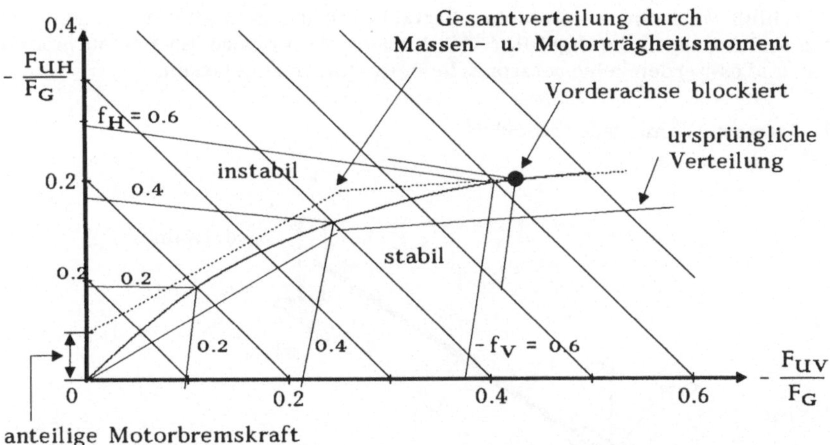

Bild 4.4.11: Einfluß der rotatorischen Massen und des Motorträgheitsmomentes auf die Bremskraftverteilung

Eine Verschiebung der Verteilung in Richtung "stabil" bewirken eine Zunahme des Kennwertes an der Vorderachse bzw. eine Abnahme an der Hinterachse.

Eine Verschiebung der Bremskraftverteilung in den stabilen Bereich hat zur Folge, daß die erzielbare Abbremsung des Fahrzeugs bis zum Blockieren an der Vorderachse stark abnimmt und die Lenkfähigkeit des Fahrzeugs verlorengeht.

Eine Verschiebung der Bremskraftverteilung in den instabilen Bereich bedeutet hohe Gefahr des *Überbremsens* der Hinterachse (Schleudergefahr !).

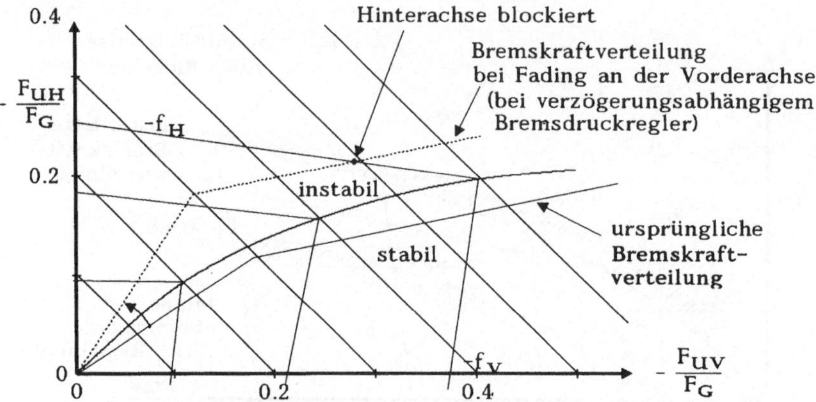

Bild 4.4.12: Bremskraftverteilung bei Fading an der Vorderachse

4.4.3 Vereinfachte Stabilitätsbetrachtung

Zum Abschluß wird eine vereinfachte Betrachtung der Stabilität eines Fahrzeugs für Bremsen und Anfahren durchgeführt. Als Voraussetzung wird ein Einspurmodell angenommen, und es werden keine rotatorische Bewegungen zugelassen.

4.4.3.1 Bremsen, Vorderräder blockiert

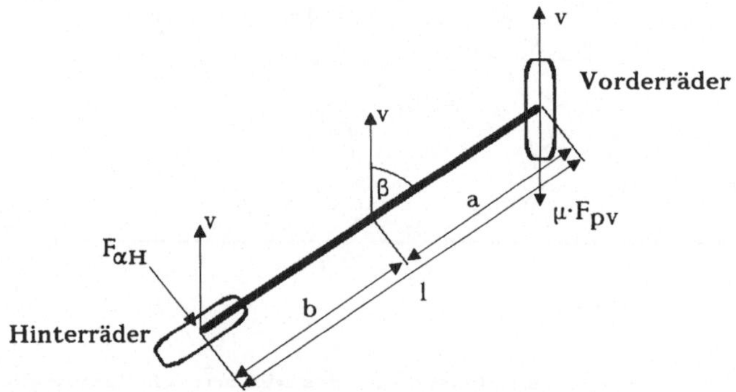

Bild 4.4.13: Bremsen mit blockierten Vorderrädern

Es wird angenommen, daß das Fahrzeug durch irgendeine Störung in den gezeichneten Zustand mit einem Schwimmwinkel gekommen ist. Blockieren die Vorderräder, so stellen sich die Bremsumfangskräfte unabhängig von der Stellung der Räder in entgegengesetzter Richtung zum Geschwindigkeitsvektor v an den Vorderrädern ein.

Stabil ist das Fahrzeug dann, wenn die an den Rädern wirkenden Kräfte ein Moment erzeugen, das den durch Störung entstandenen Schwimmwinkel verkleinert.

Das Fahrzeug ist also stabil, wenn:

$$F_{\alpha H} \cdot b > \mu \cdot F_{PV} \cdot a \cdot \sin\beta \approx \mu \cdot F_{PV} \cdot a \cdot \beta$$

mit $F_{\alpha H} = k_H \cdot \beta$

$k_H \cdot b > \mu \cdot F_{PV} \cdot a$ erfüllt ist.

Beispiel: $a = b$; $F_{PV} = 5\,000$ [N]; $k_H = 4 \cdot 10^4$ [N/rad]

Damit wird $4 \cdot 10^4 > \mu \cdot 5 \cdot 10^3$.

Die Ungleichung ist erfüllt, Stabilität ist gegeben!

4.4.3.2 Bremsen, Hinterräder blockiert

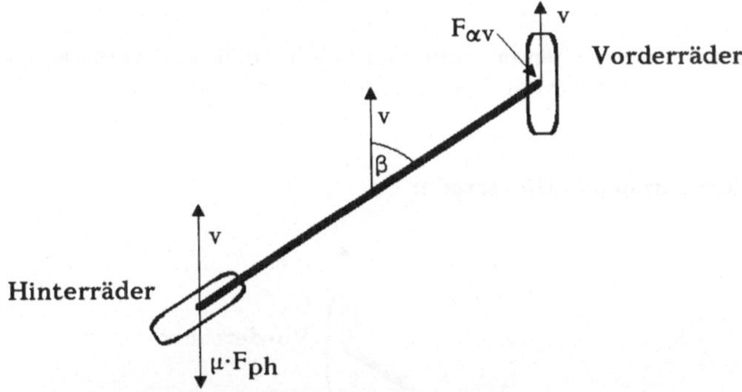

Bild 4.4.14: Bremsen mit blockierten Hinterrädern

Bei blockierten Hinterrädern gilt das gleiche, was im vorherigen Kapitel für blockierte Vorderräder gesagt worden ist.

Stabilität ist gegeben, wenn die folgende Ungleichung erfüllt ist:

$$F_{\alpha V} \cdot a < \mu \cdot F_{PH} \cdot b \cdot \sin\beta \approx \mu \cdot F_{PH} \cdot b \cdot \beta .$$

Mit $F_{\alpha V} = k_V \cdot \beta$ wird Stabilität erreicht, wenn

$k_V \cdot a < \mu \cdot F_{PH} \cdot b$ gilt.

Beispiel: $a = b$; $F_{PH} = 5\,000$ [N]; $k_V = 2 \cdot 10^4$ [N/rad]

Damit wird $\mu \cdot 5 \cdot 10^3 \nless 2 \cdot 10^4$.

Die Ungleichung ist nicht erfüllt, also ist die Stabilitätsbedingung nicht erfüllt!

4.4.3.3 Antreiben, durchdrehende Vorderräder

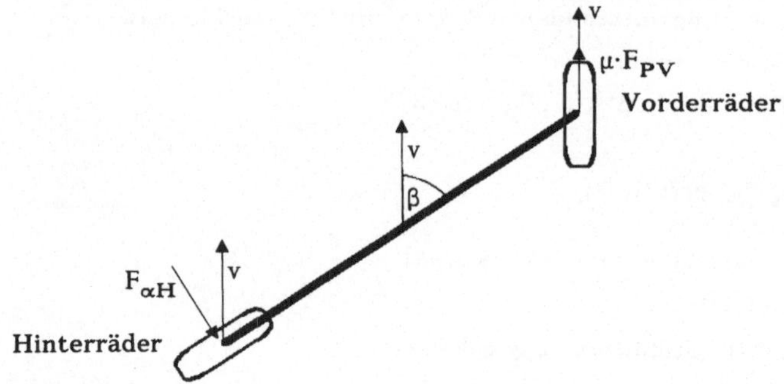

Bild 4.4.15: Antreiben mit durchdrehenden Vorderrädern

Aus den vorangegangenen Beispielen erkennt man leicht, daß die Kräfte an Vorder- und Hinterrädern ein den Schwimmwinkel β verkleinerndes Moment erzeugen (also bleibt das Fahrzeug stabil !).

4.4.3.4 Antreiben, durchdrehende Hinterräder

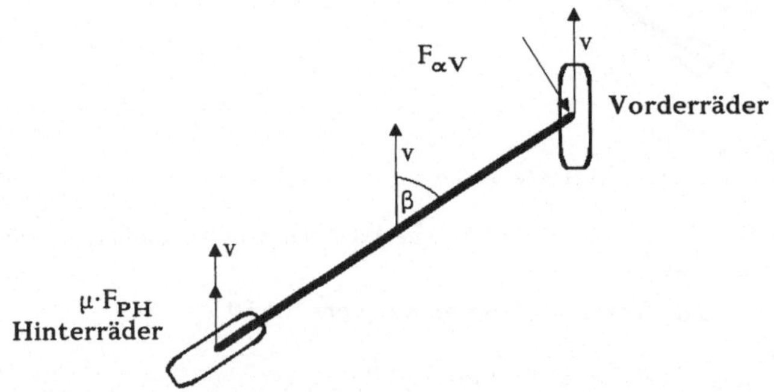

Bild 4.4.16: Antreiben mit durchdrehenden Hinterrädern

In diesem Beispiel erzeugen die Kräfte an den Vorder- und Hinterrädern ein den Schwimmwinkel β vergrößerndes Moment (also wird das Fahrzeug instabil !).

4.5 Das Bremsen (energetische Zusammenhänge)

Das Bremsen eines Fahrzeugs ist gekennzeichnet durch das Wirken von negativen Umfangskräften, so daß z.B. in der Ebene eine Fahrzeugverzögerung erreicht wird, die größer ist als nur durch Luft- und Rollwiderstände.

Hauptaufgabe des Bremsens ist es, das Fahrzeug bei gegebenen Kraftschlußverhältnissen (Fahrbahnoberfläche naß, trocken, Schnee, Eis,...) optimal zu verzögern. Hierbei entstehen die beiden Hauptprobleme der Bremsung:

- Verteilung der Bremsumfangskräfte auf die Räder der gebremsten Achsen (in der Regel aller Achsen, *Allradbremsung*) derart, daß die Kraftschlußbeanspruchung an den Rädern die durch die Straße gegebenen Verhältnisse optimal nutzt (ideale Abbremsung ergibt sich bei $f_V = f_H$, analog zum Allradantrieb).
- Umwandlung der kinetischen bzw. potentiellen Energie (oder auch beides zusammen beim Abbremsen im Gefälle) in Wärmeenergie.

4.5.1 Bremsleistungen

Betrachtet werden die beiden Fälle

- Abbremsung des Fahrzeugs in der Ebene, d.h. die Geschwindigkeit v soll verringert werden,
- Beharrungsbremsung bei Gefälle, d.h. v soll konstant bleiben.

4.5.1.1 Abbremsung des Fahrzeugs in der Ebene (Verzögerungsbremsung)

Vor Beginn des Bremsvorgangs besitzt das Fahrzeug die kinetische Energie:

$$E_{kin} = \frac{m \cdot v^2}{2} + \frac{\Theta \cdot \dot{\varphi}^2}{2} \quad . \tag{4.5.1}$$

Die Bremsleistung ergibt sich aus:

$$P_{Br} = \frac{dE_{kin}}{dt} = \frac{1}{2} \cdot m \cdot 2 \cdot v(t) \cdot \frac{dv}{dt} + \frac{1}{2} \cdot \Theta \cdot 2 \cdot \dot{\varphi}(t) \cdot \frac{d\dot{\varphi}}{dt} \tag{4.5.2}$$

m : translatorische Fahrzeugmasse

Θ : Auf die Radachse bezogenes Massenträgheitsmoment des gesamten Antriebsstranges einschließlich Motor.

φ : Raddrehwinkel .

Außer den translatorisch bewegten Massen müssen auch die rotatorisch bewegten Massen verzögert werden. Bei Annahme einer konstanten Verzögerung wird die Geschwindigkeit nach Bremsbeginn:

$$v(t) = v_0 + \ddot{x} \cdot t$$

$$\frac{dv}{dt} = \ddot{x} = \text{konst. und } \quad \text{mit } v = r_{dyn} \cdot \dot{\varphi}$$

r_{dyn} : *dynamischer Rollradius* des Rades .

Somit wird die *Bremsleistung*

$$P_{Br} = \left(m + \frac{\Theta}{r_{dyn}^2} \right) \cdot \left(v_0 + \ddot{x} \cdot t \right) \ddot{x} \quad . \tag{4.5.3}$$

Fazit:

- Die Bremsleistung ist bei Beginn der Abbremsung am größten:

$$(t = 0): P_{Br\,max} = \left(m + \frac{\Theta}{r_{dyn}^2} \right) \cdot v_0 \cdot \ddot{x} \quad . \tag{4.5.4}$$

- Die Höhe der maximalen Bremsleistung steigt mit zunehmender Fahrgeschwindigkeit v_0 sowie mit zunehmender Bremsverzögerung $\ddot{x}$.

Z.B. Abbremsung eines Pkw:

Annahme: Die rotatorischen Massen sollen durch "*Auskuppeln*" nicht an der Fahrzeugverzögerung teilnehmen.

F_G = 1 000 [daN] v_0 = 30 m/s ≙ 108 [km/h] $\ddot{x}$ = 5 [m/s²]

Bei Vernachlässigung der Verzögerung durch Luft-und Rollwiderstände wird die maximale Bremsleistung

$$P_{Br\ max} = 1\,000 \cdot 30 \cdot 5 = 150\ [kNm/s] = 150\ [kW]\ \hat{=}\ 204\ [PS]\ ).$$

Abbremsung eines Lkw:

F_G = 36 000 [daN] (≙ 36 [t]); v_0 = 22,22 [m/s] ≙ 80 [km/h] ; $\ddot{x}$ = 5 [m/s²]

Somit wird $P_{Br\ max} = 36 \cdot 10^3 \cdot 22{,}22 \cdot 5 \approx 4 \cdot 10^3$ [kW] (≙ $5{,}438 \cdot 10^3$ [PS]) .

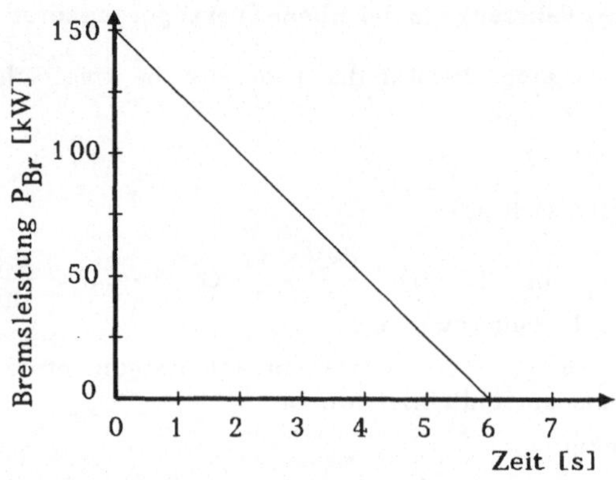

Bild 4.5.1 : Bremsleistungsabfall über der Zeit

4.5.1.2 Beharrungsbremsung bei Gefälle: v = konstant

Hierbei ist die Fahrzeugverzögerung Null: $\ddot{x} = 0$.

Die potentielle Energie des Fahrzeugs ist

$$E_{pot}(t) = F_G \cdot h(t)\ . \tag{4.5.5}$$

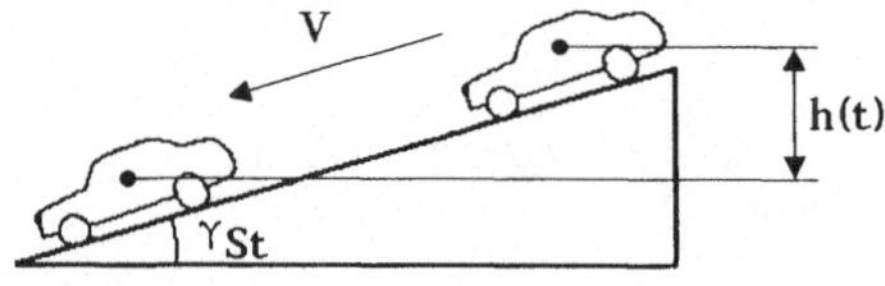

Bild 4.5.2: Fahrzeug bei Gefällefahrt

Die Bremsleistung, die kontinuierlich aufgebracht werden muß, ist mit

$$h(t) = v \cdot t \cdot \sin \gamma_{St} \approx v \cdot t \cdot \tan \gamma_{St} \approx v \cdot t \cdot q$$

$$P_{Br\ Beharrung} = \frac{dE_{pot}}{dt} = F_G \cdot \frac{dh}{dt} = F_G \cdot v \cdot q\ . \tag{4.5.6}$$

Z.B. Pkw auf Gebirgsstraße:

$F_G = 1\,000$ [daN] $\quad v_0 = 15$ [m/s] $\hat{=}$ 54 [km/h] $\quad q = 0,15$ [-]

$P_{Br\ Pkw} = 10\,000 \cdot 15 \cdot 0{,}15 = 22{,}5$ [kW] ($\hat{=}$ 31 [PS]) .

Z.B. Lkw bei Autobahngefälle:

$F_G = 36\,000$ [daN] $\quad v_0 = 22{,}22$ [m/s] $\hat{=}$ 80 [km/h] $\quad q = 0,05$ [-]

$P_{Br\ Lkw} = 360 \cdot 10^3 \cdot 22{,}22 \cdot 0{,}05 = 400$ [kW] ($\hat{=}$ 543 [PS]) .

4.5.2 Bremsmomente, Umfangskräfte am Rad

Der Bremszustand eines Fahrzeuges ist mit denselben Bewegungsgleichungen zu beschreiben, die auch beim Treiben angewendet und abgeleitet werden. Der Unterschied liegt lediglich im Vorzeichen der Beschleunigung $\ddot{x}$ sowie der Momente M_V und M_H sowie der Umfangskräfte F_{UV} und F_{UH}.

Es gilt somit weiter als Summe der Momente an den Achsen:

$$\frac{M_R}{s} = \frac{M_V + M_H}{s} = F_{WB} + F_{WST} + F_{WL} + F_{WR}$$

$$= F_G \cdot \left(\lambda \cdot \frac{\ddot{x}}{g} + f_R + q \right) + c_W \cdot A \cdot \frac{\rho}{2} \cdot v_{res}^2 \quad .$$

Der Fahrzustand ergibt sich dann aus:

$$\boxed{\lambda \cdot \frac{\ddot{x}}{g} + q = \frac{M_R}{s \cdot F_G} - \left(f_R + \frac{c_W \cdot A \cdot \rho}{F_G \cdot 2} \cdot v_{res}^2 \right) \quad .} \tag{4.5.7}$$

Ohne Bremsmoment, also $M_R = 0$, stellt sich folgende Verzögerung ein:

$$\lambda \cdot \frac{\ddot{x}}{g} = - \left[f_R + \frac{c_W \cdot A \cdot \rho}{F_G \cdot 2} \cdot v_{res}^2 + q \right] \quad . \tag{4.5.8}$$

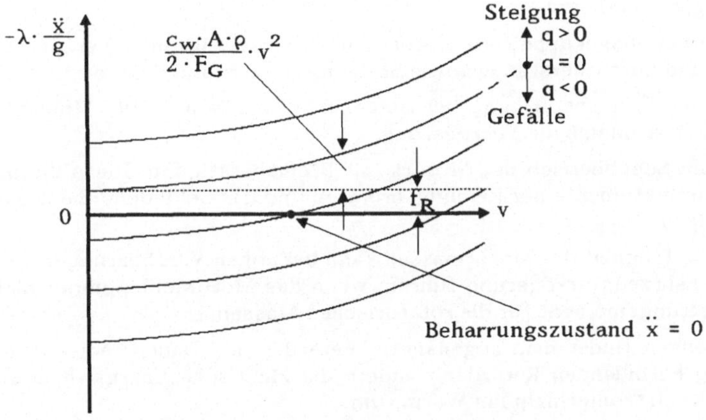

Bild 4.5.3: Fahrwiderstände über der Geschwindigkeit

Z.B. Pkw: F_G = 1 000 [daN] f_R = 0,015 [-] c_W = 0,46 [-]
A = 1,7 [m^2] ρ = 1,25 [Ns^2/m^4] λ = 1,06 (4. Gang)

$$-\left(q + \frac{\ddot{x}}{g}\right) = 0{,}015 + 4{,}89 \cdot 10^{-5} \cdot v^2 .$$

Bei v = 22,22 [m/s] ≙ 80 [km/h] errechnet man

$$-\left(q + \frac{\ddot{x}}{g}\right) = 0{,}015 + 0{,}024 = 0{,}039 .$$

Dies bedeutet, daß sich entweder bei $\ddot{x}/g = 0$ und einer Steigung von q = -0,039 die Beharrungsgeschwindigkeit von $v_{Beharrung}$ = 22,22 [m/s] oder aber in der Ebene (q=0) eine Verzögerung von $\ddot{x}/g$ = 0,039 einstellt.

Für v = 50 [m/s] ≙ 180 [km/h] errechnet man beispielsweise

$$-\left(q + \frac{\ddot{x}}{g}\right) = 0{,}015 + 0{,}122 = 0{,}14 ,$$

was entsprechend obigem Beispiel bedeutet, daß die Beharrungsgeschwindigkeit von $v_{Beharrung}$ = 50,0 [m/s] sich bei einer Steigung von q = -0,14 einstellt, oder in der Ebene eine Verzögerung von $\ddot{x}/g$ = 0,14 eintritt.

Fazit:

- Bei üblichen Verzögerungsbremsungen spielen diese Roll- und Luftwiderstände nur eine untergeordnete Rolle. Jedoch sind sie zu berücksichtigen, wenn es sich um die Wärmeentwicklung beim Abbremsen handelt.

Ebenso wie für die Momente gilt auch für die Summe der Umfangskräfte an den Rädern:

$$F_{UV} + F_{UH} = F_G \cdot \left(\frac{\ddot{x}}{g} + q\right) + c_W \cdot A \cdot \frac{\rho}{2} \cdot v_{res}^2 . \tag{4.5.9}$$

Abbremsungen können vom Fahrer auf mehrere Arten bewirkt werden:

- *Schubbetrieb* des Motors ohne Bremsenbetätigung: Die Abbremsung wird bestimmt durch die Roll-, Luft- und Steigungswiderstände sowie das Schleppmoment des Motors (abhängig vom Gang).
- Abbremsung bei ausgekuppeltem Motor ohne Bremsbetätigung: Verzögerung wird durch Roll- und Luftwiderstände sowie Steigungswiderstand bestimmt.
- Abbremsen mit Bremsbetätigung bei ausgekuppeltem Motor: Die Momente der Reibungsbremse bestimmen die Verzögerung.
- Abbremsen im Schubbetrieb des Motors mit Bremsbetätigung: Die Abbremsung wird bestimmt durch Momente der Reibungsbremsen und das Schleppmoment des Motors (gangabhängig !).

Die rotatorische Trägheit der Motormassen kann bei hohen Verzögerungen zu einer Verringerung der Fahrzeugverzögerung führen, wenn das Motorschleppmoment kleiner ist als das Verzögerungsmoment für die rotatorischen Massen.

Bei Nutzfahrzeugen findet man sogenannte "Retarder" als Dauerbremse. Diese sich im Antriebsstrang befindenden Retarder wandeln die kinetische Energie hydraulisch oder elektrisch (Wirbelstromprinzip) in Wärme um.

Die Motor- bzw. Retarderbremsen wirken nur auf die Antriebsräder !

4.5.3 Beharrungsbremsung

Die Beharrungsbremsung (d.h. $\ddot{x} = 0$ bei Gefällefahrt) wird durch Motorschubbetrieb oder *Retarder* erzeugt. Ziel hierbei ist es, die *Reibungsbremsen* des Fahrzeugs bei Gefälle wegen der unter Umständen lang andauernden Umwandlung von mechanischer Energie in Wärme-Energie zu entlasten und vor Überhitzung zu bewahren.

Das Motorschleppmoment ergibt sich aus dessen mittlerem Reibungsdruck (Mitteldruck) und dem Hubvolumen

$$M_{Mot} = p_r \cdot V_H \tag{4.5.10}$$

und das Schleppmoment an den Antriebsrädern bei stationärer Fahrt

$$M_R = \frac{1}{\eta} \cdot i \cdot M_{Mot} = i \cdot p_r \cdot \frac{V_H}{\eta} \tag{4.5.11}$$

$c_m = s_H \cdot n_M$ mittlere Kolbengeschwindigkeit
mit s_H = Hub; n_M = Motordrehzahl .

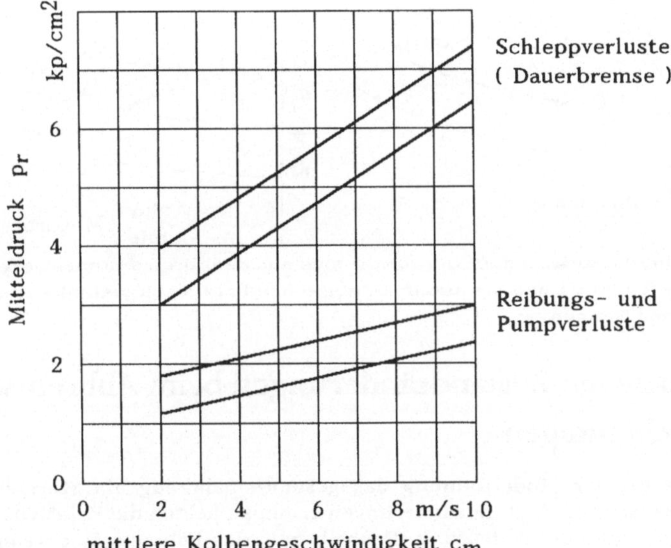

Bild 4.5.4: Erhöhung der negativen, mittleren Drücke p_r durch Dauermotorbremse gegenüber den Reibungs- und Pumpverlusten des Motors

Bei stationärer Gefällefahrt (Beharrungsbremsung) gilt dann:

$$\frac{M_R}{s} = F_G \cdot \left(f_R + q \right) + c_W \cdot A \cdot \frac{\rho}{2} \cdot v_{res}^2 \tag{4.5.12}$$

$$\frac{i \cdot p_r \cdot V_H}{\eta \cdot s} = F_G \cdot \left(f_R + q \right) + c_W \cdot A \cdot \frac{\rho}{2} \cdot v_{res}^2 \; . \tag{4.5.13}$$

Der stabile Fahrzustand bzw. die stabile Fahrgeschwindigkeit ergibt sich als Schnittpunkt der geschwindigkeitsabhängigen Zugkraft M_R/s und der geschwindigkeitsabhängigen Fahrwiderstände für gleiche Leistung

$$P_R = v \cdot \left(\frac{i \cdot p_r \cdot V_H}{\eta \cdot s} \right) \frac{M_R}{s} = \frac{P_R}{v} \quad . \tag{4.5.14}$$

η = mechan. Wirkungsgrad $\qquad$ i = Gesamtübersetzung

c_m = mittl. Kolbengeschwindigkeit

Durch Einschalten der *Motorbremse* oder des Retarders kann bei gleichem Gang und gleicher Geschwindigkeit ein stärkeres Gefälle befahren oder bei gleichem Gefälle mit niedrigem Gang mit niedrigerer Geschwindigkeit gefahren werden.

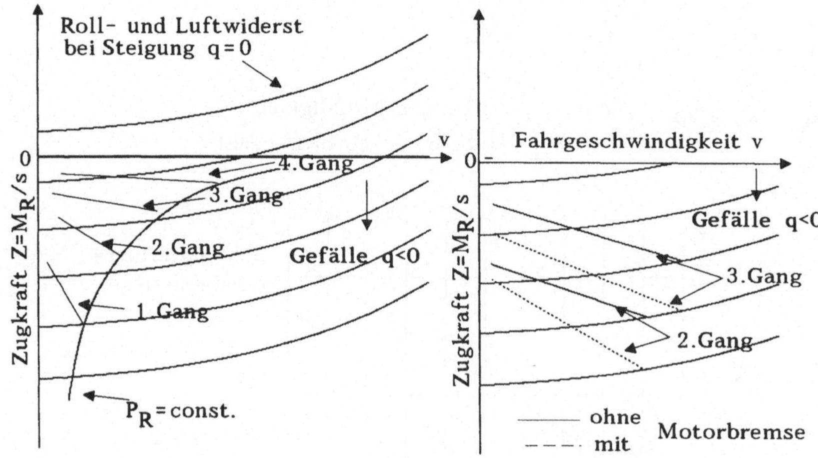

Bild 4.5.5: Fahrzustandsschaubilder für die sich aus dem Bremsmoment ergebende negative Zugkraft und die maximal möglichen Fahrgeschwindigkeiten in verschiedenen Gängen

4.6 Transiente Zustandsänderungen beim Abbremsen und Beschleunigen

Bisher wurde bei der Modellbildung das gesamte Fahrzeug als Starrkörper betrachtet. Für die transienten Zustandsänderungen erlangen jedoch die Relativbewegungen von Rädern zum Aufbau eine Bedeutung. Deshalb muß das Fahrzeugmodell mindestens aus Aufbau und zwei Radaufhängungen modelliert werden. Dabei ist zu beachten, daß Aufbau und Räder über kinematische Beziehungen miteinander verknüpft sind.

Beim Abbremsen, aber ebenso auch beim Beschleunigen, bewirken die in Bewegungsrichtung des Fahrzeugs entstehenden Beschleunigungskräfte, die am Schwerpunkt des gesamten Fahrzeugs mit Insassen angreifen, einerseits Radlaständerungen gegenüber dem unbeschleunigten Fall und zusätzlich Nick- und Vertikalbewegegungen des Fahrzeugaufbaus. Die bisherigen Betrachtungen sind Berechnungen des stationären Zustands, der sich aber erst nach einer gewissen Zeit nach Bremsbeginn einstellt. Gerade aber während des transienten Zustands treten die gefährlichen Zustände des Überbremsens eines der Räder auf, wenn nicht ein ABS dies verhindert.

Im folgenden werden die Vertikal- und Nickbewegungen sowie die dynamischen Radlasten und Bremsumfangskräfte für ein Fahrzeug berechnet und ihre zeitlichen Verläufe dargestellt.

Die Methodik kann ebenfalls zur Berechnung eines Motorrads, dessen Vorderradgabel mit Teleskopführung und Längslenker versehen ist (von BMW als Telelever eingeführt), angewendet werden (s. Willumeit, 1994 und Köhler, 1993).

Das Modell Fahrzeug mit Radaufhängungen

Eine prinzipielle Darstellung, die deutlich Vorderrad- und Hinterradaufhängung an Längslenkern erkennen läßt, ist im Bild 4.6.1 dargestellt. Die fett gestrichelte Verbindung zwischen Radnabe und Momentanpol der Nickbewegung ersetzt kinematisch die beiden Längslenker, ohne daß die Aufhängungskinematik hierdurch verändert wird. Nickpol und Schwerpunkt sind allgemein an verschiedenen Positionen zu finden.

4.6.1 Aufstellen der Bewegungsgleichungen

Das Aufstellen der Bewegungsgleichungen kann auf verschiedene Art erreicht werden. Obwohl die Lagrangesche Methode Rechenvorteile liefert, soll hier der übliche Ansatz von Newton gewählt werden, da die Anschaulichkeit hierbei weitestgehend erhalten bleibt. Zunächst wird das Fahrzeug in seine Subsysteme unterteilt, für die jeweils die Gleichgewichtsbedingungen erfüllt werden müssen. Bild 4.6.2 zeigt diese Subsysteme und die daran angreifenden Kräfte und Momente.

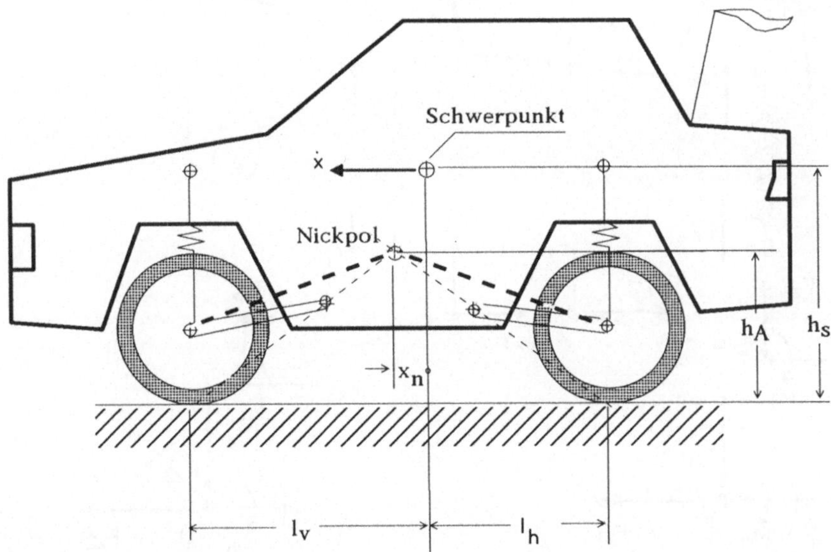

Bild 4.6.1 : Fahrzeug mit Radaufhängungen

Kräfte- und Momentengleichgewicht an den Komponenten:

(Die Streckendifferenzen sind hierbei stets auf den Schwerpunkt bezogen)

Vorderrad:	Hinterrad:	
$F_{x1} = F_{x4}$	$F_{x2} = F_{x3}$	
$F_{z1} = F_{z4}$	$F_{z2} = F_{z3}$	
$m1\,\ddot{x}1 = F_{uv} - F_{x1}$	$m2\,\ddot{x}2 = F_{uh} - F_{x2}$	
$m1\,\ddot{z}1 = F_{pv} - F_{z1} = 0$	$m2\,\ddot{z}2 = F_{ph} - F_{z2} = 0$	(4.6.1)
$\Theta_v\,\ddot{\varphi}1 = M_v - F_{uv} \cdot R$	$\Theta_h\,\ddot{\varphi}2 = M_h - F_{uh} \cdot R$	

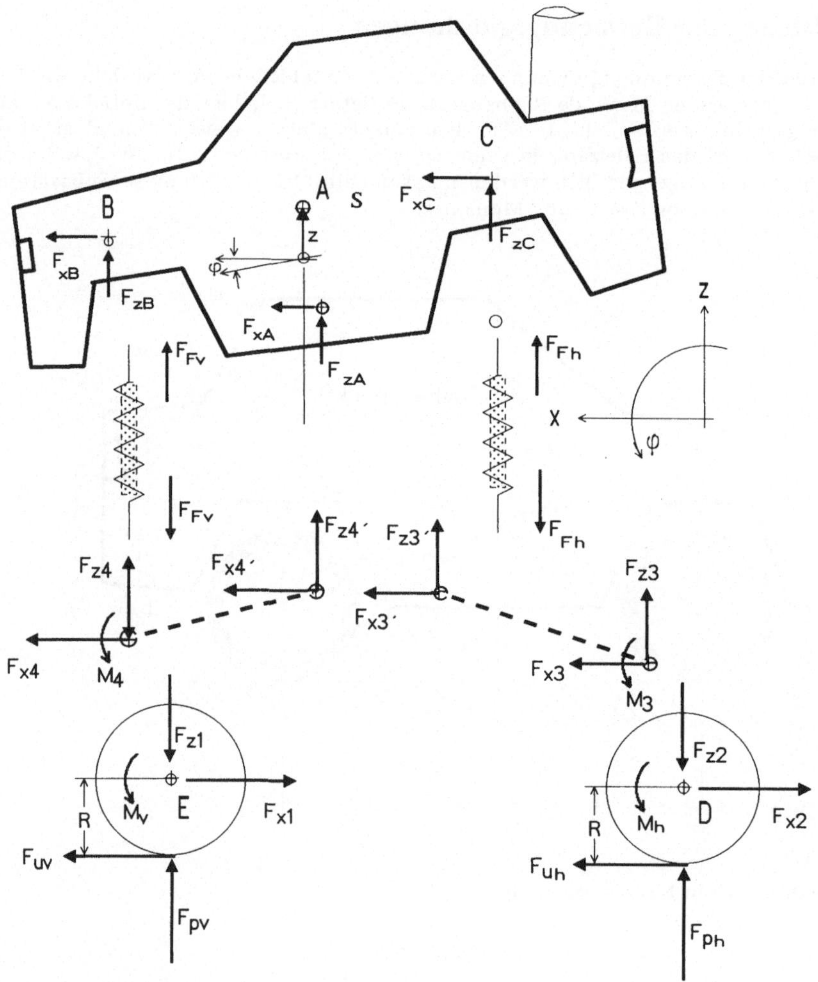

Bild 4.6.2: Subsysteme des Fahrzeugmodells im ausgelenkten Zustand

Vorderradaufhängung:

$F_{x4}' + F_{x4} = 0$

$F_{z4}' + F_{z4} = 0$

$M_4 + F_{x4}'(z_A - z_E) - F_{z4}'(x_A - x_E) = 0$

Hinterradaufhängung:

$F_{x3}' + F_{x3} = 0$

$F_{z3}' + F_{z3} = 0$

$M_3 - F_{z3}'(x_A - x_D) + F_{x3}'(z_A - z_D) = 0$

Rahmen:

$m\,\ddot{x} = F_{xA} + F_{xB} + F_{xC} = \sum F_{xP}$

$m\,\ddot{z} = F_{zB} + F_{zC} + F_{zA} = \sum F_{zP}$

$\Theta\,\ddot{\varphi} = \sum(-F_{zP}\cdot x_P + F_{xP}\cdot z_P) \qquad (P = A, B, C)$

Kräfte:

$$F_{xA} = -(F_{x3}' + F_{x4}') = F_{x3} + F_{x4} = \frac{M_h - \Theta_h\ddot{\varphi}_2}{R} - m_2\cdot\ddot{x}_2 + \frac{M_v - \Theta_v\ddot{\varphi}_1}{R} - m_1\cdot\ddot{x}_1 \qquad (4.6.2)$$

$F_{xB} = F_{xC} = 0$

$$F_{zA} = -F_{z3}' - F_{z4}' = -\frac{-M_h - \left[\frac{M_h - \Theta_h\ddot{\varphi}_2}{R} - m_2\ddot{x}_2\right](z_A - z_D)}{x_A - x_D} - \frac{-M_v - \left[\frac{M_v - \Theta_v\ddot{\varphi}_1}{R} - m_1\ddot{x}_1\right](z_A - z_E)}{x_A - x_E}$$

$F_{zB} = -c_v\cdot z_B - d_v\cdot\dot{z}_B$

$F_{zC} = -c_h\cdot z_C - d_h\cdot\dot{z}_C$

$F_{Fv} = c_v(z - l_v\varphi) + d_v(\dot{z} - l_v\dot{\varphi})$

$F_{Fh} = c_h(z + l_h\varphi) + d_h(\dot{z} + l_h\dot{\varphi})$

Der Zusammenhang zwischen Dreh- und translatorischer Bewegung der Räder ist:

$$\ddot{\varphi}_1 = \frac{\ddot{x}_1}{R} \quad \text{und} \quad \ddot{\varphi}_2 = \frac{\ddot{x}_2}{R}.$$

Die drei Teilsysteme Vorder-, Hinterrad und Rahmen haben zunächst voneinander unabhängige Längsbeschleunigungen $\ddot{x}_1$, $\ddot{x}_2$ und $\ddot{x}$. Diese Bewegungen sind aber am Fahrzeug miteinander verknüpft, und zwar über die kinematischen Beziehungen der Radaufhängungen mit dem Fahrzeugaufbau. Wird der Schwerpunkt einerseits um "z" angehoben, andererseits um "φ" gedreht, so beschreiben die Radmittelpunkte entsprechend der Kinematik erzwungene Wege. Diese Beziehungen werden *kinematische Randbedingungen* genannt und machen das ganze Bewegungsproblem zu einem Satz von *differential-algebraischen Bewegungsgleichungen* (engl.: *DAE Differential-Algebraic-Equations*), die in der Regel zu nichtlinearen Bewegungsgleichungen führen. Möglicherweise ist dies ein Grund dafür, daß in der Literatur wenig darüber zu finden ist.

4.6.1.1 Kinematische Beziehungen

Bezugspunkt ist der Schwerpunkt des Aufbaus in seiner statischen Gleichgewichtslage.

Anfangs-Koordinaten

$$SP = \begin{Bmatrix} 0 \\ 0 \end{Bmatrix} \qquad A = \begin{Bmatrix} 0 \\ -(h_s - h_A) \end{Bmatrix}$$

nach Drehung mit φ um SP

$$SP_\varphi = \begin{Bmatrix} 0 \\ 0 \end{Bmatrix} \qquad A_\varphi = \begin{Bmatrix} -(h_s - h_A)\sin\varphi \\ -(h_s - h_A)\cos\varphi \end{Bmatrix} \qquad (4.6.3)$$

$$B = \begin{Bmatrix} l_v \\ 0 \end{Bmatrix} \qquad B_\varphi = \begin{Bmatrix} l_v \cos\varphi \\ -l_v \sin\varphi \end{Bmatrix}$$

$$C = \begin{Bmatrix} -l_h \\ 0 \end{Bmatrix} \qquad C_\varphi = \begin{Bmatrix} -l_h \cos\varphi \\ l_h \sin\varphi \end{Bmatrix}$$

$A\varphi$, $B\varphi$ und $C\varphi$, als Punkte am Rahmen, erhält man aus der Drehung φ

$$\begin{Bmatrix} x\varphi \\ z\varphi \end{Bmatrix} = \begin{bmatrix} \cos\varphi & \sin\varphi \\ -\sin\varphi & \cos\varphi \end{bmatrix} \begin{Bmatrix} x \\ z \end{Bmatrix} \tag{4.6.4}$$

und die Koordinaten für $D\varphi$ und $E\varphi$ aus der Kinematik der Schwingen

$$D = \begin{Bmatrix} -l_h \\ -(h_s-R) \end{Bmatrix} \qquad D_\varphi = \begin{Bmatrix} -(h_s-h_A)\sin\varphi - \sqrt{(h_A-R)^2 + l_h^2 - [-h_s(1-\cos\varphi)+R-h_A\cdot\cos\varphi]^2} \\ -(h_s-R) \end{Bmatrix}$$

$$E = \begin{Bmatrix} l_v \\ -(h_s-R) \end{Bmatrix} \qquad E_\varphi = \begin{Bmatrix} -(h_s-h_A)\sin\varphi + \sqrt{(h_A-R)^2 + l_h^2 - [-h_s(1-\cos\varphi)-R+h_A\cdot\cos\varphi]^2} \\ -(h_s-R) \end{Bmatrix}$$

Bei zusätzlicher Verschiebung um "+z" ergeben sich:

$$A_{\varphi z} = \begin{Bmatrix} -(h_s-h_A)\sin\varphi \\ -(h_s-h_A)\cos\varphi+z \end{Bmatrix}$$

$$B_{\varphi z} = \begin{Bmatrix} l_v \cos\varphi \\ -l_v \sin\varphi + z \end{Bmatrix} \tag{4.6.5}$$

$$C_{\varphi z} = \begin{Bmatrix} -l_h \cos\varphi \\ l_h \sin\varphi + z \end{Bmatrix}$$

und die Koordinaten für $D\varphi z$ und $E\varphi z$ aus der Kinematik der Schwingen

$$D_{\varphi z} = \begin{Bmatrix} -(h_s-h_A)\sin\varphi - \sqrt{(h_A-R)^2 + l_h^2 - [-h_s(1-\cos\varphi)+R-h_A\cdot\cos\varphi - z]^2} \\ -(h_s-R) \end{Bmatrix}$$

$$E_{\varphi z} = \begin{Bmatrix} -(h_s-h_A)\sin\varphi - \sqrt{(h_A-R)^2 + l_h^2 - [-h_s(1-\cos\varphi)+R-h_A\cdot\cos\varphi + z]^2} \\ -(h_s-R) \end{Bmatrix} \tag{4.6.6}$$

Der allgemeine Punkt "P" hat nun die Koordinaten:

$$P_{\varphi z} = \begin{Bmatrix} x_P \\ z_P \end{Bmatrix} .$$

Aus den kinematischen Beziehungen für die Radmittelpunkte "D" und "E" ergibt sich nun die Bewegung des Vorderrades, die zweimal differenziert in die DGL eingesetzt werden muß:

$$x_1(t,\varphi,z) = x(t) + x_E(t,\varphi,z)$$

$$\frac{d}{dt}x_1 = \dot{x}_1 = \dot{x} + \frac{d}{dt}x_E$$

$$= \dot{x} + \dot{\varphi}\frac{\partial x_E}{\partial\varphi} + \dot{z}\frac{\partial x_E}{\partial z}$$

$$\ddot{x}_1 = \ddot{x} + \ddot{\varphi}\frac{\partial x_E}{\partial\varphi} + \ddot{z}\frac{\partial x_E}{\partial z} + \dot{\varphi}\frac{d}{dt}\cdot\frac{\partial x_E}{\partial\varphi} + \dot{z}\frac{d}{dt}\cdot\frac{\partial x_E}{\partial z} \;. \tag{4.6.7}$$

Linearisierung erreicht man nun durch Annahme kleiner Winkel φ ($\cos\varphi \approx 1$, $\sin\varphi \approx \varphi$) und kleiner Wege z. Durch Vernachlässigung der nichtlinearen Glieder

$$\dot{\varphi}\frac{d}{dt}\cdot\frac{\partial x_E}{\partial\varphi} \sim \dot{\varphi}^2 \text{ und } \dot{z}\frac{d}{dt}\cdot\frac{\partial x_E}{\partial z} \sim \dot{z}^2 \quad \text{wird}$$

$$\ddot{x}_1 \approx \ddot{x} - \ddot{z}\frac{h_A - R}{\sqrt{l_1^2 - (h_A - R)^2}} - \ddot{\varphi}(h_s - h_A) \ . \tag{4.6.8}$$

Auf gleiche Weise erhält man für die Bewegung des Hinterrades:

$$x_2(t,\varphi,z) = x(t) + x_D(t,\varphi,z)$$

$$\ddot{x}_2 \approx \ddot{x} + \ddot{z}\frac{h_A - R}{\sqrt{l_2^2 - (h_A - R)^2}} - \ddot{\varphi}(h_s - h_A) \tag{4.6.9}$$

$$x_A - x_D \approx l_h \ ; \quad x_A - x_E \approx -l_v \ ; \quad z_A - z_D \approx h_A - R \ ; \quad z_A - z_E \approx h_A - R \ .$$

4.6.1.2 Bewegungsgleichungen mit Koppelung der kinematischen Bedingungen

Mit den in die Gleichgewichtsgleichungen (4.6.1) für den Rahmen eingesetzten, horizontalen Radbeschleunigungen ergibt sich nunmehr der Satz linearisierter, gekoppelter Bewegungsgleichungen für den Schwerpunkt des Rahmens:

in Längsrichtung:

$$\ddot{x}\left[m + m_v + m_h\right] + \ddot{z}\left[-K_1 m_v + K_2 m_h\right] - \ddot{\varphi}\left[(m_v + m_h)(h_s - h_A)\right] = \frac{M_v + M_h}{R} \tag{4.6.10}$$

in vertikaler Richtung:

$$\begin{aligned}&\ddot{z}\left[m + K_1^2 m_v + K_2^2 m_h\right] + \ddot{x}\left[m_h K_2 - m_v K_1\right] + \ddot{\varphi}\left[m_v(h_s - h_A)K_1 - m_h(h_s - h_A)K_2\right]\\&+ \dot{z}\,[d_v + d_h] + z\,[c_v + c_h] + \dot{\varphi}[-d_v l_v + d_h l_h] + \varphi[-c_v l_v + c_h l_h] = M_h\frac{h_A}{l_h R} - M_v\frac{h_A}{l_v R}\end{aligned} \tag{4.6.11}$$

als Nickbewegung:

$$\begin{aligned}&\ddot{\varphi}\left[\Theta + m_h(h_s - h_A)^2 + m_v(h_s - h_A)^2\right] + \ddot{z}\left[-m_h(h_s - h_A)K_2 + m_v(h_s - h_A)K_1\right]\\&+ \ddot{x}\left[-m_h(h_s - h_A) - m_v(h_s - h_A)\right] + \dot{\varphi}\left[d_v l_v^2 + d_h l_h^2\right] + \varphi\left[c_v l_v^2 + c_h l_h^2\right]\\&+ \dot{z}\,[-d_v l_v + d_h l_h] + z\,[-c_v l_v + c_h l_h] = -(M_v + M_h)\frac{h_s - h_A}{R}\end{aligned} \tag{4.6.12}$$

mit $K_1 = \dfrac{h_A - R}{\sqrt{l_1^2 - (h_A - R)^2}}$ und $K_2 = \dfrac{h_A - R}{\sqrt{l_2^2 - (h_A - R)^2}}$

und $m_v = \left(\dfrac{\Theta_v}{R^2} + m_1\right)$ und $m_h = \left(\dfrac{\Theta_h}{R^2} + m_2\right)$.

Die Koppelung der Gleichungen bringt zum Ausdruck, daß bei Aufbringen eines Bremsmomentes gleichzeitig Längs-, Vertikal- und Nickschwingungen auftreten. Die Radlasten und Radumfangskräfte als Folge der Bremsmomente erhält man nun ebenfalls aus den Gleichungen der Kräfte- und Momentengleichgewichte (4.6.1) in Verbindung mit den kinematischen Beziehungen (4.6.7) und (4.6.9):

4.6.1.3 Radlasten

$$F_{pv} = F_{z4} + F_{zB}$$
$$= \frac{-M_v \frac{h_A}{R} + m_v (h_A - R)\left(\ddot{x} - \ddot{z} K_1 - \ddot{\varphi}(h_s - h_A)\right)}{l_v} - c_v(z - l_v\varphi) - d_v(\dot{z} - l_v\dot{\varphi})$$

$$F_{ph} = F_{z3} + F_{zC}$$
$$= \frac{M_h \frac{h_A}{R} - m_h (h_A - R)\left(\ddot{x} + \ddot{z} K_2 - \ddot{\varphi}(h_s - h_A)\right)}{l_h} - c_h(z + l_h\varphi) - d_h(\dot{z} + l_h\dot{\varphi})$$

(4.6.13)

4.6.1.4 Radumfangskräfte

$$F_{uv} = \frac{M_v - \Theta_v \ddot{\varphi}_1}{R} = \frac{M_v}{R} - \frac{\Theta_v}{R^2}\ddot{x}_1 = \frac{M_v}{R} - \frac{\Theta_v}{R^2}\left[\ddot{x} - \ddot{z} K_1 - \ddot{\varphi}(h_s - h_A)\right]$$

$$F_{uh} = \frac{M_h - \Theta_h \ddot{\varphi}_2}{R} = \frac{M_h}{R} - \frac{\Theta_h}{R^2}\ddot{x}_2 = \frac{M_h}{R} - \frac{\Theta_h}{R^2}\left[\ddot{x} + \ddot{z} K_2 - \ddot{\varphi}(h_s - h_A)\right]. \quad (4.6.14)$$

Damit im folgenden die Berechnungen vereinfacht werden, sollen die dynamischen bzw. die kinematischen Eigenschaften des Vorder- und Hinterrades gleich bzw. symmetrisch gestaltet werden.

Infolge der Symmetrierung werden nun die Nick- und die Vertikalbewegung voneinander entkoppelt.

Annahmen:

$$c_v = c_h = c;\quad d_v = d_h = d;\quad \Theta_v = \Theta_h = \Theta_R;\quad \left(\frac{\Theta_v}{R^2} + m_1\right) = \left(\frac{\Theta_h}{R^2} + m_2\right) = m^*; \quad (4.6.15)$$
$$l_v = l_h = l;\quad K_1 = K_2 = K;\quad m_1 = m_2 = m_R.$$

Damit ergeben sich sehr viel einfachere Bewegungsgleichungen:

4.6.1.5 Bewegungsgleichungen für Nick- und Vertikalbewegungen

$$\ddot{x}\,[m + 2m_R] - \ddot{\varphi}\,[2m_R(h_s - h_A)] = \frac{M_v + M_h}{R} \quad (4.6.16)$$

$$\ddot{z}\,[m + 2m_R K^2] + \dot{z}\,2d + z\,2 = (M_h - M_v)\frac{h_A}{l \cdot R} \quad (4.6.17)$$

$$\ddot{\varphi}[\Theta + 2m^*(h_s - h_A)^2] + \ddot{x}[-2m^*(h_s - h_A)] + \dot{\varphi}[2dl^2] + \varphi[2cl^2] = -(M_v + M_h)\frac{h_s - h_A}{R}$$
(4.6.18)

bzw. (4.6.15) in (4.6.18) eingesetzt

$$\ddot{z}[m + 2m_R K^2] + \dot{z}\,2d + z\,2c = (M_h - M_v)\frac{h_A}{l \cdot R} \quad (4.6.19)$$

$$\ddot{\varphi}\left[\Theta + 2m^*(h_s - h_A)^2\left(1 - \frac{2m_R}{m + 2m_R}\right)\right] + \dot{\varphi}[2dl^2] + \varphi[2cl^2] =$$

$$= -\left(M_v + M_h\right)\frac{h_s - h_A}{R}\left(1 - \frac{2\,m^*}{m + 2m_R}\right) \qquad (4.6.20)$$

Bei gleich großen Bremsmomenten hinten und vorn vollführt sogar der Schwerpunkt keine Vertikalbewegung, unabhängig von der Lage des Nickpols zum Aufbauschwerpunkt. Lediglich Nicken tritt auf, welches für gleiche Lage h_s und h_a (Schwerpunkt und Nickpol im selben Punkt) ebenfalls unterbleibt. Bei (negativem) Bremsmoment entsteht allgemein ein Steigen des Schwerpunkts und ein positiver Nickwinkel am Rahmen.

4.6.1.6 Radlasten im symmetrischen Fall

$$F_{pv} = \frac{-M_v\left(\frac{h_A}{R} - \frac{(h_A - R)\,m^*}{R(m+2\,m_R)}\right) + M_h\frac{(h_A - R)\,m^*}{R(m+2\,m_R)}}{l} + \ddot{\varphi}\,(h_s - h_A)\,m^* K\left(\frac{2m_R}{m+2m_R} - 1\right) -$$

$$- \ddot{z}K^2 m^* - c(z - l\varphi) - d(\dot{z} - l\dot{\varphi}) \qquad (4.6.21)$$

$$F_{ph} = \frac{M_h\left(\frac{h_A}{R} - \frac{(h_A - R)\,m^*}{R(m+2\,m_R)}\right) - M_v\frac{(h_A - R)\,m^*}{R(m+2\,m_R)}}{l} - \ddot{\varphi}\,(h_s - h_A)\,m^* K\left(\frac{2m_R}{m+2m_R} - 1\right) -$$

$$- \ddot{z}K^2 m^* - c(z + l\varphi) - d(\dot{z} + l\dot{\varphi}) \qquad (4.6.22)$$

4.6.1.7 Radumfangskräft im symmetrischen Fall

$$F_{uv} = \frac{M_v}{R} - \frac{\Theta_v}{R^2}\left[\ddot{x} - \ddot{z}K_1 - \ddot{\varphi}\,(h_s - h_A)\right] = M_v\left[\frac{1}{R} - \frac{\Theta_R}{R^3(m+2m_R)}\right] - M_h\left[\frac{\Theta_R}{R^3(m+2m_R)}\right] +$$

$$+ \ddot{\varphi}\,(h_s - h_A)\frac{\Theta_R}{R^2}\left[1 - \frac{2m_R}{m+2m_R}\right] + \ddot{z}K\frac{\Theta_R}{R^2} \qquad (4.6.23)$$

$$F_{uh} = \frac{M_h}{R} - \frac{\Theta_h}{R^2}\left[\ddot{x} + \ddot{z}K_2 - \ddot{\varphi}\,(h_s - h_A)\right] = M_h\left[\frac{1}{R} - \frac{\Theta_R}{R^3(m+2m_R)}\right] - M_v\left[\frac{\Theta_R}{R^3(m+2m_R)}\right] +$$

$$+ \ddot{\varphi}\,(h_s - h_A)\frac{\Theta_R}{R^2}\left[1 - \frac{2m_R}{m+2m_R}\right] - \ddot{z}K\frac{\Theta_R}{R^2}\,. \qquad (4.6.24)$$

Bisher waren die Radumfangskräfte, Radlasten und Zustandsgrößen x, z und φ Funktionen der Zeit. Durch Laplace-Transformation (siehe Kap. 1.2.) können die zugehörigen Gleichungen nun in algebraische Gleichungen umgewandelt und gelöst werden. Die Anfangsbedingungen werden Null gesetzt, d.h. die Bewegung in z und φ als Folge der Bremsmomente erfolgt aus der statischen Ruhelage. Nach Rücktransformation in den Zeitbereich lassen sich die Zeitverläufe graphisch darstellen.

Laplace-Transformation

$$\left.\begin{aligned} & p^2 Z(p)\left[m + 2\,m_R K^2\right] + p\,Z(p)\,2\,d + Z(p)\,2\,c = \left(M_h(p) - M_v(p)\right)\frac{h_A}{l\cdot R} \\ & p^2\Phi(p)\left[\Theta + 2\,m^*(h_s - h_A)^2\left(1 - \frac{2\,m_R}{m + 2\,m_R}\right)\right] + p\Phi(p)\left[2\,d\,l^2\right] + \Phi(p)\left[2\,c\,l^2\right] = \end{aligned}\right\} \qquad (4.6.25)$$

$$= -\left(M_v(p) + M_h(p)\right)\frac{h_s - h_A}{R}\left(1 - \frac{2\,m^*}{m + 2\,m_R}\right).$$

Durch Lösung dieser beiden quadratischen Gleichungen lassen sich im nicht gestörten Zustand ($M_v = M_h = 0$) die Eigenwerte und damit die Eigenfrequenzen für die entkoppelten Bewegungen "z" und "φ" an dieser Stelle bestimmen.

Eigenwerte

$$p_{z\,1,2} = -\frac{d}{m_{ges}} \pm j\sqrt{\frac{2c}{m_{ges}}}\sqrt{1-\frac{d^2}{2c\,m_{ges}}}$$

$$p_{\varphi\,1,2} = -\frac{d\,l^2}{\Theta_{ges}} \pm j\sqrt{\frac{2\,c\,l^2}{\Theta_{ges}}}\cdot\sqrt{1-\frac{d^2 l^2}{2c\,\Theta_{ges}}}$$

$$m_{ges} = [m + 2m_R K^2]; \qquad \Theta_{ges} = \left[\Theta + 2m^*(h_s - h_A)^2\left(1-\frac{2m_R}{m+2m_R}\right)\right]$$

Eigenfrequenzen

$$\omega_{z\,o} = \sqrt{\frac{2c}{[m+2m_R K^2]}} = \sqrt{\frac{2c}{m_{ges}}} \tag{4.6.26}$$

$$\omega_{\varphi o} = \sqrt{\frac{2cl^2}{\left[\Theta + 2m^*(h_s-h_A)^2\left(1-\frac{2m_R}{m+2m_R}\right)\right]}} = \sqrt{\frac{2cl^2}{\Theta_{ges}}} \tag{4.6.27}$$

Schwerpunktbewegungen nach Laplace-Transformation

$$Z(p) = \frac{(M_h(p) - M_v(p))\frac{h_A}{lR}}{p^2[m+2m_R K^2] + p\,2d + 2c} \tag{4.6.28}$$

$$\Phi(p) = \frac{-\left(M_v(p) + M_h(p)\right)\frac{h_s - h_A}{R}\left(1-\frac{2m^*}{m+2m_R}\right)}{p^2\left[\Theta + 2m^*(h_s-h_A)^2\left(1-\frac{2m_R}{m+2m_R}\right)\right] + p[2dl^2] + [2cl^2]} \tag{4.6.29}$$

Radlasten nach Laplace-Transformation

$$F_{pv}(p) = \frac{-M_v(p)\left(\frac{h_A}{R} - \frac{(h_A-R)m^*}{R(m+2m_R)}\right) + M_h(p)\frac{(h_A-R)m^*}{R(m+2m_R)}}{l}$$
$$+p^2\Phi(h_s-h_A)m^*K\left(\frac{2m_R}{m+2m_R}-1\right) - p^2 Z K^2 m^* - Z(pd+c) + \Phi\,l\,(pd+c) \tag{4.6.30}$$

$$F_{ph}(p) = \frac{M_h(p)\left(\frac{h_A}{R} - \frac{(h_A-R)m^*}{R(m+2m_R)}\right) - M_v(p)\frac{(h_A-R)m^*}{R(m+2m_R)}}{l}$$
$$-p^2\Phi(h_s-h_A)m^*K\left(\frac{2m_R}{m+2m_R}-1\right) - p^2 Z K^2 m^* - Z(pd+c) - \Phi\,l\,(pd+c) \tag{4.6.31}$$

Radumfangskräfte

$$F_{uv}(p) = M_v(p)\left[\frac{1}{R} - \frac{\Theta_R}{R^3(m+2m_R)}\right] - M_h(p)\left[\frac{\Theta_R}{R^3(m+2m_R)}\right]$$
$$+p^2\Phi(h_s-h_A)\frac{\Theta_R}{R^2}\left[1-\frac{2m_R}{m+2m_R}\right] + p^2 Z K\frac{\Theta_R}{R^2} \tag{4.6.32}$$

$$F_{uh}(p) = M_h(p)\left[\frac{1}{R} - \frac{\Theta_R}{R^3(m+2m_R)}\right] - M_v(p)\left[\frac{\Theta_R}{R^3(m+2m_R)}\right]$$

$$+p^2\Phi\,(h_S - h_A)\,\frac{\Theta_R}{R^2}\left[1 - \frac{2m_R}{m+2m_R}\right] - p^2 Z K\,\frac{\Theta_R}{R^2} \qquad (4.6.33)$$

4.6.2 Anwendungsbeispiel

Am Beispiel eines Motorrades mit Telelevervorderradaufhängung und Längslenker werden die Nick-und Hubbewegungen sowie Radlasten und Umfangskräfte beim Abbremsen ermittelt.

Der zur Berechnung verwendete Datensatz ist:

$l = 0{,}6$ [m]	$K = 0{,}425$ [-]	$c = 15 \cdot 10^3$ [N/m]	$R = 0{,}33$ [m]
$m = 235$ [kg]	$h_S = 0{,}84$ [m]	$h_A = 0{,}66$ [m]	$d = 10^3$ [Ns/m]
$m_R = 18{,}8$ [kg]	$\Theta = 46{,}75$ [m^{2}kg]	$\Theta_R = 0{,}5$ [m^{2}kg] .	

Die statische Radlast an Vorder- und Hinterrad beträgt hiermit

$F_{pv\,stat} = F_{ph\,stat} = 1{,}337 \cdot 10^3$ [N] .

In Rahmenmasse und -trägheitsmoment ist ein steif mit dem Rahmen verbundener Fahrer eingeschlossen.

Eigenwerte und Eigenfrequenzen

$p_{z1,2} = -4{,}06 \pm j\ 10{,}26$	gedämpfte Eigenfrequenz	$f_{z0} = 1{,}63$ [Hz]
$p_{\varphi 1,2} = -7{,}49 \pm j\ 12{,}98$	"	$f_{\varphi 0} = 2{,}07$ [Hz]

4.6.2.1 Graphische Darstellung der Zeitverläufe

Zur Darstellung der Zeitverläufe aus den Berechnungen wird eine Abbremsung von - 1g, also eine Abbremsung wie sie auf griffiger Fahrbahn im Notfall auftreten kann, angenommen. Weiterhin soll das Bremsmoment hinten der Hälfte des vorderen Bremsmomentes entsprechen ($M_h = 0.5\ M_v$). Aus der Gleichung (4.6.16) läßt sich das zugehörige Bremsmoment errechnen. Der Zeitverlauf des Bremsmomentes soll nur einem Sprung ähnlich sein, da ein Sprung mit unendlich hohem Anstieg des Moments von keinem Fahrer realisiert werden kann. Für diesen "Quasisprung" wird die Funktion $M(t) = M_v\,(1 - e^{-a\,t})$ gewählt mit a = 10 und mit a = 20 für zwei verschieden steile Bremsmomentenanstiege. Dies unterscheidet in den folgenden Bildern die beiden Graphen.

Den zeitlichen Verlauf zeigt Bild 4.6.3 Das Moment erreicht nach 0,10 bzw.nach 0,22 Sekunden 90% des Endwertes.

Die Ergebnisse in den folgenden Bildern - basierend auf einer Abbremsung von -1 g - lassen sich wegen des zugrundeliegenden, linearisierten Modells für andere Verzögerungen leicht auf die entsprechenden Werte umrechnen. Voraussetzung ist hierbei natürlich, daß keine Änderung der geometrischen Anordnungen an den Modellen erfolgt.

Wäre in Bild 4.6.4 der Nickpol des Fahrzeugmodells auf der Höhe des Schwerpunktes ($h_A = h_S$), so könnte das Nicken ganz vermieden werden und zwar sogar unabhängig von der Bremsmomentverteilung auf Vorder- und Hinterrrad.

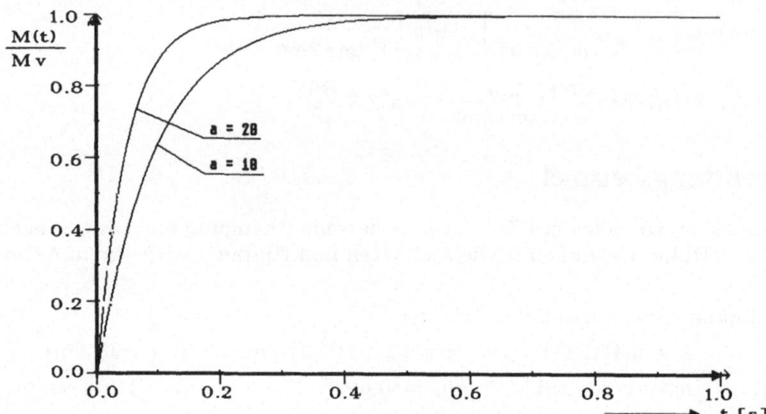

Bild 4.6.3: Zeitverlauf des Bremsmoments M(t)/Mv; (für a = 10 und a = 20)

Bild 4.6.5 zeigt das Ansteigen des Schwerpunkts des Rahmens beim Abbremsen und Bild 4.6.6 den Anstieg der vorderen dynamischen Radlast. Die Radlast folgt dem Bremsmoment nahezu verzögerungsfrei. Der Grund liegt hierbei in der direkten Bremsmomentabstützung auf den Längslenker.

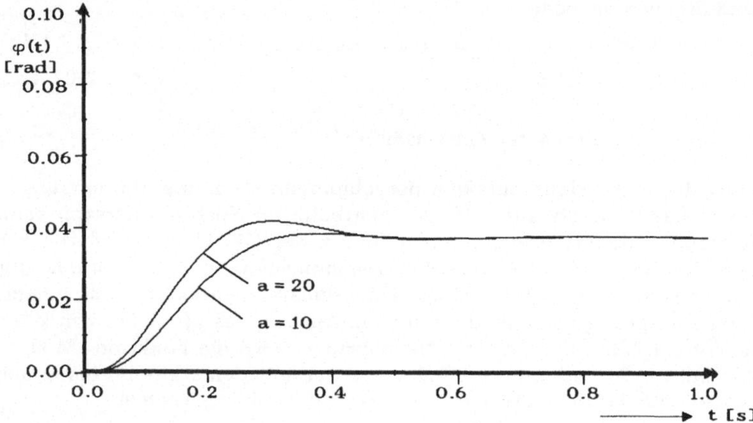

Bild 4.6.4: Zeitverlauf des Nickwinkels φ(t)

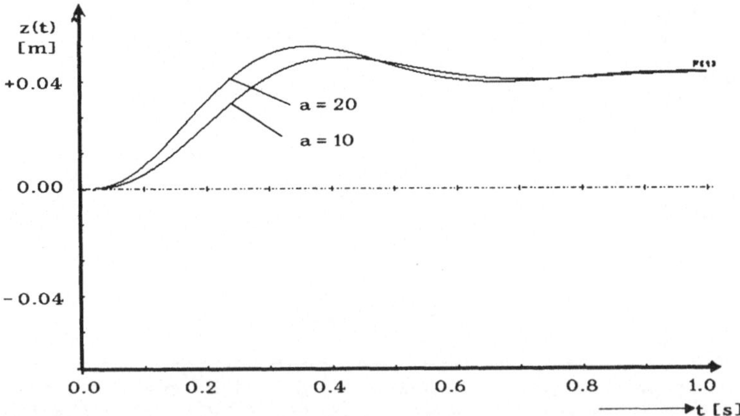

Bild 4.6.5: Zeitverlauf der Vertikalbewegung z(t)

Bild 4.6.7 zeigt die vorderen Umfangskräfte. Interessant für ein eventuelles Überbremsen ist jedoch nicht der Verlauf der Umfangskräfte, sondern die Relation von Umfangskraft zur Radlast.

In Bild 4.6.8 ist die Relation Umfangskraft zur dynamischen Radlast dargestellt. Für die Kraftschlußbeanspruchung ist jedoch die gesamte Radlast - bestehend aus statischer und dynamischer Last - entscheidend.

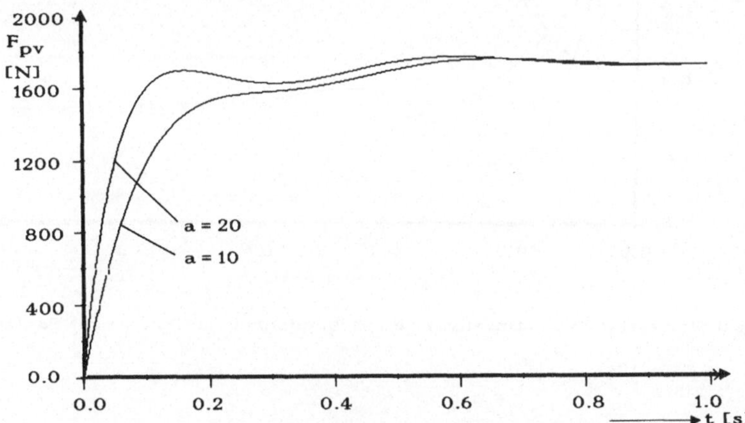

Bild 4.6.6: Zeitverlauf der vorderen dynamischen Radlast Fpv (t)

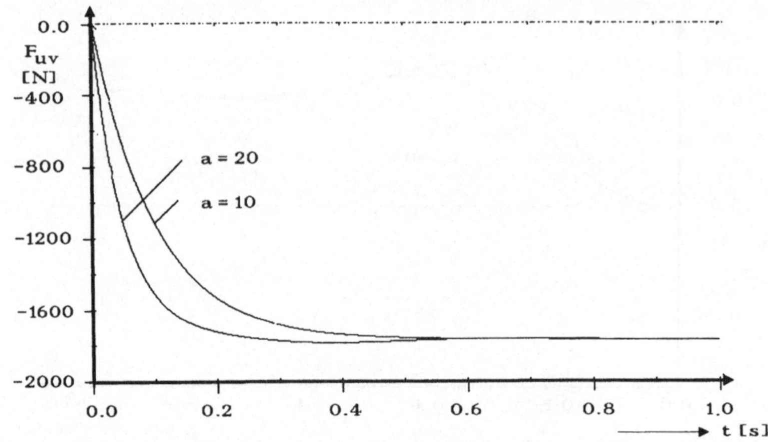

Bild 4.6.7: Zeitverlauf der vorderen Umfangskraft Fuv(t)

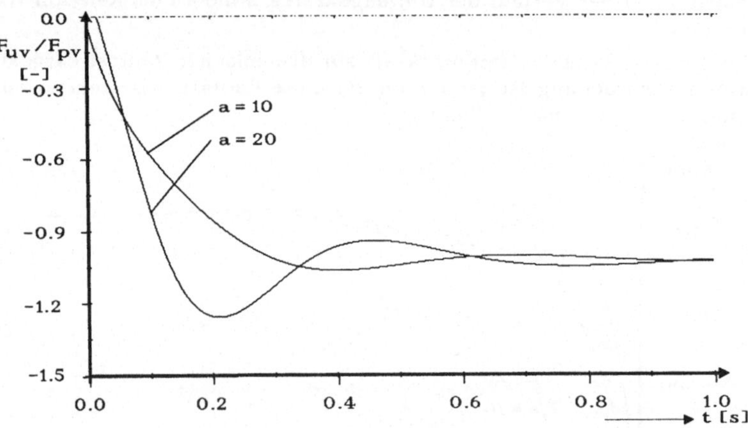

Bild 4.6.8: Zeitverlauf von Umfangskraft/dynamischer Radlast (vorn) Fuv(t)/Fpv(t)

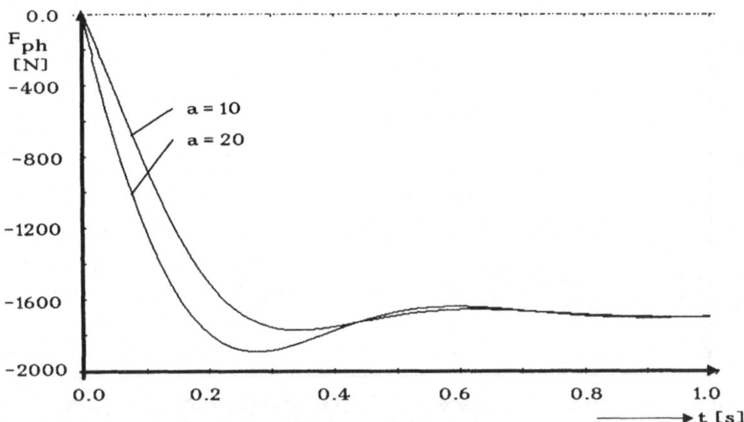

Bild 4.6.9: Zeitverlauf der hinteren dynamischen Radlast Fph (t)

Der Zeitverlauf der hinteren Umfangskraft (Bild 4.6.10) ist erwartungsgemäß dem der vorderen Umfangskraft ähnlich. Dies ist durch die identischen Radträgheitsmomente bzw. die Symmetrierung bei der Rechnung begründet.

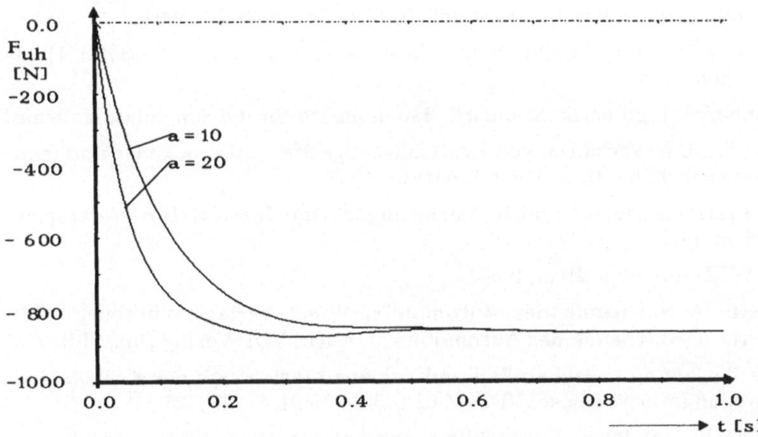

Bild 4.6.10: Zeitverlauf der hinteren Umfangskraft Fuh (t)

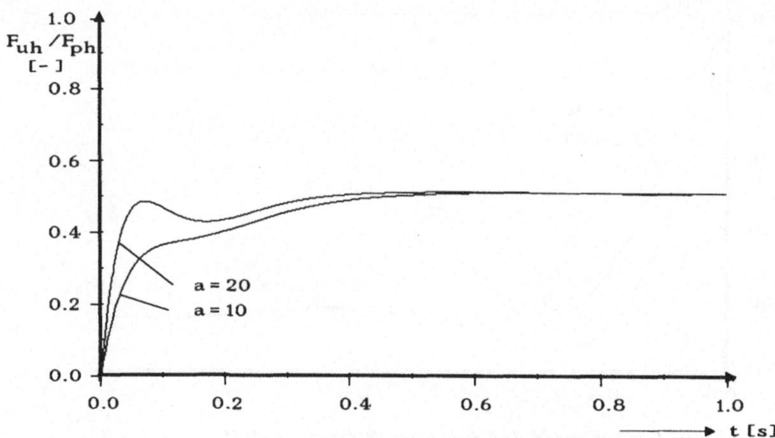

Bild 4.6.11: Zeitverlauf von Umfangskraft /Radlast(hinten) Fuh (t)/Fph (t)

4.7 Literatur

Alfred Teves GmbH: Bremsen-Handbuch. Bartsch-Verlag, München 8. Auflage 1984.

Bosch: Kraftfahrtechnisches Taschenbuch. Robert Bosch GmbH 1994.

Buschmann / Koessler: Handbuch der Kraftfahrzeugtechnik. Wilhelm Heine Verlag München, 1976.

Carl Freudenberg-Megulastik: Standard-Bauelemente für die Schwingungsdämpfung.

Gengenbach, W.: Das Verhalten von Kraftfahrzeugreifen auf trockener und insbesondere nasser Fahrbahn, Diss. Univ. Karlruhe, 1967.

Helling, J.: Kraftfahrzeuge I und II. Vorlesungsskript, Institut für Kraftfahrwesen, TH Aachen, 1977.

Henker, E.: WTZ-Automobilbau, 1968.

Hucho, W.-H.: Aerodynamik des Automobils, Vogel-Verlag, Würzburg, 1981. Hucho, W.-H.: Aerodynamik des Automobils, 3. Aufl., VDI-Verlag Düsseldorf, 1994.

Jahn, J.: Die Beziehung zwischen Rad und Schiene hinsichtlich des Kräftespiels und der Bewegungsverhältnisse. VDI - Z 62 (1918) Nr.11, S. 121 -125.

Köhler, H.: BMW-Telelever; Entwicklung einer alternativen Vorderradführung für Motorräder. VDI Berichte 1025, S. 423-440, VDI-Verlag Düsseldorf, 1993.

KONI Sportstoßdämpferprogramm, 1985.

Krempel, G.: Dissertation, Techn. Univ. Karlsruhe, 1965.

Kuhlmann, A.: Auto und Verkehr bis 2000. Springer-Verlag Berlin, Heidelberg, New York, 1984.

Kummer, H.W.: Unified Theorie of Rubber and Tire Friction. Engin. Research Bulletin B-94, The Pennsylvania State University, College of Engineering, 1966.

Kummer, H.W. und W.E. Meyer: Verbesserter Kraftschluß zwischen Reifen und Fahrbahn - Ergebnisse einer neuen Reibungstheorie. Automobiltechnische Zeitschrift (ATZ), 69 (1967) Nr. 8, S. 245-251. Franckh'sche Verlagshandlung, Stuttgart.

Mitschke, M.: Dynamik der Kraftfahrzeuge. Springer-Verlag Berlin, Heidelberg, New York, 1972.

Reimpell, J.: Fahrwerktechnik: Federung, Fahrwerkmechanik. Vogel-Buchverlag, Würzburg, 2. Aufl., 1983.

Reimpell, J.: Fahrwerktechnik 1. Vogel-Buchverlag, Würzburg, 5. Aufl. 1982.

Rokas, S.I.: Awtomobiljnaja Promyschlennosti, Nr. 5, S. 18-19, 1963.

Weber, G.: Theorie des Reifens ATZ 1954, S. 325.

Seitz, N.: Die Kräfte in der Berührungsfläche schnellaufender Reifen. Fortschritt-Berichte VDI-Z, Reihe 12, Nr. 19, 1968.

VAG-Service Selbststudienprogramm Nr: 64.

VW Presse- Information Nutzfahrzeugeprogramm, 1986.

Weidele, A.: Untersuchungen zum Bremsverhalten von Motorrädern unter besonderer Berücksichtigung der ABS-geregelten Kurvenbremsung. Dissertation TH Darmstadt, Fortschritt-Berichte VDI, Reihe 12: Verkehrstechnik/Fahrzeugtechnik Nr. 210, VDI-Verlag Düsseldorf, 1994.

Willumeit, H.-P.; Matheis, A. und K. Müller: Korrelation von Untersuchungsergebnissen zur Fahrdynamik im Fahrsimulator und Prüffeld. ATZ 93 (1991), Heft 1, S. 28-35, Franckh-Kosmos Verlags-GmbH & Co., Stuttgart.

Willumeit, H.-P.: Nick und Hubbewegungen, Radlasten und Umfangskräfte beim Abbremsen eines Motorrades. VDI- Berichte 1159, S. 103-119, VDI-Verlag Düsseldorf, 1994.

5 Querdynamik, Einspurmodell

Einleitung

Um die Bewegungen eines Fahrzeugs auf kurviger Straße beschreiben zu können, muß über eine geeignete Modellierungsmethode nachgedacht werden. Von den verschiedenen zur Verfügung stehenden Methoden erscheint die Modellierung mit den im Kap. 1 beschriebenen Darstellungsmethoden auf der Basis physikalischer Parameter sehr geeignet, wenngleich auch die Modellierungsmethode mit der Fuzzy-Set-Theorie (vergl. Kap. 6) möglich erscheint.

Der Vorzug bei der Modellierung mit physikalischen Parametern ist die Anschaulichkeit. Andererseits könnte es zur Anhebung der Rechengeschwindigkeit bei Real-Time Simulationen von Vorteil sein, die physikalisch basierte Modellierung aufzugeben.

Nach der Festlegung auf die Modellierung mit physikalischen Parametern (Bewegungsgleichungen) muß die Frage geklärt werden, wie viele Freiheitsgrade das System haben soll. Sollen außer der Längs-, Gier- und Querbewegung auch die Wankbewegung sowie die reale Kinematik der Radbewegungen Berücksichtigung finden, muß der Reifen mit seinen Nichtlinearitäten mitmodelliert werden. Damit wird automatisch das Bewegungsgleichungssystem ebenfalls nichtlinear und eine geschlossene Lösung ist nicht mehr erreichbar.

Aus diesem Grund verzichten wir auf den Wankfreiheitsgrad.

Ein weiterer Schritt zur Linearisierung wird die Beschränkung auf kleine Winkel und Wege sein, so daß Nichtlinearitäten aus den Winkelfunktionen einerseits und aus der Kinematik der Radaufhängungen andererseits vermieden werden können (s. Kap. 4.6).

Konsequenterweise ergibt sich aus linearisierten Reifeneigenschaften und der damit verbundenen Aufgabe des Wankfreiheitsgrades auch ein Fahrzeugmodell, welches mit je einem Rad an Vorder- und Hinterachse auskommt. Dieses Rad umfaßt dann die linearen Eigenschaften der beiden realen Räder einer Achse.

Das somit geschaffene Modell heißt dann "Einspurmodell". Dieses scheint einem Motorrad ähnlich zu sein, unterscheidet sich von diesem jedoch in dem fehlenden Wank- bzw. Rollwinkel. Dieses Modell mit zwei Freiheitsgraden geht im wesentlichen auf die Arbeit von RIEKERT und SCHUNCK 1940 zurück. Es ist bis heute das Basismodell der linearen Theorie der Fahrdynamik geblieben.

5.1 Bewegungsgleichungen der Querdynamik

Es wird ein *Einspurmodell* entwickelt, für das folgende Vorausetzungen gelten sollen:

1. Das Modell besitzt in der Zeichen- bzw. Fahrbahnebene drei Freiheitsgrade.
2. Da das Modell einspurig ist, existieren an der Vorder- und Hinterachse nur mittlere Radlasten.
3. Die bei Kurvenfahrt auftretende Seitenkraft am Schwerpunkt stützt sich über Seitenkräfte an den Rädern auf die Straße ab. Diese Seitenkräfte erzeugen an den Rädern Schräglaufwinkel, d. h. Radebene und Bewegungsrichtung des Rades unter-

scheiden sich um den Schräglaufwinkel α_v und α_h jeweils. Die Änderung der Seitenkraft mit dem Schräglaufwinkel wird Seitenkraftbeiwert genannt (s. Kapitel 6.4, "Reifen").

4. Der Anstieg der Seitenkraft über dem Schräglaufwinkel ist bis zu einem Winkel von ca. fünf Grad linear, d.h. die Seitenkraftbeiwerte bleiben in diesem Bereich konstant (siehe Kapitel "Reifen").
5. Der Vortrieb deckt die Fahrwiderstände.
6. Linearisieren für kleine Gier-, Schwimm- und Lenkwinkel, da der Krümmungsradius groß ist.

Bild 5.1.1 zeigt das Einspurmodell. Die drei Bewegungsgleichungen ergeben sich, indem der Schwerpunktsatz in Richtung der Fahrzeuglängs- und -querachse sowie senkrecht dazu aufgestellt wird. Die dritte Gleichung wird aus dem Drallsatz um die Hochachse gewonnen.

$1/\varkappa$ - *Kurvenradius*

β - *Schwimmwinkel*

δ_V - *Lenkwinkel* des Vorderrades

ψ - *Gierwinkel*

ν - *Kurswinkel* .

F_W - *Windkraft*

M_W - Moment infolge Windkraft

F_{SV}, F_{SH} - *Seitenführungskräfte*

F_{UV}, F_{UH} - *Umfangskräfte*

Der *Kurswinkel* ν ist der Winkel zwischen einer beliebigen, erdfesten Richtung und der Bewegungsrichtung des Fahrzeugs. Der *Gierwinkel* ψ ist der Winkel zwischen der Fahrzeuglängsachse und dieser erdfesten Richtung. Die Differenz beider Winkel ist der *Schwimmwinkel* β des Fahrzeugs.

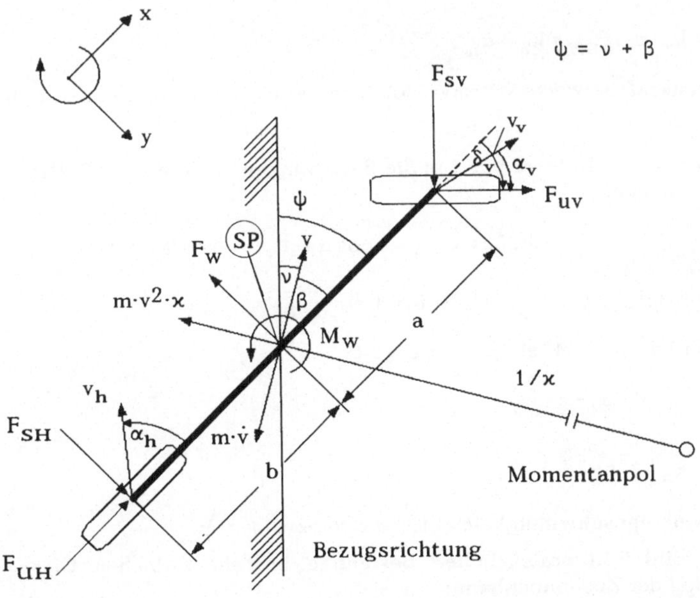

Bild 5.1.1: Bewegungsgrößen, Kräfte und Momente am Einspurmodell (Aufsicht)

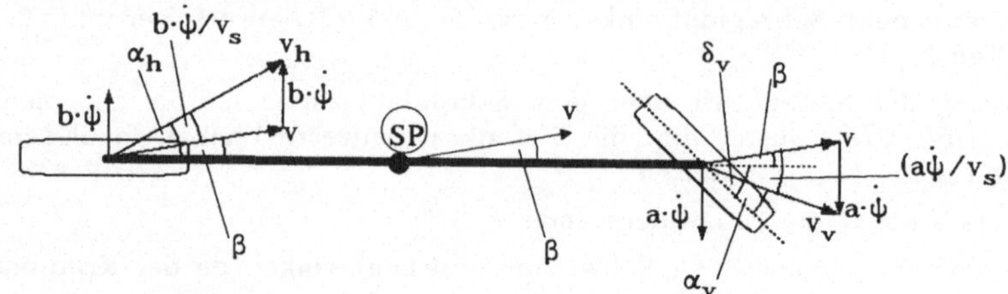

Bild 5.1.2: Winkel und Bewegungsvektoren an Vorder- und Hinterachse

Bewegungsgleichungen

Der Schwerpunktsatz liefert für die Längsachse:

$$F_{UH} + F_{UV} \cdot \cos\delta_v - F_{SV} \cdot \sin\delta_v = m \cdot v^2 \cdot \varkappa \cdot \sin\beta + m \cdot \dot{v} \cdot \cos\beta \tag{5.1.1}$$

und die Querachse:

$$F_{SH} + F_{SV} \cdot \cos\delta_v + F_{UV} \cdot \sin\delta_v - F_W = m \cdot v^2 \cdot \varkappa \cdot \cos\beta - m \cdot \dot{v} \cdot \sin\beta\,. \tag{5.1.2}$$

Der Drallsatz bezüglich der Hochachse durch den Schwerpunkt liefert

$$F_{SV} \cdot a \cdot \cos\delta_v + F_{UV} \cdot a \cdot \sin\delta_v = \Theta \cdot \ddot{\psi} + M_W + F_{SH} \cdot b\,. \tag{5.1.3}$$

Da die Seitenkräfte bis etwa fünf Grad linear mit dem Schräglaufwinkel ansteigen, gilt (siehe Kapitel Reifen):

$$F_{SV} = k_v \cdot \alpha_v \quad F_{SH} = k_h \cdot \alpha_h\,. \tag{5.1.4}$$

k_V , k_h : Seitenkraftbeiwerte (Proportionalitätskonstanten bei kleinen Schräglaufwinkeln)

Für das Vorder- bzw. Hinterrad gelten die Beziehungen nach Bild 5.1.2: Hieraus ermittelt man für kleine Winkel:

$$\sin\beta = \beta \qquad \sin\delta_v = \delta_v \qquad \cos\alpha = 1 \qquad \cos\delta_V = 1$$

$$\alpha_v \approx \beta + \delta_v - \left(a \cdot \frac{\dot\psi}{v}\right) \quad \alpha_h \approx \beta + \left(b \cdot \frac{\dot\psi}{v}\right)\,. \tag{5.1.5}$$

Gleichungen (5.1.5) in (5.1.4) eingesetzt ergibt:

$$F_{SV} = k_v\left(\beta + \delta_v - a \cdot \frac{\dot\psi}{v}\right) \tag{5.1.6}$$

$$F_{SH} = k_h\left(\beta + b \cdot \frac{\dot\psi}{v}\right)\,. \tag{5.1.7}$$

Für die Kurswinkelgeschwindigkeit gilt: $\dot\nu = v \cdot \varkappa$ bzw. $\varkappa = \frac{\dot\nu}{v}$.

Mit der aus Bild 5.1.1 ersichtlichen Beziehung besteht zwischen Gier-, Kurs- und Schwimmwinkel der Zusammenhang:

$$\psi = \beta + \nu \text{ also auch } \dot\psi = \dot\beta + \dot\nu\,. \tag{5.1.8}$$

Hieraus läßt sich die Krümmung $\varkappa$ ausdrücken:

$$\varkappa = \frac{\dot{\psi} - \dot{\beta}}{v} \quad (5.1.9)$$

Setzt man nun die Gleichungen (5.1.6), (5.1.7) und (5.1.8) in die Gleichungen (5.1.1), (5.1.2) und (5.1.3) ein, nimmt die Linearisierung für kleine Winkel vor und vernachlässigt die aerodynamischen Einflüsse, indem man $F_W = M_W = 0$ setzt, so erhält man:

$$\left.\begin{aligned} &F_{UH} + F_{UV} + \delta_v \cdot k_v\left(-\beta - \delta_v + a \cdot \frac{\dot{\psi}}{v}\right) + m \cdot v \cdot \beta\left(\dot{\beta} - \dot{\psi}\right) - m \cdot \dot{v} = 0 \\ &k_h\left(\beta + b \cdot \frac{\dot{\psi}}{v}\right) + k_v\left(\beta + \delta_v - a \cdot \frac{\dot{\psi}}{v}\right) + \delta_v \cdot F_{UV} + m \cdot v \cdot \left(\dot{\beta} - \dot{\psi}\right) + m \cdot \dot{v} \cdot \beta = 0 \\ &k_v \cdot a\left(\beta + \delta_v - a \cdot \frac{\dot{\psi}}{v}\right) + F_{UV} \cdot \delta_v \cdot a - \Theta \cdot \ddot{\psi} - k_h \cdot b\left(\beta + b \cdot \frac{\dot{\psi}}{v}\right) = 0. \end{aligned}\right\} \quad (5.1.10)$$

Dieses noch immer nichlineare System gekoppelter Differentialgleichungen wird durch die Annahme konstanter Fahrgeschwindigkeit ($\dot{v} = 0$) linearisiert. Ordnet man die Gleichungen (5.1.10) so um, daß die geometrischen Größen v, k_V, k_h, a, b, m und Θ als Koeffizienten von $\ddot{\psi}$, $\dot{\psi}$ und β dastehen, so folgt:

$$\left.\begin{aligned} &\dot{\psi}\left(\delta_v \cdot k_v \cdot \frac{a}{v} - m \cdot v \cdot \beta\right) + \dot{\beta} \cdot m \cdot v \cdot \beta - \delta_v \cdot k_v \cdot \beta - \delta_v^2 \cdot k_v + F_{UV} + F_{UH} = 0 \\ &\dot{\psi}\left(k_h \cdot \frac{b}{v} - k_v \cdot \frac{a}{v} - m \cdot v\right) + \dot{\beta} \cdot m \cdot v + \beta\left(k_v + k_h\right) + \delta_v\left(k_v + F_{UV}\right) = 0 \\ &\ddot{\psi} \cdot \Theta + \dot{\psi}\left(k_v \cdot \frac{a^2}{v} + k_h \cdot \frac{b^2}{v}\right) + \beta\left(k_h \cdot b - k_v \cdot a\right) + \delta_v \cdot a\left(-k_v - F_{UV}\right) = 0. \end{aligned}\right\} \quad (5.1.11)$$

Das folgende Schema zeigt die wichtigsten Eingangs- und Ausgangsgrößen eines Querdynamikmodells.

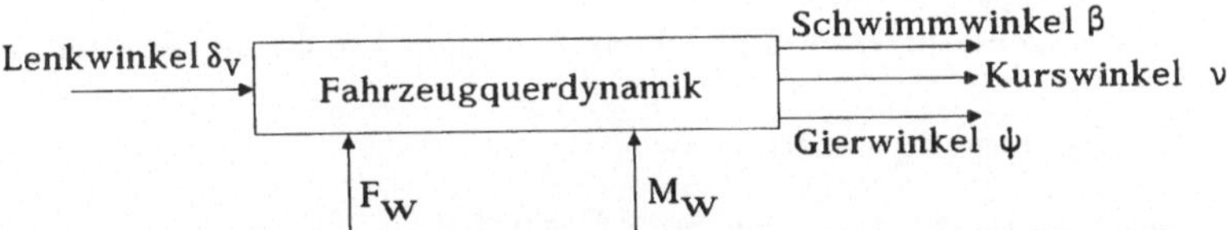

Die Werte für Geschwindigkeit (v), Seitenkräfte (k_V, k_h), Schwerpunktabstände (a, b), Fahrzeugmasse (m) und Massenträgheitsmoment (Θ) müssen dabei bekannt sein.

Die oberste Gleichung von (5.1.11) beschreibt lediglich den Zusammenhang von Längskräften und kann in den weiteren Betrachtungen außer acht gelassen werden. Dies ist sicher richtig für heckangetriebene Fahrzeuge ($F_{UV} = 0$).

Damit entfällt die Kopplung zu den beiden anderen Gleichungen. Für die Querdynamik sind lediglich die Quer- und Rotationsbewegungen der Gl.(5.1.11) maßgeblich.

Zunächst werden die Bewegungsgleichungen für Gier- und Schwimmwinkel gebildet, indem aus den letzten beiden Gleichungen (5.1.11) eine inhomogene Differentialgleichung zweiter Ordnung gebildet wird. Dazu werden die letzten beiden Gleichungen (5.1.11) normiert. Anschließend werden die Koeffizienten, zwecks leichterer Handhabung der Gleichungen, durch die Ausdrücke a_{11}, a_{12}, a_{21}, a_{22}, b_1 und b_2 ersetzt.

$$\dot{\beta} = -\left(\frac{k_v + k_h}{mv}\right)\beta - \left(\frac{k_h \cdot b - k_v \cdot a}{mv^2} - 1\right)\dot{\psi} - \left(\frac{k_v + F_{UV}}{mv}\right)\delta_v \quad (5.1.12)$$

$$\ddot{\psi} = -\left(\frac{k_h \cdot b - k_v \cdot a}{\Theta}\right)\beta - \left(\frac{k_h \cdot b^2 + k_v \cdot a^2}{\Theta\, v}\right)\dot{\psi} + \left(\frac{a\,(k_v + F_{UV})}{\Theta}\right)\delta_V \tag{5.1.13}$$

Da $k_V \gg F_{UV}$ bei v=const. ist, beeinflussen die Längskräfte nicht die Querdynamik. Die Umfangskräfte decken lediglich die Fahrwiderstände in der ersten Gleichung (5.1.11).

Die Koeffizienten sind:

$$\left.\begin{aligned} a_{11} &= -\frac{k_v + k_h}{mv} & a_{12} &= -\left(\frac{k_h \cdot b - k_v \cdot a}{mv^2} - 1\right) \\ a_{21} &= -\frac{k_h \cdot b - k_v \cdot a}{\Theta} & a_{22} &= -\frac{k_h \cdot b^2 + k_v \cdot a^2}{\Theta \cdot v} \end{aligned}\right\} \tag{5.1.14}$$

$$b_1 = -\frac{k_v + F_{UV}}{mv} \qquad b_2 = \frac{a\,(k_v + F_{UV})}{\Theta}.$$

Daraus folgt das gekoppelte Gleichungssystem

$$\dot{\beta} = a_{11} \cdot \beta + a_{12} \cdot \dot{\psi} + b_1 \cdot \delta_v \tag{5.1.15}$$

$$\ddot{\psi} = a_{21} \cdot \beta + a_{22} \cdot \dot{\psi} + b_2 \cdot \delta_V\ . \tag{5.1.16}$$

Dieses Gleichungssystem ließe sich z. B. mit den Methoden aus Kap. 1.4 in Matrizen umformen und lösen oder, weil es lediglich zwei Gleichungen sind, durch Einsetzen einer Variablen aus der zweiten Gleichung in die erste Gleichung.

Löst man zunächst Gleichung (5.1.16) nach β auf und ersetzt damit das β in Gleichung (5.1.15), differenziert dann Gleichung (5.1.16), löst nach $\dot{\beta}$ auf und ersetzt damit die linke Seite der Gleichung (5.1.15), so erhält man einen Ausdruck, in dem ψ und dessen Ableitungen nur noch von δ_V und $\dot{\delta}_V$ sowie den geometrischen Größen abhängen.

$$\dddot{\psi} - (a_{11} + a_{22})\,\ddot{\psi} + (a_{11}\,a_{22} - a_{12}\,a_{21})\,\dot{\psi} = b_2\,\dot{\delta}_V + (a_{21}\,b_1 - a_{11}\,b_2)\,\delta_V \tag{5.1.17}$$

Dies ist eine inhomogene Differentialgleichung 2. Ordnung in $\dot{\psi}$; da der allein von ψ abhängige Term fehlt.

Ersetzen wir $\dot{\psi}$ also durch ψ_a, so ergibt sich

$$\ddot{\psi}_a - (a_{11} + a_{22})\,\dot{\psi}_a + (a_{11}\,a_{22} - a_{12}\,a_{21})\,\psi_a = b_2\,\dot{\delta}_V + (a_{21}\,b_1 - a_{11}\,b_2)\,\delta_V\,, \tag{5.1.18}$$

die typische, lineare Schwingungs-DGL 2. Ordnung für ψ_a auf der linken Seite und die Anregung durch den Lenkwinkel auf der rechten Seite.

Analog läßt sich eine DGL für β und dessen Ableitungen aufstellen:

$$\ddot{\beta} - (a_{11} + a_{22})\,\dot{\beta} + (a_{11}\,a_{22} - a_{12}\,a_{21})\,\beta = b_1\,\dot{\delta}_V + (a_{12}\,b_2 - a_{22}\,b_1)\,\delta_V. \tag{5.1.19}$$

Die Gleichungen (5.1.18) und (5.1.19) sind lineare, inhomogene Differentialgleichungen 2. Ordnung (sofern die Fahrgeschwindigkeit v nicht von der Zeit t abhängt !!) und entsprechen dem Typ Differentialgleichung des am Fußpunkt erregten Einmassenschwingers aus Kap. 1.2.

Die Koeffizienten der linken Seite beider Gleichungen sind für ψ_a und β einerseits und andererseits für $\dot{\psi}_a$ und $\dot{\beta}$ gleich (gleiche *Gier- und Schwimmwinkeleigenfrequenz*).

Der Ausdruck $(a_{11}\,a_{22} - a_{12}\,a_{21})$ entspricht beim Einmassenschwinger dem Quotienten aus Federsteifigkeit und Masse, also der ungedämpften Eigenfrequenz, und der Ausdruck

$-(a_{11} + a_{22})$ dem Dämpfungsmaß.

Obwohl in dem Einspurmodell explizit keine Federsteifigkeit und keine Dämpfung modelliert wurde, kommt durch die Wirkung der Reifen eine Steifigkeit und auch eine Dämpfung zustande. Darüber hinaus ist festzuhalten, daß die Gier-, Schwimmwinkel- und Kurswinkeleigenbewegung eine identische Eigenfrequenz und Dämpfung aufweisen.

Wird das Fahrzeug nicht durch den Lenkwinkel, sondern durch Seitenwind angeregt, so ergeben sich die folgenden Gleichungen aus dem DGL-System Gl. (5.1.2) und (5.1.3):

$$\dot{\beta} = a_{11}\,\beta + a_{12}\,\dot{\psi} + \frac{F_w}{m\,v} \tag{5.1.20}$$

$$\ddot{\psi} = a_{21}\,\beta + a_{22}\,\dot{\psi} + \frac{M_w}{\Theta}\,. \tag{5.1.21}$$

Hier gelten dieselben Ausführungen, die zu den Gleichungen (5.1.15) bzw. (5.1.16) und (5.1.18) bzw. (5.1.19) gemacht wurden. Der einzige Unterschied liegt lediglich in der Anregungsart.

5.2 Lösung der homogenen Differentialgleichung

Aus der homogenen DGL lassen sich, wie in Kap. 1. gezeigt, Eigenfrequenz $\overline{\omega}$ und Dämpfungsmaß D ermitteln.

Die homogene DGL für den Schwimmwinkel lautet nach Gl. (5.1.19):

$$\ddot{\beta} - (a_{11} + a_{22})\,\dot{\beta} + (a_{11}\,a_{22} - a_{12}\,a_{21})\,\beta = 0\,.$$

Als Lösungsansatz gilt (analog für den Gierwinkel ψ):

$$\beta(t) = \hat{\beta}\cdot e^{\lambda t}\,;\ \dot{\beta}(t) = \lambda\cdot\hat{\beta}\cdot e^{\lambda t}\,;\ \ddot{\beta}(t) = \lambda^2\cdot\hat{\beta}\cdot e^{\lambda t}\,.$$

Hieraus ergibt sich die charakteristische Gleichung:

$$\lambda^2 + 2\,D\,\omega_0\,\lambda + \omega_0^{\,2} = 0 \tag{5.2.1}$$

mit $2\,D\,\omega_0 = -(a_{11} + a_{22}) = \dfrac{k_v + k_h}{mv} + \dfrac{k_v\cdot a^2 + k_h\cdot b^2}{\Theta v}$

D : Lehrsches Dämpfungsmaß

und $\omega_0^{\,2} = a_{11}\,a_{22} - a_{12}\,a_{21} = \dfrac{(a+b)^2\cdot k_v\,k_h}{\Theta\,m v^2} - \dfrac{k_v\cdot a - k_h\cdot b}{\Theta}$.

ω_0 : ungedämpfte Eigenfrequenz

Die Lösung der charakteristischen Gleichung liefert die beiden Eigenwerte

$$\lambda_{1,2} = -D\omega_0 \pm \sqrt{D^2\omega_0^2 - \omega_0^2} = -D\omega_0 \pm \omega_0\sqrt{D^2 - 1}\quad. \tag{5.2.2}$$

Im Schwingungsfall ist $D^2\omega_0^2 < \omega_0^2$, d. h., wenn $D^2 < 1$.

Somit wird

$$\lambda_{1,2} = -D\omega_0 \pm j\omega_0\cdot\sqrt{1 - D^2} = -D\omega_0 \pm j\,\overline{\omega}\;. \tag{5.2.3}$$

Folgende Fälle lassen sich unterscheiden:

$\omega_0^2 > 0$: DGL kann als Schwingungs-DGL gedeutet werden, da stets $D > 0$ ist (Instabilität tritt bei $D < 0$ auf, siehe Kap. 1).

$D < 1$: Oszillierendes Abklingen einer Störung = gedämpfte Schwingung

$D = 1$: Aperiodischer Grenzfall

$D > 1$: Asymptotisches Abklingen einer Störung = Kriechfall

Mit dem Lösungsansatz, z. B. für den Schwimmwinkel β, wird hieraus

$$\beta(t) = \hat{\beta} \cdot e^{-D\omega_0 t} \cdot e^{\pm j\omega_0 \cdot \sqrt{1 - D^2} \cdot t} \tag{5.2.4}$$

bzw. $$\beta(t) = e^{-D\omega_0 t} \left(\hat{\beta}_1 e^{j\bar{\omega} t} + \hat{\beta}_2 e^{-j\bar{\omega} t} \right) .$$

$\bar{\omega} = \omega_0 \cdot \sqrt{1 - D^2}$ ist die gedämpfte Eigenfrequenz, d. h. die Frequenz, mit der das Fahrzeug nach einer einmaligen Störung ausschwingt.

Wie man leicht erkennt, sind die Koeffizienten für die Bewegungen β oder ψ_a auf der linken Seite der Gleichungen (5.1.18) und (5.1.19) gleich. Dies bedeutet für den Fall ohne äußere Anregung (rechte Seite $\equiv 0$) gleiche dynamische Eigenschaften, speziell gleiche Eigenfrequenz und Dämpfung.

Vereinfachungen :

Für den Fall mittiger Schwerpunktlage $a = b$ und mit $\Theta = m\,r^2$ sowie mit den Abkürzungen $\Delta k = (k_h - k_v)$ und $\Sigma k = (k_h + k_v)$ ergeben sich die gedämpfte Eigenfrequenz zu

$$\bar{\omega}^2 = -\frac{\Sigma^2 k}{m^2 v^2} \left[\frac{a^2 - r^2}{2r^2} \right]^2 + \Delta k \frac{a}{m r^2} - \Delta^2 k \frac{\left(\frac{a}{r}\right)^2}{m^2 v^2} \tag{5.2.5}$$

und das Dämpfungsmaß:

$$D = \frac{\Sigma k \left(1 + \left(\frac{a}{r}\right)^2\right)}{2 \cdot \sqrt{\left(\Sigma^2 k - k^2\right)\left(\frac{a}{r}\right)^2 + \Delta k \frac{a m}{r^2} v^2}} . \tag{5.2.6}$$

Ist $a = r = 1$ (was für Pkw etwa stimmt), so folgt

$$\left.\begin{aligned} \bar{\omega}^2 &= \frac{\Delta k}{m} - \frac{\Delta^2 k}{m^2 v^2} \\ D &= \frac{\Sigma k}{\sqrt{\Sigma^2 k - \Delta^2 k + \Delta k\, m\, v^2}} \end{aligned}\right\} \text{Achtung: Zahlenwertgleichungen (Dimensionen müssen nicht stimmen)} \tag{5.2.7}$$

Unterhalb einer gewissen Geschwindigkeit $v_g = \sqrt{\frac{\Delta k}{m}}$ existiert keine gedämpfte Eigenfrequenz. Ist der Seitenkraftbeiwert für Vorder- und Hinterachse gleich groß ($\Delta k = 0$), so gibt es keine Giereigenfrequenz. Für $\Delta k \neq 0$ steigt die Giereigenfrequenz asymptotisch bis zum Grenzwert $\sqrt{(\Delta k/m)}$ an. Das Dämpfungsmaß D hat seinen höchsten Wert bei niedrigen Geschwindigkeiten und fällt bei hohen Geschwindigkeiten auf den Wert Null ab. Je kleiner Δk ist, desto höher ist die Dämpfung; allerdings: desto niedriger ist auch die *Giereigenfrequenz*.

Den Verlauf von Dämpfungsmaß und gedämpfter Eigenfrequenz über der Fahrgeschwindigkeit zeigt Bild 5.2.1 für verschiedene Δk.

Fahrzeugdaten:

$m = 1000$ [kg], $r = a = b = 1$ [m]

$k_h > k_v$ mit $\Sigma k = 6 \cdot 10^4$ [N/rad] und mit Δk : positiv variabel

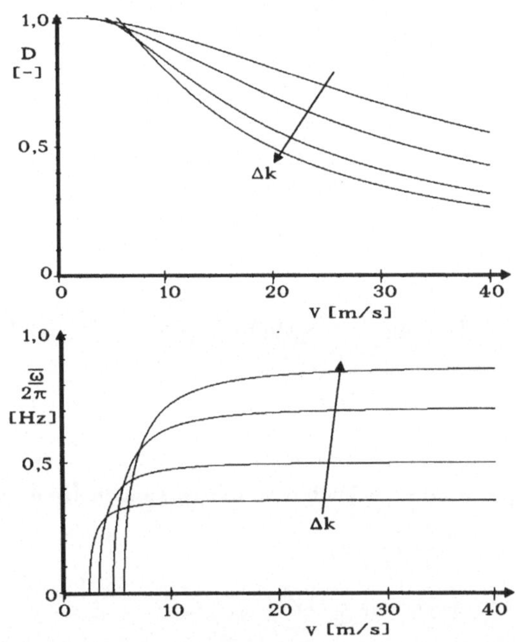

Bild 5.2.1: Dämpfungsmaß und gedämpfte Eigenfrequenz über Fahrgeschwindigkeit für $\Delta k = (5/10/20/30)\,10^3$ [N/rad]

5.3 Lösung der inhomogenen Differentialgleichung

Aus der Lösung der inhomogenen DGL lassen sich die zeitlichen Bewegungen des Fahrzeugs als Folge von Lenkwinkeländerung oder Seitenwindstörungen berechnen. Ebenso ermittelt man aus der inhomogenen DGL die Übertragungsfunktionen.

Aus den Bewegungsgleichungen (5.1.17) und (5.1.18) sowie (5.1.20) und (5.1.21) lassen sich nun verschiedene Übertragungsfunktionen ableiten.

Wir gehen wieder von einer harmonischen Anregungsfunktion aus. Als Lösungsansatz wird daher gewählt:

$$\delta_V(t) = \hat{\delta}_V \cdot e^{j\omega t}$$

$$\psi_a(t) = \psi_{a0} \cdot e^{j(\omega t + \varphi_1)} = \psi_{a0} \cdot e^{j\varphi_1} \cdot e^{j\omega t} = \hat{\psi}_a \cdot e^{j\omega t}$$

$$\beta\,(t) = \beta_0 \cdot e^{j(\omega t + \varphi_2)} = \beta_0 \cdot e^{j\varphi_2} \cdot e^{j\omega t} = \hat{\beta} \cdot e^{j\omega t}\,.$$

Die mit ^ gekennzeichneten Größen sind komplexe Amplituden. Faßt man mit der Abkürzung $s = j\omega$ den Nennerausdruck zusammen zu

$$N = s^2 - s\,(a_{22} + a_{11}) + (a_{11}\,a_{22} - a_{12}\,a_{21})\ , \qquad (5.3.1)$$

so erhält man für die Gier- und Schwimmbewegung die Übertragungsfunktionen

$$H_{\dot\psi}/\delta_v = [b_2\,s + a_{21}\,b_1 - a_{11}\,b_2]\,/\,N \qquad (5.3.2)$$

$$H_{\beta}/\delta_v = [b_1\,s + a_{12}\,b_2 - a_{22}\,b_1]\,/\,N\ .$$

Aus dem Zusammenhang

$$\dot\psi = \dot\nu + \dot\beta \qquad (5.3.3)$$

erhält man auch

$$H_{\dot\nu}/\delta_v = H_{\dot\psi}/\delta_v - H_{\dot\beta}/\delta_v \qquad (5.3.4)$$

$$= [-b_1\,s^2 + s(b_2 - a_{12}\,b_2 + a_{22}\,b_1) + (a_{21}\,b_1 - a_{11}\,b_2)]\,/\,N$$

$$H_{\dot\nu}/\delta_v = s\ H_{\nu}/\delta_v \qquad (5.3.5)$$

$$H_{\dot\beta}/\delta_v = s\ H_{\beta}/\delta_v\ . \qquad (5.3.6)$$

Bei Anregung durch Seitenwind errechnet man die folgenden Übertragungsfunktionen

$$H_{\dot\psi}/F_w = [-(s - a_{11})\frac{e}{\Theta} + \frac{1}{m\,v}\,a_{21}]\,/\,N \qquad (5.3.7)$$

$$H_{\beta}/F_w = [\frac{1}{m\,v}(s - a_{22}) - a_{12}\frac{e}{\Theta}]\,/\,N \qquad (5.3.8)$$

$$H_{\dot\nu}/F_w = H_{\dot\psi}/F_w - H_{\dot\beta}/F_w = H_{\dot\psi}/F_w - s\ H_{\beta}/F_w\ . \qquad (5.3.9)$$

Eigenfrequenz und Dämpfung sind natürlich unverändert gegenüber den homogenen Differentialgleichungen:

ungedämpfte Eigenfrequenz $\quad \omega_0{}^2 = a_{11}\,a_{22} - a_{12}\,a_{21} \qquad (5.3.10)$

Lehrsches Dämpfungsmaß $\quad D = -\dfrac{a_{11} + a_{22}}{2\,\omega_0}\ . \qquad (5.3.11)$

Für $\omega = 0$, also $s = 0$ (stationäre Kurvenfahrt) ergeben sich die

Verstärkungen $\quad K_{\psi_a} = \dfrac{a_{21}\,b_1 - a_{11}\,b_2}{\omega_0{}^2}\ ; \qquad K_\beta = \dfrac{a_{12}\,b_2 - a_{22}\,b_1}{\omega_0{}^2} \qquad (5.3.12)$

für die Gierwinkelgeschwindigkeit bzw. den Schwimmwinkel relativ zum Lenkwinkel.

5.3.1 Graphische Darstellungen der Übertragungsfunktionen, Stoß- und Sprungantworten

Nachdem nun die Übertragungsfunktionen analytisch hergeleitet worden sind, können wir uns nun der graphischen Darstellung derselben widmen bzw. einige Zeitverläufe errechnen, die sich als Antwort auf typische Anregungsfunktionen ergeben. Hierzu zählt die Sprungfunktion, die wir als Anregung für den Lenkwinkel wählen $\lambda(t) = 1 \cdot \sigma(t)$. In der Realität kann von keinem Fahrer sprunghaft der Lenkwinkel verändert werden, da hierzu unendlich hohe Lenkrad-Winkelgeschwindigkeiten $\dot\lambda$ vom Fahrer aufzubringen wären.

Fahrer bringen lediglich eine rampenförmige Lenkbewegung auf, d. h. einen Lenkwinkel, der mit endlicher Winkelgeschwindigkeit von maximal 600 bis 700 [Grad/s] bis zu einem festen Wert ansteigt. Wird diese Anregung aus der Geradeausfahrt durchgeführt, so entspricht dies einer Einfahrt in einen Kreis (mit sprungförmiger oder rampenförmiger Lenkwinkelanregung).

Für die graphischen Darstellungen werden weiterhin folgende Modelldaten gewählt:

Modelldaten:

$m = 870$ [kg]	$e = 0{,}3$ [m]	$\Theta = 1146$ [kgm^2]	$F_w = 10^3$ [N]
$a = 0{,}8$ [m]	$b = 1{,}5$ [m]	$v = 35$ [m/s] = 126 [km/h]	
$k_v = 5{,}6\ 10^4$ [N/rad]	$k_h = 6{,}6\ 10^4$ [N/rad] .		

Als Anregung durch Seitenwind wird ein einmaliger *Stoß* $F_W(t) = 1 \cdot \delta(t)$ gewählt. Dies entspricht in der Realität einer sehr heftigen Böe.

Im Bild 5.3.1 ist deutlich an der *Schwimmwinkelgeschwindigkeit* die gedämpfte Eigenbewegung des Fahrzeugs zu erkennen. Die Eigenfrequenz und das Dämpfungsmaß sind natürlich für alle Zustandsgrößen des Fahrzeugs und ihre zeitlichen Ableitungen gleich. Der Schwimmwinkel reagiert mit einem kleinen negativen Anteil kurz nach der Anregung und wechselt dann sein Vorzeichen. Dies bedeutet, daß zunächst der Schräglaufwinkel vorne größer ist als hinten; im Nulldurchgang sind beide gleich, und danach wird der hintere Schräglaufwinkel größer als vorne. Der Schwimmwinkel erreicht nach etwa einer Sekunde seinen stationären Endwert. Das Fahrzeug befindet sich nun in stationärer Kurvenfahrt.

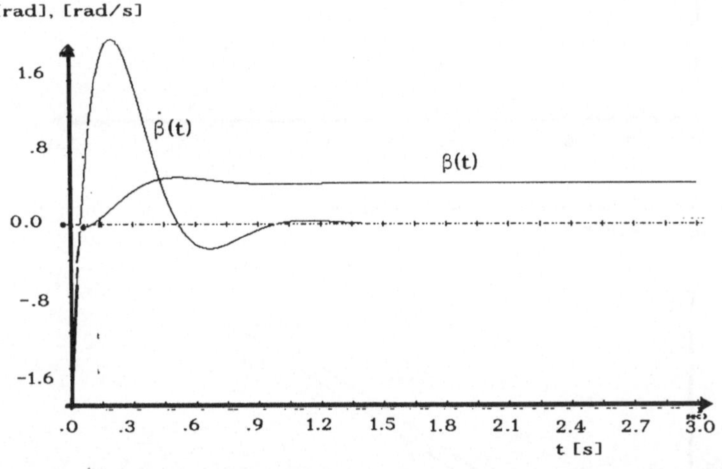

Bild 5.3.1: Zeitverlauf des Schwimmwinkels β und der Schwimmwinkelgeschwindigkeit $\dot{\beta}$ als Antwort auf einen Lenkwinkelsprung $\delta_v(t) = \sigma(t)$

Der Schwimmwinkel läßt sich sehr leicht analytisch berechnen; will man diesen jedoch messen, ist dies nur mit großem Aufwand möglich. Er ist ja definiert als Differenzwinkel zwischen Fahrzeugbewegungsrichtung und Fahrzeuglängsachse. Er wird häufig optisch aus den Meßwerten der

Längs- und der Quergeschwindigkeit des Fahrzeugs gemessen. Fehlerfrei kann er nur durch Sensoren unterhalb des Fahrzeugschwerpunkts gemessen werden, wo in der Regel kein Platz zur Verfügung steht. Mißt man ihn jedoch seitlich oder hinter dem Fahrzeug, so entstehen Meßfehler in der Längs- und Quergeschwindigkeit während der transienten Übergangsphase zum stationären Endwert durch die Tangentialgeschwindigkeitskomponenten der Fahrzeugdrehung am Meßort.

In Bild 5.3.2 sind alle drei Winkelgeschwindigkeiten als Folge eines Lenkwinkelsprungs zusammen dargestellt. Bild 5.3.3 zeigt dagegen die drei Winkelverläufe über der Zeit nach einem Lenkwinkelsprung. Wie oben schon erläutert, wachsen die beiden Kurs- und Gierwinkel linear mit der Zeit an, da das Fahrzeug sich nach ca. einer Sekunde in stationärer Kurvenfahrt befindet. Der Schwimmwinkel bleibt dann hier konstant. Eine Darstellung mit veränderter Skalierung gegenüber Bild 5.3.3 zeigt Bild 5.3.4. Hier erkennt man, daß die beiden *Kurs-* und *Gierwinkelverläufe* nicht zu allen Zeiten parallel zueinander verlaufen, sondern erst ab t>1 [s]. Beide Winkel sind ja über den Schwimmwinkel miteinander verknüpft.

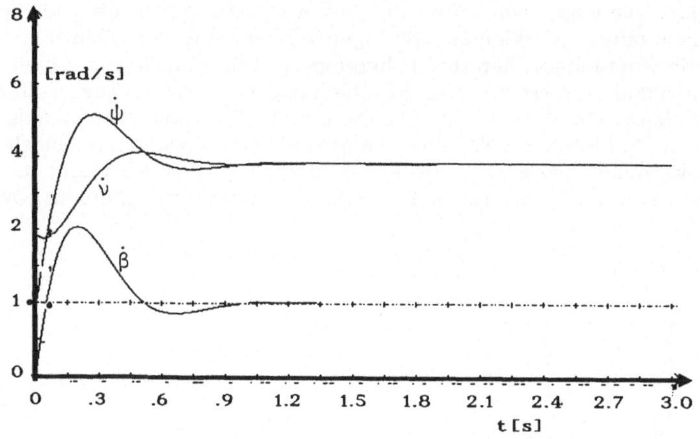

Bild 5.3.2: Zeitverlauf der Winkelgeschwindigkeiten $\dot{\psi}$, $\dot{\nu}$, $\dot{\beta}$ auf einen Lenkwinkelsprung $\delta_v = \sigma(t)$

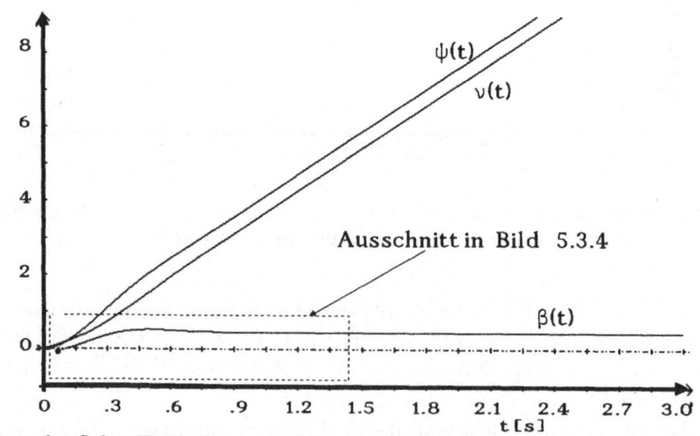

Bild 5.3.3: Zeitverlauf der Winkel ψ, ν und β auf einen Lenkwinkelsprung $\delta_v(t) = \sigma(t)$

Aus den beiden Bode-Darstellungen Bild 5.3.5 und 5.3.6 läßt sich die Reaktion des Fahrzeugs auf harmonische Lenkwinkelanregungen ablesen. Bei konstanter Amplitude, aber veränderlicher Anregungsfrequenz des Lenkwinkels δ reagiert das Fahrzeug beispielsweise mit großen Gier- und Kurswinkeln bei niedrigen Anregungsfrequenzen. Dies ist plausibel, da dieser Zustand langsam veränderlicher Kurvenfahrt entspricht. Der Schwimmwinkel bleibt hierbei nahezu konstant über der Frequenz. Bei hohen Anregungsfrequenzen reagieren alle drei Winkel unsensibel auf die Anregung, d. h. ihre Amplituden relativ zur Anregungsamplitude streben kontinuierlich aber mit unterschiedlichem Abfall gegen Null. Die Amplitudengänge der jeweiligen Winkelgeschwindigkeiten von Kurs-, Gier- und Schwimmwinkel in Bild 5.3.5 zeigen ein anderes Verhalten. Strebt auch hier die Gierwinkelgeschwindigkeit bei hohen Frequenzen gegen Null, so bleiben Schwimm- und Kurswinkelgeschwindigkeit auf einem konstanten Niveau.

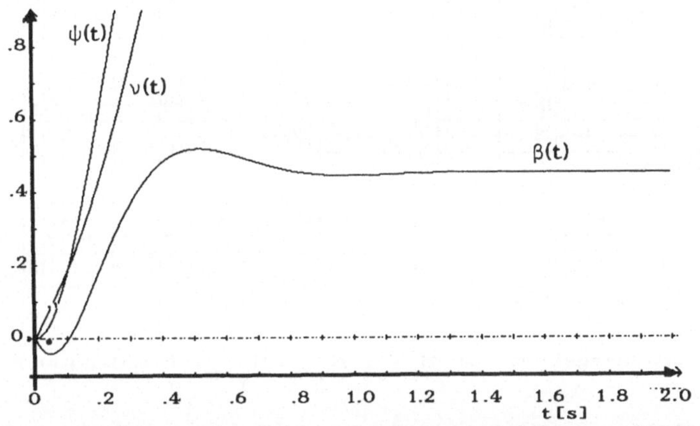

Bild 5.3.4: Zeitverlauf der Winkel ψ,ν und β auf einen Lenkwinkelsprung $\delta_v(t) = \sigma(t)$

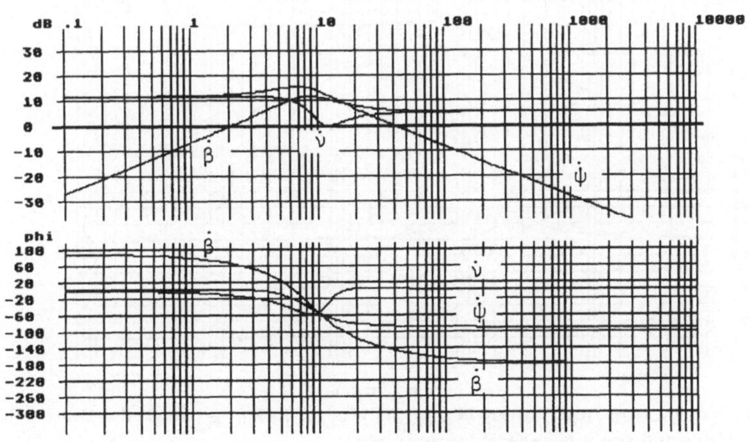

Bild 5.3.5: Übertragungsfunktionen $H_{\dot\beta/\delta}$; $H_{\dot\nu/\delta}$; $H_{\dot\psi/\delta}$ inBode-Darstellung

Die Anregung des Fahrzeugs durch Seitenwind zeigen die weiteren Bilder. Bild 5.3.7 zeigt die Bodedarstellung für harmonische Seitenwindanregung. Niederfrequente Anregungen mit konstanter Kraftamplitude führen zu jeweils konstanten Amplituden bei Kurs- und Gierwinkelgeschwindigkeit oder, hier nicht gezeigt, zu mit der Frequenz abnehmenden Kurs- und Gierwinkelamplituden. Das gleiche gilt für die Kurs- und Schwimmwinkelamplituden im höherfrequenten Bereich.

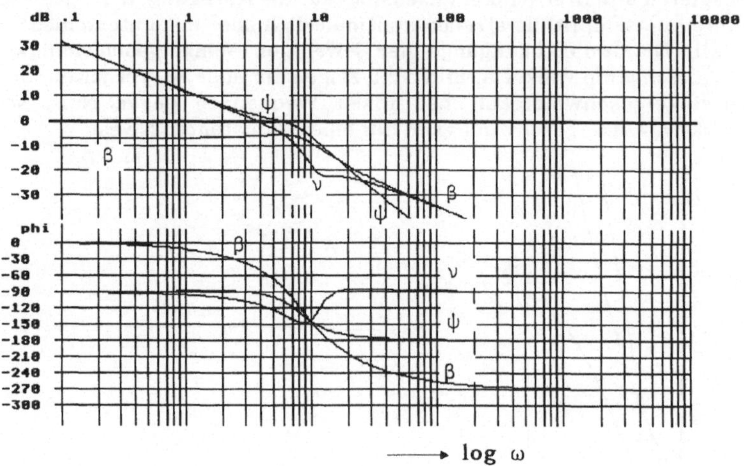

Bild 5.3.6: Übertragungsfunktionen $H_{\beta/\delta}$; $H_{\nu/\delta}$; $H_{\psi/\delta}$ inBode-Darstellung

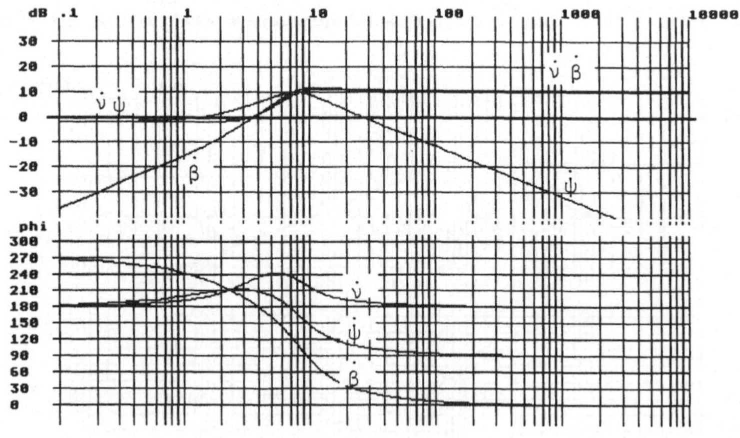

Bild 5.3.7: Übertragungsfunktionen $H_{\dot{\beta}/F_w}$; $H_{\dot{\nu}/F_w}$; $H_{\dot{\psi}/F_w}$ in Bode-Darstellung (Amplitudengänge um +100dB verschoben)

Wirkt dagegen nun auf das Fahrzeug eine *Seitenwindböe*, so ergeben sich die in Bild 5.3.8 gezeigten Zeitverläufe. Schwimmwinkel und Kurswinkel springen unter der Stoßeinwirkung auf einen endlichen Wert. Nach einer Zeit von ca. 1 Sekunde fährt das Fahrzeug mit einem neuen Kurs- und Gierwinkel in eine andere Richtung als vor dem Einwirken der Böe. Der Schwimmwinkel ist ab dieser Zeit wieder Null. Auch hier zeigt das Fahrzeug dieselbe Eigenfrequenz und Dämpfung wie bei Anregung durch ein Lenkwinkelsignal.

Es sei hier besonders darauf hingewiesen, daß diese Zeitverläufe relativ wenig über die *Seitenwindempfindlichkeit* des Systems Fahrer-Fahrzeug aussagen. Zunächst sei angemerkt, daß ein Teil der Seitenwindempfindlichkeit bei Vorbeifahrt eines Fahrzeugs an einer Seitenwindanlage gemessen wird, in einem sogenannten "*open-loop*" Test, bei dem der Fahrer keinerlei regelnden Einfluß ausübt. Diese *Seitenwindanlage* besteht üblicherweise aus parallel angeordneten Windmaschinen. Durch den Winddruck wandert das Fahrzeug bei festgehaltenem Lenkrad seitlich aus. Die Querabweichung wird an einer festgelegten Stelle gemessen. Die Seitenwindempfindlichkeit des Systems Fahrer-Fahrzeug ergibt sich dagegen aus den aerodynamischen Eigenschaften des Fahrzeugs zusammen mit den querdynamischen Eigenschaften des Fahrzeugs beim Ausregeln einer aufgetretenen Geradeauslaufstörung mit Hilfe des Lenkradwinkels. Hierzu sei auf die Spezialliteratur z. B. Willumeit et al. (1991) verwiesen.

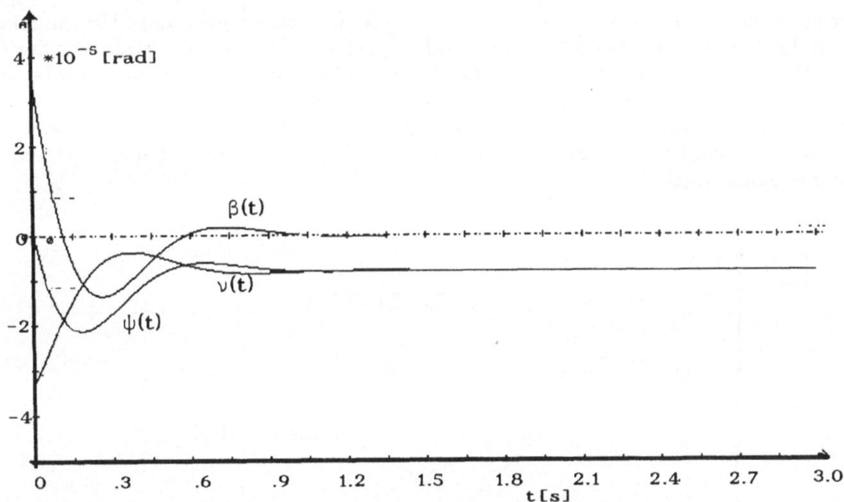

Bild 5.3.8: Zeitverlauf der Winkel ψ,ν und β nach einem Seitenwindstoß $F_w(t) = \delta(t)$

Für manche Überlegungen könnte auch die vom Fahrzeug gefahrene Krümmung interessant sein. Ersetzt man in der Gleichung (5.1.17) den Gierwinkel durch

$$\psi = \nu + \beta \quad \text{also auch} \quad \dot{\psi} = \dot{\nu} + \dot{\beta}$$

und aus der Schwerpunktbewegung des Fahrzeugs um den Momentanpol

$$v = R \cdot \dot{\nu} = \frac{1}{\varkappa} \cdot \dot{\nu}\,,$$

so läßt sich daraus die Übertragungsfunktion errechnen

$$\frac{\varkappa}{\delta_V}(j\omega) = \frac{b_2\,(a_{11} - j\omega + a_{12}\,j\omega) - b_1\,(\omega^2 + a_{22}\,j\omega + a_{21})}{a_{12}\,v\,(\omega^2 + a_{22}\,j\omega + a_{21}) - (a_{11} - j\omega + a_{12}\,j\omega)\,(a_{22}\,v - vj\omega)} \tag{5.3.13}$$

oder auch aus

$$\frac{\varkappa}{\delta_V}(j\omega) = \frac{\dot{\nu}}{\delta_V \cdot v} = \frac{1}{v}\left(\frac{\dot{\psi}}{\delta_V} - \frac{\dot{\beta}}{\delta_V}\right) = \frac{1}{v}\left(H_{\dot{\psi}/\delta_V} - j\omega\, H_{\beta/\delta_V}\right) \quad . \tag{5.3.14}$$

Hier lassen sich zwei interessante Fälle unterscheiden:

a) Anregungsfrequenz $\omega = 0$, d. h. δ_V = konstant

Dies ist der Zustand der stationären Kreisfahrt. Gleichung (5.1.13) degradiert dann zu:

$$\frac{\varkappa}{\delta_V} = \frac{b_1 a_{21} - b_2 a_{11}}{a_{11} a_{22} - a_{12} a_{21}} \cdot \frac{1}{v} . \tag{5.3.15}$$

Werden die Werte der Koeffizienten a_{11}, a_{22}, a_{12}, a_{21}, b_1, b_2 aus den Gleichungen (5.1.14) eingesetzt, so ergibt sich mit $F_{UV} = 0$:

$$\frac{\varkappa}{\delta_V} = \frac{k_V \cdot k_h \,(a+b)}{k_V\, k_h\, (a+b)^2 - mv^2\,(k_V\, a - k_h\, b)} , \tag{5.3.16}$$

und wir finden den Sonderfall: $v \approx 0$

$$\frac{\varkappa}{\delta_V} = \frac{1}{a+b} . \tag{5.3.17}$$

Fährt ein Fahrzeug mit $v \neq 0$ und ist $k_V \cdot a = k_h \cdot b$, was durch geeignete Umfangskräfte z. B. an der Hinterachse beim "power - slide" erreicht werden kann, so bleibt der Quotient $\varkappa/\delta_V = 1/(a+b)$ unabhängig von der Fahrgeschwindigkeit. Eine bestimmte Krümmung bzw. ein bestimmter Kurvenradius erfordert damit nur einen von den Schwerpunktabständen a und b abhängigen Lenkwinkel unabhängig von der Fahrgeschwindigkeit. Dieses Verhalten ist das Verhalten eines noch weiter unten beschriebenen "Akkermann-Fahrzeugs".

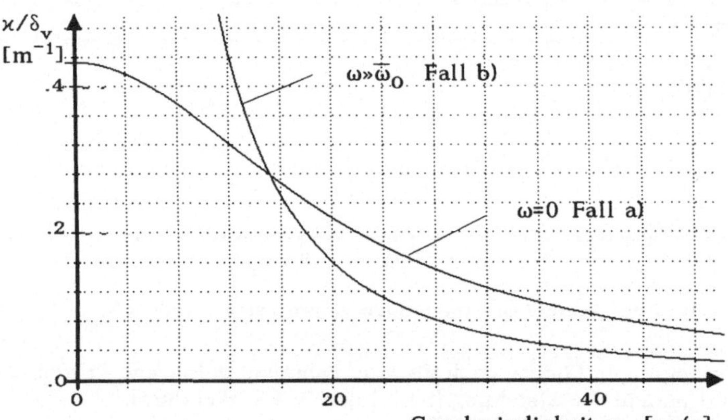

Bild 5.3.9: Verlauf von Krümmung zu Lenkwinkel über der Fahrgeschwindigkeit v

b) Ist die Anregungsfrequenz ω sehr groß, d.h. ist ω im Vergleich zu ω^2 vernachlässigbar, verbleibt von Gleichung (5.3.13) nur noch

$$\left| \frac{\varkappa}{\delta_V} \right| = \left| \frac{k_V}{m v} \cdot \frac{1}{v} \right| = \left| \frac{1}{v}\, b_1 \right| . \tag{5.3.18}$$

Bei hohen Anregungsfrequenzen wird die gefahrene Krümmung mit steigender Fahrgeschwindigkeit hyperbolisch kleiner.

5.4 Fahrverhalten

5.4.1 Stationäre Kreisfahrt

Die Bewegungen des Fahrzeugs bei *stationärer Kurvenfahrt*, d. h. mit auf einem festen Wert eingeschlagenen Lenkwinkel oder auf einem konstanten Kurvenradius (Kreisfahrt), gehören eigentlich weniger zur "Dynamik der Kraftfahrzeuge" als zu deren Statik. Kurven mit konstantem Radius sind in der Realität eher die Ausnahme. Man trifft sie hauptsächlich an den Übergangsstücken bei sich kreuzenden Autobahnen an. Die Regel für kurvige Sraßen sind Bögen mit veränderlichem Radius (Klothoiden). Da das Kurvenverhalten eines Fahrzeugs jedoch von großem Interesse ist, zielen die Untersuchungen und Beschreibungen auf einfache Modelle und experimentell leicht durchzuführende Versuche hin.

Anhand theoretischer und experimenteller Abhandlungen lassen sich die auch für Nicht-Fachleute bekannten Begriffe *Über-*, *Unter-* und *Neutralsteuern* klären. Fast jeder Fahrzeughersteller verfügt auf seinem Testgelände über eine "Schleuderplatte" oder "skid-pad" , auf welcher Kreisfahrversuche durchgeführt werden.

Bedeutung haben hierbei einerseits der erforderliche Lenkradwinkel und zunehmend auch der Schwimmwinkel des Fahrzeugs.

Mit Hilfe aktiv gelenkter Hinterräder (Allrad- oder Vierradlenkung) kann dieser Schwimmwinkel beliebig beeinflußt, also auch auf Null gehalten werden. Von manchen Fachleuten wird dieser Zustand des Fahrzeugs für den Fahrer als wünschenswert erachtet. Dies kann jedoch stark angezweifelt werden, da der Schwimmwinkel per Definition der Winkel zwischen Bewegungsrichtung des Schwerpunkts und der für den Fahrer (außermittig sitzend) nicht sichtbaren Längsachse des Fahrzeugs ist. Wie weit dieser Winkel zwischen zwei nicht sichtbaren Richtungen vom Menschen wahrnehmbar ist, zumal der Schwimmwinkel nur wenige Grad, selbst in extremen Fahrsituationen, beträgt, ist wissenschaftlich ungeklärt.

Trotzdem soll hier auf diese Größe aus theoretischer Sicht eingegangen werden.

Für stationäre Kreisfahrt gilt:

$$\ddot{\beta} = 0, \quad \dot{\beta} = 0, \quad \dot{\delta}_v = 0, \quad \delta_v = \text{konst.}, \quad F_{UV} = 0 .$$

Unter diesen Voraussetzungen hat die Bewegungsdifferentialgleichung (5.1.19) aus Kap. 5.1. folgendes Aussehen:

$$(a_{11}\, a_{22} - a_{12}\, a_{21})\, \beta = (a_{12}\, b_2 - a_{22}\, b_1)\, \delta_v .$$ Somit wird:

$$\frac{\beta}{\delta_v} = \frac{a_{12}\, b_2 - a_{22}\, b_1}{a_{11}\, a_{22} - a_{12}\, a_{21}}$$

$$\frac{\beta}{\delta_v} = \frac{- k_h k_v\, b(a+b) + k_v\, a\, m v^2}{k_v k_h\, (a+b)^2 + (k_h b - k_v a)\, m v^2} \tag{5.4.1}$$

Mit den Fahrzeugdaten aus Kapitel 5.1. ergibt sich der in Bild 5.4.1 gezeigte Verlauf des Schwimmwinkels über der Querbeschleunigung bei Fahrt auf konstantem Radius.

Bei der Querbeschleunigung Null besitzt jedes nur mit den Vorderrädern gelenkte Fahrzeug einen Schwimmwinkel, der per Definition negativ ist. Mit zunehmender Geschwindigkeit verringert sich dieser, geht durch Null und steigt dann überproportional auf positive Werte an.

Der hier auftretende negative Schwimmwinkel bei v = 0 ist ein typisches Verhalten aus dem sogenannten "*Ackermann-Fahrzeug*".

Über die Bedeutung des Schwimmwinkels zur Beurteilung des Fahrverhaltens ist die Fachwelt gespalten. Per Definition ist der Schwimmwinkel der Winkel zwischen der Längsachse des Fahrzeugs und dessen Bewegungsrichtung. Beide Richtungen sind für den Fahrer nicht direkt wahrnehmbar. Darüber hinaus nimmt der Schwimmwinkel in normalen Fahrsituationen selten Werte an, die über wenige Grade hinausgehen. Bisher gibt es keine Erklärung aus der Wahrnehmungstheorie, wie es dem Fahrer gelingen soll, diese Größe zu beobachten. Andererseits ist dieser Winkel leicht aus der Theorie der Fahrzeugdynamik bestimmbar, meßbar dagegen nur sehr schwer. Trotz dieser Fakten wollen wir uns hier mit dieser Größe weiter beschäftigen, da er in der Fachdikussion immer wieder eine große Rolle spielt.

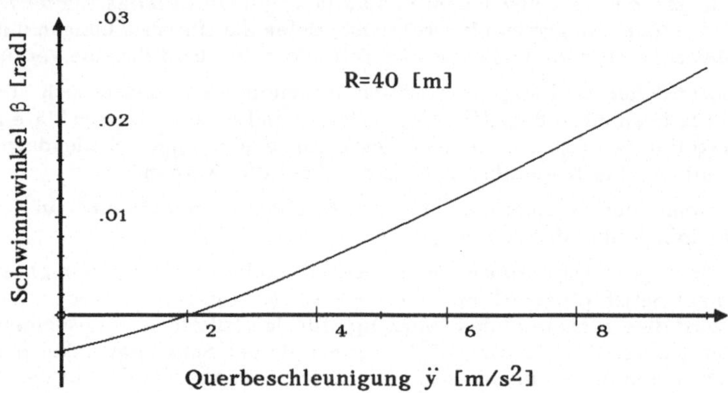

Bild 5.4.1 : Schwimmwinkel über der Querbeschleunigung bei stationärer Kreisfahrt

Das von Ackermann vorgeschlagene Fahrzeugmodell besitzt keine Schräglaufwinkel an den Rädern ($\alpha_v = \alpha_h = 0$). Aus den geometrischen Verhältnissen (siehe Bild 5.4.2) ergibt sich als Lenkwinkel des Vorderrades

$$\delta_{v_A} = (a + b)\,\varkappa \quad \text{für} \quad R = 1/\varkappa \gg (a + b)\ .$$

Dieser "*Ackermann-Lenkwinkel*" δ_{v_A} ändert sich nicht mit der Geschwindigkeit bei konstantem Fahrradius.

Dieses Verhalten, wie oben gezeigt, besitzt auch jedes reale Fahrzeug bei $v = 0$. Der Momentanpol der Bewegung liegt auf einer Linie der seitlich verlängerten Hinterachse.

Am realen Fahrzeug stellen sich jedoch an Vorder- und Hinterachse Schräglaufwinkel ein, d. h., Radebene und Bewegung des Rades haben verschiedene Richtungen. Bild 5.4.2 zeigt die geometrischen Zusammenhänge:

Mit $\delta_v = \dfrac{a}{R} = a \cdot \varkappa$

und $\gamma = \dfrac{b}{R} = b \cdot \varkappa$ erhält man

$$\delta_v + \gamma = (a + b)\,\varkappa = \delta_{v_A}\ .$$

Aus den beiden Teildreiecken folgt schließlich für das reale Fahrzeug

$$\delta_v = \alpha_v - \alpha_h + \delta_{v_A} \quad \text{als Lenkwinkel} \tag{5.4.2}$$

$$\beta = \alpha_h - \beta_A \quad \text{als Schwimmwinkel} \tag{5.4.3}$$

β_A : Schwimmwinkel des Ackermann-Kfz.

a) "Ackermann-Fahrzeug"

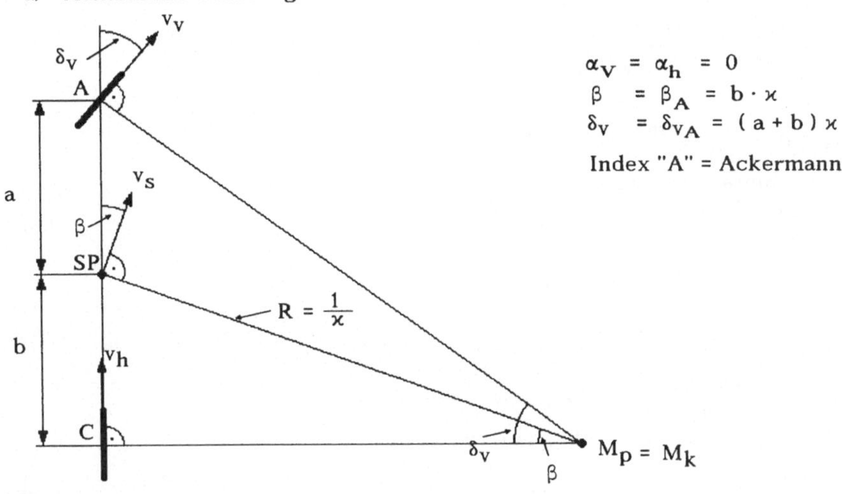

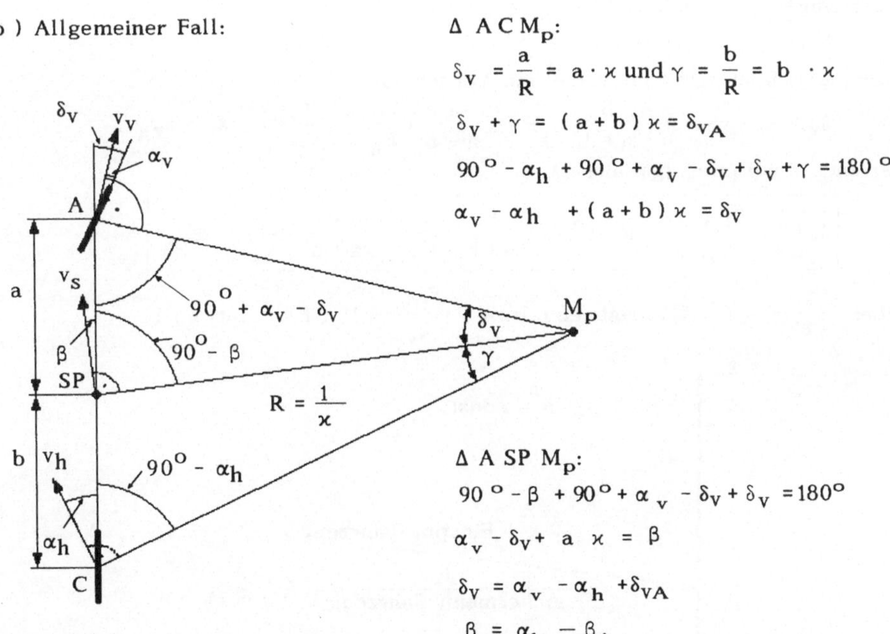

Bild 5.4.2: Bewegungsvektoren und Lenkwinkel am Fahrzeug

Um den Lenkwinkel des realen Fahrzeugs auch auf die Reifenparameter zurückzuführen, muß auf das Kräftegleichgewicht in Querrichtung für $\dot{v} = 0$, $\ddot{\psi} = 0$ und $F_W = 0$ und das Momentengleichgewicht um die Hochachse zurückgegriffen werden.

$$m \cdot v^2 \cdot \varkappa = F_{UV} \cdot \delta_V + F_{SV} + F_{SH} \tag{5.4.4}$$

$$0 = F_{UV}\, a \cdot \delta_V + F_{SV} \cdot a - F_{SH} \cdot b \,. \text{ Somit wird} \tag{5.4.5}$$

$$m \cdot v^2 \cdot \varkappa = F_{SH} \left(\frac{a+b}{a} \right) ;$$

$$F_{SH} = \alpha_h \cdot k_h = \frac{m \cdot v^2 \cdot \varkappa}{a+b} \cdot a \,.$$

Also lautet der hintere Schräglaufwinkel

$$\alpha_h = \frac{m \cdot v^2 \cdot \varkappa}{k_h \, (a+b)} \cdot a \,. \tag{5.4.6}$$

Aus Gl. (5.4.4) und (5.4.5) folgt dann

$$F_{UV} \cdot \delta_V + F_{SV} = \frac{m \cdot v^2 \cdot \varkappa}{a+b} \cdot b$$

bzw. $$F_{SV} = \frac{m \cdot v^2 \cdot \varkappa}{a+b} \cdot b - F_{UV} \cdot \delta_V = \alpha_v \cdot k_v \,,$$

und es ergibt sich der vordere Schräglaufwinkel zu

$$\alpha_v = \frac{m \cdot v^2 \cdot \varkappa}{k_v \, (a+b)} \cdot b - \frac{F_{UV}}{k_v} \cdot \delta_V \,. \tag{5.4.7}$$

Dieser eingesetzt in Gl. (5.4.2)

$$\delta_V = \alpha_v - \alpha_h + \delta_{VA}$$

liefert schließlich der Lenkwinkel am Vorderrad

$$\delta_V = m \cdot v^2 \cdot \varkappa \left(\frac{b}{a+b} \cdot \frac{1}{k_v} - \frac{a}{a+b} \cdot \frac{1}{k_h} \right) - \frac{F_{UV}}{k_v} \cdot \delta_V + \delta_{VA}$$

oder anders zusammengefaßt:

$$\boxed{\delta_V \left(1 + \frac{F_{UV}}{k_v} \right) = m \cdot v^2 \cdot \varkappa \left(\frac{b}{a+b} \cdot \frac{1}{k_v} - \frac{a}{a+b} \cdot \frac{1}{k_h} \right) + \delta_{VA}} \tag{5.4.8}$$

wobei $\frac{F_{UV}}{k_v} \ll 1$ (Heckantrieb) bzw. $\frac{F_{UV}}{k_v} \gg 1$ (Frontantrieb) .

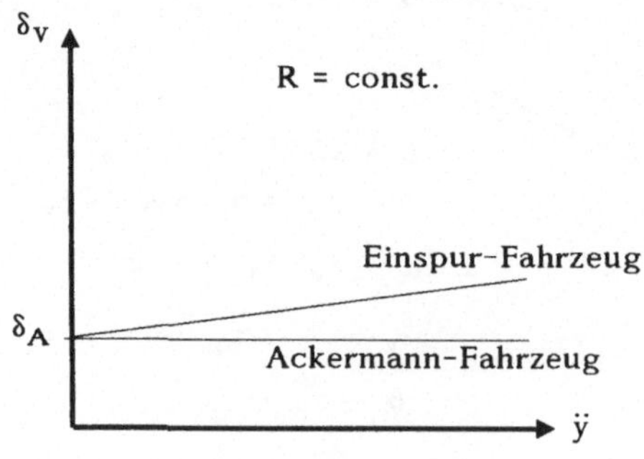

Bild 5.4.3: Lenkwinkel über Querbeschleunigung

Für ein übliches Fahrzeug mit $k_h \gg k_v$ steigt der Lenkwinkel linear mit der Querbeschleunigung $\ddot{y} = v^2 \cdot \varkappa$.

Am realen Fahrzeug mit nicht idealisierten Reifeneigenschaften ändern sich die Seitenkraftbeiwerte k_v und k_h mit der Radlast. Kurveninneres und kurvenäußeres Rad einer Achse zeigen bei großen Radlaständerungen nichtlinear sich verändernde Seitenkraftbeiwerte, die sogar über einen, das Rollmoment des Aufbaus zusätzlich abstützenden Stabilisator gezielt verändert werden können.

Bild 5.4.4 zeigt den prinzipiellen Lenkwinkelverlauf bei konstantem Fahrradius über der Querbeschleunigung.

Bis etwa 0,4g Querbeschleunigung steigt der Lenkwinkel linear mit der Querbeschleunigung an, d. h., k_v und k_h bleiben in diesem Bereich konstant bzw. der Reifen ist durch die konstanten Seitenkraftbeiwerte beschreibbar.

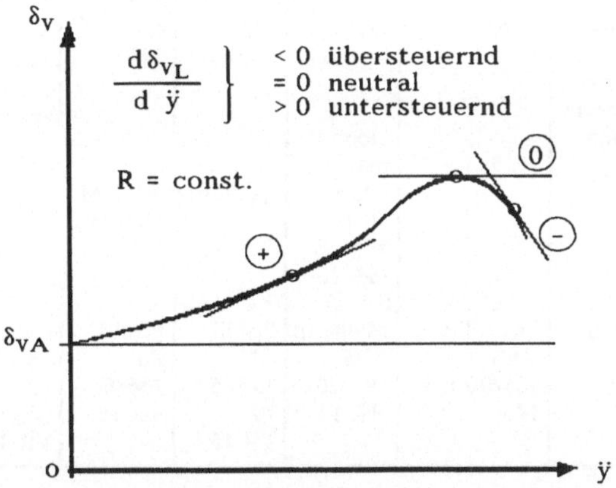

Bild 5.4.4: Lenkwinkel über Querbeschleunigung

Die Definitionen "übersteuernd", "untersteuernd" und "neutral steuernd" lassen sich aus diesem Verlauf gut erklären:

$$\frac{d\delta_v}{d\ddot{y}} \begin{cases} < 0 & : \textit{übersteuernd} \\ = 0 & : \textit{neutral steuernd} \\ > 0 & : \textit{untersteuernd}\,. \end{cases}$$

Die Neigung der Tangente ist also das Maß für die Steuertendenz.

Da manche Fahrtests nicht bei konstantem Fahrradius durchgeführt werden, ändert sich also auch der Ackermann-Lenkwinkel. Nach DIN 70 000 lautet eine allgemeine Definition des *Eigenlenkgradienten*

$$EG = \frac{1}{i_S} \cdot \frac{d\delta_L}{d\ddot{y}} - \frac{d\delta_A}{d\ddot{y}} \qquad (5.4.9)$$

mit i_S : Übersetzung im *Lenkgetriebe* δ_L : Lenkradwinkel
δ_A : Ackermann-Lenkwinkel $\ddot{y}$: Querbeschleunigung

$$\text{mit} \quad EG \begin{cases} < 0 & : \text{übersteuernd} \\ = 0 & : \text{neutralsteuernd} \\ > 0 & : \text{untersteuernd}\,. \end{cases}$$

Beispiele realer Fahrzeuge in ihrem Kurvenverhalten zeigen die folgenden Bilder 5.4.5 bis 5.4.8 aus Heißing, et al. (1982) :

Daten der Versuchsfahrzeuge

	Fahrzeug				
	Versuchsträger	A	B	C	D
Antriebskonzept	umrüstbar Front-, Heck-, Allradantrieb	Standardantrieb	Transaxle	Frontantrieb	Allradantrieb
Versuchsgewicht	1510 kg	1680 kg	1397 kg	1506 kg	1550 kg
Achslastverteilung v/h (meßfertig mit Fahrer)	55,6/ 44,4%	52,9/ 47,1%	47,8/ 52,2%	62/ 38%	57,4/ 42,6%
Bereifung – Eis	-	Goodyear Ultra Grip M + S 195/70 SR 14	Goodyear NCT M + S 205/60 HR 15		
Bereifung -naß/ trocken	Michelin XVS 185/70 HR 14	Michelin XVS 195/70 HR 14	Pirelli CN 36 185/ 70 VR 15	Pirelli P6 206/60 VR 15	Goodyear NCT 205/60 VR 15

Bild 5.4.5: Daten der Versuchsfahrzeuge (nach Heißing, et al. 1982)

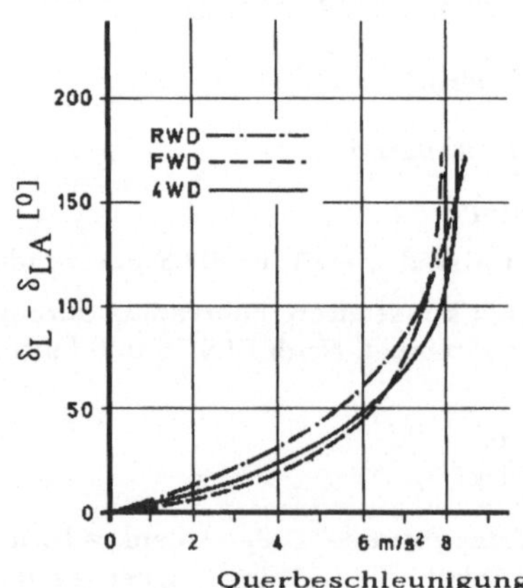

Bild 5.4.6: Differenz Lenkradwinkel δ_L zum Ackermann-Lenkradwinkel δ_{LA} als Funktion der Querbeschleunigung für verschiedene Antriebsarten bei stationärer Kreisfahrt. R = konst. = 40 m, trockene Fahrbahn (nach Heißing, et al., 1982)

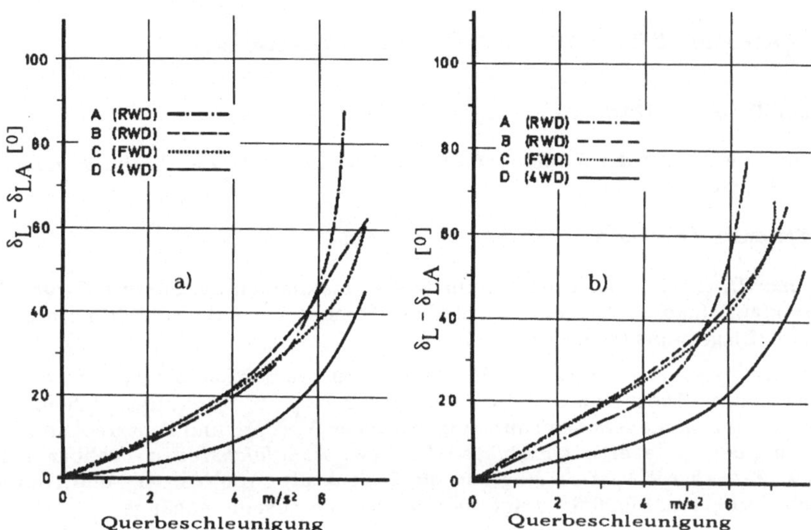

Bild 5.4.7: Differenz Lenkradwinkel δ_L zum Ackermann-Lenkradwinkel δ_{LA} als Funktion der Querbeschleunigung für verschiedene Antriebsarten bei stationärer Kreisfahrt. R = konst. = 100 m, a) nasse b) trockene Fahrbahn (nach Heißing, et al., 1982)

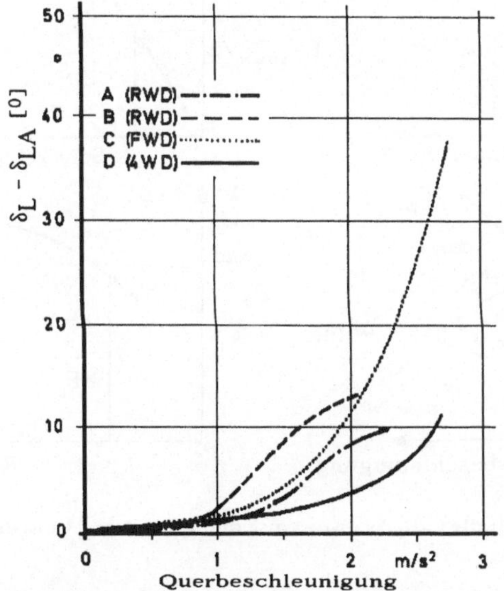

Bild 5.4.8: Differenz Lenkradwinkel δ_L zum Ackermann-Lenkradwinkel δ_{LA} als Funktion der Querbeschleunigung für verschiedene Antriebsarten bei stationärer Kreisfahrt. R = konst. = 45 m, vereiste Fahrbahn (nach Heißing, et al., 1982)

5.5 Spezielle Einflüsse auf das Fahrverhalten

5.5.1 Nichtlinearitäten

Im folgenden wird auf die Komponenteneinflüsse hingewiesen, die im *Einspurmodell* nicht berücksichtigt werden.

5.5.1.1 Seitenkraftbeiwerte

Der *Seitenkraftbeiwert* k ist etwa bis zur halben maximalen Seitenkraft F_α unabhängig vom Schräglaufwinkel α. Das entspricht dem linearen Verlauf des Seitenkraft- Schräglaufwinkel-Diagramms (siehe Kap. 5.1).

Der Seitenkraftbeiwert eines Rades hängt außerdem von der Radlast F_P bzw. der Seitenkraftbeiwert einer Achse von der Radlastdifferenz ΔF_P ab. Durch unterschiedliche Abstützung des *Rollmomentes* des Fahrzeugaufbaus an Vorder- und Hinterachse (*Drehstabilisator*, doppelt gelagerte *Querblattfeder* bzw. *Ausgleichsfeder*, drehbar gelagerte Blattfeder, *Z-Drehstab*) ist es möglich, die Seitenkräfte von Vorder- und Hinterachse günstig abzustimmen. Bild 5.5.1 zeigt die prinzipiellen Zusammenhänge.

Zur Erzielung größerer *Untersteuertendenz* des Fahrzeugs müssen die Seitenkräfte bzw.

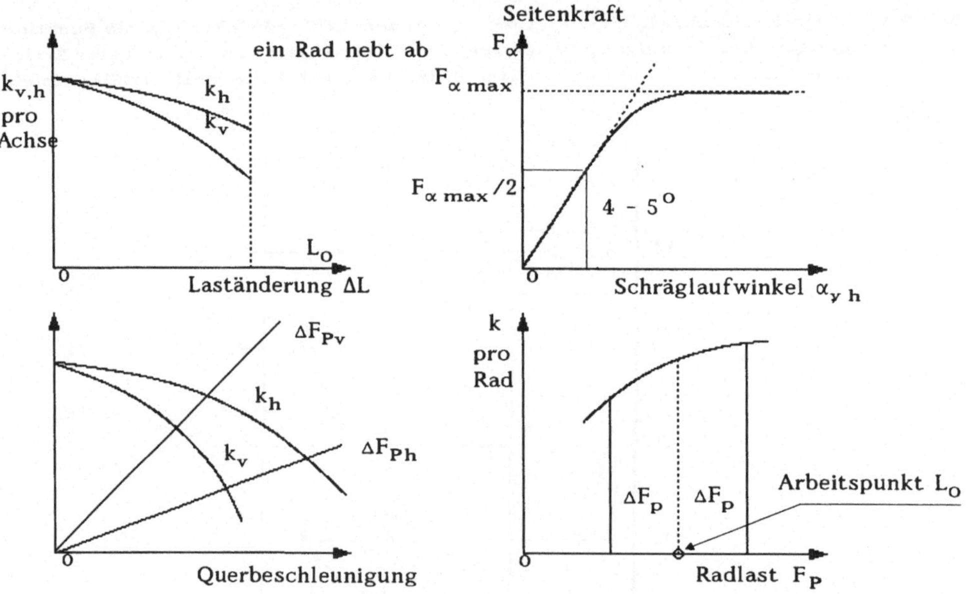

Bild 5.5.1 : Einfluß der Radlastdifferenzen auf die Seitenkraftbeiwerte einer Achse

Seitenkraftbeiwerte an der Vorderachse verringert werden. Folgende Maßnahmen sind möglich:

1) Drehstab (Stabilisator), Einbau an der Vorderachse. Dieser erzeugt durch seine Tor-

sionssteifigkeit bei Rollbewegung des Fahrzeugs eine zusätzliche Kraft F_1 auf das kurvenäußere Rad der Achse und verringert um $F_2 = - F_1$ die Radlast am kurveninneren Rad (s. Kap. 6, "Reifen", Einfluß der Radlast auf Seitenkraftbeiwert). Wegen des nichtlinearen Einflusses der Radlast auf die Seitenkraft verringert sich die Summe der Seitenkräfte beider Räder der Achse.

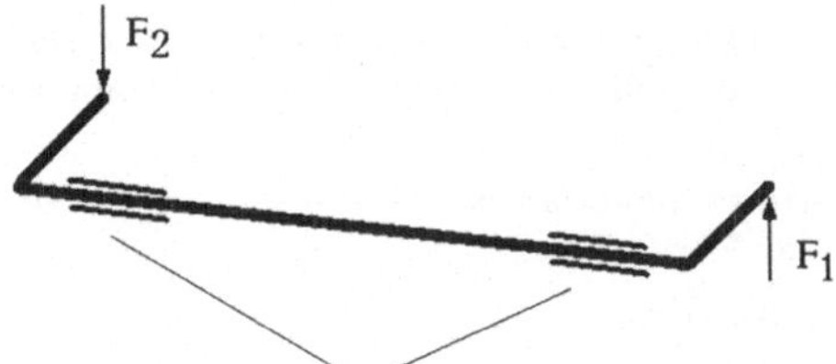

Lagerung des Torsionsstabes in der Karrosserie

2) Erniedrigung des Reifenluftdrucks an den Rädern der Vorderachse senkt den Seitenkraftbeiwert (s. Kap. 6.4, "Reifen"), eine Erhöhung des Reifendrucks hinten erhöht auch den Seitenkraftbeiwert hinten.

3) Erhöhung des positiven Sturzwinkels erzeugt eine negative Sturzseitenkraft und reduziert die Summe der Kräfte aus Schräglauf und Sturz.

Zur Erzielung geringerer Untersteuertendenz müssen die folgenden Maßnahmen durchgeführt werden:

1) Ausgleichsfeder an der Hinterachse, hat die gleiche Wirkung wie der Torsionstab, läßt sich bei Eingelenk- oder Zweigelenkpendelachsen jedoch leicht unterbringen.

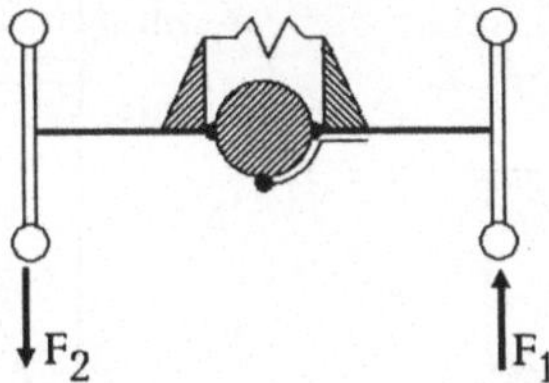

2) drehbar gelagerte Blattfeder hat gleiche Wirkung wie 1).

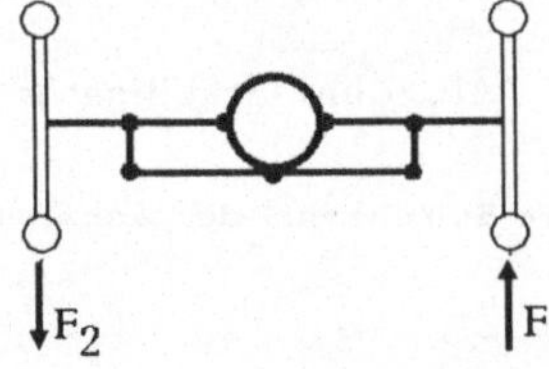

3) Z- Stab an der Vorderachse hat die umgekehrte Wirkung des Abstützmoments wie der Torsionsstab. Ist zumeist jedoch aus baulichen Gründen schwieriger unterzubringen.

4) Erhöhung des Reifenluftdrucks an der Vorderachse führt zur Erhöhung des Seitenkraftbeiwerts an der Vorderachse, ein Absenken hinten zur Senkung des Seitenkraftbeiwerts hinten.

5) Erhöhung des negativen Sturzwinkels an der Hinterachse oder eine Verringerung des negativen Sturzwinkels an der Vorderachse.

Zur Wirkungsweise eines *Stabilisators*:

Ein Stabilisator wirkt an einer Achse nur bei gegensinnigem Einfedern und hat eine Verhärtung der Rollfedersteifigkeit zur Folge. Durch die Verhärtung der *Rollfedersteifigkeit* an einer Achse wird das Rollmoment stärker an dieser Achse abgestützt. Dadurch wiederum steigen die Radlastdifferenzen an dieser Achse. Bei zunehmenden Radlastdifferenzen fällt die übertragbare Seitenkraft der Achse infolge der degressiv steigenden Seitenkraftkennlinie.

Beispiel: Ein neutralsteuerndes Fahrzeug wird durch den Einbau eines Stabilisators vorne zum untersteuernden Fahrzeug (siehe Bild 5.5.2).

Um an der Vorderachse mit Stabilisator wieder die ursprünglich übertragene Seitenkraft erzeugen zu können, müssen die Schräglaufwinkel durch größere Lenkwinkel erhöht werden.

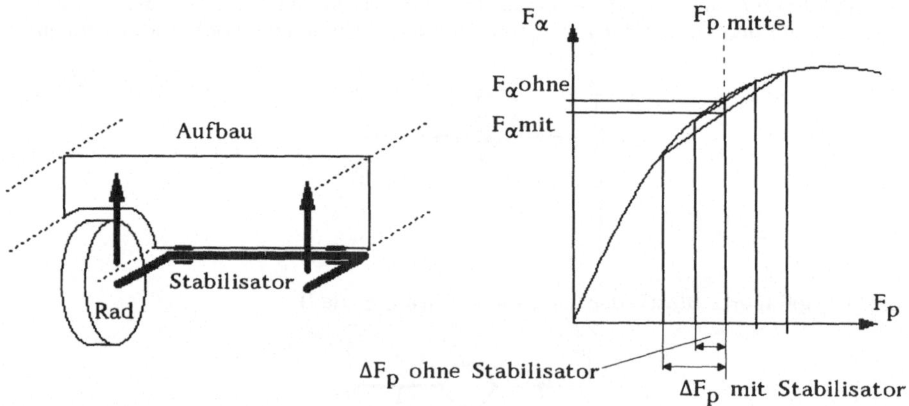

Bild 5.5.2: Stabilisator und mittlere Seitenkraft der Achse mit und ohne Stabilisator

5.5.1.2 Lenkelastizitäten

Lenkgetriebebefestigung, Verbindungsteile in Lenkrohrstrang und Lagerungen in der Vorderachse geben unter dem Einfluß von Lenkkräften und -momenten nach. Dies wird als *Lenkelastizität* bezeichnet.

Infolge der Lenkelastizität verringert sich der wirksame Seitenkraftbeiwert der Vorderachse. Um die gleiche Seitenkraft aufzubringen, d.h., um die Lenkelastizitäten auszugleichen, sind daher größere Schräglaufwinkel nötig.

Mit

δ_V : Lenkwinkel bei fehlender Lenkelastizität (entspricht Lenkeinschlag mal Übersetzungsverhältnis des Lenkgetriebes)

α_V' : wirksamer Schräglaufwinkel unter Lenkelastizität

α_V : scheinbarer Schräglaufwinkel ohne Lenkelastizität

$\Delta\delta_V$: Winkel, um den sich δ_V bei festgehaltenem Lenkrad infolge Lenkelastizität und *Rückstellmoment* des Rades $M_\alpha = F_{\alpha V} \cdot n$ verringert ($\cos \Delta\delta_V \approx 1$)

k_V' : Seitenkraftbeiwert des Reifens ohne Lenkelastizität (Prüfstandsergebnis)

k_V : wirksamer Seitenkraftbeiwert des Reifens am Fahrzeug mit Lenkelastizität

n : *Gesamtnachlauf* (*konstruktiver*- und *dynamischer Nachlauf*)

c_L : Torsionssteifigkeit der Lenkung

gilt überschlägig folgender Zusammenhang :

$$F_{\alpha V} = k_V \cdot \alpha_V \qquad \alpha_V = \alpha_V' + \Delta\delta_V \qquad F_{\alpha V} \cdot n = c_L \cdot \Delta\delta_V = M_\alpha \,,$$

somit $$k_V = \frac{F_{\alpha V}}{\alpha_V} = \frac{F_{\alpha V}}{\alpha_V' + \Delta\delta_V} = \frac{F_{\alpha V}}{\frac{F_{\alpha V}}{k_V'} + \frac{F_{\alpha V} \cdot n}{c_L}} = \frac{1}{\frac{1}{k_V'} + \frac{n}{c_L}} = \frac{k_V'}{1 + \frac{n \cdot k_V'}{c_L}} < k_V'.$$

Der Schräglaufwinkel α_V würde sich bei absolut steifer Lenkung einstellen. Zu ihm gehört der Lenkwinkel δ_V, den der Fahrer über das Lenkrad und Lenkgetriebe einstellt. Unter der Wirkung des Reifenrückstellmoments und der realen, nicht unendlich steifen *Lenkungssteifigkeit* c_L (Steifigkeit der Lenkwelle, elastische Lenkgetriebeaufhängung, Elastizitäten in den Spurstangengelenken usw.) verringert sich der am Rad auftretende Lenkwinkel und damit auch dessen Schräglaufwinkel in α_V', ohne daß der Fahrer den Lenkradwinkel verändert.

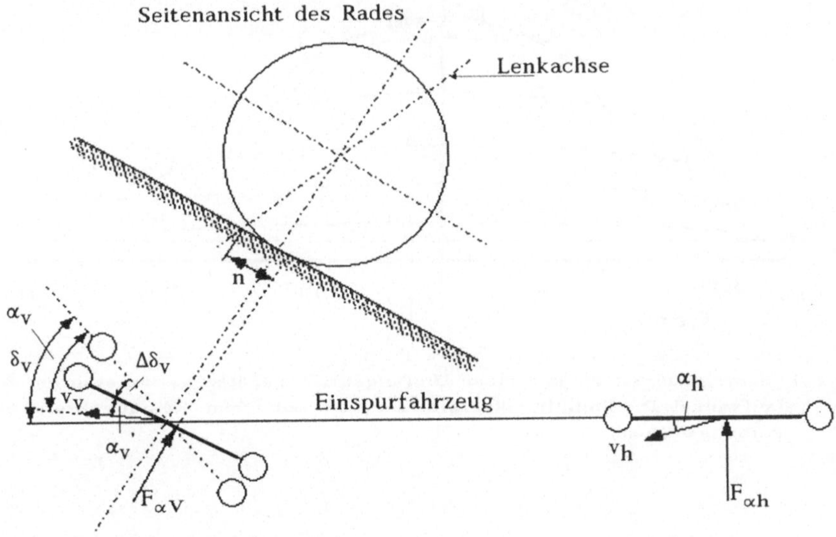

Bild 5.5.3: Prinzipieller Einfluß von Lenkelastizitäten

5.5.1.3 Einfluß der Umfangskräfte auf die Seitenkräfte und das Lenkmoment

a) Längs- und Querkräfte am Rad können in der Aufstandsfläche des Reifens nur durch Reibkräfte übertragen werden, die theoretisch unabhängig von der horizontalen Wirkungsrichtung dem Reibungsgesetz gehorchen.

$$\sqrt{F_U^2 + F_\alpha^2} = \mu \cdot F_P$$

Dies ergibt den sogenannten *Coulombschen Reibungskreis.* Am realen Reifen jedoch unterscheidet sich die maximale Umfangskraft von der minimalen Umfangskraft. Dies führt zur sogenannten *Reibungsellipse*, die als Einhüllende in Bild 5.5.4 zu erkennen ist. Soll also zusätzlich zu einer Seitenkraft auch noch eine Längskraft (Umfangskraft) übertragen werden, so verringert sich die maximal übertragbare Seitenkraft.

b) Durch die Seitenkräfte verschieben sich die Aufstandsflächen der Reifen in eine Richtung, wodurch die Umfangskräfte an den Reifen der Vorderachse infolge der entstehenden Unsymmetrie das Lenkmoment beeinflussen. Dieser Einfluß wird deutlich bei stationärer Kreisfahrt mit vorderradgetriebenen Fahrzeugen. Treibende Umfangskräfte an der Vorderachse "verhärten" die Lenkung, da ein zusätzliches Rückstellmoment entsteht, das vom Fahrer abgestützt werden muß (s. Bild 5.5.5).

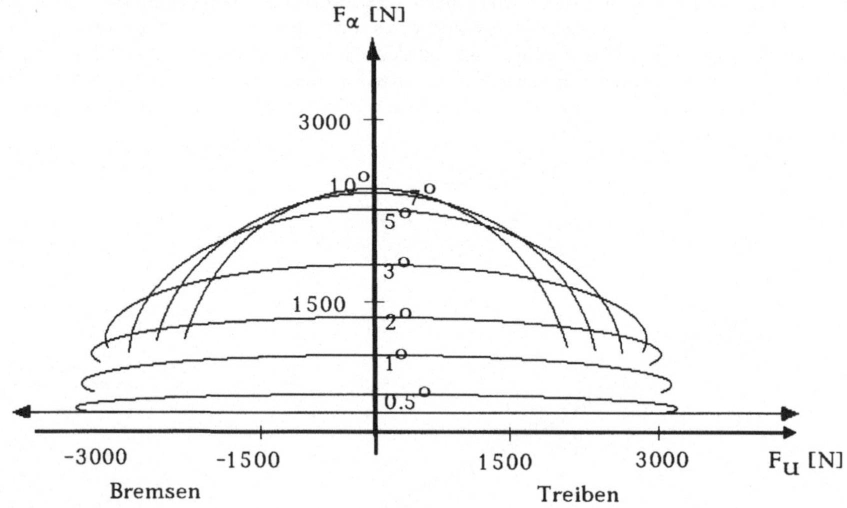

Bild 5.5.4: Schräglauf-Seitenkraft über Umfangskraft bei jeweils konstantem Schräglaufwinkel. Die Einhüllende ergibt den Coulombschen "Reibungskreis" bzw. die Reibungsellipse

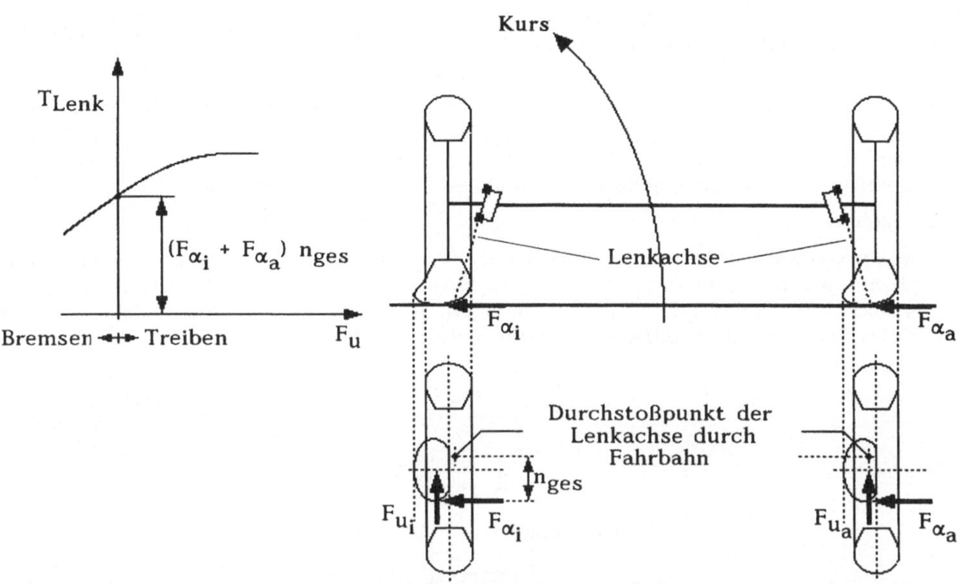

Bild 5.5.5: Entstehung des zusätzlichen Lenkmoments durch Umfangskräfte bei vorderradgetriebenen Fahrzeugen

5.5.1.4 Einfluß von Kreiselmomenten

Kreiselmomente haben einen Einfluß auf die Elastizitäten in der Radaufhängung. Sie entstehen durch *Sturzänderungen* beim Aus- und Einfedern der Räder und durch Lenkwinkel. Aus dem Drallsatz folgen die Kreiselmomente:

$$T_{K_Z} = \Theta_R \cdot (\vec{\omega}_R \times \dot{\vec{\sigma}})$$

$$T_{K_X} = \Theta_R \cdot (\vec{\omega}_R \times \dot{\vec{\delta}}_V)$$

v $\dot{\delta}_v$ $\dot{\sigma}$ ω_R Θ_R

Diese Kreiselmomente stützen sich in der Radaufhängung ab und führen infolge der gummi-elastischen Lagerung der Lenker zu Winkeländerungen der Radführung.

5.5.1.5 Elastizitäten und Kinematiken in der Radführung

Die Befestigungslager in der Radaufhängung sind keine reinen kinematischen Lager (reine Drehgelenke) sondern erhalten durch die verwendeten gummielastischen Lager elastokinematische Eigenschaften. Hierdurch bewegt sich der Radzapfen beim Ein- und Ausfedern nicht nur auf einer Bahnkurve, die durch die Kinematik der Radaufhängung bestimmt wird, sondern unter der Wirkung von Umfangs- und Seitenkräften auf einer Bahnkurve, die durch die Elastizitäten bestimmt wird.

Besonders augenfällig wird diese Eigenschaft bei Fahrzeugen, die zur Schwingungsisolation einen Fahrschemel, eine Substruktur aus Fahrzeugaufbau und Radaufhängung, besitzen. Der *Fahrschemel* ist seinerseits wieder elastisch am Fahrzeugaufbau befestigt, so daß Relativbewegungen des Schemels gegenüber dem Aufbau eintreten.

Vorderachse

Die bei Kurvenfahrt auftretenden Seitenkräfte bewirken eine Verschiebung des elastisch aufgehängten Fahrschemels gegenüber dem Aufbau, an dem das Lenkgetriebe starr befestigt ist. Dadurch entstehen Lenkbewegungen, die den eingeschlagenen Lenkwinkel im Rad vergrößern, also destabilisierend wirken (Hineindrehen in die Kurve).

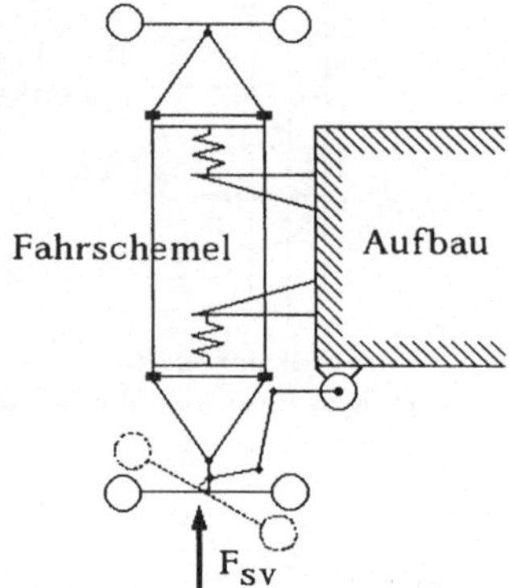

Bild 5.5.6: Einfluß des Fahrschemels auf den Lenkwinkel der Vorderräder

Hinterachse

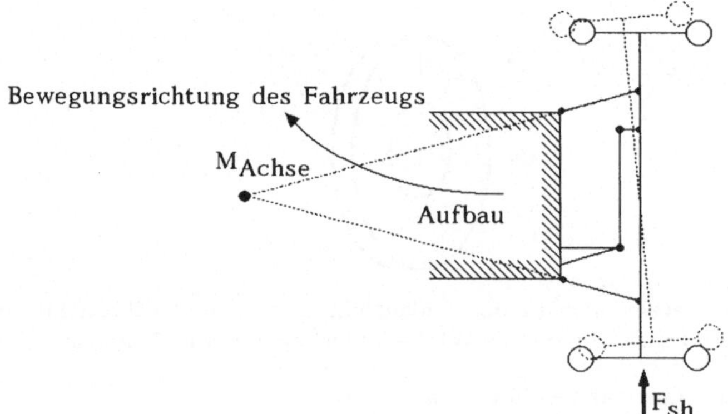

Bild 5.5.7: Achsstellung - mit und - ohne Elastizität in der Achsaufhängung

Je nach Achskinematik können Elastizitäten stabilisierend oder destabilisierend wirken. Bei nach hinten divergierenden Längslenkern bewirkt die Elastizität ein Hineindrehen des Wagens in die Kurve und hat dadurch einen destabilisierenden Effekt.

Grundsätzlich wird eine Fahrzeugreaktion auf eine eingeleitete Störung dann als stabil angesehen werden, wenn die Tendenz dieser Reaktion darauf gerichtet ist, den ursprünglichen Fahrzustand wieder herzustellen. Deshalb wirken die aufgeführten Elastizitäten in der Radführung bei Kurvenfahrt destabilisierend, bei Seitenwind dagegen stabilisierend (luftstabil).

5.5.1.6 Roll-Lenken

Durch die Roll- und Wankbewegung des Aufbaus entsteht am kurvenäußeren und kurveninneren Rad ein Ein- bzw. Ausfedern. Aber auch bei Seitenwind treten Rollbewegungen des Aufbaus auf. Die Kinematik und Elastokinematik der Radaufhängung bestimmt, welche Vorspur- oder Sturzänderung am Rad hierbei eintritt. Hierdurch entstehen Lenkeffekte am Rad, die in ihrer Auswirkung auf das Fahrzeug als *Roll-Lenken* bezeichnet werden.

Am Beispiel der Starrachse zeigt Bild 5.5.8 diesen Einfluß als Prinzipskizze.

Entscheidend für die Auswirkung des Rollenkens ist das Höhenverhältnis der Anlenkpunkte:

$$\frac{h_h}{h_v} \left\{ \begin{array}{lll} > 1 \rightarrow & \text{stabilisierend} & \text{bei Kurvenfahrt} \\ = 1 \rightarrow & \text{neutral} & \text{" \quad "} \\ < 1 \rightarrow & \text{destabilisierend} & \text{" \quad "} \end{array} \right.$$

Also nur wenn Radachse und vorderer Anlenkpunkt des Längslenkers auf gleicher Höhe liegen, treten keine Rollenkeffekte bei Kurvenfahrt auf. Wird dies als Konstruktionslage gewählt, kann leicht durch Beladungsänderung des Fahrzeugs entweder ein Rollübersteuern oder Rolluntersteuern eintreten.

Wird bei der Radaufhängung eine Einzelradaufhängung verwendet, so daß die Räder über Diagonal- oder Schräglenker geführt werden, tritt ebenfalls allgemein ein Rolllenkeffekt auf. Beim Ein- oder Ausfedern bewegt sich das Rad nicht senkrecht in der Radebene, sondern durch die schräg im Raum liegende kinematische Drehachse (nicht zu verwechseln mit der Antriebswelle !) treten Vorspur- und Sturzwinkeländerungen auf (s. hierzu Reimpell, 1983). Diese Änderungen sind nicht symmetrisch beim Aus- und Einfedern der Räder einer Achse, so daß sich die Kräfte des kurven- inneren- und kurvenäußeren Rades nicht aufheben. Das kurvenäußere Rad produziert wegen der höheren Radlast größere Seitenkräfte durch Sturz und Schräglauf (Vorspur) und bestimmt dann den Rollenkeinfluß der Achse auf das Kurvenfahrverhalten des Fahrzeugs.

Diese kinematischen Effekte lassen sich bei Modellierung der Querdynamik eines Fahrzeugs durch die kinematikerfassenden, algebraischen Gleichungen mitberücksichtigen, die dann mit den Bewegungsdifferentialgleichungen des Fahrzeugs gekoppelt werden müssen. Ein Beispiel für diese Behandlung der Kinematik ist in Kap. 4.6 ausgeführt (s. auch Willumeit 1994).

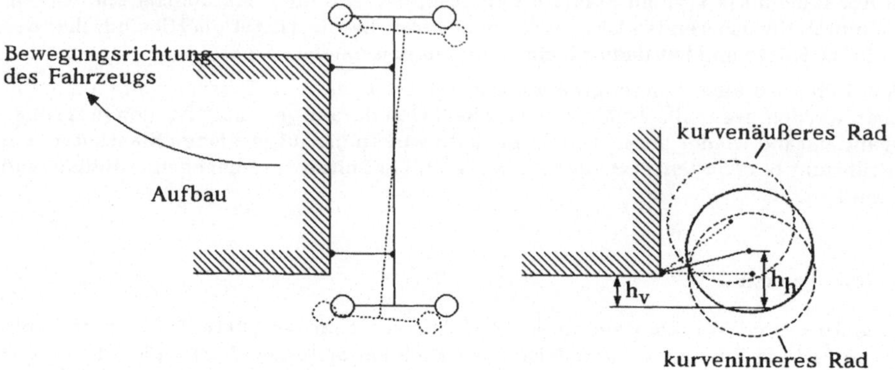

Bild 5.5.8: Lenkeffekte an einer Starrachse

5.6 Literatur

Reimpell, J.: Fahrwerktechnik: Federung, Fahrwerkmechanik. Vogel-Buchverlag, Würzburg, 2. Aufl. 1983.

Richter, B.: Schwerpunkte der Fahrzeugdynamik, Fahrzeugschwingungen, Kurshaltung, Vierradlenkung, Allradantrieb. Fahrzeugtechnische Schriftenreihe (Hrsg.: Prof. Dr. M. Mitschke), Verlag TÜV Rheinland, 1990.

Richter, B. (Hrsg.): Allradantriebe. Neue Entwicklungen und Trends. Friedr. Vieweg & Sohn Verlagsgesellschaft mbH., Braunschweig/Wiesbaden, 1992.

Heißing, B., Grunow, D. und Rompe, K.: Vergleichende Messungen zum Fahrverhalten von Pkw mit Front-, Heck- und Allradantrieb. Automobil-Industrie 3/82, S. 319-327, Vogel-Verlag, Würzburg, 1982.

Willumeit, H.-P., Matheis, A. und Müller, K. : Korrelation von Untersuchungsergebnissen zur Fahrdynamik im Fahrsimulator und Prüffeld. ATZ 93, Heft 1, S. 28-35, Franckh-Kosmos Verlags-GmbH & Co., Stuttgart, 1991.

Willumeit, H.-P.: Nick- und Hubbewegungen, Radlasten und Umfangskräfte beim Abbremsen eines Motorrades. VDI- Berichte 1159, S. 103-119, VDI-Verlag Düsseldorf, 1994.

Zomotor, A.: Fahrwerktechnik: Fahrverhalten. Vogel Buchverlag, Würzburg, 1987.

6 Reifen

Als Verbindungsglied zwischen Fahrzeug und Fahrbahn ist der Reifen mit seinen Eigenschaften für die Vertikalbewegungen des Fahrzeugs mitverantwortlich. Darüber hinaus müssen sämtliche stationären bzw. quasistationären, horizontalen Kräfte, die beim Beschleunigen bzw. Abbremsen oder bei Kurvenfahrt, aber auch bei Geradeausfahrt unter Seitenwind, zwischen Fahrzeug und Fahrbahn auftreten, vom Reifen in seiner *Aufstandsfläche* über Reibkräfte übertragen werden. Selbst bei Fahrt über eine als ideal eben gedachte Fahrbahn ist der zeitliche Aufbau der Reibspannungen in der Kontaktfläche Reifen-Fahrbahn, der sogenannten Reifenaufstandsfläche, hoch dynamisch. Bei einer angenommenen Geschwindigkeit des Fahrzeugs von $v = 100$ [km/h] = 27,8 [m/s] folgt eine Aufenthaltsdauer eines Reifenelements in der ebenfall angenommenen Länge der *Aufstandsfläche* von $l = 0{,}15$ [m] von 0,0054 [s]. Das Verständnis für diese extrem kurzen Prozesse wird noch dadurch erschwert, daß der Reifen ein zusammengesetztes Gebilde aus mehreren Komponenten ist, die ihrerseits sehr unterschiedliche Eigenschaften in verschiedenen Richtungen (anisotrop) haben und darüber hinaus in einer 2-dimensional gekrümmten Form (Schale) angeordnet sind.

Die horizontalen Kräfte in der Aufstandsfläche resultieren eigentlich aus einer Schubspannungsverteilung in dieser Fläche. Diese *Schubspannungen* ergeben sich ihrerseits aus örtlicher Pressung und Reibwert.

Diese Beschreibung zeigt die Schwierigkeit, das Geschehen in der Aufstandsfläche physikalisch gut zu modellieren. Ein sehr aufwendiger Ansatz in dieser Richtung ist von D. Schulze, 1987 in seiner Dissertation aufgezeigt worden.

Ein einfaches Modell, das *Reifen-Borstenmodell*, wird hier besprochen. Dieses ist zusammen mit einer *Reibungstheorie* in der Lage, die Vorgänge in der Aufstandfläche übersichtlich darzustellen.

Damit ein verständlicher Einstieg in diese Problematik gefunden werden kann, sollen jedoch zunächst der Aufbau des Reifens uns einige typische *Reifenkennlinien* vorgestellt werden. Letztere können dann mit dem Borstenmodell auch erklärt werden.

Da eine starke Abhängigkeit zwischen den quer- und längsdynamischen Eigenschaften des Reifens besteht, lassen sie sich schwer getrennt erläutern und werden deshalb in diesem Kapitel zusammenfassend behandelt.

6.1 Aufbau des Reifens

Am Reifen unterscheiden wir hauptsächlich zwischen *Laufstreifen* (*Protektor*), *Karkasse*, *Gürtel* und *Seitenwänden*.

- Der Laufstreifen besteht aus Gummi und enthält das *Laufstreifenprofil*.
- Die Karkasse ist der *Gewebeunterbau*. Sie ist der Festigkeitsträger des Reifens. Die *Gewebeeinlagen* bestehen aus zugfesten Fäden, z.B. Kunstseide, Nylon und Rayon, die von *Wulstring* zu Wulstring laufen.
- Der Gürtel umschließt den Reifen radial nach außen, liegt also unterhalb des Laufstreifens und besteht aus zugfesten Fäden z. B. Stahllitzen oder Kunstfasern.
- Die beiden Seitenwände enthalten die von Wulstring zu Wulstring verlaufenden *Karkaßfäden* (Karkaßlagen), auf denen nach außen eine Gummischicht aufvulkanisiert ist,

die die Karkaßlagen vor Zerstörung schützt.

- Die beiden Wulstringe sind der "Anker" der Karkaßfäden. Sie bestehen in ihrem Kern aus Stahldrähten und liefern mit dem sie umschließenden Gummi die Dichtung zwischen Reifen und Felge.
- Der gesamte Innenraum ist mit einer dünnen Gummischicht ausgekleidet, die als Druckdichtung der Karkasse gegen den Reifeninnendruck dient.

Man unterscheidet je nach Bauart *Gürtelreifen* und (gürtellose) *Diagonalreifen*. Letztere werden heute fast nur noch bei Motorrädern, z.T. auch bei LKW- Reifen, eingesetzt.

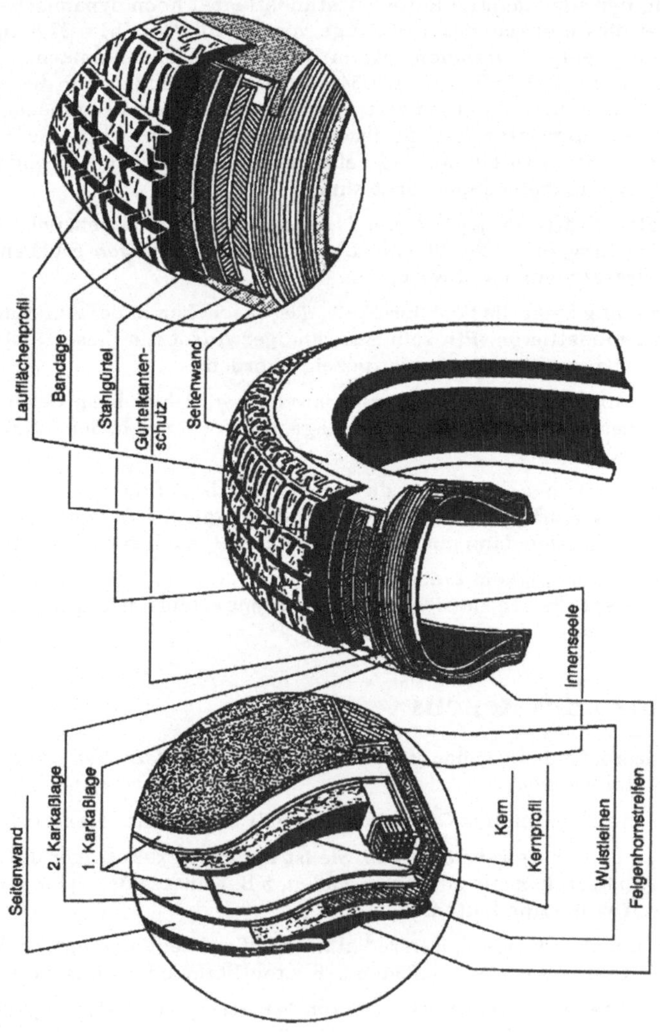

Bild 6.1.1: Reifenaufbau

6.2 Gummireibung

Die klassische *Reibungstheorie* von Coulomb besagt, daß der Reibwert eine Materialkonstante sei, und unterscheidet reines Haften, v = 0, und Gleiten, v > 0, mit dem Haftreibwert μ_h und dem Gleitreibwert μ_g, wobei immer $\mu_h > \mu_g$ ist. Der Reibwert ist hierbei auch unabhängig von der Größe der Kontaktfläche.

Gummi ist ein visko-elastischer Stoff. Seine Reibungseigenschaften gehorchen nicht mehr der klassischen Reibungstheorie. Die Trennung von Haften und Gleiten läßt sich nicht mehr aufrechterhalten, da sich zeigt, daß der Reibwert eine Funktion der Gleitgeschwindigkeit ist. Ebenso kann der in der klassischen Reibungstheorie geltende Grundsatz $\mu_h \leq 1$ nicht generell beobachtet werden. Der maximale Reibwert heutiger visko-elastischer Stoffe erreicht mühelos Werte, die sehr viel größer als 1 sind. Die Größe des maximalen Reibwerts hängt von einer Reihe von Einflußparametern ab, wie z. B. Materialpaarung, Temperatur der Materialien, chemische Zusammensetzung der Materialien, Pressung der Reibpartner, Größe der Reib- bzw. Kontaktoberfläche der Reibpartner. Auch der beim Reifen verwendete Gummi unterliegt diesen Einflüssen. Insbesondere spielen hier die Materialtemperaturen der Reibpartner und die Menge an Kohlenstoff (Ruß), die dem Kautschuk vor der Vulkanisation beigemischt wird, eine große Rolle. Je mehr Kohlenstoffanteile vorliegen, desto geringer ist der Reibwert, aber desto höher ist auch die Abriebfestigkeit. Ein klassisches Dilemma.

Der *Gummireibung* hatte sich schon Kummer (1966) gewidmet und eine neue Reibungstheorie aufgestellt. Messungen an kleinen Gummiproben hatten u.a. eine starke Abhängigkeit des Reibwerts von der Gleitgeschwindigkeit v_{Gl} dieser kleinen Gummiproben gezeigt. Bild 6.2.1 stellt den typischen Verlauf einer Reibfunktion über der Gleitgeschwindigkeit einer Gummiprobe dar.

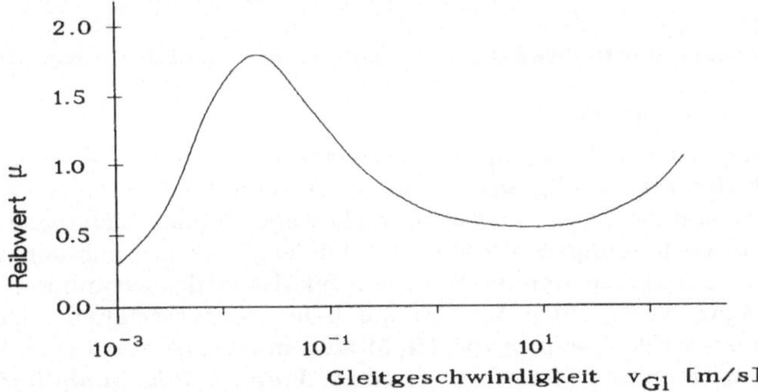

Bild 6.2.1a: Reibwertverlauf einer Gummiprobe

Typisch an Bild 6.2.1 ist die Existenz eines Maximums und das starke Abfallen des Reibwerts hinter diesem Maximum. Bei sehr großen Gleitgeschwindigkeiten steigt der *Reibwert* wieder an. Diese Geschwindigkeitswerte liegen etwa im Bereich der Landegeschwindigkeit von Flugzeugen (bei der Landung stehen vor dem ersten Kontakt des Fahrwerks die Räder still. Beim Aufsetzen stellen sich sehr hohe *Gleitgeschwindigkeiten* in der *Kontaktzone* ein).

Die Lage des Maximums variiert je nach Gummizusammensetzung und Temperatur der Reibpartner im Bereich von etwa 0.05 bis 5 [m/s]. Die Höhe des Maximums variiert ebenfalls im Bereich von 0.5 bis >10. Je glatter die Oberfläche ist (Glas, polierter Stahl), dester höher ist das Maximum. Je höher die Temperatur ist, desto mehr verschiebt sich das Maximum zu höheren Geschwindigkeiten. Das Typische an diesem Verlauf ist, daß man keinen Reibwert für die Gleitgeschwindigkeit Null ermitteln kann, da dieser Wert $v_{Gl} = 0$ experimentell nicht nachweisbar ist. Der Wert Null ist eine mathematische Fiktion, die in der Meßtechnik keine Relevanz hat. Also ist auch nicht feststellbar, ob ein "echter" *Haftreibwert*, der von Null verschieden ist, existiert. Dies ist für die Reifen-Praxis jedoch ohne Bedeutung wegen der damit verbundenen kleinen Gleitgeschwindigkeiten.

Kummers Theorie erklärt die Ursachen der Reibung recht genau. Dem prinzipiellen Verlauf der Gummireibung liegen Adhäsions- und Hysteresevorgänge zugrunde, die sich superponieren. Ursache für die Adhäsion sind freie Kräfte an Molekülen im Gummi und in der Fahrbahnoberfläche (Pole). Die bei Reibung aufzubringende Arbeit, als *Verlustarbeit* bezeichnet, hat bei der Adhäsion und bei der Hysterese innere Dämpfung als Ursache.

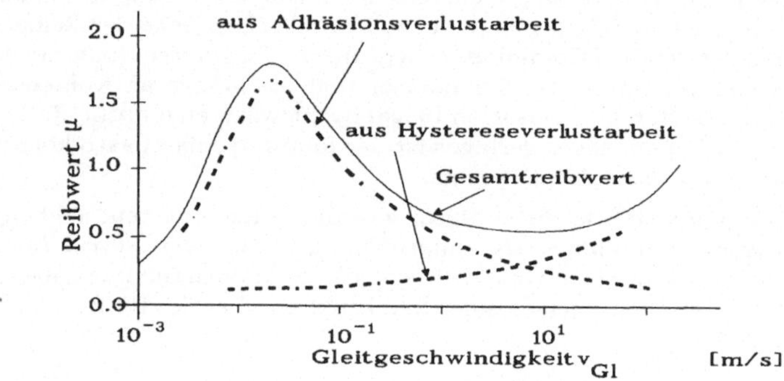

Bild 6.2.1 b: Zusammensetzung der Reibfunktion aus Adhäsions- und Hystereseanteil

Erklärung der *Adhäsionsverlustarbeit*:

"Einige der außen liegenden Atome der vermaschten Kettenmoleküle des Gummis stehen in direktem Kontakt mit den regelmäßig angeordneten Atomen der Gleitfläche und bilden Verbindungen. Wenn sich die Gummimasse weiterbewegt, dehnen sich diese Ketten und eventuell bestehende Verbindungen werden auseinandergerissen. Nach dem Zerreißen einer solchen Verbindung ziehen sich die Kettenmoleküle wieder zusammen, bis der Vorgang durch die Bildung einer neuen Verbindung beim Weiterströmen wiederholt wird." (Kummer, 1967). Rieger (1968) schlug vor, ein Modell mit horizontal liegenden, parallel geschalteten Elastizitäten und Dämpfern (genannt: *Voigt-Kelvin-Modell*) in einem Gummielement zu benutzen (s. Bild 6.2.2). Beim Übereinandergleiten überstreicht das Gummielement stochastisch oder periodisch verteilte Pole des Reibpartners. Die Gleitgeschwindigkeit erzeugt somit ein Anregungsfrequenz-Spektrum, welches von der Lage der aneinander vorbeigleitenden "Pole" abhängig ist.

Wählt man als Ersatzmodell das Voigt-Kelvin-Modell nach Bild 6.2.2 und als Anregung eine horizontale Kraft F auf dem "Pol" des Gummielementes, so läßt sich mit Hilfe von Kapitel 1.2 die Übertragungsfunktion des Anregungswegs y bezogen auf die Anregungskraft F leicht herleiten.

$$\frac{\hat{y}}{\hat{F}} = H_1(s) = \frac{1}{(m s^2 + r s + k)} \tag{6.2.1}$$

mit k: Federsteifigkeit; r: Dämpfungskonstante; y: horizontaler Anregungsweg; $s = j\omega$

Die Verlustarbeit W_{Ad} am Dämpfer wird dann

$$\hat{W}_{Ad} = \hat{F}_D \cdot \hat{y} = r \cdot s \cdot H_1^2(s) \cdot \hat{F}^2 \,. \tag{6.2.2}$$

Der Betrag dieser Verlustarbeit über der Frequenz beginnt für konstante Kraftamplituden $\hat{F}$ bei Null mit der Frequenz zu steigen, erreicht bei der Frequenz $f \approx \sqrt{k/m}$ ein Maximum und fällt mit zunehmender Frequenz wieder auf Null ab.

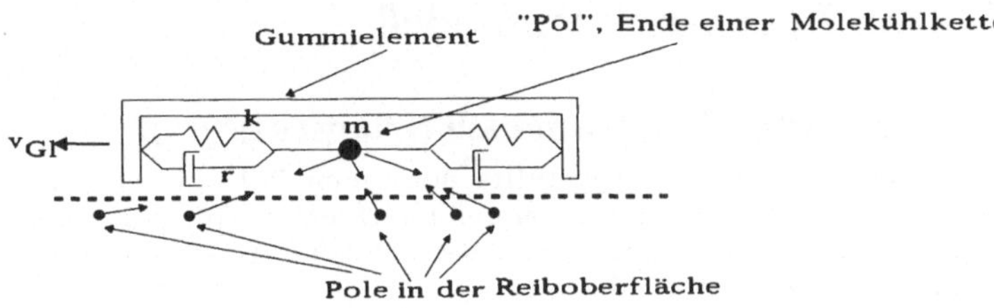

Bild 6.2.2: Voigt-Kelvin-Modell für den Adhäsionsverlust bei der Reibung

Erklärung der *Hystereseverlustarbeit*:

Der Anstieg der *Reibwertfunktion* bei hohen Geschwindigkeiten (s. Bild 6.2.1) hängt stark von der Art der Oberfläche des Reibpartners ab. Ist diese sehr rauh, tritt der Anstieg schon bei eher niedrigeren Geschwindigkeiten ein. Das Gegenteil ist der Fall bei sehr glatten Oberflächen. Daraus leitet Kummer eine Verlustarbeit infolge von internen Hystereseverlusten ab. Seinem Modell liegt die Vorstellung vertikaler, parallelgeschalteter Elastizitäten und Dämpfer zugrunde (s. Bild 6.2.3). Bei diesem Modellansatz wird davon ausgegangen, daß der Gummi über die Makro-Rauhigkeiten der Oberfläche des Reibpartners vertikal ausweichend herumfließt. Daher nimmt die Verlustarbeit mit der Anregungsfrequenz bei "Weganregung" ständig zu.

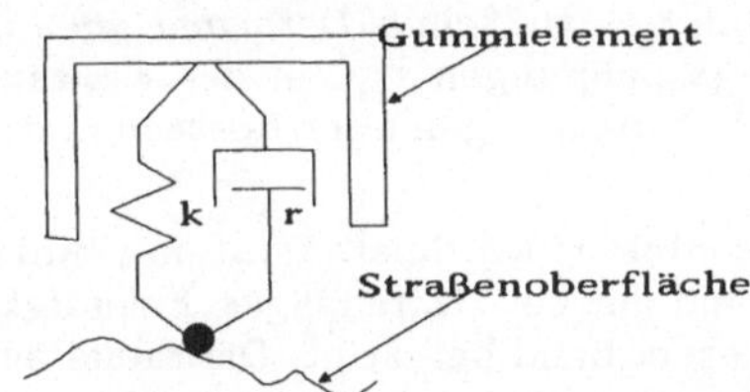

Bild 6.2.3: Voigt-Kelvin-Modell für den Hystereseverlust bei Reibung

Die Hystereseverlustarbeit W_{Hys} wird dann

$$\hat{W}_{Hys} = r \cdot s \cdot \hat{y}^2 \tag{6.2.3}$$

mit r: Dämpfungskonstante ; y: vertikaler Anregungsweg und $s = j\omega$.

Eine Masse m braucht hier nicht mitmodelliert zu werden, da die Verlustarbeit von ihr nicht beeinflußt wird.

Die Gleitgeschwindigkeiten der Reifenelemente innerhalb der Aufstandsfläche bewegen sich im Bereich der maximalen Adhäsionsverluste.

Der durch die Adhäsionsverlustarbeit erzeugte Reibwert mA nimmt mit der Anzahl der "aktiven" Pole zu, d.h. je geometrisch glatter die Oberfläche der Reibpartner ist (Reifen oder Fahrbahn), desto höher ist mA. Jede vorhandene Verschmutzung zwischen den Reib partnern reduziert μ_A durch "Neutralisierung" der "aktiven" Pole (Staub, Wasser, Feuchtigkeit, Öl).

Jede makroskopische Erhöhung der Oberflächenrauhigkeit führt zur Erhöhung der Hystereseverlustarbeit und damit zur Erhöhung von μ_H, allerdings erst bei höheren Gleitgeschwindigkeiten der Gummielemente. Hier liegt der Zielkonflikt für die Straßenbauer, da die Rauhigkeit für die Drainage der Straßenoberfläche benötigt wird.

6.3 Das Reifen-Borstenmodell

6.3.1 Das Reifen-Borstenmodell (Längsrichtung)

Das von Willumeit (1969) vorgestellte Borstenmodell des Reifens ist sehr gut geeignet, die wesentlichen Reifen-Kennlinien und ihre Einflußgrößen qualitativ und quantitativ zu erklären, wenn für die Gummielemente der Aufstandsfläche auch die Reibungstheorie von Kummer (1966) angewendet wird.

Zunächst soll das Borstenmodell lediglich für die Erklärung der Längskräfte am Reifen entwickelt werden. Weiter unten wird dieses Modell auch für die Seitenkräfte durch Schräglauf und die damit zusammenhängenden Rückstellmomente herangezogen.

Zunächst gehen wir davon aus, daß die Pressung zwischen Reifen und Fahrbahn in der Aufstandsfläche überall konstant und etwa gleich dem Innendruck ist, obwohl dies strenggenommen nur für eine Membran gilt. Weiterhin wird, wie oben schon erläutert, die Aufstandsflächenbreite als konstant und unabhängig von der Radlast angesehen.

Die Karkasse wird in dem Modell als biegeweiches, aber zugstarres Band und der Laufstreifen als an dem Band befestigte schubverformbare *Borsten* abgebildet. Die Schubverformbarkeit der Borsten soll durch visko-elastische Elemente relativ zum Band erzeugt werden. Das Band ist ebenfalls über ein visko-elastisches Feder-Dämpfer-System mit der *Felge* verbunden. Die Zentrierung geschieht über den Reifeninnendruck. Detaillierter muß hier nicht modelliert werden. Das Antriebsmoment M wirkt direkt auf das Band. In der Kontaktfläche kommt es zu *Schub-Deformationen* der Borsten. Den Verformungskräften halten Reibungsspannungen τ_U in der Kontaktfläche das Gleichgewicht. Die Summe dieser Reib-Schubspannungen aller Borsten in der Kontaktfläche liefert die Umfangskraft F_U.

Wählt man ein radachsenfestes Kordinatensystem (Bild 6.3.1), so bewegt sich relativ zu dieser Radachse das Band mit der Umfangsgeschwindigkeit v_B. Die radial inneren Enden der Borsten sind an diesem Band befestigt. Die radial äußeren Enden der Borsten haben Kontakt mit der Straßenoberfläche, wo sie jeweils durch eine *Reib-Schubspannung* in Längsrichtung gehalten und verformt werden können.Die Straße bewegt sich relativ zur Achse mit der Geschwindigkeit v_s.

Bevor am drehenden Rad die Borsten in die Kontaktfläche einlaufen, stehen diese in unverformter Position senkrecht auf dem Band. Am Einlaufpunkt setzt (hier angenommen) sprungförmig die vertikale Pressung in der Kontaktfläche ein. Das Band folgt in seiner Kontur nun der horizontalen Straßenoberfläche. An dieser Stelle hat das einlaufende Borstenelement nicht mehr die zum Band senkrechte, unverformte Lage. Der visko-elastischen Deformationskraft in der Borste kann nur durch eine Reib-Schubspannung τ_o am unteren Ende der Borste das Gleichgewicht gehalten werden. Dieser Zustand am Einlaufpunkt stellt sich unabhängig von dem Antriebsmoment M am Rad ein.

Ist der Deformationsprozeß in der Aufstandsfläche stätionär, so sind bei Beobachtung einer Borste die an ihr angreifenden Schubspannungen τ_U - beginnend vom Einlaufpunkt bis zum Verlassen der Aufstandsfläche - identisch mit dem Schubspannungsverlauf in der Aufstandsfläche zu einem Zeitpunkt.

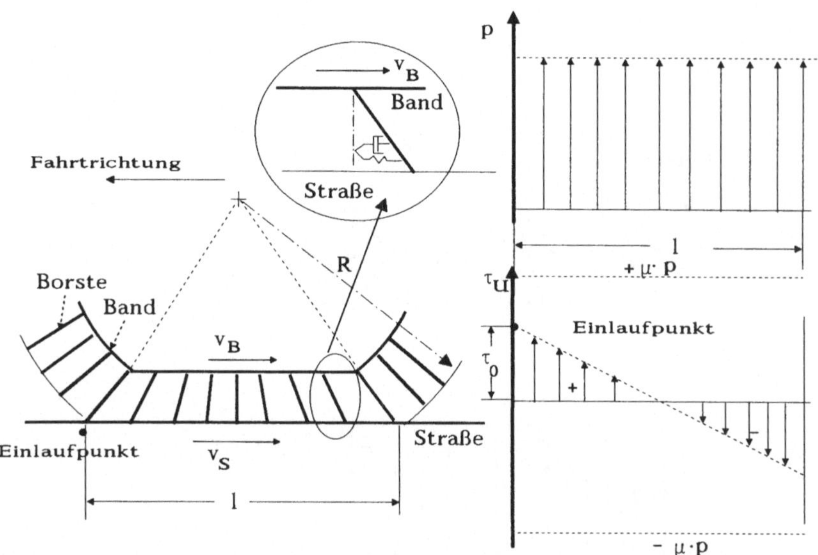

Bild 6.3.1: Borstenmodell, angenommener Druckverlauf p und Umfangsschub τ_U, v_B: Bandgeschwindigkeit; v_S: Geschw. der Straße jeweils relativ zur Achse

Die *Umfangskraft* am Reifen errechnet sich dann aus

$$\text{Umfangskraft: } F_U = \int_0^l \tau_U \cdot b \cdot dx \; ; \qquad (6.3.1)$$

b: Breite der Kontaktfläche ; l : Länge der Kontaktfläche.

Wenn keine Umfangskraft wirken soll, muß der Verlauf der Schubspannungen dem im Bild 6.3.1 entsprechen. Dieser Zustand kann sich nur einstellen, wenn die Geschwindigkeit v_S größer ist als die *Bandgeschwindigkeit* v_B. Dann nämlich richten sich die Borstenelemente beim Durchlauf durch die Aufstandsfläche auf und gehen in den entgegengesetzten Verformungszustand über bis sie dann schließlich die Kontaktfläche wieder verlassen. Das Antriebsmoment M verursacht die Bandgeschwindigkeit v_B. Allgemein ist also $v_S \neq v_B$.

Treiben:

Mit zunehmendem Moment M steigt die Bandgeschwindigkeit und die Stelle, an der die Borste in der Aufstandsfläche die unverformte, zum Band senkrechte Stellung einnimmt, wandert aus der Mitte weiter nach hinten. Die Fläche der positiven Schubspannungen wächst bei kleiner werdender negativer Fläche. Die Umfangskraft F_U nach Gl. (6.3.1) wird positiv.

Bei noch weiter gesteigertem Moment und damit noch höherer Bandgeschwindigkeit stellen sich nur noch positive Schubspannungen ein, die von einem Anfangswert to weiter positiv ansteigen (Bild 6.3.2). Der Verlauf ist jedoch begrenzt durch die maximal abstützbare Reibspannung $\tau_{max} = \mu \cdot p$. Nimmt man zunächst einmal an, daß m eine Konstante ist, ändert sich die Größe der Schubspannungen bis zum Auslaufpunkt der Kontaktfläche nicht. Führt man nun eine neue Definition für den Schlupf ein, nämlich den Bandschlupf mit Hilfe der beiden Geschwindigkeiten v_B und v_S

$$\textit{Bandschlupf} \text{ beim Treiben: } \delta^*_{Tr} = \frac{v_B - v_S}{v_B} \qquad (6.3.2)$$

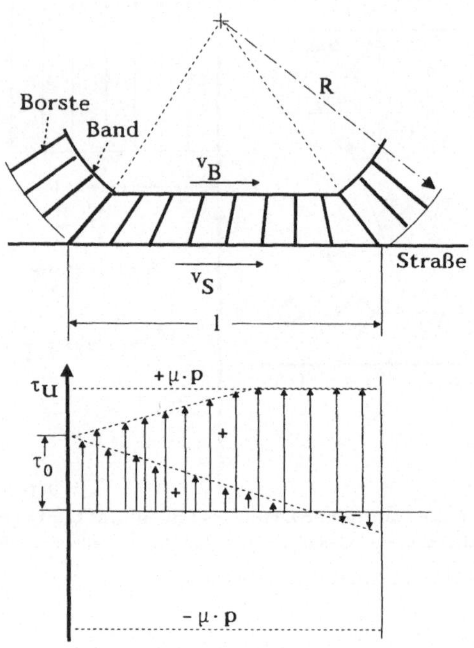

Bild 6.3.2: Borstenmodell beim Treiben, μ = const.

Bandschlupf beim Bremsen: $\delta^*_{Br} = \dfrac{v_S - v_B}{v_S}$,

so ist leicht einzusehen, daß die Umfangskraft F_U vom Wert 0 bei einem negativen Bandschlupf linear mit dem Schlupf ansteigt. Die Grenze des linearen Anstiegs ist erreicht, wenn im rechten Teil des Bildes 6.3.2 der Schubspannungsverlauf am Ende der Kontaktfläche gerade die Grenze $+\mu \cdot p$ erreicht. Wird die Bandgeschwindigkeit v_B bei konstanter Geschwindigkeit v_S – und damit auch der Schlupf δ^*_{Tr} – gesteigert, wächst zwar die Fläche unter dem Schubspannungsverlauf weiter, aber ein Dreieck am hinteren Ende wird durch die Begrenzung durch die Reibung abgeschnitten. Folge ist zwar ein weiteres, aber degressives Ansteigen der Schubspannungsfläche, die nach Gl. 6.3.1 der Umfangskraft F_U proportional ist. Diesen Zusammenhang zeigt Bild 6.3.3.

Die maximal mögliche Umfangsschubspannung ist $\mu \cdot p$; also ist auch die maximal mögliche Umfangskraft $F_{U max}$:

$$F_{U\,max} = \int_0^l \tau_{U\,max} \cdot b \cdot dx = \int_0^l \mu \cdot p \cdot b \cdot dx = \mu \cdot b \int_0^l p \cdot dx = \mu \cdot F_P \,. \tag{6.3.3}$$

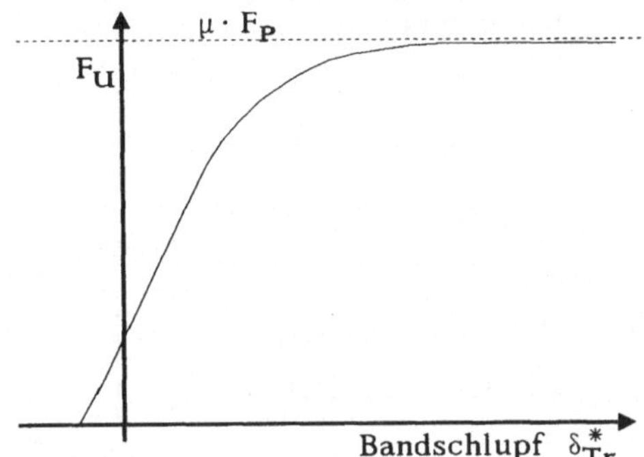

Bild 6.3.3: Verlauf der Umfangskraft F_U über dem Bandschlupf δ^*_{Tr}, μ = const.

Bremsen: $v_B \ll v_S$

Der Bremszustand ist durch ein negatives Moment M gekennzeichnet. Damit wird die Bandgeschwindigkeit kleiner als beim Zustand nach Bild 6.3.1. Die Stelle in der Kontaktfläche, wo die mit τ_0 eingelaufene Borste spannungsfrei, also senkrecht auf dem Band steht, rückt aus der Mitte der Kontaktfläche weiter nach vorne. Der Schub*spannungsverlauf*, beginnend mit τ_0 , fällt nun steiler ab als beim freien Rollen. Auch hier kann die negative Schubspannung den Wert von $-\mu \cdot p$ nicht überschreiten. Bilder 6.3.4 zeigen den Verformungszustand der Borsten, den Schubspannungsverlauf und die Bremsumfangskraft F_U.

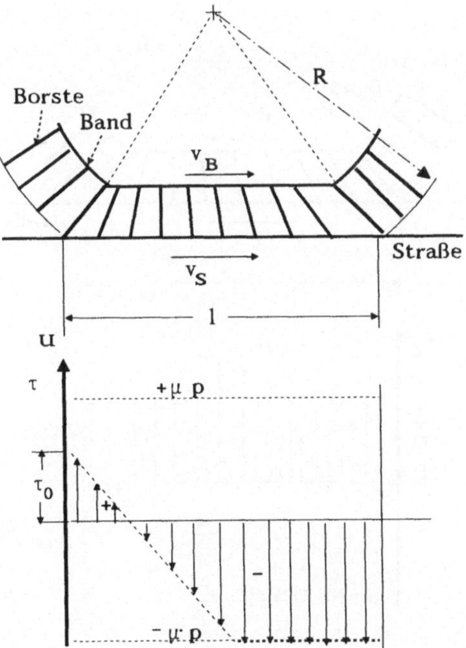

Bild 6.3.4a : Borstenverformung und Schubspannungsverlauf beim Bremsen; μ = const.

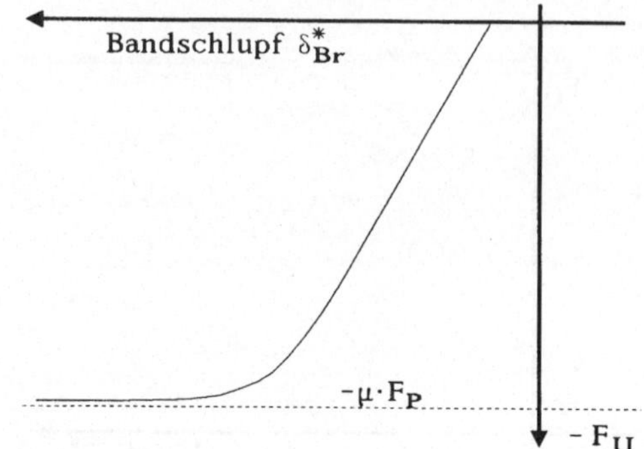

Bild 6.3.4b: Umfangskraftverlauf beim Bremsen , μ = const.

Die bisherigen Betrachtungen gingen von der Vorstellung aus, daß die Borsten im Bereich steigender oder fallender Schubspannungen an der Straßenoberfläche haften und bei Erreichen des Grenzwertes $\pm\tau_{max} = \pm\mu \cdot p$ in Gleiten übergehen.

Bezieht man nun die Reibfunktion nach Kap. 6.2 in das Borstenmodell ein, so gibt es kein "Haften" mehr. Die Borsten im an- oder absteigenden Schubspannungsbereich gleiten nun auch (s.Bild 6.3.5 a); allerdings befinden sie sich im ansteigenden Ast der Adhäsionsreibung (Bild 6.2.1). Dort sind die Gleitgeschwindigkeiten sehr niedrig, so daß auch nur

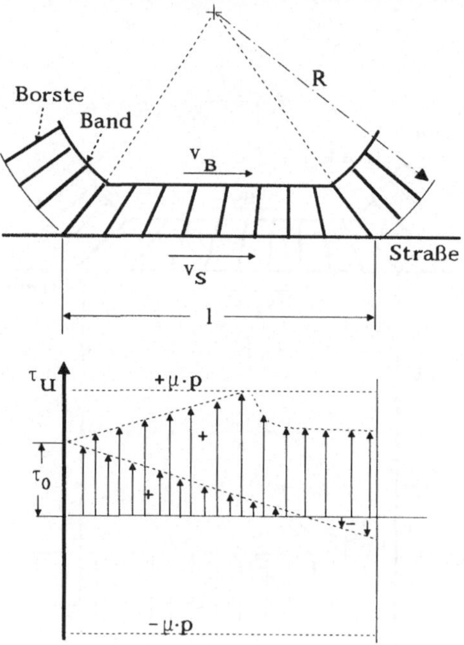

Bild 6.3.5a: Schubspannungsverlauf über dem Bandschlupf bei $\mu = f(v_{Gleit})$

eine sehr geringe Änderung der Schubverformung eintritt. Nähert sich die Schubspannung dem Grenzwert $\mu \cdot p$, so befindet sich der Reibwert links vor dem Maximum in Bild 6.2.1. Ein Überschreiten des Maximums ist nun mit einer Zunahme der Gleitgeschwindigkeit der Borste verbunden, und zwar in Richtung auf den nicht schubverformten Zustand, also senkrecht zum Band. Gleichzeitig fällt auch der Reibwert (rechts vom Maximum in Bild 6.2.1a). Ein Absinken der Schubspannung ist die Folge. Außerdem hat das Absinken auch auf die Schubspannungsfläche ($\sim F_U$) Einfluß. Die Umfangskraft F_U strebt nun nicht mehr asymptotisch $\pm\mu \cdot F_P$ zu, sondern erreicht selbst ein Maximum und fällt ab auf den Wert, der sich bei 100% Schlupf einstellt. Bild 6.3.5b zeigt dies am Beispiel des treibenden Rades.

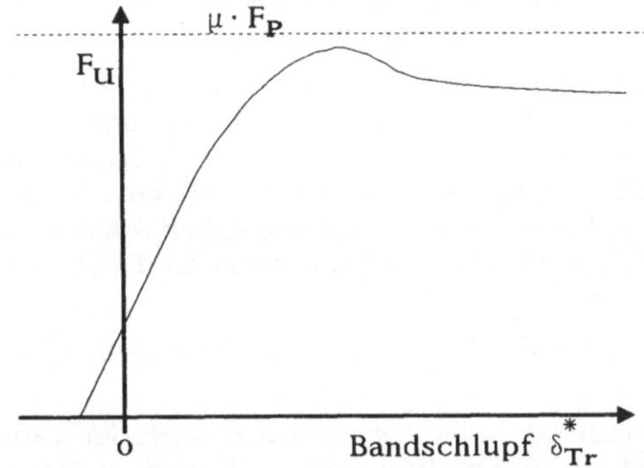

Bild 6.3.5b: Umfangskraftverlauf über dem Bandschlupf bei $\mu = f(v_{Gleit})$

6.3.2 Das Reifen-Borstenmodell (Querrichtung)

Das Borstenmodell (Kap. 6.3.1) in Verbindung mit der Reibfunktion (Kap. 6.2) erklärt auch den Verlauf von Seitenführungskraft und Rückstellmoment (Schräglaufmoment).

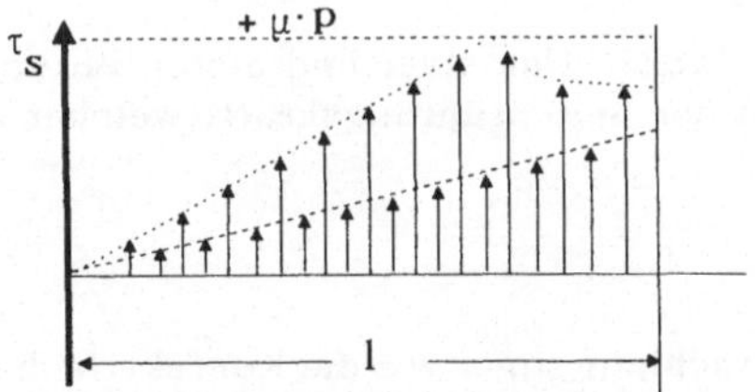

Bild 6.3.6: Schubspannungsverlauf τ_S über der Länge der Kontaktfläche für zwei verschiedene Schräglaufwinkel α. $\mu = f(v_{Gleit})$

Wie im Anschluß noch erläutert wird, liegt die Radebene bei Schräglauf nicht in der Bewegungsrichtung des Rades. Eine Borste, die gerade den Einlaufpunkt der Kontaktfläche erreicht hat, bleibt am Band befestigt, welches sich in der Radebene be- wegen soll. Von einem sich mit der Radachse bewegenden Beobachter gesehen bewegt sich die Straße unter dem Rad mit dem Schräglaufwinkel α zur Radebene. Das straßenseitige Ende der Borste läuft ohne seitliche Verformung in die Kontaktfläche ein, wird sich nun aber - mit fortschreitender Bewegung der Borste durch die Kontaktfläche - seitlich aus der Radebene heraus bewegen und erfährt dabei eine Schubverformung in Querrichtung, die durch den Aufbau einer seitlichen Schubspannung τ_S in der Kontaktfläche als Reibspannung erzeugt wird.

Bild 6.3.6 illustriert diese Zusammenhänge für zwei verschiedene Schräglaufwinkel α. Mit Erreichen der maximalen Schubspannung ist auch das *Reibwertmaximum* durch Adhäsion μ_A erreicht (s. Kap. 6.2, Gummireibung); der Reibwert sinkt danach bei gleichzeitig zunehmender Gleitgeschwindigkeit der Borste relativ zur Straßenoberfläche.

Das Integral der seitlichen Schubspannungen τ_s über der Kontaktfläche liefert die Seitenführungskraft F_α:

$$F_\alpha = b \cdot \int_0^l \tau_s \, dx \,, \quad \text{mit b: Kontaktflächenbreite} \,. \tag{6.3.4}$$

Ähnlich dem Verlauf der Umfangskraft mit zunehmendem Schlupf steigt hier die Seitenkraft linear mit dem Schräglaufwinkel an, bis der Schubspannungsverlauf an die Grenze $\pm\tau_{max} = \pm\mu\cdot p$ kommt. Bei weiterer Zunahme des Schräglaufwinkels wächst zwar die Fläche unter τ_s und damit auch F_α, aber nur noch degressiv. Da der Schubspannungsverlauf hinter dem Maximum bei noch größeren Schräglaufwinkeln entsprechend der Reibwertfunktion (Bild 6.2.1) weiter abfallen kann, kann die Fläche unter τ_s und damit auch F_α ebenfalls kleiner werden.

Der Anstieg der Seitenführungskraft über dem Schräglaufwinkel wird *Seitenkraftbeiwert* k_α genannt : $dF_\alpha / d\alpha = k_\alpha$.

Der Schubspannungsverlauf ist nicht symmetrisch über der Länge der Kontaktfläche. Die resultierende Seitenkraft F_α greift somit auch nicht in der Mitte der Kontaktflächenlänge an, sondern im Schwerpunkt der Schubspannungsfläche. Solange der Schubspannungsverlauf dreieckförmig ist, liegt der Flächenschwerpunkt konstant bei l/6 hinter der Mitte der Kontaktflächenlänge; bei größeren Schräglaufwinkeln wandert dieser zur Kontaktflächenmitte. Diese außermittig angreifende Seitenführungskraft erzeugt um die Hochachse des Rades das Schräglauf- oder Rückstellmoment M_α.

Es läßt sich aus dem Borstenmodell leicht ermitteln:

$$M_\alpha = b \cdot \int_0^l \left(x - \frac{l}{2} \right) \tau_S \, dx \,. \tag{6.3.5}$$

Aus dem Quotienten von *Rückstellmoment* und Seitenführungskraft gewinnt man den oben erwähnten Hebelarm der Seitenführungskraft, welcher als dynamischer *Nachlauf* n_{dyn} bezeichnet wird:

$$n_{dyn} = \frac{M_\alpha}{F_\alpha} \le \frac{l}{6} \,. \tag{6.3.6}$$

Wandert der dynamische Nachlauf sogar vor die Kontaktflächenmitte, so wird der dynamische Nachlauf negativ. Dann ist die Wirkung des Rückstellmoments nicht mehr rückstellend, also das Rad nicht mehr in die schräglauffreie Geradeausrichtung drehend. Das Rückstellmoment kehrt in diesem Fall seine Wirkung mit den entsprechenden Folgen um.

Aus den Überlegungen am Borstenmodell erhält man für Seitenführungskraft, Rückstellmoment und dynamischen Nachlauf bei konstantem Reibwert folgenden Verlauf:

Zur Erinnerung seien hier noch einmal die Modell-Voraussetzungen genannt:
- Die Druckverteilung in der Aufstandsfläche ist konstant.
- Der Reibwert μ ist konstant.
- Karkasse bzw. Band im Modell verformen sich im Bereich der Aufstandsfläche nicht.

- Nur die Borsten (Laufstreifen, Protektor) verformen sich seitlich.

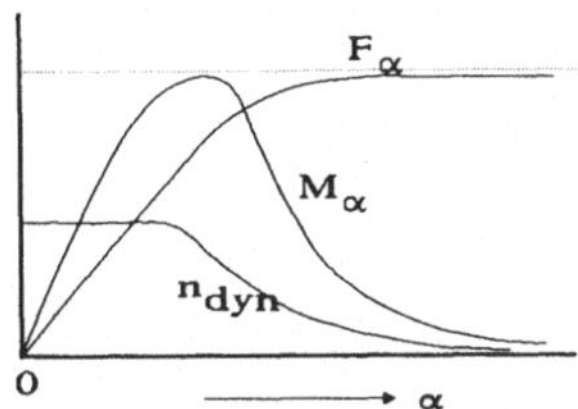

Bild 6.3.7: Verlauf von Seitenführungskraft, Rückstellmoment und dynamischem Nachlauf über dem Schräglaufwinkel für μ =const.

Hiermit ergeben sich die Folgerungen:

- Im Bereich $F_\alpha \leq \frac{F_{\alpha\,max}}{2}$ wird $n_{dyn} = \frac{1}{6}$.
- Bis $F_\alpha = \frac{F_{\alpha\,max}}{2}$ gilt $F_\alpha = k_\alpha \cdot \alpha$ mit k_α = konst.
- Für $F_\alpha > \frac{F_{\alpha\,max}}{2}$ gilt $n_{dyn} < \frac{1}{6}$.
- Für $F_\alpha = F_{\alpha\,max}$ gilt $n_{dyn} = 0$.
- Für α bis $F_\alpha = \frac{F_{\alpha\,max}}{2}$ steigt $M_\alpha = F_\alpha \cdot n_{dyn}$ linear.

Ist der Reibwert eine Funktion der Gleitgeschwindigkeit, so können die seitlichen Schubspannungen τ_s bei Erreichen der Schubspannungsgrenze $\pm\mu \cdot p$ nicht mehr auf diesem Niveau verbleiben. Sie fallen entsprechend der Reibfunktion nach Überschreiten des Adhäsionsmaximums ab (s.Bild 6.3.6). Die Folge ist für die Seitenführungskraft ebenfalls eine Ausprägung eines Maximums, für das Rückstellmoment sogar ein Abfall unter den Wert Null und ebenso auch für den dynamischen Nachlauf. Dies deckt sich mit den Beobachtungen am realen Reifen.

Im folgenden werden einige Einflußparameter auf die Seitenführungskraft diskutiert.

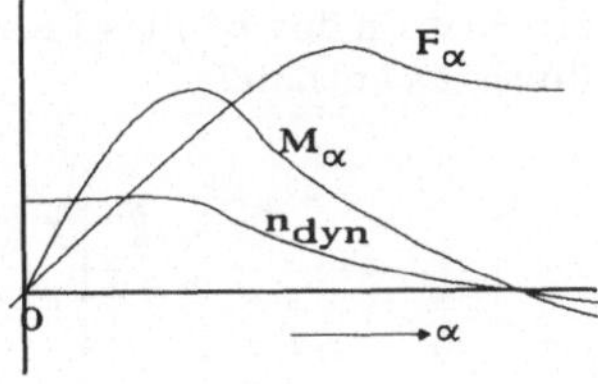

Bild 6.3.8: Verlauf von Seitenführungskraft, Rückstellmoment und dynamischem Nachlauf über dem Schräglaufwinkel für $\mu = f(v_{Gleit})$

Einfluß des Reibwertes auf F_α :

Wie dem Bild 6.3.9 zu entnehmen ist, hat der Reibwert - wobei hier aus Gründen der einfacheren Betrachtungsweise nicht eine Reibwertfunktion, sondern ein konstanter Reibwert zugrunde gelegt wird - auf die obere Begrenzung des Schubspannungsverlaufs Einfluß. Bei kleinem Schräglaufwinkel hat der Reibwert keinen Einfluß auf die Schubspannungen, sofern der Grenzwert $\pm\mu$ p nicht erreicht wird. Bei großen Schräglaufwinkeln

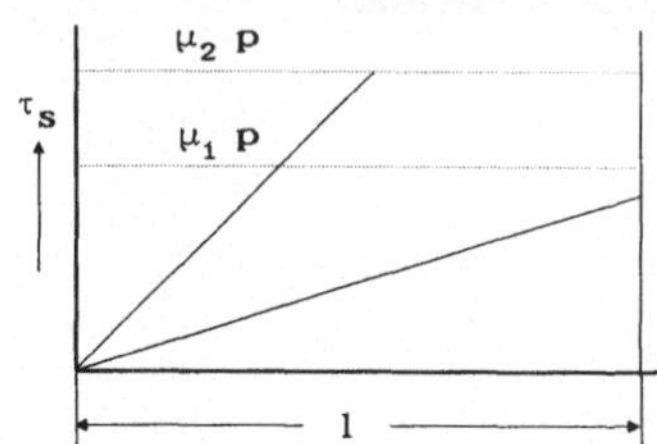

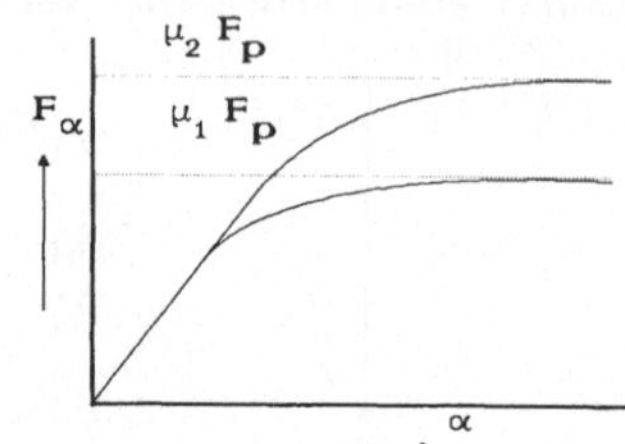

Bild 6.3.9: Seitliche Schubspannung über der Kontaktflächenlänge und Seitenführungskraft über dem Schräglaufwinkel für zwei verschiedene Reibwerte μ. (μ = const.)

führt eine Absenkung des Reibwerts von μ_2 auf μ_1 zur Begrenzung der maximalen Schubspannungen auf $\mu_1 p$, indessen liegt die Begrenzung beim höheren Reibwert μ_2 erst bei $\mu_2 p$. Die Fläche unter dem Schubspannungsverlauf ist der Seitenführungskraft proportional; also ändert sich letztere nicht mit μ bei kleinen Schräglaufwinkeln, jedoch bei großen Schräglaufwinkeln. Hier ist mit höherem μ- Wert bei gleichem Schräglaufwinkelauch eine größere Seitenführungskraft verbunden. Dies entspricht auch den Beobachtungen am realen Reifen.

Einfluß der Radlast F_P auf F_α:

Bei Erhöhung der Radlast wächst die Kontaktflächenlänge. Die Kontaktflächenbreite soll sich beim Modell wie beim realen Reifen nicht verändern. Bei höherer Radlast steigen die seitlichen Schubspannungen in der Kontaktfläche nicht nur bis zur der Länge l_1, die zur geringen Radlast gehört, sondern bis zu der zur höheren Radlast gehörenden Länge l_2 (s. Bild 6.3.10). Bei gleichem Schräglaufwinkel ist die Fläche unter dem Schubspannungsverlauf bei der höheren Radlast größer. Dementsprechend ist auch der Anstieg der Seitenführungskraft bei höherer Radlast steiler. Der Seitenkraftbeiwert k_α steigt also mit der Radlast, wie es auch am realen Reifen zu beobachten ist. Die bei sehr hohen Radlasten und kleinen Schräglaufwinkeln nicht mehr zu beobachtende Abhängigkeit von der Radlast ist mit diesem Modell nicht erklärbar.

Dieser reale Verlauf der Seitenkraft F_α über α und F_P kann erst mit einem Modell erklärt werden, welches die seitliche Deformation des Bandes (Karkasse) und den geschwindigkeitsabhängigen Verlauf des Reibwertes enthält.

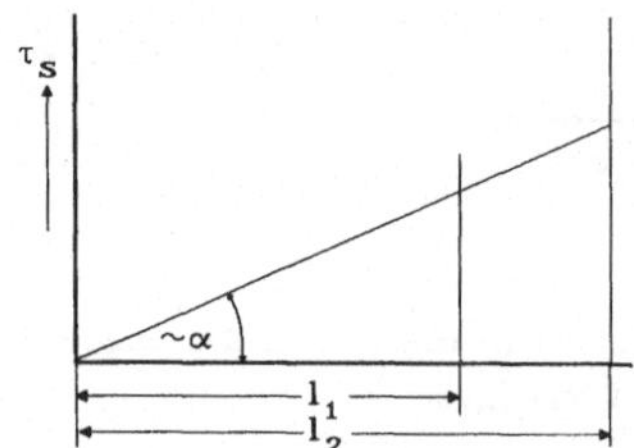

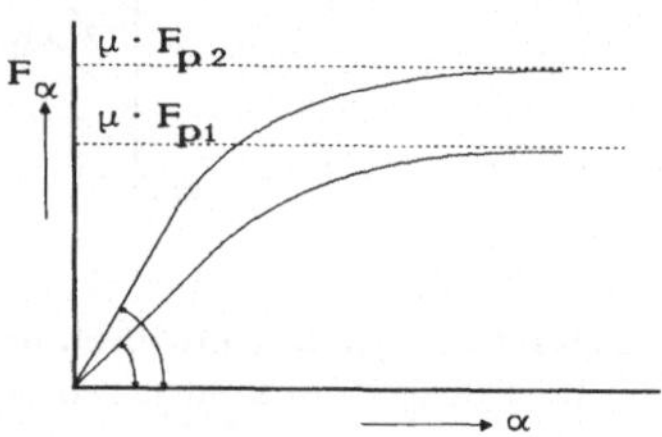

Bild 6.3.10: Seitliche Schubspannung über der Kontaktflächenlänge und Seitenführungskraft über dem Schräglaufwinkel für zwei verschiedene Radlasten. (μ =const.)

6.4 Reale Eigenschaften des Reifens

Dieses Kapitel zeigt in einer Zusammenstellung von Meßergebnissen die realen Eigenschaften des komplexen Bauteils "Reifen", die zum großen Teil mit den Überlegungen aus Kapitel 6.3 "Borstenmodell" erklärbar sind.

6.4.1 Stationäre Eigenschaften des Reifens in Längsrichtung Das getriebene bzw. gebremste Rad

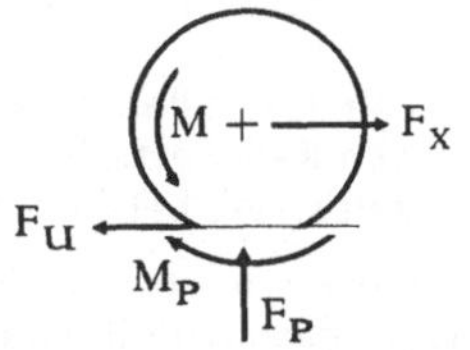

Für das getriebene bzw. gebremste Rad gilt:

$M \neq 0$; ($M = 0$ gilt für freies Rollen)

mit M = Antriebsmoment

M_P = *Rollwiderstandsmoment* (s. Kap. 4.2 Fahrwiderstände).

Für unbeschleunigte Fahrt gilt darüber hinaus:

$$\Theta_R \cdot \ddot{\varphi} = 0 = M - F_U \cdot r - M_P \qquad (6.4.1)$$

und $F_U = F_X$.

Die in der Aufstandsfläche wirkende Umfangskraft F_U wird zu

$$F_U = \frac{M}{r} - \frac{M_P}{r} = \frac{M}{r} - F_{WR} \quad , \; F_{WR}\text{: Rollwiderstand}$$

Ist $F_U > 0$ d.h. $M/r > F_{WR}$ ($M > 0$), es wird getrieben.

Ist $F_U < 0$ d.h. $M/r < F_{WR}$ ($M < 0$), es wird gebremst.

Wegen der Reib- bzw. Kraftschlußverbindung Gummi (Rad)- Straße ist die maximal übertragbare Umfangskraft F_U begrenzt über den Reibwert μ und die Radlast F_P :

$$F_{U\,max} = \mu_{max} \cdot F_P \; .$$

Der hier benutzte Begriff "*Reibwert*" unterscheidet sich von dem im Kap. 6.2 beschriebenen. Der in Kap. 6.2 verwendete Reibwert entstand aus einer Betrachtung eines Gummi-Elementes in der Kontaktzone. Das Borstenmodell in Kap. 6.3 zeigte, daß sich die Gummielemente in der Kontaktzone je nach Ort der Betrachtung in unterschiedlichen Deformationszuständen und damit auch in unterschiedlichen Gleitzuständen befinden können. Über die Reibfunktion ist dann der Zusammenhang von Gleitgeschwindigkeit und örtlichem Reibwert gegeben.

Der hier benutzte Begriff des "Reibwerts" geht von einer globalen Betrachtung aus. Die sich summarisch aus den Umfangsschubspannungen ergebende Umfangskraft wird durch die Radlast geteilt und liefert somit auch einen "Reibwert", jedoch durch diese integrale Betrachtung einen "mittleren Reibwert", wie in Kap. 6.2 gezeigt wurde.

Steigert man die Treibmomente auf höhere Werte als für $F_{U\,max}$, so tritt Gleiten in der gesamten Kontaktfläche des Rades ein. Dies gilt sowohl für das überbremste (blockierte), sich nicht drehende Rad, als auch für das durchdrehende Rad.

Hierfür gilt dann:

$$F_{Ug} = \mu_g \cdot F_P \qquad \text{wobei} \quad \mu_{max} > \mu_g \; .$$

μ_g ist der sogenannte "Gleitreibwert".

Auf diesen "mittleren Reibwert" haben Einfluß:

- Bauart des Reifens
- Profiltiefe, Profilart
- Gummimischung in der Lauffläche
- Differenz der Radumfangs- zur Fahrzeuggeschwindigkeit
- Fahrbahnoberfläche
- Fahrbahnoberflächenmaterial
- Verschmutzung, Wasser.

Auf realen Straßen und mit konventionellen Reifen liegt der Maximalwert μ_{max} des mittleren Reibwerts bei ca. 1,2 (Asphalt, trocken) und der Minimalwert μ_g dieses mittleren Reibwerts bei ca. 0,1 (Glatteis) .

Mit zunehmendem Antriebsmoment vergrößert sich die Differenz der Radumfangs- zur Fahrzeuggeschwindigkeit. Der Übergang zum *Gleiten* geht jedoch nicht sprunghaft vor sich. Schon Jahn (1918) beschrieb, daß ein Lokomotivrad beim Antrieb einen aus den Raddrehzahlen errechneten größeren Weg zurücklegte als die Lokomotive selbst. Das gleiche gilt im verstärktem Maße für den Luftreifen.

Dieser Zustand wird als *Schlupf* zwischen Rad und Fahrbahn bezeichnet. Der Schlupf ist in starkem Maß von der wirkenden Umfangskraft abhängig.

Für Bremsen und Treiben wird wieder je eine unterschiedliche Schlupfdefinition eingeführt (s. Kap. 6.3), damit sich nur positive Werte zwischen 0 und 1 einstellen können.

Dieser sich aus der translatorischen Radgeschwindigkeit und der Winkelgeschwindigkeit ergebende *Radschlupf* ist bis auf einen konstanten Summanden mit dem Bandschlupf in Kap. 6.3 identisch.

$$\delta^*_{Tr} = \delta_{Tr} - \text{const.} \qquad \text{bzw.} \qquad \delta^*_{Br} = \delta_{Br} + \text{const.}$$

Es gilt für den *Bremsschlupf*: $0 < \delta_{Br} = \dfrac{v - r \cdot \omega}{v} < 1$, für $v > r \cdot \omega$

und für den *Treibschlupf*: $0 < \delta_{Tr} = \dfrac{r \cdot \omega - v}{r \cdot \omega} < 1$, für $v < r \cdot \omega$,

wobei

v : Fahrzeuggeschwindigkeit = translatorische Radgeschwindigkeit
$r \cdot \omega$: Umfangsgeschwindigkeit des Rades
$r \neq R$
R : Reifenradius im undeformierten Zustand
r : dynamischer Rollradius sind.

Der Schlupf wird auch häufig in % angegeben:

$$0\,\% < \delta_{Br,\,Tr} < 100\,\% \, .$$

Für das blockierte Rad mit $v \neq 0$ und $r \cdot \omega = 0$

wird $\delta_{Br} = \dfrac{v - 0}{v} = 1 = 100\,\%$,

und für das durchdrehende Rad mit $r \cdot \omega \neq 0$ und $v = 0$ (Stillstand)

wird $\delta_{Tr} = \dfrac{r \cdot \omega - 0}{r \cdot \omega} = 1 = 100\,\%$.

Mit zunehmendem Antriebsmoment (s. Bild 6.4.1) steigt der Schlupf und damit die übertragene Umfangskraft F_U. Bis zum Erreichen der maximalen Umfangskraft liegt ein stabiler Zustand vor, d.h. eine Steigerung des Antriebsmoments führt auch zu einer stabilen Umfangskraft. Nach Erreichen der maximalen Umfangskraft liegt ein instabiler Bereich bis zum Schlupf von 100% vor. Die Umfangskräfte in diesem Bereich lassen sich nicht am Fahrzeug stabil einstellen. Gl. 6.4.1 macht für $\Theta \cdot \ddot{\varphi} \neq 0$ deutlich, daß ein Ansteigen des Antriebsmoments M bei Absinken der Umfangskraft F_U zu einer Steigerung der Winkelbeschleunigung $\ddot{\varphi}$ des Rades führt.

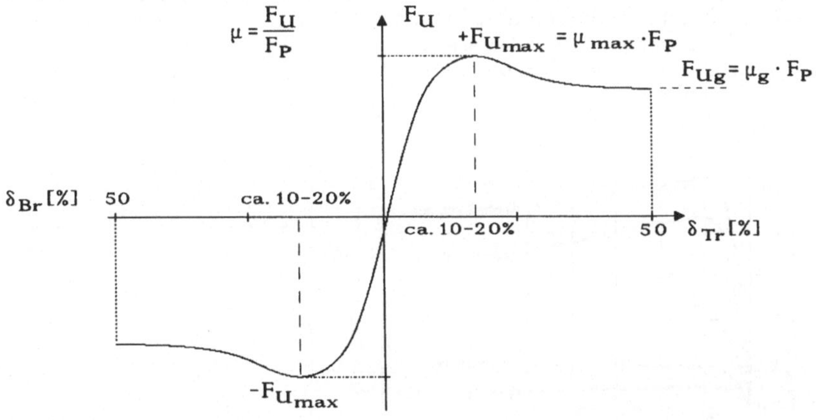

Bild 6.4.1: Prinzipieller Verlauf von Reifenumfangskraft in Abhängigkeit vom Schlupf

Der Quotient aus tatsächlicher Umfangskraft und Radlast ist der mittlere *Kraftschlußbeiwert* μ. Dagegen ist der erforderliche rechnerische Wert zur Übertragung einer Umfangskraft F_U die Kraftschlußbeanspruchung : $f = F_U / F_P$.

Achtung:

Der in der Schlupfdefinition auftretende dynamische Rollradius r ist keine als Länge meßbare, sondern nur eine errechenbare Größe. Er ist nicht identisch mit dem Abstand Radmitte - Fahrbahn "s" (es gilt immer: r >s). Für das rollende Rad ändern sich sowohl s als auch r mit der Fahrgeschwindigkeit um ca. 5%, da die Fliehkräfte den Reifen radial deformieren. Die Stärke ist abhängig von der Bauart.

Die Fahrbahn-Oberflächenbeschaffenheit (naß - trocken) beeinflußt den Kraftschlußbeiwert erheblich (Bild 6.4.2).

Wie schon in Kap. 6.2 gezeigt, ist die Coulombsche Reibungstheorie am Reifen nicht anwendbar, da einerseits Gummi als Reibungspartner visko-elastischen Gesetzen gehorcht und andererseits - wie schon oben ausgeführt - die nach außen global auftretenden Kräfte durch Schubspannungen in der Reibungsfläche, also der Reifenaufstandsfläche, hervorgerufen werden. Qualitativ ist der Einfluß der Radlast auf den Kraftschluß in folgender Weise zu verstehen. Wäre der Reifen eine ideale Membran wie bei einem mit Innendruck gefüllten Ballon, so würde die Radlast eine Kontaktfläche erzeugen, die aus der Gleichheit Radlast und Fläche mal Innendruck berechnet werden kann. Tatsächlich ist der Reifen jedoch eine biegesteife Schale, so daß die Flächenpressung in der Aufstandsfläche nicht gleich dem Innendruck ist. Die Pressung unter den Reifenschultern wird durch die biegesteifen Seitenwände und deren Schubsteifigkeit in radialer Richtung erzeugt. Infolge der Biegesteifigkeit der gesamten Karkasse kann sich mit zunehmender Radlast die Lauffläche zwischen den Reifenschultern radial nach innen verformen. Dies führt zu einer Verringerung der Pressung zwischen den Schultern in der Aufstandsfläche, wo ohne diesen Einfluß sich etwa Membrandrücke einstellen würden. Die am Übergang von Laufstreifen zur Seitenwand stark ausgeprägten Reifenschultern bewirken bei Radlaständerung fast keine Breitenänderung der Lauffläche (bei Pkw- und Lkw-Reifen), sondern lediglich eine Längenänderung der Aufstandsfläche. Um ein besseres Verständnis der Vorgänge in der Aufstandsfläche zu erreichen, muß ein Gummielement des Laufstreifens beim Durchlauf durch die Aufstandsfläche verfolgt werden, wie es im Kap. 6.3 "Borstenmodell" geschehen ist. Die dargestellten Graphiken in diesem Teilkapitel dienen lediglich dazu, einen groben Überblick über die verschiedenen Einflußgrößen zu gewinnen. -

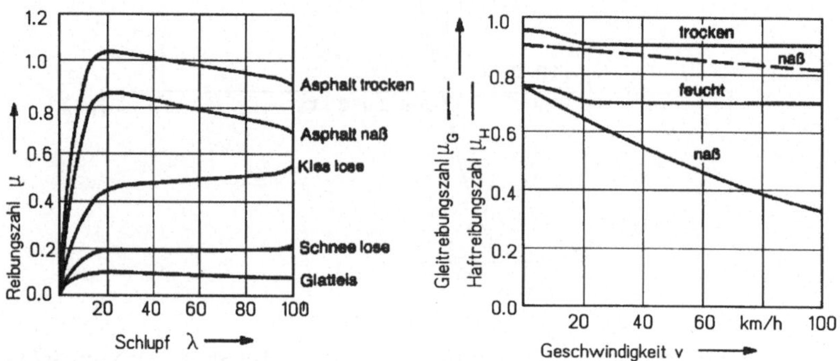

Bild 6.4.2: Einfluß von Fahrgeschwindigkeit und Fahrbahn-Oberflächenbeschaffenheit auf den Kraftschlußbeiwert (nach Zomotor, 1987)

In diesem Sinne zeigt Bild 6.4.3. den Einfluß der Profiltiefe und der Fahrgeschwindigkeit auf den Kraftschluß. Deutlich ist zu erkennen, daß der profilierte Reifen einen geringeren Kraftschluß auf trockener Straße aufweist, als der profillose Reifen. Diese Tatsache ist den Motorrennsport-Interessierten durch die profillosen Rennreifen (Slicks) für "Schönwetter-Rennen" bekannt. Dieser Nachteil wird jedoch bei Reifen für normale Straßenfahrzeuge in Kauf genommen, da erst bei nasser Fahrbahn die Profilierung deutliche Vorteile gegenüber dem unprofilierten Reifen zeigt.

Ausschließlich zur Drainage des Wasserfilms bei nasser Straße dient die Profilierung. Das *Negativprofil* muß das verdrängte Wasser aufnehmen bzw. aus der Aufstandsfläche ableiten. Die zu verdrängende Wassermenge pro Zeiteinheit nimmt mit der Fahrgeschwindigkeit zu. Bei hohen Geschwindigkeiten kann das Wasser nicht mehr abgeleitet werden. Der sich vor der Einlauflinie der Aufstandsfläche bildende Wasserkeil steht unter Staudruck, der proportional dem Quadrat der Fahrzeuggeschwindigkeit anwächst. Steigt dieser Staudruck über den Wert der örtlichen Pressung im Einlaufbereich, so hebt dieser Wasserkeil im Einlaufbereich den Reifen an. Der Kontakt Reifen- Fahrbahn ist an dieser Stelle nicht mehr vorhanden. Somit können in diesem Bereich auch keine Schubspannungen durch Reibung aufgebaut werden. Mit zunehmender Fahrgeschwindigkeit "wächst" dieser Wasserkeil weiter in die Aufstandsfläche hinein. Es kommt zu einer fortschreitenden Verringerung der Kontaktfläche bis hin zum vollständigen Aufschwimmen (Aquaplaning). Bild 6.4.4 zeigt diesen Einfluß bei nassem Asphalt und schon blokkiertem Rad.

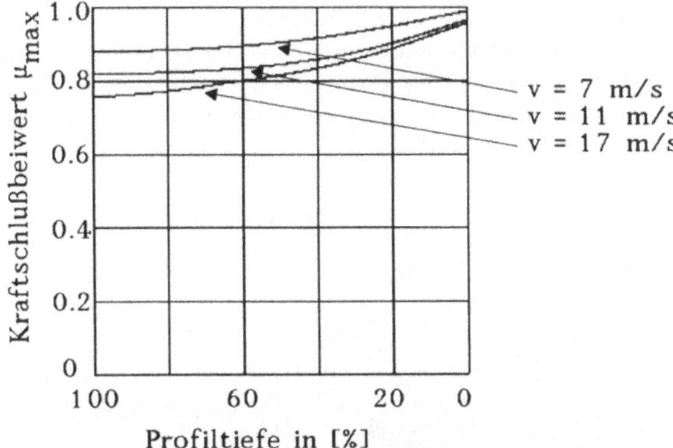

Bild 6.4.3: Kraftschlußbeiwert in Abhängigkeit von Fahrgeschwindigkeit und Profiltiefe bei trockener Fahrbahn

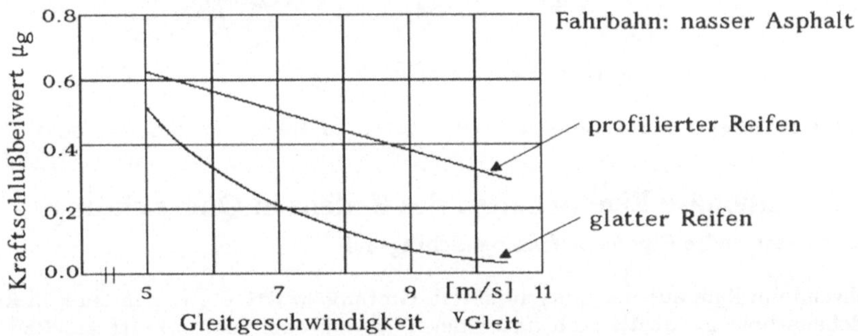

Bild 6.4.4: Kraftschlußbeiwert auf nassem Asphalt in Abhänigigkeit von der Gleitgeschwindigkeit bei blockiertem Rad

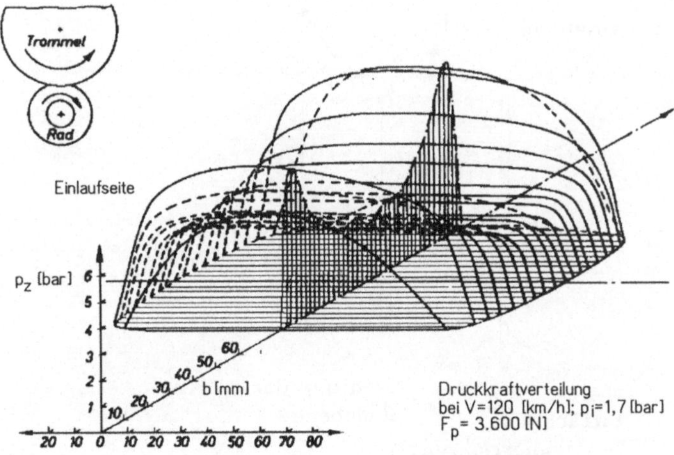

Bild 6.4.5: Vertikale Drücke in der Aufstandsfläche (nach Seitz, 1968)

Die Bilder 6.4.5 und 6.4.6 zeigen den gemessenen Druckverlauf sowie die gemessenen Längsschubspannungen in der Aufstandsfläche und bestätigen einerseits den angenommenen Druckverlauf als "Membrandruck" im Bereich zwischen den Reifenschultern und andererseits den Umfangsschubspannungsverlauf t_U aus dem Borstenmodell.

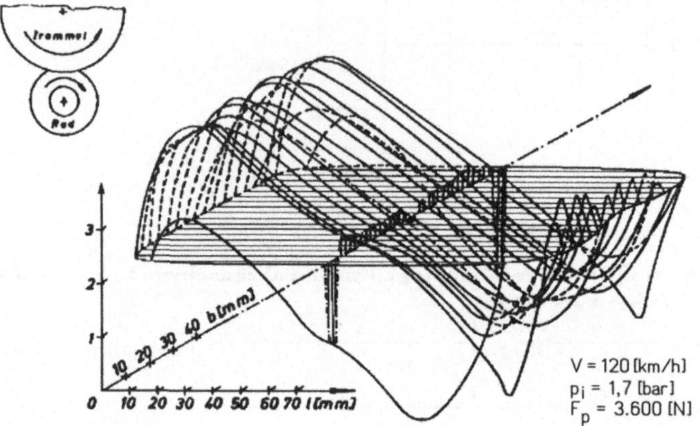

Bild 6.4.6: Längsschubspannungen in der Aufstandsfläche (nach Seitz, 1968)

6.4.2 Stationäre Eigenschaften des Reifens in Querrichtung

6.4.2.1 Stationäre Eigenschaften bei Schräglauf

Während ein Rad, auf das ausschließlich Umfangskräfte einwirken, sich in Richtung der Radebene bewegt, stellt sich unter der Wirkung einer Seitenkraft am Rad ein Winkel zwischen Bewegungsrichtung und Radebene ein. Dieser Winkel wird Schräglaufwinkel α genannt (Bild 6.4.7). Dies ist uns bereits aus den vorangegangenen Kapiteln bekannt.

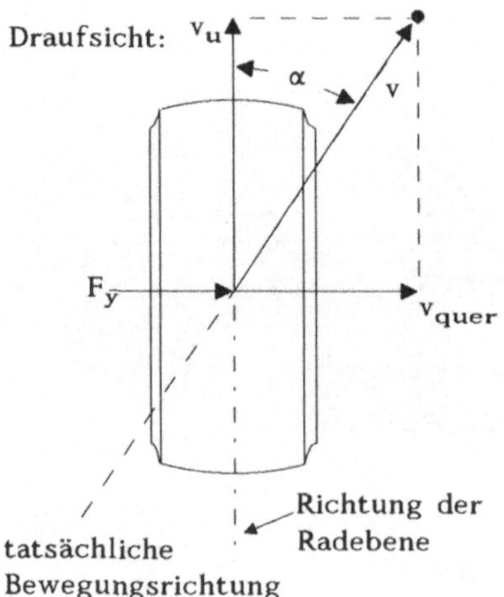

Bild 6.4.7: Reifenschräglauf

Ursache für den *Schräglauf* ist eine Verformung des Reifens unter dem Einfluß der Seitenkraft (Bild 6.4.8 und 6.4.9).

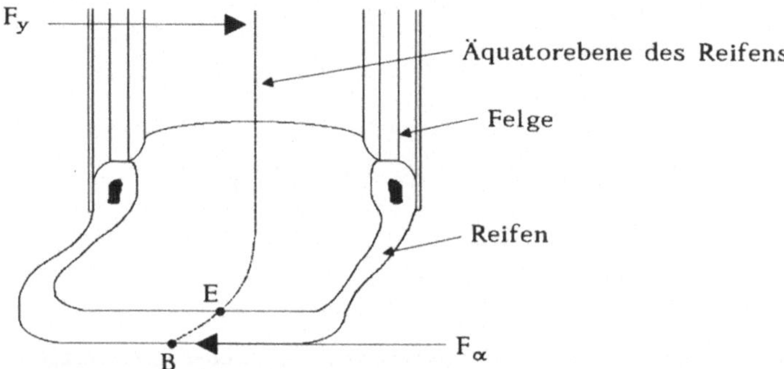

Bild 6.4.8: Seitliche Deformation des schräglaufenden Reifens

Im Bereich der Reifenaufstandsfläche verformen sich Karkasse und Protektor. Außerhalb der eigentlichen Berührungsfläche sind Karkasse und Protektor im gleichen Maße aus der Äquatorebene des Reifens verformt. Im Bereich der Aufstandsfläche verformt sich der Protektor auch relativ zur Karkasse. Die seitlich auf das Rad wirkende Kraft F_y wird im Bereich der Aufstandsfläche durch Reib- bzw. Kraftschluß auf der Straßenoberfläche abgestützt, indem in dieser Fläche seitlich gerichtete Schubspannungen τ_S auftreten. Die Summe bzw. das Integral dieser Schubspannungen über der Fläche bildet die *Seitenführungskraft* F_α des Reifens (Bild 6.4.10).

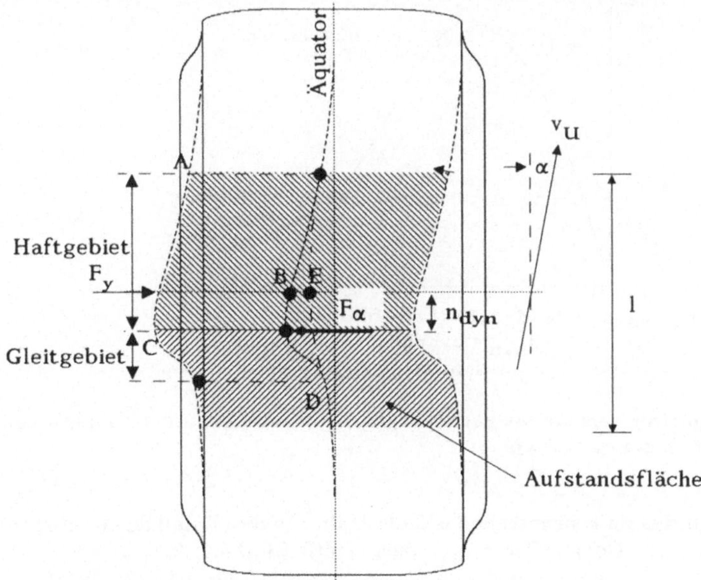

Bild 6.4.9: Karkassen- und Protektordeformation bei Schräglauf

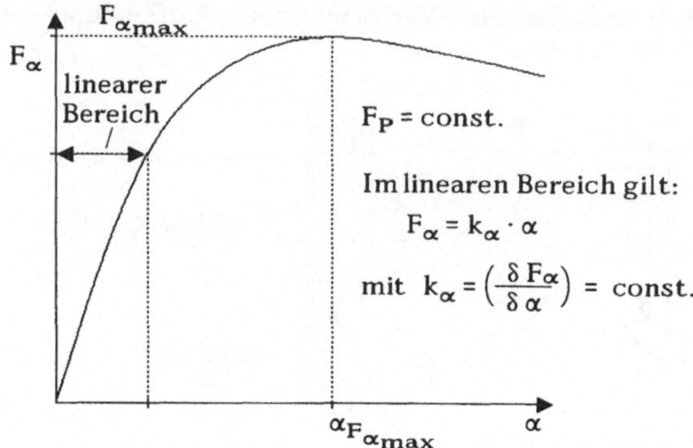

Bild 6.4.10: Prinzipieller Verlauf der Seitenkraft über dem Schräglaufwinkel

Da die seitliche Verformung von Karkasse und Protektor nicht symmetrisch über die Länge der Kontaktfläche ist und die Schubspannungen sich damit auch unsymmetrisch einstellen, greift die resultierende Seitenkraft der Aufstandsfläche F_α im Abstand n_{dyn} zur Radmittelebene an. Diese hinter der Radmittelebene angreifende Kraft F_α erzeugt mit dem Hebelarm n_{dyn}, der als *dynamischer Nachlauf* bezeichnet wird, das *Rückstellmoment* des Reifens M_α um die Hochachse (z- Achse).

Bild 6.4.11 stellt den prinzipiellen Verlauf des Rückstellmomentes über dem Schräglaufwinkel dar.

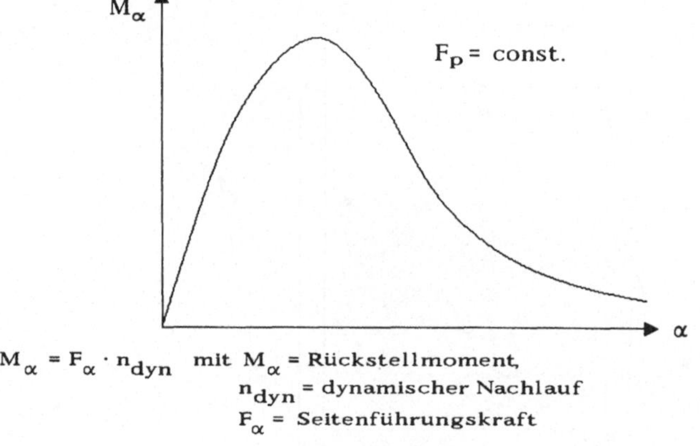

$M_\alpha = F_\alpha \cdot n_{dyn}$ mit M_α = Rückstellmoment,
n_{dyn} = dynamischer Nachlauf
F_α = Seitenführungskraft

Bild 6.4.11: Prinzipieller Verlauf des bei Schräglauf auftretenden Rückstellmoments M_α über dem Schräglaufwinkel α

Die bei Schräglauf des Rades entstehende Seitenführungskraft und das Rückstellmoment werden gemeinsam im "*Gough-Diagramm*" dargestellt (Bild 6.4.12).

Die folgenden Bilder 6.4.13 bis 6.4.16 zeigen beispielhaft die Abhängigkeiten der Seitenkraft und des Rückstellmoments von den verschiedenen Einflußparametern Innendruck

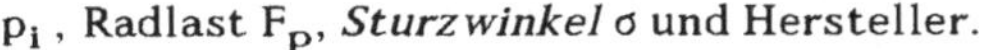

p_i, Radlast F_p, *Sturzwinkel* σ und Hersteller.

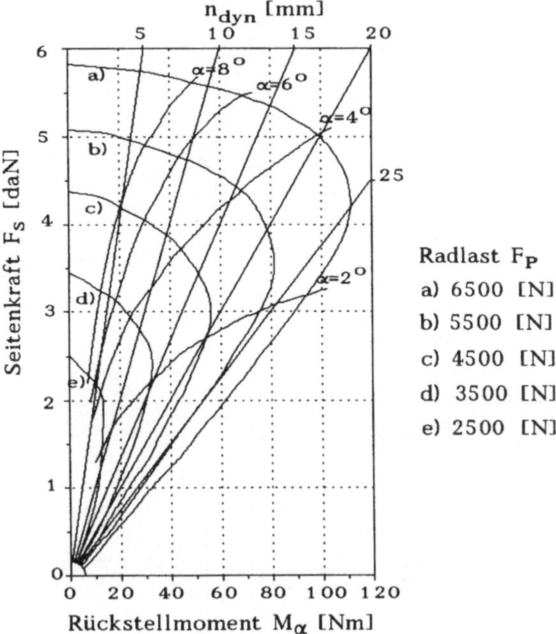

Bild 6.4.12: Gough-Diagramm für den Reifen 195/70 HR 14 TL, p_i = 2.3 [bar]

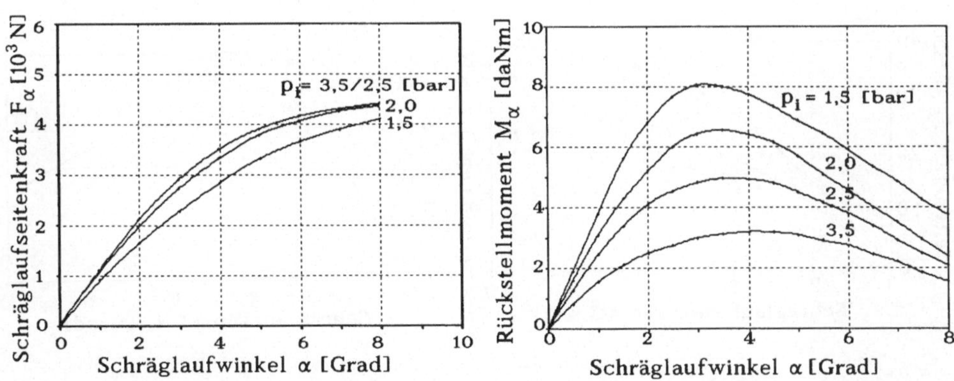

Bild 6.4.13: Seitenkraft Rückstellmoment über dem Schräglaufwinkel; p_i variabel; Reifengröße 195/70 HR 14 TL; Radlast F_P = 5000 [N]; v = 50 [km/h]

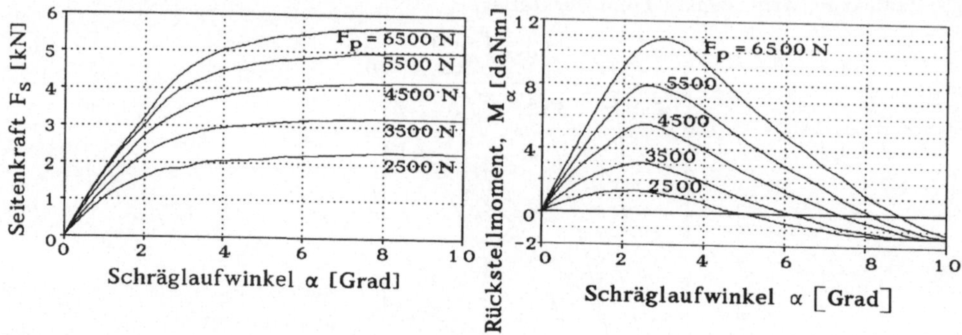

Bild 6.4.14: Seitenkraft und Rückstellmoment über dem Schräglaufwinkel; Radlast F_p variabel; Reifentyp 195/70 HR 14 TL; p_i = 2.3 [bar]

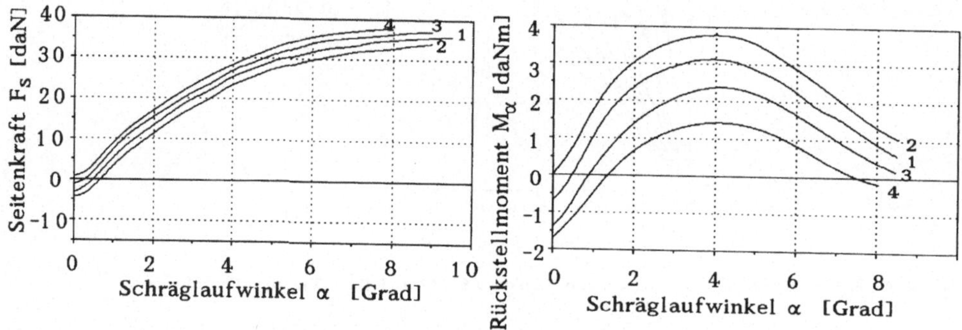

Bild 6.4.15: Seitenkraft und Rückstellmoment über dem Schräglaufwinkel; Sturzwinkel σ variabel; Reifentyp 195/70 HR 14 TL; p_i = 2.3 [bar] . 1: $\sigma=0^\circ$; 2: $\sigma=3^\circ$; 3: $\sigma=-3^\circ$; 4: $\sigma=-6^\circ$.

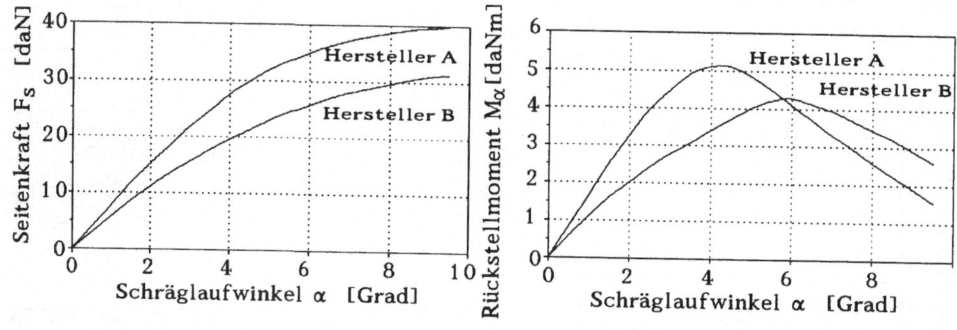

Bild 6.4.16: Seitenkraft und Rückstellmoment über dem Schräglaufwinkel; gleicher Reifentyp 195/70 HR 14 TL jedoch verschiedene Hersteller; Radlast F_p = 4000 [N]; p_i = 2.3 [bar]

Die Abhängigkeit des *Seitenkraftbeiwertes* vom Reifeninnendruck zeigt Bild 6.4.17. Bei Geradeauslauf steigt der Beiwert mit dem Innendruck nur bis etwa zum Nenndruck. Bei größeren Schräglaufwinkeln fällt der Beiwert sogar mit dem Innendruck.

Bild 6.4.18 zeigt die Abhängigkeit des Seitenkraftbeiwerts von der Radlast.

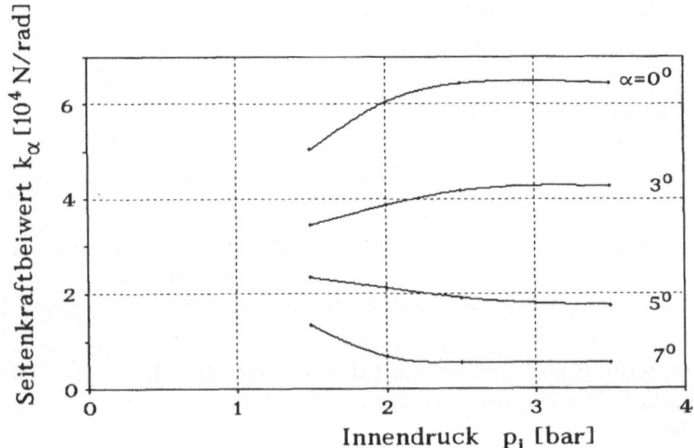

Bild 6.4.17: Abhängigkeit des Seitenkraftbeiwertes k_a vom Innendruck p_i; α variabel; Reifengröße 195/65 R 14 TL; Radlast F_P =5000 [N]; Geschw. v =50[km/h]

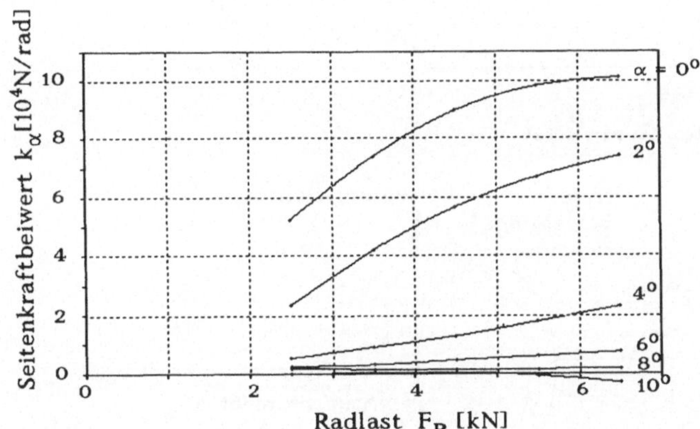

Bild 6.4.18: Abhängigkeit des Seitenkraftbeiwertes k_α von der Radlast F_P ; α variabel; Reifengröße 195/70 R 14 TL; p_i = 2.3 [bar]; Geschw. v =50[km/h]

Generelle Tendenzen der *Schräglaufseitenkraft* F_α :
Seitenkraft steigt linear bis zu Schräglaufwinkeln von etwa 2° - 3° an, anschließend nur noch degressiv bis zu einem Maximum bei etwa 7° bis 12°.

Generelle Tendenzen des Seitenkraftbeiwertes k_α :

1) Seitenkraftbeiwert steigt mit abnehmender Profiltiefe.
2) Seitenkraftbeiwert steigt degressiv mit dem Reifeninnendruck bis zu einem Maximum (bei kleinen Schräglaufwinkeln).
3) Seitenkraftbeiwert steigt degressiv mit der Radlast bis zu einem Maximum.

Generelle Tendenzen des *Rückstellmomentes* M_α :

1) Maximum des Momentes liegt bei kleineren Schräglaufwinkeln (ca. 2° bis 5°) als das Maximum der Seitenkraft.
2) Das Maximum von M_α steigt mit abnehmender Profiltiefe stark an.
3) Das Maximum von M_α fällt mit zunehmendem Reifeninnendruck bei gleichzeitiger Verschiebung des Maximums zu größeren Schräglaufwinkeln.
4) Das Maximum von M_α nimmt mit der Radlast zu.

6.4.2.2 Stationäre Eigenschaften bei Radsturz

Unter dem Sturzwinkel σ eines Rades ist der Winkel zwischen Radebene und der Fahrbahnnormalen definiert.

Das frei rollende, unter Sturz laufende Rad bewegt sich auf einer Kreisbahn um den Kurvenmittelpunkt 0. Die erzwungene Bewegung eines Reifens auf einer anderen Bahnkurve als dem Kreis ist mit einer Sturzseitenkraft F_σ und einem *Sturzmoment* M_σ um die Hochachse verbunden.

Bei geradeaus rollendem, jedoch gestürztem Rad deformiert sich der Reifen in der Aufstandsfläche in Richtung auf den Kurvenmittelpunkt 0, und zwar symmetrisch zur Mittellinie der Aufstandsfläche.

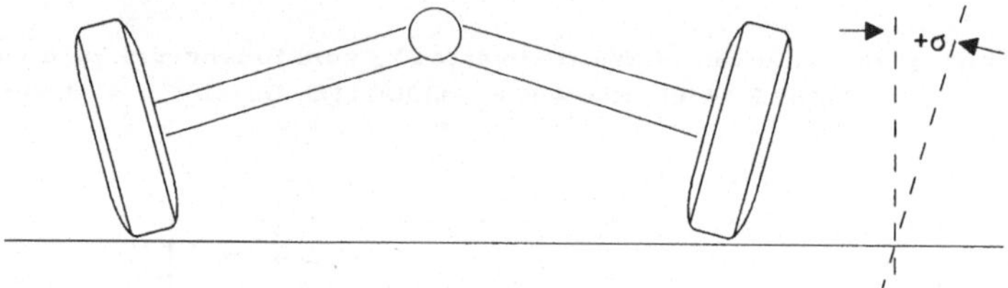

Bild 6.4.19: Räder unter Sturzwinkel

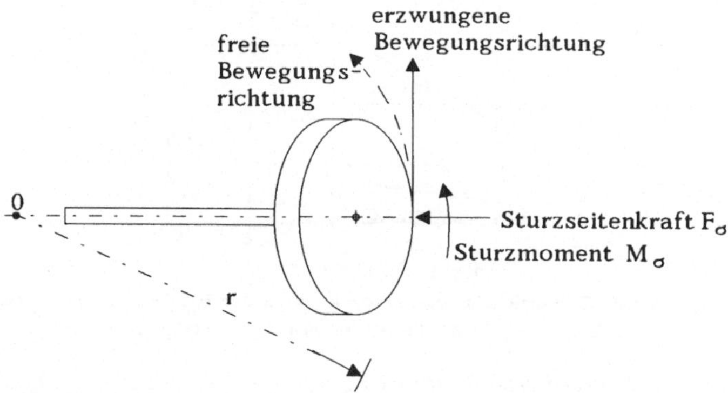

Bild 6.4.20: Bewegungsrichtungen des gestürtzten Rades

Durch Deformation und Seitensteifigkeit des Reifens entstehen seitliche Schubspannungen $\tau_{S,\sigma}$, deren Integral die *Sturzseitenkraft* F_σ ergibt:

$$F_\sigma = b \cdot \int_0^l \tau_{S,\sigma} \, dx .$$

Da die Deformation linear mit dem Sturzwinkel (im Bereich kleiner Winkel bis zu ca. 10^0) steigt, nimmt auch die Sturzseitenkraft F_σ linear mit dem Sturzwinkel zu.

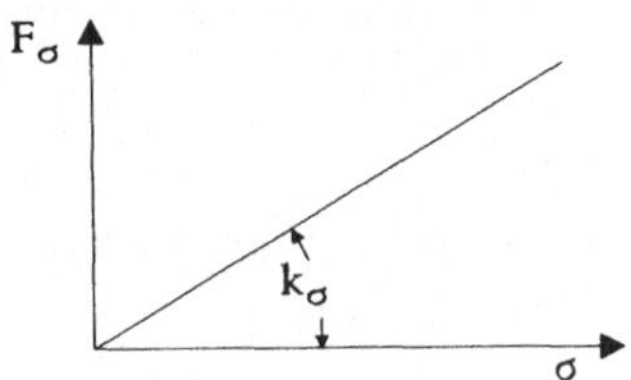

Bild 6.4.21: Prinzipieller Verlauf der Sturzseitenkraft F_σ über dem Sturzwinkel σ

Die Sturzseitenkraft F_σ kann somit auch

$$F_\sigma = k_\sigma \cdot \sigma \qquad \text{mit} \qquad k_\sigma : \text{Sturzseitenkraftbeiwert}$$
$$\sigma : \text{Sturzwinkel}$$

geschrieben werden. Die Werte des Sturzseitenkraftbeiwerts liegen bei $k_\sigma = (0{,}1 - 0{,}2) \cdot k_\alpha$. Ein Moment wird durch die Schubspannungen $\tau_{s,\sigma}$ nicht erzeugt. Das erwähnte *Sturzmoment* entsteht durch Längs - Schubspannungen über der Reifenbreite.

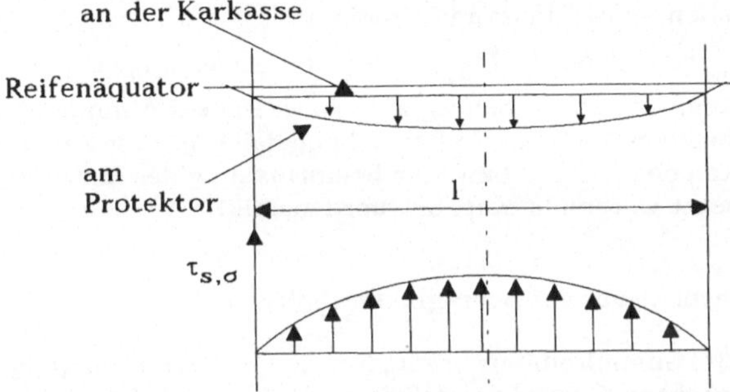

Bild 6.4.22: Protektordeformation und seitliche Schubspannungen $\tau_{S,\sigma}$ durch Radsturz

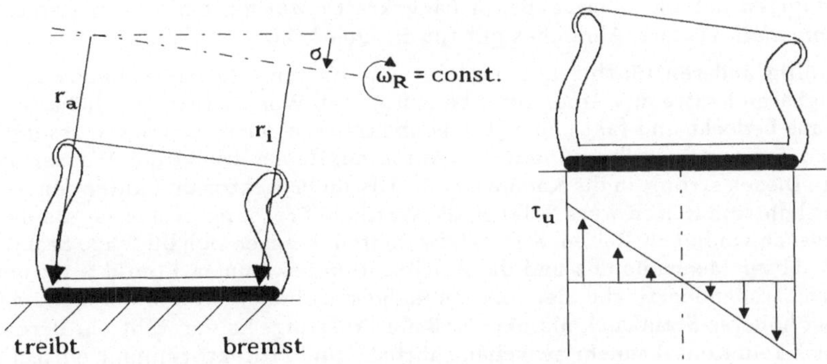

Bild 6.4.23: Prinzipbild zur Entstehung von Längsschubspannungen $\tau_{u,\sigma}$ bei Radsturz und damit zur Entstehung des Sturzmoments M_σ

Da die Aufstandsfläche eine endliche Breite besitzt, rollen bei gleicher Winkelgeschwindigkeit die Reifenschultern auf unterschiedlichen *Rollradien* und besitzen unterschiedliche Umfangsgeschwindigkeiten (Bild 6.4.23). Diese unterschiedlichen Umfangsgeschwindigkeiten zu beiden Seiten des deformierten Reifenäquators haben verschieden große Umfangsschubspannungen $\tau_{U,\sigma}$ auf beiden Seiten des Äquators zur Folge, die im Integral ein Moment (das Sturzmoment M_σ) um die z-Achse erzeugen. Bei positivem Sturz wirkt das Sturzmoment in Richtung des Rückstellmoments.

Das Sturzmoment wirkt dem Schräglaufmoment entgegen. Für kleine Sturzwinkel gilt:

$$M_\sigma = \chi_M \cdot \sigma \qquad \chi_M \approx 30 - 110 \text{ [Nm/rad]} .$$

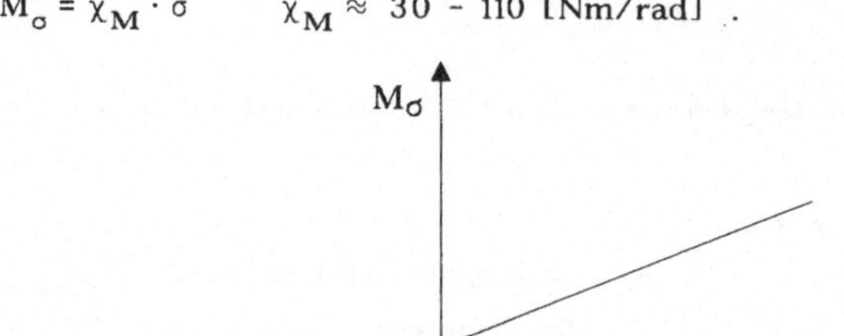

Bild 6.4.24: Prinzipieller Sturzmomentenverlauf M_σ über dem Sturzwinkel

Bei gestürztem und zusätzlich schräg laufendem Rad gilt:

$$F_{\alpha,\sigma} = k_\alpha \cdot \alpha - k_\sigma \cdot \sigma \qquad \text{und} \qquad M_{\alpha,\sigma} = k_\alpha \cdot n_{dyn} \cdot \alpha + \chi_M \cdot \sigma .$$

Schräglauf- und Sturzseitenkraft sowie Schräglauf- bzw. Rückstellmoment und Sturzmoment überlagern sich an einem Rad. Der Radsturz kann daher gezielt zum Beeinflussen der Schräglaufeigenschaften einer Achse bzw. zur Beeinflussung des Untersteuerverhaltens des Fahrzeugs eingesetzt werden (s. Kap. 5, Querdynamik).

6.4.2.3 Einfluß nasser Fahrbahn auf das Schräglaufverhalten

Entsprechend Kapitel 6.2 "Gummireibung" reduziert jede "Verunreinigung" zwischen Straßenoberfläche und Protektor-Gummi die *Adhäsionskräfte* zwischen beiden Reibpartnern. Dies gilt auch für Wasser in der Aufstandsfläche. Bei lediglich feuchter Straßenoberfläche tritt nur eine Reduktion des lokalen Reibwertes in der Kontaktfläche auf. Die Auswirkungen auf die übertragbaren Längskräfte wurden bereits im Kapitel 6.3 "Das *Borstenmodell*" erklärt. Ähnliches gilt für die Querkräfte.

Einen völlig anderen Einfluß übt dagegen eine überflutete Fahrbahnoberfläche auf die übertragbaren Kräfte aus. Überflutet bedeutet, daß Wasser fast sämtliche Unebenheiten der Straße bedeckt und fast keine "Unebenheitsberge" mehr aus der Wasserschicht herausragen. Die vertikale Pressung in der Aufstandsfläche drückt das Wasser beim Abrollen weg. Dieses strömt in die Kanäle des Profils im Protektor und unter den Reifenschultern seitlich vom Reifen weg. Solange die vertikale Pressung größer ist als der durch die Relativgeschwindigkeit Reifen-Straße bzw. Reifen-Wasser sich bildende Staudruck funktioniert dieser Mechanismus und die Profilstollen bekommen Kontakt mit der nunmehr feuchten Straßenoberfläche. Bei höheren Radgeschwindigkeiten bildet sich im Einlaufbereich ein höherer Staudruck als die vertikale Pressung. Es entsteht ein Bereich, in welchem sich kein Kontakt mehr zwischen Fahrbahn und Protektorgummi einstellen kann.

Man spricht von einem Wasserkeil zwischen Straße und Protektor oder auch von einer *Annährungszone* (siehe Bild 6.4.25). Diesen Zustand nennt man den Beginn des *Auf-*

schwimmens bzw. *Aquaplanings.*

Das beginnende Aufschwimmen des Reifens im vorderen Teil der Aufstandsfläche bewirkt deutliche Veränderungen der übertragbaren seitlichen Schubspannungen und damit auch Veränderungen für Seitenführungskraft, Rückstellmoment und *dynamischen Nachlauf.*

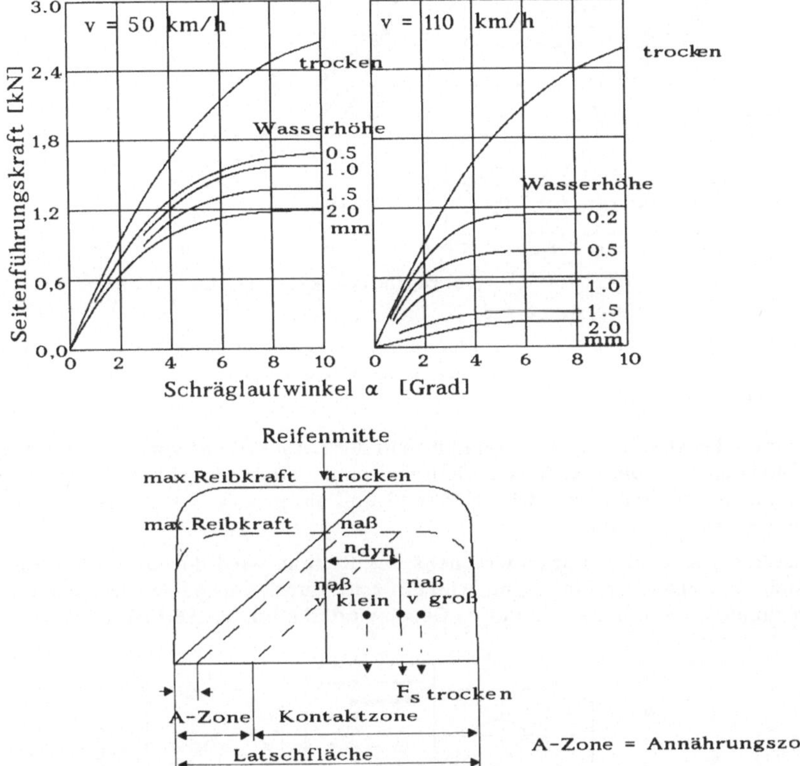

Bild 6.4.25: Auswirkungen des Aufschwimm-Mechanismus auf seitliche Schubspannungen und die übertragbare Schräglaufseitenkraft F_α

Mit weiter zunehmender Geschwindigkeit v wird die durch die Kontaktzone übertragbare Seitenführungskraft kleiner (Bild 6.4.25, linke Teilbilder).

Das mit zunehmender Fahrgeschwindigkeit in der Aufstandsfläche nach hinten wandernde Schubspannungsdreieck erzeugt einen größeren "dynamischen Nachlauf" n_{dyn} und erreicht bei größeren Schräglaufwinkeln Werte wie auf trockener Straße. Damit verbunden stellt sich trotz abnehmender Seitenkraft auch ein größeres Rückstellmoment ein, welches sogar größer als auf trockener Straße werden kann (Bild 6.4.26 und 6.4.27).

Achtung:

Hier droht Gefahr, da ein großes Rückstellmoment ein Gefühl der Sicherheit für den Fahrer am Lenkrad gibt. Bei großen Schräglaufwinkeln und Nässe kann das Rückstellmoment die Werte bei trockener Straße erreichen. Der Fahrer bekommt über das Lenkmoment, welches der Summe der Rückstellmomente einer Achse proportional ist, keine Information über die Gefahr des beginnenden Aquaplanings. Den Verlauf des dynamischen Nachlaufs bei trockener und nasser Fahrbahn zeigt Bild 6.4.26.

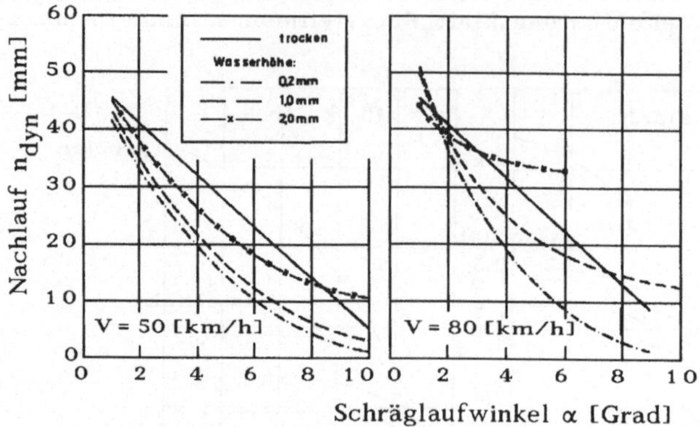

Bild 6.4.26: Reifennachlauf bei verschiedenen Schräglaufwinkeln auf trockener und nasser Fahrbahn (Prüfstandsergebnisse auf glatter Prüfstandstrommel, nach Gengenbach 1969)

Die Wirkung des sich bei Nässe nach hinten in der Latschfläche verlagernden Schubspannungsfeldes ist bei hohen Radgeschwindigkeiten deutlich am großen dynamischen Nachlauf (größer als bei trockener Oberfläche !!) und am größeren Rückstellmoment als bei trockener Straße erkennbar.

Der Zustand des totalen Aufschwimmens des Reifens wird durch den Schräglauf nicht beeinflußt. Bei größeren Schräglaufwinkeln tritt durch veränderte Drainageeffekte das Aufschwimmen erst bei leicht höheren Geschwindigkeiten auf (Bild 6.4.28).

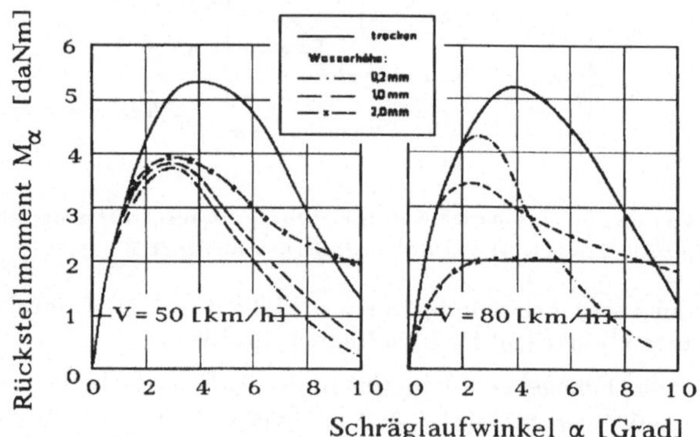

Bild 6.4.27: Rückstellmoment bei verschiedenen Schräglaufwinkeln auf trockener und nasser Fahrbahn (Prüfstandsergebnisse auf glatter Prüfstandstrommel, nach Gengenbach 1969)

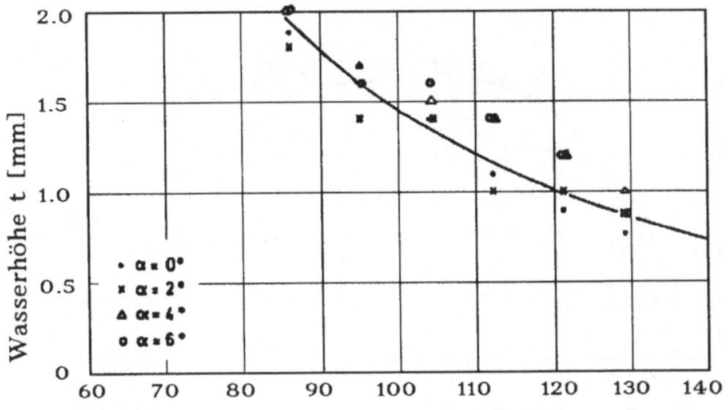

Bild 6.4.28: Aufschwimmgeschwindigkeit in Abhängigkeit von der Wasserfilmhöhe bei verschiedenen Schräglaufwinkeln (nach Gengenbach, 1969).

6.4.3 Das getriebene bzw. gebremste Rad unter Schräglauf (stationär)

Wenn jeweils nur Umfangskräfte F_U bzw. Seitenkräfte F_α allein am Rad angreifen, gilt

$$F_{U\,max} \le \mu_{max} \cdot F_P \qquad F_{\alpha_{max}} \le \mu_{max} \cdot F_P .$$

Treten die beiden horizontalen Kräfte F_U und F_α gleichzeitig auf, so gilt, daß jetzt die geometrische Summe beider Kräfte den Wert $\mu_{max} \cdot F_P$ nicht überschreiten kann. Dies wurde schon in Kap 5.5.1.3 in anderem Zusammenhang angesprochen.

$$\sqrt{F_U^2 + F_\alpha^2} \le \mu_{max} \cdot F_P$$

Die Kräfte F_U und F_α können nur innerhalb eines Kreises (*Kammscher Kreis*, Bild 6.4.29) mit dem Radius $\mu_{max} \cdot F_P$ liegen. μ_{max} ist das Maximum der *Reibwertfunktion* (Adhäsion, s. Kap. 6.2). Kräfte außerhalb dieses Kreises können nicht übertragen werden.

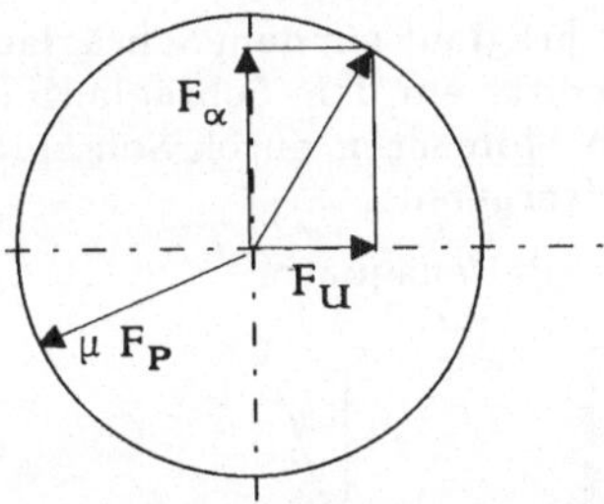

Bild 6.4.29: Kamm'scher Reibungskreis für Seiten- und Umfangskraft

Fazit:

Werden die Umfangskräfte F_U voll ausgenutzt, so sind keine Seitenführungskräfte F_α mehr verfügbar und umgekehrt.

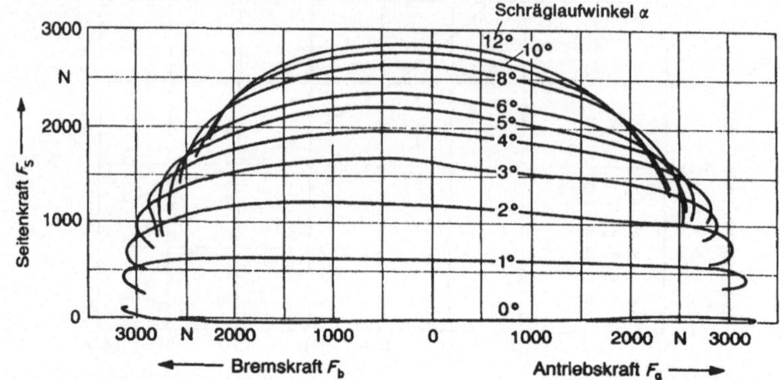

Bild 6.4.30: Schräglaufseitenkraft F_α über der Umfangskraft F_U (Kammscher "Reibungskreis")

Tatsächlich sind (Bild 6.4.30) die maximalen Reibwerte in Längs- und Umfangsrichtung - bedingt durch den Reifenaufbau - nicht gleich groß.

Durch diese unterschiedlich großen Reibwerte wird der "*Kammsche Kreis*" zu einer Ellipse deformiert.

Achtung:

Bei blockiertem Rad verschwinden nicht die Seitenkräfte (weil Lenkbewegungen keine Kursänderung bewirkt), sondern der resultierende Vektor aus Umfangs- und Seitenkraft hat dieselbe Richtung wie der Geschwindigkeitsvektor (Die Seitenkraft ist definiert als Kraft senkrecht auf die Radebene !).

Ein *Bremskraftregler* (*ABS*; *Antiblockiersystem*) nutzt den Schlupfbereich δ_{Br} = 5 bis 15 % aus, um bei nahezu maximaler Umfangskraft noch nennenswerte Seitenführungskräfte zur Verfügung zu stellen, um das Fahrzeug lenkbar zu erhalten.

Durch die seitliche Deformation des Aufstandsflächenbereichs üben Umfangskräfte ein Moment um die Hochachse (z-Achse) aus, welches das Rückstellmoment M_α durch Schräglauf überlagert (Bild 6.4.31).

Treibende Umfangskräfte erzeugen bei Schräglauf ein dem Schräglaufmoment gleichgerichtetes Moment, bremsende Umfangskräfte ein dem Schräglaufmoment entgegengesetzes Moment. Diese Überlagerung von Momenten durch Schräglauf und durch Umfangskräfte zeigt Bild 6.4.32 als Prüfstandsergebnis.

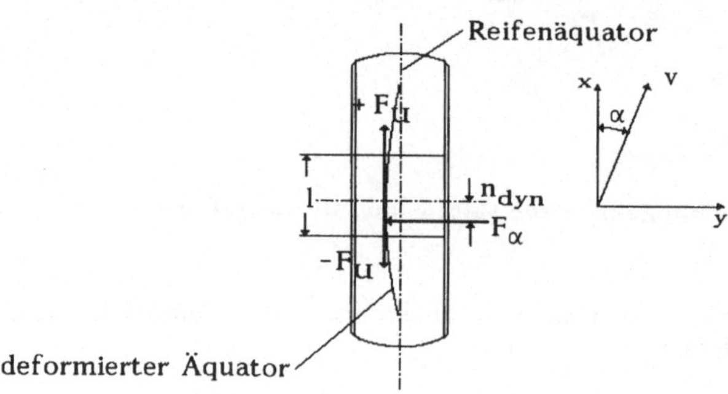

Bild 6.4.31 : Umfangskraft und Schräglaufseitenkraft in der Aufstandsfläche

Fazit:

Bei vorderradgetriebenen Fahrzeugen bewirkt Gasgeben in der Kurve ein zusätzliches, rückdrehendes Moment; Bremsen in der Kurve dagegen kann das Schräglaufmoment nicht nur zu Null bringen, sondern sogar ein den Schräglauf vergrößerndes Moment erzeugen (Hineindrehen der Vorderräder in die Kurve).

Bei Prüfstandsmessungen wird die z-Achse des Rades, also die senkrechte Symmetrieachse als Bezugsachse für die Momente gewählt. An der gelenkten Vorderachse eines realen Fahrzeugs jedoch ist die Lenkachse nicht identisch mit dieser Z-Achse. Die auf das Lenkungssystem abgestützten Momente entstehen hier durch die Seiten- und Umfangskräfte multipliziert mit dem Hebelarm zu der Lenkachse.

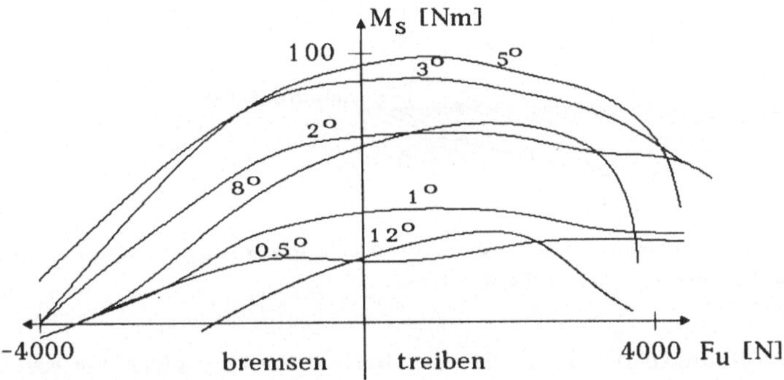

Bild 6.4.32: Gemessener Verlauf des Schräglaufmoments über der Umfangskraft.

Wie Bild 6.4.33 zeigt, ist die Wirkung der Umfangskräfte auf das Moment M_S bei kurvenäußerem und kurveninnerem Vorderrad unterschiedlich.

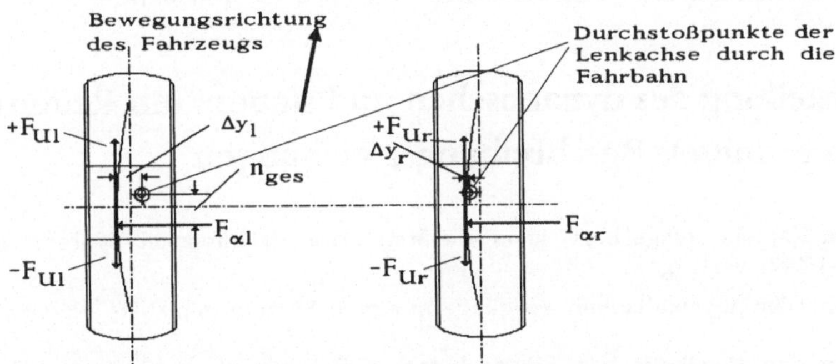

Bild 6.4.33: Umfangs- und Seitenkräfte an einer Vorderachse in der Draufsicht

Die Seitenkräfte F_α beider Räder besitzen den gleichen Hebelarm $n_{ges} = n_{dyn} + n_{kon}$ (dynamischer und konstruktiver Nachlauf = Gesamtnachlauf n_{ges}) für das Schräglaufmoment. Die Umfangskräfte F_U des linken und rechten Rades greifen am Hebelarm Δy_l und Δy_r an und erzeugen unterschiedliche Momente. Die Summe aller Momente ist dem Lenkmoment proportional (verändert durch das Übersetzungsverhältnis des Lenkgetriebes).

Bild 6.4.34 zeigt die geometrischen Verhältnisse in einem Querschnitt. Dies wurde bereits in Kap. 5.5.1 "Querdynamik, Nichtlinearitäten" kurz angesprochen.

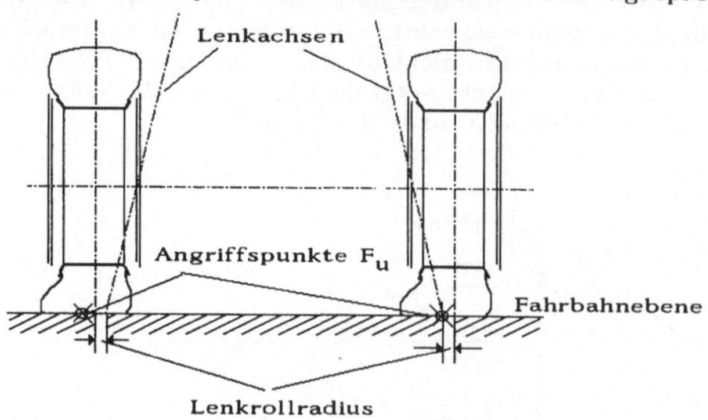

Bild 6.4.34: Lage der Lenkachsen sowie Angriffspunkte der Umfangskräfte F_U an einer Vorderachse mit positivem Lenkrollradius

Liegen die Durchstoßpunkte der Lenkachsen außerhalb der z-Achse der Räder – von Fahrzeugmitte aus gesehen –, spricht man von einem *negativen Lenkrollradius.* Bei unterschiedlichen Umfangskräften an den beiden Rädern infolge unterschiedlicher Reibwerte auf den Fahrspuren der Straße (*μ-split* genannt), kommt der Größe und dem Vorzeichen des Lenkrollradius eine besondere Bedeutung zu. Die Drehrichtung der Momentensumme beider Räder durch die Umfangskräfte $F_U \cdot \Delta y$ kann sich umkehren und eine Schrägstellung der Räder infolge der vorhandenen Lenkelastizität (s. Kap. 5.5.1.2) in Richtung zum kleineren Reibwert der Straße ist die Folge. Bei positivem Lenkrollradius, wie in Bild 6.4.34 gezeigt, und unterschiedlichen Reibwerten auf der rechten und linken Fahrspurseite stellen sich die Vorderräder in Richtung des höheren Reibwerts ein.

6.5 Darstellung des dynamischen und stationären Reifenverhaltens mittels Beschreibungsgleichungen

Wie schon im Kap. 1.5 ausgeführt, kann die Simulation dynamischer Systeme im allgemeinen zwei Ziele verfolgen:

1. Beschreibung der physikalischen Vorgänge in einem System mit Hilfe physikalischer Gesetze.
2. Nachahmen der physikalischen Eigenschaften (im Sinne einer black-box Ansicht) durch Annäherung mit Hilfe von *Beschreibungsgleichungen.*

Ingenieure benutzen für die Simulation beide Methoden, wobei die Nachahmung der physikalischen Eigenschaften mittels einer *Systemidentifikation* auf der Grundlage angenommener und erwarteter beschreibender Gesetze, z. B. mittels theoretischen Einschätzens, erfolgen muß.

Beide Methoden liefern auch unterschiedliche Aussagen. Bei der Anwendung physikalischer Gesetze sind genaue Voraussagen über noch nicht real existierende Systeme und deren Einfluß mittels physikalischer Parameter möglich. Hierfür kann der Rechenaufwand im allgemeinen sehr hoch sein, je nach Komplexität des zu beschreibenden Systems. Der Vorteil und sehr häufig auch das Ziel der zweiten Methode ist die Echtzeitfähigkeit für ein komplexes dynamisches System, allerdings kombiniert mit dem Nachteil, die Einflüsse der physikalischen Parameter im System nicht erkennbar werden zu lassen. Als Vorteil der zweiten Methode kann auch gelten, daß diese Systemparameter bei Anwendung der ersten Methode oftmals nicht einwandfrei identifiziert werden können.

Die Methode, physikalische Eigenschaften mittels ihrer Approximation auf der Basis verhaltensähnlicher Formeln zu imitieren, wird neuerdings "*magic formula*" genannt.

Auf dem Gebiet der Fahrzeugentwicklung, aber auch für Fahrsimulatoren, ist eine Echtzeitfähigkeit oder zumindest ein sehr schnell zu ermittelndes Ergebnis über die Systemeigenschaften des gesamten Fahrzeugs oft notwendig. Beispielsweise ist das vertikale Schwingungsverhalten des gesamten Fahrzeugs zu ermitteln, ohne erst eine genaue physikalische Beschreibung der Vorgänge in den Aufbaudämpfern zu erstellen.

Im folgenden werden zwei dieser Näherungsformeln beschrieben; eine kann zur Berechnung der dynamischen Reifeneigenschaften und die andere zur Berechnung der stationären Eigenschaften des Reifens benutzt werden. Als stationärer Zustand des Reifens wird hier der sich drehende, aber nicht unter dem Einfluß zeitlich veränderlichen Schräglaufwinkels oder zeitlich veränderlicher Radlast stehende, Reifen angesehen.

6.5.1 Dynamische Eigenschaften des Reifens bei zeitlich veränderlichem Schräglauf

Ein physikalisches *Reifenmodell* wurde von D.H. Schulze in seiner Dissertation (1987) beschrieben. Es basiert auf einem sehr aufwandreichen mathematischen Ersatzmodell der physikalischen Reifeneigenschaften. Dieses Modell ist jedoch für real-time Simulationen im Rahmen einer Fahrzeugsimulation nicht geeignet, sehr wohl aber zur Erklärung der *Deformationsmechanismen* und der Entstehung der in der Kontaktfläche wirksamen mechanischen Spannungen.

Zur real-time Simulation läßt sich ein anderer Weg beschreiten, um Beschreibungsgleichungen zu erhalten. Die *Reifenübertragungseigenschaften* werden auf einem Prüfstand mit zeitlich veränderlichen Anregungsgrößen ermittelt. Dies liefert zwar keine Erklärungen und Erkenntnisse über die physikalischen Vorgänge im Reifen selbst bzw. in der Aufstandsfläche (wie im oben genannten Modell von Schulze), ermöglicht aber dem Fahrzeugingenieur die leichte Einbindung der Reifendynamik in ein Modell der Fahrzeugdynamik oder Fahrdynamik. Bei der Vermessung des Reifens mit zeitlich veränderlicher Anregung müssen allerdings die gleichzeitig auftretenden Massenkräfte und Kreiselmomente der benutzten Prüfeinrichtung, die bei stationären Messungen nicht auftreten, sorgfältig korrigiert werden, damit lediglich die vom Reifen erzeugten Kräfte und Momente im Ergebnis der Untersuchungen erscheinen. Über dieses Verfahren und nachfolgende Beschreibung der Übertragungsfunktionen mit Hilfe linearer Reglergleichungen ist in Willumeit et al. (1987) und Nast et al. (1991) berichtet worden.

Der zeitlich veränderliche Schräglaufwinkel $\alpha(t)$ wurde hierbei durch ein bandbegrenztes weißes Rauschen bis ca. 17 Hz mit einer Varianz von $\sigma_\alpha = 0{,}21^0$ (s. Bild 6.5.1) erzeugt.

Bezieht man das korrigierte *dynamische Rückstellmoment* und die korrigierte dynamische Seitenkraft jeweils auf die stationären Werte, d.h. diejenigen Werte, die sich bei zeitlich konstantem Schräglaufwinkel bei f = 0 Hz einstellen, so erhält man dimensionslose Rückstellmomente und Seitenkräfte. Über die Berechnung der Leistungsdichten erhält man schließlich die Übertragungsfunktionen M_α/α des Rückstellmoments und F_α/α der Seitenkraft. Beide werden beispielhaft durch die Bilder 6.5.2 und 6.5.3 als Bodeplot gezeigt.

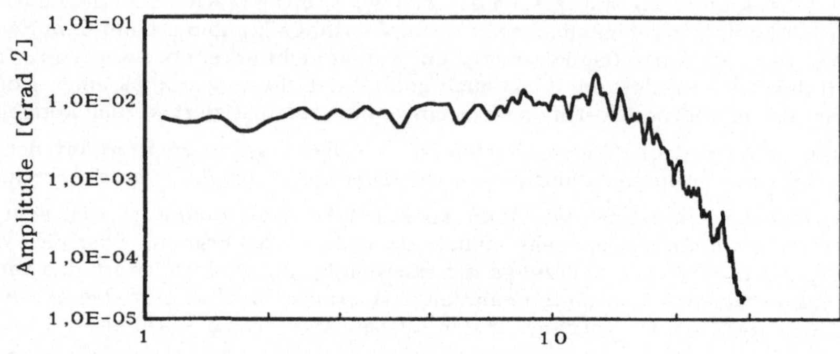

Bild 6.5.1: Leistungsdichte des Schräglaufwinkels als Anregungsfunktion.

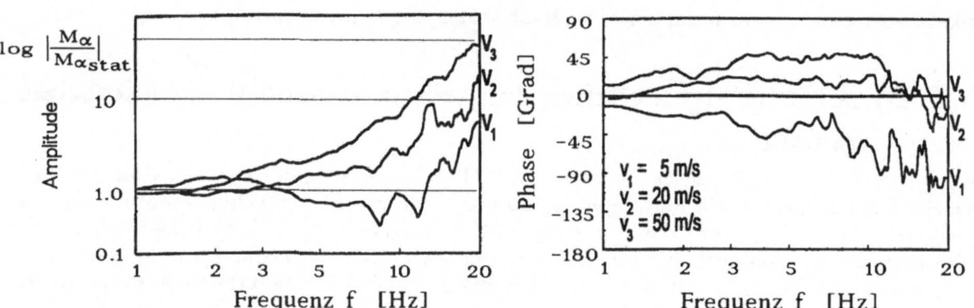

Bild 6.5.2: Gemessene Übertragungsfunktion Rückstellmoment/Schräglaufwinkel bezogen auf den stationären Wert.

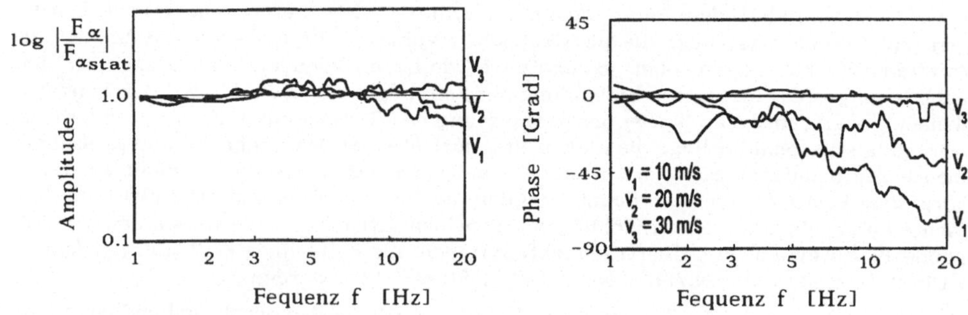

Bild 6.5.3: Gemessene Übertagungsfunktion Seitenkraft/Schräglaufwinkel bezogen auf den stationären Wert.

Als *Approximationsgleichungen* für die Übertragungsfunktionen wird jeweils ein PD2-Glied (Proportional-, 1-fach und 2-fach differenzierendes Verhalten des Systems relativ zur Anregung) angenommen, welches beide Amplitudengänge in ausreichender Form nachbildet. Lediglich die Phase muß durch ein weiteres Approximationsglied - ein Totzeitglied - angepaßt werden. Dies bedeutet, daß das dynamische Verhalten von Rückstellmoment und Seitenkraft noch durch höhere Glieder als 2. Ordnung angepaßt werden müßte. Die Approximationsgleichungen im Zeitbereich lauten für das Rückstellmoment

$$M_R \frac{d^2\alpha(t-\tau_R)}{dt^2} + D_R \frac{d\alpha(t-\tau_R)}{dt} + C_R\,\alpha(t-\tau_R) = M_\alpha(t) \tag{6.5.1}$$

$$M_S \frac{d^2\alpha(t-\tau_S)}{dt^2} + D_S \frac{d\alpha(t-\tau_S)}{dt} + C_S\,\alpha(t-\tau_S) = F_\alpha(t)\ . \tag{6.5.2}$$

Die Bilder 6.5.4 bis 6.5.6 zeigen jeweils die Massenfaktoren M_R und M_S, Dämpfungsfaktoren D_R und D_S und Steifigkeitsfaktoren C_R und C_S für die vier vermessenen Reifen in Abhängigkeit von Radlast und Radgeschwindigkeit. Der Index R bezieht sich auf das Rückstellmoment, der Index S auf die Seitenkraft. Die Reifentypen waren:

1. Bridgestone 120/80 V 16 (Motorrad)
2. Bridgestone 150/80 V 16 (Motorrad)
3. Conti Contact 155 R 13 (PKW)
4. Conti Contact 175/70 R 13 (PKW)

Als Ergebnis läßt sich feststellen:

- Der Steifigkeitsfaktor steigt mit zunehmender Radlast sowohl für die Seitenkraft als auch für das Rückstellmoment.
- Die Dämpfungsfaktoren D_R und D_S steigen mit zunehmender Geschwindigkeit.
- Die Totzeit der Seitenkraft verringert sich mit steigender Geschwindigkeit.
- C_R bleibt für Motorradreifen (Diagonalreifen) über der Geschwindigkeit konstant, für Pkw-Reifen (Radialreifen) steigt der Steifigkeitsfaktor und C_R mit zunehmender Geschwindigkeit degressiv an.
- M_R steigt über der Geschwindigkeit progressiv an.

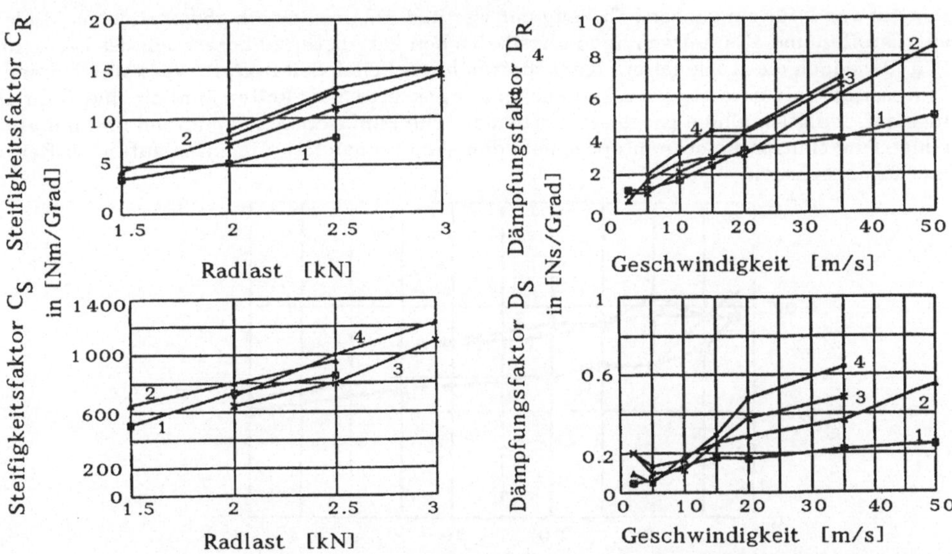

Bild 6.5.4: Steifigkeitsfaktoren C_R und C_S als Funktion der Radlast und Dämpfungsfaktoren D_R und D_S als Funktion der Radgeschwindigkeit.

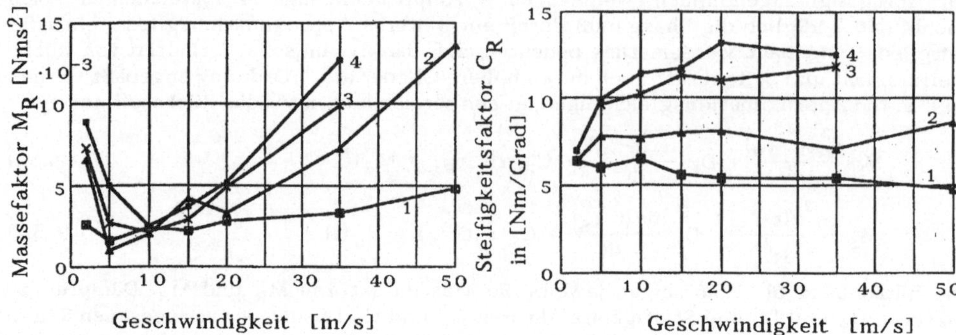

Bild 6.5.5: Massefaktor M_R und Steifigkeitsfaktor C_R als Funktion der Radgeschwindigkeit.

Ein Einfluß des Reifeninnendrucks auf die Faktoren war nicht zu messen. Über weitergehende Messungen bei zeitlich veränderlicher Radlast berichtet auch F. Sun (1990) in seiner Dissertation und kommt zu ähnlichen Ergebnissen, wobei dieser noch zusätzlich die dynamischen Übertragungseigenschaften für zeitlich veränderliche Radlasten ermittelt hat.

Da das gesamte Übertragungsverhalten noch stark von der Geschwindigkeit mit Ausnahme des Steifigkeitsfaktors C_R für das Rückstellmoment des Motorradreifens (Diagonalreifen) abhängig ist, ist zu vermuten, daß nichtlineare Effekte z.B. durch Kreiselwirkungen nicht vollends durch die linearen Approximationsansätze erfaßt werden.

6.5.2 Stationäre Eigenschaften von Reifen

Der Aufwand, für ein ganzes Fahrzeug mit vier Rädern, pro Rad ein physikalisches Modell aufzustellen und alle notwendigen physikalischen Parameter zu berechnen, ist beträchtlich. Da jedoch die stationären Eigenschaften hinsichtlich Seitenkraft, Rückstellmoment, Sturzseitenkraft usw. für verschiedene Umfangskräfte aller Reifen ähnlich sind, kam die Idee auf, lediglich einige passende mathematische Funktionen zu benutzen und lediglich einige Funktionsparameter entsprechend den gemessenen Kennlinienverläufen der Reifen jeweils anzupassen.

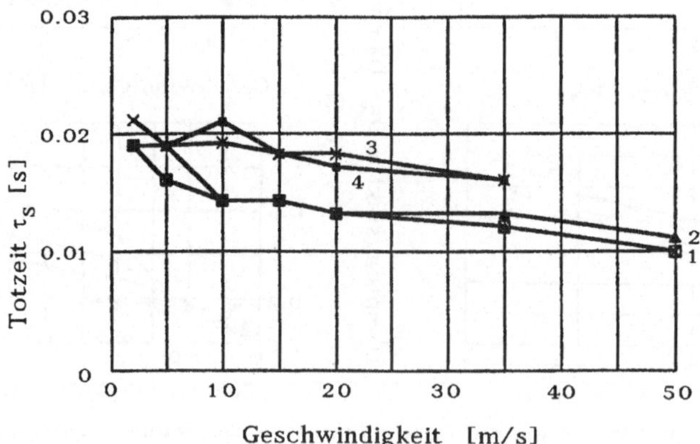

Bild 6.5.6: Totzeit τ_S als Funktion der Radgeschwindigkeit

Bakker et al. (1987 und 1989) übernahmen diese ursprüngliche Idee von Ruf (1983), die Reifeneigenschaften durch spezielle Winkel-Funktionen anzunähern, und schlugen vor, eine Kombination von Sinus- und Arcustangens-Funktion zur Beschreibung einiger typischer Funktionen am Reifen zu verwenden, wie z.B. Seitenkraft- oder Rückstellmomentenbeiwert. Die Formel, später *magic formula* genannt, ist in der Lage, die Charakteristiken von Seitenkraft, Umfangskraft und Rückstellmoment mit hoher Genauigkeit zu beschreiben. Die mathematische Darstellung ist auf stationäre Zustandseigenschaften begrenzt.

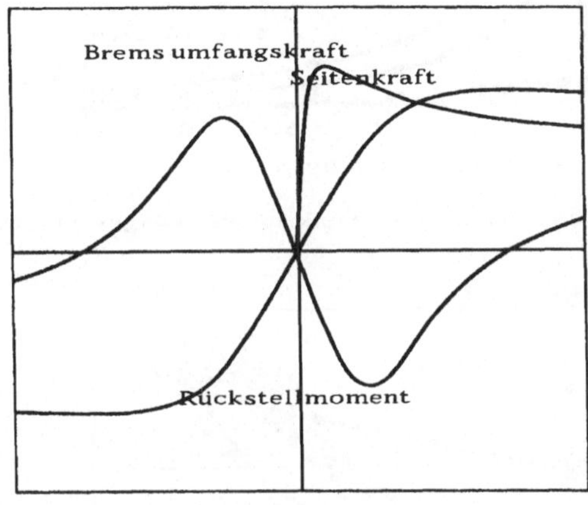

Bild 6.5.7: Charakteristische Reifenkennlinien

Bild 6.5.7 zeigt die Grundformen dieser Charakteristiken der Reifen. Die Anforderungen an die Formel und deren Koeffizienten lauteten: sie sollen

- in der Lage sein, alle stationären Reifenzustandseigenschaften zu beschreiben,
- leicht über gemessene Daten ermittelt werden können,
- eine gewisse physikalische Interpretation zulassen; ihre Parameter sollen in einer bestimmten Art bezeichnend sein für Reifen,
- kompakt und leicht zu benutzen sein und
- sie sollen genau sein.

Diese Anforderungen wurden für alle Reifeneigenschaften in folgendem Ausdruck gefunden:

$$y(x) = D \sin \left\{ C \arctan \left(B x - E [B x - \arctan (B x)] \right) \right\} \quad (6.5.3)$$

$$Y(X) = y(x) + S_v$$

$$x = X + S_h$$

mit Y(X), das entweder für die Seitenkraft, das Rückstellmoment oder die Bremskraft und X, das für den Schräglaufwinkel α oder den Längsschlupf δ steht.

D in der Gleichung (6.5.3) erzeugt das Maximum und das Produkt BCD entspricht dem Anstieg der charakteristischen Kennlinien bei Nullschlupf oder Null Schräglaufwinkel.

Der Koeffizient C bestimmt die Form der Kurve und der Koeffizient E macht es möglich, eine zusätzliche Dehnung oder Kompression der Kennlinien zu erreichen, ohne dabei das Maximum zu verändern.

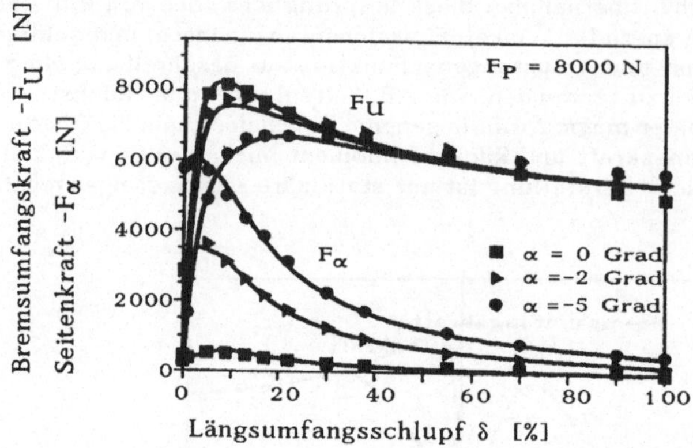

Bild 6.5.8: Seiten- und Umfangskraft als Funktion des Längsschlupfes δ

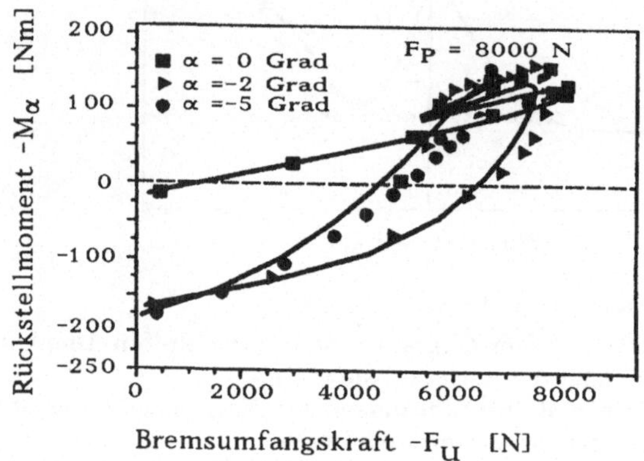

Bild 6.5.9: Rückstellmoment als Funktion der Bremsumfangskraft

Reifen-Herstellungseinflüsse (z.B. Konizität/Plysteer, die bei Schräglauwinkel Null schon eine Seitenkraft und ein Rückstellmoment erzeugen), Rollwiderstand und Radsturz verschieben die Reifenkennlinien horizontal oder vertikal, was durch S_h und S_v in der Formel berücksichtigt wird. Mit diesen annähernden Funktionen erhielten Bakker et al. teilweise exzellent passende Ergebnisse von gemessenen und berechneten Reifeneigenschaften wie Bild 6.5.8 und 6.5.9 zeigen.

Die entsprechenden Koeffizienten für eine Radlast von F_P = 4 [kN] lauten beispielsweise

	B	C	D	E	S_h	S_v	BCD
F_α	0.239	1.19	3650	-0.678	-0.049	-156	1038
Ma	0.234	2.68	-48.56	-0.46	-0.082	-11.7	-30.45
F_U	0.171	1.69	4236	0.619	0.000	70.6	1224

Der Schräglaufwinkel α hat hierin die Einheit [Grad] und der Umfangsschlupf δ [%].Weitere Koeefizienten entnehme man der zitierten Literatur(Bakker et al., 1987 und 1989).

6.6 Ein spezielles Problem der Fahrzeugdynamik: Lenkungsflattern

Das sogenannte *Lenkungsflattern* (engl. *steer shimmy* oder *wobble*) kann bei verschiedenen Fahrzeugtypen auftreten. Es handelt sich dabei um Resonanzerscheinungen des Lenksystems mit Schwingungen um die Lenkachse im Bereich von 10 Hz. Typischerweise treten diese sehr schnell aufklingenden instabilen Schwingungen im Lenksystem von PKW, Motorrädern, Fahrrädern und auch Flugzeuglandesystemen auf. Diese Problematik ist bisher nur schlecht beherrschbar und aufgrund der Komplexität der Reifenmodelle ein nach wie vor aktuelles Forschungsthema.

Feder- und Dämpfereigenschaften des Reifens machen das gelenkte Rad zu einem schwingungsfähigen System mit nichtlinearen Feder- und Dämpfercharakteristiken. Im folgenden sollen kurz verschiedene Mechanismen vorgestellt werden, die Ursache des Lenkungsflatterns sein können, ohne datailliert auf formelmäßige Zusammenhänge einzugehen. Dafür sei auf die weiterführende Literatur verwiesen.

Das Phänomen der *Flatterschwingungen* zeichnet sich generell durch das Vorhandensein mindestens zweier gekoppelter *Eigenschwingungen* eines Systems aus, die dicht beieinander liegen. Dabei ruft die eine Bewegung über eine Koppelung die andere hervor und bewirkt einen Energietransport von einer Schwingungsform zur anderen, so daß sich eine Schwingung aufschaukeln kann.

Den Effekt dieser gegenseitigen Beeinflussung kann man sogar an einem einfachen linearen 2-Massenschwinger beobachten. Wird der in Bild 6.6.1 a dargestellte Schwinger in der gezeigten Weise harmonisch mit einem Weg $z_0(t) = z_{00} \sin \Omega t$ angeregt, und ist das System aus Masse m_1 und Feder k_1 gerade so abgestimmt, daß $\Omega = \sqrt{k_1/m_1}$ ist, dann wird die Masse m_1 in Resonanz geraten. Den Amplitudengang kennen wir bereits aus Kap. 1.2, Bild 1.2.10. Ergänzt man nun dieses System um einen zweiten Schwinger (Bild 6.6.1 b), dessen Eigenfrequenz identisch mit dem ersten System ist, wird die Schwingungsamplitude z_{10}^* der Masse m_1 in der Resonanz deutlich kleiner (vergleiche $|H_1^*|$ mit $|H_1|$ in Bild 6.6.2). Statt dessen geht die Anregungsenergie in die Bewegung z_{20} der Masse m_2 (s. $|H_2|$ in Bild 6.6.2). Dies wird für sogenannte Schwingungstilger ausgenutzt und dient dazu, störende oder schädigende Resonanzen vom eigentlichen System fernzuhalten und auf die Tilgermasse umzuleiten, wo dann leichter entsprechende Dämpfungsmaßnahmen getroffen werden können. Die Analogie zu unserem Fall wäre: das Rad verhält sich wie ein Tilger. Die Bewegung z_2 entspricht der Lenkwinkelbewegung des Rades, während z_1^* der Bewegung eines Bauteils in der Radaufhängung und z_0 der Anregung beispielsweise von

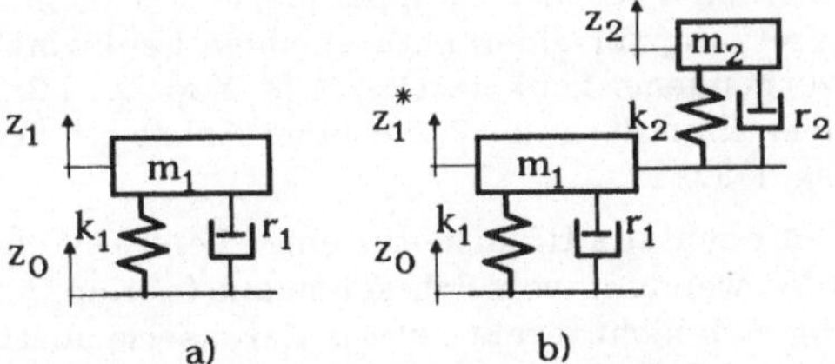

Bild 6.6.1: Zweimassenschwinger als Schwingungstilger ; m_2: Tilgermasse

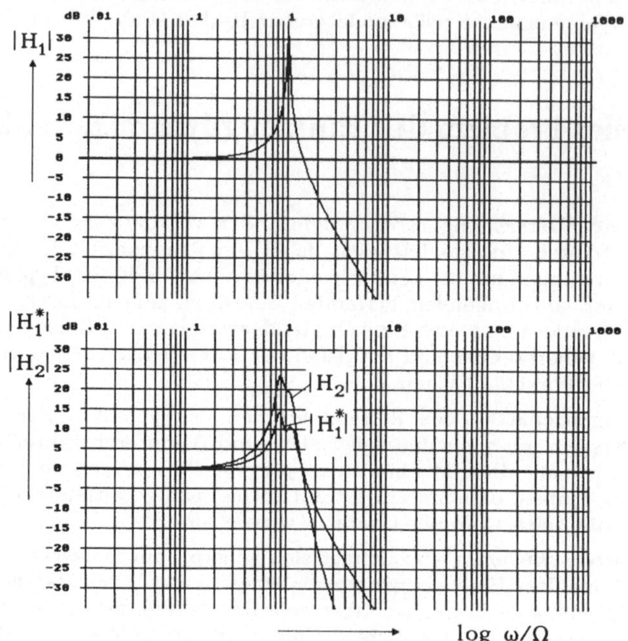

Bild 6.6.2: Amplitudengang $|H_1|$, $|H_1^*|$ und $|H_2|$
mit $|H_1| = z_{10}/z_{00}$, $|H_1^*| = z_{10}^*/z_{00}$ und $|H_2| = z_{20}/z_{00}$; $m_2/m_1 = 0{,}1$; $D_1 = 0{,}01$; $D_2 = 0{,}3$

der Straßenunebenheit entsprechen. Die Bewegunsgsfreiheitsgrade eines Kraftfahrzeugrades sind allerdings sehr viel komplexer als daß sie mit einem in Reihe geschalteten Mehrmassenschwinger direkt vergleichbar wären. Vielmehr handelt es sich in der Radaufhängung um Bewegungen, die senkrecht zueinander stehen. Am o.g. einfachen Beispiel sind die beiden Systeme kraftgekoppelt. Für die Koppelung am Fahrzeugrad sind jedoch mehrere und andere Mechanismen wirksam, wie z. B. *Kreiselkoppelung* und *kinematische Koppelung*:

- Da das schnellaufende Rad als Kreisel angesehen werden kann (s. Kap. 5.5.1.4), der auf ein quer zur Rotationsachse wirkendes Moment senkrecht dazu ausweicht, so reagiert das Rad auf ein Sturzmoment mit einer Lenkwinkelbewegung (Kreiselkoppelung). Sturzwinkel und -momente am Rad entstehen über die Achsaufhängung beispielsweise, wenn das Rad durch einen Stoß oder eine Unwucht vertikal angehoben wird und das Momentanzentrum nicht im Unendlichen liegt (praktisch alle Radaufhängungsformen wie z. B. *McPherson-Federbein*, Doppelquerlenker nicht als Parallel-Lenker, Schräglenker). Voraussetzung für einen entstehenden Lenkwinkel ist natürlich eine (in der Regel immer vorhandene) Lenkelastizität (s. Kap. 5.5.1.2). Auch bei Starrachsen tritt beim gegensinnigen Einfedern der Räder einer Achse ein Sturzwinkel an beiden Rädern auf (s. den Hartog, 1952).
- Eine Querverschiebung des Rades ist ebenfalls Ursache für einen Lenkwinkeleinschlag. Besonders deutlich wird dies bei Verwendung von Fahrschemeln (s. Kap. 5.5.1.5, Bild 5.5.6), bei denen die Radaufhängung sich nicht direkt auf die Karosserie abstützt, sondern auf eine Zwischenkonstruktion, den Fahrschemel. Dieser ist zur Filterung hoch-

frequenter Straßenanregungen selbst wieder elastisch über Gummielemente an der Karosserie befestigt. Das Lenkgetriebe ist dabei an der Spritzwand der Karosserie verankert. Eine Querkraft auf die Räder führt über die Querelastizitäten des Fahrschemels oder der Querlenker zu einer seitlichen Verschiebung der Räder relativ zur Karosserie. Die Spurstangen - fest am Lenkgetriebe - erzeugen bei dieser seitlichen Verschiebung am Rad einen Lenkwinkel (kinematische Koppelung, s. Wedemeyer, 1955).

- Lenkungsspiel (als Lose meist im Lenkgetriebe aber auch in den Kugelgelenken des Lenksystems vorhanden) kann ebenso für das Zustandekommen von Lenkwinkelschwingungen verantwortlich sein. Der Mechanismus für die Entstehung von Lenkschwingungen läuft hier jedoch nicht über eine Koppelung zweier schwingungsfähiger Systeme ab. Vielmehr kann man sich vorstellen, daß bei der Lenkbewegung des Rades ein Bereich existiert, in welchem sich wegen des Spiels kein Lenkmoment abstützen kann. Hier bewegt sich das Rad, angeregt durch eine Störung, ballistisch, bis das Spiel ausgeschöpft ist und an einen Anschlag läuft. Dieser ist natürlich nicht unendlich steif. Die Bewegungsenergie setzt sich in Deformationsenergie der Elastizität um und führt beim Entspannen der Elastizität zur Bewegungsumkehr der Radbewegung (Stoßvorgang), durchläuft wiederum das Spiel in umgekehrter Richtung, bis es am anderen Ende des Spielbereichs ankommt. Hier wiederholt sich der Vorgang usw.

Eine ganz eigene Ursache für Shimmy liefert der Reifen selbst, ohne daß die o.g. Koppelungen vorhanden sein müssen:

Die durch Reifenunwucht hervorgerufenen Kräfte bewirken ein Moment um die Hochachse (Bild 6.6.3) und damit eine äußere Erregung M(t) für die Lenkwinkelschwingung. Gleichzeitig haben die Unwuchtkräfte aber auch eine Komponente in z-Richtung und verändern damit die effektive Radlast, die wiederum das Rückstellmoment (abhängig von der Reifenkennlinie) beeinflußt (Reifenkopplung). Die Schwingungen in z-Richtung und die Lenkwinkelschwingung sind also ebenfalls gekoppelt, und man kann sich leicht vorstellen, daß sich die beiden Schwingungen gegenseitig beeinflussen, besonders wenn beide Resonanzfrequenzen dicht beieinander liegen. Für ein lenkbares Rad, wie in Bild 6.6.3 gezeigt, ergibt der Drallsatz um die Hochachse des Rades unter Vernachlässigung der Dämpfung folgende Bewegungsgleichung:

$$\Theta \ddot{\alpha} + M(\alpha) = M(t) . \tag{6.6.1}$$

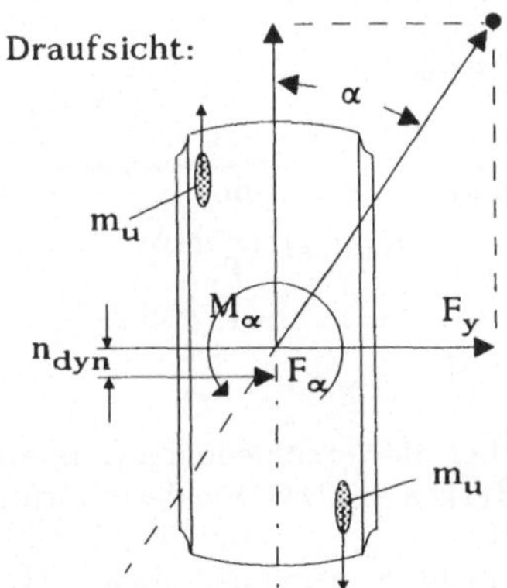

Bild 6.6.3: Schräglaufendes Rad mit Unwuchten

Dabei bedeuten

α Lenkwinkel = Schräglaufwinkel

Θ	Trägheitsmoment des Rades um die Hochachse
$M(\alpha)$	Rückstellmoment des Reifens
$M(t)$	äußeres Moment infolge Unwucht
m_u	Unwucht
n_{dyn}	dynamischer Nachlauf .

In den vorhergehenden Kapiteln wurden Rückstellmoment und Seitenkraft bereits ausführlich besprochen. Das Rückstellmoment ergibt sich aus

$$M(\alpha) = F_\alpha(\alpha, F_P) \cdot n_{dyn}(\alpha) .$$

- In diesem Zusammenhang ist hervorzuheben, daß das Rückstellmoment $M(\alpha)$ mit geringerer Radlast kleiner wird und ab einem bestimmten Schräglaufwinkel sogar negativ werden kann (s. Bild 6.4.14). Der gleiche Effekt tritt auch bei kleinen Schräglaufwinkeln auf. Legt man in Bild 6.4.14 einen Schnitt bei $\alpha = 1^0$ und trägt das Rückstellmoment über der Radlast auf, so kann der Funktionsverlauf zu kleinen Radlasten extrapoliert werden (s. Bild 6.6.4). Etwa im Radlastbereich von ca. 1000 [N] durchstößt das Moment mit kleiner werdender Radlast die Abszissen-Achse und scheint dann negativ zu werden. Damit wird in Gleichung 6.6.1 die Steifigkeit $M(\alpha)$ negativ. Der Realteil des Eigenwerts (s. Kap. 1.2) wird positiv, der Imaginärwert ist Null. Man erhält damit ein monoton instabiles System mit aufklingendem Schräglaufwinkel bis dieser Werte erreicht, die das Rückstellmoment wieder positiv werden lassen. In diesem sich wiederholenden nichtlinearen Vorgang liegt eine Schwingungsanregung begründet, die lediglich dynamisch veränderliche Radlasten voraussetzt. Hier liegt keinerlei Koppelung vor, sondern die Vertikaldynamik des Reifen selbst liefert über die nichtlineare Reifenkennlinie (Seitenkraft-Radlast) das Schwingungssystem. Dies findet man auch als Flattern bei den Teewagen-Rädern.

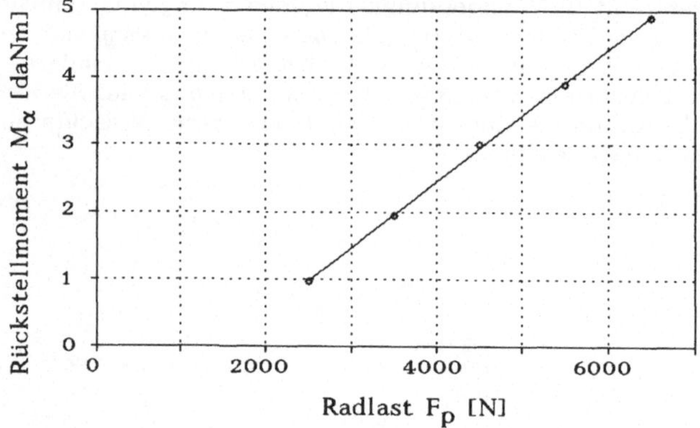

Bild 6.6.4: Rückstellmoment über der Radlast, Reifentyp 195/70 HR 14TL, p_i = 2.3 [bar], $\alpha = 1^0$ (nach Bild 6.4.14)

Eine ausführliche Übersicht über die verschiedenen Koppelungen findet man bei Pacejka, 1966. Treten diese Shimmy-Effekte an Pkw-Vorderrädern auf, so können sie erfolgreich mit Lenkungsdämpfern (parallel zur Spurstange) bekämpft werden. Aber auch der heutige Trend zum Einsatz von Breitreifen vermindert diese Effekte deutlich, da der bei Drehbewegung um die Hochachse eines Reifens auftretende "*Bohrschlupf*" positive Dämpfungseffekte in der Aufstandsfläche wirksam werden läßt. Derselbe Dämpfungseffekt tritt übrigens auch bei Zwillingsrädern an Flugzeugfahrwerken auf, die über eine Welle starr miteinander gekoppelt sind.

Die bisher vernachlässigte Dämpfung ("Bohrschlupf") läßt sich durch Reibung im Latsch erklären. In Bild 6.2.1 ist der Verlauf des Reibwerts für ein Gummielement in Abhängigkeit von der Gleitgeschwindigkeit dargestellt. Im vorliegenden Fall ist die Gleitgeschwindigkeit durch die zeitliche Änderung des Schräglaufwinkels $\dot{\alpha}$ gegeben, und man erhält für das Reibmoment bei Vernachlässigung des Längs- und Querschlupfs

$$M_r = \int_{(A)} p \cdot \mu(v_{gleit}) \cdot r \cdot dA \, . \tag{6.6.2}$$

Hierbei sind:

A Radaufstandsfläche
p örtlicher Druck in der Radaufstandsfläche
r Abstand eines Fächenelements in der Radaufstandsfläche zur Drehachse,
μ Reibwertfunktion abhängig von v_{gleit},

also eine geschwindigkeitsabhängige Dämpfung. Die am Borstenmodell erklärte Quergeschwindigkeit des Reifenelements relativ zur Straßenoberfläche bei Schräglauf überlagert sich der Geschwindigkeit $r \cdot \dot{\alpha}$ am Element durch Rotation um die Hochachse. Diese Thematik soll hier aber nicht weiter vertieft werden.

Bei Motorrädern können ebenfalls diese *Lenkschwingungen* deutlich im Geschwindigkeitsbereich von 50 bis 70 km/h mit einer Frequenz von 6 bis 8 Hz beobachtet werden (*Lenkungsflattern*), welches sich besonders bei unebener Straße und schlecht ausgewuchteten Rädern bemerkbar macht.

Die genauere mechanische Modellierung des gelenkten Rades mit vertikaler Anregung zeigt jedoch, daß die wobble-Schwingung modelliert mit den Koppelungsmechanismen der Pkw-Radaufhängung bzw. den dynamischen Reifeneigenschaften nicht die am Motorrad beobachtbaren *Flatterfrequenzen* treffen. Es liegt dagegen eine Parametererregung vor. Unter einer Parametererregung versteht man eine äußere, im allgemeinen zeitabhängige Einwirkung, die das Schwingungssystem über einen zeitabhängigen Parameter anregt. Dies ist hier über das mit der Abrollfrequenz des Vorderrades schwankende Rückstellmoment gegeben. Hier liegt also eine Koppelung mit der Vertikaldynamik der Vorderradaufhängung vor.

Mit der bisher beschriebenen Modellierung läßt sich zur Beschreibung des Lenkungsflatterns die für parametererregte Schwingungen typische Matthieusche Gleichung heranziehen (s. Koch, 1978):

$$\ddot{\alpha} + 2D\omega \cdot \dot{\alpha} + \omega^2 \cdot (1 + 2\varkappa \cdot \cos(\Omega t)) \cdot \alpha = \frac{M(t)}{\Theta} \tag{6.6.3}$$

mit $$2\varkappa = \frac{k_{Rv}}{k_\alpha} \cdot z_0 \cdot n_{dyn} \cdot \left[\frac{-\Omega^2}{\Omega^2 - \omega_R^2} + \frac{k_{Rv} \, l_1^2}{\Theta_y (\Omega^2 - \omega_y^2)} \right]$$

k_{Rv}: Reifenradialsteifigkeit, k_α: Lenkungssteifigkeit,
l_1: Abstand SP - Vorderachse n_{dyn}: Gesamtnachlauf,
z_0 : Amplitude der Vertikalanregung Ω : Anregungsfrequenz,
ω_y : Nickeigenfrequenz des Fahrzeugs
Θ_y : Trägheitsmoment des Fahrzeugs um die y-Achse
D : Drehgeschwindigkeitsabhängige Dämpfung infolge "Bohrschlupfes"

mit $\omega_R = \sqrt{(k_{RV} \cdot l_1^2 + k_{RH}(1 - l_1)^2 / \Theta_y}$

Die weiteren verwendeten Abkürzungen findet man bei Gl. (6.6.1). Die besondere Eigenschaft *parametererregter Systeme* liegt darin, daß bei bestimmten Parameterkombinationen Schwingungen mit unbegrenzt aufklingender Amplitude (=*Instabilitäten*) auftreten können. Trägt man in einem Diagramm die Anregungsfrequenz Ω als Abszisse und den Parameter $\varkappa$ als Ordinate auf, so läßt sich für jede Parameterkombination angeben, ob

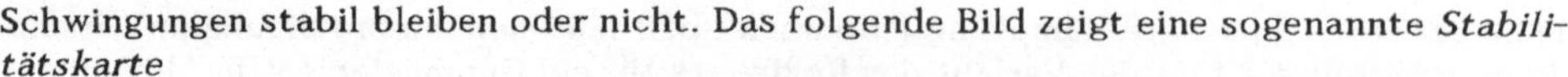

Schwingungen stabil bleiben oder nicht. Das folgende Bild zeigt eine sogenannte *Stabilitätskarte*

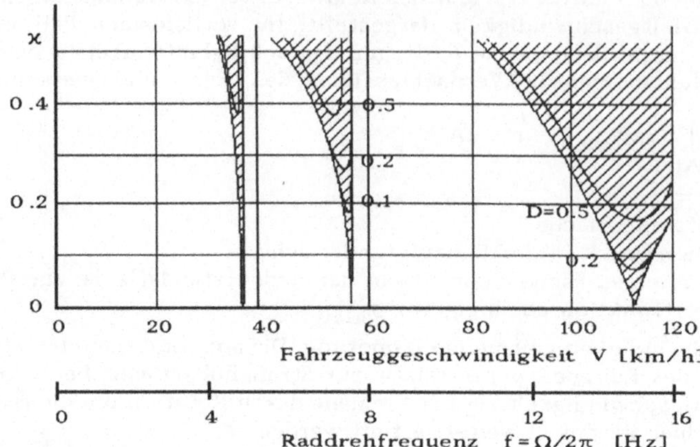

Bild 6.6.5: Stabilitätskarte eines Motorradlenksystems mit f_A = 7.8 [Hz] vertikaler Eigenfrequenz (nach Koch, 1978)

Wie man sieht, liegt das Hauptinstabilitätsgebiet im Bereich derjenigen Anregungsfrequenz, die der doppelten Eigenfrequenz des nicht parametererregten Systems entspricht. Weitere schmalere Instabilitätsbereiche liegen bei der Eigenfrequenz und auch unterhalb dieser! Da die Anregungsamplitude mit zunehmender Frequenz stark abnimmt, wirkt sich beim Motorrad nur der mittlere Instabilitätsbereich aus. Allgemein können bei gedämpften Systemen Instabilitäten aber nur auftreten, wenn die Amplitude der Parametererregung einen Schwellwert überschreitet.

6.7 Literatur

Bakker, E.; L. Nyborg and H.B. Pacejka: Tyre modelling for use in vehicle dynamics studies. SAE-P. 87 04 21, Society of Automotive Engineers Inc., 1987.

Bakker, E. and H.B. Pacejka: A new tire model with an application in vehicle dynamics studies. SAE-P. 89 00 87, Society of Automotive Engineers Inc., 1989.

Böhm, F. and H.-P. Willumeit: Dynamic Behaviour of Motorbikes. In: AGARD Report 800: The Design, Qualification and Maintenace of Vibration-Free Landing Gear, NATO Advisory Group for Aerospace Research & Development, 7 rue Ancelle, 922200, Neuilly-Seine, France. pp. 6-1 bis 6-24. Published March 1996.

Gengenbach, W.: Das Verhalten von Kraftfahrzeugreifen auf trockener und insbesondere nasser Fahrbahn. Diss. Univ. Karlsruhe 1967.

den Hartog, J.P.: Mechanische Schwingungen. Springer Verlag Berlin, S. 358 - 361; (1. Auflage 1936) 1952.

Jahn, J.: Die Beziehungen zwischen Rad und Schiene hinsichtlich des Kräftespiels und der Bewegungsverhältnisse. VDI-Z. 62, Nr. 11, S. 121-125, VDI Verlag Düsseldorf, 1918.

Koch, J.: Experimentelle und analytische Untersuchungen des Motorrad-Fahrer-Systems. Diss. Techn. Univ. Berlin, 1978.

Krempel, G.: Experimenteller Beitrag zu Untersuchungen an Kraftfahrzeugreifen. Diss. Techn. Hochsch. Karlsruhe, 1965.

Kummer, H.-W.: Unified theory of rubber and tire friction. Engineering Research Bulletin B-94, The Pennsylvania State University, 1966 sowie in: SAE-J. Aug. 1967, S. 70 ff.

Kummer, H.-W. und W.E. Meyer: Verbesserter Kraftschluß zwischen Reifen und Fahrbahn - Ergebnisse einer neuen Reibungstheorie. Automobiltechn. Zeitschrift (ATZ) 69, Nr. 8, S. 245-251 und Nr. 11, S. 382-386, Franckh'sche Verlagshandlung, Stuttgart 1967.

Kummer, H.-W.: Reibung zwischen Reifen und Fahrbahn - Theorie und Praxis. In: Berichte des Inst. für Straßen- und Verkehrswesen der Techn. Univ. Berlin (Ed. B. Wehner) Heft 2, Verlag von Wilhelm Ernst & Sohn, Berlin - München - Düsseldorf, 1970.

Nast, R.; Ch. Teubert und H.-P. Willumeit: Messungen der Übertragungseigenschaften von Luftreifen bei zeitlich verändertem Schräglauf und anschließende Nachbildung dieser Größen durch Approximationsgleichungen; VDI-Berichte 916, pp. 329 - 344. VDI-Verlag GmbH, Düsseldorf, 1991.

Pacejka, H.B.: The Wheel Shimmy Phenomenon. Diss. Techn. Hochschule Delft (NL), 1966.

Rieger, H.: Experimentelle und theoretische Untersuchungen zur Gummireibung in einem großen Geschwindigkeits- und Temperaturbereich unter Berücksichtigung der Reibungswärme. Diss. Techn. Hochschule München, 1968.

Ruf, E.: Theoretische Untersuchungen des Federungsverhaltens von Vierrad-Straßenfahrzeugen (Theoretical investigations into the suspension behaviour of four-wheel road vehicles). Fortschr.-Ber. VDI-Z., Reihe 12, Nr.44, pp. 104-105, Düsseldorf, 1983.

Schulze, D.: Zum Schwingungsverhalten des Gürtelreifens beim Überrollen kurzwelliger Bodenunebenheiten. Diss. Techn.Univ. Berlin, VDI-Fortschr.-Ber., Reihe 12, Nr. 68, VDI-Verlag, Düsseldorf, 1987.

Seitz, N.: Die Kräfte in der Berührungsfläche schnellaufender Reifen. VDI-Z. Fortschritt-Berichte, Reihe 12, Nr. 19, VDI-Verlag, Düsseldorf, 1968.

Sun, F.: Dynamic Properties of Motorcycle Tires. Ph.D.-Thesis. Beijing Institute of Technology, Beijing, VR of China, 1990.

Weber, R.: Der Kraftschluß von Fahrzeugreifen und Gummiproben auf vereister Oberfläche. Diss. Univ. Karlsruhe, 1970.

Weber, R.: Reifenführungskräfte bei schnellen Änderungen von Schräglauf und Schlupf. Habil. Univ. Karsruhe, 1981.

Wedemeyer, E.A.: Schwingungen des Kraftfahrzeuges und der Motoren. S. 56 - 63, Techn. Verlag Herbert Cram, Berlin, 1955.

Willumeit, H.-P.: Theoretische Untersuchungen an einem Modell des Luftreifens unter Seiten- und Umfangskraft. Diss. Techn. Univ. Berlin, 1969.

Willumeit, H.-P. und F. Sun: Dynamische Eigenschaften von Motorradreifen bei zeitlich veränderlicher Radlast; VDI-Berichte 779, pp. 389-401; VDI Verlag, Düsseldorf, 1989.

Willumeit, H.-P. und F. Böhm: Wheel Vibrations and Transient Tire Forces. Vehicle System Dynamics, 24 (1995), No. 6-7, pp. 525-550. 0042-3114/94/2306-525. Swets & Zeitlinger, 2160 SZ Lisse, (NL). (Edit. L.Segel).

Zhang, T.: Höherfrequente Übertragungseigenschaften der Kraftfahrzeug-Fahrwerksysteme. Diss. Techn. Univ. Berlin, 1991.

7 Fuzzy - Controlling

7.1 Einführung

"Fuzzy-Controlling" ermöglicht es, unter anderem auch menschliche Taktiken der Entscheidungsfindung bei der Problemlösung angemessen zu berücksichtigen. In der Automatisierungstechnik gehören kontinuierliche, durch heuristische (d. h. durch Expertenwissen ermittelte) Entscheidungsregeln und vom Menschen gesteuerte Prozesse zu den Einsatzgebieten, wo auf Grund starker Nichtlinearitäten, Zeitabhängigkeiten der Parameter sowie Wechselwirkungen und Rückführung der Steuergrößen untereinander die klassischen Methoden der Regelungstechnik überfordert, nur beschränkt oder gar nicht anwendbar sind. Man stelle sich ein vieldimensionales Kennfeld vor, das die Verknüpfungswerte von einer Vielzahl unterschiedlicher Eingangs- und Ausgangsvariablen enthalten soll. Diese Variablen können dann selbst noch innerhalb eines großen Wertebereichs variieren. Weiterhin stelle man sich vor, daß der zu regelnde Prozeß stark nichtlinear sein soll. Es überschreitet vielfach das Wissen des Menschen, diese Wertezuordnungen für das aufzustellende Kennfeld zu ermitteln. Hier liegt der Ansatzpunkt für Fuzzy-Control.

Die "Fuzzy-Set-Theorie" wurde schon vor 30 Jahren von Zadeh (1965) entwickelt; aber erst heute beginnt man die Bedeutung und das Potential dieser Theorie der "unscharfen Mengen (Fuzzy-Sets)" zu erkennen.

Trotzdem ist die Unsicherheit über Relevanz und Grenzen dieser Theorie groß. Dies liegt zum einen darin begründet, daß die Theorie nicht derart ausgereift für die Anwendung ist, wie z. B. die Regelungstheorie, zum anderen fehlen Elemente, um Aussagen bezüglich der Systemstabilität bei "Fuzzy-Controlling-Anwendungen" machen zu können.

Dem stehen die Erfolgsmeldungen auf der Ingenieurseite gegenüber, seit Ende der achtziger Jahre die Anzahl von industriellen Anwendungen des "Fuzzy - Controlling" insbesondere in Japan sehr stark gestiegen ist. Offensichtlich lassen sich mit dieser Theorie "unscharfer Mengen" und damit verbunden "unscharfer Logik", insbesondere angewandt auf Regelungen, auch in der Praxis Probleme bewältigen, die mit herkömmlicher linearer Theorie nur schwer oder gar nicht lösbar sind.

7.1.1 Mathematischer Hintergrund der Fuzzy-Logic

Wie ist es eigentlich möglich, daß komplexe Systeme, deren "logische Entscheidungen" mit dem Wort "unscharf" oder "verschwommen" verknüpft sind, gut funktionieren ?
Die Antwort findet man, wenn man ein hochkomplexes und gleichzeitig gut funktionierendes System, den Menschen, betrachtet. Er denkt und handelt unscharf. Seine Logik ist nicht so, wie wir sie gerne vereinfacht sehen möchten: schwarz oder weiß bzw. 0 oder 1. Genau genommen ist die 0 oder 1 bzw. schwarz oder weiß Logik ein Spezialfall der "Fuzzy-Set-Theorie", obwohl diese zu viel differenzierteren, angemesseneren Aussagen in der Lage ist.

Am einfachsten wird der Unterschied an einem Beispiel deutlich:

Will man zum Beispiel rechnergestützt bestimmen, ob eine Person nach Eingabe ihrer Größe als groß eingestuft wird oder nicht, so muß man bei der binären Logik eine mehr oder weniger willkürliche Grenze einführen, die nur die Personen als groß einstuft, deren Größe über dieser Grenze liegt.

Wählt man zum Beispiel die Grenze bei 1,85 m, so ist es nicht einzusehen, warum eine Person mit 1,84 m Größe eindeutig als nicht groß, jedoch eine Person mit 1,85 m eindeutig als groß eingestuft wird. Bei diesem Beispiel, behandelt mit binärer Logik, fällt auf, daß diese "harte Entscheidungsmethode" uns schon fast als unlogisch erscheint.

Um dieser Problematik gerecht zu werden, benutzt die Fuzzy - Logic eine andere Darstellung (sowohl intern als auch extern) der gegebenen Aufgaben. Die Repräsentation besonders der wichtigen Entscheidungen für das System wird nicht mehr durch eine eindeutige oder scharfe Grenze wiedergegeben. Die Trennung, wann eine Person als groß gilt und wann nicht, wird aufgeweicht oder - einen schon bekannten Begriff nutzend - "unscharf" gemacht. Dadurch wird die Darstellung von "unscharfen" Angaben wie : "ziemlich groß" , "ganz schön groß" oder "sehr groß" möglich.

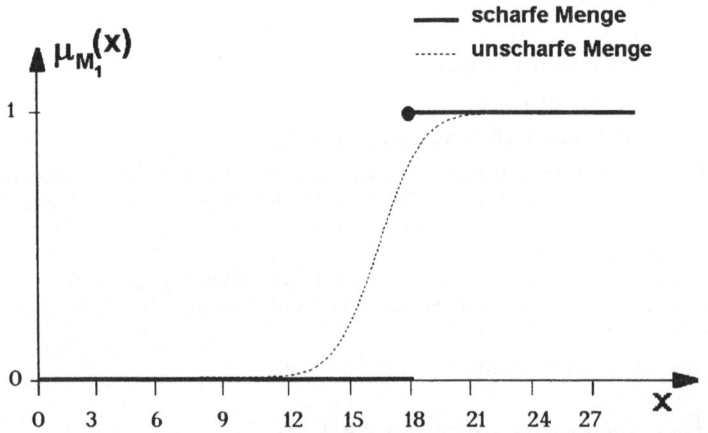

Bild 7.1.1 : Betrachtung von ein und derselben Menge als "scharf" und "unscharf"

7.1.2 Der Fuzzy - Regler und seine mathematischen Bausteine

In vielen Prozessen existieren keine sprungförmigen Übergänge; auch sind die Formulierungen der Entscheidungen "gleitend". Die Art der Antworten hängt von der Person ab, die sie gibt, ebenso wie vom Hintergrund der Fragestellung. Die Formen der Antworten werden **"linguistische Variablen"** genannt und sind das wichtigste Werkzeug der Fuzzy-Logic.

Die Werte einer "linguistischen Variablen" werden von Verteilungsfunktionen über einer Basisvariablen x eines physikalischen Grundbereichs repräsentiert. Die Verteilungsfunktion wird **"Zugehörigkeitsfunktion μ"** genannt, deren Ergebnismenge nicht nur die beiden Werte 1 oder 0, wahr oder falsch, besitzt, sondern auch Zwischenwerte zuläßt.

Theoretisch sind beliebig viele numerische Unterteilungen des Intervalls [0,1] möglich. Angewendet auf das Beispiel der großen Personen könnte man dementsprechend einer Größe von 1,79 m einen Funktionswert von 0.4, einer Größe von 1,85 m einen Funktionswert von 1.0 zuordnen. Die Zugehörigkeitsfunktion μ gibt also den Grad der Zugehörigkeit zu der jeweiligen Menge an. Je größer der Funktionswert, desto größer ist die Zugehörigkeit zu dem unscharfen Begriff der "großen Personen" . Ist der durch die Funktion erhaltene Funktionswert 1.0, so gehört das betrachtete Objekt eindeutig zur Menge der "großen Personen" .

Mit Hilfe der "Fuzzy-Set" Theorie können die Zugehörigkeitsfunktionen formalisiert werden, so daß sie nicht nur die Form eines Rechtecks [0,1] haben, wie es bei der Boolschen Algebra der Fall ist, sondern beliebige Funktionsformen annehmen können. Sowohl die Form der Zugehörigkeitsfunktion als auch der Abbildungsbereich setzen ein gewisses "Expertenwissen" voraus. Das heuristische oder Expertenwissen ist das Fundament, auf dem Fuzzy-Logic Control basiert.
Einen fuzzy oder unscharfen Regler kann man laut Preu (1992) auch als einen besonderen Typ eines Kennfeldreglers auffassen. Das Verhalten unscharfer Regler wird nämlich durch eine Reihe von Regeln bestimmt, die unmittelbar die Eingangswerte des Reglers in Ausgangswerte umsetzen. Sie bilden eine Regelbank (Bothe, 1993).

Die Struktur eines unscharfen Reglers besteht, wie man auch im Bild 7.1.2 erkennt, aus folgenden Komponenten:

Expertenwissen,

Fuzzifikation der Eingangsgrößen,

Approximatives Schließen und

Defuzzifikation der unscharfen Ausgangsgrößen.

Das Expertenwissen liefert der Entwicklungsingenieur. Mit Hilfe seines heuristischen Wissens werden die gesamten Wertebereiche der Eingangsgrößen in Unterbereiche diskretisiert, die sogenannten "Terme der linguistischen Variablen" oder "linguistische Werte". Wenn *E* die Eingangsgröße ist und *eingang* die dazu gehörende linguistische Variable, dann könnten die linguistischen Werte ***klein, mittel, groß*** heißen. Anschließend wird mit heuristischem Wissen die Form oder Funktion der Zugehörigkeitsfunktionen der linguistischen Variablen festgelegt.

Damit ist die Menge K der Wertepaare $(x ; \mu(x))$ mit

$$K = \left\{ (x ; \mu_k(x)) \;\middle|\; x \in E , \mu_k(x) \in R \right\}$$

eine unscharfe Menge auf E mit der Zugehörigkeitsfunktion μ. Die Zugehörigkeitsfunktionen der einzelnen linguistischen Variablen können,

müssen aber nicht, der gleichen Funktion gehorchen, d. h. sie können unterschiedliche Formen annehmen.

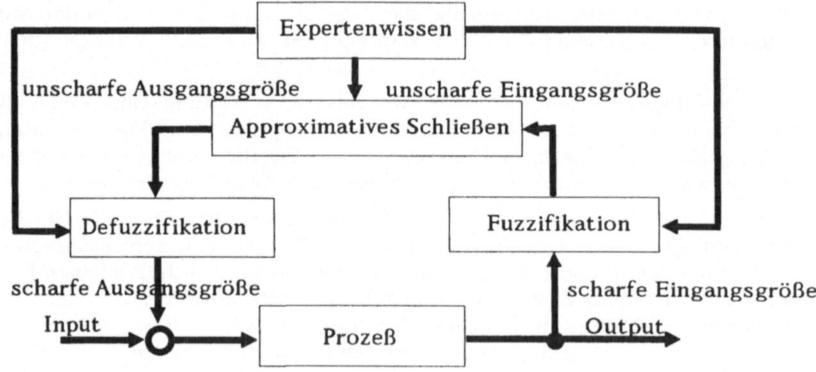

Bild 7.1.2 : Schaubild des unscharfen Regelkreises

Das Expertenwissen des Ingenieurs ist auch für die Ausgangsgröße gefragt. Wie bei den Eingangsgrößen wird entsprechend der gesamte Wertebereich der Ausgangswerte in Form von linguistischen Termen diskretisiert.

Eine weitere Komponente des unscharfen Reglers ist das "approximative Schließen" welche die Eingangsgrößen mit den Ausgangsgrößen verknüpft. Dieses "zentrale Nervensystem" des Fuzzy-Controlling besteht aus einem Satz linguistischer Regeln zwischen linguistischen Eingangsvariablen "u" und linguistischen Ausgangsvariablen "v" in Form von Implikationen folgender Art:

wenn (u = A und (wenn u = A1 dann v = B1)) dann v = B .

Der wesentlichste Unterschied neben der Benutzung linguistischer Variablen im Vorderglied u = A1 und im Hinterglied v = B1 der unscharfen Implikation (wenn u = A1 dann v = B1) zu den üblichen Anwendungen der Produktionsregel ist, daß die erste Prämisse nicht mit der zweiten Prämisse übereinstimmen muß. Einerseits die Analogie, andererseits der erwähnte Unterschied, sind Anlaß, das Regelschema als approximatives Schließen zu bezeichnen (Bandemer et al., 1990).

Zadeh unterteilt die konstruktiven Regeln für das approximative Schließen in vier Gruppen:

Die *Modifizierungsregeln* betreffen den Fall, daß von einer unscharfen Information zu einer anderen unscharfen Information übergegangen wird. Wenn die Information *jung* bzw. *alt* angegeben ist und der Übergang auf *sehr jung* bzw. *sehr alt* erwünscht ist, schlägt Zadeh für den Modifikator *sehr* folgendes vor:

$$\mu_{\text{sehr alt}}(x) = \left(\mu_{\text{alt}}(x) \right)^2 ;$$

entsprechend ist sein Vorschlag für den Modifikator *mehr-oder-weniger alt*:

$$\mu_{\text{mehr-oder-weniger alt}}(x) = \left(\mu_{\text{alt}}(x) \right)^{1/2} .$$

Die *Quantifizierungsregeln* dienen der Verarbeitung unscharfer Anzahlaussagen, die durch Formalismen wie: *wenige, nicht sehr viele, ziemlich* u.s.w. angezeigt werden. In vielen Fällen lassen sich die unscharfen Anzahlaussagen in die Form Q N sind A bringen, in der Q eine unscharfe Quantitätsangabe ist und A eine Eigenschaft der mit N benannten Objekte (Bandemer et al. (1990)).

Die *Verknüpfungsregeln* beziehen sich in erster Linie auf konjunktive, alternative sowie implikative Verknüpfungen unscharfer Informationen und auf deren Negation. Die gängigste Art von Operatoren, die bei den Verknüpfungsregeln vorkommen, lauten:

Durchschnitt von A und B (entspricht dem logischen UND) :

$$\forall x \in X : \mu_{A \cap B}(x) = \min \left[\mu_A(x) , \mu_B(x) \right]$$

Vereinigung von A und B (entspricht dem logischen ODER) :

$$\forall x \in X : \mu_{A \cup B}(x) = \max \left[\mu_A(x) , \mu_B(x) \right]$$

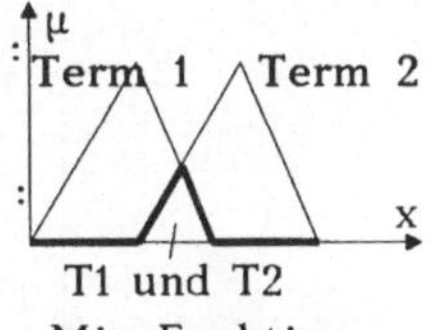

Min-Funktion

Algebraisches Produkt von A und B :

$$\mu_{A \cdot B}(x) = \mu_A(x) \cdot \mu_B(x)$$

Algebraische Summe von A und B :

$$\mu_{A+B}(x) = \mu_A(x) + \mu_B(x) - \mu_A(x) \cdot \mu_B(x)$$

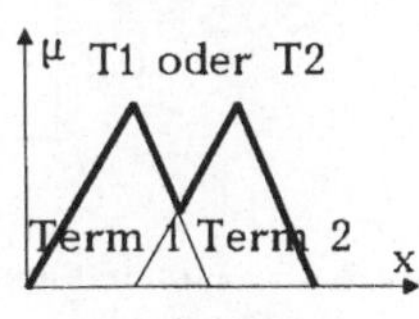

Max-Funktion

Arithmetischer Mittelwert von A und B :

$$\mu_{1/2\,(A+B)}(x) = (1/2) \left[\mu_A(x) + \mu_B(x) \right]$$

Geometrischer Mittelwert von A und B :

$$\mu_{(A \cdot B)^{1/2}}(x) = \left[\mu_A(x) \cdot \mu_B(x) \right]^{1/2}$$

Gamma - Verknüpfung von A und B :

$$\mu_{A\gamma B}(x) = \left[\mu_{A \cdot B}(x) \right]^{(1-\gamma)} \cdot \left[\mu_{A+B}(x) \right]^{\gamma} .$$

Die *Qualifizierungsregeln* dienen der linguistischen Bewertung der Wahrheit von Aussagen. Die Termini, die dies zum Ausdruck bringen, könnten folgender Art sein: *falsch, ziemlich falsch, wahr, nicht sehr wahr* u.s.w. Mathematisch ausgedrückt ist das die Wichtung **g** der Implikationen, mit $g \in [0, 1]$. Bei 1 ist die Regel wahr und bei 0 ist sie falsch.

An dieser Stelle kann auf die Formalismen der "Fuzzy-Set" Theorie und deren Erläuterung nicht weiter eingegangen werden. Sehr gute Zusammenfassungen sind bei Bothe (1993), Zimmermann (1991) und Bandemer et al. (1990) zu finden.

Die letzten zwei Bausteine des Fuzzy-Reglers sind die Fuzzifikation der Eingangsvariablen und die Defuzzifikation der Ausgangsvariablen.

Die scharfen Eingangswerte müssen in unscharfe Werte (Fuzzifikation) transformiert werden. Es erfolgt eine Abbildung der Eingangsgrößen auf linguistische Variable. Durch die Diskretisierung des gesamten Wertebereichs der linguistischen Variablen wird für jeden scharfen Eingangswert ein Zugehörigkeitswert der linguistischen Terme zugeordnet. In Bild 7.1.3 bekommt der scharfe Eingangswert auf der unscharfen Ebene die Form eines Vektors :

$$x = \{ k ; m ; g \} = \{ 0{,}8 ; 0{,}2 ; 0{,}0 \}.$$

Nachdem aus den Eingangsgrößen durch Regelbasis und Entscheidungslogik die Ausgangsgröße erzeugt worden ist, muß diese für eine Verwendung als Stellgröße noch in eine scharfe Größe umgewandelt werden. Dies geschieht durch Defuzzifikation. Die unscharfe Ausgangsgröße kann als "Möglichkeitsgebirge" dargestellt werden, indem die einzelnen Zugehörigkeitsfunktionen der Ausgangsgröße auf der Höhe des Zugehörigkeitswertes abgeschnitten werden bzw. auf diese Höhe heruntertransfomiert und anschließend in einer Vereinigungsmenge zusammengefaßt werden. Diese ist beispielhaft in Bild 7.1.4 dargestellt.

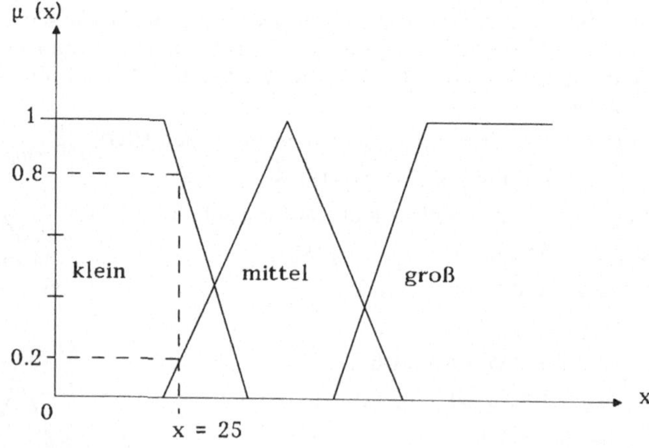

Bild 7.1.3 : Fuzzifikation eines Wertes x = 25

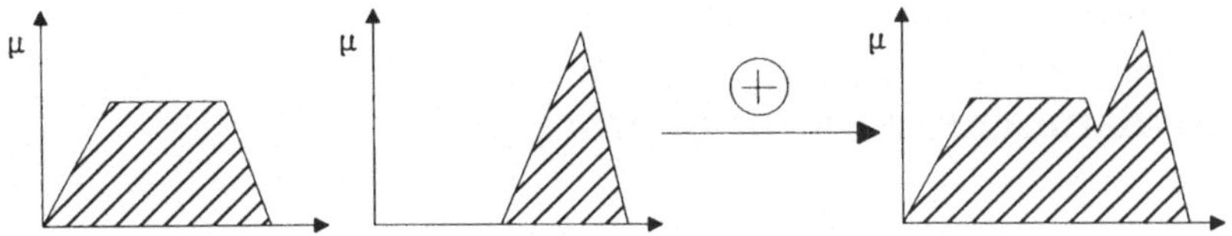

Bild 7.1.4 : Entstehung eines Möglichkeitsgebirges

Um von diesem "Möglichkeitsgebirge" zu einem scharfen Ausgangswert zu kommen, sind in der Literatur im wesentlichen zwei Methoden bekannt, die im folgenden erläutert und in Bild 7.1.5 dargestellt sind.

- MoM (Mean of Maximum): bei dieser Methode werden nur die Elemente der Grundmenge berücksichtigt, bei denen der Zugehörigkeitswert m(x) sein Maximum erreicht. Von diesen Elementen wird der arithmetische Mittelwert gebildet, der den scharfen Ausgangswert repräsentiert.
- CoA (Center of Area) : Hier werden alle Elemente der Grundmenge berücksichtigt, bei denen der Zugehörigkeitswert zur unscharfen Menge von Null verschieden ist. Der scharfe Ausgangswert entspricht dann dem auf die X-Achse projizierten Flächenschwerpunkt des "Möglichkeitsgebirges".

In der Anwendung erscheint die MoM - Methode als weniger geeignet, weil lediglich die Maxima der Ausgangsvariablen berücksichtigt werden. Größenklassen, bei denen nur unwesentlich geringere Werte erreicht werden, gehen in die Bestimmung des scharfen Ausgangswertes nicht ein. Dies entspricht aber nicht der Philosophie dieses Reglers, einen Kompromiß zwischen den geeigneten Reaktionen auf verschiedene, vom realen Zustand aber abweichende Mustersituationen zu finden.

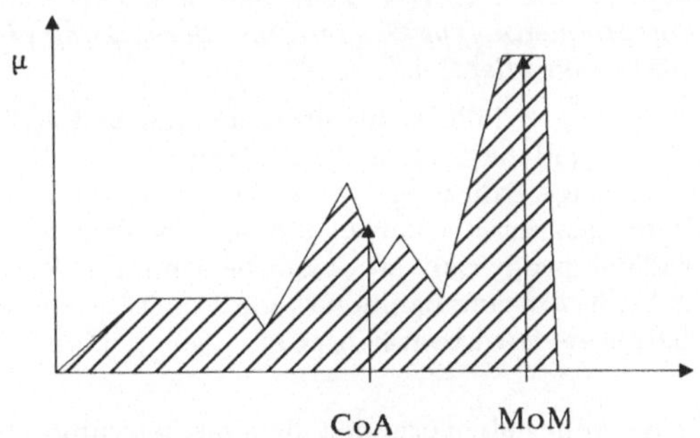

Bild 7.1.5 : Unterschiede bei der Defuzzifikation

Geeigneter scheint die CoA - Methode zu sein, die genau diese Kompromißbildung zum Ziel hat. Erst wird die Vereinigungsmenge der einzelnen Größenklassen gebildet und anschließend der Flächenschwerpunkt ermittelt. Als eine Modifikation dieser Methode kann man zunächst die Flächenschwerpunkte der einzelnen Größenklassen bestimmen, die dann zu einem - mit dem jeweiligen Zugehörigkeitswert gewichteten - scharfen Ausgangswert zusammengefaßt werden. Dies reduziert den Rechenaufwand erheblich und bietet den Vorteil, daß jedes Element der Grundmenge nicht nur einmal berücksichtigt wird, sondern so oft, wie es als Implikation der Regeln tatsächlich auftaucht.

Neben diesen Defuzzifikations-Methoden gibt es noch eine Reihe anderer Verfahren, auf die hier nicht weiter eingegangen werden kann.

7.2 Querdynamisches Anwendungsbeispiel

Im folgenden wird der mögliche Aufbau eines Fuzzy-Reglers beschrieben, der bei einem allradgelenkten Fahrzeug die Hinterachse so steuert, daß sich im gesamten fahrbaren Querbeschleunigungsbereich immer ein konstantes Eigenlenkverhalten einstellt. Darüber hinaus wird gezeigt, daß das transiente Fahrverhalten, z.B. die Antwort auf eine Lenkwinkelrampe, gegenüber konventionell gelenkten Fahrzeugen verbessert wird. Die gesamte Arbeit basiert auf der Simulation eines nichtlinearen Zweispurmodells mit nichtlinearen Reifeneigenschaften. Für den Aufbau des Fuzzy-Reglers wurde das Programm Fuzzy Control Manager (FCM) der Firma Transfertech herangezogen.

7.2.1 Fahrdynamischer Hintergrund

Konventionell gelenkte Fahrzeuge zeigen ein unterschiedliches Eigenlenkverhalten in Abhängigkeit der gefahrenen Querbeschleunigung. Das Eigenlenkverhalten beschreibt die vom Fahrereinfluß unabhängigen Lenkeigenschaften des Fahrzeuges. Einflüsse von Fahrzeugkomponenten, wie Lenkelastizitäten, Kinematik der Radaufhängungen, Reifeneigenschaften u.s.w., spielen eine sehr wichtige Rolle. Ausgehend von der Überlegung, daß der Fahrer über das Lenkrad den direkten Kontakt mit dem Fahrzeug hat und so die Informationen über Lenkmoment und Lenkradwinkel sehr schnell erfassen kann (Zomotor, 1987), wurde der Eigenlenkgradient definiert, um das Fahrverhalten des Fahrzeugs zu charakterisieren.

Die Definition des Eigenlenkgradienten nach DIN 70000 lautet:

"Der Eigenlenkgradient ist die Differenz zwischen dem Verhältnis des Lenkradwinkel-Querbeschleunigungsgradienten zur Gesamtlenkübersetzung und dem Ackermannwinkel-Querbeschleunigungsgradienten."

Das Verhalten von Fahrzeugen läßt sich unterscheiden in untersteuernd, neutral und übersteuernd, wenn der Eigenlenkgradient (EG) einen Wert größer null, gleich null bzw. kleiner null aufweist. Heutige Fahrzeuge weisen auf trockener Fahrbahn ein untersteuerndes Fahrverhalten im gesamten Querbeschleunigungsbereich auf. Außerdem ändert sich der Eigenlenkgradient progressiv ab einem bestimmten Wert der Querbeschleunigung (ca.4 m/s^2). Das heißt, um eine Bahnkurve mit konstantem Radius mit einer höheren Geschwindigkeit zu befahren, wird vom Fahrer eine deutlich größere Lenkamplitude verlangt.

Messungen im Straßenverkehr haben ergeben, daß das Leistungsvermögen eines Fahrzeuges nur zu einem geringen Teil ausgenutzt wird. Bei Autobahn-Ausfahrten beispielsweise, in denen viele Fahrer ihre Wagen am stärksten beanspruchen, werden in 95% der Fälle nur Querbeschleunigungen unter 4,3 m/s^2 erreicht. Der Fahrer verfügt also nur unterhalb dieses Grenzwertes über Erfahrungen bezüglich des Fahrverhaltens seines Fahrzeuges. Wird der Fahrer nicht trainiert, das Fahrzeug bis in den Grenzbereich zu beherrschen, z.B . durch eine Teilnahme an einem Fahr- und Sicherheitstraining, so müssen seine Kenntnisse aus dem engen Erfahrungsbereich bis etwa 4 m/s^2 ausreichen, um seinen Wagen auch in einem kritischen Lenkmanöver im Grenzbereich zu beherrschen (Bleck, 1992). Demnach wäre es bei stationärer Kurvenfahrt sinnvoll, das Verhalten des Fahrzeugs im Bereich der linearen Reifeneigenschaften - charakterisiert durch einen konstanten Eigenlenkgradienten — hin zu großen Querbeschleunigungen, wo nichtlineare Reifeneigenschaften dominieren und zu einem progressiv ansteigenden Eigenlenkgradienten führen, linear zu erweitern. Damit liefert das Fahrzeug dem Fahrer im gesamten fahrbaren Querbeschleunigungsbereich ein annährend konstantes Fahrzeugverhalten mit einem konstanten Eigenlenkgradienten. Zur Formulierung des Problems in mathematischen Formalismen müssen zunächst einige Begriffe definiert werden.

Nach DIN 70000 lautet die Definition des Eigenlenkgradienten:

$$EG = \frac{1}{i_S} \cdot \frac{d\delta_L}{d\,bq} - \frac{d\delta_A}{d\,bq} \tag{7.2.1}$$

mit i_S : Übersetzung im Lenkgetriebe δ_L : Lenkradwinkel
δ_A : Ackermannlenkwinkel bq : Querbeschleunigung .

Bildet man das Integral über die Querbeschleunigung und löst man nach dem Lenkwinkel auf, folgt:

$$\delta_L = i_S \cdot EG \cdot bq + i_S \cdot \delta_A \,. \tag{7.2.2}$$

Die mathematische Formulierung des Problems lautet:

"EG soll konstant bleiben, damit die Gleichung (7.2.2) eine Geradengleichung repräsentiert."

Dieses Ziel ist mit einem entsprechenden Konzept zum Steuern der Hinterachse bei allradgelenkten Fahrzeugen realisierbar.

Der Nachteil besteht jedoch darin, daß sich beim zusätzlichen Lenken der Hinterachse der Ackermannwinkel δ_A ändert: Bei gegensinnigem Einschlag wird der Radstand scheinbar verkürzt und bei gleichsinnigem Einschlag scheinbar verlängert (Zomotor, 1987):

$$l^* = l + R \cdot k_L \cdot \delta^*_A \qquad \text{mit} \qquad k_L = \frac{\delta_H}{\delta_V}$$

mit l : Achsabstand
R : Kurvenradius
δ_V : Lenkwinkel der Vorderachse
δ_H : Lenkwinkel der Hinterachse .

Der Ackermannlenkwinkel würde dann lauten:

$$\delta^*_A = \delta_{A0} \cdot \frac{1}{1 - k_L(bq)} \quad ; \quad \delta_{A0} = \delta^*_A\,(bq = 0)$$

wenn δ_H eine Funktion von bq ist. Der Eigenlenkgradient lautet dann:

$$EG = \frac{1}{i_S} \cdot \frac{d\delta_L}{d\,bq} - \frac{d\delta^*_A}{d\,bq} \,. \tag{7.2.3}$$

Der Fahrer bemerkt jedoch diese virtuelle Änderung nicht. Für ihn ist ausschlaggebend, daß sich das Verhältnis Lenkradwinkel zu Querbeschleunigung nicht ändert, d.h., daß sich der Ackermannwinkel nicht ändert. Deswegen wird an dieser Stelle ein neuer Begriff, der Lenkgradient, eingeführt:

$$LG = \frac{d\delta_L}{d\,bq} - i_S \cdot \frac{d\delta_{A0}}{d\,bq} \,. \tag{7.2.4}$$

Die Gleichung (7.2.2) für den Lenkradwinkel bei einem allradgelenkten Fahrzeug mit $\delta_H = f(bq)$ würde nach den Gleichungen (7.2.3) bzw. (7.2.4) folgende Form annehmen:

$$\delta_L = i_S \cdot EG \cdot bq + i_S \cdot \delta^*_A\,(bq) \tag{7.2.5}$$

bzw. $$\delta_L = LG \cdot bq + i_S \cdot \delta_{A0} \,. \tag{7.2.6}$$

Die mathematische Formulierung des Problems lautet jetzt:

"LG muß konstant bleiben, damit die Gleichung (7.2.6) eine Geradengleichung repräsentiert."

Des weiteren wird nicht mehr von einem Eigenlenkgradienten EG die Rede sein, sondern von einem Lenkgradienten LG. Das Bild 7.2.1 verdeutlicht die Unterschiede zwischen EG und LG sowie zwischen δ_A^*, δ_A und δ_{A0}.

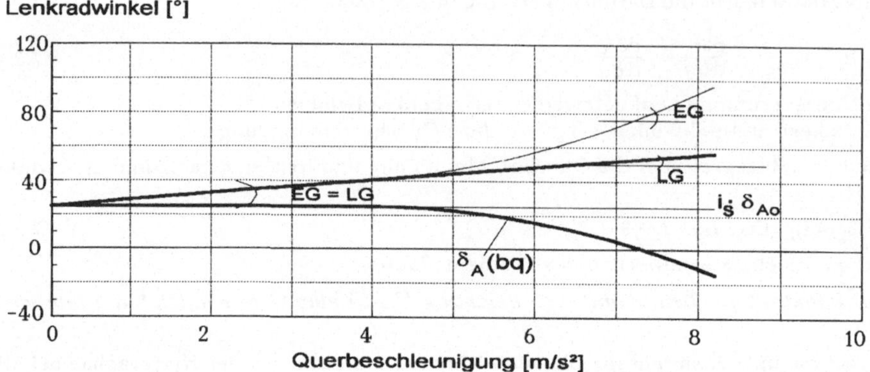

Bild 7.2.1: Vergleich zwischen Eigenlenkgradient EG und Lenkgradient LG (nach v.Meel, 1992)

Die Realisierung eines solchen Konzeptes ist mit konventionellen Reglern nur sehr schwer oder nicht machbar, da es sich grundsätzlich um nichtlineare Zusammenhänge handelt. Dagegen bietet die Fuzzy-Logic die Möglichkeit, auch nichtlineare Prozesse zu behandeln.

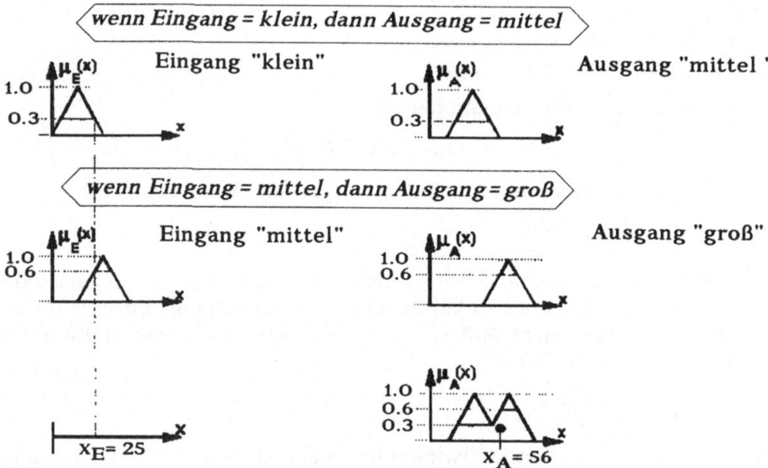

Bild 7.2.2: Defuzzifikation eines Systems mit einem Eingang und Ausgang (nach Bothe, 1993).

In Bild 7.2.2 wird der Defuzzifizierungsvorgang für ein System mit einem Eingang und einem Ausgang kurz erläutert.

7.2.2 Regleraufbau zur Konstanthaltung des Lenkgradienten

Die Motivation, die Fuzzy-Logic für die Lösung des Problems zu verwenden, liegt nicht an unscharfen Übergängen oder eventuellen unscharfen Ursachen; vielmehr liegt sie darin, daß es sich um ein komplexes und nichtlineares Problem handelt. Der Einsatz eines solchen Fuzzy-Reglers in der Querdynamik bereitet die Schwierigkeit, daß das heuristische Wissen des Ingenieurs für das Problem sehr eingegrenzt ist. Hiermit ist z. B. gemeint, daß der Ingenieur weiß, daß die Hinterachse gegensinnig zu der Vorderachse gelenkt werden muß, wenn das Fahrzeug ursprünglich untersteuernd war und weniger untersteuernd werden soll. Um wieviel Grad die Achse gelenkt werden muß, ist nicht bekannt. Deshalb sollten zuerst durch Simulation Werte gewonnen werden, die das Expertenwissen repräsentieren. Als Regelstrecke im gesamten Regelkreis ist ein Zweispurmodell mit nichtlinearen Reifeneigenschaften herangezogen worden. Das Modell ist an den Fahrzeugparametern eines Mittelklasse-Pkw validiert (Willumeit, et al., 1994)). Für die nichtlinearen Reifenkennlinien wurde das HSRI-Modell von Richter (1990) mit der Erweiterung des zeitlichen Aufbaus der Seitenkräfte durch eine zusätzliche Differentialgleichung (v.Schlippe, et al., 1942; Mitschke, 1990)) eingesetzt.

Der Fuzzy-Regler ist mit dem Programm FCM Transfertech (1992) erstellt. Dabei werden die Zugehörigkeitsfunktionen der linguistischen Variablen und die Regelalgorithmen auf einer Menüoberfläche angefertigt. Anschließend erfolgt das Erzeugen eines C-Quelltextes und dessen Implementierung im Zweispurmodell.

7.2.3 Struktur des Regelkreises

Wie schon im Bild 7.1.2 gezeigt ist, besteht der unscharfe Regler aus der Fuzzifikation, dem approximativen Schließen und der Defuzzifikation.

Die Struktur des Reglers, um den Lenkgradienten konstant zu halten (Bild 7.2.3), unterteilt sich in zwei weitere Strukturen. Die erste Struktur betrifft das stationäre und die zweite das instationäre Fahrverhalten. Es werden zwei getrennte Regelalgorithmen erstellt, die letztlich mit einem weiteren "unscharfen Schließen" verknüpft werden.

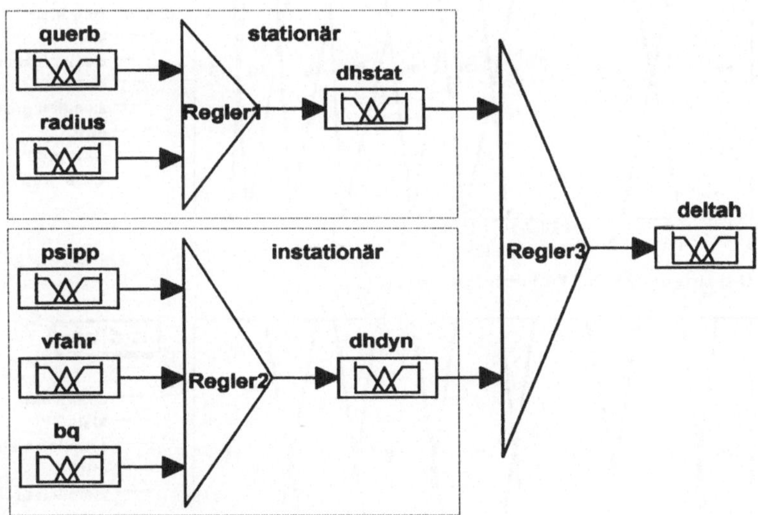

Bild 7.2.3: Struktur des "Eigenlenkreglers"

Für das stationäre Fahrverhalten sind die Eingangsgrößen Querbeschleunigung (querb) und Radius (radius) ausgewählt woden. Die Querbeschleunigung wird verwendet, da sie direkt mit dem Eigenlenkverhalten gekoppelt ist. Der Radius könnte auch durch die Fahrgeschwindigkeit ersetzt werden. Er wird aus zwei Gründen bevorzugt:

- Der Radius vermittelt einen besseren Einblick für Winkelgrößen als die Geschwindigkeit.
- Der Radius ist keine Steuergröße wie die Geschwindigkeit, sondern eine Regelgröße.

Für das transiente Fahrverhalten werden wiederum drei Eingangsgrößen ausgewählt. Die Gierbeschleunigung (psipp), die Fahrgeschwindigkeit (vfahr) und die Querbeschleunigung (bq). Die Querbeschleunigung wird hier durch eine weitere linguistische Variable gekennzeichnet, da der Fuzzifikationsvorgang, wie im weiteren gezeigt wird, anders als beim stationären Ausregeln ist. Die Gierbeschleunigung zeigt den dynamischen Vorgang des Fahrversuches an. Die Fahrgeschwindigkeit bewirkt eine Verbesserung der Ergebnisse durch vereinfachte Regelalgorithmen.

7.2.4 Linguistische Variablen der Eingangs- und Ausgangsgrößen

Die Meßgröße Querbeschleunigung wird durch die linguistische Variable (querb) dargestellt. Sie wird in acht Klassen (Bild 7.2.4) mit den folgenden linguistischen Werten unterteilt: *sehr klein, klein, ziemlich klein, mittel, ziemlich groß, groß, sehr groß und extra groß.* Deren Zugehörigkeitsfunktionen haben Trapezform, damit in einfacher Weise eine Parametrisierung durch die Lage der Trapezecken erfolgen kann.

Der Radius als Eingangsgröße wird auf die linguistische Variable (radius) (Bild 7.2.5) mit folgender Klassenteilung abgebildet: *sehr klein, klein, ziemlich klein, mittel, ziemlich groß, groß, sehr groß.*

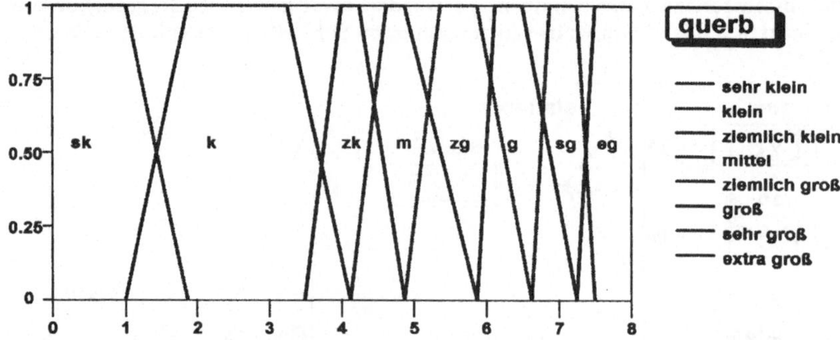

Bild 7.2.4: Die linguistische Variable querb

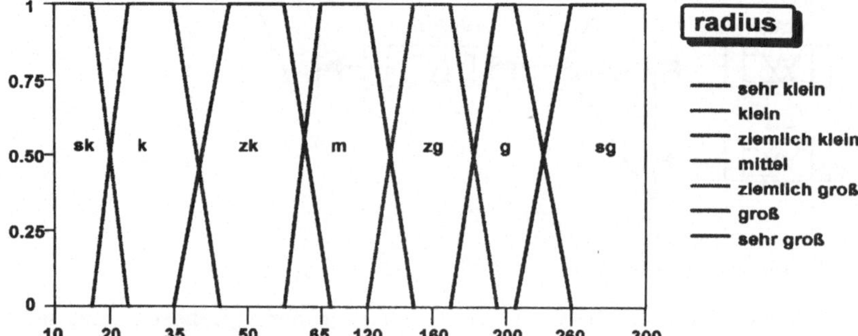

Bild 7.2.5: Die linguistische Variable radius

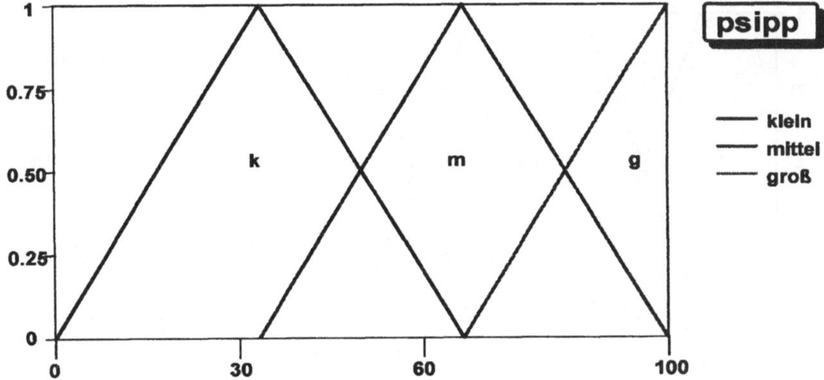

Bild 7.2.6: Die linguistische Variable psipp

Für den instationären Bereich werden die Meßgrößen Gierbeschleunigung, Fahrgeschwindigkeit und Querbeschleunigung entsprechend auf die linguistischen Variablen (psipp), (vfahr) und (bq) abgebildet. Alle drei Variablen (Bild 7.2.6 bis 7.2.8) werden in die drei Klassen *klein, mittel* und *groß* unterteilt. So, wie bei den anderen zwei linguistischen Variablen, bestehen die Zugehörigkeitsfunktionen aus konstanten Abschnitten.

Die linguistischen Variablen (bq) und (querb) sind die Abbildung der gleichen Meßgröße. Der Grund dafür, daß sie unterschiedlich sind, liegt darin, daß es je nach Anwendungszweck sinnvoll ist, die Klassifizierung des Bereiches zu unterscheiden.

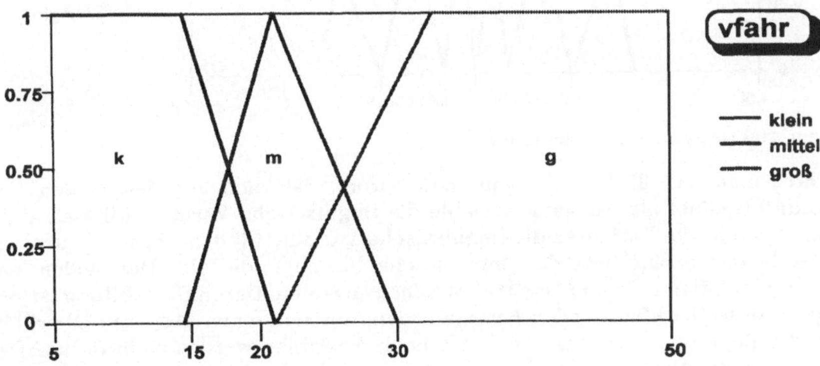

Bild 7.2.7: Die linguistische Variable vfahr

Die Ausgangsmeßgröße "Lenkwinkel an der Hinterachse" wird durch die linguistische Variable (deltah) (Bild 7.2.9) dargestellt. Die Hauptterme der Variablen sind *klein, mittel* und *groß* mit den Modifikatoren für *klein* und *groß, sehr* und *ziemlich*. Aus dem gleichen Grund wie bei den Eingangsgrößen sind die Zugehörigkeitsfunktionen durch lineare Abschnitte festgelegt. Es wurde eine symmetrische Klassifizierung der Variablen durchgeführt, um einen besseren Überblick bei der Aufstellung der Regelalgorithmen zu haben.

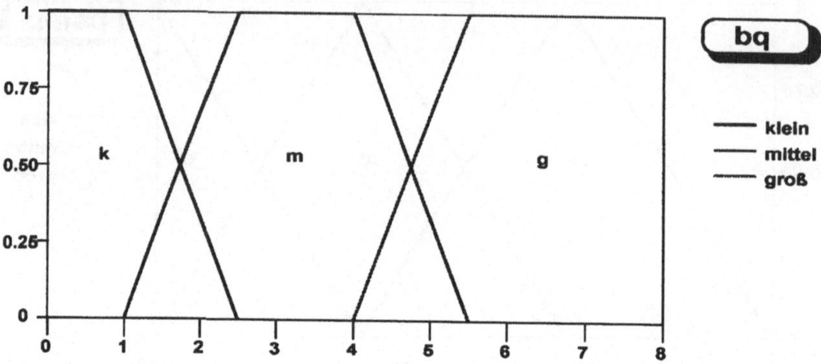

Bild 7.2.8: Die linguistische Variable bq

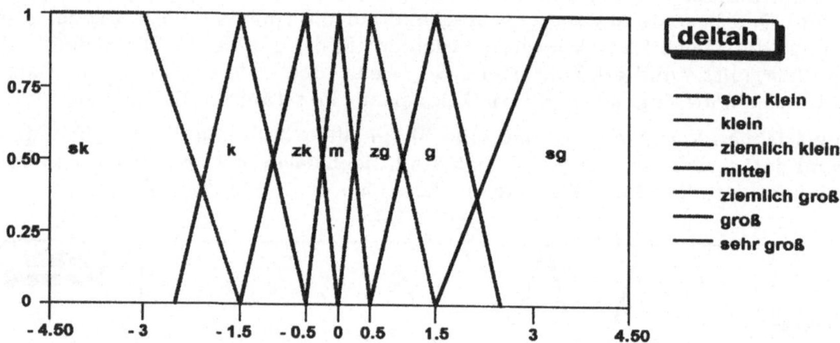

Bild 7.2.9: Die linguistische Variable deltah

Betrachtet man das Bild 7.2.3, sieht man sofort, daß sich aus den beiden Variablen (querb) und (radius) als Ausgangsvariable die linguistische Variable (dhstat) ergibt und aus den anderen drei Variablen die linguistische Variable (dhdyn). Erst aus der Verknüpfung der beiden erhält man die linguistische Variable (deltah). Die beiden Variablen (dhstat) und (dhdyn) sind sogenannte Zwischenvariablen. Deren Darstellung ist nicht unbedingt erforderlich. Sie werden herangezogen, um sich einen besseren Überblick beim Aufbau des Reglers zu verschaffen. Diese beide Variablen werden nicht defuzzifiziert; es wird lediglich der fuzzifizierte Wert vom Ausgang des Reglers 1 bzw. 2 zu Regler 3 weitergeleitet. Wichtig dabei ist, daß die Zwischenvariablen die gleiche Anzahl an linguistischen Termen besitzen, wie die linguistische Variable der Ausgangsgröße. Sehr sinnvoll jedoch ist es, die Zwischenvariablen identisch zu den Ausgangsvariablen zu gestalten, damit man einen guten Überblick hat. Die Bausteine Regler-1 , -2 und -3 in Bild 7.2.3 sind die jeweiligen Produktionsregelsätze für das stationäre, instationäre und gesamte Fahrverhalten. Es wurde nur ein Verknüpfungsoperator, der Durchschnitt oder logisches UND bzw. min-Bildung beinhaltet, in Regler-1 und -2 eingesetzt. Der Regler- 3 sollte wie ein Summierer arbeiten. In der Fuzzy-Logic ist er durch einen Operator bestehend aus Vereinigung oder logisches ODER bzw. max-Bildung dargestellt.

7.2.5 Ergebnisse der Simulation

Mit dem im Kapitel 7.2.3 vorgestellten Modell wurden folgende Simulationsergebnisse gewonnen. Für die Darstellung der Ergebnisse sind sowohl der Vergleich der Lenkwinkelbedarfskurven bei einer stationären Kreisfahrt, als auch die Zeitverläufe der Antworten des Systems auf verschiedene Lenkwinkelrampen von Bedeutung. Als repräsentative Zustandsgrößen für die Untersuchung sind die Querbeschleunigung und die Giergeschwindigkeit herangezogen worden.

Die in Bild 7.2.10 dargestellten Lenkwinkelbedarfskurven werden auf einer Kreisbahn mit dem Radius von 100 m gewonnen. Der Haftbeiwert der Straße entspricht dem einer trokkenen Straße.

Wie deutlich zu erkennen ist, wächst der Lenkradwinkel mit steigender Querbeschleunigung bei dem Fahrzeug mit der geregelten Hinterachse fast linear an. In Bild 7.2.11 wird die Verbesserung des transienten Fahrverhaltens deutlich gemacht. Sowohl im mittleren Querbeschleuni-gungsbereich ($4 m/s^2$) als auch im hohen ($7 m/s^2$) bei sehr hohen Geschwindigkeiten (ca. 38 m/s) liefert der Fuzzy-Regler sehr gute Ergebnisse. Die Lenkwinkelrampe hat eine Steigung von 400 grad/sec und die Simulation entspricht wie oben trockenen Straßenverhältnissen.

Eine Änderung am Lenkradwinkel tritt hier nicht auf, da das Querbeschleunigungsniveau sich im linearen Bereich befindet. Sowohl in der Giergeschwindigkeit als auch in der Querbeschleunigung erreicht das Fahrzeug mit geregelter Hinterachse einen deutlich schnelleren Anstieg ohne Erhöhung des Überschwingers.

Der Anstieg ist bei der Querbeschleunigung langsamer geworden und bei der Giergeschwindigkeit gleich geblieben. Der Lenkradwinkel hat sich um ca. 20% verringert. Der größte Vorteil dabei ist, daß das System bei der großen Fahrgeschwindigkeit (ca. 140 km/h) deutlich gedämpfter reagiert. Die Ansprechzeit bleibt zwischen dem geregelten und ungeregelten System annähernd gleich. Der Gierüberschwinger ist in dem geregelten System deutlich geringer geworden.

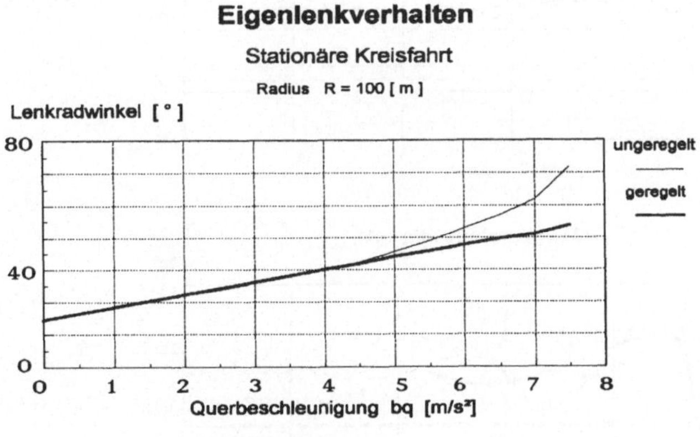

Eigenlenkverhalten

Stationäre Kreisfahrt

Radius R = 100 [m]

Lenkradwinkel [°]

ungeregelt

geregelt

Querbeschleunigung bq [m/s²]

Bild 7.2.10: Vergleich der Lenkwinkelbedarfskurven

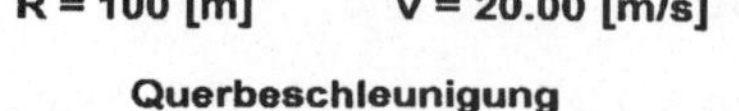

Querbeschleunigung

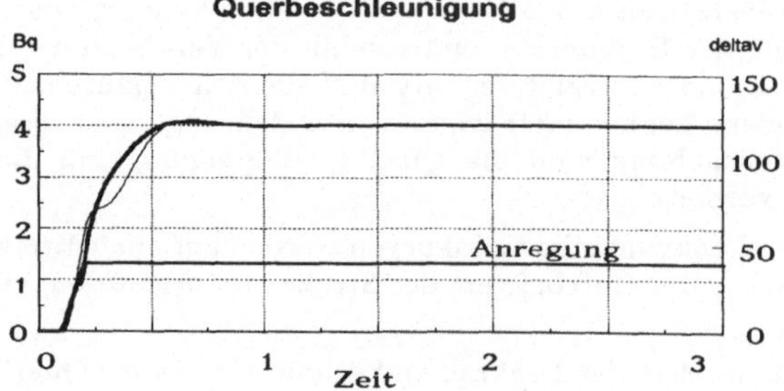

Giergeschwindigkeit

Psip deltav

12 8 4 0

150 100 50 0

Anregung

0 1 2 3 Zeit

Bild 7.2.11 a: Antwort auf eine Lenkwinkelrampe mit einer stationären Querbeschleunigung von $4 m/s^2$

R = 200 [m] v = 37.43 [m/s]

Querbeschleunigung

Bq deltav

10 8 6 4 2 0

150 100 50 0

Anregung

0 1 2 Zeit 3 4 5

Giergeschwindigkeit

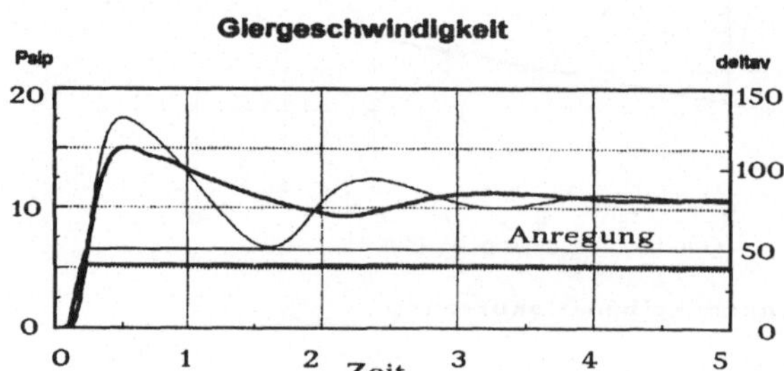

ungeregelt geregelt

Bild 7.2.11 b: Antwort auf eine Lenkwinkelrampe mit einer stationären Querbeschleunigung von $7 m/s^2$.

7.2.6 Ergebnis und Ausblick der Fuzzy - Regelung

Die Ergebnisse sind gut. Es wurde gezeigt, daß es auch in der Querdynamik durchaus möglich wäre, Fuzzy-Regler einzusetzen, obwohl man nicht verschweigen sollte, daß sie mit großem Arbeitsaufwand verbunden sind und einige Fragen offen bleiben:

- Die Stabilität des Reglers wurde nur durch mehrere Simulationsläufe untersucht, da kein Stabilitätskriterium für unscharfe Regler existiert.
- Der Regler gilt für den jeweiligen Fahrzeugparametersatz. Eine Gewichtsverlagerung würde als Folge eine Verschlechterung der Ergebnisse haben.
- Bei anderen Reifeneigenschaften würden sicherlich die Ergebnisse deutlich schlechter sein, da die Reifenparameter eine sehr große Rolle für das Fahrverhalten eines Fahrzeuges spielen.
- Die Simulationsergebnisse und die Reglerauslegung gelten nur für trockene Straßenverhältnisse.
- Das Fahrzeugmodell bildet die Lenkelastizitäten an der Hinterachse, die eine Veränderung des Lenkwinkels der Räder bewirken, nicht vollständig nach.

Außer dem ersten Punkt sind alle anderen Punkte eine Frage der Komplexität des Reglers. Vorstellbar wäre es, ausgehend vom vorhandenen Regler, weitere Fuzzy-Module für jede Frage zu entwickeln und über einen übergeordneten Fuzzy-Regler zu steuern bzw. zu regeln.

Sucht man ein geeignetes mathematisches Optimierungsverfahren, um es in der Querdynamik anzuwenden, stellt man schnell fest, daß die Nichtlinearitäten der Problemstellungen kaum mit konventionellen Methoden zu bearbeiten sind. Hier wäre ein Ausweichen auf sogenannte "unkonventionelle Methoden", wie z.B. die "Evolutionsstrategie", denkbar, wie im folgenden gezeigt wird.

7.3 Evolutionsstrategische Optimierung

Die Evolutionstrategie ist ein mathematisches Optimierungsverfahren, welches sich an der natürlichen Evolution biologischer Mechanismen orientiert. Durch Zufall entstandene Mutationen bestimmter Systemeigenschaften werden an Erfordernissen der Umwelt gemessen und, sofern die Mutationen den Anforderungen besser genügen als die Elterngeneration, weiter vererbt. Die Mutationen, die eine schlechtere Anpassung an die Erfordernisse der Umwelt ergeben, sterben aus. Es kann mathematisch nachgewiesen werden, daß diese Strategie nur mit unendlich vielen Mutationen zum absoluten Maximum führt. Startet man jedoch mit Anfangsbedingungen, die aus dem heuristischen Wissen in der Nähe des vermuteten Maximums liegen, ist die Chance groß, dieses mit einer endlichen Zahl von Mutationen zu erreichen.

Der Grund für die Anwendung dieser Evolutionsstrategie auf Regler mit Fuzzy-Control liegt in der Vielzahl der Variablen. Diese Variablen sind die Lage der Zugehörigkeitsfunktionen und deren Form. Der Anwender von Fuzzy-Control hat aus dem heuristischen Wissen kaum eine Möglichkeit, diese Funktionen einigermaßen richtig zu schätzen. Es bleibt dem Anwender ohne ein Optimierungsverfahren lediglich der sehr mühsame Weg des manuellen Ausprobierens günstiger Funktionslagen. Jedoch ist nicht ohne viel Mühe zu erkennen, ob auch die gewählte Anzahl an Zugehörigkeitsfunktionen dem Anwendungsfall gerecht wird. Je nach Anwendungsfall erreicht die Anzahl der zu variierenden Parameter einige hundert. Hier nun liegt die eigentliche Potenz dieses Instrumentariums

Evolutionsstrategie. Es sei hier darauf hingewiesen, daß es neben dieser Evolutionsstrategie auch noch ein Verfahren gibt, welches "genetische Algorithmen" bezeichnet wird. Dieses aus US-amerikanischen Forschungen resultierende Verfahren benutzt andere Zufallsverfahren zur Erzeugung der Nachkommen. Hier sei auf die Spezialliteratur verwiesen.Das Verfahren der Evolutionsstrategie soll nun im folgenden erläutert werden.

7.3.1 Grundlagen

Die verwendete Form der Evolutionsstrategie beruht auf einer von Schwefel (1977) und Rechenberg vorgeschlagenen Umsetzung biologischer Mechanismen mit dem Ziel der bestmöglichen Anpassung eines Individuums an die gestellten Anforderungen der Umwelt. Unter der Annahme, daß sich die biologische Evolution als wirksames Instrument zur Adaption von Lebewesen (Systemen) an die gestellten Erfordernisse der Umwelt erwiesen hat, wurde eine mathematische Formulierung dieser Grundprinzipien vorgenommen. Es wird davon ausgegangen, daß im Sinne der Evolution prinzipiell zufällige Variationen (Mutationen) der bestimmenden Systemeigenschaften (Gene) bei positiven Auswirkungen sich verstärkt durchsetzen und an nachfolgende Generationen weitergegeben (vererbt) werden. Dieses Mutations-Selektions-Prinzip bewirkt eine automatische Anpassung an die Erfordernisse der Umwelt. Die Umsetzung der biologischen Evolution auf die Optimierung eines technischen Systems kann in mehreren Schritten mit jeweils exakter Nachbildung der biologischen Vorgänge erfolgen. Die daraus resultierenden Varianten an genetischen Algorithmen sollen hier nicht dargestellt werden, da die Anzahl der Versuche zur Nachbildung der Auswahl- und Anpassungsmechanismen der Biologie sehr vielfältig ist. Die grundsätzlichen Strukturen bei der Nachbildung sind jedoch festgelegt und lassen sich wie folgt darstellen.

Bei maximaler Abstraktion läßt sich die biologische Evolution als ein zweistufiger Prozeß auffassen, nämlich der Erzeugung zufälliger Variationen (Mutationen) und der Aussonderung unvorteilhafter Varianten (Selektion). Auf ein technisches System übertragen müssen folgende Analogien gezogen werden:

- die Gesamtheit der Erbanlagen eines Lebewesens (Genotyp) wird durch die charakteristischen Kenngrößen eines technischen Systems repräsentiert
- die Vitalität eines Lebewesens in seiner Umwelt wird durch die Qualität eines technischen Systems unter vorgegebenen Randbedingungen repräsentiert.

Daraus folgt, daß aus einem zugrunde liegenden Variablenvektor eine zufällige Variante erzeugt wird, die Güte beider Individuen verglichen werden und nur das besser angepaßte System in die weitere Optimierung einbezogen wird. Der Variablenvektor kann dabei z. B. die Parameter eines dynamischen Systems enthalten (Massen, Steifigkeiten, Dämpfungsgrößen), die Güte des Systems mag aus der Systemantwort auf eine Anregung resultieren.

Im vorliegenden Fall der Parameteridentifikation von Fuzzy-Regelkreisen enthält der Variablenvektor die kennzeichnenden Größen des Fuzzy-Controllers. Die Güte einer Variation bestimmt sich über das resultierende Verhalten des zu regelnden Simulationsmodelles im Verhältnis zu einem vorgegebenen Sollverhalten.

7.3.1.1 Variation der Variablen

Verfolgt man eine mathematische Umsetzung der biologischen Evolution, so erkennt man, daß die biologische Variation durch eine Gaußverteilung beschrieben werden kann. Dies bedeutet, daß geringfügige Unterscheidungen in den Genen von Eltern und Nachkommen sehr häufig sind, während es nur vergleichsweise selten zu starken Unterscheidungen kommt. Dabei wird für jedes Element des Variablenvektors eine eigene Schrittweite verwendet, die sich also selbständig an die Erfordernisse der Optimierung anpaßt.

Es resultiert eine Änderung der Streuung der gaußverteilten Zufallszahlen, die je nach Topologie des Zielfunktionsraumes für eine angepaßte Konvergenzgeschwindigkeit sorgt. Weiterhin erfolgt in dem verwendeten Algorithmus eine zusätzliche Modifikation der verwendeten Zufallszahlen. Auf der Basis der vorliegenden Erfolgswahrscheinlichkeit für große bzw. kleine Variationen der Variablen sowie einer Änderung des Mittelwertes der Gaußverteilung wird ein zusätzlicher Faktor bei der Erzeugung der Nachkommen berücksichtigt. Die mathematische Formulierung erkennt man in der Gleichung (7.3.1). Ausgehend von einem Vektor XE wird durch Addition der mit einer modifizierten gaußverteilten Zufallszahl Zg (modifiziert durch |M|, M) multiplizierten Schrittweite S(I) eine Variante X erzeugt.

Die Vorgehensweise zur Bestimmung der Güte der Variation besteht bei der Evolutionsstrategie wie bei vielen anderen Optimierungsverfahren in der Minimierung eines quadratischen Gütefunktionals GF. Ausgehend von einem zu erreichenden Ausgangsverhalten des zu regelnden Systems wird dieses über den in Gleichung (7.3.2) dargestellten zeitdiskreten Zusammenhang erreicht.

$$X(I) = XE(I) + S(I) \cdot [\, Z_g \cdot (1 * |M|) + M \,] \tag{7.3.1}$$

mit X(I): Vektor der Varianten — XE(I): Vektor der Ausgangsvarianten

S(I): Schrittweitevektor — Z_g : Gaußverteilte Zufallszahl

M : Momentenvektor zur Modifizierung der Zufallszahl

$$GF = \sum_{i=1}^{n} (x_{ist}(i) - x_{soll}(i))^2 \tag{7.3.2}$$

Die einzige Forderung, welche von der Evolutionsstrategie an das zu optimierende System gestellt wird, ist die Berechenbarkeit der Zielfunktion und ein kausaler Zusammenhang zwischen Größe der Variation und deren Auswirkung auf den Zielfunktionswert.

7.3.1.2 Auswahl der Variationsparameter

Die Charakterisitik eines Fuzzy-Regelkreises ist durch viele Parameter gekennzeichnet. Bestimmend für das Verhalten sind:

- Art und Anzahl der Eingangs- und Ausgangsgrößen (linguistische Variablen)
- Form und Anzahl der Zugehörigkeitsfunktionen der linguistischen Variablen (linguistische Werte)
- Art der Verknüpfungen zwischen den linguistischen Variablen (Regelbasis/approximatives Schließen).

Um den vorhandenen Anforderungen der Evolutionsstrategie an das zu optimierende System zu genügen, fallen sowohl die Anzahl der linguistischen Variablen als auch der linguistischen Werte aufgrund ihres diskreten Charakters als Variationsparameter aus. Mit dieser Einschränkung bleiben als freie Variablen des Optimierungsprozesses die Form und Lage der Zugehörigkeitsfunktionen sowie die Anzahl der Verknüpfungsregeln. Deren Einbeziehung in den Evolutionsvorgang geschieht durch Variation eines Regelgewichtungsvektors. Als Randbedingungen für die Variation werden gefordert:

- die Regelgewichtungsfaktoren dürfen einen Wertebereich von [0...1] nicht verlassen
- die Wahrheitswerte einer Zugehörigkeitsfunktion müssen aus dem Intervall [0...1] kommen
- die x-Koordinate der Stützstelle einer Zugehörigkeitsfunktion darf den Definitionsbereich der linguistischen Variablen nicht verlassen.

Bild 7.3.1 verdeutlicht die Variationsmöglichkeit der Stützstellen der Zugehörigkeitsfunktionen

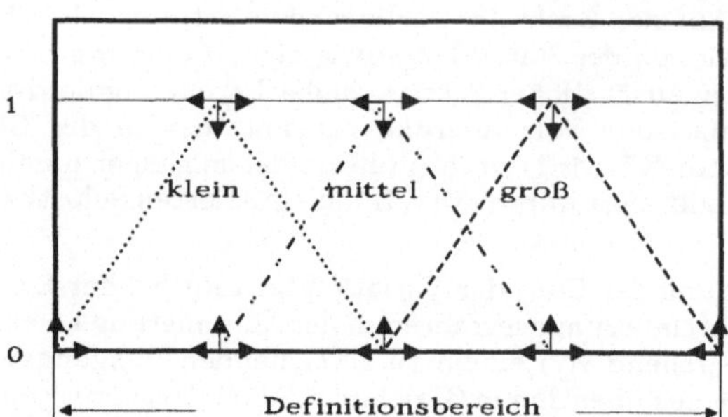

Bild 7.3.1: Variation der Zugehörigkeitsfunktionen

Bei den im Kap. 7.3.2 vorgestellten Reglern wird nur die Anzahl der Verknüpfungsregeln zwischen Eingangs- und Ausgangsgrößen optimiert. Eine Optimierung der Zugehörigkeitsfunktionen findet man bei Presser et al. (1994) oder Vikas (1994).

7.3.2 Anwendungsbeispiele

Die beiden folgenden Beispiele sollen hier nicht in allen Details beschrieben werden. Für die Vertiefung sei die zitierte Literatur empfohlen. Hier soll lediglich das Ziel und die Struktur der angesprochenen Regler vorgestellt werden.

Für die Optimierung und somit für die Identifikation einer idealen Kombination der Fuzzy-Parameter wird ein geregeltes dynamisches System ausgewählt, und zwar ein vertikaldynamisches Simulationsmodell eines Kraftfahrzeuges.

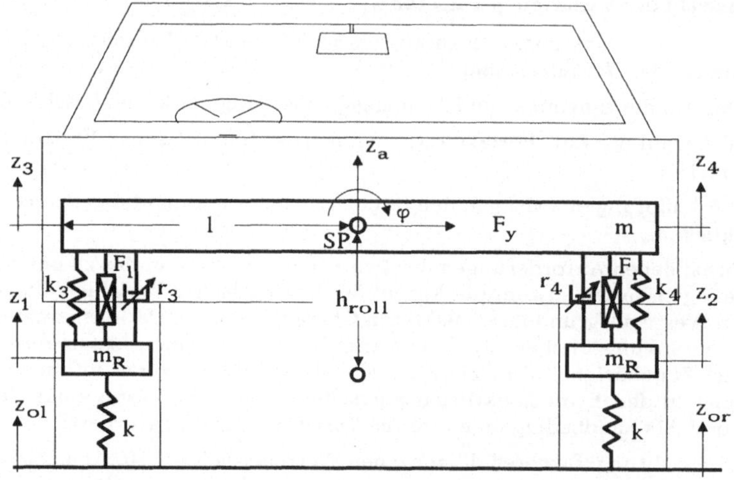

Bild 7.3.2: Fahrzeugmodell

Dieses Modell wird

a) von einem Fuzzy-Regler gesteuert, welcher die Aufgabe hat, bei Einwirken einer Querbeschleunigung den Wankwinkel des Fahrzeugs durch Aufbringen einer aktiven Stellkraft (z. B. über eine Hydraulik) zu verringern, und

b) von einem Fuzzy-Regler geregelt, der bei Einwirkung von Straßenunebenheiten als Radanregung gleichzeitig die Radlastschwankung und die Aufbaubeschleunigung durch Regelung der Aufbaudämpfung verringern sollte.

Wankwinkel sowie Radlastschwankungen und Aufbaubeschleunigungen werden a) ohne Regler, b) mit einem von Hand entworfenen Regler und c) mit einem mit der Evolutionsstrategie optimierten Regler untersucht. Bild 7.3.2 zeigt das benutzte Fahrzeugmodell.

Die zu minimierenden Gütefunktionale GF sollen lauten (Gl. (7.3.3) und (7.3.4))

$$GF = \sum_{t=0}^{t=4\,s} (\varphi_{ist}(t) - \varphi_{soll}(t))^2 \tag{7.3.3}$$

$$GF = \sum_{t=0}^{t=2\,s} (\ddot{z}_a)^2 + (z_r - z_0)^2 \quad , \quad z_r = z_1 \text{ oder } z_2 \;. \tag{7.3.4}$$

Die Bewegungsgleichungen für die Variablen der Gütefunktionale sind

$$\ddot{z}_a = \frac{1}{m}(-(r_3 - r_4)\,\dot{z}_a + r_3\,\dot{z}_1 + r_4\,\dot{z}_2 + (r_4 - r_3)\cdot l\cdot\dot{\varphi}\cdot\cos\varphi - (k_3 + k_4)\,z_a + k_3\,z_1 + k_4\,z_2 + (k_4 - k_3)\cdot l\cdot\sin\varphi + F_l + F_r) \tag{7.3.5}$$

$$\ddot{\varphi} = \frac{1}{\Theta}(-(r_3 - r_4)\,l\,\dot{z}_a + r_3\,l\,\dot{z}_1 - r_4\,l\,\dot{z}_2 - (r_3 + r_4)\cdot l^2\cdot\dot{\varphi}\cos\varphi - (k_3 - k_4)\cdot l\cdot z_a - (k_3 + k_4)\,l\sin\varphi + k_3\,l\,z_1 - k_4\,l\,z_2 + mv^2\cdot\frac{h_{roll}}{R} + F_l\cdot l + F_r\cdot l) \tag{7.3.6}$$

$$\ddot{z}_1 = \frac{1}{m_R}(r_3\,\dot{z}_a - r_3\,\dot{z}_1 + r_3\cdot l\cdot\dot{\varphi}\cdot\cos\varphi + k_3\,z_a - (k_3 + k)\,z_1 + k_3\cdot l\cdot\sin\varphi + k\,z_{ol} - F_l) \tag{7.3.7}$$

$$\ddot{z}_2 = \frac{1}{m_R}(r_4\,\dot{z}_a - r_4\,\dot{z}_2 - r_4\cdot l\cdot\dot{\varphi}\cdot\cos\varphi + k_4\,z_a - (k_4 + k)\,z_2 - k_4\cdot l\cdot\sin\varphi + k\,z_{or} - F_r)\;. \tag{7.3.8}$$

Es bedeutet R: Krümmungsradius des Fahrkurses. Alle anderen Parameter gehen aus Bild 7.3.2 hervor.

7.3.2.1 Der Wankregler

Der Wankregler, der in Abhängigkeit von der Querbeschleunigung eine aktive Stellkraft zur Wankwinkelkompensation regelt, basiert ebenfalls auf Fuzzy-Control. Ziel dieses Reglers ist, eine vollständige Wankwinkelkompensation im Querbeschleunigungsbereich $a_q < 4\,[m/s^2]$ und einen danach sinusförmig auf etwa 2^0 ansteigenden Wankwinkel bei einer Querbeschleunigung von $a_q < 8\,[m/s^2]$ zuzulassen. Dieser Regler wurde auf die übliche Weise manuell ("Trial and Error") erstellt und als Ausgangspunkt einer numerischen Optimierung verwendet. Die Idee für die angestrebte Auslegung des Reglers besteht darin, daß im niedrigen Querbeschleunigungsbereich Radlastdifferenzen durch die Rollabstützung vermieden werden soll. Aufgrund des damit vorhandenen gleichgroßen Kraftschlußpotentials an beiden Rädern wird die Fahrsicherheit erhöht. Im höheren Querbeschleunigungsbereich soll dagegen dem Fahrer durch den dann auftretenden Wankwinkel eine Information über den beginnenden Grenzstand gegeben werden.

Bei der vorgenommenen Parameteridentifikation wird eine geänderte Variablenkonfiguration des Regelkreises eingestellt und anschließend eine Zeitsimulation des vorhandenen Fahrzeugmodells durchgeführt. Als Anregung wird ein linear ansteigender Querbeschleunigungsverlauf gewählt, welcher in 4 Sekunden von 0 auf 8 $[m/s^2]$ ansteigt. Der resultierende Zeitverlauf des Wankwinkels dient dann als Grundlage für die oben beschriebene Bestimmung des Gütefunktionals.

Als Sollfunktion des Wankwinkels wird das oben aufgeführte Ziel gewählt. Von der Grundauslegung des Reglers wurden die linguistischen Werte der Eingangs- und Ausgangsvariablen übernommen. Gegenstand der Optimierung sind die Gewichtungsfaktoren einer Regelbasis von 49 Verknüpfungen aller möglichen Kombinationen von Eingangs- und Ausgangsvatriablen.

Eingangsvariable ist die Querbeschleunigung a_q , Ausgangsvariable die aktive Stellkraft links F_l. Die Stellkraft rechts F_r ergibt sich dann aus der Negation von F_l. Die unverändert übernommenen Zugehörigkeitsfunktionen sind in Bild 7.3.3 dargestellt. Ferner ist im Bild 7.3.4 die Optimierung als Blockschaltbild dargestellt. Bei dem Simulationsmodell handelt es sich um einen Drei-Massenschwin-ger mit vier Freiheitsgraden (Bild 7.3.2). Die Differentialgleichungen zur Beschreibung des Systems sind die Gleichungen (7.3.5) bis (7.3.8).

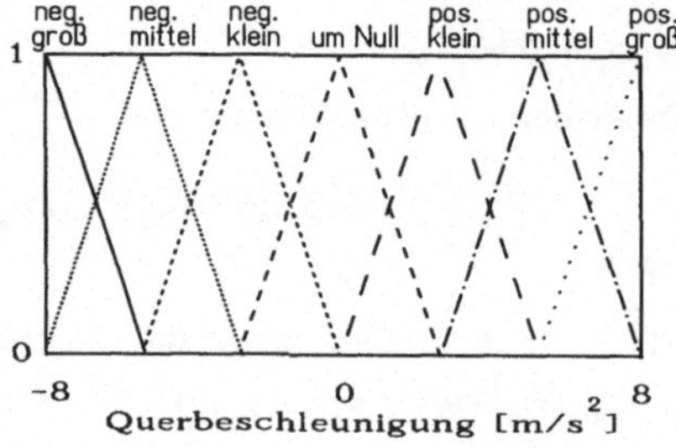

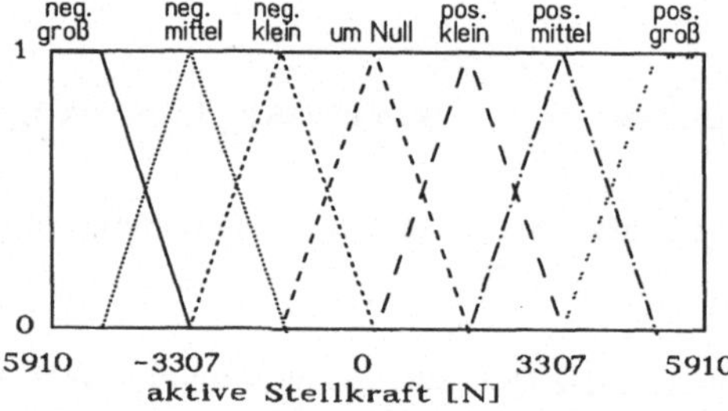

Bild 7.3.3: Zugehörigkeitsfunktionen der Eingangsvariablen a_q und Ausgangsvariablen F_l

Im Bild 7.3.5 sind die Ergebnisse der drei Berechnungen dargestellt. Hierin sind der ursprüngliche Verlauf 1), der optimierte Verlauf 2) und der vorgegebene Sollverlauf 3).

Es ist zu erkennen, daß die vorgegebene Zielsetzung weitgehend erreicht ist. Es ist sowohl eine Verbesserung im Bereich der angestrebten Wankwinkelkompensation erreicht als auch ein sanfter ansteigender Verlauf der Zielgröße im Bereich über 4 [m/s2].

Die hier vorgenommene Art der Optimierung kann als Beispiel für die Modellierung eines Fuzzy-Regelkreises angesehen werden, bei der kaum Expertenwissen vorhanden ist. Aus diesem Grund werden sämtliche sinnvollen Regelverknüpfungen aufgestellt und vor Beginn der Optimierung mit einem identischen Faktor von 0,5 als Startwert gewichtet. Die Anzahl der zu optimierenden Parameter ist durch die Anzahl an Verknüpfungsregeln zwischen Eingangs- und Ausgangsvariablen gegeben. Sie betraf hier 49 Parameter. Die anschließende Optimierung führt dann zu einer hohen Gewichtung von sinnvollen Produktionsregeln, während im Sinne der Optimierung schädliche Regeln durch einen Gewichtungsfaktor nahe Null aus der Regelbasis entfernt werden können.

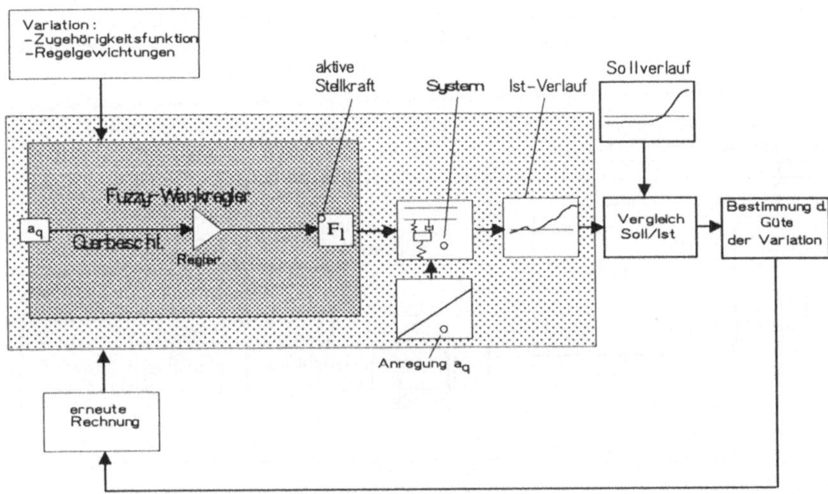

Bild 7.3.4: Blockschaltbild der Optimierung des Wankreglers

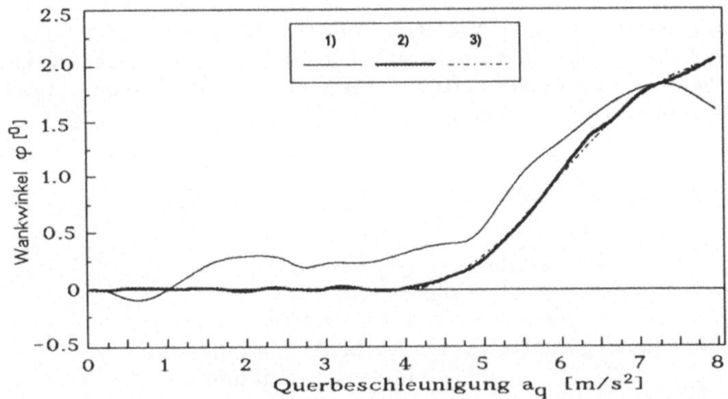

Bild 7.3.5: Darstellung des Wankwinkels über der Querbeschleunigung. 1) durch manuelle Optimierung erreichter Verlauf, 2) durch evolutionsstrategische Optimierung erreichter Verlauf, 3) Sollwertvorgabe.

7.3.2.2 Der Dämpfungsregler

Eine weiteres Beispiel für eine evolutionsstrategische Optimierung kann am Beispiel eines vorhandenen Dämpfungsreglers auf Grundlage der Fuzzy-Logik vorgestellt werden. Ziel der Dämpfungsregelung ist es, bei gleichzeitiger Verringerung der Aufbaubeschleunigung die Radlastschwankungen zu minimieren, also sowohl den Fahrkomfort als auch die Fahrsicherheit zu verbessern. Als Simulationsmodell wird wiederum das im Bild 7.3.2 dargestellte Fahrzeugmodell verwendet.

Die Reglercharakteristik basiert auf dem Sky-hook-Prinzip. Auf eine detaillierte Beschreibung der einzelnen Reglerkomponenten wird an dieser Stelle verzichtet und auf Vikas (1994) verwiesen. Das im Bild 7.3.6 dargestellte Blockschaltbild gibt eine Übersicht über die Elemente des Reglers und dessen Einbindung in den Optimierungsvorgang.

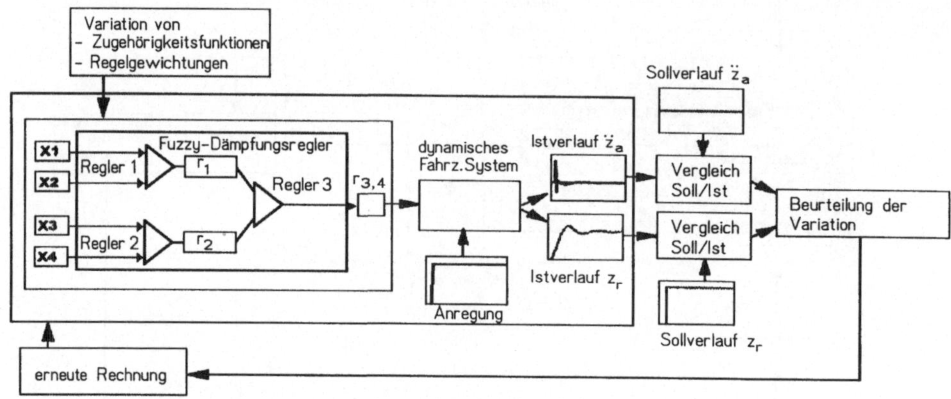

Bild 7.3.6: Blockschaltbild der Optimierung des Dämpfers.
x1: $|(\Sigma \ddot{z}_A)/n|$, x2: $|z_A - z_R|$, x3: $\dot{z}_A(\dot{z}_A - \dot{z}_R)$, x4: $z_A - z_R$

Zur Berechnung der Güte einer Variation werden die in den Gleichungen (7.3.8) und (7.3.9) angegebenen Gütefunktionale aufgestellt und entsprechend kombiniert. Die Kombination beider Funktionale erfolgt über eine Normierung und anschließende Gewichtung. Es ergibt sich die Gleichung (7.3.10).

$$GF = \sum (\ddot{z}_a)^2 \Rightarrow \text{Min.} \qquad (7.3.8)$$

$$GF = \sum (z_r - z_0)^2 \Rightarrow \text{Min.} \qquad (7.3.9)$$

$$GF = (1-f_k)\,\frac{\sum\limits_{t=0}^{t=2\,s} (\ddot{z}_a)^2}{N_{\ddot{z}_a}} + f_k\,\frac{\sum\limits_{t=0}^{t=2\,s} (z_r - z_0)^2}{N_{(z_r - z_0)}} \qquad (7.3.10)$$

mit $N_{\ddot{z}_a}$: Normierungsfaktor für die Aufbaubeschleunigung
$N_{(z_r - z_0)}$: " " " Radlastschwankung
f_k : Gewichtungsfaktor

Das System wird durch eine Weganregung z_0 beider Räder in Form eines Sprunges angeregt. Die Optimierung mit dem Ziel einer gleichzeitigen Minimierung beider angegebener Gütefunktionale zeigt, daß die Auslegung des Regelkreises letztlich immer auf einen Kompromiß hinausläuft. Trotzdem ist es möglich, den ursprünglichen Fuzzy-Regler, welcher auf die übliche Art durch "Trial and Error" in einer sehr zeitaufwendigen Anpassung (mehrere Monate) erstellt wurde, weiter zu verbessern.

Bild 7.3.7 verdeutlicht diese Aussage. Dargestellt sind die Zeitverläufe für die Aufbaubewegung für den Fall einer ungeregelten Dämpfung, für eine geregelte Dämpfung mit dem Ausgangsregler und für den mit f_k=0,66 optimierten Regler. Zusätzlich ist die Anregungsfunktion dargestellt.

Bild 7.3.8 zeigt die vertikale Aufbaubeschleunigung für dieselbe Anregung. Legt man den Effektivwert über 2 Sekunden der ursprünglichen ungeregelten Beschleunigung als Basis für eine Beurteilung mit 100% zugrunde, so wurden mit der manuellen Optimierung 68% und mit der evolutionsstrategischen Optimierung ebenfalls 68% erreicht. Es ist jedoch zu beachten, daß die Radlastschwankung (dargestellt in Bild 7.3.9, hier als Radeinfederung aufgetragen), die ebenfalls zu optimieren war, in der manuellen Optimierung auf 116% stieg - gegenüber 100% im ungeregelten Fall - und bei der evolutionsstrategischen Optimierung wieder auf 100% trotz gleicher Aufbaubeschleunigung gesenkt werden konnte.

Der manuell optimierte Regler bewirkte also bei erheblicher Verbesserung der Aufbaubeschleunigung eine Verschlechterung der Radlastschwankungen. Die Optimierung des Fuzzy-Reglers kann diese Auswirkung kompensieren.

Will man die Radlastschwankungen weiter verringern - allerdings zu Lasten der Aufbaubeschleunigung -, so kann eine Optimierung mit einem stärkeren Gewicht dieses Summanden des Gütefunktionals durchgeführt worden (f_k=0,812). Man erreicht damit 76% der Aufbaubeschleunigung und 92% der Radlastschwankung.

Die beiden Ergebnisse zeigen, daß die Optimierung der Fuzzy-Regler keine globale Verbesserung des Systemverhaltens hinsichtlich der angestrebten Gütekriterien bewirken kann. Auf der Basis des zum Ausgangspunkt genommenen Dämpfungsreglers ist eine weiterreichende gleichzei- tige Verbesserung von Aufbaubeschleunigung und Radlastschwankung offensichtlich nicht möglich.

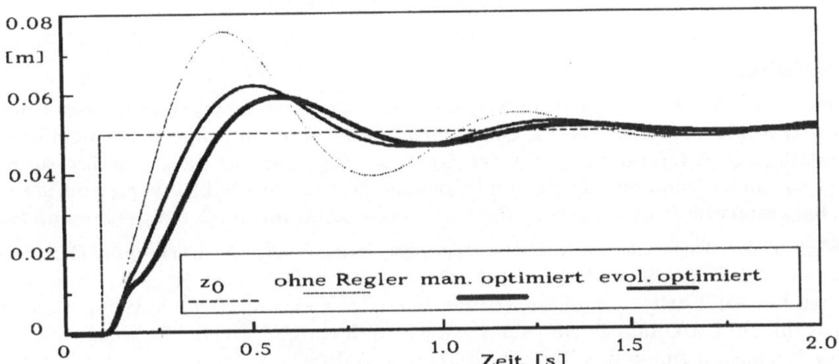

Bild 7.3.7: Aufbaubewegung nach einer Sprunganregung (f_k = 0,66)

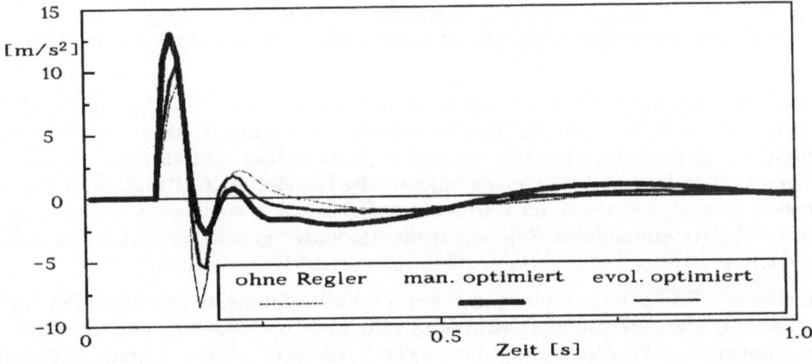

Bild 7.3.8: Vertikale Aufbaubeschleunigung nach einer Sprunganregung (f_k = 0,66)

Durch Anwendung der numerischen Optimierung ist es allerdings möglich, die Charakteristik des Regelkreises durch unterschiedliche Gewichte für die einzelnen Kriterien zu verändern. Dies ist ein erheblicher Vorteil gegenüber der herkömmlichen Auslegungsweise, bei der die Erzeugung einer zufriedenstellenden Lösung für sich alleine schon überaus zeit- und arbeitsintensiv ist.

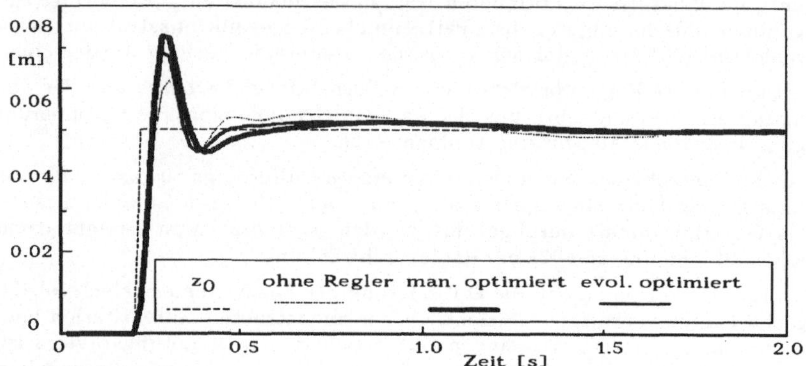

Bild 7.3.9: Radeinfederung nach einer Sprunganregung (f_k = 0,66)

7.3.3 Ausblick

Es hat sich erwiesen, daß eine Parameteridentifizierung von Fuzzy-Regelkreisen mit der Evolutionsstrategie als numerische Optimierungsmethode durchgeführt werden kann. Dabei handelt es sich um eine dynamische Optimierung. Das für die Optimierung herangezogene System bestand aus Regler und Strecke. Durch die Rückführung von Streckengrößen erhält man einen unbekannten Satz an Eingangsdaten für den eigentlichen Regler.

Es zeigte sich ebenfalls, daß mit Hilfe der vorgenommenen numerischen Optimierung weitreichende Einflußmöglichkeiten auf die Eigenschaften des Regelkreises gegeben sind. Selbst bei Rückgriff auf einen vorhandenen Regler und Beibehaltung von dessen Grundstruktur sind oftmals durch nur geringe Änderungen an der Reglerstruktur entscheidende Verbesserungen des Regelverhaltens möglich.

Als zu optimierende Variablen der Fuzzy-Regelkreise wurden nur die Gewichtungsfaktoren der Verknüpfungsregeln herangezogen. Auf eine Optimierung der Zugehörigkeitsfunktionen selbst ist hier aufgrund der Vergleichbarkeit der beiden Regler, mit und ohne Optimierung, verzichtet worden. Ein Beispiel hierfür findet man jedoch bei Presser et al. (1994).

Am Beispiel der Auslegung des Wankreglers wurde deutlich, daß die vorgestellte Methode weitreichende Modifikationsmöglichkeiten erlaubt. Aufgrund fehlender Kenntnis eines "optimalen" Wankwinkelgradienten wurde ein praktikabler und sinnvoll erscheinender Verlauf des vorhandenen Regelkreises angestrebt (zunächst Null und ab 4 [m/s2] "1-cos"-Verlauf). Dieser konnte ohne Probleme auf Basis des vorhandenen Regelkreises erreicht werden. Sollte ein anderes Sollverhalten sinnvoller erscheinen, so kann dies mit Hilfe der Evolutionsstrategie ebenfalls problemlos verwirklicht werden.

Die Optimierung des Dämpfungsreglers mit dem Ziel der gleichzeitigen Minimierung von Radlastschwankung und Aufbaubeschleunigung läßt eine analoge Aussage zu. Auch hier können durch automatische Anpassung der Fuzzy-Parameter weitreichende Änderungen der Reglercharakteristik erreicht werden. Bei der Komplexität des zugrunde liegenden

Regelkreises und der vielfältig vorhandenen Rückkopplungen und Beziehungen zwischen Regler und Regelstrecke ist eine Abschätzung der Auswirkung von Parameteränderungen für einen Anwender oftmals nicht gegeben.

Bei der Optimierung des Dämpfungsreglers konnten die durch manuelle Optimierung erreichten Verbesserungen bezüglich der angestrebten Kriterien durch evolutionsstrategische Optimierung weiter gesteigert werden. Wegen des Fehlens eines "optimalen" Verlaufes für Radlastschwankungen und Aufbaubeschleunigung bleibt es aber weiter dem menschlichen Beurteilungsmaßstab überlassen, welcher der beiden Größen bei der Optimierung ein stärkeres Gewicht zufallen soll. Auf Basis des vorhandenen Reglers ist eine gleichzeitige weitergehende Verbesserung des Fahrkomforts und der Fahrsicherheit nicht möglich. Durch eine Änderung des Regelprinzips und/oder der Eingangsgrößen wäre eine Verbesserung eventuell möglich.

Die angewandte Evolutionsstrategie hat sich als ein universell anwendbares und zuverlässiges Hilfsmittel zur Optimierung der Eigenschaften von Fuzzy-Regelkreisen erwiesen, unabhängig von der Art der Zielfunktion und vorhandenen Nichtlinearitäten der zu optimiertenden Systeme. Es spielt dabei keine Rolle, ob aus einem Zustand fehlenden Expertenwissens heraus die Reglercharakteristik angepaßt oder ein vorhandenes System hinsichtlich seiner Eigenschaften verbessert und modifiziert werden soll.

Vergleicht man die hier vorgenommene Auslegung von Fuzzy-Reglern mit der üblichen Vorgehensweise auf Basis von "Trial and Error", so bieten sich durch Anwendung automatisierter Methoden zur Erstellung von Fuzzy-Reglern enorme Möglichkeiten zur Zeitersparnis beim Entwurf der Regler.

7.4 Literatur

v. Altrock, C.: Über den Daumen gepeilt. Fuzzy-Logic, scharfe Theorie der unscharfen Mengen. In: ct Magazin der Computer-Technik, Nr. 3, 1991.

Bandemer, H. und Gottwald, S.: Einführung in Fuzzy-Methoden. Harri Deutsch Verlag 1990.

Bleck, U. : Die Entwicklungsstufen von PKW- Allradantrieben der AUDI AG. In: Allradantriebe (Hrsg. B. Richter), Friedr. Vieweg & Sohn Verlagsgesellschaft, Braunschweig;Wiesbaden, 1992.

Bothe, H-H.: Fuzzy-Logic. Einführung in Theorie und Anwendungen. Springer-Verlag 1993.

Dettmar, M.: Regelung aktiver Radaufhängung durch Fuzzy-Logic. Diplomarbeit 1993; Fachgebiet Kraftfahrwesen, TU-Berlin.

Gariglio, D.: Fuzzy in der Praxis. Elektronik 20/1991, S. 63 - 75.

Jürgensohn, T ; Raupach, Ch.: Über den Einsatz von Fuzzy-Logic in der Modellierung menschlichen Regelverhaltens. VDI Berichte Nr. 948, VDI-Verlag Düsseldorf, 1992.

Mamdani, E.H. ; Assilian, S.: An Experiment in Linguistic Synthesis with a Fuzzy Logic Controller. International Journal of Man-Machine-Studies 7, 1981.

v. Meel, F.: Simulationsmodelle für das fahrdynamische Verhalten von Pkw. Diplomarbeit 15/92, Fachgebiet Kraftfahrwesen, TU-Berlin, 1992.

Mitschke, M. : Dynamik der Kraftfahrzeuge, Band C: Fahrverhalten. Springer-Verlag Berlin/Heidelberg, 1990.

Nowacki, H.: Einführung in die Methoden der Optimierung. Vorlesungsskript, TU-Berlin, 1976.

Ostermeyer, A.: An Evolution Strategy with Momentum Adaptation of the Random Number Distribution. Institut f. Bionik u. Evolutionsstrategie, TU-Berlin, ed. von Männer/Manderick, Brüssel 1992.

Presser, S.: Evolutionsstrategische Optimierung von Fahrzeugtrajektorien. Studienarbeit 20/93, Fachgebiet Kraftfahrwesen, TU-Berlin, 1993.

Presser, S.: Identifizierung von Fuzzy-Control-Strukturen. Diplomarbeit 1994, FG "Kraftfahrwesen", TU-Berlin.

Presser, S.; Vikas, A.; Wöhler, A.; Willumeit, H.-P.: Identification of Fuzzy-Control Systems by Evolution Strategy. JSAE 9438123 (Japan) In: Proceedings of the International Symposium on Advanced Vehicle Control 1994, S. 116 - 121. Society of Automotive Engineers of Japan, Inc. 10-2, Goban-cho, Chiyoda-ku, Tokyo 102, Japan.

Preu, H.-P.: Fuzzy-Control; heuristische Regelung mittels unscharfer Logik. atp, Oldenburg 1992.

Rechenberg, I.: Evolutionsstrategie I und II. Vorlesungsskript TU-Berlin.

Richter, B.: Schwerpunkte der Fahrzeugdynamik. Verlag TÜV-Rheinland, Köln, 1990.

Rompe, K.; Heißing, B.: Objektive Testverfahren für die Fahreigenschaften von Kraftfahrzeugen. Verlag TÜV-Rheinland, Köln, 1984.

Schlippe, B.; v. Dietrich, R.: Zur Mechanik des Luftreifens. Zentrale für wiss. Berichtswesen der Luftfahrtforschung, 1942.

Schwefel, H.P.: Numerische Optimierung von Computer-Modellen mittels der Evolutionsstrategie. Birkhäuser Verlag, Basel, 1977.

Sugeno, M.; Nishida, M.: Fuzzy Control of Model Car. Fuzzy Sets Systems Nr. 16, 1985, S. 103 - 113.

Tang, K. L.; Mulholland, R. J.: Comparing Fuzzy Logic with Classical Controller Designs. IEEE Transactions on Systems, Man, and Cybernetics, Vol. SMC-17, No 6, November/December 1987, S. 1085 - 1087.

Tilli, T.: Fuzzy-Logik, Franzis-Verlag, 1991.

Transfertech: Fuzzy Control Manager. Manual zum Programm FCM, 1992.

Vikas, A.; Wöhler, A.; Presser, S.: Evolutionsstrategische Optimierung unscharfer Regler. Institutsbericht FG "Kraftfahrwesen", 1993.

Vikas, A.; Willumeit, H.-P.: Vorschläge zum Einsatz der Fuzzy-Logic für Lenkkonzepte bei allradgelenkten Fahrzeugen. VDI-Berichte 1088, S. 167 - 190. VDI-Verlag, Düsseldorf 1993.

Vikas, A.: Über Fuzzy-Logic in der Fahrzeug-Querdynamik. Diss. Techn. Univ. Berlin, Fortschritt-Berichte VDI, Reihe 12 Nr. 232, VDI-Verlag, Düsseldorf, 1994.

Vikas, A.; Willumeit, H.-P.: Use of Fuzzy-Control Steering Concepts in Four-Wheel-Steered Vehicles. In: Automobile in Harmony with Human Society, Proceedings of XXV FISITA Congress 1994 (1), Vehicle Systems and Components, S. 304 - 313, Paper No. 945037, Soc. of Automotive Eng. of China (SAE China), International Academic Publisher, 137 Chaonei Dajie, Beijing 100010, PR of China, 1994.

Vikas, A.; Presser, S.; Wöhler, A.; Willumeit, H.-P.: Optimierung und Auslegung von Fuzzy-Control-Strukturen mit Hilfe der Evolutionsstrategie - Ein Beitrag zu aktiven Fahrwerken, ATZ Automobiltechnische Zeitschrift 97 (1995), Heft 1, S. 54 - 61, Franckh-Kosmos Verlags-GmbH & Co., Stuttgart.

Willumeit, H.-P.; Neculau, M.; Vikas, A.; Wöhler, A.: Mathematical models for the computation of vehicle dynamic behaviour during development. Proc. XXIV Int. FISITA Congr., June 1992, London (UK), Technical Papers "Total Vehicle Dynamics", Vol.1, pp. 41 -48. SAE-P 925046, I MECH E C 389/318 Mech. Engin. Publications Ltd. for I MECH E, London.

Wöhler, A.: Identifikation nichtlinearer Systemparameter mittels Evolutionsstrategie. Institutsbericht FG "Kraftfahrwesen", 1993.

Wöhler, A.; Jürgensohn, Th.; Willumeit, H.-P.: Identification of System Parameters of Simulation Models for Driving Control Systems. In: Automobile in Harmony with Human Society, Proceedings of XXV FISITA Congress 1994 (2), Vehicle Dynamics, S. 77 - 83, Paper No. 945070, Soc. of Automotive Eng. of China (SAE China), International Academic Publisher, 137 Chaonei Dajie, Beijing 100010, PR of China, 1994.

Yoshida, H.; Tanaka, T.: Das Multilenker-Fahrwerk und die Fuzzy-Logic-Control. ATZ 95 (1993) Nr. 5, S. 232 -239.

Zadeh, L.A.: Fuzzy Sets, Information and Control 8, 338 - 353, 1965.

Zadeh, L.A.: The concept of a linguistic variable and its application to approximate reasoning. Memorandum ERL-M 411 Berkeley, 1973.

Zimmerman, H.-J.: Fuzzy Set Theory and Its Applications, 2nd Ed., Kluwer Academic Publisher Boston 1991.

Zomotor, A.: Fahrwerktechnik: Fahrverhalten. Buchverlag Vogel 1987.

8 Dynamik des Antriebsstrangs

Die ständig steigenden Anforderungen an die Qualität heutiger Kraftfahrzeuge, wie höhere Wirtschaftlichkeit durch geringeren Kraftstoffverbrauch und längere Lebensdauer bei geringerer Umweltbelastung sowie höheren Fahrkomfort (Schwingungen und Geräusche), zwingen zu neuen Denk- und Vorgehensweisen bei der dynamischen Analyse des Antriebsstrangs in der Konstruktions- und Entwicklungsphase. Der Antriebsstrang eines Fahrzeuges hat die Aufgabe, die erforderlichen Antriebskräfte vom Motor zu den Antriebsrädern zu übertragen. Der *Antriebsstrang* im weiteren Sinne besteht aus den Baugruppen Motor, Kupplung, Schaltgetriebe, Gelenkwellen, Differentiale und Räder. Jedoch wird häufig im engeren Sinne die *Gelenkwelle* allein als Antriebsstrang bezeichnet. Der Antriebsstrang ist ein schwingungsfähiges System. Die einzelnen Komponenten besitzen unterschiedliche Massen, Steifigkeiten und Dämpfungen. Antriebsstränge, z.B. von Kolbenmaschinen, werden durch zeitlich veränderliche Drehmomente zu Drehschwingungen angeregt, die bei gewissen Drehzahlen, den Resonanzdrehzahlen, so stark anwachsen können, daß Insassen und auch das Fahrzeug selbst wie folgt davon beeinflußt werden:

a) spürbare Schwingungen und hörbare Geräusche in Abhängigkeit von der Fahrzeuggeschwindigkeit sowie Bruchgefahr für Teile des Antriebsstrangs,

b) Anregung von Hohlraumresonanzen der Fahrerkabine durch Übertragung der Torsionsmomentenschwingungen der Antriebsstränge,

c) Auftreten von Lenkungsdrehschwingungen durch Unwuchten des Antriebstrangs im Frequenzbereich von 11 bis 18 Hz.

Durch externe und interne Erregermechanismen im Antriebsstrang werden also Schwingungen angeregt, bei denen Resonanzen und instabiles Schwingungsverhalten entstehen können. Infolge der periodischen Drehmomente, der Massenträgheitsmomente der Kurbelwelle, der zeitlich veränderlichen Zahnsteifigkeiten und Zahnspiele im Getriebe, der kinematischen Anordnung der Kreuzgelenkgetriebe, der Nichtlinearitäten durch verschiedene Spiele im Antriebsstrang, der dynamischen Steifigkeiten und Dämpfungen der Gummilager und der inneren Dämpfung des Antriebsstrangs treten einerseits lineare Schwingungen und andererseits zusätzlich parametererregte nichtlineare oder selbsterregte Schwingungen im Fahrzeugsystem auf.

Torsionsschwingungen im Antriebstrang von Kolbenmaschinen gehörten historisch gesehen zu den ersten Problemen der Maschinendynamik. Sie traten zunächst in Schiffsanlagen auf und wurden bereits 1902 von O. Frahm berechnet und gemessen. Eine wesentliche Entwicklung erlebte die Forschung auf diesem Gebiet durch die Forderung nach Leichtbau für die Luftschiffe und Flugzeuge (Holzweißig et.al., 1994)

Auch heute noch steht die Berechnung von Torsionsschwingungen bei Kolbenmaschinen im Vordergund. Klärung der Geräusch-Entstehungsmechanismen und Abhilfemaßnahmen zur Reduzierung von Schwingungen und Geräuschen werden parallel untersucht, wobei es hauptsächlich darauf ankommt, nicht nur das Motortriebwerk allein, sondern die ganze Antriebsanlage im Hinblick auf mögliche Schwingungskopplungen zu untersuchen.

Bereits im Entwicklungs- und Versuchsstadium ist es notwendig, das Schwingungsverhalten des Realsystems mit einem Rechenmodell zu simulieren. Hierbei wird das Fahrzeugsubsystem Antriebsstrang unter möglichst genauer Beibehaltung der beeinflußbaren

Randbedingungen und unter Berücksichtigung der Parametervariationen modelliert.

Dadurch entstehen meist diskrete Rechenmodelle mit einer großen Anzahl von Freiheitsgraden, die nur mit Hilfe von Rechenanlagen behandelt werden können. In zunehmendem Maß werden Torsionsschwingungen auch in Antriebsanlagen anderer Maschinenarten, z. B. Werkzeugmaschinen, Schiffsantriebe oder Antriebe von Walzanlagen, interessant. Man kann also feststellen, daß Torsionsschwingungen in fast allen Maschinengruppen, bei denen eine rotierende Bewegung auftritt, beachtet werden müssen.

Bei der Untersuchung des Schwingungsverhaltens werden an Wirtschaftlichkeit und Komfort zunehmend höhere Anforderungen gestellt. Häufig liegt zwischen Wirtschaftlichkeits- und Komfortansprüchen ein Interessenkonflikt vor.

Zur Modellierung von Torsionsschwingungssystemen geht man meistens von einem diskreten Rechenmodell aus, da sich hiermit das reale System mit guter Genauigkeit abbilden läßt.

Diese mathematischen Modelle setzen sich aus masselosen Federn als Torsionssteifigkeit und dünnen Scheiben als Massenträgheitsmomente zusammen. Beide Komponenten sollen möglichst gut sowohl *Formänderungsenergie* als auch *Bewegungsenergie* des realen Systems abbilden. Bei gleicher Torsionsamplitude ist die Formänderungsenergie des realen und simulierten Systems dann gleich, wenn beide dieselbe Torsionssteifigkeit besitzen. Für eine hinreichende Übereinstimmung in den Bewegungsenergien lassen sich die Scheiben mit geeigneten Massenträgheitsmomenten versehen. Die Abbildungsaufgabe besteht also aus einem statischen Teil, d. h. der Ermittlung der Torsionssteifigkeit der betrachteten Welle, und aus einem kinetischen Teil, d. h. der Bestimmung der Massenträgheitsmomente der Scheiben (Biezeno/Grammel, 1953).

Bei der Diskretisierung eines Schwingungssystems werden die Dämpfungen, wie *Werkstoffdämpfung* in der Kurbelwelle, *Reibungsdämpfung* von Kolben und Grundlagern, *Quetschöldämpfung* in Grund- und Pleuellagern, Energieverluste durch Stoß infolge des Spiels an Zapfen und Gleitbahnen, Luftwiderstand der Kurbeln und Pleuel usw., zusätzlich der simulierten Masse und Steifigkeit hinzugefügt. Diese Dämpfung unterteilt man in *absolute* und *relative Dämpfung*. Beim Schwingungsmodell können diese Dämpfer aus Masse, Feder und Dämpfung als passives Element oder als Erreger, als sogenanntes aktives Element, vorkommen.

In diesem Kapitel wird das Torsionsschwingungsverhalten des Antriebsstrangs besprochen, das bezüglich Komfort mit der Vertikaldynamik (Kapitel 3), bezüglich Sicherheit mit der Längsdynamik (Kapitel 4), bezüglich Stabilität und Lenkbarkeit mit der Querdynamik (Kapitel 5) und auch mit den Reifen (Kapitel 6) im Zusammenhang steht. Der Abschnitt 8.1 beschäftigt sich mit der Erregung, dem diskretisierten Modell, der Berechnung der Eigenfrequenzen, der Reduzierung der Freiheitsgrade im diskreten Modell und den Abhilfemaßnahmen bei den Torsionsschwingungen in den Resonanzen. Im Abschnitt 8.2 werden die Ursachen der Massenkräfte und -momente im Motortriebwerk diskutiert und der *Massenausgleich* der Einzylinder- und Mehrzylindermaschine beschrieben. Weiterhin wird die Torsionsschwingungscharakteristik des Antriebsstrangs mit eingebauten Gelenkwellen im Hinblick auf die Kinematik der Kreuzgelenkgetriebe im Abschnitt 8.3 behandelt. Diese Untersuchungsmethode kann bei der Untersuchung der Lenkung ebenfalls angewendet werden.

8.1 Torsionsschwingungen des Antriebsstrangs

8.1.1 Anregungen

Gefährliche Torsionsschwingungen treten in torsionselastischen Antriebssträngen auf, die durch schwankende Torsionsmomente angeregt werden. Eine besondere Rolle spielen Torsionsschwingungen bei Kolbenmaschinen, weil bei diesen ein periodisches Erregermoment wirkt. Stimmt eine Erregerfrequenz mit einer Eigenfrequenz überein, befindet sich der Antriebsstrang in Resonanz. Somit müssen die Erregerfrequenzen und die Eigenfrequenzen der Antriebsstränge bei Kolbenmaschinen bekannt sein.

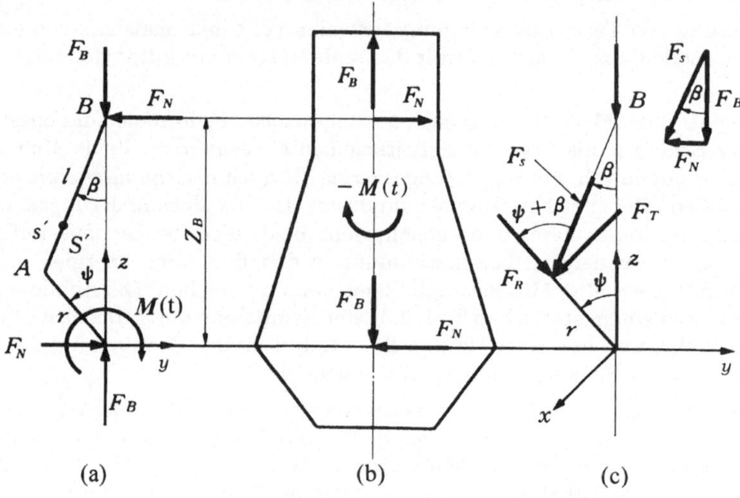

Bild 8.1.1: Drehmoment M(t) bei Einzylindermaschine

Nach Bild 8.1.1 ergibt sich das von den *Gaskräften* eines Zylinders verursachte Drehmoment $M(t)$ um die Drehachse x mit der *Tangentialkraft* F_T und Kurbelradius r:

$$M(t) = r \cdot F_T \tag{8.1.1}$$

Die Tangentialkraft F_T errechnet sich aus der Bedingung der Gleichheit der Arbeit infolge der Tangentialkraft F_T und der Arbeit infolge der auf den Kolben in Gleitbahnrichtung wirkenden Kraft F_B

$$F_T \cdot r d\psi = F_B(-dz_B) \tag{8.1.2}$$

wie folgt:

$$F_T = -\frac{1}{r}\frac{dz_B}{d\psi}F_B = -\frac{1}{r}z_B{}'F_B \tag{8.1.3}$$

$$z_B = r\cos\psi + l\cos\beta$$

$$r\sin\psi = l\sin\beta$$

l : Pleuellänge; β : Pleuelwinkel; ψ : Kurbelwinkel

Aus Gleichung (8.1.3) folgt die Ableitung der Koordinate z_B nach dem Kurbelwinkel ψ

$$z_B' = -r\left(\sin\psi + \lambda\frac{\sin\psi\cdot\cos\psi}{\sqrt{1-\lambda^2\sin^2\psi}}\right) \tag{8.1.4}$$

mit dem Schubstangenverhältnis $\lambda = \dfrac{r}{l}$.

Mit Hilfe von Gleichung (8.1.4) läßt sich die Gleichung (8.1.3) auf die Form

$$F_T(\psi) = \left(\sin\psi + \lambda\frac{\sin\psi\cdot\cos\psi}{\sqrt{1-\lambda^2\sin^2\psi}}\right)F_B \tag{8.1.5}$$

bringen.

Dabei wird der Kurbelwinkel ψ durch Ωt für die gleichförmige Drehung ersetzt.

Die Kolbenkraft F_B wird mit der Beziehung

$$F_B = (p - p_o)A \tag{8.1.6}$$

aus p : absoluter Zylinderdruck

p_0 : Atmosphärendruck

A : Kolbenfläche

berechnet. Aus Gleichung (8.1.6) und der Formel für die Tangentialkraft F_T mit dem *Tangentialdruck* p_{TG}

$$F_T = p_{TG}\cdot A \tag{8.1.7}$$

ergibt sich die Gleichung für den Tangentialdruck p_{TG}

$$p_{TG} = \frac{F_T}{A} = -\frac{1}{r}\frac{dz_B}{d\psi}(p - p_o) \tag{8.1.8}$$

Das Drehmoment M(t) wird mit der Gleichung (8.1.7) umgeformt:

$$\begin{aligned} M(t) &= rF_T(t) = r\cdot A\cdot p_{TG} \\ &= \frac{1}{2}V_h\cdot p_{TG} \end{aligned} \tag{8.1.9}$$

mit V_h: Hubvolumen eines einzelnen Zylinders.

Für den periodischen Tangentialdruck p_{TG} läßt sich das Drehmoment *M(t)* schließlich in folgender Weise als Fourierreihe schreiben:

$$M(t) = M_o + \sum_{v=1}^{\infty} M_v \sin(v\Omega t - \delta v). \tag{8.1.10}$$

In Gleichung (8.1.10) stellt M_0 das statische Moment dar, bzw. den 0-ten Fourierkoeffizienten. Dieser ist auch der Mittelwert des Momentes *M(t),* also das Nutz- oder Arbeitsmoment. Dies bedeutet, daß das Antriebssystem unter Vorspannung läuft. Das Summationsglied stellt die zeitlichen Änderungen im Drehmoment dar, es verursacht hauptsächlich die Schwingungen.

Die Kreisfrequenz Ω des periodischen Vorganges ist die Winkelgeschwindigkeit des Antriebsstrangs. Damit sind $\Omega_\upsilon = \upsilon\cdot\Omega$ die Erregerfrequenzen, wobei die υ-Werte der *Ordnungszahl* des Erregermoments und der Ordnung der Fourierkoeffizienten entsprechen.

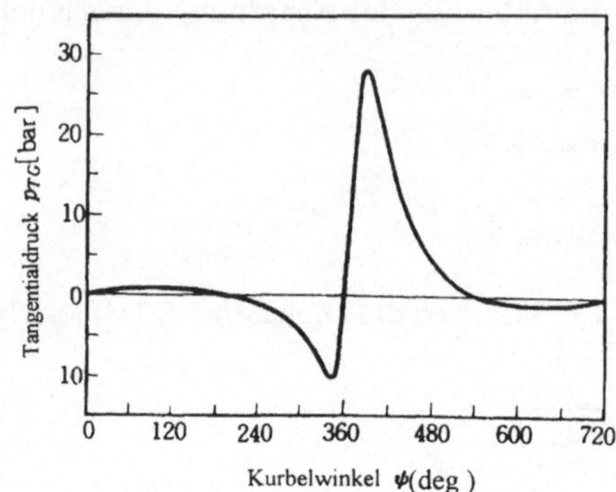

Bild 8.1.2: Tangentialdruck p_{TG}

Das Drehmoment *M(t)* in Gleichung (8.1.10) wird als $M_{gas}(t)$ bezeichnet, da *M(t)* von den Gaskräften eines Zylinders verursacht wird.

Das Erregermoment aus den Massenkräften $M_{mass}(t)$, das unabhängig von der Arbeitsweise des Zylinders ist, kann wie folgt dargestellt werden (Hafner/Maass, 1985):

$$M_{\text{masse}}(t) = \frac{1}{2} V_h \cdot p_{Tm} = \Delta\Theta_{\text{pleuel}}\Omega^2 \sum_{\nu=1}^{\infty} B_\nu \sin(\nu\,\Omega t - \gamma_\nu) \tag{8.1.11}$$

mit $$p_{Tm} = \frac{2\left(m' \cdot \frac{s'}{l} + m''\right) r^2 \Omega^2}{V_h} (B_1 \sin\Omega t + B_2 \sin 2\Omega t + \cdots)$$

m' : Pleuelmasse

m'' : Kolbenmasse .

Die Massendrehmomente nach Gleichung (8.1.11) der Ordnung >4 sind im allgemeinen vernachlässigbar klein gegenüber den Gasdrehmomenten nach Gleichung (8.1.10), da am Aufbau der Koeffizienten B_ν zu erkennen ist, daß für übliche Werte λ=0.2 bis 0.4 die Amplituden der höheren Ordnungen rasch abnehmen. Daher beeinflußt das Massendrehmoment in dem Gesamtdrehmoment von Gas- und Massendrehmoment für einen Zylinder nur die Harmonischen mit niedrigen Ordnungszahlen (Park, 1986). Die Gleichung (8.1.10) entspricht dem Drehmoment bei Zweitaktmotoren.

Bei Viertaktmotoren ist jedoch zu beachten, daß in einer Arbeitsperiode die Kurbelwelle zwei Umdrehungen läuft. Die Erregermomente $M_{gas}(t)$ aus den Gaskräften sind somit für Viertaktmotoren:

$$M_{\text{gas}}(t) = M_{0\text{gas}}(t) + \sum_{\nu=1}^{\infty} M_{\nu/2\text{gas}} \sin\left(\frac{\nu}{2}\Omega t - \delta_{\nu/2}\right). \tag{8.1.12}$$

Resonanz kann auftreten, wenn eine Erregerkreisfrequenz $\Omega_\upsilon = \upsilon \cdot \Omega$ mit einer Eigenkreisfrequenz ω_i des Antriebsstranges übereinstimmt:

$$\omega_i = \nu\Omega. \tag{8.1.13a}$$

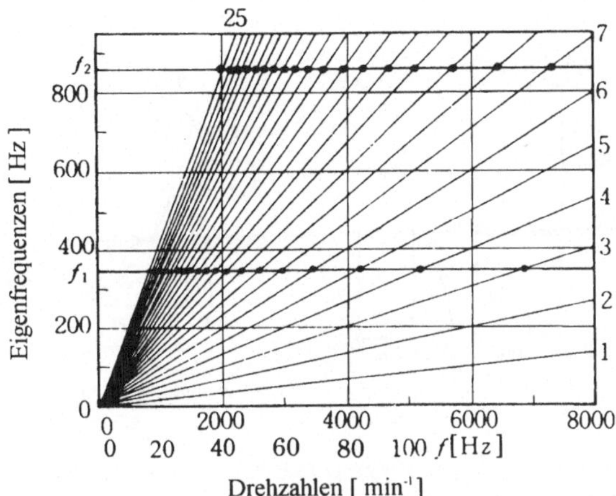

Bild 8.1.3: Campbell-Diagramm

Die Resonanzstellen lassen sich übersichtlich im *Resonanzschaubild*, das auch als *Campbell-Diagramm* bezeichnet wird, als Kreuzung der Eigenfrequenz f mit der Umlaufzahl N für die jeweilige Ordnung υ nach Gleichung (8.1.13b) darstellen (Bild 8.1.3). Hierbei werden die Eigenfrequenzen f auf der Ordinate und die Drehzahlen N auf der Abszisse aufgetragen, wobei die Ordnungsgeraden nach der Gleichung (8.1.13b)

$$f = \frac{\nu}{60} N \tag{8.1.13b}$$

die Eigenfrequenzen bei dort auftretenden kritischen Drehzahlen schneiden, die als schwarze Punkte im Bild, z. B. als Kreuzung der Eigenfrequenzen für einen Zweitakt-Motorradmotor f_1=366 Hz und f_2=853 Hz mit den Drehzahlen im Bereich 2000 min^{-1} bis 6000 min^{-1}, zu sehen sind (Holzweißig et. al., 1994).

8.1.2 Diskrete Modelle

8.1.2.1 Modellierung des Übersetzungsgetriebes

Im Bild 8.1.4(a) wird ein Modell für das einstufige Übersetzungsgetriebe gezeigt.

Dabei ist das diskretisierte Massenträgheitsmoment Θ_i

$$\Theta_i = \int r_i^2 dm \tag{8.1.14}$$

und die Torsionssteifigkeit c_i in einem zylindrischen Wellenstück i

$$c_i = \frac{GI_{pi}}{l_i} \tag{8.1.15}$$

mit G: Schubmodul

I_{pi}: polares Flächenträgheitsmoment

l_i: Länge.

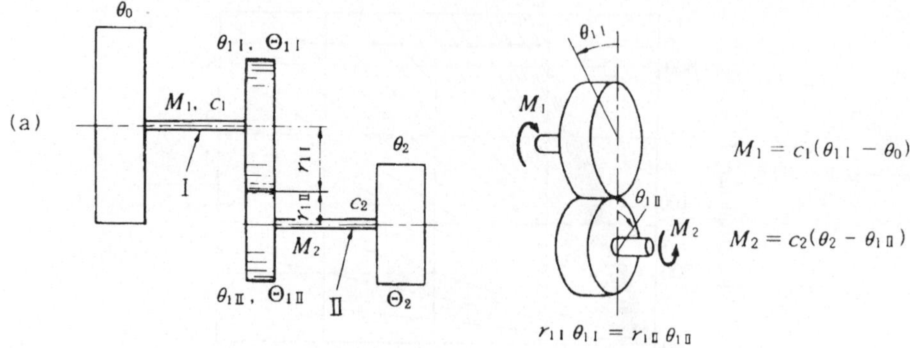

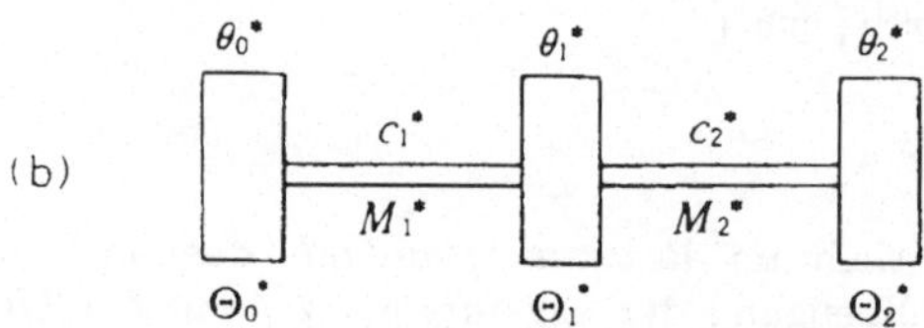

Bild 8.1.4: Einstufiges Übersetzungsgetriebe und Modell

Wird das Modell auf den Wellenstrang I bezogen, dann wird das Torsionsschwingungssystem nach Bild 8.1.4a auf einen glatten (geraden) Wellenstrang nach Bild 8.1.4b reduziert. Dabei wird angenommen, daß beim Übersetzungsgetriebe die Zähne starr sind und spielfrei ineinandergreifen. Dann gelten zwischen beiden Systemen die folgenden Beziehungen für die Drehwinkel:

$$\theta_0 = \theta_0^*,\ \theta_{1I} = \theta_1^*,\ \theta_{1II} = \mu\theta_1^*,\ \theta_2 = \mu\theta_2^* \tag{8.1.16}$$

mit $\mu = \dfrac{r_{1I}}{r_{1II}} = \dfrac{\theta_{1II}}{\theta_{1I}}$: Übersetzungsverhältnis.

Für die Drehmomente in den elastischen Wellenabschnitten gilt:

$$M_1 = M_1^*, \qquad M_2 = \frac{M_2^*}{\mu}. \tag{8.1.17}$$

Bei der Modellierung ist die Gleichheit der Energie beider Systeme (Modell und reales Systems) zu beachten. Aus der Gleichheit der Formänderungsenergie (potentielle Energie) $E_p = \dfrac{1}{2} c_i (\Delta\theta_i)^2$ für beide Systeme ergibt sich

$$c_1^*(\theta_1^* - \theta_0^*)^2 = c_1(\theta_{1I} - \theta_0)^2 = c_1(\theta_1^* - \theta_0^*)^2$$

$$c_2^*(\theta_2^* - \theta_1^*)^2 = c_2(\theta_2 - \theta_{1II})^2 = c_2\mu^2(\theta_2^* - \theta_1^*)^2.$$

Daraus folgen die Beziehungen zwischen den Torsionssteifigkeiten beider Systeme:

$$c_1^* = c_1$$

$$c_2^* = \mu^2 c_2 .$$

Die Gleichheit der Bewegungsenergie (kinetische Energie) $E_k = \frac{1}{2}\Theta_i \cdot \dot{\theta}_i^2$ für beide Systeme liefert:

$$\Theta_0^* \dot{\theta}_0^2 = \Theta_0 \dot{\theta}_0^2 = \Theta_0 \dot{\theta}_0^{*2}$$

$$\Theta_1^* \dot{\theta}_1^2 = \Theta_{II} \dot{\theta}_{II}^2 + \Theta_{III} \dot{\theta}_{III}^2 = (\Theta_{II} + \mu^2 \Theta_{III}) \dot{\theta}_1^{*2}$$

$$\Theta_2^* \dot{\theta}_2^{*2} = \Theta_2 \dot{\theta}_2^2 = \mu^2 \Theta_2 \dot{\theta}_2^{*2}$$

Daraus folgen die Beziehungen zwischen den Massenträgheitsmomenten beider Systeme:

$$\Theta_0^* = \Theta_0$$

$$\Theta_1^* = \Theta_{II} + \mu^2 \Theta_{III}$$

$$\Theta_2^* = \mu^2 \Theta_2 .$$

Zusammenfassung:

Bei der Modellierung des Antriebsstranges mit dem Übersetzungsgetriebe bleiben die Massenträgheitsmomente und Torsionssteifigkeiten für den Bezugsstrang (für den obigen Antriebsstrang lautet der Wellenstrang I) unverändert. Aber bei der Berechnung der Massenträgheitsmomente und Torsionssteifigkeiten für die übrigen Teile des Wellenstrangs ist das Quadrat der Übersetzungsverhältnisse gegenüber der Bezugswelle zu berücksichtigen.

8.1.2.2 Modellierung des Kurbeltriebs

In diesem Abschnitt wird die Modellierung eines Motortriebwerkes, z.B. einer 4-Zylinder Reihenmaschine nach Bild 8.1.5a, als ein diskretes System behandelt. Es wird hierzu ein glatter Wellenstrang mit den Massenträgheitsmomenten Θ_i^* und den Torsionssteifigkeiten c_i^* aufgestellt (Bild 8.1.5b).

Aus der Gleichheit der Bewegungsenergien des realen Kurbeltriebes und des Modells folgt zunächst die Diskretisierung der Drehmassen (Pfützner/Markert, 1980).

(1) *Diskretisierung der Drehmassen*

Sei m die Masse einer Kurbelkröpfung nach Bild 8.1.1a, m' die Masse des Pleuels und m'' die Kolbenmasse, dann ist das Massenträgheitsmoment einer Kurbelkröpfung Θ

$\Theta = mk^2$; k : Trägheitsradius

und es kann die Pleuelmasse unter Beibehaltung des Pleuelschwerpunktes S' auf die beiden Punkte A und B aufgeteilt werden:

$$m_A' = m'\left(1 - \frac{s'}{l}\right)$$

$$m_B' = m' \frac{s'}{l} .$$

Die kinetische Energie des Modells für das Kurbelgetriebe läßt sich nun folgendermaßen ausdrücken:

$$E_k = \frac{1}{2}\Theta \cdot \dot{\psi}^2 + \frac{1}{2} m_A{}' (r \cdot \dot{\psi})^2 + \frac{1}{2}\left(m_B{}' + m'' \right)\dot{z}_B{}^2$$
$$= \frac{1}{2} m_{\text{rot}} r^2 \dot{\psi}^2 + \frac{1}{2} m_{\text{osc}} \cdot \dot{z}_B{}^2$$

mit der Masse m_{rot}, der rotatorischen Bewegung: $m_{\text{rot}} = \frac{\Theta}{r^2} + m'\left(1 - \frac{s'}{l}\right)$

und der Masse m_{osc}, der translatorischen Bewegung: $m_{\text{osc}} = m'' + m' \frac{s'}{l}$.

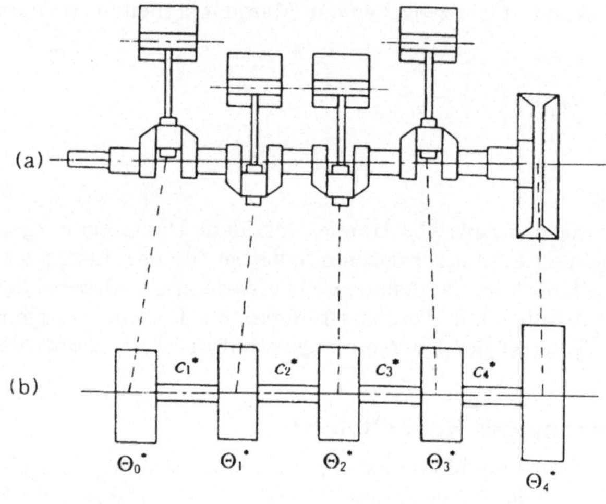

Bild 8.1.5: Modellierung einer Vierzylindermaschine

Mit Hilfe der Kettenregel kann nun der Geschwindigkeitsterm $\dot{z}_B$ für den Fall der gleichförmigen Drehung $\dot{\psi}(t) = \Omega$ umgeformt werden zu:

$$\dot{z}_B = -r\Omega \left[\sin\psi + \lambda \frac{\sin\psi \cos\psi}{\sqrt{1 - \lambda^2 \sin^2\psi}} \right].$$

Das Massenträgheitsmoment des Modells $\Theta^*(\psi)$ ergibt sich aus der Gleichheit der kinetischen Energien:

$$\Theta^*(\psi) = r^2 \left[m_{\text{rot}} + m_{\text{osc}} \left(\sin\psi + \lambda \frac{\sin\psi \cdot \cos\psi}{\sqrt{1 - \lambda^2 \sin^2\psi}} \right)^2 \right] \tag{8.1.18}$$
$$= \Theta_0 \left[1 + 2\delta(\psi) \right]$$

mit $\Theta_0 = m_{\text{rot}} \cdot r^2$

$$\delta = \frac{1}{2}\frac{\tilde{\Theta}}{\Theta_0}; \quad \tilde{\Theta} = m_{\text{osc}} \cdot r^2 \left(\sin\psi + \lambda \frac{\sin\psi \cdot \cos\psi}{\sqrt{1 - \lambda^2 \sin^2\psi}} \right)^2,$$

wobei $\Theta^*(\psi)$ aus einem mit der Zeit unveränderlichen und einem veränderlichen Teil besteht.

Die Funktion $\Theta^*(\psi)$ ist stets 2π-periodisch und zum Wert $\psi=\pi$ symmetrisch. Dadurch ergibt sich eine parametererregte Schwingung. Um das Schwingungsverhalten für das zeitinvariante System in Betracht zu ziehen, wird die Drehmasse eines Kurbeltriebes in der Regel durch eine unveränderliche Größe ersetzt. Es ist darum notwendig, in geeigneter Weise einen Mittelwert der Funktion $\Theta^*(\psi)$ zu bilden. R. Grammel hat bereits im Jahr 1933 das folgende harmonische Mittel dafür vorgeschlagen:

$$\Theta^*_{m,\,\mathrm{harm}} = \frac{1}{\left(1/\pi \cdot \int_0^{\pi} 1/\Theta^*(\varphi)\cdot d\varphi\right)},$$

Es ist naheliegend, einen arithmetischen Mittelwert Θ_m^* für eine halbe Drehung des Kurbeltriebes zu wählen:

$$\begin{aligned}\Theta_m^* &= \frac{1}{\pi}\int_0^{\pi} \Theta^*(\psi)d\psi \\ &= r^2\left[m_{\mathrm{rot}} + m_{\mathrm{osc}}\frac{1-\sqrt{1-\lambda^2}}{\lambda^2}\right]\end{aligned} \tag{8.1.19}$$

Für die üblichen Schubstangenverhältnisse $\lambda = 0.2 \sim 0.4$ wird der Ausdruck $\left(1-\sqrt{1-\lambda^2}\right)/\lambda^2 \approx 1/2$. Man erhält die folgende Näherungsformel für das Massenträgheitsmoment des Modells für einen Kurbeltrieb:

$$\Theta^* = \Theta + m'\left(1-\frac{s'}{l}\right)r^2 + \frac{1}{2}m'' r^2 + \frac{1}{2}m'\frac{s'}{l}r^2. \tag{8.1.20}$$

Diese Formel ist als die *Frahmsche Näherung* bekannt. Sie wurde von Frahm empirisch erstellt.

(2) *Diskretisierung der Torsionssteifigkeiten*

Falls die Kurbelwelle im Bild 8.1.6 auf eine glatte Welle mit der Länge l^* modelliert wird, läßt sich die Torsionssteifigkeit für die Kurbelwelle nach Gl. (8.1.15) errechnen.

Da die Torsion der Kurbelwelle sich aus der Torsion des Wellen- und Kurbelzapfens sowie der Biegung der Kurbelwangen zusammensetzt, beinhaltet die Gesamttorsionssteifigkeit der Kurbelwelle die jeweiligen Einzelsteifigkeiten.

Werden die Torsionssteifigkeiten für den

Wellenzapfen: $c_i = \dfrac{GI_{pj}}{l_j}$,

Kurbelzapfen: $c_c = \dfrac{GI_{pc}}{l_c}$

und für die Kurbelwangen: $c_w = \dfrac{EI_w}{2R_0}$

zusammengesetzt, dann läßt sich die Gesamttorsionssteifigkeit für die Kurbelwelle in der Form

$$\frac{1}{c^*}=\frac{1}{c_j}+\frac{1}{c_c}+\frac{1}{c_w}$$

schreiben, woraus die Beziehung

$$\frac{l^*}{G^* I_p^{\ *}}=\frac{l_j}{GI_{pj}}+\frac{l_c}{GI_{pc}}+\frac{2R_0}{EI_w}$$

folgt. Dabei kann die äquivalente Länge l^* der glatten Welle für den gleichen Werkstoff $G^*=G$ auf die Form

$$l^*=a_j\frac{I_p^{\ *}}{I_{pj}}+a_c\frac{I_p^{\ *}}{I_{pc}}+a_w\frac{I_p^{\ *}}{I_{pw}} \tag{8.1.21}$$

mit $\quad a_j=l_j,\quad a_c=l_c,\quad a_w=2R_0\dfrac{G}{E}\dfrac{I_p^{\ *}}{I_w}$

und $\quad B_e^{\ 3}=2\dfrac{B_{max}^3\cdot B_{min}^3}{B_{max}^3+B_{min}^3},\quad I_{pw}=\dfrac{1}{12}l_w B_e^3$

gebracht werden.

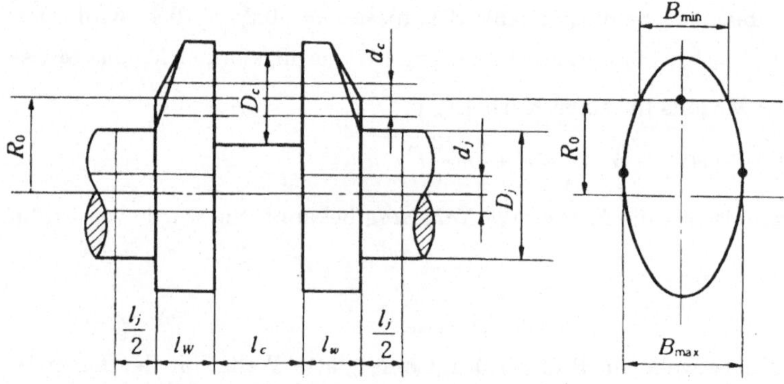

Bild 8.1.6: Modellierung einer Kurbelwelle (nach Hafner/Maass, 1985)

Es gibt verschiedene Faustformeln für die reduzierten Längen l^*, die sich für Fahrzeug-, Flug- und Schiffsmotoren eignen.

Die Tabelle 8.1.1 zeigt eine zusammenfassende Darstellung der äquivalenten Längen.

Es bedeuten:

S: Kleinmotoren

M: mittelklassige Motoren

SS: kleine Reihen-Motoren

A: alle Motoren

Nr.	Autor	a_j	a_c	a_w	Maschine
1	Carter modified	$l_j + 0.40\,l_w$	$0.75\,l_c + 0.40\,l_w$	$1.273\,R_0$	SS
2	Heldt	$l_j + 0.40\,l_w$	$1.096\,l_c$	$1.090\,R_0$	A
3	Jackson	$l_j + 0.27\,D_j$	$(l_c + 0.27\,D_c) \cdot \left[1+0.07\left(\frac{l_c+0.27\,D_c}{R_0}\right)^2\right]$	$0.594\,R_0$	S
4	Ker Wilson	$l_j + 0.40\,D_j$	$l_c + 0.40\,D_c$	$0.849 \cdot [R_0 - 0.20(D_j + D_c)]$	S M
5	Kritzer, R.	$l_j + 0.20\,D_j$	$l_c + 0.20\,D_c$	$0.770\,R_0$	A
6	Timo-shenko	$l_j + 0.90\,l_w$	$l_c + 0.90\,l_w$	$0.790\,R_0$	S
7	Tuplin	$\frac{l_j + 0.15\,D_j}{1-\left(\frac{d_j}{D_j}\right)^4}$	$\frac{l_c + 0.15\,D_c}{1-\left(\frac{d_c}{D_c}\right)^4}$	$10.186 \cdot \frac{2l_w - 0.15(D_j + D_c)}{B_e^4 - d_j^4} l_{pw} + 0.849\,R_0 \cdot \left(0.065\frac{D_j}{l_w} + 0.58\right) + 0.0136\frac{B_e^2}{l_w}$	A

Tabelle 8.1.1: Äquivalente Länge l^* (nach Hafner/Maass, 1985)

8.1.3 Berechnung der Eigenschwingungen

Bild 8.1.7 zeigt die freigeschnittenen Momente im Teil der glatten Welle nach Bild 8.1.5a.

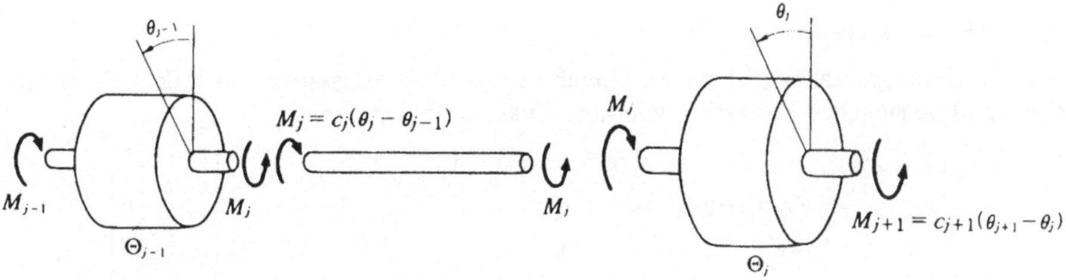

Bild 8.1.7: Drehwinkel θ_j und Drehmomente M_j in positiver Richtung

Die Momente müssen gemäß einer beliebig zu wählenden Vorzeichenvereinbarung an den Schnittstellen eingetragen werden. Hierfür gelten die folgenden Beziehungen (Pfützner/Markert, 1980):

- Drehmomentgleichung für Drehmasse Θ_j

$$\Theta_j \ddot{\theta}_j = M_{j+1} - M_j; \quad j = 0, 1, 2, \ldots, n. \tag{8.1.22}$$

- Drehmomentgleichung in dem Wellenstück mit der Torsionssteifigkeit c_j:

$$M_j = c_j(\theta_j - \theta_{j-1}); \quad j = 0, 1, 2, \ldots, n. \tag{8.1.23}$$

Nach Elimination der Drehmomente mit Hilfe der Gleichungen (8.1.22) und (8.1.23) lassen sich die Bewegungsdifferentialgleichungen nach Bild 8.1.7 in folgender Weise schreiben:

$$\Theta_j \ddot{\theta}_j - c_j\theta_{j-1} + (c_j + c_{j+1})\theta_j - c_{j+1}\theta_{j+1} = 0\,;\; j = 0, 1, 2, \ldots, n. \tag{8.1.24}$$

Dies ist ein homogenes und lineares Differentialgleichungssystem 2. Ordnung. Für die beidseitig freien Randbedingungen nach Bild 8.1.5b gilt $c_0 = c_{n+1} = 0$.

Das Differentialgleichungssystem (8.1.24) ergibt sich dann in Matrizenform zu

$$\begin{bmatrix} \Theta_0 & & & & & \\ & \Theta_1 & & & & \\ & & \cdot & & & \\ & & & \cdot & & \\ & & & & \cdot & \\ & & & & & \Theta_n \end{bmatrix} \cdot \begin{bmatrix} \ddot{\theta}_0 \\ \ddot{\theta}_1 \\ \cdot \\ \cdot \\ \cdot \\ \ddot{\theta}_n \end{bmatrix} + \begin{bmatrix} c_0 + c_1 & c_1 & \cdot & \cdot & 0 & 0 \\ -c_1 & c_1 + c_2 & \cdot & \cdot & \cdot & \cdot \\ \cdot & \cdot & \cdot & \cdot & \cdot & \cdot \\ \cdot & \cdot & \cdot & \cdot & \cdot & \cdot \\ \cdot & \cdot & \cdot & \cdot & \cdot & \cdot \\ 0 & 0 & \cdot & \cdot & -c_n & c_n + c_{n+1} \end{bmatrix} \cdot \begin{bmatrix} \theta_0 \\ \theta_1 \\ \cdot \\ \cdot \\ \cdot \\ \theta_n \end{bmatrix} = \begin{bmatrix} 0 \\ 0 \\ \cdot \\ \cdot \\ \cdot \\ 0 \end{bmatrix} \tag{8.1.25}$$

$$\boldsymbol{\Theta} \cdot \ddot{\boldsymbol{\theta}} + \mathbf{c} \cdot \boldsymbol{\theta} = \mathbf{0}.$$

Da die Lösung $\theta(t)$ des homogenen Differentialgleichungssystems mathematisch betrachtet eine Eigenschwingung ist, kann der Lösungsansatz für harmonische Bewegungen nach Gleichung (8.1.26) angewendet werden:

$$\begin{bmatrix} \theta_0 \\ \theta_1 \\ \cdot \\ \cdot \\ \cdot \\ \theta_n \end{bmatrix} = \begin{bmatrix} \hat{\theta}_0 \\ \hat{\theta}_1 \\ \cdot \\ \cdot \\ \cdot \\ \hat{\theta}_n \end{bmatrix} \cos\omega t \tag{8.1.26}$$

$$\boldsymbol{\theta} = \hat{\boldsymbol{\theta}} \cos\omega t.$$

Wird der Lösungsansatz (8.1.26) in Gleichung (8.1.25) eingesetzt, so läßt sich in ein homogenes algebraisches lineares Gleichungssystem übergehen:

$$\begin{bmatrix} c_0 + c_1 - \omega^2\theta_0 & -c_1 & 0 & \cdot & 0 & 0 \\ -c_1 & c_1 + c_2 - \omega^2\theta_1 & -c_2 & \cdot & \cdot & \cdot \\ 0 & -c_2 & c_2 + c_3 - \omega^2\theta_2 & \cdot & \cdot & \cdot \\ \cdot & \cdot & \cdot & \cdot & \cdot & \cdot \\ \cdot & \cdot & \cdot & \cdot & \cdot & \cdot \\ 0 & 0 & \cdot & \cdot & -c_n & c_n + c_{n+1} - \omega^2\theta_n \end{bmatrix} \cdot \begin{bmatrix} \hat{\theta}_0 \\ \hat{\theta}_1 \\ \hat{\theta}_2 \\ \cdot \\ \cdot \\ \hat{\theta}_n \end{bmatrix} = \begin{bmatrix} 0 \\ 0 \\ 0 \\ \cdot \\ \cdot \\ 0 \end{bmatrix}$$

$$(\mathbf{c} - \omega^2\,\boldsymbol{\Theta}) \cdot \hat{\boldsymbol{\theta}} = \mathbf{0}. \tag{8.1.27}$$

Das Gleichungssystem (8.1.27) hat nur dann nichttriviale Lösungen $\hat{\boldsymbol{\theta}} \neq \mathbf{0}$, wenn die Koeffizientendeterminante

$$\Delta = \det(\mathbf{c} - \omega^2\Theta) = \mathbf{0} \tag{8.1.28}$$

verschwindet, wobei daraus ein charakteristisches Polynom für die Eigenkreisfrequenzen folgt. Die Auflösung der Determinante (Frequenzgleichung) führt auf ein Polynom vom Grade n+1 in ω^2, d.h. ein Drehschwingungssystem mit n=1 Drehmassen $\Theta_0, \Theta_1, \Theta_2, \cdots, \Theta_n$ hat (n+1) Eigenkreisfrequenzen. Die Gesamtheit der Winkelamplitudenverhältnisse, die zu den Eigenkreisfrequenzen zugehörig sind, werden im Eigenvektor $\hat{\theta}_j$ zusammengefaßt. Ein Eigenvektor beschreibt anschaulich eine Eigenschwingform (Eigenform, Mode). Falls das Drehschwingungssystem an beiden Enden freie Randbedingungen hat, d.h. $c_0 = c_{n+1} = 0$, ergeben sich die Drehmomente $\hat{M}_0 = 0$ und $\hat{M}_{n+1} = 0$.

Daraus ergibt sich das Schwingungssystem mit ω_0=0 (gleichförmiger Rotation) und n Eigenfrequenzen.

8.1.3.1 Das Verfahren von Holzer-Tolle

Die Gleichungen, die sich aus Gleichung (8.1.22) und (8.1.23) ergeben,

$$\begin{aligned} \Theta_j \ddot{\theta}_j &= M_{j+1} - M_j \\ M_{j+1} &= c_{j+1}\left(\theta_{j+1} - \theta_j\right) \end{aligned} \tag{8.1.29}$$

gehen mit dem Lösungsansatz für den Drehwinkel und das Drehmoment nach Gleichung (8.1.26)

$$\begin{aligned} \theta_j &= \hat{\theta}_j \cos\omega t \\ M_j &= \hat{M}_j \cos\omega t \end{aligned} \tag{8.1.30}$$

über in die Gleichungen (8.1.31):

$$\begin{aligned} \hat{M}_{j+1} &= \hat{M}_j - \Theta_j \omega^2 \hat{\theta}_j \\ \hat{\theta}_{j+1} &= \hat{\theta}_j + \frac{\hat{M}_{j+1}}{c_{j+1}} \end{aligned} \quad , \tag{8.1.31}$$

wobei die Zustandsgrößen $\hat{\theta}_j$ und $\hat{M}_j$ einer Drehmasse bzw. einer Torsionsfeder entsprechen. Das Verfahren ist auf fortgesetzte Anwendung dieser Gleichungen für j=0, 1, 2, ..., n angewiesen.

Für ein an beiden Enden freies Torsionsschwingungssystem ergeben sich die Gleichungen (8.1.31) in der Form:

$$\begin{aligned} j=0\ ; \quad & \hat{M}_1 = \hat{M}_0 - \Theta_0 \omega^2 \hat{\theta}_0 \\ & \hat{\theta}_1 = \hat{\theta}_0 + \frac{\hat{M}_1}{c_1} \\ j=1\ ; \quad & \hat{M}_2 = \hat{M}_1 - \Theta_1 \omega^2 \hat{\theta}_1 \\ & \hat{\theta}_2 = \hat{\theta}_1 + \frac{\hat{M}_2}{c_2} \\ & \cdots\cdots\cdots\cdots\cdots\cdots \\ j=n\ ; \quad & \hat{M}_{n+1} = \hat{M}_n - \Theta_n \omega^2 \hat{\theta}_n \ . \end{aligned} \tag{8.1.32}$$

Bei diesem Vorgehen lassen sich die Zustandsgrößen jeweils aus den vorher berechneten bestimmen. Das Drehmoment $\hat{M}_{n+1}\left(\omega^2\right)$, das rechts von der Drehmasse angreift, steht am

Ende der Berechnung. Für ein freies Ende muß dieses Moment verschwinden, d.h. $\hat{M}_{n+1} = 0$. Aus dieser Bestimmungsgleichung berechnen sich die Eigenkreisfrequenzen. Dieses Vorgehen wird das Verfahren von Holzer-Tolle genannt (nach H. Holzer: Die Berechnung der Drehschwingungen, Berlin, 1992 und M. Tolle: Regelung der Kraftmaschinen, Berlin, 1921). Aber in der Praxis wird dieses Verfahren so durchgeführt, daß mit mehreren geschätzten ω-Werten als Startvektor bei der numerischen Berechnung die Größe der Restmomente $\hat{M}_{n+1}$ bezüglich ihrer Annäherung an den Wert Null untersucht werden. Aus den Nullstellen ergeben sich die gesuchten Eigenfrequenzen des Systems. Nach diesem Vorgehen ist das Verfahren von Holzer-Tolle auch als Restmomentenmethode bekannt.

Beispiel 8.1:

Abschätzung der 1. Eigenkreisfrequenz von einem 10-Drehmassen-System (8-Zylinder-Motor-Generator) (C. E. Crede, 1988)

Reduktion der Freiheitsgrade von einem Realsystem (a) zu dem System (b):

- Aufstellen des größten Massenträgheitsmomentes $\Theta_{r2} = 42.3$ am rechten Ende.
- Aufsummieren der restlichen Massenträgheitsmomente und Aufstellen von 40% davon am linken Ende.
- Die Torsionssteifigkeit c_r läßt sich aus der Form der Hintereinanderschaltung von Federn errechnen:

$$c_r = \frac{1}{7 + \frac{1}{1.32} + \frac{1}{6.06}} = 0.126 .$$

Geschätzter Wert ω_s für $\omega_s^2 = \frac{0.126 \cdot (42.3 + 2.861)}{42.3 \cdot 2.861} = 0.047$.

Das Restmoment $\hat{M}_{10}$ mit ω_s: $\hat{M}_{10} = -0.0487$.

Ausgewählte Werte für $\omega_1^2 = 0.0457$ und $\hat{M}_{10} = -0.0019$.

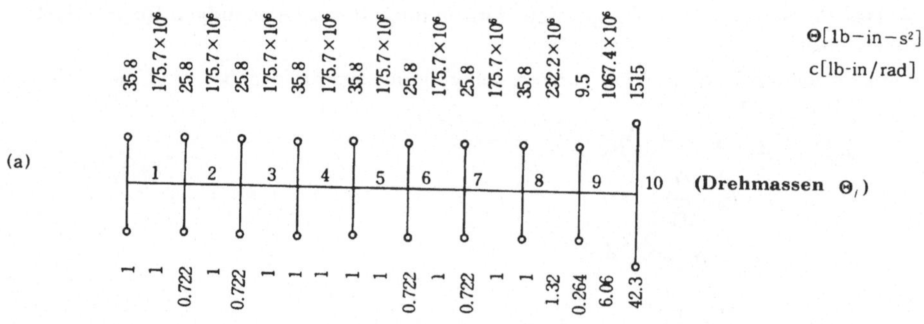

8.1.3.2 Übertragungsmatrizen

(1) Glatte Wellen

Ein glatte Welle gilt z.B. für einen Reihen-Kolbenmotor ohne Nebentriebe.

Zur Berechnung der Eigenfrequenzen des glatten Wellenstranges nach Bild 8.1.8 kann das Verfahren von Holzer-Tolle in Matrizenschreibweise übersetzt werden. Es ist für die Bildung der Übertragungsmatrizen hilfreich, die Schnittstellen und Feldabschnitte des Systems unmittellar vor und hinter jeder Drehmasse von links nach rechts fortlaufend zu numerieren.

D.h. der Wellenabschnitt links von der Schnittstelle j wird als Feld j bezeichnet.

Wird die Gleichung (8.1.31) an der Schnittstelle und das Feld j und j-1 angewendet, ergeben sich die Winkel- und Momentenamplitude der Drehmasse Θ_j

$$\begin{aligned} \hat{\theta}_j &= \hat{\theta}_{j-1} \\ \hat{M}_j &= \hat{M}_{j-1} - \Theta_j \omega^2 \hat{\theta}_{j-1} \end{aligned} \tag{8.1.33a}$$

oder als Matrizengleichung mit dem Zustandsvektor $\mathbf{y} = \left[\hat{\theta},\ \hat{M}\right]^T$

$$\begin{bmatrix} \hat{\theta}_j \\ \hat{M}_j \end{bmatrix} = \begin{bmatrix} 1 & 0 \\ -\Theta_j \omega^2 & 1 \end{bmatrix} \cdot \begin{bmatrix} \hat{\theta}_{j-1} \\ \hat{M}_{j-1} \end{bmatrix} \tag{8.1.33b}$$

$$\mathbf{y}_j \quad = \quad \mathbf{P}_j \quad \cdot \quad \mathbf{y}_{j-1}$$

wobei $\mathbf{P}_j$ eine Übertragungsmatrix der Punktmasse ist, die den Drehzustand über eine Drehmasse überträgt.

Entsprechend wird der Übergang über ein drehelastisches Wellenstück (Feld j) durch die Beziehungen

$$\begin{aligned} \hat{\theta}_j &= \hat{\theta}_{j-1} + \frac{1}{c_j} \hat{M}_{j-1} \\ \hat{M}_j &= \hat{M}_{j-1} \end{aligned} \tag{8.1.34a}$$

beschrieben.

Mit dem Zustandsvektor **y** lauten diese in Matrizenschreibweise

$$\begin{bmatrix} \hat{\theta}_j \\ \hat{M}_j \end{bmatrix} = \begin{bmatrix} 1 & \frac{1}{c_j} \\ 0 & 1 \end{bmatrix} \cdot \begin{bmatrix} \hat{\theta}_{j-1} \\ \hat{M}_{j-1} \end{bmatrix} \tag{8.1.34b}$$

$$\mathbf{y}_j = \quad \mathbf{F}_j \quad \cdot \quad \mathbf{u}_{j-1},$$

wobei $\mathbf{F}_j$ eine Übertragungsmatrix des Drehzustandes der Torsionsfeder ist. Die Übertragung des Drehzustandes von der linken Schnittstelle zur rechten Schnittstelle erfolgt durch fortgesetzte Matrizenmultiplikationen.

Der Drehzustand an jedem Abschnitt im Bild 8.1.8 ergibt sich wie folgt:

$$\begin{aligned} \mathbf{y}_1 &= \mathbf{P}_1 \cdot \mathbf{y}_0 \\ \mathbf{y}_2 &= \mathbf{F}_2 \cdot \mathbf{y}_1 \\ \mathbf{y}_3 &= \mathbf{P}_3 \cdot \mathbf{y}_2 \end{aligned}$$

$$\mathbf{y}_n = \mathbf{P}_n \cdot \mathbf{y}_{n-1}$$
$$= \mathbf{P}_n \cdot \mathbf{F}_{n-1} \cdot \mathbf{P}_{n-2} \cdot \mathbf{F}_{n-3} \cdots \mathbf{P}_3 \cdot \mathbf{F}_2 \cdot \mathbf{P}_1 \cdot \mathbf{y}_0$$
$$\mathbf{y}_n = T(\omega^2) \cdot \mathbf{y}_0 \qquad (8.1.35)$$

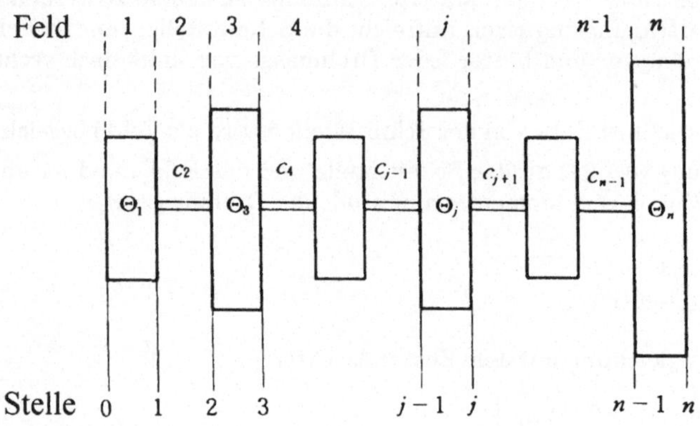

Bild 8.1.8: Glatte Welle

Wie beim Verfahren von Holzer-Tolle werden die Eigenfrequenzen ω_j mit den geschätzten ω-Werten unter Berücksichtigung der Randbedingungen ermittelt. Für eine an den Enden freie Welle gilt die Beziehung

$$\hat{M}_0 = \hat{M}_n = 0 \ .$$

Die Zustandsvektoren werden in der folgenden Tabelle zusammengestellt:

Übertragungsmatrizen	$\hat{\theta}_0$	Zustandsvektoren
	1 0	$\mathbf{y}_0$
$\mathbf{P}_1$	× ×	$\mathbf{y}_1$
$\mathbf{F}_2$	× ×	$\mathbf{y}_2$
$\mathbf{P}_3$	× ×	$\mathbf{y}_3$
$\mathbf{F}_4$	× ×	$\mathbf{y}_4$
. . .	. . .	. . .
$\mathbf{P}_n$	$T_{11}(\omega^2)$ $T_{21}(\omega^2)$	$\mathbf{y}_n = \begin{bmatrix} \hat{\theta}_n \\ 0 \end{bmatrix}$

Am Wellenende muß gelten $\hat{\theta}_n = T_{11}(\omega^2)$ und $\hat{M}_n = T_{21}(\omega^2) = 0$. Die Eigenfrequenzen lassen sich mit Hilfe der Nullstellen der Bestimmungsgleichung $T_{21}(\omega^2) = 0$ berechnen. Die Eigenschwingungsformen lassen sich aus diesem Verfahren unmittelbar bestimmen. Sie sind für die betreffenden Eigenkreisfrequenzen in der mittleren Spalte der Tabelle dargestellt.

Bisher sind die masselosen aber drehelastischen Antriebsstränge berücksichtigt. Für ein massebehaftetes zylindrisches Wellenstück kann die folgende Übertragungsmatrix hergeleitet werden.

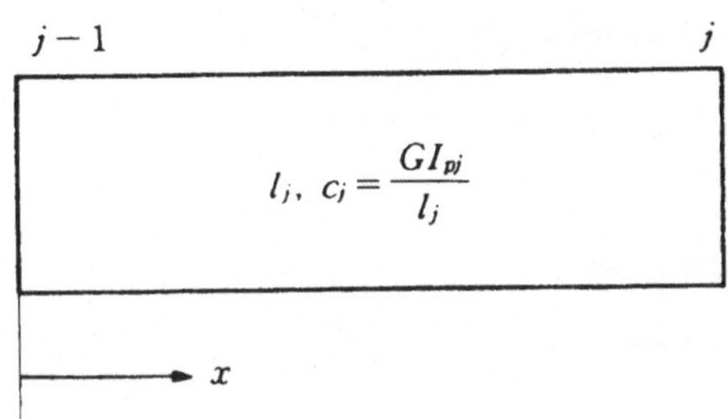

Bild 8.1.9: Massebehaftetes zylindrisches Wellenstück

Die Torsion der Welle im Bild 8.1.9 läßt sich in Form einer partiellen Differentialgleichung (8.1.36) angeben:

$$\frac{\partial^2\theta}{\partial t^2} = \frac{G}{\rho}\frac{\partial^2\theta}{\partial x^2}. \tag{8.1.36}$$

Mit dem Eigenschwingungsansatz

$$\theta(x,t) = \hat{\theta}(x)\cos\omega t \tag{8.1.37}$$

folgt aus Gleichung (8.1.36) die gewöhnliche Differentialgleichung

$$\hat{\theta}'' + \left(\frac{\lambda}{l}\right)^2 \hat{\theta} = 0 \tag{8.1.38}$$

mit $\quad \frac{\lambda}{l} = \omega\sqrt{\frac{G}{\rho}}$.

Die Lösung $\hat{\theta}(x)$ lautet :

$$\hat{\theta}(x) = A\cos\lambda\cdot\frac{x}{l} + B\sin\lambda\cdot\frac{x}{l}. \tag{8.1.39}$$

Daraus ergibt sich ihre Ableitung nach x:

$$\hat{\theta}'(x) = \frac{d}{dx}\hat{\theta}(x) = -A\frac{\lambda}{l}\sin\lambda\cdot\frac{x}{l} + B\frac{\lambda}{l}\cos\lambda\cdot\frac{x}{l}.$$

Zwischen dem Drehmoment $\hat{M}$ und dem Drehwinkel $\hat{\theta}$ gilt die Beziehung:

$$\frac{d\hat{\theta}}{dx} = \frac{\hat{M}}{GI_p}$$

Daraus folgt:

$$\hat{M}(x) = GI_p\hat{\theta}' = lc\hat{\theta}'$$

mit der Torsionssteifigkeit des zylindrischen Wellenstückes

$$c = \frac{GI_p}{l}.$$

Wird die Ableitung des Torsionswinkels nach x in die Drehmomentengleichung eingesetzt, so läßt sich das Drehmoment $\hat{M}(x)$ wie folgt ermitteln:

$$\hat{M}(x) = lc\left[-A\frac{\lambda}{l}\sin\frac{\lambda}{l}x + B\frac{\lambda}{l}\cos\frac{\lambda}{l}x\right]$$

$$= -A\lambda c\sin\frac{\lambda}{l}x + B\lambda c\cos\frac{\lambda}{l}x\ , \tag{8.1.40}$$

wobei sich die Integrationskonstanten A und B durch die Zustandsgrößen am Feldanfang $\hat{\theta}_{j-1}$ und $\hat{\mathrm{M}}_{j-1}$ ausdrücken lassen:

$$\hat{\theta}_{j-1} = \hat{\theta}(0) = A\ ;\quad A = \hat{\theta}_{j-1}$$

$$\hat{M}_{j-1} = \hat{M}(0) = c_j\lambda_j B\ ;\quad B = \frac{\hat{M}_{j-1}}{c_j\lambda_j}.$$

In Matrizenschreibweise lautet der Zustandsvektor $\left[\hat{\theta}_j,\ \hat{M}_j\right]$:

$$\begin{bmatrix}\hat{\theta}_j\\ \hat{M}_j\end{bmatrix} = \begin{bmatrix}\cos\lambda_j & \dfrac{\sin\lambda_j}{c_j\lambda_j}\\ -c_j\lambda_j\sin\lambda_j & \cos\lambda_j\end{bmatrix}\cdot\begin{bmatrix}\hat{\theta}_{j-1}\\ \hat{M}_{j-1}\end{bmatrix} \tag{8.1.41}$$

$$\mathbf{y}_j = \mathbf{Y}_j^c \cdot \mathbf{y}_{j-1}.$$

(2) Wellen mit Übersetzungsgetrieben

Bild 8.1.10 zeigt einen Wellenstrang mit Übersetzungsgetrieben, wobei sich m Zahnräder im Eingriff befinden. Dabei ist Θ_v das Massenträgheitsmoment des v. Zahnrades mit dem Halbdurchmesser r_v. Das ganze Getriebe wird als ein Feld j angesehen, so daß die Antriebsseite als Schnittstelle j-1 und die Abtriebsseite als Schnittstelle j benannt werden. Sei Θ_a das Massenträgheitsmoment des Antriebsrades, Θ_k das Massenträgheitsmoment des Abtriebsrades und das Getriebe spielfrei, ergeben sich die auf das Antriebsrad a bezogenen Übersetzungsverhältnisse μ_v (zwischen dem Zahnrad Θ_v und Θ_a) aus der Gleichheit der abgewälzten Längen an jedem Zahnrad, $\theta_1 r_1 = -\theta_2 r_2 = \theta_3 r_3 = -+\cdots$, unter Berücksichtigung der Drehrichtung

$$\mu_v = \frac{\theta_v}{\theta_a} = (-1)^{v-a}\frac{r_a}{r_v}. \tag{8.1.42}$$

Daraus folgt der Drehwinkel $\theta_v = \mu_r\theta_a$ und das Drehmoment $M_v = \dfrac{1}{\mu_v}M_a$.

Die auf das Antriebsrad a bezogene Momentengleichung des hier betrachteten Getriebes lautet

$$\sum_{\nu=1}^{m}\Theta_\nu\ddot{\theta}_\nu\mu_\nu=\sum_{\nu=1}^{m}M_\nu\mu_\nu\,. \tag{8.1.43}$$

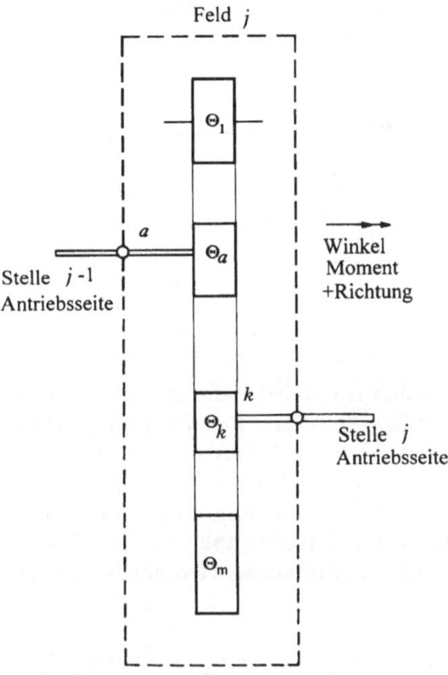

Bild 8.1.10: Zahnradgetriebe mit Wellenversetzung

Aus der Beziehung der Winkelbeschleunigung zwischen dem Zahnrad Θ_ν und Θ_a, d.h $\ddot{\theta}_\nu=\mu_\nu\ddot{\theta}_a$, wird die Gleichung (8.1.43) umgeformt:

$$\sum_{\nu=1}^{m}\Theta_\nu\ddot{\theta}_a{\mu_\nu}^2=\sum_{\nu=1}^{m}M_\nu\mu_\nu\,.$$

Mit dem Ausdruck $\tilde{\Theta}=\sum_{\nu=1}^{m}\Theta_\nu{\mu_\nu}^2$ folgt die Gleichung (8.1.44a):

$$\tilde{\Theta}\cdot\ddot{\theta}_a=\sum_{\nu=1}^{m}M_\nu\mu_\nu\,. \tag{8.1.44a}$$

Wird der harmonische Ansatz für die Eigenschwingung (8.1.26) in die Gleichung (8.1.44a) eingesetzt, läßt sich die Beziehung zwischen den Winkel- und Momentenamplituden beschreiben:

$$-\tilde{\Theta}\cdot\omega^2\hat{\theta}_a=\sum_{\nu=1}^{m}\hat{M}_\nu\mu_\nu\,. \tag{8.1.44b}$$

Für die Momentengleichung zwischen dem Antriebs- und dem Abtriebsrad gilt dann

$$-\tilde{\Theta}_j \cdot \omega^2 \cdot \hat{\theta}_{j-1} = \hat{M}_j \cdot \mu_k - \hat{M}_{j-1} , \tag{8.1.45}$$

wobei das Feld j zwischen den Schnittstellen j-1 und j berücksichtigt ist.

Die Übertragungen des Drehwinkels und des Drehmomentes zwischen den Schnittstellen j-1 und j werden unter Berücksichtigung des Übersetzungsverhältnisses in Matrizenform

$$\begin{bmatrix} \hat{\theta}_j \\ \hat{M}_j \end{bmatrix} = \begin{bmatrix} \mu_k & 0 \\ -\dfrac{\omega^2}{\mu_k}\tilde{\Theta}_j & \dfrac{1}{\mu_k} \end{bmatrix} \cdot \begin{bmatrix} \hat{\theta}_{j-1} \\ \hat{M}_{j-1} \end{bmatrix}$$

$$\mathbf{y}_j = \mathbf{T}_j^g \cdot \mathbf{y}_{j-1} \tag{8.1.46}$$

angegeben.

(3) Verzweigte Wellen

Verzweigte Wellen sind bei den Antriebssträngen immer da vorhanden, wo beliebig viele Leistungsverzweigungen auftreten, ohne daß die Zweige wieder zusammentreffen. Beispiele sind hierfür ein Allradantrieb mit Vorder- und Hintergetriebe, bzw. ein Schiffsantrieb mit einer Antriebswelle und mehreren Abtriebswellen. Bild 8.1.11 zeigt ein verzweigtes System, das aus einem Hauptstrang und einem Nebenstrang besteht. Die Übertragungsmatrix für die verzweigten Wellen läßt sich durch die Verbindung der jeweiligen Übertragungsmatrizen ermitteln. Zunächst wird der Nebenstrang von dem Hauptstrang als abgeschnitten betrachtet.

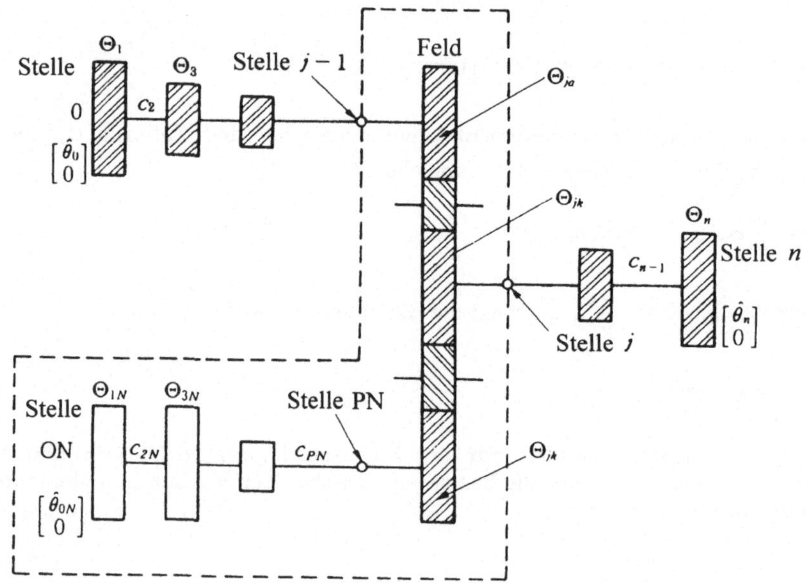

Bild 8.1.11: Verzweigte Welle mit Hauptstrang (schraffiert) und Nebenstrang N (nach Pfützner/Markert, 1980)

Die Übertragungsmatrix von diesem Nebenstrang, $\hat{\theta}_{0N}$ bis zum Verzweigungspunkt an der Stelle *PN*, läßt sich wie bei der glatten Welle im Abschnitt 8.1.3.2 darstellen, wobei der Zustand des Drehwinkels und des Drehmomentes zwischen *ON* und *PN* durch die jeweiligen Übertragungsmatrizen T_{1N} und T_{2N} beschrieben wird:

$$\hat{\theta}_{PN} = T_{1N} \cdot \hat{\theta}_{0N}$$

$$\hat{M}_{PN} = T_{2N} \cdot \hat{\theta}_{0N}. \tag{8.1.47}$$

Aus dem Übersetzungsverhältnis μ_n zwischen der Stelle *PN* und *j*-1

$$\mu_n = \hat{\theta}_{PN} / \hat{\theta}_{j-1}$$

ergibt sich das Drehmoment $\hat{M}_{PN}$ an der Stelle *PN* des Nebenstranges

$$\hat{M}_{PN} = \frac{T_{2N}}{T_{1N}} \cdot \mu_n \cdot \hat{\theta}_{j-1} , \tag{8.1.48}$$

wobei der von der Frequenz ω abhängige Quotient T_{2N}/T_{1N} als Ersatzfedersteifigkeit des Nebenstranges angenommen werden kann.

Da das Drehmoment $\hat{M}_{PN}$ sich nach Gleichung (8.1.48) als Antriebsmoment auf die Drehmasse Θ_{jn} im Hauptstrang auswirkt, läßt sich die Beziehung zwischen dem Drehwinkel und dem Drehmoment am Feld j unter Berücksichtigung der Gleichung (8.1.45) beschreiben:

$$-\tilde{\Theta}_j \omega^2 \hat{\theta}_{j-1} = \hat{M}_j \mu_k - \hat{M}_{j-1} - \frac{T_{2N}}{T_{1N}} \mu_n^{\,2} \theta_{j-1} . \tag{8.1.49}$$

Daraus folgt die Übertragungsgleichung in Matrizenschreibweise

$$\begin{bmatrix} \hat{\theta}_j \\ \hat{M}_j \end{bmatrix} = \begin{bmatrix} \mu_k & 0 \\ -\frac{1}{\mu_k}\left(\tilde{\Theta}_j \omega^2 - \frac{T_{2N}}{T_{1N}} \mu_n^{\,2}\right) & \frac{1}{\mu_k} \end{bmatrix} \cdot \begin{bmatrix} \hat{\theta}_{j-1} \\ \hat{M}_{j-1} \end{bmatrix} \tag{8.1.50}$$

$$\mathbf{y}_j^{\,b} \quad = \quad \mathbf{T}_j^b \quad \cdot \quad \mathbf{y}_{j-1} ,$$

wobei das Glied $(T_{2N}/T_{1N})\,\mu_n^2$ gegenüber der Übertragungsmatrix nach Gleichung (8.1.46) hinzugekommen ist. Diese Modifikationen lassen sich auch bei mehreren Nebensträngen berücksichtigen.

Beispiel 8.2:

Ermittlung der Übertragungsmatrix $\mathbf{T}^b$, Frequenzgleichung und Eigenkreisfreqenzen des verzweigten Antriebsstrangs nach dem folgenden Bild. Der untere Strang wird als Hauptstrang angenommen (Pfützner/Markert, 1980).

Aus den Gleichungen (8.1.33b) und (8.1.34b) ergeben sich die Übertragungsmatrizen

$$\mathbf{P}_1 = \mathbf{P}_5 = \mathbf{P}_{1N} = \begin{bmatrix} 1 & 0 \\ -\Theta\omega^2 & 1 \end{bmatrix}; \quad \mathbf{F}_2 = \mathbf{F}_4 = \mathbf{F}_{2N} = \begin{bmatrix} 1 & \frac{1}{c} \\ 0 & 1 \end{bmatrix}.$$

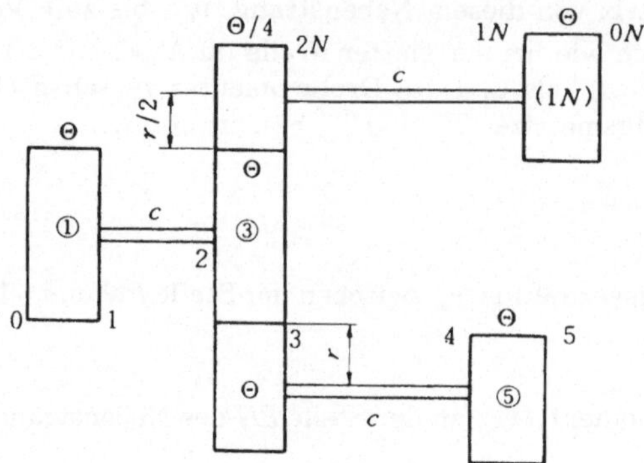

Die Übertragungsmatrix für den verzweigten Strang läßt sich nach Gleichung (8.1.50) bestimmen

$$\mathbf{T}_3^{\,b} = \begin{bmatrix} \mu_k & 0 \\ -\dfrac{1}{\mu_k}\left(\tilde{\Theta}_3\omega^2 - \dfrac{T_{2N}}{T_{1N}}\mu_m^{\;2}\right) & \dfrac{1}{\mu_k} \end{bmatrix},$$

wobei die Zahnräder fortlaufend numeriert werden; d.h. a = 2 für den Antrieb, k = 3 für den Abtrieb und m = 1 für den Nebenstrang. Aus der Formel für das Übersetzungsverhältnis $\mu_v = (-1)^{v-a}\dfrac{r_a}{r_v}$ ergeben sich das Übersetzungsverhältnis μ_m im Abtrieb und μ_k im Nebenstrang:

$$\mu_{\mathrm{m}} = \mu_1 = (-1)^{1-2}\frac{\mathrm{r}_2}{\mathrm{r}_1} = -2$$

$$\mu_{\mathrm{k}} = \mu_3 = (-1)^{3-2}\frac{\mathrm{r}_2}{\mathrm{r}_3} = -1\,.$$

Daraus läßt sich das Massenträgheitsmoment $\hat{\Theta}_3$ berechnen:

$$\tilde{\Theta}_3 = \sum_{v=1}^{\mathrm{m}} \Theta_v \mu_v^{\;2} = \Theta + \mu_{\mathrm{m}}^{\;2}\cdot\frac{\Theta}{4} + \mu_{\mathrm{k}}^{\;2}\cdot\Theta$$

$$= \Theta + (-2)^2\cdot\frac{\Theta}{4} + (-1)^2\cdot\Theta = 3\Theta.$$

Der Quotient T_{2N}/T_{1N} wird mit dem folgenden Rechenschema ermittelt:

			$\hat{\theta}_{0N}$	
			1	$\mathbf{y}_{0N}$
			0	
$\mathbf{P}_{1N}$	1	0	1	$\mathbf{P}_{1N}\,\mathbf{y}_{0N} = \mathbf{y}_{1N}$
	$-\Theta\omega^2$	1	$-\Theta\omega^2$	
$\mathbf{F}_{2N}$	1	$1/c$	$1-\Theta\omega^2/c$	$\mathbf{F}_{2N}\,\mathbf{y}_{1N} = \mathbf{y}_{2N}$
	0	1	$-\Theta\omega^2$	

$$\frac{T_{2N}}{T_{1N}} = \frac{-\Theta\omega^2}{1-\Theta\omega^2/c}$$

Somit folgt die Übertragungsmatrix $\mathbf{T}_3^b$:

$$\mathbf{T}_3^{\,b} = \begin{bmatrix} -1 & 0 \\ \dfrac{\Theta\omega^2}{1-\Theta\omega^2/c}\left(7-3\Theta\omega^2/c\right) & -1 \end{bmatrix}.$$

Die Gesamtübertragungsmatrix $\mathbf{T}^b$ ergibt sich aus der linearen Beziehung zwischen dem Zustand $\mathbf{y}_0$ am Anfang und dem Zustand $\mathbf{y}_5$ am Ende des Wellenstranges,

$$\mathbf{y}_5 = \mathbf{P}_5 \cdot \mathbf{F}_4 \cdot \mathbf{u}_3^{\,b} \cdot \mathbf{F}_2 \cdot \mathbf{P}_1 \cdot \mathbf{y}_0$$

$$\mathbf{y}_5 = \mathbf{T}^b \cdot \mathbf{y}_0$$

$$\mathbf{T}^b = \mathbf{P}_5 \cdot \mathbf{F}_4 \cdot \mathbf{u}_3^{\,b} \cdot \mathbf{F}_2 \cdot \mathbf{P}_1 .$$

Daraus folgt

$$\mathbf{T}^b = \begin{bmatrix} \dfrac{3\zeta^3-12\zeta^2+10\zeta-1}{1-\zeta} & -\dfrac{1}{c}\dfrac{3\zeta^2-9\zeta+2}{1-\zeta} \\ \dfrac{-c\zeta}{1-\zeta}\left(3\zeta^3-15\zeta^2+21\zeta-9\right) & \dfrac{1}{1-\zeta}\left(3\zeta^3-12\zeta^2+10\zeta-1\right) \end{bmatrix}$$

mit $\zeta = \dfrac{\omega^2}{c/\Theta}$.

Für die an beiden Enden freien Randbedingungen gelten

$$\begin{bmatrix} T_{11}^{\,b} & T_{12}^{\,b} \\ T_{21}^{\,b} & T_{22}^{\,b} \end{bmatrix} \cdot \begin{bmatrix} \hat{\theta}_0 \\ 0 \end{bmatrix} = \begin{bmatrix} \hat{\theta}_5 \\ 0 \end{bmatrix},$$

wobei das Restmoment am freien Wellenende verschwinden muß.

Daraus läßt sich die Frequenzgleichung zur Bestimmung der Eigenkreisfrequenzen herleiten:

$$\frac{-c\zeta}{1-\zeta}\left(3\zeta^3-15\zeta^2+21\zeta-9\right)=0 .$$

Die Nullstellen dieser Gleichung lauten

$$\omega_0 = 0,\quad \omega_1 = \sqrt{c/\Theta},\quad \omega_2 = \sqrt{c/\Theta},\quad \omega_3 = \sqrt{3c/\Theta}$$

wobei $\omega_0 = 0$ eine Starrkörperdrehung bedeutet. Weiterhin tritt eine doppelte Nullstelle bei $\omega = \sqrt{c/\theta}$ wegen der vorgegebenen Systemdaten auf, obwohl zwei verschiedene Eigenformen am Wellenstrang zu ihr gehören.

Beispiel 8.3:

Ermittlung der Eigenfrequenzen eines Geländewagens mit Allradantrieb. Berücksichtigt wird nur der 3. Gang des Vorgelegegetriebes (Park, 1983).

Eigenfrequenzen und Eigenformen

Tabelle 8.1.3 zeigt die mit den diskretisierten Zahlenwerten nach Tabelle 8.1.2 berechneten Torsionseigenfrequenzen des Antriebsstranges von einem Geländewagen im 3.Gang. Die zu diesen Eigenfrequenzen gehörenden Eigenformen (Mode 1-5) sind im Bild 8.1.13 dargestellt. Bei der ersten Schwingungsform verhält sich das ganze Fahrzeug wie ein Zwei-Massen-Schwinger aus Fahrzeugaufbau und Räder. Die Eigenfrequenz liegt im Bereich von 1.3 Hz. Diese Form kann nicht vom Motor angeregt werden, da sie zu tieffrequent ist. Je höher die Eigenfrequenzen werden, um so mehr werden die Schwachstellen zum Schwingen angeregt. Die Schwingungsgefahr liegt daher bei den Seitenwellen im Frequenzbereich von 1.8 Hz bei der 2. Eigenform bzw. bis 3.8 Hz bei der 3. Eigenform. Weiterhin besteht Schwingungsgefahr in der Welle zwischen dem Getriebe und der Gelenkwelle im Bereich von 19 Hz bei der 4. Eigenform sowie in der Gelenkwelle und im Getriebe im Bereich von 157 Hz bei der 5. Eigenform.

Modellaufbau:

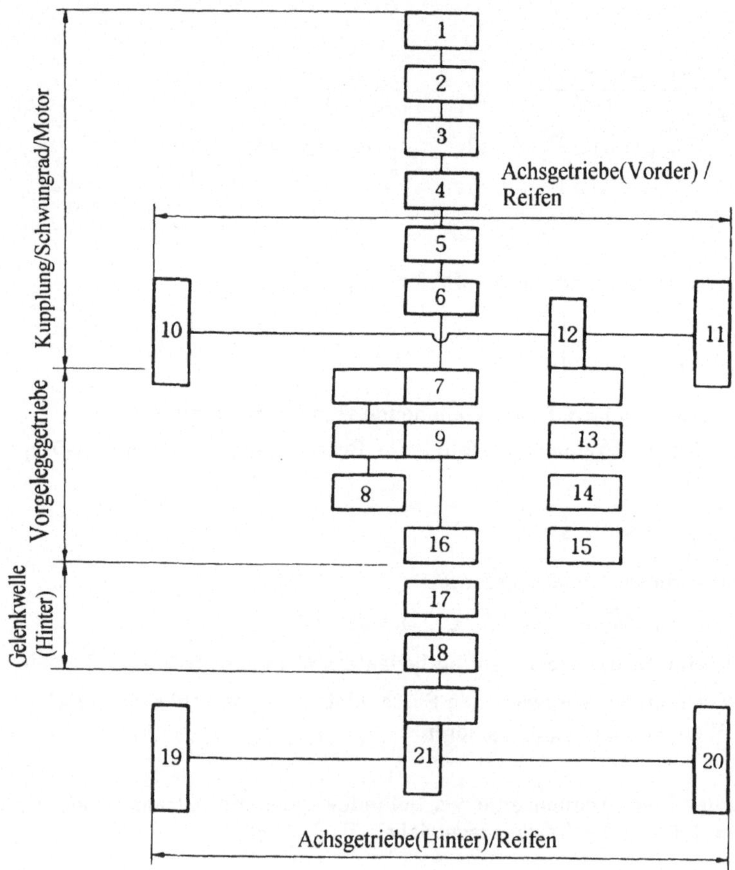

Bild 8.1.12: Diskretes Modell eines Geländewagens mit Allradantrieb

Systemdaten:

No	Massenträgheitesmomente[kg m^2]	Torsionssteifigbeiten[Nm/rad]
1	0.0027823	0.82133×10^5
2	0.0075466	0.55107×10^5
3	0.0076097	0.54523×10^5
4	0.0076097	0.55107×10^5
5	0.0075466	0.55107×10^5
6	0.1432252	0.13574×10^5
7	0.0005749	0.33120×10^5
8	0.0013932	0.61297×10^5
9	0.0008175	0.11880×10^5
10	2.0372000	0.42350×10^5
11	2.0372000	0.66510×10^5
12	0.0022391	0.21124×10^5
13	0.0032523	0.20172×10^5
14	0.0030140	0.17022×10^5
15	0.0023838	0.15154×10^5
16	0.0093491	0.37015×10^5
17	0.0030140	0.3956×10^5
18	0.0046730	0.21124×10^5
19	1.7422000	0.19924×10^5
20	1.7422000	0.19924×10^5
21	0.0018059	X

Tabelle 8.1.2: Zahlenwerte zu Bild 8.1.12

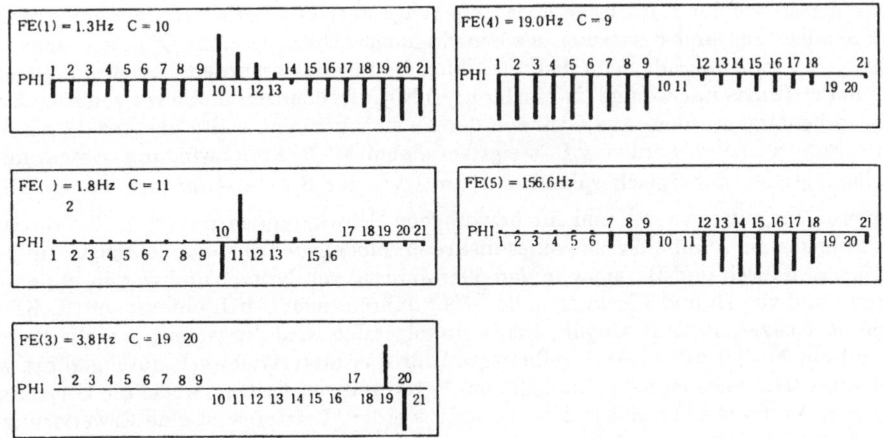

Bild 8.1.13: Eigenfrequenzen und Eigenformen

NF	OM(NF)[rad/s]	FE(NF)[Hz]	NE(NF)[rpm]	Stiffness
1	8.32	1.32	79.45	10
2	11.49	1.83	109.75	11
3	24.06	3.83	229.77	19 20
4	119.31	18.99	1139.37	9
5	984.11	156 63	9397.56	
6	1817.51	289.27	17355.97	14
7	2681.67	426.80	25608.04	16
8	2923.69	465.32	27919.14	4 5
9	3111.17	495.16	29709.50	6
10	3666.21	583.50	35009.76	13
11	4823.12	767.62	46057.42	12
12	5504.80	876.12	52566.94	17
13	5732.00	912.28	54736.54	1
14	6119.69	973.98	58438.75	18
15	8937.79	1422.49	85349.58	3
16	9196.84	1463.72	87823.31	8
17	9349.01	1487.94	89276.49	15
18	13193.55	2099.82	125989.10	2
19	16000.84	2546.61	152796.74	
20	28706.51	4568.78	274126.96	7

Tabelle 8.1.3: Eigenfrequenzen (ungedämpftes System)

8.1.4 Reduktion der Freiheitsgrade des diskreten Modells

Bei der Aufstellung des diskreten Modells stellt sich, neben der Modellierung der Punktmasse und der masselosen Feder, die Frage nach der *Reduktion der Freiheitsgrade*. Zur Realisierung und Erfassung des Schwingungsverhaltens eines Systems müssen oft sehr viele Freiheitsgrade beim diskreten Modell eingeführt werden, obwohl im allgemeinen in der Praxis nur wenige (zwei oder drei) Eigenfrequenzen und dazu gehörige Eigenformen benötigt werden. Aus Gründen der Rechenökonomie sollte die Anzahl der Freiheitsgrade reduziert werden (z.B. steigt bei einem **M - D - K** Schwingungssystem mit N-Freiheitsgraden der Speicherplatzbedarf mit N^2, der Rechenzeitbedarf für das Eigenwertproblem mit etwa N^3 und für erzwungene Schwingungen mit N^2). Verfahren zur Reduzierung der Freiheitsgrade eines diskreten Modells wurden von Kutzbach im Jahre 1910, von Rausch und Baranow in den 30er Jahren, von Kritzer und Guyan in den 60er Jahren und von Di und Klöckner in den 70er Jahren ausführlich untersucht (K. Klotter, 1960; R. Kritzer, 1966; R. Guyan, 1965). Im folgenden wird dargestellt, wie die Reduktion auf ein Modell mit einem Freiheitsgrad für das Motortriebwerk durchgeführt wird. Die Vorgehensweise ist dabei ähnlich dem Verfahren von Kritzer, wobei die Gleichungen wie beim Verfahren von Klöckner aufgestellt werden. Letzteres ist eine Erweiterung des von Kutzbach, Rausch und Baranow entwickelten zeichnerischen Vorgehens zur Nutzung des Verfahrens in einer Rechenanlage.

8.1.4.1 Reduktion auf ein Modell mit einem Freiheitsgrad

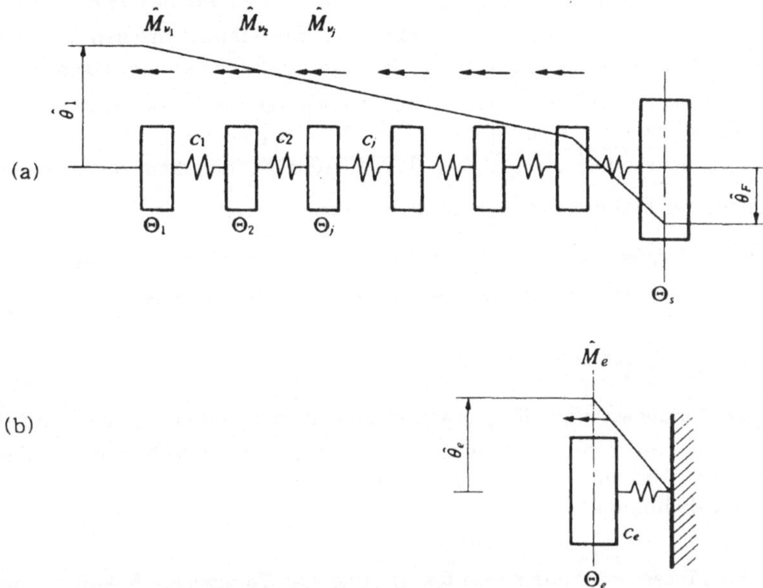

Bild 8.1.14: Reduktion der Freiheitsgrade

Das Motortriebwerk, wie die 6-Zylindermaschine im Bild 8.1.14(a), kann auf ein Modell (b) mit einem Freiheitsgrad reduziert werden, weil die höheren Eigenfrequenzen ω_i für $i \geq 2$ beim Motortriebwerk meist wenig Rückwirkungen auf die Resonanzkurve zeigen, die das reduzierte System mit einem Freiheitsgrad kennzeichnet, da $\omega_2 \geq 2 \cdot \omega_1$ üblich ist.

Bei der Aufstellung des Modells mit einem Freiheitsgrad für das Motortriebwerk wird das Reduktionsverfahren auf Basis der Energiebilanz verwendet. Hierbei entsteht ein gefesseltes System, wobei das Schwungrad wegen dessen verhältnismäßig großer Drehmasse im Vergleich zum Triebwerk als Wand angesehen wird.

Die Bedingungen zur Reduktion der Freiheitsgrade lauten:

(1) $\hat{\theta}_e = \hat{\theta}_1$

(2) $\hat{M}_e = \hat{M}_v \sum_{j=1}^{N} \frac{\hat{\theta}_j}{\hat{\theta}_1} \sin\alpha_{vj}$

(3) $c_e = \sum_{j=1}^{N-1} c_j \left(\frac{\hat{\theta}_j}{\hat{\theta}_1} - \frac{\hat{\theta}_{j+1}}{\hat{\theta}_1} \right)^2$

(4) $\omega_e = \sqrt{\frac{c_e}{\Theta_e}} = \omega_1 \,; \quad \Theta_e = \frac{c_e}{\omega_1^2}$

Die Schwingungsamplitude des Modells $\hat{\theta}_e$ soll gleich der interessierenden Schwingungsamplitude des Ausgangssystems (hier $\hat{\theta}_1$) sein. Die Arbeit des reduzierten Erregermomentes $\hat{M}_e$ soll gleich der Arbeitssumme der Einzelharmonischen sein. Daraus läßt sich dann das Erregermoment nach der Bedingung (2) berechnen. Dabei ist α_{vj} der Phasendifferenzwinkel zwischen Erregung und Bewegung des Massenträgheitsmomentes des j-ten Kurbeltriebes v. Ordnung (j = 1 bis N). Bei gleichen Drehmomentamplituden $\hat{M}_{vj} = \hat{M}_v$ aller Kurbeltriebe ergibt sich das Moment $\hat{M}_e$ aus dem Verhältnis der Eigenvektoren nach der Bedingung (2), wobei $\hat{\theta}_j$ der j-te Eigenvektor ist.

Die potentielle Federenergie $E_p = 1/2 \cdot c_e \cdot \hat{\theta}_e^2$ des Ausgangssystems soll bei maximalem Ausschlag in der niedrigsten Resonanzfrequenz gleich der des Modells sein:

$$E_p = \frac{1}{2} \cdot c_e \cdot \hat{\theta}_e^2 = \frac{1}{2} \sum_{j=1}^{N-1} c_j \cdot \left(\frac{\hat{\theta}_j}{\hat{\theta}_1} - \frac{\hat{\theta}_{j+1}}{\hat{\theta}_1}\right)^2 \cdot \hat{\theta}_1^2 .$$

Daraus wird die Torsionssteifigkeit c_e des Modells nach der Bedingung (3) ermittelt. Die Eigenkreisfrequenz des Modells soll gleich der niedrigsten Eigenkreisfrequenz des Ausgangssystems sein. Aus dieser Bedingung ergibt sich das Massenträgheitsmoment des Modells nach der Bedingung (4).

Beispiel 8.4:

Berechnung des Massenträgheitsmomentes Θ_e und der Torsionssteifigkeit c_e des Modells mit einem Freiheitsgrad von der im Bild 8.1.14 gegebenen 6-Zylindermaschine.

Vorgegeben:

(1) Massenträgheitsmomente Θ_i:

$$\Theta_1 = \Theta_3 = \Theta_4 = \Theta_6 = 0.144 \text{ Nms}^2$$

$$\Theta_2 = \Theta_5 = 0.076 \text{ Nms}^2$$

$$\Theta_7 = 2.174 \text{ Nms}^2$$

(2) Torsionssteifigkeiten c_i:

$$c_1 = c_2 = c_3 = c_4 = c_5 = c_6 = 2.5 \cdot 10^6 \; Nm/rad$$

Wird der berechnete 1. Eigenvektor $\hat{\theta}_1 = [1.0,\ 0.912,\ 0.7819,\ 0.583,\ 0.3328,\ 0.0672,\ -0.2043]^T$ in der Bedingung (3) zur Reduktion angewendet, so läßt sich die Torsionssteifigkeit c_e des Modells bestimmen:

$$c_e = 2.5 \cdot 10^6 \cdot [\,(1 - 0.912)^2 + (0.912 - 0.7819)^2 + (0.7819 - 0583)^2 + (0.583 - 0.3328)^2 + (0.3328 - 0.0672)^2 + (0.0672 + 0.2043)^2\,] = 6.77 \cdot 10^5 \text{ Nm/rad}$$

Aus der Bedingung (4) folgt das Massenträgheitsmoment Θ_e:

$$\omega_e = \sqrt{\frac{c_e}{\Theta_e}} \; ; \quad \Theta_e = \frac{c_e}{\omega^2} = 0.44 \; Nms^2$$

(Die Größe von Θ_e entspricht dem 60%-Wert von $\Theta_T = \sum_{j=1}^{6} \Theta_j$, vgl. Abschnitt 8.1.3.1)

8.1.4.2 Das Verfahren von Klöckner

Das *Reduktionsverfahren von Klöckner* (1979) ist ein Verfahren, in dem die Aufteilung der Systemparameter analog zu dem *Seileck-Verfahren von Baranow* so vorgenommen wird, daß die Eigenfrequenzen des reduzierten Systems mit den niedrigsten Eigenfrequenzen des Ursprungssystems exakt übereinstimmen.

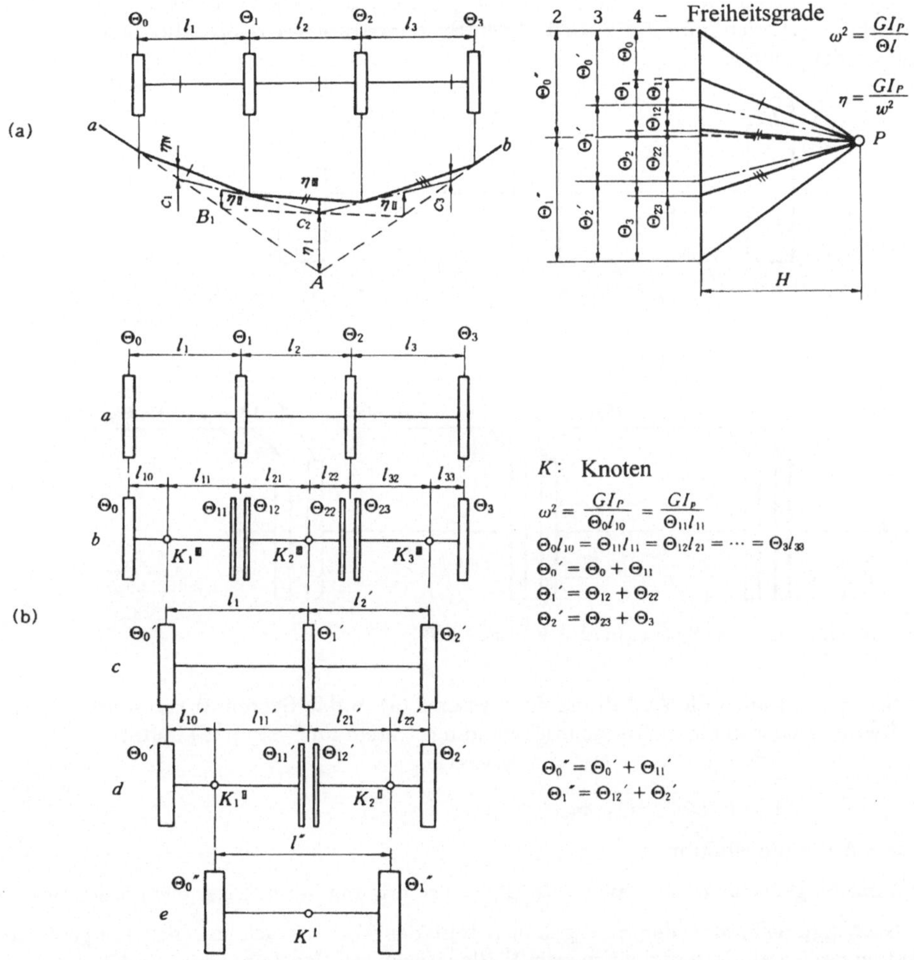

Bild 8.1.15: Reduktionsverfahren von Baranow (nach K. Klotter, 1960)

Der im Jahre 1921 von Föppl und Wydler vorgeschlagene Gedanke der Aufteilung ist wie folgt entstanden:

Die höchste Eigenform einer geraden Schwingerkette auf jedem Wellenstück weißt einen reellen Schwingungsknoten auf. Das Wellenstück mit der Drehmasse wird an dem als Wand angenommenen Knoten in zwei Teile aufgeteilt, ohne die höchste Eigenfrequenz zu ändern. D.h. die Knoten teilen die Kette in eine Anzahl gleichfrequenter 1-Massen-Schwinger auf. Baranow schlug vor, daß (n-1)-Massen-Schwinger von n-Massen-Schwingern abgeleitet werden. Dies erfolgt durch Anwendung des zeichnerischen Seileck-Verfahrens für die Aufteilung der Masse sowie durch Anbringen beider Teilmassen im Kontenpunkt. Bild 8.1.15 zeigt dieses Vorgehen (funicular/string polygon: Timoshenko/Young, 1956).

Der Algorithmus für dieses Verfahren ist von Klöckner für Digital-Rechenanlagen weiter ausgearbeitet worden, damit die reduzierten Systemparameter Schritt für Schritt angegeben werden können.

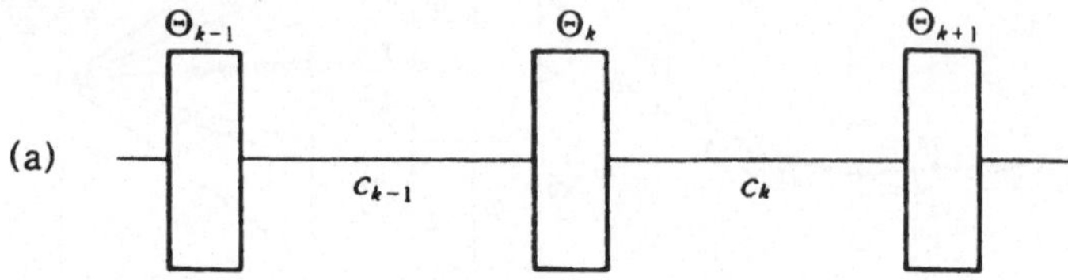

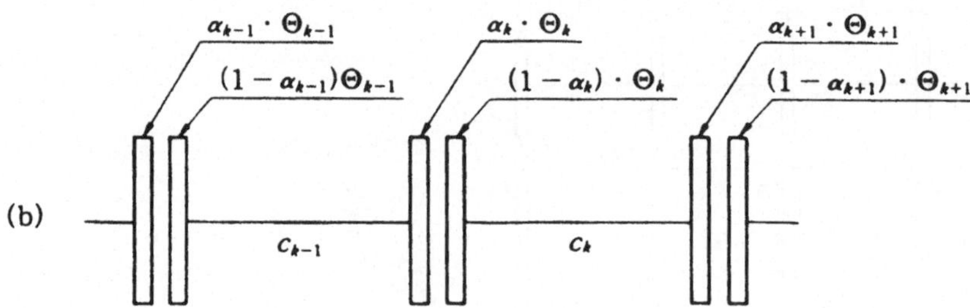

Bild 8.1.16: Aufteilung eines Systems (nach J. Klöckner, 1979)

Bild 8.1.16 zeigt auch die Aufteilung des Systems (a) in das System (b). Die n-te Eigenkreisfrequenz ω_n von einem Torsionsschwingungssystem im System (a) lautet:

$$\omega_n^{\ 2} = c_k \left(\frac{1}{(1-\alpha_k) \cdot \Theta_k} + \frac{1}{\alpha_{k+1} \cdot \Theta_{k+1}} \right) \tag{8.1.51}$$

mit dem Aufteilungsfaktor α_k.

Der Aufteilungsfaktor α_k läßt sich unter Berücksichtigung der n. Eigenform bestimmen.

Der Schwingungsknoten der n. Eigenform teilt das Wellenstück mit der Länge l_k als Funktion der Torsionssteifigkeit in zwei Wellenstücke mit den Längen a_k und b_k.

Aus der linearen Beziehung zwischen den Amplituden der Eigenform und den Längen des Wellenstückes

$$\frac{a_k}{b_k} = \frac{x_k}{x_{k+1}}$$

$$a_k + b_k = l_k = \frac{1}{c_k}$$

ergeben sich a_k und b_k:

$$a_k = \frac{x_k}{x_k + x_{k+1}} \cdot \frac{1}{c_k}; \qquad b_k = \frac{x_{k+1}}{x_k + x_{k+1}} \cdot \frac{1}{c_k}. \tag{8.1.52}$$

Die Aufteilung des Massenträgheitsmomentes Θ_k im folgenden Bild wird so vorgenommen, daß die Eigenkreisfrequenz ω_n am rechten Wellenstück mit der am linken Wellenstück übereinstimmt:

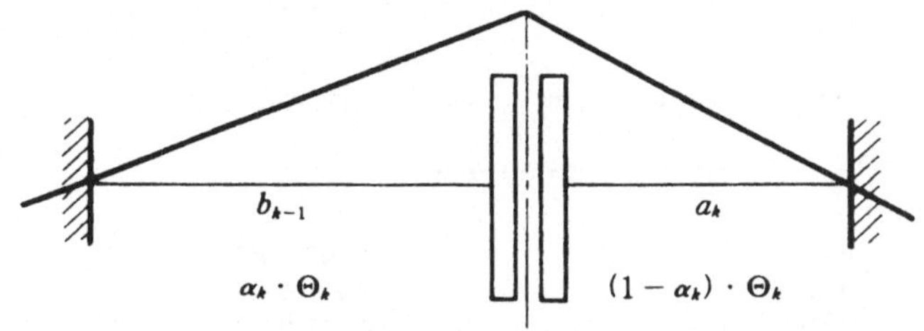

$$\omega_n{}^2 = \frac{1}{b_{k-1}} \cdot \frac{1}{\alpha_k \cdot \Theta_k} = \frac{1}{a_k} \cdot \frac{1}{(1-\alpha_k) \cdot \Theta_k}. \tag{8.1.53}$$

Aus Gleichung (8.1.53) läßt sich schließlich der Aufteilungsfaktor α_k ermitteln,

$$\alpha_k = \frac{a_k}{a_k + b_k}; \quad k = 2, 3, \cdots, n-1 \tag{8.1.54a}$$

$$\text{mit } \alpha_1 = 0 \text{ und } \alpha_n = 1 \tag{8.1.54b}$$

unter Berücksichtigung der Randbedingungen der Schwingerkette.

Mit den Aufteilungsfaktoren α_k, $k = 1, 2, \ldots, n$ wird die neue Drehmasse $\tilde{\Theta}_k$, also die Summe beider Teilmassen, im Knotenpunkt angebracht. Und die neue Torsionssteifigkeit $\tilde{c}_k$ läßt sich mit der Länge des zusammengebundenen Wellenstückes berechnen (Bild 8.1.16):

$$\hat{\Theta}_k = (1-\alpha_k)\Theta_k + \alpha_{k+1} \cdot \Theta_{k+1}, \quad k = 1, 2, \ldots, n-1$$

$$\tilde{c}_k = \frac{1}{b_k + a_{k+1}}, \quad k = 1, 2, \ldots, \quad n-2. \tag{8.1.55}$$

Mit Hilfe von Algorithmen für die Gleichungen (8.1.52) bis (8.1.55) wird fortlaufend ein Torsionsschwingungssystem hergestellt, dessen Freiheitsgrad bei jedem Berechnungsablauf um eins reduziert ist.

Beispiel 8.5:

Herstellung eines Torsionsschwingungssystems mit 2 Freiheitsgraden, das von der 6-Zylindermaschine mit 7 Freiheitsgraden im Beispiel 8.5 abgeleitet wird.

Die Berechnungsergebnisse nach dem Verfahren von Klöckner sind den folgenden Grafiken zu entnehmen (die Größe von $\Theta_1 = 0.493$ Nms^2 von einem ungefesselten System mit 2 Freiheitsgraden entspricht dem 68%-Wert von Θ_T, vgl. Beispiel 8.1).

```
********** 7 DOF **********
1. Mass -------------          2. Stiffness ---------------
  1   0.14400                    1 - 2   2500000.00000
  2   0.07600                    2 - 3   2500000.00000
  3   0.14400                    3 - 4   2500000.00000
  4   0.14400                    4 - 5   2500000.00000
  5   0.07600                    5 - 6   2500000.00000
  6   0.14400                    6 - 7   2500000.00000
  7   2.17400
3. Natural Frequency [Hz] --------------------------------------------------
  0.00   196.64   519.04   791.81   1044.40   1460.19   1510.91

********** 6 DOF **********
1. Mass ---------------        2. Stiffness -------------
  1   0.17836                    1 - 2   1696528.16967
  2   0.12476                    2 - 3   3166827.22834
  3   0.11185                    3 - 4   2967337.45812
  4   0.13256                    4 - 5   1709456.37999
  5   0.15237                    5 - 6   2038157.06416
  6   2.20210

3. Natural Frequency [Hz] --------------------------------------------------
  0.00   196.64   519.04   791.81   1044.40   1460.19
********** 5 DOF **********
1. Mass ---------------        2. Stiffness --------------
  1   0.20109                    1 - 2   1564290.99324
  2   0.16164                    2 - 3   2343277.16705
  3   0.16066                    3 - 4   1662059.14763
  4   0.15203                    4 - 5   1729667.84010
  5   2.22658
3. Natural Frequency [Hz] --------------------------------------------------
  0.00   196.64   519.04   791.81   1044.40
********** 4 DOF **********
1. Mass -----------            2. Stiffness ------------
  1   0.24542                    1 - 2   1385495.21762
  2   0.21882                    2 - 3   1609171.62684
  3   0. 7027                    3 - 4   1287489.08796
  4   2.26749
3. Natural Frequency [Hz] --------------------------------------------------
  0.00   196.64   519.04   791.81
********** 3 DOF **********
1. Mass -------------          2. Stiffness ------------
  1   0.31795                    1 - 2   1200026.97513
  2   0.26332                    2 - 3   905678.17218
  3   2.32073
3. Natural Frequency [Hz] --------------------------------------------------
  0.00   196.64   519.04
********** 2 DOF ***********
1. Mass -----------            2. Stiffness ------------
  1   0.49286                    1 - 2   624531.71006
  2   2.40914
3. Natural Frequency [Hz] --------------------------------------------------
  0.00   196.64
```

8.1.5 Dämpfungen

Durch Diskretisierung wurden nur die Systemparameter Drehmasse und Drehfeder des Modells aus denen des Realsystems im Abschnitt 8.1.2 ermittelt.

Der andere Parameter, nämlich die Dämpfung, kann durch die folgenden Verfahren berechnet werden:

- durch das Aufteilungsprinzip, wie im vorigen Abschnitt beschrieben, wobei an den Massen angreifende Absolutdämpfungen aufgeteilt werden wie die zugehörigen Massen und in den Federn wirkende Relativdämpfungen behandelt werden wie die zugehörigen Federn;
- durch das Energieverfahren, wobei die durch die Erregung zugeführte Arbeit mit der durch die Dämpfung in Wärme umgewandelte Arbeit im stationären Zustand im Gleichgewicht stehen muß;
- mit Hilfe der Annahme der Proportionaldämpfung (der Bequemlichkeitshypothese) gemäß $D = \alpha\Theta + \varepsilon K$, wobei D die Dämpfungsmatrix, α und ε die Konstanten zur Dimensionstransformation, Θ die Massenmatrix, und K die Torsionssteifigkeitsmatrix sind;
- durch Dämpfungselemente im Modell, bei denen aufgrund von Meßdaten die Dämpfungswerte bestimmt werden.

Die Dämpfungen haben keinen Effekt auf die Berechnung der Eigenfrequenzen der Antriebsstränge aus Stahl, da diese im allgemeinen kleine Dämpfungen (D $\cong$ 0.01) aufweisen. Aber es ist sehr wichtig, das Dämpfungsverhalten möglichst genau zu erfassen, um die Resonanzüberhöhungen und Stabilitäten des Systems untersuchen und die Auslegung eines Tilgers / Dämpfers für den Antriebsstrang optimieren zu können.

Da die Dämpfungen von zahlreichen Parametern abhängig sind und da die Reproduzierbarkeit der Messergebnisse nur in bestimmten Bereichen möglich ist, wird hier auf die bereits vorhandenen Ansätze für die Bestimmung der Dämpfung im Rahmen der Simulation von Torsionsschwingungssystemen zurückgegriffen. Ferner haben die *Relativdämpfungen* zwischen den Drehmassen der Kurbelwellen einen größeren Einfluß auf das Torsionsschwingungsverhalten als die *Absolutdämpfungen*, die sich auf jede Drehmasse auswirken (P.-J. Murasch, 1981).

Die Ansätze für die Relativdämpfung lassen sich daher wie folgt zusammenstellen (Hafner/Maass, 1985; A. Laschet, 1988):

(1) Relativdämpfung r_j

$$r_j = \frac{2D_j c_j}{\omega_j} = \frac{\psi_j \cdot c_j}{2\pi\omega_j} \qquad (8.1.56a)$$

$$\text{mit} \quad r_j = \frac{c_j}{V_R \omega_i} \qquad (8.1.56b)$$

$\psi_j = 4\pi D_j$: verhältnismäßige Dämpfung

$V_R = \sqrt{\dfrac{4\pi^2}{\psi^2} + 1}$: Resonanzamplitude

Beispiel 8.6:

Berechnung des Dämpfungskoeffizienten des 1. Wellenstückes der Kurbelwelle.

Vorgegeben sind:

- Eigenfrequenz der Kurbelwelle von einer 4-Zylindermaschine: 480Hz
- Torsionssteifigkeit c_1 des 1. Wellenstückes: $c_1 = 4.5 \cdot 10^5$ Nm/rad
- dimensionslose Resonanzamplitude: $V_R = 40$

Aus Gleichung (8.1.56b) ergibt sich

$$r_1 = \frac{c_1}{V_R \omega_1} = \frac{4.5 \cdot 10^5 \,\text{Nm/rad}}{40 \cdot 2\pi \cdot 480}$$

$$= 3.73 \text{ Nms/rad.}$$

(2) Erfahrungswerte für den Dämpfungsgrad D

- Welle aus Stahl

  mittlerer Durchmesser $d \le 100\,\text{mm}; \quad D_j = 0.005 \sim 0.01$

  $d > 100\,\text{mm}; \quad D_j = 0.01 \sim 0.02$

- Zahnräder

  Leistung $P \le 100\,\text{kW}; \quad D_j = 0.02$

  $P = 100 \sim 1000\,\text{kW}; \quad D_j = 0.04$

  $P > 1000\,\text{kW}; \quad D_j = 0.06$

- elastische Kupplung $D_j = 0.04 \sim 0.2$

Ist die Resonanzamplitude V_R im vorigen Beispiel nicht vorgegeben, läßt sich die Relativdämpfung r_1 für den Antriebsstrang mit $d < 100$ mm wie folgt berechnen:

$$r_1 = \frac{2 D_1 c_1}{\omega_1} = \frac{2 \cdot 0.01 \cdot 4.5 \times 10^5 \,\text{Nm/rad}}{2\pi \cdot 480}$$

$$= 2.98 \text{Nms/rad}$$

Problem 8.1:

Aufstellen eines Ersatzdrehsystems mit einheitlichem Wellendurchmesser $d^* = d$ (glatte Welle) und 4 Drehmassen entsprechend Bild 8.1.17.

Gefragt ist die Bewegungsdifferentialgleichung dieses Torsionsschwingungssystems und dessen Eigenfrequenzen mit den Übertragungsmatrizen $T(\omega^2)$.

Vorgegeben sind:

$$\Theta_0 = \Theta_{1\text{II}} = \Theta_{2\text{II}} = \Theta_3 = 2\Theta \qquad d_{21} = 2d_{22} = 2d$$

$$\Theta_{\text{II}} = \Theta_{2\text{III}} = \Theta_{2\text{IV}} = \Theta \qquad l_1 = l_2 = l_3 = l_4 = l$$

$$d_1 = d_{22} = d_3 = d \qquad r_1 = r_4 = r_5 = r$$

$$r_2 = r_3 = 1.5r$$

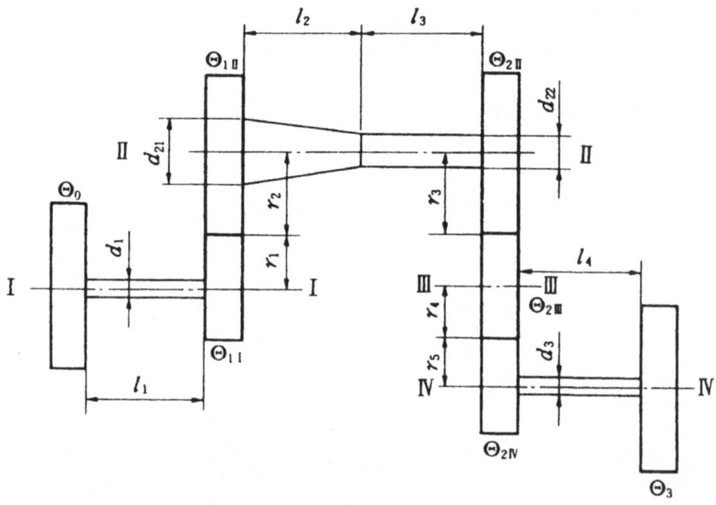

Bild 8.1.17: Zahnradgetriebe (nach Pfützner, 1986)

Problem 8.2:

Berechnung der Eigenfrequenzen und Eigenvektoren von einer Walzwerkanlage mit doppelten Ausgängen (Bild 8.1.18).

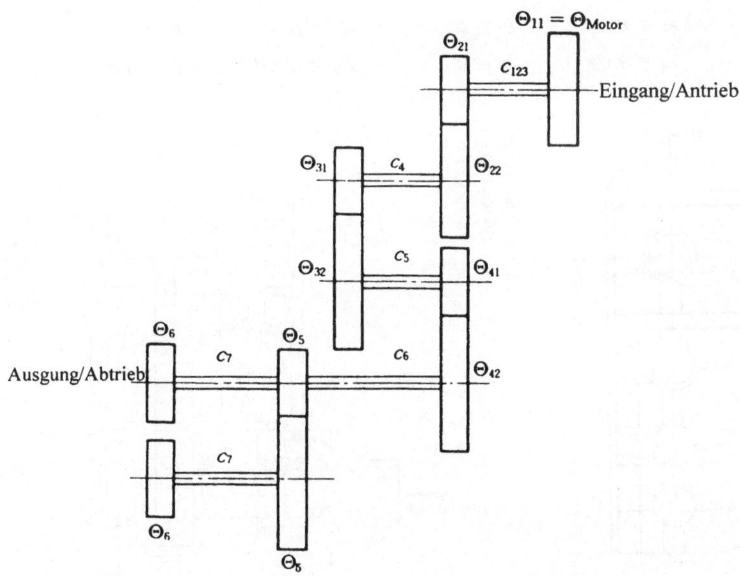

Bild 8.1.18: Torsionsschwingungssystem von einer Walzwerkanlage mit doppelten Ausgängen (nach Pfützner, 1986)

Systemdaten: $r_1 = 0.619$ m, $b_7 = 0.337$ m,
$d_6 = 0.338$ m, $l_6 = 0.788$ m

Normierte Zahlenwerte:

$c_1 = 0.08\,c$	$\Theta_{11} = 0.00490\,\Theta$
$c_2 = 0.12\,c$	$\Theta_{21} = 0.00179\,\Theta$
$c_3 = 0.61\,c$	$\Theta_{22} = 0.05275\,\Theta$
$c_4 = 0.60\,c$	$\Theta_{31} = 0.00702\,\Theta$
$c_5 = 1.31\,c$	$\Theta_{32} = 0.32589\,\Theta$
$c_6 = c$	$\Theta_{41} = 0.02693\,\Theta$
$c_7 = 0.81\,c$	$\Theta_{42} = \Theta$
	$\Theta_5 = 0.2776\,\Theta$
	$\Theta_6 = 0.3125\,\Theta$

$r_2 = 0.2\,r$	$b_2 = 0.4\,b$	$d_1 = 0.3\,d$	$l_1 = 0.1\,l$
$r_3 = 0.6\,r$	$b_3 = 0.4\,b$	$d_2 = 0.4\,d$	$l_2 = 0.2\,l$
$r_4 = 0.3\,r$	$b_4 = 0.8\,b$	$d_3 = 0.5\,d$	$l_3 = 0.1\,l$
$r_5 = 0.8\,r$	$b_5 = 0.8\,b$	$d_4 = 0.7\,d$	$l_4 = 0.4\,l$
$r_6 = 0.4\,r$	$b_6 = b$	$d_5 = 0.9\,d$	$l_5 = 0.5\,l$
$r_7 = r$	$b_7 = b$	$d_6 = d$	$l_6 = l$
$r_8 = 0.6\,r$	$b_8 = 0.6\,b$	$d_7 = 0.8\,d$	$l_7 = 0.5\,l$

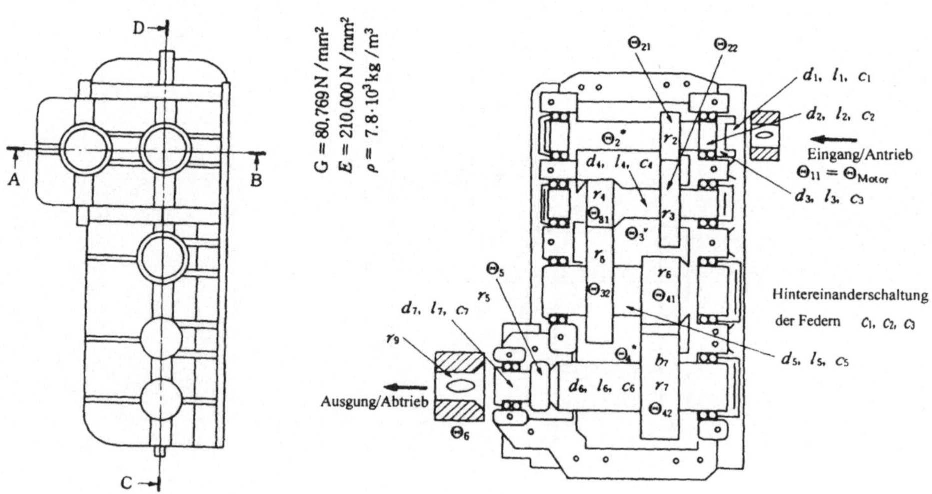

Bild 8.1.19: Walzwerkanlage mit doppelten Ausgängen (nach Pfützner, 1986)

8.1.6 Abhilfemaßnahmen zur Reduzierung der Torsionsschwingungen

Um gefährliche Torsionsschwingungsbeanspruchungen und die damit verbundenen Geräusche im Betriebsbereich zu verhindern oder zumindest in vertretbaren Grenzen zu halten, stehen die folgenden konstruktiven Maßnahmen zur Verfügung, die unter Berücksichtigung der vielfältigen sonstigen konstruktiven Erfordernisse ausgewählt werden müssen.

(1) Beeinflussung der Schwingungserregungen

- Auswahl geeigneter Kurbelwellenordnungen und Zündfolgen
- Minimierung der Unwucht des Wellensystems
- Kinematische Anordnung der Wellen und optimale Einstellung des Ablenkwinkels im Kreuzgelenkgetriebe
- Anpassung der Zahnradspiele
- Regelung der Radstellung

(2) Neugestaltung des torsionsschwingungsfähigen Systems

- Gefährliche Resonanzen werden durch Verschiebung einzelner Eigenfrequenzen, z.B. durch eine steifere Welle oder durch möglichst kleine Drehmassen, vermieden.

(3) Zusätzliche Einrichtungen

- Torsionsschwingungstilger oder Torsionsschwingungsdämpfer

Die Abhilfemaßnahme (3) ist am häufigsten anwendbar, da die Abhilfemaßnahmen (1) und (2) normalerweise wirtschaftlich und technisch viel zu aufwendig sind.

8.1.6.1 Torsionsschwingungstilger/-dämpfer

Durch die Art der Ankopplung einer Zusatz-Vorrichtung an das Torsionsschwingungssystem unterscheidet sich der *Torsionsschwingungstilger* (TT) von dem *Torsionsschwingungsdämpfer* (TD).

Der reine TT besteht aus einer Drehmasse und einer drehelastischen Feder. Dadurch ist es möglich, eine gegebene Resonanzstelle des Torsionsschwingungssystems, welche im Betriebsdrehzahlbereich liegt, so zu verschieben, daß sie nicht mehr zur Vergrößerung der Torsionsschwingungsbeanspruchungen innerhalb des Betriebsdrehzahlbereichs führt. Dabei tritt der sogenannte Tilgungsbereich auf, wo die Eigenfrequenz des TT mit der Erregerfrequenz übereinstimmt und so eine Bewegung reduziert wird, ohne daß Energie dissipiert wird.

Der reine TD ist durch Ankopplung einer Drehmasse über einen Dämpfer gekennzeichnet, der dem schwingenden System Energie entzieht, d.h es erfolgt eine Reduzierung der Beanspruchungen im interessierenden Drehzahlbereich durch Umwandlung von Schwingungsenergie in Wärmeenergie.

Aber in der technischen Ausführung ist der TT immer dämpfungsbehaftet, der TD immer steifigkeitsbehaftet.

Damit werden TT und TD im allgemeinen als eine einheitliche Zusatzeinrichtung mit der Abkürzung TTD für Torsionsschwingungstilger /-dämpfer angesehen (Park, 1986).

Die erste Beschreibung eines Schwingungstilgers /-dämpfers (STD) erfolgte durch Watts im Jahre 1883 bei den Untersuchungsergebnissen zur Reduzierung der Rollbewegung des 9000 Tonnen Kriegsschiffes HMS Inflexible. Die erste praktische Anwendung zur Stabilisierung der Rollbewegung von Schiffen, dem sog. *„Schlingertank“*, erfolgte durch Frahm im Jahre 1911. Nach der Patentierung im Jahre 1909 ist das Konzept des STD erst im Jahre 1928 von Ormondroyd und Den Hartog mit einem mathematischen Modell über die Theorie und Anwendung ausführlich formuliert worden. Seither wurden STD, oder TTD für den speziellen Fall des Torsionsschwingungssystems, in verschiedenen Arten zur Verminderung oder Begrenzung der hohen dynamischen Beanspruchungen und den daraus folgenden Geräuschen von einzelnen Bauteilen einer Maschine, z.B Kurbelwellen von Fahr- und Flugzeugmotortriebwerken, oder von Baukonstruktionen entwikkelt. Die Entwicklung der STD ist unter zwei Gesichtspunkten zu sehen: analytisch-theoretisch und konstruktiv-praxisbezogen. Die beiden Aspekte hängen miteinander zusammen und führen schließlich zu der Aufgabe, die Systemparameter der STD zu ermitteln, nämlich deren Masse, Dämpfung und Steifigkeit, und diese technisch zu realisieren. Aus der STD-Entwicklung sind im Laufe der vergangenen 100 Jahre eine Reihe von Überlegungen hervorgegangen, die vor der Auslegung eines STD immer zu berücksichtigen sind:

- Welche Schwingungsgröße von welchem Bauteil, an den der STD angekoppelt wird, sollte üerhaupt vermindert oder begrenzt werden?
- Diskretisierung der Systemparameter des Realsystems für ein Modell mit verschiedenen Erregungsarten.
- Wie wird ein STD modelliert?
- Welche Baufunktion eines STD wird ausgewählt? Es besteht die Wahl zwischen einem passiven STD und einem aktiven STD.
- Welche Bauart eines STD wird angewendet und wie wird der STD abgestimmt? Die heute üblichen Bauarten sind Reibungs-, Viskositäts- und Gummi-STD, deren Eigenfrequenz größer, kleiner oder gleich der niedrigsten Eigenfrequenz des Realsystems sein kann.
- Wieviele STD werden an das Realsystem angekoppelt?

(1) Auslegung eines Torsionsschwingungstilgers/-dämpfers

Die Bewegungsgleichungen des auf Bild 8.1.20 dargestellten Berechnungsmodells für ein harmonisches Erregermoment lauten,

$$\begin{aligned}&\Theta_1\ddot{\theta}_1 + r\left(\dot{\theta}_1 - \dot{\theta}_2\right) + c_1\theta_1 + c_2\left(\theta_1 - \theta_2\right) = \hat{M}\cos\Omega\, t\\&\Theta_2\ddot{\theta}_2 + r\left(\dot{\theta}_2 - \dot{\theta}_1\right) + c_2\left(\theta_2 - \theta_1\right) = 0\end{aligned} \qquad (8.1.57)$$

mit Θ_1: Massenträgheitsmoment des zu dämpfenden Systems (Realsystem)

Θ_2: Massenträgheitsmoment des TTD

c_1 : Torsionssteifigkeit des Realsystems

c_2 : Torsionssteifigkeit des TTD

γ : winkelgeschwindigkeitsproportionale Dämpfungskonstante des TTD

θ_1 : Winkelausschlag der Drehmasse Θ_1

θ_2 : Winkelausschlag der Drehmasse Θ_2

$\hat{M}$: Amplitude des harmonischen Erregermomentes

Ω : Erregerkreisfrequenz.

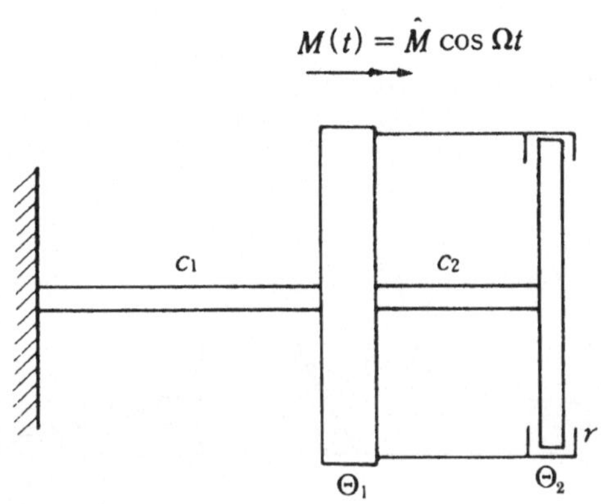

Bild 8.1.20: Torsionsschwingungstilger

Die Gleichung (8.1.57) ist ein inhomogenes lineares Differentialgleichungssystem 2. Ordnung, und die erzwungene Schwingung von der Drehmasse Θ_1 ergibt sich aus dem Gleichtaktansatz

$$\theta_1(t) = \hat{\theta}_1 \cos(\Omega t + \delta) \tag{8.1.58a}$$

$$\text{mit } \hat{\theta}_1 = \frac{\hat{M}}{c_1} V . \tag{8.1.58b}$$

Daraus folgt der relative Ausschlag der Drehmasse Θ_1

$$V = \frac{\hat{\theta}_1}{\hat{\theta}_{st}} = \sqrt{\frac{c_1^{\,2}\left[\left(c_2 - \Theta_2\Omega^2\right)^2 + r^2\Omega^2\right]}{\left[\left(c_1 - \Theta_1\Omega^2\right)\left(c_2 - \Theta_2\Omega^2\right) - c_2\Theta_2\Omega^2\right]^2 + r^2\Omega^2\left[\left(c_1 - \Theta_1\Omega^2 - \Theta_2\Omega^2\right)\right]^2}} \tag{8.1.59}$$

mit $\hat{\theta}_{st} = \frac{\hat{M}}{c_1}$ dem statischen Ausschlag der Drehmasse Θ_1 bei Einwirkung eines Momentes von der Größe $\hat{M}$.

Mit den Abkürzungen

$$\frac{\Theta_2}{\Theta_1} = \mu \; ; \; \frac{c_2}{c_1} = \gamma \; ; \; \frac{c_1}{\Theta_1} = \omega_1^{\,2} \; ; \; \frac{c_2}{\Theta_2} = \omega_2^{\,2} \; ; \; \frac{\Omega}{\omega_1} = \eta$$

$$\left(\frac{\omega_2}{\omega_1}\right)^2 = \frac{\gamma}{\mu} = \lambda^2 ; \; D = \frac{r}{2\Theta_2\omega_1} \tag{8.1.60}$$

läßt sich die dimensionslose Vergrößerungsfunktion V(η) beschreiben:

$$V(\eta) = \frac{\hat{\theta}_1}{\hat{\theta}_{st}} = \sqrt{\frac{\left(\lambda^2-\eta^2\right)^2+\left(2D\eta\right)^2}{\left[\left(\eta^2-1\right)\left(\eta^2-\lambda^2\right)-\mu\lambda^2\eta^2\right]^2+\left(2D\eta\right)^2\left[1-\eta^2(1+\mu)\right]^2}} \tag{8.1.61}$$

Die Vergrößerungsfunktion ist für μ =0.25, λ =0.8 und verschiedene Dämpfungsfaktoren D in Bild 8.1.21 aufgetragen.

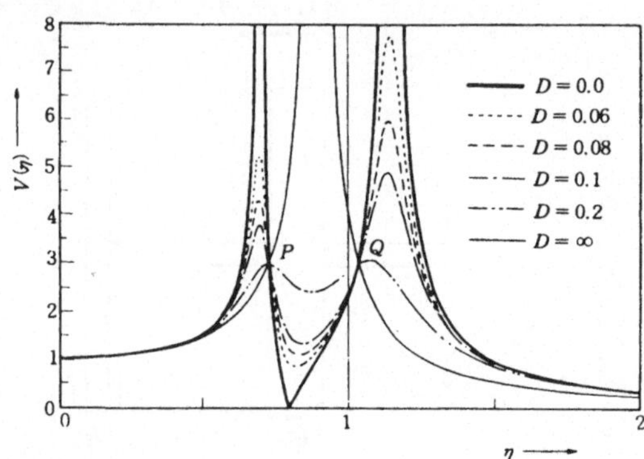

Bild 8.1.21: Vergrößerungsfunktion $V(\eta)$

Für D=0 tritt die Tilgerauswirkung auf, wo der Tilgungspunkt an der η-Achse für $V(\eta)$=0 dargestellt wird. Für $D \to \infty$ klebt die Drehmasse Θ_2 fest an der Drehmasse Θ_1, so daß ein ungedämpfter 1-Massen-Schwinger entsteht, dessen Eigenkreisfrequenz $\omega^2 = c_1/(\Theta_1+\Theta_2)$ beträgt. Es läßt sich auch nachweisen, daß die Vergrößerungsfunktion für alle Dämpfungsfaktoren von D durch die Punkte P und Q geht. Diese beiden dämpfungsunabhängigen Punkte werden als invariante Punkte bezeichnet.

(2) Optimierung von TTD

Bei der Optimierung eines TTD handelt sich es um eine Minimierung der Torsionsschwingungen des Realsystems durch die optimale Auslegung der TTD–Parameter Θ_2, c_2 und r. Für eine TTD–Optimierung werden die invarianten Punkte herangezogen.

Da die Vergrößerungsfunktion $V(\eta)$ für alle D-Werte an den Punkten P und Q den gleichen Wert annimmt, läßt sich die folgende Beziehung durch Gleichsetzen der Vergrößerungsfunktionen für D= 0 und $D \to \infty$ angeben:

$$\frac{\lambda^2-\eta^2_{P,Q}}{(\eta^2_{P,Q}-1)(\eta^2_{P,Q}-\lambda^2)-\mu\,\lambda^2\eta^2_{P,Q}} = \frac{1}{1-\eta^2_{P,Q}(1+\mu)} \tag{8.1.62}$$

Daraus folgt:

$$\eta^2_{P,Q} = \frac{1}{2+\mu}\left[\lambda^2(1+\mu)+1 \mp \sqrt{\lambda^4(1+\mu)^2-2\lambda^2+1}\right] \tag{8.1.63}$$

Für μ=0.25 und λ=0.8 gilt η_P= 0.7307, η_Q= 1.032.

Die Dämpferwirkung ist dann am größten, wenn einerseits die dämpfungsunabhängigen Punkte auf gleicher Höhe liegen und andererseits in diesen Punkten ein Maximum (waagerechte Tangente) vorliegt. Zunächst gilt die Beziehung für $V(\eta)_P = V(\eta)_Q$ aus der Gleichung (8.1.62)

$$\frac{1}{1-\eta_P^2(1+\mu)} = -\frac{1}{1-\eta_Q^2(1+\mu)} \tag{8.1.64}$$

und daraus folgt

$$\eta_P^2 + \eta_Q^2 = \frac{2}{1+\mu}.$$

Mit Hilfe von Gleichung (8.1.63) läßt sich ein optimaler Wert für die Abstimmung von λ in einer Funktion von dem Massenverhältnis μ festlegen:

$$\lambda_{opt} = \frac{1}{1+\mu}. \tag{8.1.65}$$

Es ist bemerkenswert, daß λ_{opt} in den meisten Fällen ($\mu \ll 1$) in der Nähe von $\lambda = 1$ liegt.

Aus der Forderung, daß bei gleich hoher Lage von P und Q die Vergrößerungsfunktion dort eine waagerechte Tangente $dv/d\eta = 0$ hat, ergeben sich die optimalen Dämpfungskonstanten im Punkt P

$$D^2_{opt_p} = \frac{\mu\left(3 - \sqrt{\frac{\mu}{\mu+2}}\right)}{8(1+\mu)^3}$$

und im Punkt Q

$$D^2_{opt_q} = \frac{\mu\left(3 + \sqrt{\frac{\mu}{\mu+2}}\right)}{8(1+\mu)^3}.$$

Wird die optimale Dämpfungskonstante als Mittelwert gewählt, dann ist sie eine Funktion von μ:

$$D^2_{opt} = \frac{3\mu}{8(1+\mu)^3}. \tag{8.1.66}$$

Die erreichbare minimale Vergrößerung läßt sich aus der folgenden Gleichung (8.1.67), die durch Einsetzen der Gleichung (8.1.65) in Gleichung (8.1.63) mit genügender Näherung hergeleitet wird, berechnen:

$$V_{opt} = \sqrt{1+\frac{2}{\mu}}. \tag{8.1.67}$$

Aus dieser Beziehung von der Funktion μ ist erkennbar, je größer die TTD–Masse wird, um so kleiner wird der Vergrößerungswert. Aber die Größe der TTD–Masse bedingt einen nur schwer zu realisierenden Dämpfungsfaktor D nach Gleichung (8.1.66). In der Praxis liegt die Auslegung der TTD, z.B. beim Antriebsstrang eines Fahrzeuges, daher im Bereich von 0.2 bis 0.35, bzw. im Bereich von 0.75 bis 0.85 unter Berücksichtigung der Ankopplungsbedingungen, wobei die Vergrößerungsfunktionen an den Punkten P und Q im allgemeinen nicht gleich groß gehalten werden.

Bei der Auslegung eines TTD müssen die Beziehungen zwischen der Schubspannung und der Drehzahl des Antriebsstranges berücksichtigt werden. Die Schubspannung ist proportional zu dem Drehmoment und das Drehmoment nach Gleichung (8.1.58b) proportional zum Quadrat der Drehzahl nach Gleichung (8.1.68):

$$\hat{M} = \frac{\hat{\theta}_1}{V} c_1 = \frac{\hat{\theta}_1}{V} \omega_n^{\,2}\, \Theta_1 \Rightarrow \frac{\hat{\theta}_1}{V} \Omega^2\, \Theta_1 \,. \tag{8.1.68}$$

Somit werden die Schubspannungen in beiden Resonanzstellen im Bild 8.1.21 gleich groß gehalten, obwohl die Drehwinkelamplitude in der 1. Resonanzstelle größer als die in der 2. Resonanzstelle für den TTD mit λ=1 ist. Die Schubspannungen in beiden Resonanzstellen müssen im Betriebsdrehzahlbereich innerhalb der zulässigen Grenzen zur Vermeidung der Bruchgefahr von Teilen der Kurbelwellen oder der Antriebsstränge gehalten werden. Des weiteren muß die Festigkeit des TTD bei der Auslegung der TTD-Parameter parallel untersucht werden, wobei vor allem die dynamischen Eigenschaften des eingesetzten Gummis für den TTD in Abhängigkeit von der Temperatur und der Frequenz geklärt werden müssen (E. J. Nestorides, 1958; A. D. Nashif et. al., 1985).

Beispiel 8.7:

Auslegung eines Gummi-TTD für die 6-Zylindermaschine im Beispiel 8.4. Die dimensionslose Vergrößerungsfunktion V sollte unter dem erträglichen Grenzwert V_{opt} =3 gehalten werden.

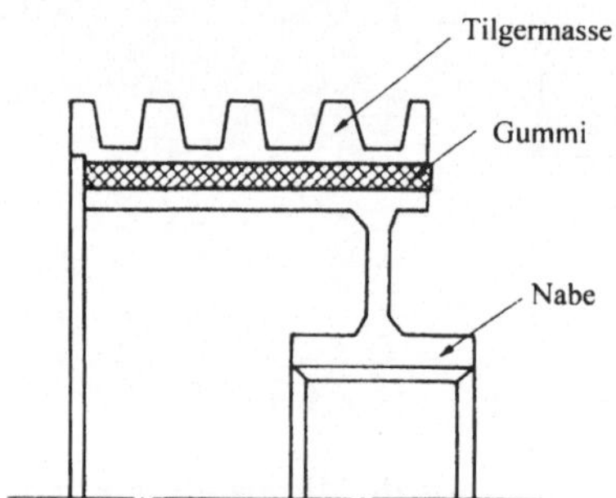

Bild 8.1.22: Gummitorsionsschwingungstilger

Aus Gleichung (8.1.67) ergibt sich μ =0.25 für V_{opt} =3.

Daraus folgt das Massenträgheitsmoment von TTD:

$$\Theta_2 = \mu \cdot \Theta_1 = 0.25 \cdot 0.44 = 0.11\ \text{Nms}^2 .$$

Mit Gleichung (8.1.66) folgt der optimierte Dämpfungsfaktor D_{opt} :

$$D_{\text{opt}} = \sqrt{\frac{3 \cdot 0.25}{8\,(1+0.25\,)^3}} = 0.219.$$

Somit läßt sich die Dämpfungskonstante r berechnen:

$$r = 2\,D\,\Theta_2\,\omega_1 = 2 \cdot 0.219 \cdot 0.11 \cdot 1240 = 59.7432\,\text{Nms}.$$

Die optimierte Abstimmung λ_{opt} lautet damit:

$$\lambda_{\text{opt}} = \frac{1}{1+\mu} = \frac{1}{1+0.25} = 0.8.$$

Aus Gleichung (8.1.60) ergibt sich die Torsionssteifigkeit c_2 von TTD:

$$c_2 = \gamma c_1 = \mu \lambda^2 c_1$$
$$= 0.25 \cdot 0.8^2 \cdot 6.77 \cdot 10^5 \,\text{Nms/rad}$$
$$= 1.0832 \cdot 10^5 \,\text{Nm/rad}\,.$$

Die Eigenfrequenz des TTD läßt sich mit der Gleichung (8.1.60) bestimmen:

$$\omega_2 = \lambda \cdot \omega_1$$

$$f_2 = \frac{1}{2\pi} \cdot \lambda \cdot \omega_1 = \frac{1}{2\pi} \cdot 0.8 \cdot 1240 = 158\text{Hz}.$$

Mit dem Wert des Dämpfungsfaktors D=0.06 von einem Natur–Kautschuk für den Gummi–TTD folgt die Dämpfungskonstante r:

$$r = 2\,D\,\Theta_2\,\omega_1 = 2 \cdot 0.06 \cdot 0.11 \cdot 1240 = 16.368 \text{ Nms}$$

Für diesen Dämpfungswert lassen sich aus den Kurven im Bild 8.1.21 die Vergrößerungen V_I und V_Π in beiden Resonanzstellen leicht bestimmen, d.h $V_\text{I} = 5.2727$ und V_Π =7.8283. Die damit berechneten Vergrößerungen zeigen im Vergleich mit der optimalen Vergrößerung V_opt =3 höhere Werte wegen der nicht optimierten Dämpfungskonstante.

Hinweis:

Ein TTD wird im allgemeinen an dem Antriebsstrang angebracht, wenn die Drehwinkelamplituden des Antriebsstranges im Betriebsdrehzahlbereich über $0.25 \sim 0.5°$ steigen. Durch Hinzufügen einer solchen Vorrichtung lassen sich Resonanzbewegungen um 20~30% (entspricht den Werten 1.5~3.5 dBA) reduzieren.

Beispiel 8.8:

Auslegung von den N-TT

Es handelt sich um eine Auslegung von zwei Torsionschwingungstilgern, nämlich einem an dem linken Ende des Antriebsstranges und einem an dem rechten Ende des Antriebsstranges.

Der Antriebsstrang wird als Zwei–Massenschwinger wie im Bild 8.1.23 modelliert mit den Drehmassen Θ_1, Θ_2, die jeweils durch die harmonischen Erregermomente angeregt werden, und einer Torsionssteifigkeit c_2.

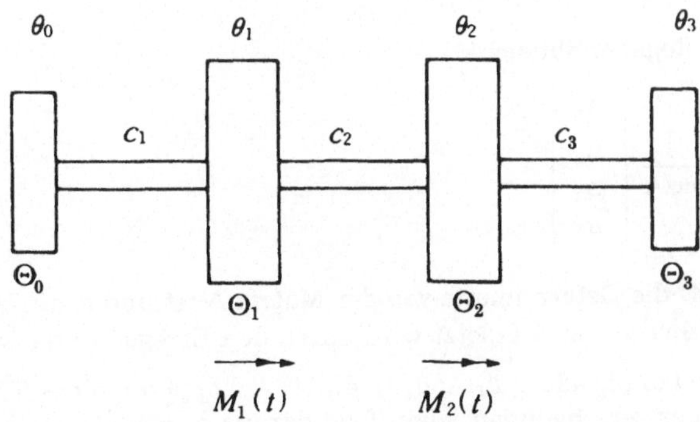

Bild 8.1.23: Zwei Tilger, Θ_0, C_1 und Θ_3, C_3

Mit den harmonischen Erregermomenten $M_1(t)$ und $M_2(t)$

$$M_1(t)=M_1\cos(n\,\Omega t+\beta_1)$$

$$M_2(t)=\hat{M}_2\cos(n\Omega t+\beta_2) \tag{8.1.69}$$

lassen sich die Bewegungsdifferentialgleichungen für das Torsionsschwingungssystem beschreiben:

$$\begin{bmatrix}\Theta_0 & 0 & 0 & 0\\ 0 & \Theta_1 & 0 & 0\\ 0 & 0 & \Theta_2 & 0\\ 0 & 0 & 0 & \Theta_3\end{bmatrix}\cdot\begin{bmatrix}\ddot{\theta}_0\\ \ddot{\theta}_1\\ \ddot{\theta}_2\\ \ddot{\theta}_3\end{bmatrix}+\begin{bmatrix}c_1 & -c_1 & 0 & 0\\ -c_1 & c_1+c_2 & -c_2 & 0\\ 0 & -c_2 & c_2+c_3 & -c_3\\ 0 & 0 & -c_3 & c_3\end{bmatrix}\cdot\begin{bmatrix}\theta_0\\ \theta_1\\ \theta_2\\ \theta_3\end{bmatrix}=\begin{bmatrix}0\\ \hat{M}_1\cos(n\Omega t+\beta_1)\\ \hat{M}_2\cos(n\Omega t+\beta_2)\\ 0\end{bmatrix} \tag{8.1.70}$$

Um das Schwingungsverhalten des Systems nach Gleichung (8.1.70) leicht zu untersuchen, wird die Superposition der Linearität herangezogen. Zunächst werden die Erregermomente $M_1(t)$ und $M_2(t)$ folgendermaßen angenommen

$$M_1(t)=\hat{M}_1\cos(n\,\Omega t+\beta_1)$$

$$M_2(t)=0.$$

Wird der Gleichtaktansatz für den Drehwinkel $\theta(t)$

$$\theta(t)=\hat{\theta}\cos(n\,\Omega t+\beta_1)$$

in Gleichung (8.1.70) eingesetzt, läßt sie sich in Matrizenschreibweise darstellen:

$$\underbrace{\begin{bmatrix}c_1-\Theta_0 n^2\Omega^2 & -c_1 & 0 & 0\\ -c_1 & c_1+c_2-\Theta_1 n^2\Omega^2 & -c_2 & 0\\ 0 & -c_2 & c_2+c_3-\Theta_2 n^2\Omega^2 & 0\\ 0 & 0 & -c_3 & c_3-\Theta_3 n^2\Omega^2\end{bmatrix}}_{\mathbf{A}}\cdot\underbrace{\begin{bmatrix}\hat{\theta}_0\\ \hat{\theta}_1\\ \hat{\theta}_2\\ \hat{\theta}_3\end{bmatrix}}_{\hat{\theta}}=\underbrace{\begin{bmatrix}0\\ \hat{M}_1\\ 0\\ 0\end{bmatrix}}_{\hat{\mathbf{M}}} \tag{8.1.71}$$

Aus Cramerscher Regel ergibt sich $\hat{\theta}$

$$\begin{bmatrix}\hat{\theta}_0\\ \hat{\theta}_1\\ \hat{\theta}_2\\ \hat{\theta}_3\end{bmatrix}=\frac{1}{\det\mathbf{A}}\begin{bmatrix}\Delta_1\\ \Delta_2\\ \Delta_3\\ \Delta_4\end{bmatrix}, \tag{8.1.72}$$

wobei Δ_j (j=1,2,3,4) die Determinante von der Matrix A ist und Δ_j aus A dadurch hervorgeht, daß die j-te Spalte von A ersetzt wird durch den Erregervektor $\hat{M}$. Weiterhin werden die Drehwinkelamplituden $\hat{\theta}_1$ und $\hat{\theta}_2$ durch Ankopplung eines TT am linken Ende des Antriebsstranges verschwinden, somit folgt daraus $\Delta_2=\Delta_3=0$.

Mit $\Delta_2 = 0$

$$\Delta_2 = \begin{vmatrix} c_1 - \Theta_0 n^2\Omega^2 & 0 & 0 & 0 \\ -c_1 & \hat{M}_1 & -c_2 & 0 \\ 0 & 0 & c_2 + c_3 - \Theta_2 n^2\Omega^2 & -c_3 \\ 0 & 0 & -c_3 & c_3 - \Theta_3 n^2\Omega^2 \end{vmatrix} = 0$$

ergibt sich daraus die folgende Gleichung:

$$\Delta_2 = \left(c_1 - \Theta_0 n^2\Omega^2\right) \begin{vmatrix} \hat{M}_1 & -c_2 & 0 \\ 0 & c_2 + c_3 - \Theta_2 n^2\Omega^2 & -c_3 \\ 0 & -c_3 & c_3 - \Theta_3 n^2\Omega^2 \end{vmatrix} = 0. \tag{8.1.73}$$

Für die Torsionssteifigkeit c_1 des linken TT gilt

$$c_1 = \Theta_0 \cdot n^2\Omega^2.$$

Aus dieser Beziehung läßt sich die Eigenkreisfrequenz des linken TT bestimmen:

$$\omega_1 = \sqrt{\frac{c_1}{\Theta_0}} = n\Omega. \tag{8.1.74a}$$

Es zeigt sich also, daß durch Abstimmung nach Gleichung (8.1.74a) sowohl die Drehwinkelamplituden $\hat{\theta}_1$ und $\hat{\theta}_2$ als auch $\hat{\theta}_3$ verschwinden. Die Drehwinkelamplitude $\hat{\theta}_0$ des TT lautet damit:

$$\hat{\theta}_0 = \frac{\Delta_1}{\det \mathbf{A}} = -\frac{\hat{M}_1}{c_1}.$$

Werden die Annahmen für die Erregermomente analog dem oben angegebenen Weg wieder eingeführt

$$M_1(t) = 0$$

$$M_2(t) = \hat{M}_2 \cos(n\Omega t + \beta_2),$$

und wird die Eigenkreisfrequenz des TT am rechten Ende des Antriebsstranges so abgestimmt, daß

$$\omega_3 = \sqrt{\frac{c_3}{\Theta_3}} = n\Omega, \tag{8.1.74b}$$

dann werden die Drehwinkelamplituden $\hat{\theta}_0$, $\hat{\theta}_1$ und $\hat{\theta}_2$ eben verschwinden und nur der TT bewegt sich.

Aus diesen Ergebnissen kann also zusammenfassend gesagt werden, daß der von beiden Erregermomenten angeregte Antriebsstrang in Ruhe bleibt, während die Tilger am linken und am rechten Ende des Antriebsstranges mit relativ großen, aber endlichen Amplituden schwingen, wenn die Tilger mit den Erregungsfrequenzen richtig abgestimmt werden.

(3) Torsionsschwingungsdämpfer mit einer geschwindigkeitsproportionalen Dämpfung

Wird im System nach Bild 8.1.20 die Torsionsfeder c_2 entfernt, so ergibt sich ein System, das durch Ankopplung der Dämpfermasse nur über die Dämpfung an den Antriebsstrang gekennzeichnet ist. Das Charakteristische dieses TD ist die Tatsache, daß das dem Erregermoment entgegenwirkende Dämpfungsmoment allein unter Energieverlust zustande kommt, während die resonanzartigen Schwingungen von dem Antriebsstrang durch den TD begrenzt werden.

Die dimensionslose Vergrößerungsfunktion $V_D(\eta)$ läßt sich angeben, indem die Abstimmung λ=0 in Gleichung (8.1.61) für die Vergrößerungsfunktion $V(\eta)$ eingesetzt wird:

$$V_D(\eta)=\sqrt{\frac{\eta^2+4D^2}{\eta^2\left(\eta^2-1\right)^2+4D^2\left[1-\eta^2(1+\mu)\right]^2}}\,. \tag{8.1.75}$$

Der dämpfungsunabhängige Punkt Q ergibt sich aus Gleichung (8.1.63):

$$\eta_Q{}^2=\frac{2}{2+\mu}\,. \tag{8.1.76}$$

Bild 8.1.24 zeigt den Kurvenverlauf der $V_D(\eta)$ für μ=0.25.

Für D=0 und $D\rightarrow\infty$ gilt der 1-Massenschwinger, so daß die Forderung nach einem Minimum in $V_D(\eta)$ eindeutig erfüllt ist, wenn der Wert von $V_D(\eta)$ im Punkt Q ein Maximum (waagerechte Tangente) hat. Somit läßt sich die optimierte Vergrößerung $V_{D_{opt}}$ bestimmen, wenn Gleichung (8.1.76) in Gleichung (8.1.75) für $D\rightarrow\infty$ eingesetzt wird:

$$V_{D_{opt}}=1+\frac{2}{\mu}\,. \tag{8.1.77}$$

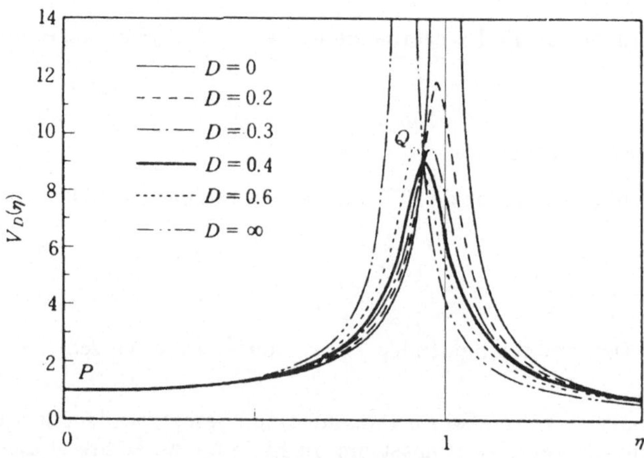

Bild 8.1.24: Vergrößerungsfunktion eines Torsionsschwingungsdämpfers

Besonders zu beachten beim Vergleich der Gleichung (8.1.67) mit (8.1.77) ist die bessere Wirkung des TT gegenüber dem TD bei gleicher Drehmasse Θ_2. Bei gleicher Wirkung der Zusatzvorrichtung verlangt der TD eine größere Masse.

Der optimale Dämpfungsfaktor D_{opt} ergibt sich aus der Bedingung $\frac{dV_D}{d\eta_Q} = 0$:

$$D^2{}_{opt} = \frac{1}{2(1+\mu)(2+\mu)}. \tag{8.1.78}$$

Für μ<<1 gilt D_{opt} =0.5. Die Größe der Dämpfungskonstante r des TD beträgt dann

$$\begin{aligned} r &= 2\mathrm{D}\,\Theta_2 \cdot \omega_1 \\ &= \Theta_2 \cdot \omega_1 \text{ Nms.} \end{aligned}$$

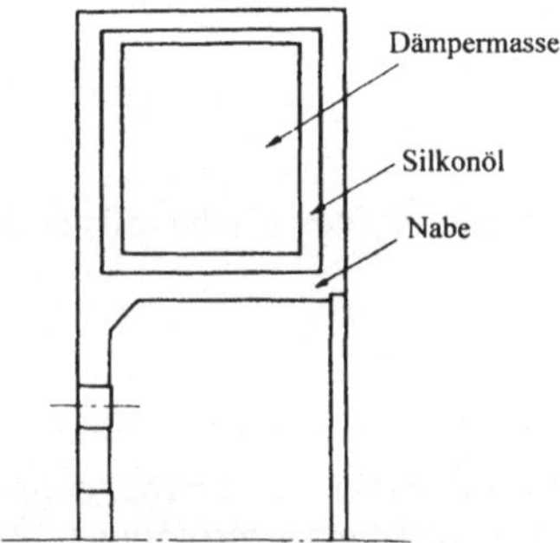

Bild 8.1.25: Viskositätstorsionsschwingungsdämpfer

Bild 8.1.25 zeigt ein Beispiel für einen TD, der in der Praxis als Viskositätstorsionsschwingungsdämpfer angewendet wird. Dieser TD hat eine Kopplung zwischen der Dämpfermasse und dem auf dem Antriebsstrang sitzenden Gehäuse durch Silikonöl, und bewirkt eine Reduzierung der Schwingungsamplituden um 20~40%. Es gibt weitere verschiedene Ausführungen von TD, z.B. Reibungsdämpfer.

8.1.6.2 Fliehkraftpendel

Nach dem auf einen Vorschlag von Kutzbach im Jahre 1911 zurückgehenden ersten Flüssigkeitspendel zur Minimierung der Ungleichförmigkeiten einer drehenden Welle sind mehrere Bauarten von Fliehkraftpendeln von Carter, Sarazin, Salomon u.a. in den 30er Jahren zur Reduzierung von Torsionsschwingungen entwickelt worden. An die Kurbelwelle eines Fahrzeuges wird ein Fliehkraftpendel wie im Bild 8.1.26 angekoppelt. Die Bewegungsdifferentialgleichung ergibt sich aus dem Drallsatz unter Vernachlässigung des Pendelgewichtseinflusses für kleine Winkel ψ zu

$$ml\ddot{\psi} + ml\Omega^2\psi = 0 \tag{8.1.79}$$

mit m : Pendelmasse

l : Pendellänge

L : Kurbelradius

Ω : Winkelgeschwindigkeit der Kurbelwelle.

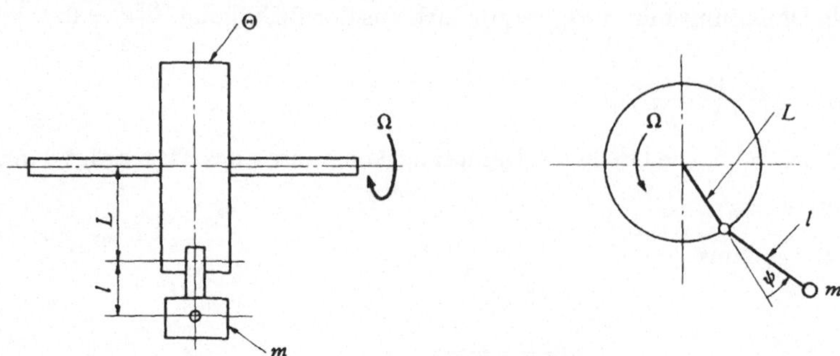

Bild 8.1.26: Fliehkraftpendel

Daraus folgt die Eigenkreisfrequenz ω_p des Fliehkraftpendels

$$\omega_p = \Omega \cdot \sqrt{\frac{L}{l}}\,, \tag{8.1.80a}$$

wobei sie proportional zur Drehzahl Ω der Kurbelwelle ist.

Ein Kreispendel im Fliehkraftfeld wirkt als Schwingungstilger, wenn seine Eigenfrequenz proportional zur gefährlichen Erregungsfrequenz ist. Somit tilgt er die durch Motorerregung hervorgerufenen Schwingungen im Falle der Ordnung $\nu = \sqrt{L/l}$, so daß

$$\omega_p = \nu \cdot \Omega \tag{8.1.80b}$$

gilt.

Anzumerken ist hierbei, daß die Anzahl der Resonanzen sich mit der steigenden Anzahl der Freiheitsgrade durch Ankopplung des Tilgers nicht vermehrt (O. Kraemer, 1938).

Beispiel 8.9:

Aufstellung der Bewegungsdifferentialgleichung eines Fliehkraftpendels, der als Tilger die ν durch Erregung hervorgerufenen Schwingungen einer Kurbelwelle unterdrückt (Bild 8.1.27).

Weiterhin wird der Einfluß des Eigengewichtes der Pendelmasse auf das Schwingungsverhalten untersucht (Pfützner/Markert, 1980).

Werden der Verschiebungsvektor **r** für die Pendelbewegung, der Kraftvektor **F** für die Reaktionskraft zwischen dem Pendel und der Kurbelwelle sowie der Eigengewichtsvektor **G** für den Pendel in kartesischen Koordinaten dargestellt, so lassen sie sich auf die Form

$$\mathbf{r} = \begin{bmatrix} 0 \\ y \\ z \end{bmatrix} = \begin{bmatrix} 0 \\ L\sin\varphi + l\sin(\varphi+\psi) \\ L\cos\varphi + l\cos(\varphi+\psi) \end{bmatrix} \quad ; \quad \mathbf{F} = \begin{bmatrix} 0 \\ -F\sin(\varphi+\psi) \\ -F\cos(\varphi+\psi) \end{bmatrix}$$

$$\mathbf{G} = \begin{bmatrix} 0 \\ 0 \\ mg \end{bmatrix}$$

$$\ddot{\mathbf{r}} = \begin{bmatrix} 0 \\ \ddot{y} \\ \ddot{z} \end{bmatrix} = \begin{bmatrix} 0 \\ -L\sin\varphi\cdot\dot{\varphi}^2 + L\cos\varphi\cdot\ddot{\varphi} - l\sin(\varphi+\psi)(\dot{\varphi}+\dot{\psi})^2 + l\cos(\varphi+\psi)(\ddot{\varphi}+\ddot{\psi}) \\ -L\cos\varphi\cdot\dot{\varphi}^2 - L\sin\varphi\cdot\ddot{\varphi} - l\cos(\varphi+\psi)(\dot{\varphi}+\dot{\psi})^2 - l\sin(\varphi+\psi)(\ddot{\varphi}+\ddot{\psi}) \end{bmatrix} \tag{8.1.81}$$

bringen.

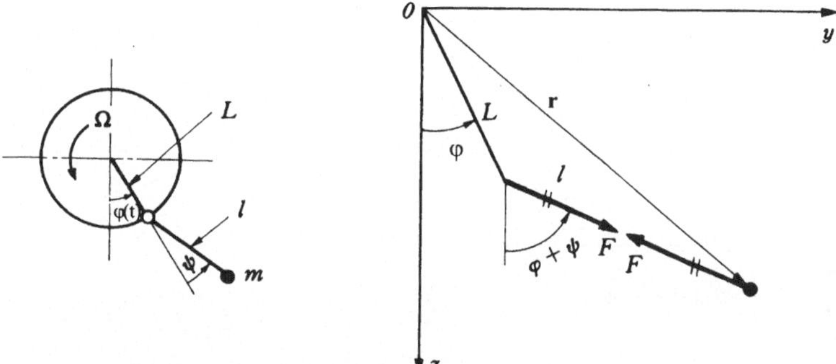

Bild 8.1.27: Fliehkraftpendel (nach Pfützner/Markert, 1980)

Aus dem Schwerpunktsatz

$$m\ddot{\mathbf{r}} = \mathbf{F} + \mathbf{G}$$

lassen sich zwei Gleichungen in der Form

$$m\ddot{y} = -F\sin(\varphi+\psi)$$

$$m\ddot{z} = -F\cos(\varphi+\psi) + mg$$

angeben, aus denen leicht die unbekannte Schnittkraft F eliminiert werden kann:

$$(\ddot{z}-g)\sin(\varphi+\psi) = \ddot{y}\cos(\varphi+\psi)\;. \tag{8.1.82}$$

Werden die Komponenten der Beschleunigung $\ddot{z}$ und $\ddot{y}$ in Gleichung (8.1.82) eingesetzt, folgt die Beziehung:

$$\left[-L\cos\varphi\cdot\dot{\varphi}^2 - L\sin\varphi\cdot\ddot{\varphi} - l\cos(\varphi+\psi)(\dot{\varphi}+\dot{\psi})^2 - l\sin(\varphi+\psi)(\ddot{\varphi}+\ddot{\psi}) - g\right]\sin(\varphi+\psi)$$
$$= \left[-L\sin\varphi\cdot\dot{\varphi}^2 + L\cos\varphi\cdot\ddot{\varphi} - l\sin(\varphi+\psi)(\dot{\varphi}+\dot{\psi})^2 + l\cos(\varphi+\psi)(\ddot{\varphi}+\ddot{\psi})\right]\cos(\varphi+\psi)\;.$$

Durch Nutzung trigonometrischer Additionstheoreme ergibt sich eine nichtlineare Differentialgleichung für die Pendelbewegung $\psi(t)$ bei vorgegebenem Kurbeldrehwinkel $\varphi(t)$:

$$\ddot{\psi} + \left(\frac{L}{l}\dot{\varphi}^2 + \frac{g}{l}\cos\varphi\right)\sin\psi + \left(\frac{L}{l}\ddot{\varphi} + \frac{g}{l}\sin\varphi\right)\cos\psi = -\ddot{\varphi}\;. \tag{8.1.83}$$

Für die kleine Pendelbewegung $\psi(t)$ kann die Linearisierung der Gleichung (8.1.83) vorgenommen werden

$$\ddot{\psi} + \left(\frac{L}{l}\dot{\varphi}^2 + \frac{g}{l}\cos\varphi\right)\psi = -\left(1 + \frac{L}{l}\right)\ddot{\varphi} - \frac{g}{l}\sin\varphi, \tag{8.1.84}$$

womit eine Differentialgleichung für das lineare parameter- und zwangserregte Schwingungssystem abgeleitet ist.

Unter Berücksichtigung der Annahmen, daß der Einfluss des Eigengewichtes des Pendels bei hohen Drehzahlen vernachlässigt werden kann und daß die Kurbelwelle sich gleichförmig dreht, d.h.

$$\varphi = \Omega t + \theta \approx \Omega t \quad ; \quad \dot{\varphi} = \Omega + \dot{\theta} \approx \Omega \quad ; \quad \ddot{\varphi} = \ddot{\theta} \; . \tag{8.1.85}$$

läßt sich die Gleichung (8.1.84) weiter auf die einfache Form

$$\ddot{\psi} + \frac{L}{l}\Omega^2 \psi = -\left(1 + \frac{L}{l}\right)\ddot{\theta} \tag{8.1.86}$$

bringen.

Werden die harmonische Erregung und die Pendelbewegung

$$\theta = \hat{\theta}_\nu \cos \nu \Omega t, \qquad \psi = \hat{\psi} \cos \nu \Omega t \tag{8.1.87}$$

in Gleichung (8.1.86) eingesetzt, folgt die Beziehung

$$\hat{\psi}\left(\frac{L}{l} - \nu^2\right) = \hat{\theta}_\nu \left(1 + \frac{L}{l}\right)\nu^2 \tag{8.1.88}$$

wobei für $\nu = L/l$ der linke Ausdruck verschwindet und daraus $\hat{\theta}_\nu \to 0$ folgt.

Es zeigt sich also, daß die Drehzahlschwankungen ν-ter Ordnung dann getilgt werden, wenn die Eigenfrequenz des Fliehkraftpendels $\omega_p = \sqrt{L/l} \cdot \Omega$ mit der Erregungsfrequenz $\nu \cdot \Omega$ übereinstimmt.

Mit Hilfe der Gleichungen (8.1.84) und (8.1.85) läßt sich eine Differentialgleichung für die Pendelbewegung unter Berücksichtigung der Pendelmasse in der Form

$$\ddot{\psi} + \left(\frac{L}{l}\Omega^2 + \frac{g}{l}\cos \Omega t\right)\psi = \left(1 + \frac{L}{l}\right)\hat{\theta}_\nu \nu^2 \Omega^2 \cos \nu \Omega t - \frac{g}{l}\sin \Omega t \tag{8.1.89a}$$

angeben.

Die homogene Gleichung

$$\ddot{\psi}_h + \left(\frac{L}{l}\Omega^2 + \frac{g}{l}\cos \Omega t\right)\psi_h = 0 \tag{8.1.89b}$$

ist eine sogenannte lineare *Mathieu'sche Differentialgleichung* und wird zur Untersuchung des freien Schwingungsverhaltens angewendet.

Mit den Abkürzungen

$$\Omega t = \tau \; ; \quad \frac{L}{l} = \lambda \; ; \quad \frac{g}{l\Omega^2} = \gamma \; ; \quad \frac{d}{dt}(\;) = \Omega \frac{d}{d\tau}(\;)$$

läßt sich die Gleichung (8.1.89b) auf die dimensionslose Normalform

$$\ddot{\psi}_h + (\lambda + \gamma \cos \tau)\psi_h = 0 \tag{8.1.89c}$$

bringen.

Die Pendelbewegung $\psi_h(\tau)$, d.h. die Lösung der Gleichung (8.1.89c) ist für die bestimmten Parameter-Wertepaare instabil, wie auf der *Stabilitätskarte* im Bild 8.1.28 zu erkennen ist (Stabilitätskarte nach Ince-Strutt; K. Magnus, 1986).

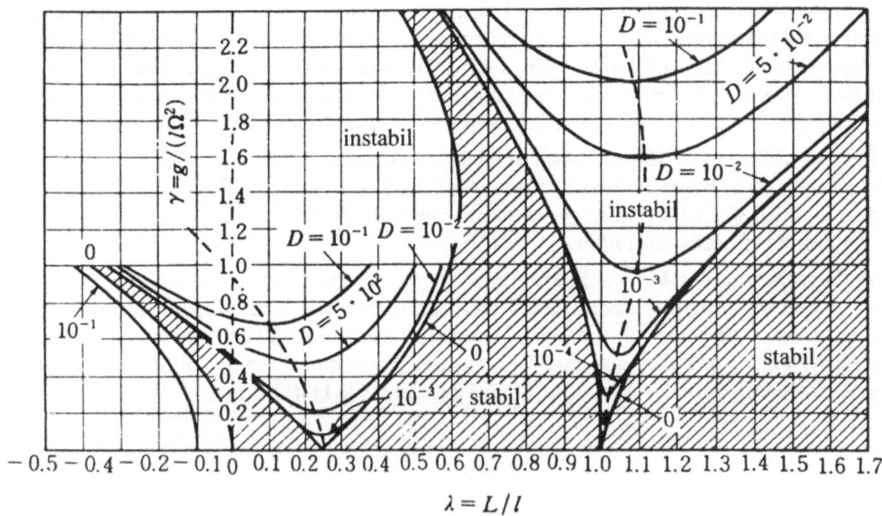

Bild 8.1.28: Stabilitätskarte nach Ince und Strutt (Pfützner/Markert, 1980)

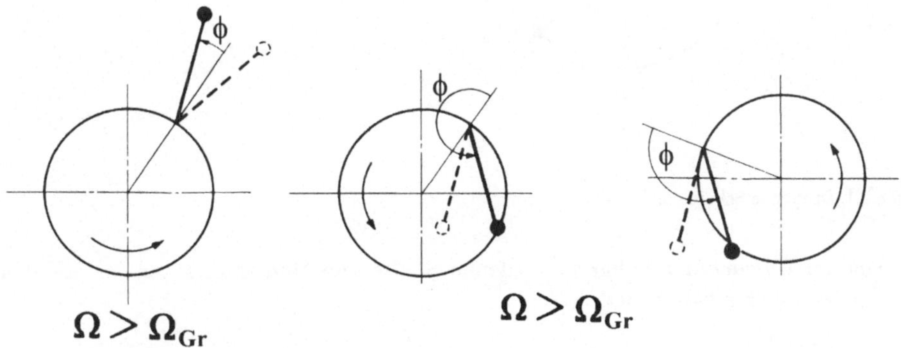

Bild 8.1.29: Drehende Scheibe mit Unwucht

Beim vorgegebenen λ-Wert als Funktion von Kurbelradius und Pendellänge ist der Wert von γ auf der Stabilitätskarte abhängig von der Drehzahl der Kurbelwelle.

Damit wird γ klein für hohe Drehzahlen und die Pendelbewegung kann sich im stabilen Bereich befinden. Bei niedriger Drehzahl wird γ groß und die kleinen Pendelbewegungen zeigen unterhalb einer bestimmten Grenzdrehzahl Ω_{Gr} das instabile Verhalten im Bild 8.1.29.

8.2 Massenausgleich an der Kurbelwelle

Die bewegten Massen der laufenden Maschine verursachen Massenkräfte und -momente, die über die Kurbelwellenlager auf das Fundament wirken. Durch geeignete Anordnung von Massen ist es möglich, diese Massenkräfte und –momente ganz oder teilweise zu beseitigen. Alle Maßnahmen, die den Ausgleich der Massenkräfte und –momente zum Ziel haben, werden mit dem Begriff *Massenausgleich* bezeichnet.

Der Begriff „Massenausgleich" bezieht sich im technischen Sprachgebrauch meist auf Mechanismen, der Begriff „*Auswuchten*" auf Rotoren (Holzweißig et. al., 1994). Auswuchten ist also ein Massenausgleich für rotierende Bauteile zur Verringerung der resultierenden Kräfte auf die Lager.

Bei der Berechnung der Massenkräfte und –momente wird in diesem Abschnitt zum besseren Verständnis angenommen, daß die Gesamtbewegung der Maschine (oder des Motortriebwerkes) gegenüber den Bewegungen der einzelnen Triebwerksteile vernachlässigt werden kann. Als Beispiel zur Berechnung der Massenkräfte und –momente läßt sich eine drehende Scheibe mit einer *Unwucht* (Bild 8.2.1) betrachten.

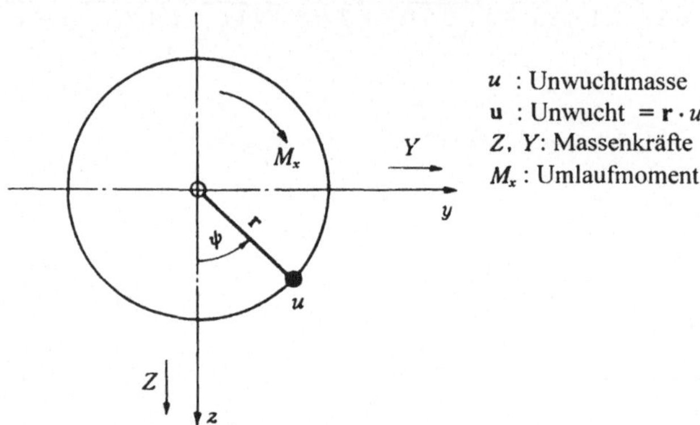

Bild 8.2.1: Drehende Scheibe mit einer Unwucht

Die von der *Unwuchtmasse* hervorgerufenen Kräfte und Momente lauten für die gleichförmige Drehung $\dot{\psi} = \Omega = konst$:

$$\begin{aligned} Z &= ur\Omega^2 \cos \Omega t \\ Y &= ur\Omega^2 \sin \Omega t \\ M_x &= 0 \end{aligned} \tag{8.2.1}$$

Für die ungleichförmige Drehung $\dot{\psi} = \dot{\psi}(t)$ gelten zunächst die Verschiebung, Geschwindigkeit und Beschleunigung in y–und z–Koordinaten:

$$\begin{aligned} z &= r \cos \psi & y &= r \sin \psi \\ \dot{z} &= -r\, \dot{\psi} \sin \psi & \dot{y} &= r\, \dot{\psi} \cos \psi \\ \ddot{z} &= -r\left(\dot{\psi}^2 \cos \psi + \dot{\psi} \sin \psi\right) & \ddot{y} &= -r\left(\dot{\psi}^2 \sin \psi - \ddot{\psi} \cos \psi\right). \end{aligned} \tag{8.2.2}$$

Daraus ergeben sich die Kräfte aus dem Schwerpunktsatz und Momente aus dem Drallsatz

$$\begin{aligned} Z &= -u\,\ddot{z} = u\,r\left(\dot{\psi}^2\cos\psi + \ddot{\psi}\sin\psi\right) \\ Y &= -u\,\ddot{y} = u\,r\left(\dot{\psi}^2\sin\psi - \ddot{\psi}\cos\psi\right) \\ M_x &= \Theta\cdot\ddot{\psi} \end{aligned} \qquad (8.2.3)$$

wobei Θ das auf die Drehachse O bezogene Massenträgheitsmoment der Scheibe mit der Unwuchtmasse ist. Die von der Unwucht hervorgerufenen Kräfte lassen sich durch Anbringen einer in der Wirkung gleich großen Gegenunwucht auf der entgegengesetzten Seite der selben Drehebene ausgleichen. Im Gegensatz zu dem Ausgleich der Kräfte bleibt das Moment bei der ungleichförmigen Drehung unausgeglichen.

In diesem Abschnitt werden zwei Aufgaben behandelt: Erstens die Massenkräfte und -momente zu berechnen und zweitens die Ausgleichsmethoden anzugeben. Unter dem Massenausgleich stellt man sich im allgemeinen konstruktive Maßnahmen vor, mit denen die störenden Auswirkungen durch die bei einem gegebenen Motortriebwerk auftretenden Massenwirkungen entweder vollkommen oder teilweise elimimiert werden. Dabei handelt sich es um die Anordnung von *Gegengewichten* an der Kurbelwelle zum Ausgleich der auftretenden Kräfte, um die konstruktive Auslegung der Pleuelstange zum Ausgleich des *Umlaufmomentes*, um die Wahl von Kurbelfolgen bei Mehrzylindermaschinen und um die Wahl eines günstigen Gabelwinkels bei V-Motoren (Pfützner/Markert, 1980).

8.2.1 Massenkräfte und -momente der Einzylindermaschine

Bild 8.2.2 zeigt einen geraden oder nicht geschränkten Kurbeltriebmechanismus. Die Kurbelwelle dreht sich mit konstanter Drehgeschwindigkeit $\psi = \Omega\cdot t$.

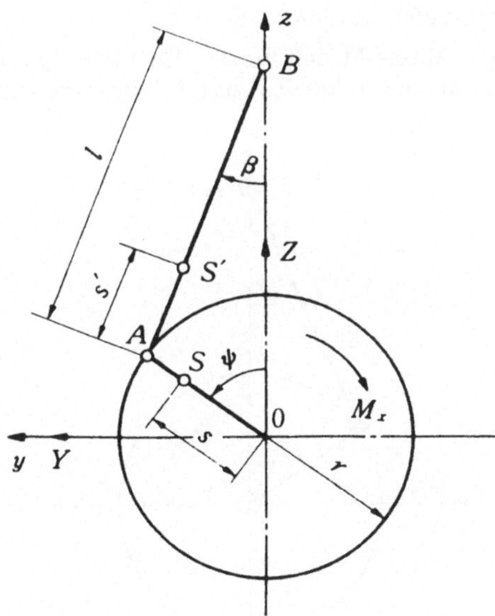

Bild 8.2.2: Nicht geschränkter Kurbeltrieb

Die Bezeichnungen lauten:

O:	Kurbelwellenachse
A:	Kurbelzapfenachse
B:	Kolbenbolzenachse
r:	Kurbelradius
l:	Länge der Pleuelstange
ψ:	Kurbeldrehwinkel
ß:	Drehwinkel des Pleuels
S, S':	Schwerpunkte der Kurbelkröpfung und des Pleuels
s, s':	Schwerpunktabstände der Kurbelkröpfung und des Pleuels
m, m', m'':	Masse von Kurbelkröpfung, Pleuel und Kolben
$\Theta' = m'k'^2$:	Massenträgheitsmoment des Pleuels um den Pleuelschwerpunkt, wobei k' der Trägheitsradius ist.
Z, Y, M_x:	Massenkräfte und Umlaufmomente um die Drehachse x.

Um die Massenkräfte und –momente bei einer Einzylindermaschine wie im Bild 8.2.2 zu berechnen, wird ein Modell aufgestellt, wobei die Teilmassen sich in den Punkten O, A und B konzentrieren. Die Massenkräfte des Modells stimmen mit denen des Realsystems überein, wenn die Aufteilung der Massen so vorgenommen wird, daß die Gesamtmassen und die Lagen der Schwerpunkte von Kurbelkröpfung und Pleuel in beiden Systemen erhalten bleiben. Die Massenträgheitsmomente des Modells stimmen aber im allgemeinen nicht mit denen des Realsystems überein, da unterschiedliche Umlaufmomente von beiden Systemen hervorgerufen werden.

Bild 8.2.3 zeigt ein Punkt-Masse-Modell für den Kurbeltrieb, wobei die Massen von Kurbelkröpfung und Pleuel auf die Punkte O, A und B aufgeteilt werden.

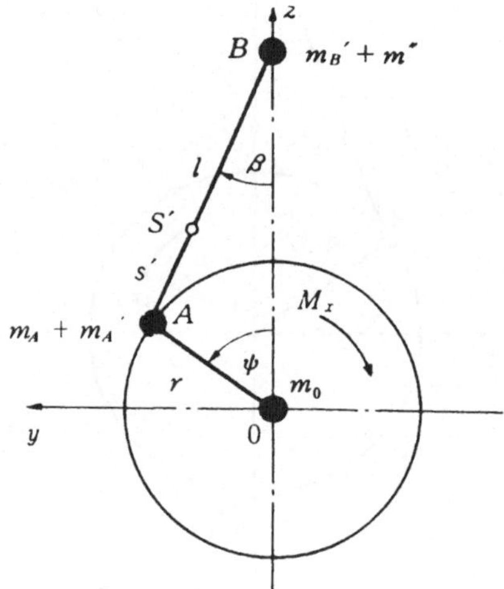

Bild 8.2.3: Modell eines Kurbeltriebes

(1) Aufteilung der Kurbelmasse

Wird die Masse von Kurbelkröpfung auf die Punkte O und A aufgeteilt, läßt sich die Masse m_A am Punkt A aus der Momentengleichung um den Punkt O $s \cdot m = r \cdot m_A$ bestimmen:

$$m_A = \frac{s}{r} m \tag{8.2.4}$$

(2) Aufteilung der Pleuelmasse

Aus der Momentengleichung der aufgeteilten Massen m'_A und m'_B der Pleuelmasse m' um den Punkt S'

$$s' m'_A = (l - s') m'_B$$

$$m' = m'_A + m'_B$$

ergeben sich die Massen an den Punkten A und B

$$m'_A = \frac{l - s'}{l} m'$$

$$m'_B = \frac{s'}{l} m' \tag{8.2.5}$$

Die Kolbenmasse m'' konzentriert sich im Punkt B, da der Kolben sich nur mit einer Translationsbewegung auf der z–Achse bewegt.

8.2.1.1 Massenkräfte

Die Massenkräfte Z(t) und Y(t) in den kartesischen Koordinaten lauten:

$$Z(t) = (m_A + m'_A)\, r\Omega^2 \cos\Omega t - (m'_B + m'')\ddot{z}_B(t)$$

$$Y(t) = (m_A + m'_A)\, r\Omega^2 \sin\Omega t \tag{8.2.6}$$

Mit den Abkürzungen

$$Q_A = \left(m_A + m_A'\right) r = \left(\frac{s}{r} m + \frac{l - s'}{l} m'\right) r$$

$$Q_B = \left(m_B' + m''\right) r = \left(\frac{s'}{l} m' + m''\right) r$$

folgt daraus für die Massenkräfte:

$$Z(t) = Q_A \Omega^2 \cos \Omega t - Q_B \frac{\ddot{z}_B}{r}$$

$$Y(t) = Q_A\, \Omega^2 \sin \Omega t \tag{8.2.7}$$

Dabei läßt sich die Kolbenbeschleunigung $\ddot{z}_B(t)$ aus der Kinematik des Kurbeltriebes ermitteln.

Aus Gleichung (8.1.3) und der Beziehung

$$\cos \beta = \sqrt{1 - \sin^2 \beta} = \sqrt{1 - \lambda^2 \sin^2 \psi}$$

ergibt sich der Kolbenweg z_B

$$\frac{z_B}{r} = \cos\psi + \frac{1}{\lambda}\sqrt{1-\lambda^2\sin^2\psi}\,. \tag{8.2.8}$$

Mit dem besonderen Fall des binomischen Satzes

$$\sqrt{1-\alpha} = 1 - \frac{1}{2}\alpha - \frac{1\cdot 1}{2\cdot 4}\alpha^2 - \frac{1\cdot 1\cdot 3}{2\cdot 4\cdot 6}\alpha^3 - \frac{1\cdot 1\cdot 3\cdot 5}{2\cdot 4\cdot 6\cdot 8}\alpha^4 - \cdots \tag{8.2.9}$$

folgt daraus für z_B:

$$\frac{z_B}{r} = \frac{1}{\lambda} + \cos\psi - \frac{\lambda}{2}\sin^2\psi - \frac{\lambda^3}{8}\sin^4\psi - \frac{\lambda^5}{16}\sin^6\psi - \cdots \tag{8.2.10}$$

Diese Formel läßt sich unter Verwendung der trigonometrischen Beziehungen

$$\begin{aligned} \sin^2\psi &= \frac{1}{2}\left(1-\cos 2\psi\right) \\ \sin^4\psi &= \frac{1}{8}\left(3-4\cos 2\psi - \cos 4\psi\right) \\ \sin^6\psi &= \frac{1}{32}\left(10-15\cos 2\psi + 6\cos 4\psi - \cos 6\psi\right) \\ &\vdots \end{aligned} \tag{8.2.11}$$

auf die Form

$$\frac{z_B}{r} = A_0 + \cos\psi + \frac{1}{4}A_2\cos 2\psi - \frac{1}{16}A_4\cos 4\psi + \frac{1}{36}A_6\cos 6\psi - + \cdots \tag{8.2.12}$$

bringen mit den folgenden Koeffizienten A_i:

$$\begin{aligned} A_0 &= \frac{1}{\lambda} - \frac{\lambda}{4} - \frac{3}{64}\lambda^3 - \frac{5}{256}\lambda^5 - \cdots \\ A_2 &= \lambda + \frac{1}{4}\lambda^3 + \frac{15}{128}\lambda^5 + \cdots \\ A_4 &= \frac{1}{4}\lambda^3 + \frac{3}{16}\lambda^5 + \cdots \\ A_6 &= \frac{9}{128}\lambda^5 + \cdots \\ &\vdots \end{aligned} \tag{8.2.13}$$

Nach zweimaliger Ableitung der Gleichung (8.2.12) nach der Zeit ergibt sich für die Beschleunigung $\ddot{z}_B$ des Kolbens bei einer gleichförmigen Drehung $\psi = \Omega\cdot t$ die folgende Gleichung:

$$\frac{\ddot{z}_B}{r} = -\Omega^2\left(\cos\Omega t + A_2\cos 2\Omega t - A_4\cos 4\Omega t + A_6\cos 6\Omega t - + \cdots\right) \tag{8.2.14}$$

Die Koeffizienten A_i für die verschiedenen λ-Werte sind der folgenden Tabelle 8.2.1 zu entnehmen.

Je kleiner das Schubstangenverhältnis ist und je höher die Ordnung i ist, um so kleiner werden die Koeffizienten.

Wird die Gleichung (8.2.14) in die Gleichung (8.2.7) eingesetzt, lassen sich die Massenkräfte Z(t) und Y(t) der Einzylindermaschine in der Fourier–Darstellung angeben:

$$Z(t) = \Omega^2\left[\left(Q_A + Q_B\right)\cos\Omega t + Q_B\left(A_2\cos 2\Omega t - A_4\cos 4\Omega t + A_6\cos 6\Omega t - + \cdots\right)\right]$$

$$Y(t) = \Omega^2 Q_A \sin \Omega t \; . \tag{8.2.15}$$

Hieraus kann man sofort die Bildung der Massenkräfte erkennen: In z-Richtung der Zylinderachse treten die Kräfte erster Ordnung zusammen mit denen aller geradzahligen Ordnungen auf. In y-Richtung bleiben nur die von den Fliehkräften hervorgerufenen Kräfte erster Ordnung.

$1/\lambda$ A_i	2.5	3	3.5	4	4.5	5	5.5	6
A_2	0.4173	0.3431	0.2918	0.2540	0.2250	0.2020	0.1833	0.1678
A_4	0.0182	0.0101	0.0062	0.0041	0.0028	0.0021	0.0015	0.0012
A_6	0.0009	0.0003	0.0001	0.0001	—	—	—	—

Tabelle 8.2.1: Koeffizient A_i nach dem Schubstangenverhältnis

8.2.1.2 Umlaufmoment

Um das *Umlaufmoment* M_x um die Wellenachse zu bestimmen, wird das Impulsmoment der Pleuelstange ermittelt. Da das Massenträgheitsmoment $\Theta' = m'k'^2$ des Realsystems mit dem des Modells übereinstimmen muß, muß nach Huygens, Euler und Steiner für das Massenträgheitsmoment bezüglich der Achse durch S' gelten:

$$m'k'^2 = m'_A(k'_A + s'^2) + m'_B(k_B{}^2 + (l - s')^2) \tag{8.2.16}$$

mit den Massenträgheitsmomenten $m'_A k_A{}^2$ und $m'_B k_B{}^2$ bezüglich der zugehörigen Achsen durch die Punkte A und B parallel zur Wellenachse. Wird die Gleichung (8.2.5) für die Massen m'_A und m'_B in Gleichung (8.2.16) eingesetzt, läßt sie sich auf die Form

$$m'_A k_A{}^2 + m'_B k_B{}^2 = m'[k'^2 - s'(l - s')] \tag{8.2.17}$$

bringen.

Die Impulsmomente der Massen m'_A und m'_B setzen sich zusammen aus den von der Drehung $-\dot\beta$ der Pleuelstange vorkommenden Beträgen $-(m'_A k_A{}^2 + m'_B k_B{}^2)\dot\beta$ und aus den Momenten der Impulse der Massen m'_A und m'_B, d.h, $m'_A \cdot r \cdot \Omega \cdot r$ durch die Masse m'_A und die Wellenachse O, da der Geschwindigkeitsvektor $\dot z$ der Masse m'_B keinen Hebelarm bezüglich O hat. Durch Hinzufügen des Impulsmomentes $mk^2\Omega$ der Kurbelkröpfung läßt sich das Gesamtimpulsmoment J angeben:

$$J = (mk^2 + m'_A r^2)\Omega - (m'_A k_A{}^2 + m'_B k_B{}^2)\dot\beta \; . \tag{8.2.18}$$

Das Umlaufmoment M_X lautet nach der Ableitung nach der Zeit, $M_x = dJ/dt$, für die gleichförmige Drehung

$$\begin{aligned} M_x &= -(m'_A k_A{}^2 + m'_B k_B{}^2)\ddot\beta \\ &= (\Theta^* - \Theta')\ddot\beta \end{aligned} \tag{8.2.19}$$

mit
$$\begin{aligned} \Theta^* &= m'_A s'^2 + m'_B (l - s')^2 = m's'(l - s') \\ \Theta' &= m'k'^2 \end{aligned} \tag{8.2.20}$$

wobei Θ^* das Massenträgheitsmoment des aus den beiden Punktmassen m'_A und m'_B mit den infinitesimalen Radien bestehenden Pleuelmodels ist.

Die Winkelbeschleunigung des Pleuels $\ddot{\beta}$ wird nun durch den Kurbelwinkel $\psi = \Omega \cdot t$ dargestellt, um zu untersuchen, wie das Umlaufmoment sich aus mehreren Anteilen zusammensetzt.

Mit der Gleichung (8.2.9) folgt:

$$\cos\beta = \sqrt{1-\lambda^2 \sin^2\psi}$$

$$= 1 - \frac{\lambda^2}{2}\sin^2\psi - \frac{\lambda^4}{8}\sin^4\psi - \frac{\lambda^6}{16}\sin^6\psi - \cdots . \qquad (8.2.21)$$

Für die gleichförmige Drehung $\psi = \Omega t$ gilt die Ableitung nach der Zeit

$$-\sin\beta \cdot \dot{\beta} = -\Omega\ (\ \lambda^2\ \sin\Omega t\ \cos\ \Omega t + \frac{\lambda^4}{2}\ \sin^3\Omega t\ \cos\ \Omega t + \frac{3}{8}\ \lambda^6\ \sin^5\Omega t\ \cos\ \Omega t\ + \cdots)$$

und nach Division durch $\sin\beta = \lambda \sin\psi$ [s. Gl. (8.1.3)] ergibt sich die Winkelgeschwindigkeit des Pleuels $\dot{\beta}$:

$$\dot{\beta} = \Omega\left(\ \lambda\cos\Omega t\ + \frac{1}{2}\lambda^3\sin^2\Omega t\cos\Omega t\ + \frac{3}{8}\lambda^5\sin^4\Omega t\cos\Omega t + \cdots\right).$$

Mit der trigonometrischen Beziehung

$$\cos 2n\Omega t \cdot \cos\Omega t = \frac{1}{2}\cos(2n+1)\Omega t + \frac{1}{2}\cos(2n-1)\Omega t, \qquad n = 1,\ 2,\ 3,\ \cdots$$

läßt sich die Winkelgeschwindigkeit des Pleuels $\dot{\beta}$ in der Fourier-Darstellung angeben,

$$\dot{\beta} = \lambda\Omega\left(\ C_1\cos\Omega t\ - \frac{1}{3}\ C_3\cos 3\Omega t\ + \frac{1}{5}\ C_5\cos 5\Omega t\ \ - + \cdots\ \right)$$

$$C_1 = 1 + \frac{1}{8}\lambda^2 + \frac{3}{64}\lambda^4\ + \cdots$$

$$C_3 = \frac{3}{8}\lambda^2 + \frac{27}{128}\lambda^4 + \cdots$$

$$C_5 = \frac{15}{128}\lambda^4 + \cdots$$

mit den Koeffizienten C_i.

Die Koeffizienten C_i für die verschiedenen λ-Werte sind in der folgenden Tabelle 8.2.2 zusammengestellt.

C_i \ $1/\lambda$	2.5	3	3.5	4	4.5	5	5.5	6
C_1	1.021	1.014	1.010	1.008	1.006	1.005	1.004	1.003
C_2	0.066	0.044	0.032	0.024	0.019	0.015	0.013	0.011
C_3	0.004	0.002	0.001	0.001	—	—	—	—

Tabelle 8.2.2: Koeffizient C_i nach dem Schubstangenverhältnis

Die Winkelbeschleunigung des Pleuels $\ddot{\beta}$ lautet also nach der Ableitung der Winkelgeschwindigkeit nach der Zeit:

$$\ddot{\beta} = -\lambda\,\Omega^2 \left(C_1 \sin \Omega t - C_3 \sin 3\Omega t + C_5 \sin 5\Omega t - + \cdots \right)$$

Daraus ergibt sich die Gleichung (8.2.19) für das Umlaufmoment in der Fourier–Darstellung

$$M_x(t) = -\lambda\,\Omega^2 \left(\Theta^* - \Theta'\right)\left(C_1 \sin \Omega t - C_3 \sin 3\Omega t + C_5 \sin 5\Omega t - + \cdots\right), \qquad (8.2.22)$$

wobei es aus Anteilen der ungeradzahligen Ordnungen besteht.

Beispiel 8.10:

Es wird ein Modell eines Pleuels aufgestellt (Bild 8.2.4), das aus der Punktmasse m_B' und der Ringmasse m_A' mit dem Massenträgheitsmoment $\Delta\Theta_A'$ besteht. Bestimmt werden die Größen m_A', m_B' und $\Delta\theta_A'$ sowie die Massenkräfte und -momente eines geraden Kurbeltriebes mit Hilfe des Pleuelmodells.

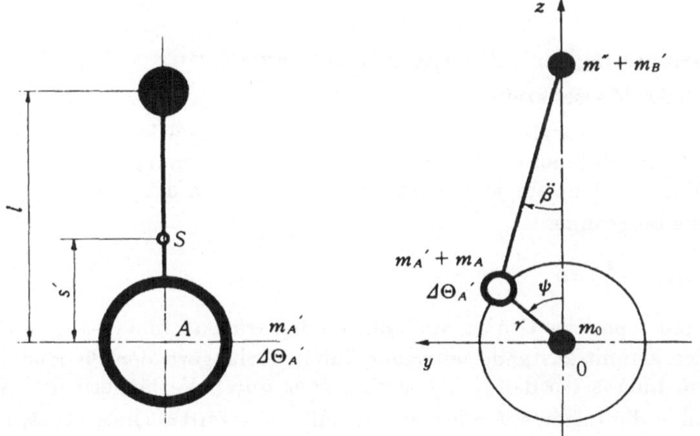

Bild 8.2.4: Modell eines Pleuels

Die Aufteilung der Pleuelmasse wird unter den folgenden Bedingungen zwischen dem Realsystem und dem Modell vorgenommen:

(a) die gleiche Masse $m' = m_A' + m_B'$

(b) die gleiche Schwerpunktlage $m_B' l = m' s'$

(c) das gleiche Massenträgheitsmoment

$$\Theta' = \Delta\Theta_A' + m_A' s'^2 + m_B' (l - s')^2 .$$

Aus diesen Beziehungen lassen sich die gesuchten Größen m_A', m_B' und $\Delta\theta_A'$ berechnen zu

$$m_A' = m' \frac{l - s'}{l}$$

$$m_B' = m' \frac{s'}{l}$$

$$\Delta\Theta_A = \Theta' - m'(l - s')s' = \Theta' - \Theta^* .$$

Die Massenkräfte $Z(t)$ und $Y(t)$ ergeben sich aus dem Schwerpunktsatz:

$$Z(t) = -(m_A + m'_A)\ddot{z}_A - (m'_B + m^*)\ddot{z}_B$$

$$Y(t) = -(m_A + m'_A)\ddot{y}_A \; .$$

Für den stationären Betrieb $\psi = \Omega t$ gelten die Massenkräfte

$$Z(t) = \Omega^2 \left[(Q_A + Q_B)\cos\Omega t + Q_B (A_2 \cos 2\Omega t - A_4 \cos 4\Omega t + - \cdots) \right]$$

$$Y(t) = \Omega^2 Q_A \sin\Omega t$$

und das Umlaufmoment M_x in Übereinstimmung mit Gleichung (8.2.19)

$$M_x = -\Delta\, \Theta'_A \ddot{\beta} = (\Theta^* - \Theta')\ddot{\beta} \,,$$

wobei die Fourier–Darstellung des Umlaufmomentes mit Gleichung (8.2.22) übereinstimmt.

8.2.1.3 Massenausgleich der Einzylindermaschine

(1) Ausgleich der Massenkräfte

Als Beispiel für den Ausgleich der Massenkräfte wird zunächst der Querkraftausgleich untersucht (C. B. Biezeno; R. Grammel, 1953). Nach Gleichung (8.2.7) verschwindet die Querkraft Y(t) nur dann für jede Kurbelstellung ψ, wenn der Ausdruck $Q_A = 0$ ist. Für $Q_A = 0$ gilt die Beziehung:

$$ms + m'r\,(1 - \frac{s'}{l}) = 0 \; .$$

Da m, m', r und l positive Größen sind, dürfen die Größen s und $(1 - s'/l)$ nicht beide positiv sein. Dies kommt zustande entweder durch Verlängern der Pleuelstange über den Kolbenbolzen hinaus (so daß $s' > l$ wird) oder durch Verlängern der Kurbelwangen rückwärts über die Lagerzapfen hinaus (so daß $s < 0$ wird). Die erste Annahme ist aus konstruktiven Gründen praktisch nicht realisierbar. Die zweite dagegen kann durch Anbringen von *Gegengewichten* an den beiden Kurbelwangen in der Praxis erzielt werden (Bild 8.2.5).

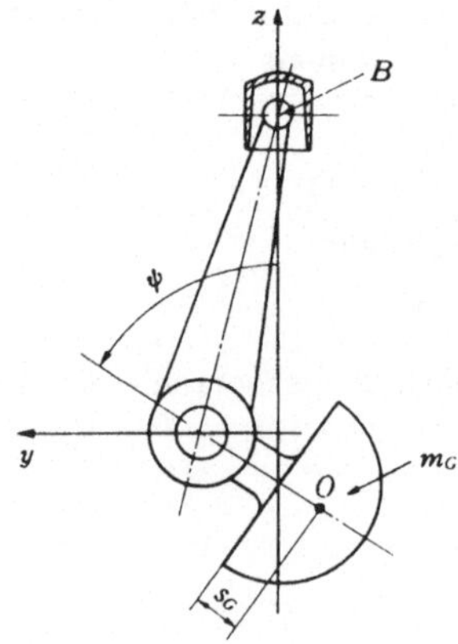

Bild 8.2.5: Gegengewichte m_G an den Kurbelwangen (nach Biezeno/Grammel, 1953)

Durch die Zusatzmasse m_G mit dem Schwerpunktabstand s_G lassen sich die Massenkräfte Z(t) und Y(t) in Gleichung (8.2.15) auf die Form der Gleichung (8.2.23) bringen,

$$Z(t) = \Omega^2[(Q_A + Q_B - m_G \cdot s_G)\cos\Omega t + Q_B(A_2\cos 2\Omega t - A_4\cos 4\Omega t + - \cdots)]$$

$$Y(t) = \Omega^2(Q_A - m_G \cdot s_G)\sin\Omega t, \qquad (8.2.23)$$

wobei der Ausdruck Q_A durch $(Q_A - m_G s_G)$ ersetzt wird.

Aus dieser Gleichung ist erkennbar, daß der Anteil der Massenkräfte erster Ordnung durch Anbringen von Gegengewichten eliminiert werden kann und die Anteile höherer Ordnungen nicht auszugleichen sind. D.h. es wird einerseits nur die Vertikalkraft $Z(t)$ der ersten Ordnung im Falle der Realisierung von $m_G s_G = Q_A + Q_B$ ausgeglichen, andererseits verschwindet die Querkraft $Y(t)$ für die Auslegung von $m_G s_G = Q_A$ vollständig. Für die Auslegung von $m_G s_G$

$$m_G s_G = Q_A + K \cdot Q_B, \qquad 0 \le K \le 1 \qquad (8.2.24)$$

gelten die folgenden Massenkräfte Z(t) und Y(t):

$$Z(t) = \Omega^2 Q_B[(1-K)\cos\Omega t + A_2\cos 2\Omega t - A_4\cos 4\Omega t + - \cdots]$$

$$Y(t) = -\Omega^2 K Q_B \sin\Omega t \qquad (8.2.25)$$

Die beiden Massenkräfte erster Ordnung vermindern sich zur Hälfte für die Wahl K=1/2.

(2) Ausgleich des Umlaufmomentes

Aus der Gleichung (8.2.22) ergibt sich die Ausgleichsbedingung für das Umlaufmoment, d.h. das Massenträgheitsmoment des Modells stimmt mit dem des Realsystems überein: $\Theta^* = \Theta'$. Nach der Gleichung (8.2.20) folgt daraus, daß der Trägheitsradius des Pleuels k' wie folgt bestimmt wird:

$$k'^2 = s'(l - s') \qquad (8.2.26)$$

Diese Beziehung besagt, daß der Pleuel durch die beiden Punktmassen m'_A im Punkt A und m'_B im Punkt B jeweils mit dem infinitesimalen Radius ersetzt werden muß. Weiterhin läßt sich die Beziehung (8.2.26) auf eine der folgenden Formen bringen:

$$\frac{k'^2 + s'^2}{s'} = l \quad \text{oder} \quad \frac{k'^2 + (l - s')^2}{l - s'} = l.$$

Daraus folgt, daß die reduzierte Pendellänge des Pleuels des linken Ausdruckes gleich l sein muß, wenn er sowohl um den Kurbelzapfen als auch um den Kolbenbolzen zum Schwingen wie im Bild 8.2.6 angeregt wird.

Die Bewegungsdifferentialgleichung des Pleuels um den Kurbelzapfen, den Punkt A, lautet

$$\Theta_A \ddot{\varphi} + m' g s' \varphi = 0 \qquad (8.2.27a)$$

mit $\Theta_A = m'k'^2 + m's^2$: Massenträgheitsmoment des Pleuels um den Punkt A.

Aus Gleichung (8.2.27a) ergibt sich die Eigenkreisfrequenz ω_A:

$$\omega_A = \sqrt{\frac{g\, s'}{k'^2 + s'^2}}.$$

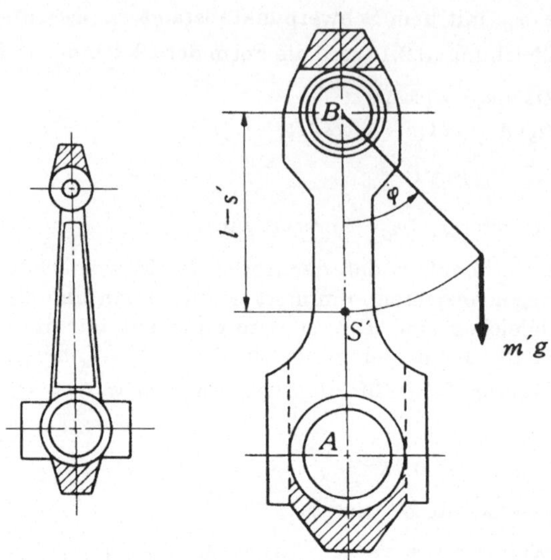

Bild 8.2.6: Umlaufmomentenausgleich bei Pleuelstange (nach Biezenno/Grammel, 1935)

Die Bewegungsdifferentialgleichung des Pleuels um den Kolbenbolzen, den Punkt *B*, lautet

$$\Theta_B \ddot{\varphi} + m'g(l-s')\varphi = 0$$

mit $\Theta_B = m'k'^2 + m'(l-s')^2$: Massenträgheitsmoment des Pleuels um den Punkt *B*.

Daraus läßt sich die Eigenkreisfrequenz ω_B berechnen:

$$\omega_B = \sqrt{\frac{g\,(l-s')}{k'^2 + (l-s')^2}}$$

Für die Bedingung $\omega_A = \omega_B = \sqrt{\frac{g}{l}}$ gilt selbstverständlich die Beziehung (8.2.26), wobei das Umlaufmoment verschwindet.

(3) Rotierende Ausgleichsmassen

Durch die Wahl *K*=0 in der Gleichung (8.2.24) verschwinden die rotierenden Massenkräfte, die Vertikalkraft erster Ordnung und die Querkraft. Die oszillierenden Massenkräfte höherer Ordnung von Z(t) bleiben erhalten:

$$Z(t) = \Omega^2 Q_B (\cos\Omega t + A_2 \cos 2\Omega t - A_4 \cos 6\Omega t + \cdots)$$

$$Y(t) = 0 \qquad (8.2.28)$$

Bei Motoren werden in bestimmten Fällen zum Ausgleich dieser einzelnen harmonischen Kräfte gegenläufig rotierende Zusatzmassen angewendet. Als Beispiel wird der Anteil zweiter Ordnung $\Omega^2 Q_B A_2$ durch Exzentermassen wie im Bild 8.2.7 beseitigt.

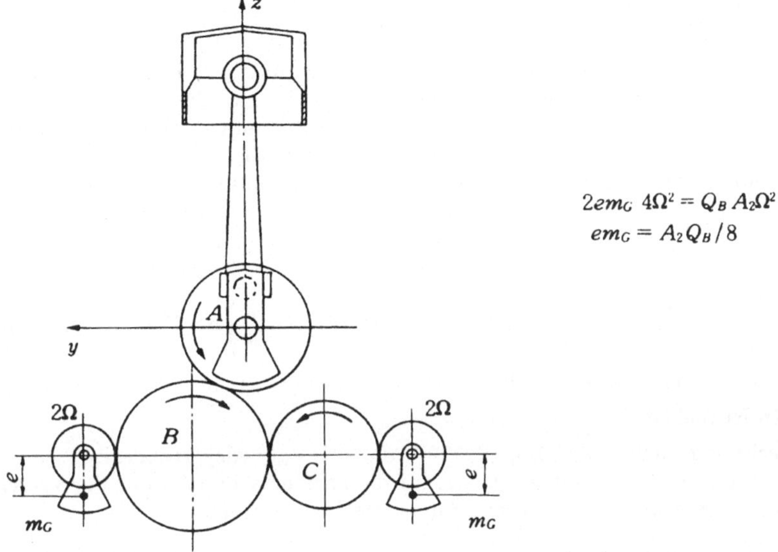

Bild 8.2.7: Umlaufende Ausgleichsmassen zur Eliminierung der Längskraft zweiter Ordnung (nach Biezeno/Grammel, 1953)

8.2.2 Massenkräfte und -momente der Mehrzylinder-Reihenmotoren

Im Motorenbau werden oft Mehrzylindermaschinen angewendet, bei denen mehrere Kurbeltriebe durch eine gemeinsame Welle verbunden sind. Die Kurbelwellen sind so angeordnet, daß ihre Kurbeln bei Ansicht in Richtung der Drehachse einen regelmäßigen Stern bilden. Der sogenannte Kurbelstern ist somit eine schematische Darstellung der strahlenförmigen Verteilung der Kurbeln beim Reihenmotor. Zwei in der Zündung aufeinanderfolgende Kurbeln (oder beide Strahlen) sind in der Regel um den Winkel $\frac{2\pi}{P}$ bei Zweitaktmotoren und $\frac{4\pi}{p}$ bei Viertaktmotoren gegeneinander versetzt, wobei p die Zylinderzahl ist. Der Grund für diese Anordnung der gleichmäßigen Zündabstände ist die bestmögliche Drehmomenten-Glättung. Die Massenkräfte $Z(t)$ und $Y(t)$ und das Umlaufmoment $M_x(t)$ der Mehrzylindermaschine lassen sich dann als Linearsuperposition der Massenkräfte nach Gleichung (8.2.15) und des Umlaufmomentes nach Gleichung (8.2.22) der Einzylindermaschine darstellen:

$$Z(t) = \sum_{j=1}^{p} Z_j(t)$$

$$Y(t) = \sum_{j=1}^{p} Y_j(t) \qquad (8.2.29)$$

$$M_x(t) = \sum_{j=1}^{p} M_{xj}(t)$$

Bei Mehrzylindermaschinen kommt der Wahl einer günstigen Kurbelfolge daher besondere Bedeutung zu. D.h. es werden die relative Lage der einzelnen Kurbelebenen und die relative Verdrehung der Kurbelwinkel günstig gewählt, um so einen gegenseitigen Ausgleich der Harmonischen herbeizuführen. Besonders zu beachten ist dabei die gegenseitige Phasenlage. Der Kurbelwinkel für die j-te Kurbelkröpfung ist

$$\psi_j = \psi + \beta_j, \qquad j = 1, \cdots, p \tag{8.2.30}$$

mit $\psi = \Omega t$

$$\beta_j = (j\text{-}1) \cdot \left(\frac{2\pi}{p}\right) \text{ bei Zweitaktmotoren oder } (j\text{-}1) \cdot \left(\frac{4\pi}{p}\right) \text{ bei Viertaktmotoren,}$$

wobei ψ den Winkel der ersten Kurbel bezeichnet und β_j der Kurbelversatz gegenüber der ersten Kurbel ist.

Die Berechnung nach Gleichung (8.2.29) läßt sich entweder rechnerisch oder schematisch durchführen. Anschaulicher ist es, für die harmonischen Anteile der verschiedenen Ordnungen *Kurbelsterne* (oder *Kurbeldiagramme*) zu zeichnen.

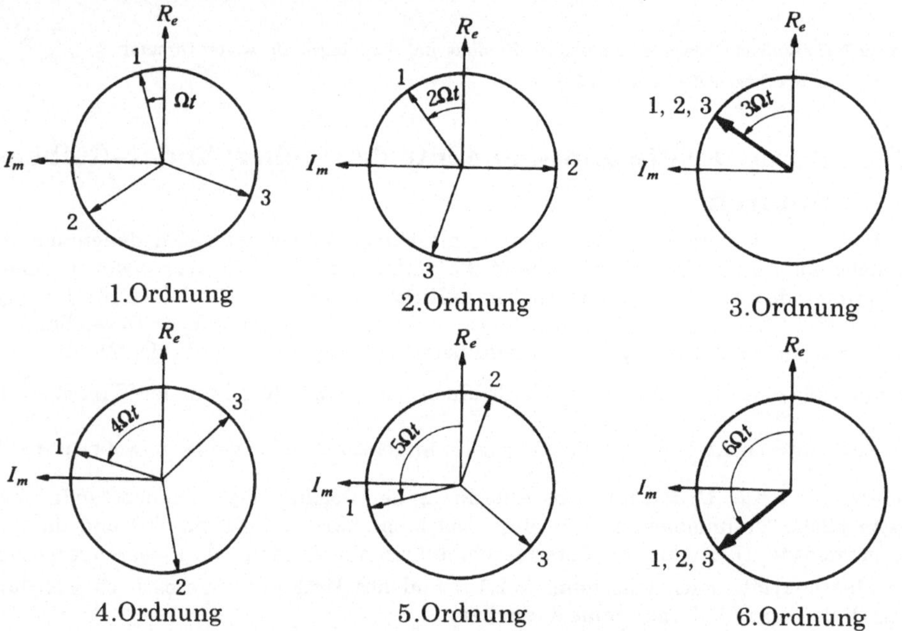

Bild 8.2.8: Kurbeldiagramme für Dreizylindermaschine (Ordnung: 1.–6.) (nach Pfützner/Markert, 1980)

In Bild 8.2.8 werden typische Ergebnisse einer Dreizylinder–Zweitakt–Maschine dargestellt, wie sie sich auf dem Kurbeldiagramm durch Vektoraddition bilden lassen. Aus der

Kurbelanordnung unter Berücksichtigung des Versetzungswinkels β_j nach Gleichung (8.2.30) ergibt sich der Kurbelstern für die 1. Ordnung, wobei $\beta_1 = 0°$, $\beta_2 = 120°$ und $\beta_3 = 240°$ ist. Der Kurbelstern für die 2. Ordnung ist leicht zu bestimmen, wobei die Versetzungswinkel gegenüber einer Bezugslinie verdoppelt ($\beta_1 = 0°$, $\beta_2 = 240°$, $\beta_3 = 480°$) werden. Mit diesen Vorgehensweisen lassen sich weiterhin die Kurbelsterne für die 3.-, 4.-, 5.- und 6. Ordnung darstellen. Aus diesen Kurbelsternen ist ersichtlich, daß sich der harmonische Anteil 3. Ordnung und deren ganzzahlige Vielfache addieren, während alle anderen ausgeglichen werden. Zusammenfassend kann also gesagt werden, daß bei der Dreizylinder-Zweitakt-Maschine die Massenkräfte Z(t) der Ordnungen 6, 12, 18, 24, ... und das Umlaufmoment M_x(t) der Ordnungen 3, 9, 15, ... auftreten, während die Massenkräfte Y(t) sich tilgen.

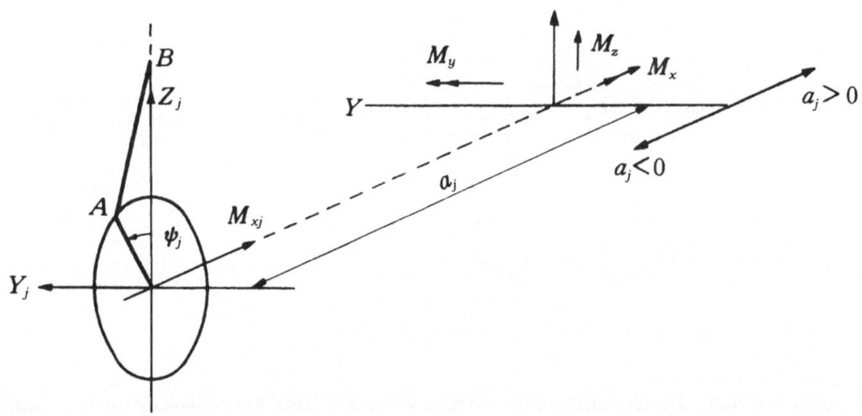

Bild 8.2.9: Längsmoment $M_z(t)$ und Kippmoment $M_y(t)$

Anzumerken ist, daß die Massenkräfte der einzelnen Kurbeltriebe zusätzlich ein Längsmoment M_z(t) und ein Kippmoment M_y(t) in Gleichung (8.2.31) um einen gemeinsamen Bezugspunkt in der Mitte der Wellenachse verursachen. Bild 8.2.9 zeigt diese Momente bezüglich der Zylinder j, wobei die Abstände a_j vom Bezugspunkt (oder gemeinsamen Schwerpunkt) C in x-Richtung positiv gezählt werden.

$$M_z(t) = \sum_{j=1}^{p} a_j Y_j(t)$$

$$M_y(t) = \sum_{j=1}^{p} -a_j Z_j(t) \qquad (8.2.31)$$

Beispiel 8.11:

Berechnung der Massenkräfte und -momente bei einer Vierzylindermaschine

Mit Hilfe der Gleichungen (8.2.29), (8.2.30) und dem Kurbeldiagramm lassen sich die Massenkräfte Z(t), Y(t) und die Momente M_x(t), M_z(t), M_y(t) bei der Vierzylindermaschine wie folgt ermitteln:

(1) Vierzylinder-Zweitakt-Maschine

Es gibt drei Möglichkeiten für die Kurbelanordnung, wie im Bild 8.2.10 dargestellt, wobei der Versetzungswinkel $2\pi/4 = \pi/2$ lautet.

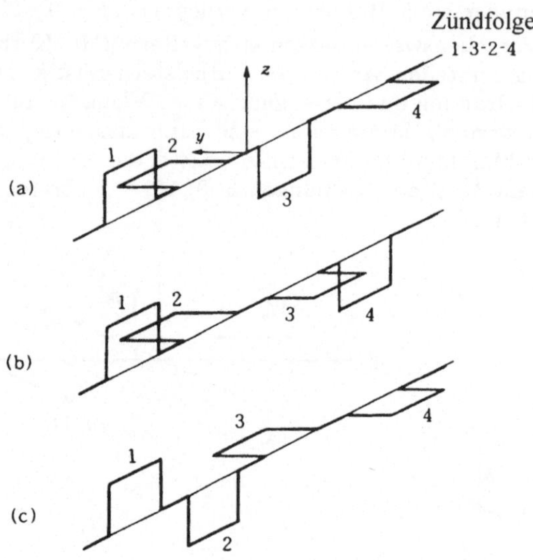

Bild 8.2.10: Kurbelanordnungen der Vierzylinder-Zweitakt-Maschine

Daraus ergeben sich die Gesamtmassenkräfte Z(t), Y(t) und das Gesamtumlaufmoment M_x(t):

$$Z(t) = -4\Omega^2 Q_B (A_4 \cos 4\Omega t + A_8 \cos 8\Omega t + \cdots)$$

$$Y(t) = 0$$

$$M_x(t) = 0\,.$$

Ferner ist aus dem Bild 8.2.10 zu entnehmen, daß sie von der Kurbelanordnung unabhängig sind. Die anderen Momente, Längsmoment M_z(t) und Kippmoment M_y(t), hängen dagegen von den Kurbelanordnungen (KA) (a), (b) und (c) ab, wobei die Richtungen der Massenkräfte und Hebelarme a voneinander unterschiedlich sind:

KA (a):

$$M_z(t) = -\sqrt{8}\, a\Omega^2 Q_A \sin\left(\Omega t + \frac{\pi}{4}\right)$$

$$M_y(t) = \sqrt{8}\, a\Omega^2 (Q_A + Q_B)\cos\left(\Omega t + \frac{\pi}{4}\right) + 2a\Omega^2 Q_B (A_2 \cos 2\Omega t + A_6 \cos 6\Omega t + \cdots)\,.$$

KA (b):

$$M_z(t) = -\sqrt{10}\, a\Omega^2 Q_A \sin(\Omega t + \beta)\ ;\ \beta = \tan^{-1}\frac{1}{3} \approx 18.4^o$$

$$M_y(t) = \sqrt{10}\, a\Omega^2 (Q_A + Q_B)\cos(\Omega t + \beta)\,.$$

KA (c):

$$M_z(t) = -\sqrt{2}a\Omega^2 Q_A \sin\left(\Omega t + \frac{\pi}{4}\right)$$

$$M_y(t) = \sqrt{2}a\Omega^2 (Q_A + Q_B)\cos\left(\Omega t + \frac{\pi}{4}\right) + 4a\Omega^2 Q_B (A_2 \cos 2\Omega t + A_6 \cos 6\Omega t + \cdots).$$

Aus dem Vergleich dieser drei Kurbelanordnungen ist festzustellen, daß die Momente erster Ordnung für den Fall KA (c) am kleinsten werden, die Momente höherer Ordnungen jedoch für den Fall (b) nicht auftreten.

(2) Vierzylinder-Viertakt-Maschine

Bild 8.2.11 zeigt die Kurbelanordnung dieser Maschine, wobei alle Kröpfungen in einer Ebene liegen. Der Versetzungswinkel lautet $4\pi/4 = \pi$.

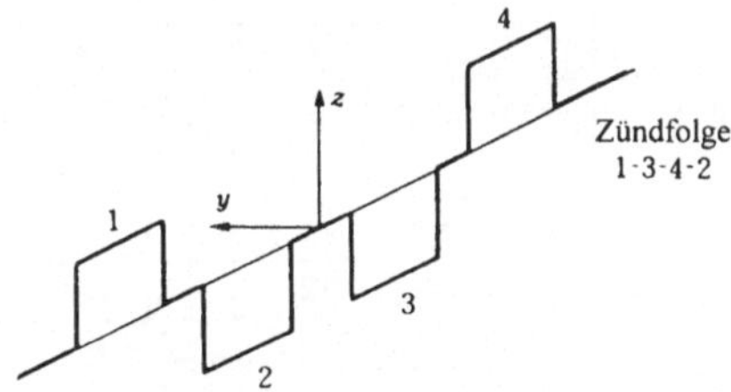

Bild 8.2.11: Kurbelanordnungen der Vierzylinder-Viertakt-Maschine

Daraus ergeben sich die Gesamtmassenkräfte Z(t), Y(t) und die Momente M_x(t), M_z(t), M_y(t) folgendermaßen:

$$Z(t) = 4\Omega^2 Q_B (A_2 \cos 2\Omega t - A_4 \cos 4\Omega t + A_6 \cos 6\Omega t - + \cdots)$$

$$Y(t) = 0$$

$$M_x(t) = 0$$

$$M_z(t) = 0$$

$$M_y(t) = 0.$$

Die Massenkräfte und -momente sind gegeneinander ausgeglichen mit Ausnahme der Massenkraft Z(t), wobei dort nur die harmonischen Anteile höherer Ordnungen auftreten. Die Massenkraft Z(t) läßt sich aber mit der begrenzten Anzahl an Gegengewichten nicht eliminieren.

p-Zylindermaschine

Bei Reihenmotoren tilgen sich die Massenkräfte $Y(t)$. Die Tabelle 8.2.3 zeigt die harmonischen Anteile der Massenkräfte und -momente, die je nach Zylinderzahl bei einem Zweitakt- oder Viertakt-Motor auftreten.

Die Massenkräfte $Y(t)$ verschwinden, und die Massenkräfte $Z(t)$ können mit der begrenzten Anzahl der Gegengewichte nicht ausgeglichen werden, während die Umlaufmomente sich durch die geeignete Gestaltung des Pleuels beseitigen lassen.

[Zweitakt]

Zylinderzahl \ Ordnung	1	2	3	4	5	6	7	8	9	10	11	12
1	• ○	•	○	•	○	•	○	•	○	•	○	•
2		•		•		•		•		•		•
3			○			•			○			•
4				•				•				•
5					○					•		
6						•						•
7							○					
8								•				
9									○			
10										•		
11											○	
12												•

주 • $Z(t)$
○ $M_x(t)$

[Viertakt]

Zylinderzahl \ Ordnung	1	2	3	4	5	6	7	8	9	10	11	12
1	• ○	•	○	•	○	•	○	•	○	•	○	•
2	• ○	•	○	•	○	•	○	•	○	•	○	•
3			○			•			○			•
4		•		•		•		•		•		•
5					○					•		
6			○			•			○			•
7							○					
8				•				•				•
9									○			
10					○					•		
11											○	
12						•						•

Tabelle 8.2.3: Massenkräfte $Z(t)$ und Umlaufmoment $M_x(t)$

8.2.3 Massenkräfte und -momente der V-Motoren

Der *V-Motor* besteht aus zwei Kurbeltrieben, die in einer (y, z)-Ebene liegen und den Gabelwinkel bilden. D.h. es liegen jeweils zwei Zylinder mit einer gemeinsamen Kurbel V-förmig angeordnet, um in axialer Richtung Platz zu sparen.

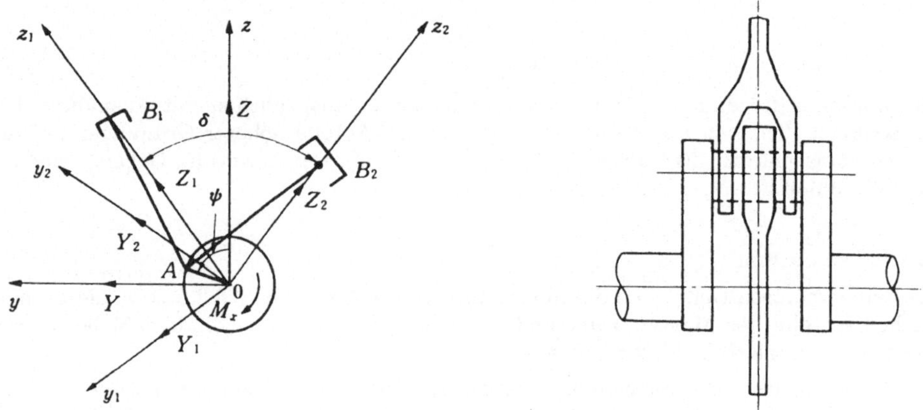

Bild 8.2.12: V-Motor mit zentrischer Anlenkung

Bei fast allen V-Motoren findet man nebeneinanderliegende Pleuel mit lediglich einem kleinen Versatz der beiden Zylinderreihen. Bild 8.2.12 zeigt einen V-Motor. Die Kurbel wird gemeinsam genutzt, beide Triebsysteme sind völlig gleichartig und beide Pleuelstangen werden an der Zapfenachse A angelenkt.

Ein (y_1, z_1)-Koordinatensystem wird dem ersten Kurbeltrieb zugeordnet, ein (y_2, z_2)-System dem zweiten und ein (y, z)-System dem ganzen Motor, dessen z-Achse den Gabelwinkel halbiert. Die Massenkräfte von einem Kurbeltrieb lassen sich nach Gleichung (8.2.7) bestimmen. Dabei muß nur der Ausdruck Q_A durch den folgenden Q_{AV}, unter Berücksichtigung der halben Kurbelmasse ersetzt werden:

$$Q_{AV} = r\left(\frac{1}{2}m_A + m_A'\right) = r\left(\frac{1}{2}\frac{s}{r}m + \frac{l-s'}{l}m'\right) \tag{8.2.32}$$

Aus Gleichungen (8.2.15) und (8.2.22) ergeben sich die Massenkräfte $Z(\mathrm{t})_{1,2}$, $Y(\mathrm{t})_{1,2}$ und das Umlaufmoment $M_x(\mathrm{t})_{1,2}$ im jeweiligen Koordinatensystem

$$\begin{aligned}
Z(t)_{1,2} &= \Omega^2\left\{[Q_{AV} + Q_B]\cos\left(\Omega t \mp \frac{\delta}{2}\right) + Q_B\left[A_2\cos 2\left(\Omega t \mp \frac{\delta}{2}\right)\right.\right.\\
&\qquad \left.\left. - A_4\cos 4\left(\Omega t \mp \frac{\delta}{2}\right) + - \cdots\right]\right\}\\
Y(t)_{1,2} &= \Omega^2 Q_{AV}\sin\left(\Omega \mp \frac{\delta}{2}\right)\\
M_x(t)_{1,2} &= -\lambda\Omega^2\left(\Theta^* - \Theta'\right)\left[C_1\sin\left(\Omega t \mp \frac{\delta}{2}\right) - C_3\sin 3\left(\Omega t \mp \frac{\delta}{2}\right)\right.\\
&\qquad \left. + C_5\sin 5\left(\Omega t \mp \frac{\delta}{2}\right) - + \cdots\right],
\end{aligned} \tag{8.2.33}$$

wobei das - Vorzeichen für Zylinder 1 und das + Vorzeichen für Zylinder 2 gilt.

Damit lauten $Z(\mathrm{t})$, $Y(\mathrm{t})$ und $M_x(\mathrm{t})$ im (y, z)-Koordinatensystem:

$$\begin{aligned}
Z(t) &= (Z_1 + Z_2)\cos\frac{\delta}{2} - (Y_1 - Y_2)\sin\frac{\delta}{2}\\
Y(t) &= (Z_1 - Z_2)\sin\frac{\delta}{2} + (Y_1 + Y_2)\cos\frac{\delta}{2}\\
M_x(t) &= M_{x1}(t) + M_{x2}(t)
\end{aligned} \tag{8.2.34}$$

Wird Gleichung (8.2.33) in Gleichung (8.2.34) eingesetzt, lassen sich die Massenkräfte $Z(\mathrm{t})$, $Y(\mathrm{t})$ und das Umlaufmoment $M_x(\mathrm{t})$ auf die Form der Fourier-Darstellung bringen:

$$\begin{aligned}
Z &= \Omega^2\left\{[Q_B(1+\cos\delta) + 2Q_{AV}]\cos\Omega t + 2Q_B\cos\frac{\delta}{2}\right.\\
&\qquad \left.\cdot[A_2\cos\delta\,\cos 2\Omega t - A_4\cos 2\delta\,\cos 4\Omega t + \cdots]\right\}\\
Y &= \Omega^2\left\{[Q_B(1-\cos\delta) + 2Q_{AV}]\sin\Omega t + 2Q_B\sin\frac{\delta}{2}\right.\\
&\qquad \left.\cdot[A_2\sin\delta\,\sin 2\Omega t - A_4\sin 2\delta\,\sin 4\Omega t + \cdots]\right\}
\end{aligned} \tag{8.2.35}$$

$$M_x = -2\lambda\Omega^2\left(\Theta^* - \Theta'\right)\left(C_1\cos\frac{\delta}{2}\sin\Omega t - C_3\cos\frac{3\delta}{2}\sin 3\Omega t + \cdots\right).$$

Um die Massenkräfte und das Umlaufmoment in dieser Gleichung zu beseitigen (oder auszugleichen), werden die folgenden Maßnahmen angewendet:

(1) Durch Anbringen der Gegengewichte an den Kurbelwangen kann die Größe von Q_{AV} vermindert werden.

(2) Der Gabelwinkel wird so gewählt, daß die Massenkräfte und –momente möglichst klein werden.

(3) Durch geeignete Gestaltung des Pleuels, d.h. $\Theta^* = \Theta'$, verschwindet das Umlaufmoment.

Die ersten und zweiten Maßnahmen werden angewendet zum Verschwinden der Massenkräfte erster Ordnung. Die Bedingungen dafür ergeben sich aus Gleichung (8.2.35):

$$Q_B(1+\cos\delta)+2\,Q_{AV} = 0$$

$$Q_B(1-\cos\delta)+2\,Q_{AV} = 0\,.$$

Daraus ergeben sich die Beziehung zwischen Q_{AV} und Q_B und die Größe des Gabelwinkels:

$$Q_{AV} = -\frac{1}{2}Q_B\;;\;\delta = \frac{\pi}{2}.$$

Somit läßt sich der Ausgleich der Massenkräfte erster Ordnung vornehmen, wenn der Gabelwinkel $\delta = \pi/2$ gewählt wird und verhältnismäßig große Gegengewichte an den Kurbelwangen angebracht werden.

Beispiel 8.12:

Berechnung der Massenkräfte $Z(t)$, $Y(t)$ und der Momente $M_x(t)$, $M_z(t)$, $M_y(t)$ bei Achtzylinder-Viertakt-V-Motoren.

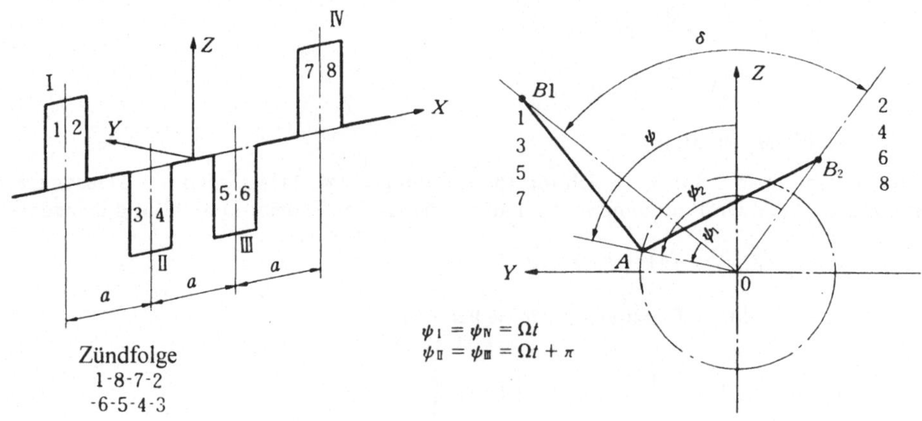

Bild 8.2.13: Kurbelanordnungen der Achtzylinder-Viertakt-V-Motoren

Die Gesamtmassenkräfte $Z(t)$, $Y(t)$ und das Gesamtumlaufmoment $M_x(t)$, die jeweils in einer Ebene n (n= I, II, ...) nach der Gleichung (8. 2. 35) auftreten, lassen sich durch Superposition der Massenkräfte und des Umlaufmomentes folgendermaßen angeben:

$$
\begin{aligned}
Z(t) &= Z_{\mathrm{I}}(t)+Z_{\mathrm{II}}(t)+Z_{\mathrm{III}}(t)+Z_{\mathrm{IV}}(t)\\
&=\Omega^2\Big\{\left[Q_B(1+\cos\delta)+2Q_{AV}\right]2\left[\cos\Omega t+\cos(\Omega t+\pi)\right]\\
&\quad+2Q_B\cos\frac{\delta}{2}\left[A_2\cos\delta\cdot 2(\cos 2\Omega t+\cos 2(\Omega t+\pi))\right.\\
&\quad\left.-A_4\cos 2\delta\cdot 2(\cos 4\Omega t+\cos 4(\Omega t+\pi))+-\cdots\right]\Big\}\\
&=\Omega^2 8Q_B\cos\frac{\delta}{2}\left[A_2\cos\delta\,\cos 2\Omega t-A_4\cos 2\delta\,\cos 4\Omega t+-\cdots\right]\\
Y(t) &= Y_{\mathrm{I}}(t)+Y_{\mathrm{II}}(t)+Y_{\mathrm{III}}(t)+Y_{\mathrm{IV}}(t)\\
&=\Omega^2 8Q_B\sin\frac{\delta}{2}\left[A_2\sin\delta\,\sin 2\Omega t-A_4\sin 2\delta\,\sin 4\Omega t+-\cdots\right]\\
M_x(t) &= M_{x\mathrm{I}}(t)+M_{x\mathrm{II}}(t)+M_{x\mathrm{III}}(t)+M_{x\mathrm{IV}}(t)\\
&=-2\lambda\Omega^2\left(\Theta^*-\Theta'\right)\left[2C_1\cos\frac{\delta}{2}(\sin\Omega t+\sin(\Omega t+\pi))\right.\\
&\quad\left.-2C_3\cos\frac{3}{2}\delta(\sin 3\Omega t+\sin 3(\Omega t+\pi))+-\cdots\right].
\end{aligned}
$$

Das Längsmoment $M_z(t)$ und das Kippmoment $M_y(t)$ ergeben sich aus der Gleichung (8.2.31) wie bei Reihenmotoren:

$$M_z(t)=-\frac{3}{2}aY_{\mathrm{I}}-\frac{1}{2}aY_{\mathrm{II}}+\frac{1}{2}aY_{\mathrm{III}}+\frac{3}{2}aY_{\mathrm{IV}}$$

$$M_y(t)=\frac{3}{2}aZ_{\mathrm{I}}+\frac{1}{2}aZ_{\mathrm{II}}-\frac{1}{2}aZ_{\mathrm{III}}-\frac{3}{2}aZ_{\mathrm{IV}}\ .$$

Da die Massenkräfte der ersten und vierten sowie der zweiten und dritten Kurbelebene paarweise gleich sind,

$$Y_{\mathrm{I}}=Y_{\mathrm{IV}}\ ;\ Y_{\mathrm{II}}=Y_{\mathrm{III}}$$

$$Z_{\mathrm{I}}=Z_{\mathrm{IV}};\ Z_{\mathrm{II}}=Z_{\mathrm{III}}$$

verschwinden das Längsmoment $M_z(t)$ und das Kippmoment $M_y(t)$.

Problem 8.3:

Berechnung der Massenkräfte $Z(t)$, $Y(t)$ und der Momente $M_x(t)$, $M_z(t)$, $M_y(t)$ bei einer Fünfzylinder-Viertakt-Maschine eines Audi 100 5E, dargestellt im Bild 8.2.14 (Pfützner/Markert, 1980)

Problem 8.4:

Berechnung der Massenkräfte $Z(t)$, $Y(t)$ und der Momente $M_x(t)$, $M_z(t)$, $M_y(t)$ bei einem Vierzylinder-Viertakt-V-Motor, dargestellt im Bild 8.2.15 (Pfützner/Markert, 1980)

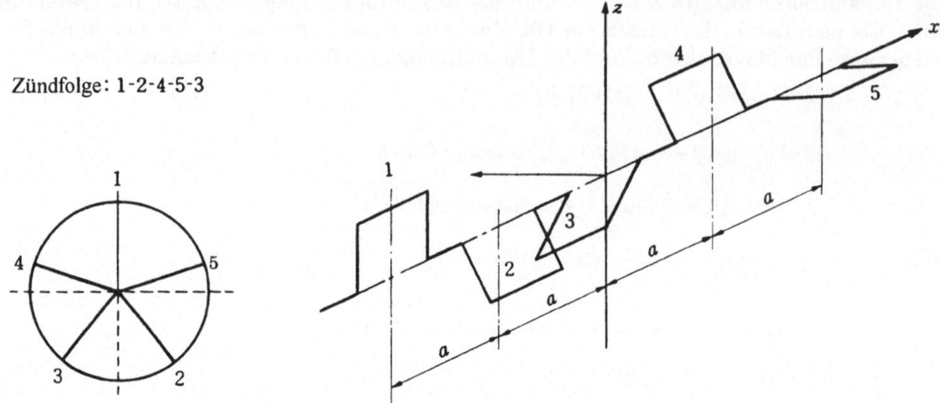

Bild 8.2.14: Kurbelanordnungen der Fünfzylinder-Viertakt-Maschine (nach Pfützner/Markert, 1980)

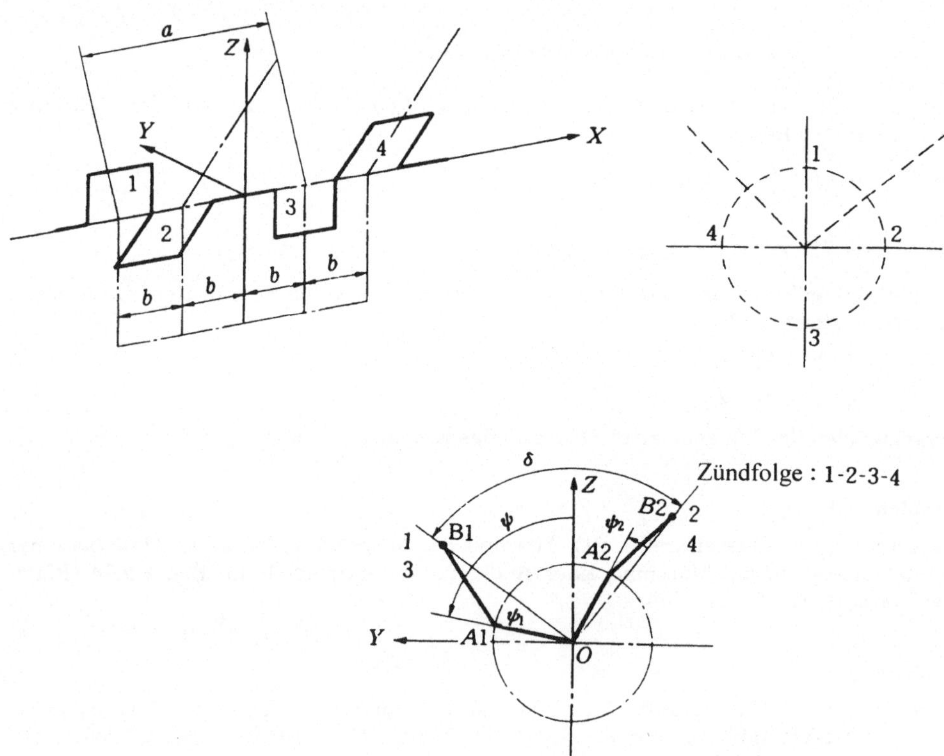

Bild 8.2.15: Kurbelanordnungen der Vierzylinder-Viertakt-V-Motoren (nach Pfützner/Markert, 1980)

8.3 Antriebsstränge mit eingebauten Gelenkwellen

Gelenkwellen sind heute als Übertragungsmittel unersetzliche Maschinenelemente von Antriebssträngen verschiedener Anlagen und Maschinen. Eine Gelenkwelle ist ein Zweifach-*Kreuzgelenkgetriebe*, dessen Zwischenwelle einen Längenausgleich hat. Ein Einfach-Kreuzgelenkgetriebe ist eine winkelbewegliche Kupplung, durch die mechanische Energie weiter geleitet wird. Eine Gelenkwelle wird beim Antriebstrang zur Übertragung der Drehbewegung und des Drehmomentes angewendet, um so Wellen im Raum miteinander zu verbinden. In diesem Abschnitt werden die Kinematik und die Torsionsschwingungsgleichung eines Kreuzgelenkgetriebes behandelt.

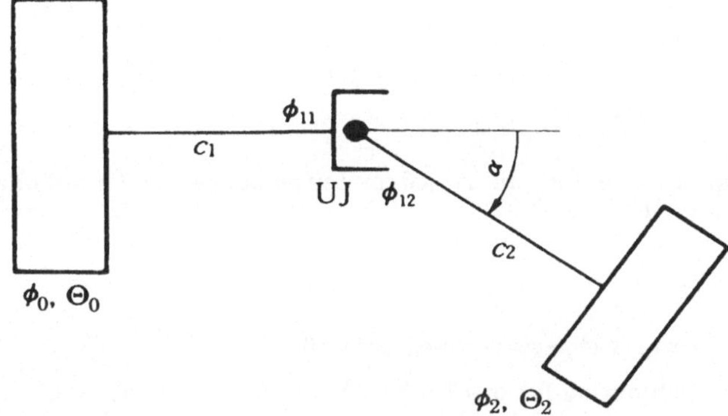

Bild 8.3.1: Kreuzgelenkgetriebe

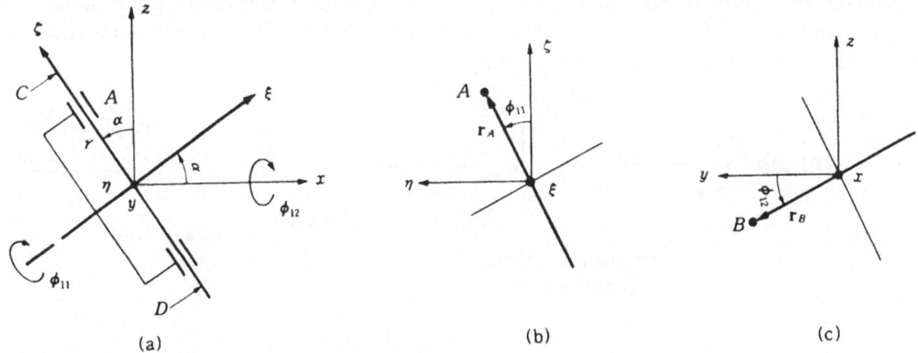

Bild 8.3.2: Drehung eines Kreuzgelenkgetriebes

8.3.1 Kinematik des Kreuzgelenkgetriebes

Bild 8.3.1 zeigt ein Antriebsstrangsystem, das aus den Massenträgheitsmomenten Θ_1, Θ_3, einer Torsionsfeder c_2 und einem Kreuzgelenkgetriebe UJ mit einem Ablenkwinkel α als Verbindungsglied besteht. Die *Abtriebswelle* dreht sich mit der Winkelgeschwindigkeit $\dot{\phi}_{12}$ bei einer gleichförmigen Drehung der Antriebswelle $\dot{\phi}_{11} = \Omega$.

Ein raumfestes, karthesisches (ξ, ς, η)-Koordinatensystem wird dem des Antriebsstranges zugeordnet, ein *(x, y, z)*-System dem des Abtriebsstranges, wobei die Eigenvektoren jeweils mit ($e_\xi, e_\varsigma, e_\eta$) und ($e_x, e_z, e_y$) gekennzeichnet sind (Bild 8.3.2(a)). Es gelten die folgenden Beziehungen:

$$\begin{aligned} \mathbf{e}_\xi &= \cos\alpha \cdot \mathbf{e}_x + \sin\alpha \cdot \mathbf{e}_z \\ \mathbf{e}_\zeta &= -\sin\alpha \cdot \mathbf{e}_x + \cos\alpha \cdot \mathbf{e}_z \\ \mathbf{e}_\eta &= \mathbf{e}_y \end{aligned} \tag{8.3.1}$$

Daraus ergeben sich die zwei Vektoren $\mathbf{r}_A$ und $\mathbf{r}_B$ der An- und Abtriebsseite des Koppelkreuzes (Bild 8.3.2 (b), (c)):

$$\begin{aligned} \mathbf{r}_A &= r \cdot (\cos\phi_{11} \cdot \mathbf{e}_\zeta + \sin\phi_{11} \cdot \mathbf{e}_\eta) \\ &= r \cdot (-\cos\phi_{11} \cdot \sin\alpha \cdot \mathbf{e}_x + \cos\phi_{11} \cdot \cos\alpha \cdot \mathbf{e}_z + \sin\phi_{11} \cdot \mathbf{e}_\eta) \\ \mathbf{r}_B &= r \cdot (\cos\phi_{12} \cdot \mathbf{e}_y - \sin\phi_{12} \cdot \mathbf{e}_z). \end{aligned}$$

Für die Vektoren $\mathbf{r}_A$ und $\mathbf{r}_B$, die zu jedem Zeitpunkt senkrecht aufeinander stehen, gilt die Orthogonalitätsbedingung :

$$\mathbf{r}_A \cdot \mathbf{r}_B = 0. \tag{8.3.2}$$

Daraus folgt :

$$\mathbf{r}_A \cdot \mathbf{r}_B = \cos\phi_{12} \cdot \sin\phi_{11} - \sin\phi_{12} \cdot \cos\phi_{11} \cdot \cos\alpha = 0.$$

Die Übertragungsfunktion für das Einfach-Kreuzgelenkgetriebe läßt sich wie folgt angeben:

$$\tan\phi_{12} = \frac{1}{\cos\alpha} \cdot \tan\phi_{11} \tag{8.3.3a}$$

Diese Gleichung gilt für ein *nullphasig bezogenes Kreuzgelenkgetriebe* (Bild 8.3.3(a)). Bild 8.3.3(b) zeigt ein *rechtphasig bezogenes Kreuzgelenkgetriebe*, für das der Ausdruck $\cos\alpha$ statt $(\cos\alpha)^{-1}$ in der Gleichung stehen muß.

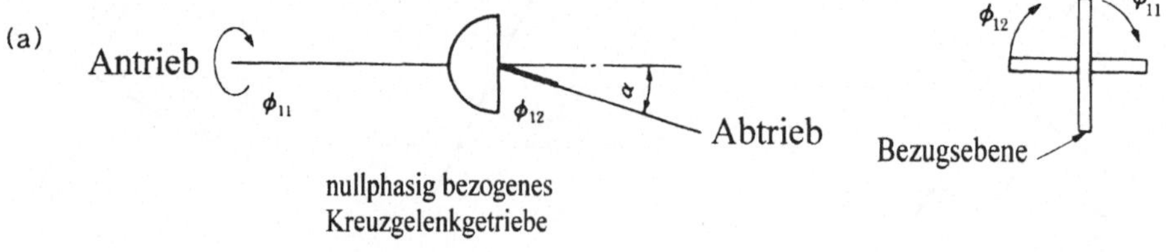

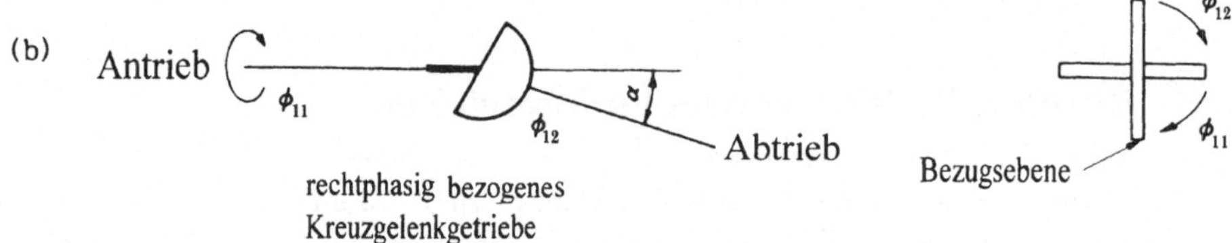

Bild 8.3.3: Anordnungen des Kreuzgelenkgetriebes (nach Hein/Stühler. 1997)

Das nullphasig bezogene Kreuzgelenkgetriebe ist dadurch gekennzeichnet, daß bei $\phi_{11} = 0$ die Ebene durch die Antriebsgabel mit der Bezugsebene zusammenfällt, während für das rechtphasig bezogene Kreuzgelenkgetriebe die Ebene durch die Antriebsgabel mit der Bezugsebene senkrecht steht.

Für das nullphasig bezogene Kreuzgelenkgetriebe gelten die folgenden Ableitungen nach der Zeit:

$$\dot{\phi}_{12} = \frac{\dot{\phi}_{11} \cos\alpha}{1 - \sin^2\alpha \, \cos^2\phi_{11}} \tag{8.3.3b}$$

$$\ddot{\phi}_{12} = \frac{\cos\alpha \left[\ddot{\phi}_{11}\left(1 - \sin^2\alpha \cdot \cos^2\phi_{11}\right) + \dot{\phi}_{11}{}^2 \sin^2\phi_{11}\right]}{\left(1 - \sin^2\alpha \, \cos^2\phi_{11}\right)^2} \tag{8.3.3c}$$

Die Näherungen der Fourierreihen-Entwicklung der Übertragungsfunktion (8.3.3) lassen sich für den kleinen Ablenkwinkel $\alpha < 20°$, mit relativ guter Genauigkeit darstellen (B. Günther, 1982; V. Schnauder, 1983):

$$\phi_{12} = \phi_{11} + \varepsilon \cdot \sin 2\phi_{11} \tag{8.3.4a}$$

$$\dot{\phi}_{12} = \Omega(1 + 2\varepsilon \cdot \cos 2\phi_{11}) \tag{8.3.4b}$$

$$\ddot{\phi}_{12} = -4\Omega^2 \varepsilon \cdot \sin 2\phi_{11} \tag{8.3.4c}$$

mit $\varepsilon = \tan^2 \dfrac{\alpha}{2} \approx \dfrac{\alpha^2}{4}$.

Diese Übertragungsfunktionen für das Einfach-Kreuzgelenkgetriebe lassen erkennen, daß der Abtriebswinkel $\phi_{12}(t)$ sich aus einem konstanten Anteil $\phi_{11} = \Omega$ und einen um diesen schwankenden Anteil $f(2\Omega t)$ mit der doppelten Frequenz 2Ω zusammensetzt. D.h. es liegt bei einer gleichförmigen Antriebsbewegung Ωt (unabhängig von der Größe des Antriebsmomentes) mit $\Omega t + f(2\Omega t)$ keine gleichförmige Abtriebsbewegung vor.

Beispiel 8.13:

Ermittlung der kinematischen Beziehungen für die Winkelgeschwindigkeiten beim Antriebsstrang mit eingebauter Gelenkwelle (Bild 8.3.4)

(1) Herleitung der Grundformel

(a) Die Beziehung zwischen den Drehwinkeln ϕ_{11} und ϕ_{12} ergibt sich aus der Gleichung (8.3.3a):

$$\phi_{12} = \arctan\left(\frac{1}{\cos\alpha_1} \tan\phi_{11}\right).$$

Diese Gleichung soll in eine Fourier-Reihe entwickelt werden. Dazu wird ϕ_{12} so ersetzt, daß $\phi_{12} = \phi_{11} + (\phi_{12} - \phi_{11}) = \phi_{11} + F$ ist, wobei $F = \arctan(\cos^{-1}\alpha \cdot \tan\phi_{11}) - \phi_{11}$ eingesetzt wird.

Da die Funktion *F* eine Periode hat und unter der Dirichletschen Bedingung in eine Fourier-Reihe entwickelbar ist, lautet der Drehwinkel ϕ_{12}:

$$\phi_{12} = \phi_{11} + \varepsilon_1 \sin 2\phi_{11} + \frac{1}{2}\varepsilon_1{}^2 \sin 4\phi_{11} + \frac{1}{3}\varepsilon_1{}^3 \sin 6\phi_{11} + \cdots$$

mit α_1: Ablenkwinkel

$$\varepsilon_1: \quad \varepsilon_1 = \tan^2\left(\frac{\alpha_1}{2}\right), \ \phi_{11} = \Omega t \ .$$

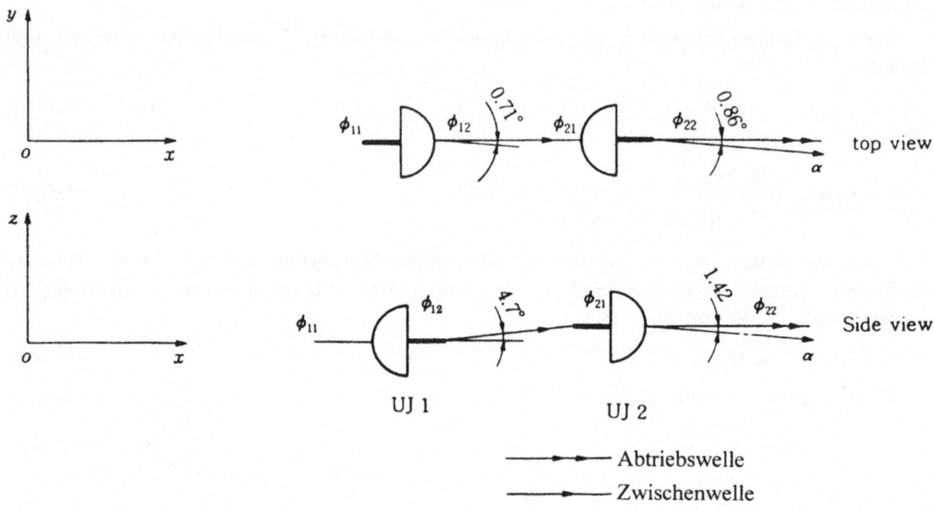

Bild 8.3.4: Zweifach-Kreuzgelenkgetriebe

Unter Vernachlässigung der Ausdrücke mit Potenzen über 4. Grades läßt sich der Abtriebswinkel ϕ_{12} auf die einfache Form

$$\phi_{12} \approx \phi_{11} + \varepsilon_1 \sin 2\Omega t$$

bringen.

Beträgt die Phasenlage der Antriebsgabel mit der Bezugsebene $\phi_{11}{}^{\circ}$, ergibt sich der Abtriebswinkel ϕ_{12} aus Gleichung (8.3.3):

$$\phi_{12} + \phi_{12}{}^{\circ} = \arctan\left[\frac{1}{\cos\alpha_1}\tan\left(\phi_{11} + \phi_{11}{}^{\circ}\right)\right] \tag{8.3.5a}$$

mit $\quad \phi_{12}{}^{\circ} = \arctan\left(\frac{1}{\cos\alpha_1}\tan\phi_{11}{}^{\circ}\right).$

Daraus folgt:

$$\phi_{12} = \arctan\left[\frac{1}{\cos\alpha_1}\tan\left(\phi_{11} + \phi_{11}{}^{\circ}\right)\right] - \arctan\left(\frac{1}{\cos\alpha_1}\tan\phi_{11}{}^{\circ}\right). \tag{8.3.5b}$$

Die Fourierreihen-Entwicklung dieser Gleichung lautet :

$$\phi_{12} = \phi_{11} - \varepsilon_1 \sin 2\phi_{11}{}^{\circ} + \varepsilon_1 \sin 2\left(\Omega t + \phi_{11}{}^{\circ}\right). \tag{8.3.5c}$$

(b) Für das rechtphasig bezogene Kreuzgelenkgetriebe gilt die Beziehung zwischen dem Drehwinkel ϕ_{21} und ϕ_{22} nach Gleichung (8.3.5 c),

$$\phi_{22} = \phi_{21} - \varepsilon_2 \sin 2\phi_{21}{}^{\circ} - \varepsilon_2 \sin 2\left(\Omega t - \phi_{21}{}^{\circ}\right). \tag{8.3.6}$$

wobei $\varepsilon_2 = \tan^2\left(\frac{\alpha_2}{2}\right)$ für den Gabelwinkel = 0 ist.

(c) Besteht eine Gelenkwelle aus einem nullphasig bezogenen Kreuzgelenkgetriebe und einem rechtphasig bezogenen, ergibt sich die Beziehung zwischen dem Drehwinkel ϕ_{11} und ϕ_{22} nach den Gleichungen (8.3.5 c) und (8.3.6),

$$\phi_{22} = \phi_{11} + \left[-\varepsilon_1 \sin 2\phi_{11}{}^{o} - \varepsilon_2 \sin 2\phi_{21}{}^{o}\right] + \hat{a}\sin 2\Omega t + \hat{b}\cos 2\Omega t \tag{8.3.7}$$

mit $\hat{a} = \varepsilon_1 \cos 2\phi_{11}{}^{o} - \varepsilon_2 \cos 2\phi_{21}{}^{o}$

$\hat{b} = \varepsilon_1 \sin 2\phi_{11}{}^{o} + \varepsilon_2 \sin 2\phi_{21}{}^{o}$.

wobei die Bedingung $\phi_{12} = \phi_{21}$ zu berücksichtigen ist.

Daraus läßt sich die Schwingungsamplitude $\hat{\phi}$ berechnen:

$$\hat{\phi} = \sqrt{\hat{a}^2 + \hat{b}^2} = \sqrt{\varepsilon_1{}^2 + \varepsilon_2{}^2 - 2\varepsilon_1\varepsilon_2 \cos 2(\phi_{11}{}^{o} + \phi_{21}{}^{o})}\,. \tag{8.3.8}$$

(d) Die kinematische Beziehung für die Winkelgeschwindigkeit des ersten Kreuzgelenkgetriebes i lautet:

$$i = \frac{\omega_{12}}{\omega_{11}} = 1 + 2\varepsilon_1 \cos 2\phi_{11} + O\left(\varepsilon_1{}^2\right). \tag{8.3.9}$$

Für die Übersetzung $i = 1 + \hat{i}\cos 2\phi_{11}$ gilt:

$$\hat{i} = 2\varepsilon_1\,. \tag{8.3.10}$$

Die Größe der Übersetzungsamplitude ist zweimal so groß wie die der Amplitude $\hat{\phi}$ nach Gleichung (8.3.8).

(2) Berechnungsbeispiel

Kreuzgelenkgetriebe UJ1:

$\alpha_{1y} = -0.71^{o}$; $\alpha_{1z} = -4.7^{o}$

$$\phi_{11}{}^{o} = \tan^{-1}\frac{\alpha_{1y}}{\alpha_{1z}} = +8.59^{o}$$

$$\varepsilon_1 = \tan^2\frac{\alpha_1}{2} = 1.72 \cdot 10^{-3}$$

mit $\alpha_1 = \sqrt{(-0.71)^2 + (-4.7)^2} = 4.75^{o}$

Kreuzgelenkgetriebe UJ2:

$\alpha_{1y} = +0.86^{o}$; $\alpha_{2z} = +1.42^{o}$

$$\phi_{21}{}^{o} = \tan^{-1}\frac{\alpha_{2y}}{\alpha_{2z}} = +31.2^{o}$$

$$\varepsilon_2 = \tan^2\frac{\alpha_2}{2} = 0.2099 \cdot 10^{-3}$$

mit $\alpha_2 = \sqrt{(+0.86)^2 + (+1.42)^2} = 1.66^{o}$

Berechnungen der Schwingungsamplitude $\hat{\phi}$ und der Übersetzungsamplitude $\hat{i}$:

$$\hat{\phi} = \sqrt{\varepsilon_1{}^2 + \varepsilon_2{}^2 - 2\varepsilon_1\varepsilon_2 \cos 2(\phi_{11}{}^{o} + \phi_{21}{}^{o})}$$

$$= 1.695 \cdot 10^{-3}$$

$$\hat{i} = 2\hat{\phi} = 3.39 \cdot 10^{-3}\,.$$

8.3.2 Torsionsschwingungsgleichungen

Bild 8.3.5 zeigt die freigeschnittenen Momente des Antriebsstrangsystems nach Bild 8.3.1.

Aus dem Drallsatz ergeben sich die Gleichungen:

$$\Theta_1 \cdot \ddot{\phi}_{11} = -M_1$$

$$\Theta_3 \cdot \ddot{\phi}_{13} = M_2 \tag{8.3.11}$$

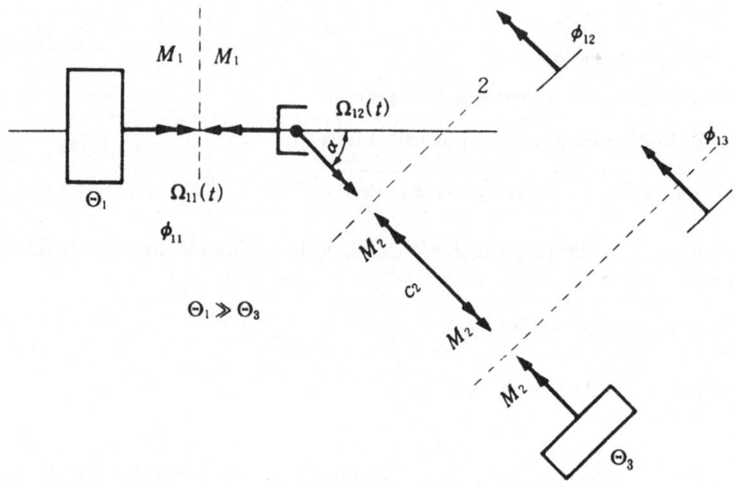

Bild 8.3.5: Freigeschnitte Momomente im Antriebsstrang nach Bild 8.3.1

Für die über das Kreuzgelenkgetriebe übertragene Leistung N gilt:

$$N = M_2\Omega_2 = M_1\Omega_1 \ . \tag{8.3.12a}$$

Daraus folgt:

$$M_2 = \frac{\Omega_1}{\Omega_2} \cdot M_1 = \frac{\dot{\phi}_{11}}{\dot{\phi}_{12}} M_1 \ . \tag{8.3.12b}$$

Die elastische Gleichung läßt sich für das drehelastische Wellenstück mit der Torsionssteifigkeit c_2 beschreiben:

$$M_2 = c_2(\phi_{12} - \phi_{13}). \tag{8.3.13}$$

Aus Gleichung (8.3.3a) ergibt sich die Beziehung durch Differentiation und mit Hilfe von trigonometrischen Umformungen:

$$\frac{\dot{\phi}_{11}}{\dot{\phi}_{12}} = k_1 + k_2 \cdot \cos 2\phi_{11} \tag{8.3.14}$$

mit $$k_1 = \frac{1}{2}\left(\cos\alpha + \frac{1}{\cos\alpha}\right)$$

$$k_2 = \frac{1}{2}\left(\cos\alpha - \frac{1}{\cos\alpha}\right).$$

Aus den Gleichungen (8.3.11) bis (8.3.14) folgen:

$$\Theta_1\ddot{\phi}_{11} = -M_1 = \frac{-M_2}{k_1 + k_2\cos 2\phi_{11}} = \frac{c_2(\phi_{13} - \phi_{12})}{k_1 + k_2\cos 2\phi_{11}}$$

$$\Theta_3\ddot{\phi}_{13} = M_2 = c_2(\phi_{12} - \phi_{13}).$$

Somit lassen sich die folgenden Torsionsschwingungsgleichungen herleiten:

$$\Theta_1\ddot{\phi}_{11} + \frac{c_2(\phi_{12} - \phi_{13})}{k_1 + k_2\cos 2\phi_{11}} = 0$$

$$\Theta_3\ddot{\phi}_{13} + c_2(\phi_{13} - \phi_{12}) = 0 \qquad (8.3.15)$$

Der Nenner in der ersten Gleichung wird folgendermaßen angenähert:

$$\frac{1}{k_1 + k_2\cos 2\phi_{11}} = \frac{k_1 - k_2\cos 2\phi_{11}}{k_1^2 - k_2^2\cos^2 2\phi_{11}} \approx 1 - k_2\cos 2\phi_{11}.$$

Diese Annäherung ist zutreffend für Gelenkwinkel $\alpha<20°$, wenn der Berechnung k_1=1.0019, k_2^2=0.0039(k_2<0) für α=20° zugrunde gelegt wird.

Durch Subtraktion der beiden Gleichungen voneinander ergibt sich die Gleichung:

$$\ddot{\phi}_{13} - \ddot{\phi}_{11} + \frac{c_2}{\Theta_3}(\phi_{13} - \phi_{12}) + \frac{c_2}{\Theta_1}(\phi_{13} - \phi_{12})[1 - k_2\cos 2\phi_{11}] = 0.$$

Durch Ersetzen des relativen Drehwinkels $\phi = \phi_{13} - \phi_{12}$ läßt sich diese Gleichung auf die Form

$$\ddot{\phi}_{13} - \ddot{\phi}_{11} + \left[\frac{c_2}{\Theta_3} + \frac{c_2}{\Theta_1} - \frac{c_2}{\Theta_1}k_2\cos 2\phi_{11}\right]\phi = 0. \qquad (8.3.16)$$

bringen.

Weiterhin kann der relative Drehwinkel ($\phi_{13} - \phi_{12}$) auch von dem Drehwinkel ϕ abgeleitet werden:

$$\phi_{13} - \phi_{11} = (\phi_{13} - \phi_{12}) + \phi_{12} - \phi_{11} \approx \phi + \varepsilon \cdot \sin 2\phi_{11}.$$

Die Gleichung (8.3.16) läßt sich in der Form

$$\ddot{\phi} + \varepsilon \cdot \frac{d^2}{dt^2}(\sin 2\phi_{11}) + c_2\left\{\frac{\Theta_1 + \Theta_3}{\Theta_1 \cdot \Theta_3} - \frac{k_2}{\Theta_1}\cos 2\phi_{11}\right\} \cdot \phi = 0.$$

beschreiben.

Aufgrund der freien Torsionsschwingungen des Systems wird sich dem Drehwinkel $\phi_{11}(t) = \Omega_{11}t = \Omega t$ ein zeitlich veränderlicher Drehwinkel (t) als schwankender Anteil überlagern:

$$\phi_{11} = \Omega t + \delta \cdot \theta(t), \qquad 0 < \delta < 1.$$

Für die gleichförmige Drehung beim Antrieb,

$$\phi_{11} \approx \Omega t.$$

läßt sich die Torsionsschwingungsgleichung folgendermaßen darstellen:

$$\ddot{\phi} + (\lambda + \gamma \cdot \cos 2\Omega t)\phi = 4\varepsilon\,\Omega^2 \sin 2\Omega t \qquad (8.3.17)$$

mit $\lambda = c_2\dfrac{\Theta_1 + \Theta_3}{\Theta_1 \cdot \Theta_3}$; $\gamma = \dfrac{-k_2 c_2}{\Theta_1}(k_2 < 0)$.

Das ist eine inhomogene *Mathieu'sche Differentialgleichung* in der Normalform, die durch eine Parametererregung $\gamma \cos 2\Omega t$ und eine harmonische Erregung $4\varepsilon\Omega^2 \sin 2\Omega t$ gekennzeichnet ist.

Das Stabilitätsverhalten der Gleichung (8.3.17) in Abhängigkeit von den Parametern kann mit der im Abschnitt 6.6 behandelten Stabilitätskarte von Ince und Strutt untersucht werden.

Im Falle der kleinen Ablenkwinkel wird die Gleichung (8.3.17) zu einer linearen erzwungenen Schwingung mit der Erregungsfrequenz 2Ω reduziert (W. Stühler, 1973/1979)

Beispiel 8.14:

Torsionsschwingungen von einem 11 Tonnen Cargo LKW (Park, 1995)

Problem (P): Resonanzartige Geräusche und übermäßige Schwingungen in der Fahrerkabine in Abhängigkeit von der Fahrzeuggeschwindigkeit im häufig betriebenen Geschwindigkeitsbereich von 65 ~ 75 km/h.

(1) Schwingungserregungen

Für das vorliegende Problem werden die Erregungen durch Gas-und Massenkräfte des Motors, Restunwuchten und Kinematik und Statik der Kreuzgelenkgetriebe bei Gelenkwellen betrachtet.

Für die 8 Zylinder-Viertakt-Maschine in 90° V-Anordnung sind für eine Motordrehzahl von 600 min^{-1} bis 2400 min^{-1}, also f_{E1}=10 Hz bis 40 Hz, als wesentliche Erregerordnungen zu sehen: 4. Ordnung mit $\hat{M}_4 = 1.2\overline{M}$, 8. Ordnung mit $\hat{M}_8 = (0.15 \sim 0.2)\overline{M}$. Dabei ist $\overline{M}$ das mittlere Moment, $\hat{M}_4$ Amplitude der 4. Ordnung des Motormomentes und $\hat{M}_8$ die Amplitude der 8. Ordnung des Motormomentes. Daraus resultieren die Erregungsfrequenzen des Motors f_{E4}= 40 Hz bis 160 Hz und f_{E8}= 80 Hz bis 320 Hz. Im Bild 8.3.6 ist eine Verteilung der Erregungsfrequenzen zu sehen.

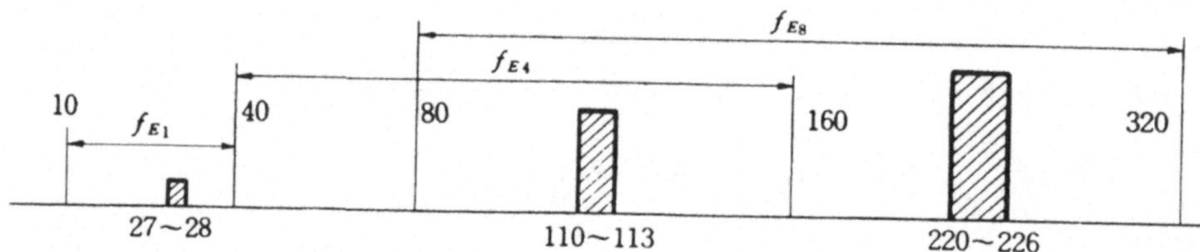

Bild 8.3.6: Verteilung der Erregungsfrequenzen

Im Geschwindigkeitsbereich P lauten die Erregungsfrequenzen f_{E1}= 27~ 28 Hz der ersten Ordnung, f_{E4}= 110 ~ 113 Hz der 4.Ordnung und f_{E8}=220~ 226 Hz der 8. Ordnung für die Motordrehzahl 1650 ~1700 min^{-1}. Die Erregungsfrequenzen durch Restunwuchten liegen im Bereich von 38 Hz bis 40 Hz beim Antriebsstrang unter Berücksichtigung der Übersetzung des 6.Ganges vom Vorgelegegetriebe (μ=0.709). Bild 8.3.7 zeigt die Anordnungen der Antriebsstränge für einen 11 Tonnen Cargo LKW und Bild 8.3.8 zeigt eine räumliche Anordnung für das Kreuzgelenkgetriebe in den Gelenkwellen. Dabei ist UJ1 ein nullphasig bezogenes Kreuzgelenkgetriebe und UJ2 ein rechtphasig bezogenes. Die Koordinate x entspricht der Längsachse des Fahrzeuges, y der Querachse und z der Vertikalachse.

Unter den Voraussetzungen, daß der Gabelwinkel zwischen der rechten Gabel von UJ1 und der linken Gabel von UJ2 und der Ablenkwinkel $\alpha_{iy,z}$ vernachlässigbar klein sind, lassen sich die Drehwinkel ϕ_{12} und ϕ_{22} mit Hilfe von Gleichung (8.3.4a) angeben:

$$\phi_{12} = \phi_{11} - \varepsilon_1 \sin 2\beta_{11} + \varepsilon_1 \sin 2(\phi_{11} - \beta_{11}) \quad (8.3.18a)$$

$$\phi_{22} = \phi_{21} - \varepsilon_2 \sin 2\beta_{22} - \varepsilon_2 \sin 2(\phi_{21} + \beta_{22}) \quad (8.3.18b)$$

mit $\beta_{ii} = \arctan\left(\frac{\alpha_{iy}}{\alpha_{iz}}\right), \quad \varepsilon_i = \tan^2\left(\frac{\alpha_i}{2}\right), \quad \alpha_i = \sqrt{\alpha_{iy}^2 + \alpha_{iz}^2} \; ; \quad i = 1, 2$

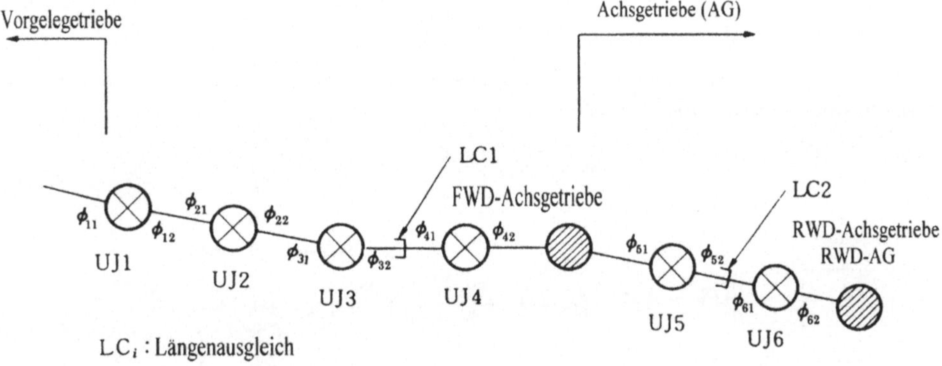

Bild 8.3.7: Anordnungen der Antriebsstränge für einen 11 Tonnen Cargo LKW

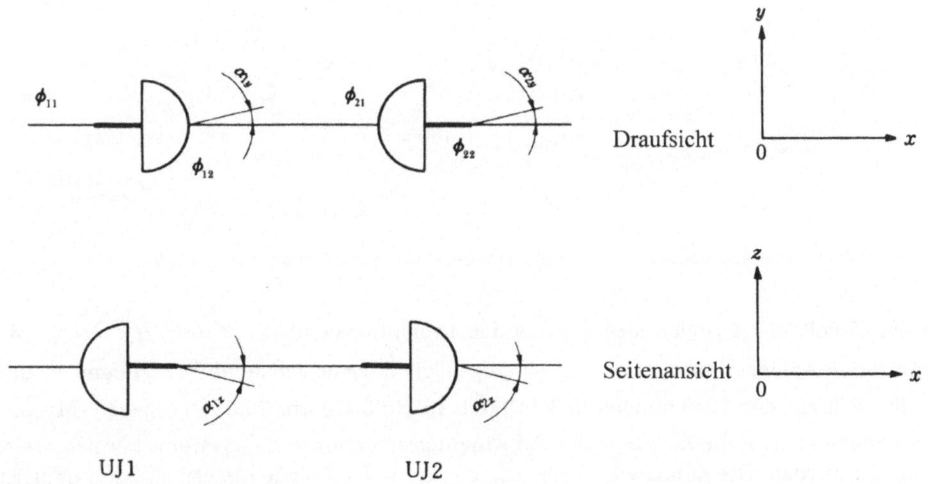

Bild 8.3.8: Räumliche Anordnungen des Kreuzgelenkgetriebes

Die Beziehung zwischen dem Antriebswinkel ϕ_{11} und dem Abtriebswinkel ϕ_{22} ergibt sich für die gleichförmige Drehumg aus den Gleichungen (8.13.18a) und (8.13.18b):

$$\phi_{22} = \phi_{11} + c_{12} + \hat{a}_{12}\sin 2\Omega t - \hat{b}_{12}\cos 2\Omega t \qquad (8.3.19)$$

mit $c_{12} = -(\varepsilon_1 \sin 2\beta_{11} + \varepsilon_2 \sin 2\beta_{22})$

$$\hat{a}_{12} = \varepsilon_1 \cos 2\beta_{11} - \varepsilon_2 \cos 2\beta_{22}$$

$$\hat{b}_{12} = -c_{12} \, .$$

Dabei ist die Schwingungsamplitude wie folgt zu bestimmen:

$$\begin{aligned} A_{12} &= \sqrt{\hat{a}_{12}{}^2 + \hat{b}_{12}{}^2} \\ &= \sqrt{\varepsilon_1{}^2 + \varepsilon_2{}^2 - 2\varepsilon_1\varepsilon_2\cos 2(\beta_{11} + \beta_{22})} \, . \end{aligned} \qquad (8.3.20)$$

Bild 8.3.9 zeigt eine räumliche Anordnung des Antriebsstranges eines 11 Tonnen Cargo LKW mit den Kreuzgelenkgetrieben.

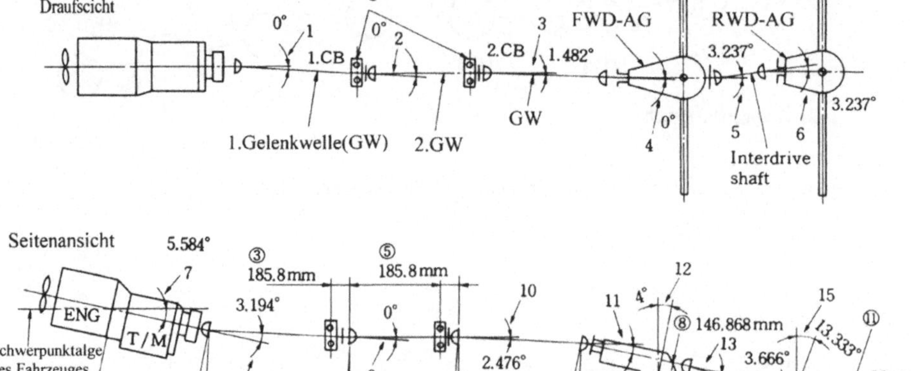

Bild 8.3.9: Räumliche Anordnungen des Antriebsstranges von einem 11Tonnen Cargo LKW

In der Tabelle 8.3.1 finden sich die aus den Projektionswinkeln α_{iy} und α_{iz} (i=1, , 6) ermittelten Ablenkwinkel α_i für die jeweilige Gelenkebene sowie die Erregungen ε_i und $\hat{i}_{ij}$, die sich aus den Gleichungen (8.3.4a), (8.3.10), (8.3.19) und (8.3.20) ergeben. Mit diesen Größen können die Zustände der Schwingungserregungen des Systems bereichsweise beurteilt werden. Die Zahlenwerte von α_5, α_6, ε_1 und ε_2 sowie die von $\hat{i}_{56}$ sind deutlich größer als die anderen. Damit werden die mit diesen Werten in Verbindung stehenden Antriebsstrangbereiche stark angeregt.

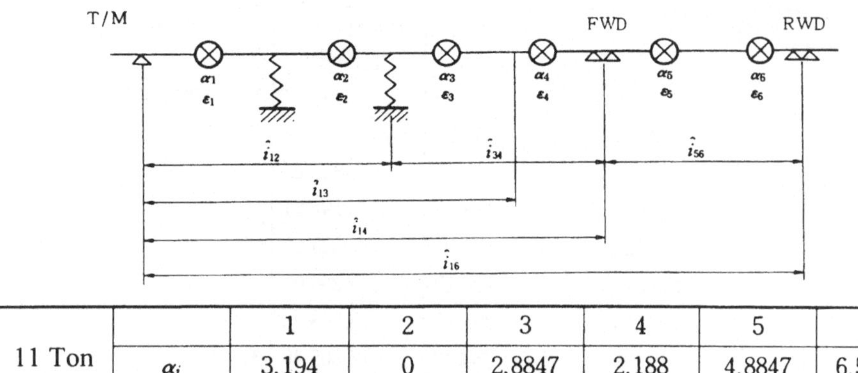

		1	2	3	4	5	6
11 Ton Cargo LKW	α_i	3.194	0	2.8847	2.188	4.8847	6.5133
	ε_i	0.7773	0	0.6340	0.3647	1.8193	3.2377
	$\hat{i}_{ij}$	1.5546	2.4264	1.1251	1.8104	9.6175	8.1948

Tabelle 8.3.1: Erregungen ε_i und $\hat{i}_{ij}$

Abkürzungen:

α_i: resultierende Ablenkwinkel [°]

ε_i: $\tan^2\left(\frac{\alpha_i}{2}\right)$, $[-]\times 10^{-3}$

$\hat{i}_{ij}$: Amplitude der Übersetzung i_{ij}, $[-]\times 10^{-3}$

(2) Torsionseigenfrequenzen des Antriebsstranges

Das Schwingungsproblem bei dem hier betrachteten 11 Tonnen Cargo LKW tritt nur im 6. Gang auf. Für die Berechnung der Torsionseigenfrequenzen wurde ein Modell aufgestellt, wobei die Diskretisierung nach der Massen- und Längenreduktion wie im Abschnitt 8.1.2 durchgeführt wurde.

Alle Größen bei der Reduktion wurden auf die Kurbelwelle bezogen. Da die Fahrzeugmasse nicht als Einspannung, sondern als reale große Drehmasse berücksichtigt wurde, ist der gesamte Antriebsstrang als ein mehrfach verzweigtes Torsionsschwingungssystem mit 25 Drehmassen modelliert. Das Modell ist also frei-frei, d.h. ungefesselt. Eine Diskretisierung der Dämpfungen wurde bei der Berechnung nicht vorgenommen, da die niedrige Dämpfung bei Stahl die Torsionseigenfrequenzen nur in geringem Umfang verändert.

Die Berechnungen für Torsionseigenfrequenzen und -eigenvektoren wurden mit dem Programm ARLA-SIMUL und ARLA-SIMISTAT durchgeführt.

In der Tabelle 8.3.2 sind die berechneten Eigenfrequenzen zu sehen und Bild 8.3.11 zeigt die erste bis dritte Schwingungsform, wodurch sich die dynamischen Eigenschaften des Antriebsstranges erkennen lassen. Aus den normierten Schwingungsformen ist zu entnehmen, daß sich prinzipielle Anregbarkeiten leicht erfassen lassen.

NF	OM(NF)[rad/s]	FE(NF)[Hz]	NE(NF) [rpm]	Stiffness
1	48.08	7.65	459.13	17 18 22 23
2	190.57	30.33	1819.77	9
3	505.51	80.45	4827.25	19
4	816.56	129.96	7797.54	
5	967.26	153.94	9236.66	1
6	1068.77	170.10	10,206.00	7
7	1607.33	255.81	15,348.84	
8	1812.22	288.42	17,305.40	11 13
9	2728.13	434.20	26,051.73	10
10	2881.86	458.66	27,519.71	20
11	3100.66	493.48	29,609.09	12
12	3977.19	632.99	37,979.38	6
13	4669.68	743.20	44,592.16	8
14	4890.99	778.43	46,705.55	16
15	5874.31	934.93	56,095.50	2
16	6220.25	989.98	59,399.00	21
17	6341.32	1009.25	60,555.10	14
18	7316.59	1164.47	69,868.30	3 5
19	8111.10	1290.92	77,455.32	26
20	8111.10	1290.92	77,455.32	25
21	8111.10	1290.92	77,455.32	27
22	8316.86	1323.67	79,420.15	24
23	9029.90	1437.15	86,229.17	4
24	14,037.54	2234.14	134,048.63	15

Tabelle 8.3.2: Torsionseigenfrequenzen des Antriebsstrangs

Bei der ersten Schwingungsform (7.65 Hz) verhält sich der ganze Antriebsstrang bezüglich der Achswelle wie ein Zwei-Massen-Schwinger. Bei der nächsten Schwingungsform (30.33 Hz) verdreht sich die Kurbelwelle gegenüber der Gelenkwelle. Bei der dritten Eigenfrequenz (80.45 Hz) tritt eine Schwingungsform auf, bei der sich ein Schwingungsmaximum in der Gelenkwelle befindet.

Diese Schwingungen wurden angeregt durch die Erregungen der Drehmassen 20, 21, 22 und besonders der Drehmasse 19 (s.Tabelle 8. 3. 1).

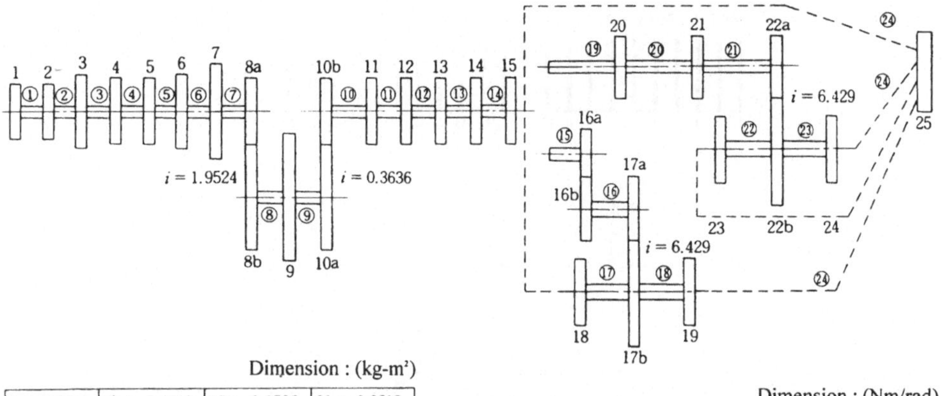

Dimension : (kg-m²)

1 : 0.1391	8b : 0.6600	15 : 0.0506	21 : 0.0612
2 : 0.2258	9 : 0.0554	16a : 0.0576	22a : 0.0037
3 : 0.1730	10a : 0.1135	16b : 0.0444	22b : 1.5993
4 : 0.1080	10b : 0.0948	17a : 0.0037	23 : 27.3609
5 : 0.1080	11 : 0.2503	17b : 1.5993	24 : 27.3609
6 : 0.1660	12 : 0.0760	18 : 27.3609	25 : 2130
7 : 2.0579	13 : 0.0764	19 : 27.3609	
8a : 0.0099	14 : 0.0550	20 : 0.0705	

Dimension : (Nm/rad)

1 : 0.1900E6	8 : 0.8819E6	15 : 5.8354E6	22 : 0.0730E6
2 : 3.2984E6	9 : 0.2644E6	16 : 1.0591E6	23 : 0.0730E6
3 : 2.6180E6	10 : 0.5440E6	17 : 0.0730E6	24 : 1.8E9
4 : 2.6180E6	11 : 0.2066E6	18 : 0.0730E6	
5 : 2.6180E6	12 : 0.2533E6	19 : 0.0471E6	
6 : 3.8701E6	13 : 0.2260E6	20 : 0.3610E6	
7 : 0.1455E6	14 : 1.2987E6	21 : 0.9014E6	

Bild 8.3.10: Torsionsschwingungsmodell von einem 11 Tonnen Cargo LKW

(3) Experimentelle Untersuchungen

Die meßtechnischen Untersuchungen waren außerordentlich wichtig zur Erklärung der Ursachen für das Problem P, die auftretenden Schwingungen und Geräusche in dem 11 Tonnen Cargo LKW.

Es handelt sich beim Problem P um die resonanzartigen Geräusche im Frequenzbereich von 77 Hz bis 80 Hz, wobei die Erregung aus den Torsionsschwingungen der Gelenkwelle resultiert. Die Signale des Schalldrucks in der Fahrerkabine und der Beschleunigung des 2. Lagers auf der Gelenkwelle sowie Signale der Beschleunigung des Achsgehäuses wurden einem Magnetbandgerät zugeführt und anschließend mit einem Fourier-Frequenzanalysator ausgewertet (s. Bild 8.3.9). In den Frequenzspektren der gemessenen Signale ist deutlich zu erkennen, ob eine bestimmte Grundfrequenz und Oberwellen dieser Grundfrequenz sowie Resonanzfrequenzen entweder als Biegeeigenfrequenz oder als Torsionseigenfrequenz auftreten. Die Grundfrequenzen, die bei der Auswertung der Signale erwartet werden, sind (Bild 8.3.10):

$$f_{E1} = 27 \sim 28\text{Hz}, \quad f_{E4} = 110 \sim 113\text{Hz}, \quad f_{E8} = 220 \sim 226\text{Hz}$$

$f_{T/M} = i_{TMS}^{-1} \cdot f_{E1}$ mit Übersetzung $i_{TMS} = 1.9524$

$f_S = i_{T/M} \cdot f_{E1}$ mit Übersetzung $i_{T/M} = 1.9524 \cdot 0.3636 = 0.709$

$f_{S2} = 2 \cdot f_S$

$f_{AX} = i_{AX}^{-1} \cdot f_S$ mit Übersetzung $i_{AX} = 6.429$

$f_{TR} = N \cdot f_{AX}$ mit Zahl der Reifenstollen N = 46.

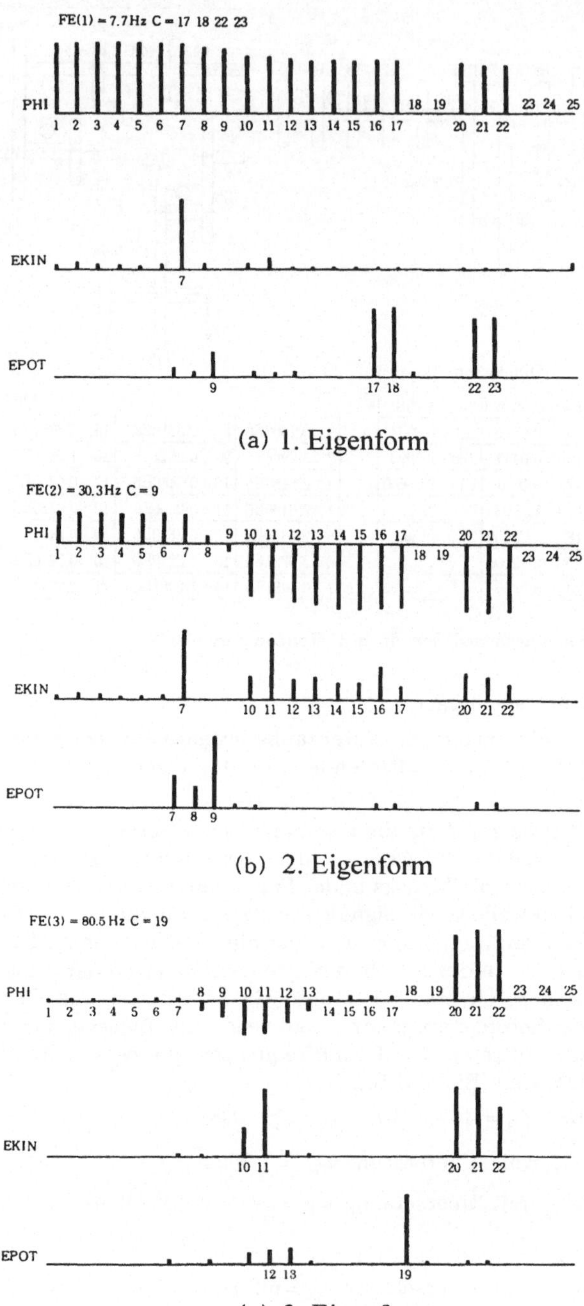

Bild 8.3.11: Torsionsschwingungsformen

Im dem Bild 8.3.12 sind die Schallfrequenzen f_{E4}, f_S und f_{S2} und das Wachsen der Amplitude von f_{S2} zu erkennen.

Die Bilder 8.3.13 und 8.3.14 zeigen die Schwingungseigenschaften, wobei jeweils die Frequenzspektren der Beschleunigung der Gelenkwelle und des Achsgehäuses dargestellt sind. Die Amplitude von f_{S2} ist auch deutlich erkennbar.

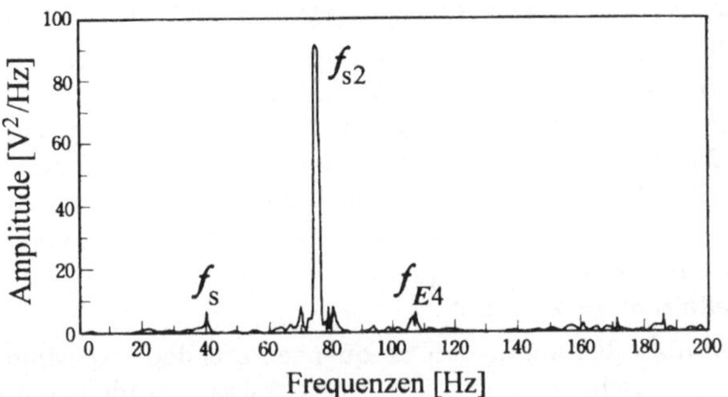

Bild 8.3.12: Geräuscheigenschaften in der Fahrerkabine

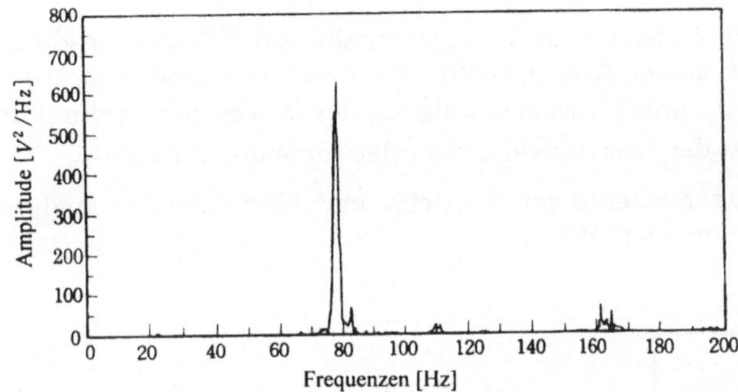

Bild 8.3.13: Schwingungseigenschaften des 2. Lagers auf der Gelenkwelle

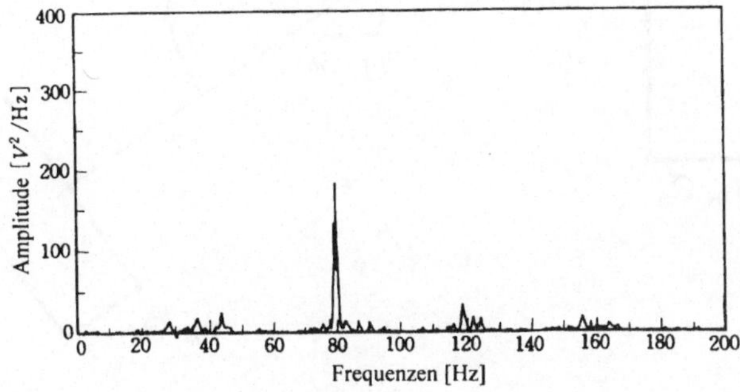

Bild 8.3.14: Schwingungseigenschaften des Achsgehäuses

(4) Zusammenfassung

Es wurden eine Reihe von Arbeitsannahmen zur Erklärung der Ursachen des Problems P aufgestellt: Der Antriebsstrang gerät durch Erregung ins Schwingen, wobei im wesentlichen Torsionsschwingungen im Antriebsstrang auftreten. Resonanzartige Geräusche werden in der Fahrerkabine durch Schwingungsverstärkungen bei der Übertragung der Schwingungen des Antriebsstranges hervorgerufen. Diese Annahmen können an Hand der rechnerischen und experimentellen Ergebnisse überprüft werden:

In den Gelenkwellen, bei denen die Homokinematikbedingung nicht erfüllt ist, führen die Kreuzgelenkgetriebe zu einer ungleichförmigen Übertragung von Bewegungen und verursachen Torsionsschwingungen mit einer Frequenz, die doppelt so groß wie die Drehfrequenz der Welle ist. Im Geschwindigkeitsbereich des Problems P treten Torsionsschwingungen mit den Frequenzen f_{S2} (77 ~ 80 Hz) auf, also der doppelten Wellendrehfrequenz. Zudem existiert eine Übereinstimmung mit der 3. Torsionseigenfrequenz. Der Wellenabschnitt ist in dieser Eigenfrequenz angeregt, da er in der 3. Schwingungsform eine große potentielle Energie aufweist.

Weiterhin zeigt sich also, daß die beiden Frequenzen aus den Experimenten und Berechnungen bei den Torsionsschwingungen des Antriebsstranges identisch sind und daß die Frequenzen der resonanzartigen Geräusche mit den Torsionsfrequenzen des Antriebsstranges übereinstimmen.

Problem 8.5:

Aufstellung und Betrachtung des Lösungsverhaltens der Bewegungsdifferentialgleichung für die Welle mit einem Kreuzgelenkgetriebe entsprechend Bild 8.3.15 in der Form $\ddot{\phi}+\omega_0^2\phi=\varepsilon\cdot f(\phi,\dot{\phi},\Omega t)$ unter Vernachlässigung der Werkstoffdämpfung des Kreuzgelenkgetriebes. Dabei ist der Drehwinkel ϕ ein relativer Winkel: $\phi=\phi_2-\phi_0$.

Die Massenträgheitsmomente von Antriebs- und Abtriebsmasse sind von gleicher Größenordnung (V. Schnauder, 1982).

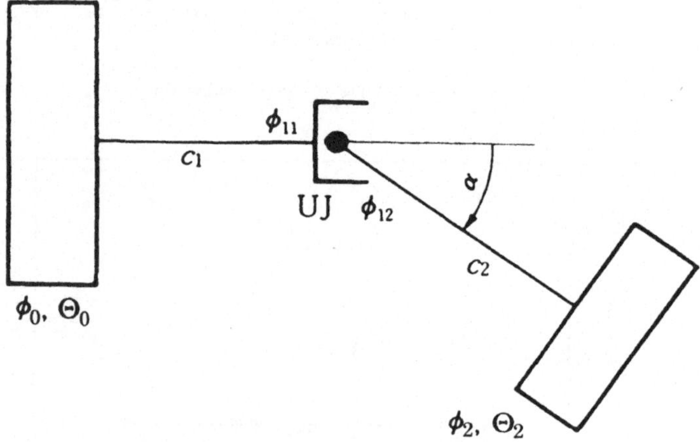

Bild 8.3.15: Welle mit einem Kreuzgelenkgetriebe

8.4 Literatur

Biezeno, C.B.; Grammel, R.: Technische Dynamik, 2. Band, 2. Auflage, Springer-Verlag, 1953.

Crede, C. E.: Shock and Vibration Handbook, 3rd. ed., McGraw-Hill Book Co., 1988.

Di, P. N.: Beitrag zur Reduction diskreter Schwingungsketten auf ein Minimalmodell. Diss. TU Dresden, 1974.

Günther, B.: Möglichkeiten zur Reduzierung der Drehschwingungs-Beanspruchungen in praxisrelevanten Antriebssträngen mit Kreuzgelenkgetrieben unter besonderer Berücksichtigung der Spiele, Diss. TU Berlin, 1982.

Guyan, R.: Reduction of stiffness and mass matrices, AIAA-Journal, Vol. 3, 1965.

Hafner, K.E.; Maass, H.: Torsionsschwingungen in der Verbrennungskraftmaschine, Die Verbrennungskraftmaschine, Neue Folge, Bd. 4, Springer-Verlag, Wien/New York. 1985.

Hein, W.; Stühler, W.: Auswirkungen verschiedener Einflußgrößen auf das Drehschwingungsverhalten eines Systems mit eingebauten Kreuzgelenkgetrieben und Möglichkeiten zur Reduzierung der Drehschwingungen, Fortschritt-Berichte der VDI, Reihe 11, Nr. 27, VDI-Verlag, 1997.

Holzweißig, F.; Dresig, H.: Lehrbuch der Maschinendynamik, 4. Auflage, Fachbuchverlag Leipzig, Köln, 1994.

Klotter, K.: Technische Schwingungslehre, 2. Band, 2. Auflage, Springer Verlag, 1960.

Klöckner, J.: Berechnung des Schwingungverhaltens von gedämpften, schwach nichtlinearen Schwingerketten unter besonderer Berücksichtigung der Reduktion der Freiheitsgrade, Diss. TU Berlin, 1979.

Kraemer, O.: Schwingungstilgung durch das Taylor-Pendel, VDI-Z, Bd. 82, Nr. 45, 5. Nov. 1938.

Kritzer, R.: Mechanik der Drehschwingungen, insbesondere beim Kolbenmotor, Konstruktion. 18. Jahrg., H. 1, S.1/10, 1966.

Laschet, A.: Simulation von Antriebssystemen, Fachberichte Simulation, Bd. 9, Springer-Verlag, 1988.

Magnus, K.: Schwingungen, 4. Auflage, Teubner Studienbücher, Mechanik, B. G. Teubner, Stuttgart, 1986.

Murasch, P. J.: Analyse der Drehschwingungs-Eigendämpfung von Kolbenmaschinentriebwerken, Habilitationsschrift, TU Berlin, 1981.

Nashif, A. D.; Jons, D. I. G.; Henderson, J. P.: Vibraton Damping, John Wiley & Sons, 1985.

Nestorides, E. J.: A Handbook on Torsional Vibration, Cambridge at the University Press, 1958.

Ormondroyd, J.; Den Hartog, J. P.: The Theory of Dynamic Vibration Absorber, Transaction of the ASME, 50, APM-50-7, pp. 9/22, 1928.

Park, B.Y.: Vibration Excitation Mechanism of Commercial Vehicle Driveline, J. KSPE, Vol.12, No.12, pp.109-119, 1995.

Park, B.Y.: Study on a Dynamic Vibration Absorber/-Damper for Passenger Car, Kia Motors Co., 1993.

Park, B.Y: Optimale Auslegung von Gummidrehschwingungstilgern/-dämpfern für Antriebsstränge unter besonderer Berücksichtigung ihres Temperaturganges, Reihe 11: Schwingungstechnik Nr. 89, VDI-Verlag, 1986.

Pfützner, H.: Übungaufgaben zur Mechanischen Schwingungslehre II, TU Berlin, 1. Institut für Mechanik, 1986.

Pfützner, H.; Markert, R.: Mechnische Schwingungslehre und Maschinendynamik II, Ein Vorlesungsskript mit ausführlichen Übungsbeispielen, TU Berlin, 1. Institut für Mechanik, 1980.

Schnauder, V.: Resonanzuntersuchungen an belasteten, spielbehafteten, drehelastischen Antriebssträngen mit Kreuzgelenkgetrieben, Diss. TU Berlin, 1983.

Schnauder, V.: Drehschwingungen in Wellensträngen mit Kardangelenkgetrieben, Parametererregte Schwingungen in Theorie und Praxis, TUB-Dokumentation Weiterbildung, 1982.

Stühler, W.: Rumpfmanuskript zur Vorlesung Mechanische Schwingungslehre und Maschinendynamik I, TU Berlin, 1. Institut für Mechanik, 1973/1979.

Timoshenko, S.; Young, D. H.: Engineering Mechanics, 4. ed., McGraw-Hill Book Co., 1956.

Sachverzeichnis

A
Abbildungsgesetze 48
Abbremsung 164
Abbremsung, ideale 161
Abbremsungen 184
ABS (Antiblockiersystem) 264
absolute Dämpfung 309, 341
Abtriebswelle 381
Achseigenfrequenz 73
Achslasten 149
Achstrampeln 78
Ackermann-Fahrzeug 217
Ackermann-Lenkwinkel 218
Additionstheoreme der Winkelfunktionen 18
Adhäsionskräfte (Reifen) 260
Adhäsionsverlustarbeit 236
Adjunkte 45
allgemeine Lösung 17
Allradantrieb 155
Allradbremsung 181
Amplitudengang 21, 73
Amplitudenspektrum 30
Analogrechner 32
Annährungszone (Reifenaufschwimmen) 260
Anregungsfunktion 13
Antiblockiersystem 264
Antriebsstrang 308
Antriebskraft 131
Approximationsgleichungen (Reifen) 268
Approximatives Schließen (Fuzzy) 282
Aquaplaning (Reifen) 138, 261
Aufbau-Eigenfrequenz 69,74
Aufbaubeschleunigung 72
Aufbaudämpfer 67
Aufbaufeder 67, 69
Aufbaumasse 67
Aufbauweg 72
Aufschwimmen des Reifen 260
Aufstandsfläche des Reifen 233
Auftrieb 144
Auftriebsbeiwert 145
Ausgleichsfeder 224
Auskuppeln 182
Auswuchten 360

B
Bandbreite 54
Bandgeschwindigkeit (Reifenmodell) 239
Bandschlupf (Reifenmodell) 239
Baranow (s.Seileckverfahren)
Beharrungsbremsung 182, 185
Beschleunigungsanregung 14
Beschleunigungswiderstand 130, 145
Beschreibungsgleichungen (Reifen) 266
Bewegungsenergie 309
Biegeeigenfrequenz des Aufbaus 112
biologische Evolution 296
Blattfedern 89
Blaues Rauschen 55
Bodediagramm 23, 27
Bodendruckfestigkeit 136
Bodenfreiheit 73
Bodenventil (Dämpfer) 99
Bohrschlupf (Reifen) 276
Borsten (Reifenmodell) 238
Borstenmodell 260
Breitbandrauschen 56
Bremsen, das ... 180
Bremskraftausfall 175
Bremskraftregler 264
Bremskraftverteilung 162
Bremsleistung 181
Bremsschlupf 248
Bremstrommel 145
Bremsweg 162
Bremsweg, minimaler 176
Bremswege 175

C
Campbell-Diagramm 313
center of area (Fuzzy) 285
charakteristische Gleichung 15
Coulombsches Reibungsgesetz 228
cw-Wert 142

D
DAE (s.Differential Algebraic Equations) 189
Dämpfer, dynamische Eigenschaften 100
Dämpfungsmatrix 36
Dämpfungsregler 301, 303
Deformationsmechanismen (Reifen) 267
Deformationsverluste des Reifens 132
Defuzzifikation 282
deterministische Anregung 17
Diagonalreifen 234
Differential-Algebraic-Equations (DAE) 189
differential-algebr. Bewegungsgl. 189
Differenzweg Aufbau minus Achse 73
diskretes Modell 11
Drehstabfeder 94
Drehstabilisator 224
Drehstäbe 90
Dreizonentheorie (Reifen) 136
Druckpunkt (Aerodynamik) 144
Druckspannungen 132
Druckstufe des Dämpfers 67
Druckverteilung 132
Druckwiderstand 142, 143
dynamische Dämpferkraft 26
dynamische Federkräfte 26, 73
dynamische Steifigkeit von Gummilagern 106

dynamischer Differenzweg(Federweg) 25
dynamischer Halbmesser (Reifen) 147
dynamischer Nachlauf (Reifen) 227, 254
dynam. Nachlauf (nasse Fahrbahn) 261
dynamischer Rollradius 181
dynamisches Rückstellmoment 267

E
Echtzeitsimulation 32
Eigenbewegung 17
Eigenformen 34
Eigenfrequenz des Aufbaus 69
Eigenfrequenzen 194
Eigenkreisfrequenz 34
Eigenlenkgradient 221, 286
Eigenlenkverhalten 286
Eigenschwingung 14
Eigenschwingung des 1/4 Fahrzeugmodells 68
Eigenschwingungen, gekoppelte 273
Eigenvektor 34, 70
Eigenwert 15
Eigenwert-Analyse 39
Eigenwerte (Fz.-Aufbau) 194
Eigenwertgleichung 25
Eingangsgröße 43
Eingangsvektor 43
Einrohrdämpfer 99
einseitige spektrale Leistungsdichte 64
Einspurmodell 202, 224
einviertel Fahrzeugmodell 67
Eltern (Evolutionsstrategie) 296
Erbanlagen (Evolutionsstrategie) 296
ergodisch 80
Erzwungene Schwingung 17
Evolutionstrategie 295
Expertenwissen 280, 282, 283
Exponentialansatz 14
Exponentialfunktionen 14

F
Fahrbahn, nasse 260
Fahrkomfort 73
Fahrschemel 230
Fahrsimulatoren 32
Fahrwiderstände 131
Feder 89
Federrate 89
Federweg des Rades 73
Felge 238
Finite-Elemente-Methode 11
Flatterfrequenz 277
Flatterschwingungen 273
Fliehkraftpendel 355, 369
Formänderungsenergie 309
Formhaltekraft des Innendrucks (Reifen) 107
Fourier-Integral 30
Fourier-Koeffizienten 29
Fourier-Reihe 18
Fourier-Reihen-Darstellung 29
Fourier-Rücktransformation 30
Fourier-Transformation 30
Fourier-Transformierte 31
Frahmsche Näherung 317
Frequenzgang 20, 21
Frobenius-Form 44
Fundamentalmatrix 45, 71
Fußpunkt-Anregung 67
Fuzzifikation 282
Fuzzy-Controlling 280
Fuzzy-Regler 289
Fuzzy-Set 282
Fuzzy-Set-Theorie 48, 280

G
Gasfeder 95
Gasfeder mit Rollbalg 97
Gaskräfte 310
Gauß-verteilte Prozesse 52
Gaußsche Zahlenebene 20
gedämpfte Eigenfrequenz 15
Gefälle 141
Gegengewichte 361
Gelenkwelle 309, 381, 388
Gene (Evolutionsstrategie) 296
generalisierte Massenmatrix 35
generalisierte Steifigkeitsmatrix 35
genetische Algorithmen 296
Genotyp (Evolutionsstrategie) 296
Gesamtnachlauf 227
Getriebeübersetzung 145
Gewebeeinlagen 233
Gewebeunterbau 233
Giereigenfrequenz 206, 208
Gierwinkel 203
Gierwinkelverlauf 212
glatte Welle (Antriebsstrang) 319, 323
Gleitgeschwindigkeit (Gummireibung) 235
Gough-Diagramm (Reifen) 254
Gürtel(Reifen) 233
Gürtelreifen 234
Güte einer Variation 296
Gütefunktional 297
Gummi-Metallverbindung 104
Gummireibung 235

H
Haftreibwert 236
Handlungsmodelle (Produktionssysteme) 48
harmonische Funktionen 14
Hinterachsantrieb 150
Hitzetod des Reifens 112
Holzer-Tolle-Verfahren 322
Homogene Lösung 14
homogenene DGL 17
Hubmodell 116
Hybridrechner 32
hydraulischer Stößel 96
hydropneumatische Federung 96

hydropneumatisches Federbein 98
Hysterese 100
Hystereseverlustarbeit (Reibung) 237

I
ideale Abbremsung 161
ideale Bremskraftverteilung 162
ideale Umfangskraftverteilung 166
Identifikation dynamischer Systeme 62
Imaginärteil der Lösung 15
induzierter Widerstand 142
Informationstheorie 48
inhomogene DGL 17
innere Struktur 42
innerer Widerstand, Aerodynamik 143
instabiler Fahrzustand 175
Instabilitäten 277
instationäres Fahrverhalten 289
inverse Fourier-Transformation 30

K
Kammscher Kreis (Reifen) 263
Karkasse 108, 233
Karkaßfäden 233
Kavitation 99
Kennfeldregler 282
Kennwertschwankungen d. Bremsen 176
kinematische Koppelung 191
kinematische Randbedingungen 189
Körperschallübertragung 104
Kohärenzfunktion 65
Kohärenzfunktion am Hub- und Nickmodell 124
Kolben-Zylinder Gasfeder 95
konstruktiver Nachlauf (Reifen) 227
Kontaktzone (Reifen) 235
Kontinua 11
Konvergenzgeschwindigkeit 297
Koppelmasse 112, 118
Koppelung, kinematische 274
Kraftanregung 14
Kraftfahrzeug-Aerodynamik 142
Kraftschlußbeanspruchung 149, 158
Kraftschlußbeiwert 176, 249
Kreiselkoppelung 274
Kreiselmomente 229
Kreisfahrt 217
Kreisfrequenz des Weges 57
Kreuzgelenkgetriebe 381, 388
Kreuzleistungsdichte 64
künstliche neuronale Netze 48
Kurbeldiagramm 372
Kurbelstern 372
Kurswinkel 203
Kurswinkelverlauf 212
Kurvenradius 203

L
Lagrangesche Funktion 12
Lagrangesche Vorschrift 12
Laplace-Transformation 31
Laplace-Transformierte 31
Latschfläche 131
Lauffläche des Reifens 108
Laufstreifen (Reifen) 233
Laufstreifenprofil 233
Lehr'sches Dämpfungsmaß 15, 72
Leistung 53
Leistungsdichte d.Dämpferkraftschwankung 85
Leistungsdichte der Aufbaubeschleunigung 81
Leistungsdichte der Dämpferkraft 87
Leistungsdichte der Federkraftschwankung 85
Leistungsdichte des Bodenabstands 83
Leistungsdichte des Wankwinkels 127
Lenkelastizität 226
Lenkgetriebe 221
Lenkrollradius 266
Lenkschwingungen 277
Lenkungsflattern 273, 277
Lenkungssteifigkeit 227
Lenkwinkel 203
Lenkwinkelbedarfskurve 293
Lenkwinkelsprung 211
linearer Mittelwert 52
linguistische Variable 281, 291
linguistische Werte 282
Lösen nichtlinearer Probleme 32
logisches ODER 292
logisches UND 292
Luftdichte 145
Luftfederung 98
Luftwiderstand 130, 131, 142
Luftwiderstandsbeiwert 142

M
magic formula (Reifen) 267, 271
Massenausgleich 309, 360
Massenmatrix 33
mathematische Optimierung 295
Matthieusche Differentialgl. 358, 388
Maxwell-Modell 106
McPherson-Federbein 274
mean of maximum (Fuzzy) 285
Mehrkörpersysteme (MKS) 49
Meßvektor 43
minimaler Bremsweg 176
modale Amplituden 37
modale Entkopplung 34, 38
Modalmatrix 34
Modalraum 37
Modellbildung 11
Modifizierungsregeln 283
Möglichkeitsgebirge 284
Motorantriebsmoment 131
Motorbremse 186
Motorbremsmoment 176
mü-split 266
multi-body-systems (MBS) 49
Mutation (Evolutionsstrategie) 295

N
Nachkommen (Evolutionsstrategie) 296, 297
Nachlauf, dynamischer 244
negativer Lenkrollradius 266
Negativprofil (Reifen) 250
neutral steuernd 217, 221
Newtonsches Prinzip 11
nichtlineare Prozesse 288
Nichtlinearitäten (Querdynamik) 224
Nickbewegung des Aufbaus 113
Nickwinkel 116, 124
Nickwinkelbeschleunigung 116
Niederquerschnittsreifen 110
Niveauregulierung 96
Normalverteilung 52
nullphasiges Kreuzgelenk 382
Null- und Polstellen 22
Nyquist-Diagramm 28, 72

O
Oberflächenwiderstand 142, 143
open-loop Test 215
Ordnungszahl 311
Ortskurve 28
Ovalisiersteifigkeit (Reifen) 107

P
parametererregte Systeme 277
Parameteridentifikation 41, 48, 296
partikuläre Lösung 17, 18
Pedalkraft 162
periodische Anregung 17
Phasengang 21
Phasenspektrum 30
Phasenverschiebung 16
plastische Fahrbahn 135
Pol-Nullstellen-Diagramm 28
Polarkoordinaten 20
Prinzip der virtuellen Arbeiten 12
Prinzip von d'Alembert 12
Produktionsregel 283
Produktionsregelsatz 292
Produktionssysteme 48
proportionale Dämpfung 38
Protektor 233
Protektor (Reifen) 108

Q
quadratischer Mittelwert 52
quadratisches Gütefunktional 297
Qualifizierungsregeln 284
Quantifizierungsregeln 283
quasiharmonisches Signal 56
Querblattfeder 224
Quetschöldämpfung 309

R
Radebene 139
Radeigenfrequenz 69
Radkinematik 112
Radlastschwankungen 73
Radmasse 69
Radschlupf 248
Radsturz 258
Radwiderstand 131
Randbedingungen, kinematische 189
Realteil der Lösung 15
rechtphasiges Kreuzgelenk 382
Reduktion der Freiheitsgrade 334
Reduktionsverf.v. Klöckner 334, 337
Regelbasis 284
Regelgewichtungsfaktor 297
Regelgewichtungsvektor 297
Regelungsnormalform 44
Regelungstheorie 41
Reib-Schubspannung 238
Reibungsbremsen 185
Reibungsdämpfung 309
Reibungsellipse 228
Reibungskreis 228
Reibungstheorie 233, 235
Reibungswiderstand 143
Reibwert 235
Reibwert (Reifen) 247
Reibwertfunktion 237
Reibwertfunktion (Reifen) 263
Reibwertmaximum 244
Reifen 107
Reifen-Borstenmodell 233, 238
Reifenaufstandsfläche 233
Reifenbauart 108
Reifendämpfung 67
Reifenfeder 69
Reifenkennlinien 233
Reifenmodell 267
Reifenschräglauf 252
Reifentemperatur 110
Reifenübertragungseigenschaften 267
relative Dämpfung 309, 341
Resonanzen 33
Resonanzschaubild 313
Retarder 185
rheologisches Gummilager-Modell 106
Roll-Lenken 231
Rollbalg 97
Rollfedersteifigkeit 226
Rollfreiheitsgrad 67
Rollmoment 224
Rollradius, dynamischer 181, 260
Rollwiderstand 110, 131, 132, 150
Rollwiderstandsbeiwert 132, 136
Rollwiderstandsleistung 140
Rollwiderstandsmoment 247
Rollwulstbildung 134
rotatorische Massen, Bremsen 176
rotes (rosa) Rauschen 55
rubber-mount 104
Rückstellmoment 227, 254, 258
Rückstellmoment (Reifen) 244
Rückstellmoment, dynamisches 267

Ruhedruck im Reifen 107

S
Schaltgetriebe 145
Schlupf (Reifen) 248
Schlupfbegrenzung 168
Schlupfvorgänge am Reifen 132
Schmalbandrauschen 56
Schräglauf 253
Schräglauf, Rollwiderstand durch ... 139
Schräglaufseitenkraft 257
Schräglaufwinkel 139
Schraubenfeder 90
Schub-Deformationen (Reifen) 238
Schubbetrieb 184
Schubspannungen am Reifen 233
Schubspannungsverl. (Reifenmodell) 241
schwach gedämpftes System 38, 39
Schwallwiderstand (Reifen) 136
Schwimmwinkel 203
Schwimmwinkeleigenfrequenz 206
Schwimmwinkelgeschwindigkeit 211
Schwingmetalle 104
Schwingmetalle, Dynamik der... 104
Schwingungsdämpfer 98, 100
Seileckverfahren 337
Seitenführungskraft 203, 253
Seitenkraft durch Schräglauf 139
Seitenkraftbeiwert 140, 224, 244, 257
Seitenwand (Reifen) 233
Seitenwand des Reifens 132
Seitenwindanlage 215
Seitenwindböe 214
Seitenwindempfindlichkeit 144, 215
Seitenwindstoß 211
Selektion (Evolutionsstrategie) 296
shimmy 273
Sky-hook-Prinzip 301
spektrale Autoleistungsdichte 53, 54
spektrale Kreuzleistungsdichte 64
Sprungfunktion 17
Spurrillenreibung 136
Stabilisator 226
Stabilitätsbetrachtung 178
Stabilitätskarte 278, 359
Stabilitätsverhalten 43
Stahlgürtel 110
Standard-Normal-Verteilung 52
Standardformen d. Regelungstechnik 42
stark gedämpftes System 40
stationäre Kreisfahrt 217
stationäre Reifeneigenschaften 247
stationäres Fahrverhalten 289
statische Reifen-Federrate 108
Staudruck bei nasser Fahrbahn 138
Staudruck, Aerodynamik 142
steer shimmy 273
Steifigkeitsmatrix 33
Steigung der Straße 141
Steigungswiderstand 131, 141
Stirnfläche 142
stochastische Anregung 17
Stoßdämpfer 90
Straßenbeanspruchung 73
Straßentypen 59
Straßenunebenheiten 55
Streuung 52
Strömungsabriß 144
Strömungsturbulenzen 144
Sturzänderung 229
Sturzmoment 258, 259
Sturzseitenkraft 258
Sturzwinkel (Reifen) 255
Superpositionsgesetz 62
Systemantwort 71
Systeme mit n Freiheitsgraden 32
Systemidentifikation 266
Systemmatrix 43
Systemtheorie regelloser Prozesse 124

T
Tangentialdruck (Kurbeltrieb) 311
Tangentialkraft (Kurbeltrieb) 310
Tangentialkraftdiagramm 164
Teilleistung des Signals 54
Teleskop-Dämpfer 99
Textilgürtel 110
theory of random processes 124
Torsions-Stabilisator 104
Torsionsfeder 90
Torsionsschwingungen 308
Torsionsschwingungsdämpfer 345
Torsionsschwingungstilger 345
Totzeit 112
Trägheitsmoment des Aufbaus 112
Trägheitsradius (Aufbau) 112
Tragfähigkeit des Reifens 107
transiente Anregung 17
transiente und nichtper. Anregung 30
transientes Fahrverhalten 290
Transitionsmatrix 45
transponierte Modalmatrix 36
Treibschlupf 248

U
Überbremsen 178
Übersteuern 217, 221
Übertragungsfunktion 21, 31, 62
Übertragungsfunktion des Reifen 268
Umfangskräfte (Längsdynamik) 129
Umfangskraft 203
Umfangskraft (Reifen-Reibung) 239
Umlaufmoment 361, 365
unebene Fahrbahn (Rollwiderstand) 138
Unebenheitsbeschleunigung 56
Unebenheitsgeschwindigkeit 55
Untersteuern 217
untersteuernd 221
Untersteuertendenz 224
Unwucht 360
Unwuchtmasse 360

V
Variablenvektor 296
Varianz 52
Varianz des Nickwinkels 125
Variation der Variablen 296
Variationsparameter 297
Verknüpfungsoperator 292
Verknüpfungsregel 283, 297
Verlustarbeit (Reibung) 236
Verlustwinkel 105
Verschäumen 99
Verteilerdifferential 168
Verteilungsdichtefunktion 51
Verteilungsfunktion 51, 52
Vertikaldynamik 67
Verzögerungsbremsung 181
verzweigte Wellen 328
V-Motor 376
Voigt-Kelvin-Modell 106, 236
Vorderachsantrieb 150
Vorderachslast 148
Vorspurwinkel 140
Vulkanisiertemperatur 108

W
Wärmenester am Reifen 112
Wahrheitswert 297
Wahrscheinlichkeit 51
Walkarbeit 138
Walkwiderstand 131
Wanken 118
Wankfreiheitsgrad 67
Wankregler 299
Wankwinkel 118
Weganregung 13
weißes Rauschen 55
Wellenwiderstand 138
Werkstoffdämpfung 309
Windkraft 203
wobble 273
Wulstring 233

Z
Z-Drehstab 224
Z-Transformation 52
Zeitbereich 32
Zeitverzögerung 124
Zielfunktion 297
Zufallszahlen 296
Zugehörigkeitsfunktion 281
Zugkraft 129
Zugstrebe 104
Zugstufe des Dämpfers 67
Zustandsänderungen beim Beschl./Abbremsen 186
Zustandsgleichung 43
Zustandsgrößen 42
Zustandsraumdarstellung 42
Zustandsvektor 43
zweidimens. Hub- und Nickmodell 112
Zweirohrdämpfer 99
zweiseitige spektr. Leistungsdichte 63,